대 · 학 · 과 · 정

재료역학

정두환 · 장기석 공저

일진사

머 리 말 ...

　재료역학은 기계공학 계열의 필수 기초 과목 중 하나로서 기계공학 계열을 전공하는 학생은 반드시 공부해야 할 과목이며, 토목 및 건축 계열 학과에서도 필수 과목이다.

　이처럼 재료역학에 대한 지식이 공학 분야에서 두루 필요한 만큼 재료역학을 다룬 교재는 학생들이 쉽게 이해할 수 있는 기초적인 개념의 교과서로서, 실무에 종사하는 공학자들에게 필요한 지식을 제공하는 참고서로서의 역할을 하여야 한다.

　이 책은 다년간 강단에서 강의한 경험을 바탕으로 학생들이 이 과목을 어려워하지 않고 보다 쉽게 접근할 수 있도록 주요 내용에 대하여 가급적 상세히 서술하였고, 각종 공식에 대해서도 쉽게 이해할 수 있도록 그 유도 과정을 보여주는 데 중점을 두었다.

　이 책의 특징은 첫째, 각 장의 내용을 정리식으로 구성하여 쉽게 공부할 수 있도록 하였으며, 부록에서 다시 각 장의 주요 내용을 간략화하여 정리하였다.

　둘째, 본문 내용 중간중간에 예제를 실어 해당 내용에 대한 이해도를 높이도록 하였으며, 다양한 응용문제들을 연습문제로 수록하여 응용력을 키울 수 있도록 하였다.

　셋째, 모든 예제와 연습문제에 상세한 해설을 곁들임으로써 기존의 교재들과 달리 학생들이 연습문제를 기피하는 것을 방지하고, 이 책만으로도 문제 풀이에 대한 충분한 연습이 가능하도록 하였다.

　넷째, 최근의 경향에 맞추어 모든 내용과 문제에 SI 단위를 사용하였다.

　이 책이 재료역학 교재이자 참고서로 두루 활용되기를 기대하며, 특히 이 책에 수록된 문제를 잘 활용하면 각종 국가시험을 준비하는 수험생에게도 많은 도움이 될 수 있으리라 생각한다.

　이 책을 통하여 재료역학의 기초를 완벽하게 다지기를 바라며, 한편으로 누락된 부분이나 부족한 부분, 뜻하지 않은 오류는 다음 개정판에서 수정·보완할 것을 약속드린다.

　끝으로 어려운 여건 속에서도 이 책이 출간되도록 도와주신 도서출판 **일진사** 여러분께 깊은 감사를 드리며 무궁한 발전을 기원한다.

저자 씀

차 례

제3장 ● 인장, 압축, 전단

제4장 ● 조합응력과 모어 원

제5장 ● 평면 도형의 성질

제6장 ● 비 틀 림

제7장　● 보의 전단과 굽힘

제8장　● 보 속의 응력

제11장 ● 특수 단면보

제12장 ● 기 둥

부록

제1장 서 론

1. 재료역학 (strength of materials)

재료역학(材料力學)이란 다양한 종류의 하중을 받는 고체(固體)의 움직임을 취급하는 응용역학(應用力學)의 한 연구 분야이다.

다수의 고체 부분과 부재들이 서로 연결되어 완전한 구조물이 되는 항공기, 선박, 기계 또는 건축물 등이 고체 구조물의 좋은 예이다. 이 책에서 말하는 고체란 다양한 하중을 받는 보, 기둥, 막대(봉)는 물론 이들의 결합체인 구조물도 포함한다.

재료역학에서 해석의 목적은 하중에 의하여 발생되는 응력, 변형, 변형률 등을 결정하는 것이다. 주어진 부재(部材)가 파괴하중에 도달할 때까지 여기에 작용하는 모든 하중에 대한 응력, 변형, 변형률 등의 데이터를 구할 수 있다면 그 부재의 기계적 성질 및 움직임을 완벽하게 파악할 수 있을 것이다.

특히 공학에서 중요한 문제 중 하나는 많은 경우 이론적인 방법(theorical)으로 효과적인 결과를 얻지 못하여 실험적인 방법(experimental)이 필요하다는 것이다.

따라서, 재료역학의 연구 목적은 부재의 강도(強度, strength)와 강성도(剛性度, stiffness)의 물리적, 기하학적 성질 등을 역학적 이론과 실험을 통하여 실용 상태에서의 고체의 움직임을 파악하는 동시에 이를 증명해 보임으로써 설계에 기여하는 데 있다.

2. 공학 단위와 국제 단위

(1) 공학 단위계

길이의 단위를 미터(m), 힘의 단위를 kg중(kg힘, kgf), 시간의 단위를 초(s)로 사용하는 단위계이다. 1 kgf은 1 kg의 질량에 표준 중력가속도 $g = 9.80665 \text{ m/s}^2$의 가속도를 발생시키는 힘의 크기로서 $1\,\mathrm{kgf} = 1\,\mathrm{kg} \times 9.80665\,\mathrm{m/s^2} = 9.80665\,\mathrm{N}$의 관계를 갖는다.

N(뉴턴)은 힘의 절대 단위로서 $1\,\mathrm{kg}$의 질량에 $1\,\mathrm{m/s^2}$의 가속도를 발생시키는 힘의 크기를 나타낸다. 또한, 공학 단위에서는 에너지의 단위로 킬로칼로리(kcal), 또는 킬로그램중미터(kgf·m), 동력 단위로는 마력(hp 또는 PS) 등 독립적으로 발전되어온 단위를 사용하고 있다.

(2) 국제 단위계

1960년대 이후 세계 공통의 표준 단위계가 확립되어 왔으며, 이것을 국제 단위계(SI 단위계)라고 한다. 우리나라도 계량법과 공업표준(KSA 0105)에서 SI 단위를 채택하고 있다.

SI 단위는 길이(m), 질량(kg), 시간(S), 전류(A), 온도(K), 광도(cd), 물질의 양(mol)의 7개의 양을 기본 차원으로 하고 있으며, 평면각(rad)과 입체각(sr : 스테라디안)을 보조 단위로 사용하고 있다.

기본 단위와 보조 단위를 조합하여 모든 물리량의 단위로 사용하며, 유도 단위와 기본 단위의 관계는 그 양의 정의와 자연법칙에 따른다. 예를 들어, 유도 단위로 넓이는 제곱미터($\mathrm{m^2}$), 속도는 미터매초(m/s)가 된다.

표 1-1 SI 기본 단위

양 (量)	명 칭	기 호	양 (量)	명 칭	기 호
길 이	미터	m	온 도	캘빈	K
질 량	킬로그램	kg	광 도	칸델라	cd
시 간	초	s	물질의 양	몰	mol
전 류	암페어	A			

표 1-2 SI 보조 단위

양 (量)	명 칭	기 호
평면각	라디안	rad
입체각	스테라디안	sr

표 1-3 SI 유도 단위

양 (量)	명 칭	기호 정의	양 (量)	명 칭	기호 정의
주파수	hertz	$\mathrm{Hz} = \mathrm{s}^{-1}$	정전용량	farad	$\mathrm{F} = \mathrm{C/V}$
힘	newton	$\mathrm{N} = \mathrm{kg \cdot m/s^2}$	전기저항	ohm	$\Omega = \mathrm{V/A}$
압력 · 응력	pascal	$\mathrm{Pa} = \mathrm{N/m^2}$	컨덕턴스	siemens	$\mathrm{S} = \Omega^{-1}$
에너지, 일, 열량	joule	$\mathrm{J} = \mathrm{N \cdot m}$	자속	weber	$\mathrm{Wb} = \mathrm{V \cdot s}$
일률, 동력	watt	$\mathrm{W} = \mathrm{J/s}$	자속밀도, 자기, 유도	tesra	$\mathrm{T} = \mathrm{Wb/m^2}$
전하, 전기량	coulomb	$\mathrm{C} = \mathrm{A \cdot s}$	광속	lumen	$\mathrm{lm} = \mathrm{cd \cdot sr}$
전압, 전위	volt	$\mathrm{V} = \mathrm{J/C} = \mathrm{W/A}$	조도	lux	$\mathrm{lx} = \mathrm{lm/m^2}$

3. 하중(load)

하중(荷重)이란 물체에 작용하는 외력(外力)을 말하며, 그 변화 상태(시간적 작용 방식)와 작용부의 분포 상태(공간적 작용 방식)로 대별되며, 하중의 단위로는 N(newton), 또는 kgf(kg force, kg중)이 사용된다.

하중의 종류를 분류하여 보면 다음과 같다.

표 1-4 하중의 분류

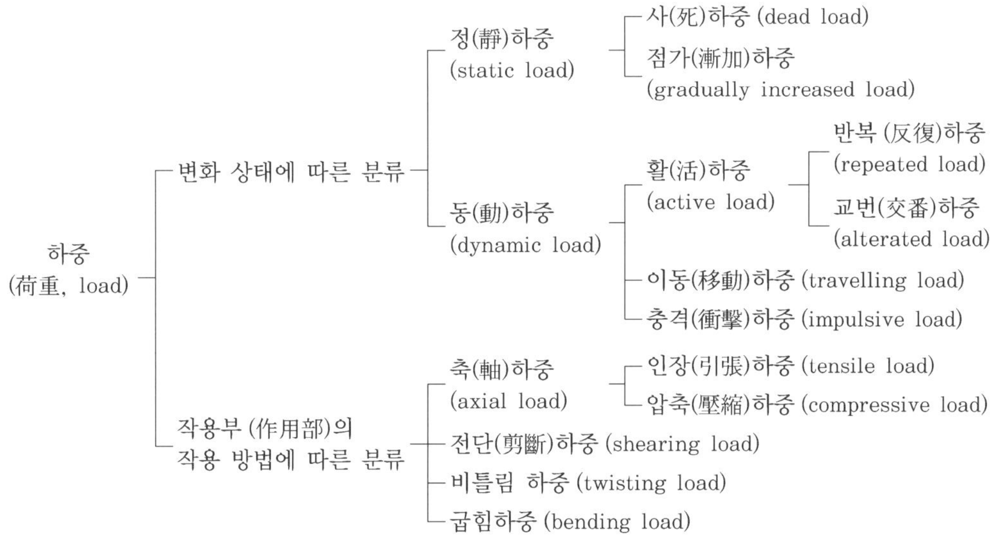

위의 분류에서 각각의 하중을 살펴보면 시간적인 작용 방식, 즉 하중의 변화 상태에 따라서 정하중과 동하중으로 나눌 수 있다. 정하중(靜荷重, static load)은 정지 상태에서 가해져 변화하지 않는 하중 또는 무시할 정도로 서서히 변화하는 하중이다. 특히 자중(自重)에 의한 것으로 크기와 방향이 일정한 것을 사하중(死荷重)이라 하며, 극히 조용히 일정한 크기까지 동일 방향으로 점차적으로 증가하는 것을 점가하중(漸加荷重, gradually increased load)이라 한다.

동하중(動荷重, dynamic load)은 하중의 크기와 방향이 시간과 더불어 변화하는 하중으로 활하중(活荷重, active load)이라고도 한다. 동하중에는 주기적으로 반복하여 작용하는 반복하중(repeated load)과 하중의 크기와 방향이 변화하는 인장력과 압축력이 상호 연속적으로 거듭되는 교번하중(alternated load), 비교적 짧은 시간에 급격히 작용하는 충격하중(impulsive load), 물체 위를 항상 이동하여 가해지는 이동하중(travelling load) 등이 있다.

또한 공간적인 작용 방식, 즉 작용부의 하중의 분포 상태에 따라서 집중하중(集中荷重, concentrated load)과 분포하중(分布荷重, distributed load)으로 구분되며, 집중하중은 재료의 어느 한곳에 집중적으로 작용하는 하중이며, 분포하중은 재료의 어느 범위 내에 분포되어 작용하고 있는 하중으로서 균일(均一) 분포하중과 불균일(不均一) 분포하중으로 구분된다.

작용부에 하중이 작용하는 방법에 따라서 축하중(axial load), 전단하중(shearing load), 비틀림 하중(twisting load), 굽힘하중(bending load)이 있으며, 축하중에는 재료를 축방향으로 잡아 당겨 늘어나도록 작용하는 인장하중(引張荷重, tensile load)과 축방향으로 눌러 수축하도록 작용하는 압축하중(壓縮荷重, compressive load)이 있다.

굽힘하중은 재료를 구부려 꺾으려 하는 힘이며, 비틀림 하중은 축심(軸心)에서 떨어져 작용하여 축 주위에 모멘트를 일으키고 재료의 단면에 상반 (相反)된 작용으로 비틀림 현상을 일으키는 힘이다. 전단하중은 물체면에 평행으로 전단 작용을 하는 힘이다. 이 외에 단면에 비해 길이가 긴 봉(기둥)에 작용하는 압축하중인 좌굴하중(buckling load)이 있다.

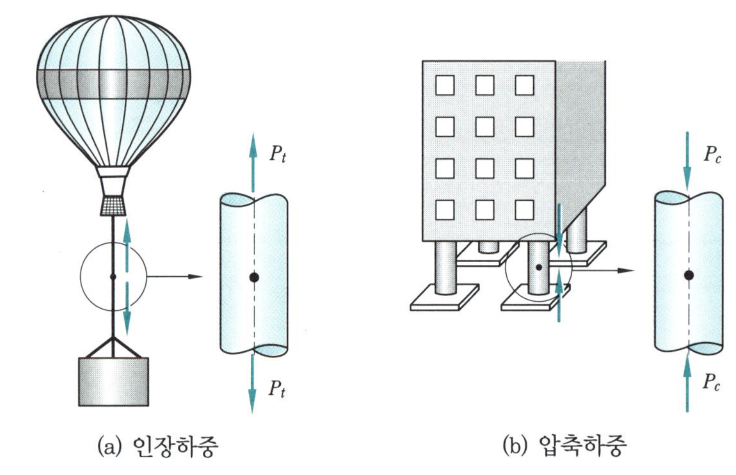

(a) 인장하중   (b) 압축하중

그림 1-1 축하중

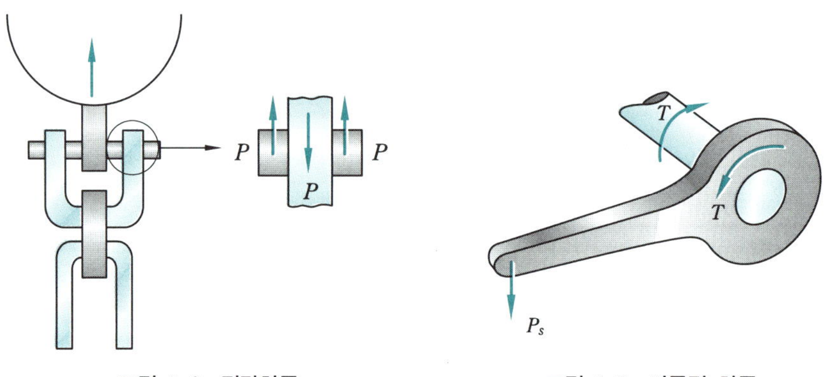

그림 1-2 전단하중   그림 1-3 비틀림 하중

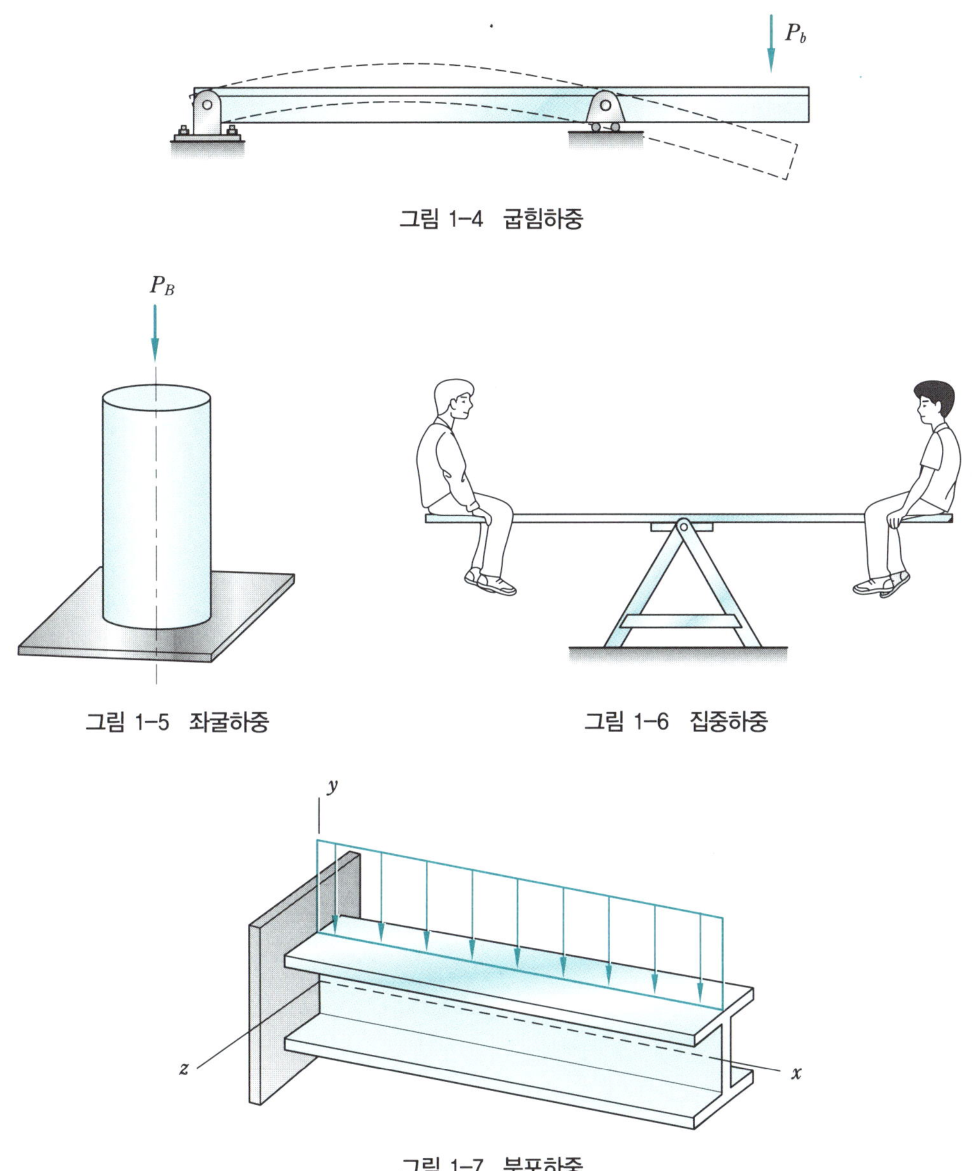

그림 1-4　굽힘하중

그림 1-5　좌굴하중

그림 1-6　집중하중

그림 1-7　분포하중

4. 탄성(elasticity)과 소성(plasticity)

　　물체는 분자(分子)들로 구성되어 있으며, 분자들 간에 힘(分子力)이 작용하여 평형 상태를 유지하고 있다. 이 분자력은 변형(變形, deformation)을 시키려 작용하는 외력(外力, external force)에 대하여 저항하며, 외력의 작용을 받고도 변형을 일으키지 않는 물체를 강체(剛體, rigid body)라 한다. 그러나 실제로 완전강체란 있을 수 없으며, 물리학적 가정에 의해서만 존재하는 것이다.

모든 물체는 외력의 작용을 받으면 분자 간에 내력이 발생함과 동시에 분자 상호간에 거리가 변화하여 외력과 내력이 평형이 될 때까지 변위(變位)가 계속된다. 이때 그 물체는 변형 상태(變形狀態, state of strain)에 있다고 하고, 변위가 진행되는 동안 외력은 물체에 대하여 일(work)을 하고 그 일은 전체적 또는 부분적으로 변형 위치 에너지 (potential energy of strain)로 바뀌어 물체 속에 축적된다. 반대로 물체를 변형시켰던 힘들이 줄어들면 그 물체는 전체적 또는 부분적으로 원래 상태로 돌아가며, 이 복구되는 변형이 진행되는 동안 물체 내에 축적되었던 변형 위치 에너지는 외부의 일을 하게 된다.

이와 같이 물체에 가해졌던 외력이 제거됨과 동시에 원래 상태로 되돌아가는 성질을 탄성(彈性, elasticity)이라 하며, 외력이 제거된 뒤 완전히 원래 상태로 되돌아 가는 물체를 완전 탄성체(完全彈性體, perfectly elastic body)라 한다. 외력이 제거된 뒤에도 완전히 원래 상태로 복귀되지 않는 물체를 불완전 탄성체(partially elastic body)라 한다.

외력의 크기가 재료의 어느 범위(한도) 내에서 작용할 때 일반적으로 완전 탄성체로 볼 수 있으나, 외력이 이 범위를 초과하여 작용하면 외력이 제거된 뒤에도 변형된 일부분은 소실된다. 이것은 부분 탄성(部分彈性)이라 하며, 잔류변형(殘留變形, residual strain)을 갖게 되어 영구변형(永久變形, permanet strain)이 일어난다. 이 영구변형을 일으키는 성질을 소성(塑性, plasticity)이라 한다.

어떤 구조물에 작용하는 외력의 크기를 알고 있다면 설계자는 모든 주어진 조건하에서 완전 탄성체를 유지할 수 있도록 각 부재(部材)들의 치수를 재료역학적으로 결정해 주는 작업을 수행하는 것이 중요하다고 할 수 있다.

제2장   응력과 변형률

1. 응력(stress)

물체에 외력을 가하면 변형이 일어나는 동시에 저항하는 힘(저항력)이 생기게 되어 외력과 균형을 이루게 되는데, 이 저항력을 내력(內力, internal force)이라 하며 단위면적당 내력의 크기를 응력(應力, stress)이라 한다.

응력의 단위는 중력 단위로는 kgf/cm², SI 단위로는 N/m²(=Pa)이다.

응력은 크게 수직응력(垂直應力, normal stress)과 접선응력(接線應力, tangential stress)으로 구분하며, 수직응력은 인장응력(引張應力, tensile stress)과 압축응력(壓縮應力, compressive stress)으로 나뉘고, 접선응력은 전단응력(剪斷應力, shearing stress)이라 한다.

1-1   수직응력(normal stress, σ)

수직응력은 물체에 작용하는 응력이 단면에 직각으로 작용하는 응력으로 법선응력(法線應力) 또는 축응력(軸應力)이라고도 한다. 가해지는 외력이 인장력일 경우 인장응력(σ_t), 압축력일 경우 압축응력(σ_c)이 발생한다.

$$\text{인장응력} \quad \sigma_t = \frac{P_t}{A} \ [\text{N/m}^2, \ \text{kgf/cm}^2]$$

$$\text{압축응력} \quad \sigma_c = \frac{P_c}{A} \ [\text{N/m}^2, \ \text{kgf/cm}^2]$$

여기서, P_t : 인장력(=인장하중)(N, kgf)

$\qquad\quad P_c$: 압축력(=압축하중)(N, kgf)

$\qquad\quad A$: 봉의 단면적(m², cm²)

【참고】 인장인 경우는 (+) 부호를 붙여서 정응력(正應力, positive stress), 압축인 경우는 (−) 부호를 붙여서 부응력(負應力, negative stress)이라고도 하며, 인장응력과 압축응력을 총칭하여 종응력(縱應力, longiudinal stress)이라 한다.

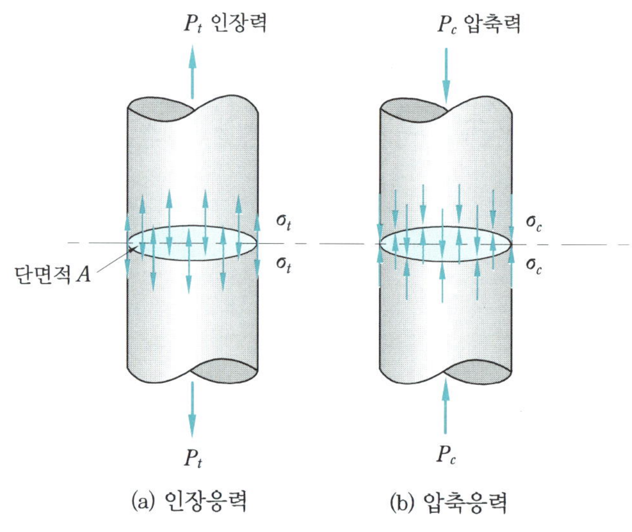

그림 2-1 인장응력과 압축응력

예제 1. 지름 5 cm인 연강봉에 4 kN의 인장하중이 작용할 때 발생하는 응력을 구하시오.

[해설] 인장하중 $P_t = 4$ kN이 작용하므로 연강봉 내부에는 이에 상응하는 저항력인 내력이 발생하므로 인장하중 = 내력이며, 단면적 A는 연강봉이므로 원형 단면으로 보면 인장응력이 발생하므로,

$$\sigma_t = \frac{P_t}{A} = \frac{P_t}{\dfrac{\pi d^2}{4}} = \frac{4P_t}{\pi d^2} = \frac{4 \times 4000}{\pi \times 0.05^2}$$

$$= 2038216.5 \text{ N/m}^2 \fallingdotseq 2.04 \times 10^6 \text{ N/m}^2 = 2.04 \text{ MN/m}^2 = 2.04 \text{ MPa}$$

예제 2. 단면이 5 cm×5 cm인 사각기둥에 발생하는 응력이 98 MPa이 되도록 하려면 몇 kN의 압축하중이 작용해야 하는지 구하시오.

[해설] 압축응력 $\sigma_c = \dfrac{P_c}{A}$ 이므로

$$P_c = \sigma_c \cdot A = 98 \text{ MPa} \times (0.05 \times 0.05) \text{ m}^2$$

$$= 98 \text{ MN/m}^2 \times (0.05 \times 0.05) \text{ m}^2 = 0.245 \text{ MN} = 245 \text{ kN}$$

1-2 접선응력(tangential stress, τ)

접선력은 단면에 평행한 힘이며, 단면을 서로 미끄러지듯이 작용하는 전단작용(剪斷作用)이 발생한다. 물체의 단면을 평행하게 전단하려고 하는 방향으로 작용하는 전단력(剪斷力, shearing force)에 대해 평행하게 발생하는 응력을 전단응력(剪斷應力, shearing stress), 또는 접선응력(接線應力, tangential stress)이라 한다.

전단면에 생기는 전단응력은 전단하중 P_s가 작용할 때, 단면 상의 어느 부분에서나 균일하지 않으며 전단응력의 분포가 균일하다고 할 때, 즉 평균 전단응력을 적용할 때 전단응력은 다음 식으로 주어진다.

$$\text{전단응력}\ \ \tau = \frac{P_s}{A}\ [\text{N/m}^2,\ \text{kgf/cm}^2]$$

여기서, P_s : 전단하중(N, kgf), A : 단면적(m^2)

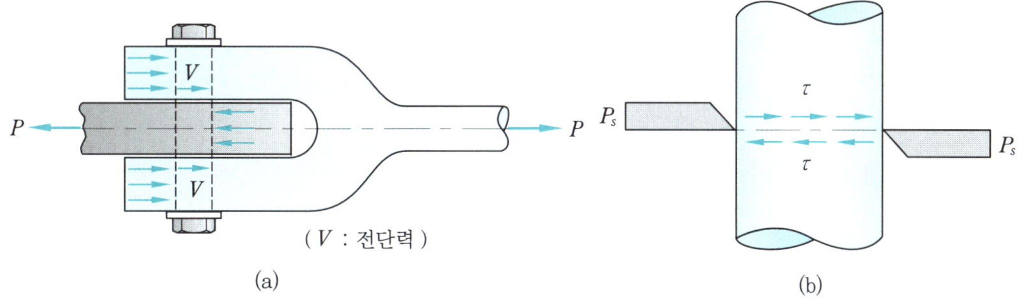

그림 2-2　접선응력

어느 재료의 내부가 복잡한 응력 상태에 있을지라도 이를 분해해 보면 모두 인장응력과 압축응력, 전단응력에 속해 있으며, 이 세 가지 응력을 단순응력(單純應力, simple stress)라 하고, 이들 중 두 응력 이상이 동시에 작용하면 이를 조합응력(組合應力, combined stress)이라 한다.

이 밖의 응력으로는 비틀림 하중에 의하여 횡단면(橫斷面)에 발생하는 비틀림 응력이 있으며, 이 응력은 전단응력의 일종으로 단면에 균일하게 분포하지 않는다. 또 굽힘하중에 의하여 역시 재료의 횡단면에 발생하는 굽힘응력이 있는데, 이 응력은 인장응력과 압축응력의 수직응력이 동시에 작용한다. 그리고 어떤 물체에 하중을 가한 뒤 이를 제거한 후에도 물체의 내부에 남아 있는 응력을 잔류응력(殘留應力, residual stress)이라 한다.

예제 3. 다음 그림과 같이 $4\,\text{cm}\times4\,\text{cm}$의 정사각형 단면을 갖는 3개의 나무토막을 본드로 접착하였다. 이 조립체에 전하중 $P=19.6\,\text{kN}$이 작용할 때 이 접착부에 발생하는 평균 전단응력을 구하시오.

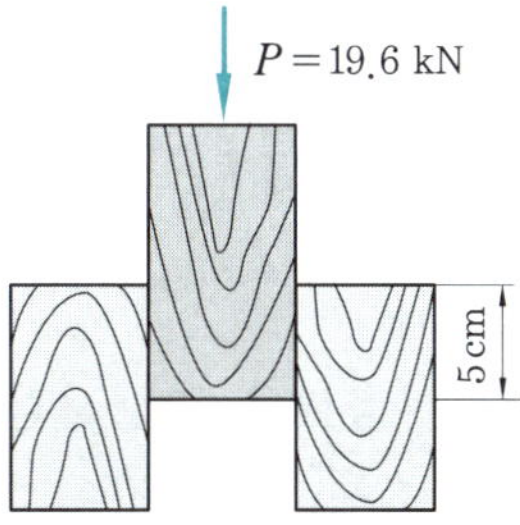

[해설] 평균 전단응력 $\tau = \dfrac{P}{A}$ 에서

$$\tau = \frac{P}{a \times b} = \frac{19.6 \text{ kN}}{0.04 \times 0.05 \text{ m}^2}$$
$$= 9800 \text{ kN/m}^2 = 9.8 \text{ MN/m}^2 = 9.8 \text{ MPa}$$

[주] $1 \text{ N/m}^2 = 1 \text{ Pa}$, $1 \text{ kN/m}^2 = 1 \text{ kPa}$, $1 \text{ MN/m}^2 = 1 \text{ MPa}$

$1 \text{ GPa} = 10^3 \text{ MPa} = 10^6 \text{ kPa} = 10^9 \text{ Pa}$

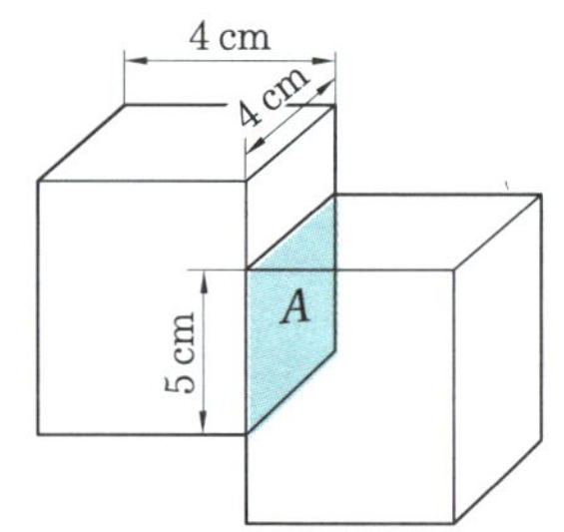

예제 4. 다음 그림과 같이 두께 15 mm의 연강판(軟鋼板)에 지름 2.3 mm의 구멍을 만드는 데 필요한 하중 P와 펀치(punch)에 작용하는 압축응력 σ_c를 구하시오.(단, 연강의 전단응력은 490 MPa이다.)

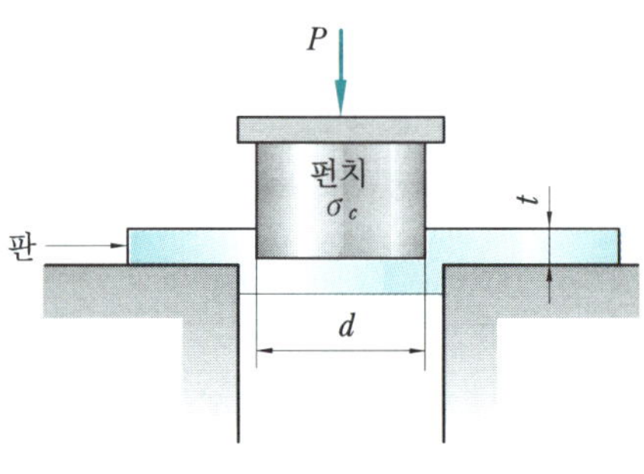

[해설] 전단응력은 펀치의 바깥지름에 의하여 생기므로

전단응력은 $\tau = \dfrac{P}{A}$ 에서

$$P = \tau \cdot A = \tau \cdot \pi d t$$
$$= 490 \text{ MPa} \times \pi \times 0.023 \times 0.015 \text{ m}^2 = 0.5308 \text{ MPa} \cdot \text{m}^2$$
$$= 0.5308 \text{ MN} = 530.8 \text{ kN}$$

압축응력 $\sigma_c = \dfrac{P}{A} = \dfrac{P}{\dfrac{\pi d^2}{4}} = \dfrac{4 \times 530.8 \text{ kN}}{\pi \times 0.023^2 \text{ m}^2}$

$$= 1278220 \text{ kN/m}^2 = 1278.22 \text{ MN/m}^2 = 1278.22 \text{ MPa}$$

압축응력 σ_c는 $\dfrac{t}{d}$ 에 비례하며 σ_c가 펀치되는 재료의 압축강도 이하이면 구멍을 뚫을 수 없다. 따라서, 두꺼운 판에 작은 구멍을 만들기가 매우 어려운 것이다.

2. 변형률(strain)

물체에 하중을 가하면 그 내부에는 응력을 발생시킴과 동시에 형태나 크기를 변화시킨다. 이 변형량과 원래 치수와의 비율을 변형률(變形率, strain), 또는 변형도(變形度)

라 하며, 이 변형률은 길이에 대한 비율이므로 차원(次元)은 없다.

완전 탄성을 보유하는 응력한도(應力限度)를 탄성한도(elastic limit)라 하고 외력을 제거하면 없어지는 변형률을 탄성 변형률(elastic strain)이라 한다.

물체에 발생하는 변형의 크기는 물체의 크기에 의하여 변화하므로, 동일 응력에 대하여 큰 물체일수록 큰 변형을 일으킨다.

2-1   세로 변형률(longitudinal strain)

그림 2-3에서 물체에 인장하중, 또는 압축하중 P가 봉의 중심(핵심)을 통하여 세로 방향 성분에 균일하게 작용하고 있다면, 이 세로 방향 성분들은 균일하게 늘어나거나 줄어들게 된다.

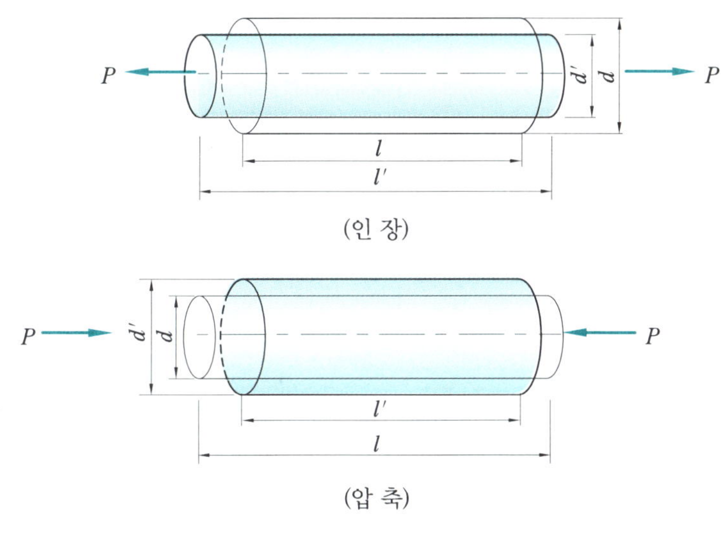

그림 2-3   세로(縱) 변형

길이 l인 봉이 δ만큼 신장(伸張)하여 l'가 되었을 때 인장 변형률(tensile strain) ε_t는

$$\varepsilon_t = \frac{l'(\text{인장 후 변형된 길이}) - l(\text{원래 길이})}{l(\text{원래 길이})} = \frac{\lambda(\text{늘어난 길이})}{l(\text{원래 길이})}$$

만약, 압축하중을 받았다면 압축 변형률(compressive strain) ε_c는 길이 l인 봉이 λ만큼 수축(收縮)하여 l'가 되었으므로

$$\varepsilon_c = \frac{l(\text{원래 길이}) - l'(\text{압축 후 변형된 길이})}{l'(\text{원래 길이})} = \frac{-\lambda(\text{수축된 길이})}{l(\text{원래 길이})}$$

위의 두 변형률을 총칭하여 세로 변형률(종변형률)이라 한다.

2-2　가로 변형률(lateral strain)

하중이 작용하는 방향으로 신축(伸縮)이 있었다면 그 직각 방향에도 신축(늘어남과 줄어듦)이 있게 된다.

그림 2-3에서 원래의 지름 d가 d'이 되어 δ만큼 변화하였다면, 가로 방향의 변형량 δ와 원래의 지름 d와의 비를 가로 변형률(횡변형률, 橫變形率)이라 하며, 가로 변형률 ε'는 다음 식으로 표시할 수 있다.

$$\varepsilon' = \frac{d'-d}{d} = \frac{\mp\,\delta}{d}$$

여기서, $-\delta$: 인장, $\ +\delta$: 압축

2-3　전단 변형률(shearing strain)

그림 2-4 (a)에서 양 판재에 하중 P가 작용하면 그림 2-4 (b)와 같이 판재와 판재 사이의 리벳 부분의 확대면인 □ABCD에 하중 P에 대응하는 전단응력 τ가 작용하여 □ABC′D′로 변형된다. 즉, 점 C는 점 C′으로, 점 D는 점 D′으로 변형되어 변형량 λ_s만큼 미끄러지게 되며, 이 전단 변형량 λ_s와 길이 l과의 비를 전단 변형률(shearing strain)이라 한다.

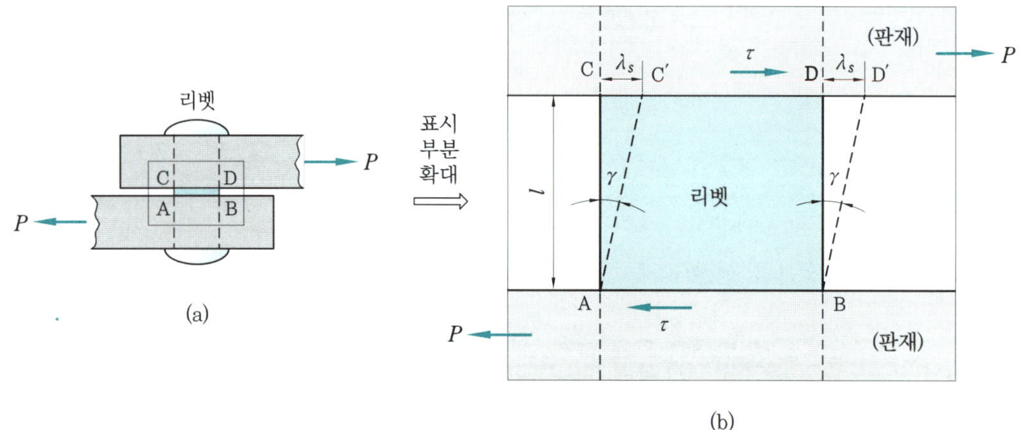

그림 2-4　전단 변형률

전단 변형률 γ는 다음 식으로 표시할 수 있다.

$$\gamma = \frac{\mathrm{CC'}}{\mathrm{AC}} = \frac{\lambda_s}{l} \fallingdotseq \tan\gamma$$

γ는 극히 작은 각이므로 CC′은 AC를 반지름으로 하는 원호를 생각하면 $\tan\gamma$는 γ [rad]로 표시할 수 있다. 즉, $l=1$일 때 λ_s 값이 전단 변형률이므로 단위거리에 있는 두 평행변 사이의 상호 가로 방향의 미끄럼값 또는 처음 직교하였던 두 면 사이의 각(角) 변화를 radian으로 표시한 값을 전단 변형률이라 할 수 있다.

2-4 체적 변형률(volumetric strain, bulk strain)

어떤 정육면체 주위에 높은 압력을 작용시키면 전체 표면에 압력이 작용하여 체적 V가 V'으로 감소하게 된다.

체적 변화량 $\Delta V(=V-V')$와 본래 체적 V와의 비를 체적 변형률(體積變形率)이라 하며, 이 체적 변형률 ε_V는 다음 식으로 표시할 수 있다.

$$\varepsilon_V = \frac{V'-V}{V} = \frac{-(V-V')}{V} = \frac{-\Delta V}{V} \text{ (압축)}, \quad \frac{\Delta V}{V} \text{ (팽창)}$$

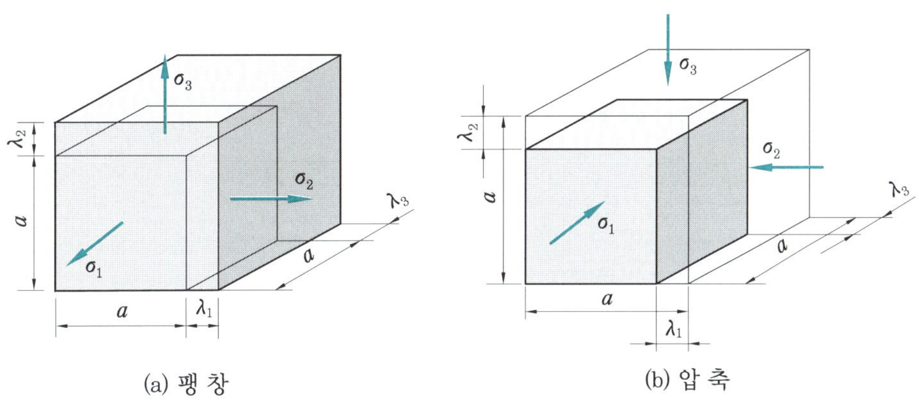

(a) 팽 창 　　　(b) 압 축

그림 2-5 팽창과 압축

그림 2-5에서 한 변의 길이가 a인 정육면체의 각 면에 수직응력 σ_1, σ_2, σ_3가 작용하여 σ_1, σ_2, σ_3와 평행변이 각각 $a\pm\lambda_1$, $a\pm\lambda_2$, $a\pm\lambda_3$로 변화하였다면 이 정육면체의 처음의 체적 $V=a^3$이고 변화 후 체적 $V'=(a\pm\lambda_1)(a\pm\lambda_2)(a\pm\lambda_3)$가 되어 체적 변화량 ΔV는 다음과 같이 된다.

$$\Delta V = V'-V = (a\pm\lambda_1)(a\pm\lambda_2)(a\pm\lambda_3) - a^3$$
$$= a(1\pm\varepsilon_1)\cdot a(1\pm\varepsilon_2)\cdot a(1\pm\varepsilon_3) - a^3$$
$$\fallingdotseq \pm a^3(\varepsilon_1+\varepsilon_2+\varepsilon_3)$$

ε은 극히 작은 값으로 2차 이상의 항은 무시할 수 있다. 따라서, 체적 변형률 ε_V는

$$\varepsilon_V = \frac{\Delta V}{V} = \frac{\pm a^3(\varepsilon_1 + \varepsilon_2 + \varepsilon_3)}{a^3} = \pm(\varepsilon_1 + \varepsilon_2 + \varepsilon_3) \quad [(-)\text{압축}, \ (+)\text{팽창}]$$

위의 식에서,

① 체적 변형률은 세로 변형률의 합과 같다.

② 등방성(等方性, isotropic) 재료인 경우 $\varepsilon_1 = \varepsilon_2 = \varepsilon_3$ 이므로 $\varepsilon_V \fallingdotseq \pm 3\varepsilon$ 이 된다.

예제 5. 다음 그림과 같이 KS 인장시험편에 3920 N의 인장하중을 작용시켰더니 표점 거리가 50.7 mm, 지름이 13.84 mm가 되었다. 이 시험편의 연신율(延伸率)과 단면 수축률을 구하시오.(단, 시험편의 표점거리 L : 50 mm, 평행부 길이 l : 60 mm, 지름 d : 14mm이다.)

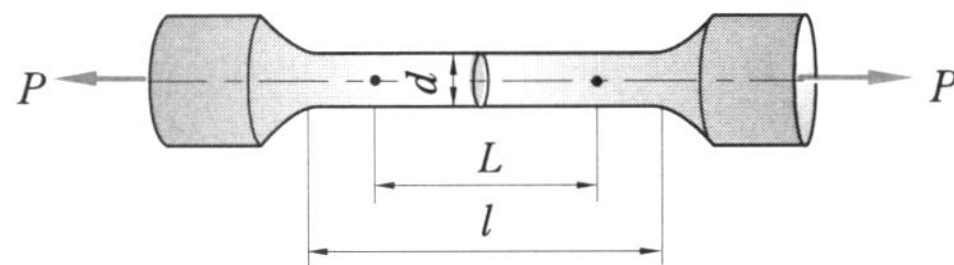

해설 연신율 (= 세로 방향의 변형률) $\varepsilon = \dfrac{L'-L}{L}$

$$= \frac{50.7-50}{50} = 0.014 \ (\text{신장})$$

단면적 감소율 $\phi = \dfrac{A-A'}{A} = \dfrac{\dfrac{\pi d^2}{4} - \dfrac{\pi d'^2}{4}}{\dfrac{\pi}{4}d^2} = \dfrac{d^2 - d'^2}{d^2}$

$$= \frac{14^2 - 13.84^2}{14^2} = 0.0227 \ (\text{감소})$$

3. 응력-변형률 선도(stress-strain diagram)

재료의 강도(强度)를 조사하려면 KS 규격의 KS B 0802(금속재료 인장시험 방법)에 의해 KS B 0801 인장시험편을 만들어 만능 시험기(萬能試驗機, universal testing machine)에 설치하여 인장시험을 한다.

작용하중(인장하중) P를 세로축으로 하고 신장량 λ를 가로축으로 하여 그린 선도(線圖)를 하중-신장 선도(load-elongation diagram)라 하며 만능 시험기에서는 이 선도를 자동적으로 기록하도록 되어 있다.

하중 P를 최초의 단면적 A로 나눈 값을 응력 σ라 하고, 신장량 λ를 최초의 길이 l로 나눈 값을 변형률(변형도) ε이라 하여 선도를 그려도 위의 선도와 같은 형태의 선도가 되며, 이 선도를 응력–변형률 선도(應力–變形率線圖)라 한다.

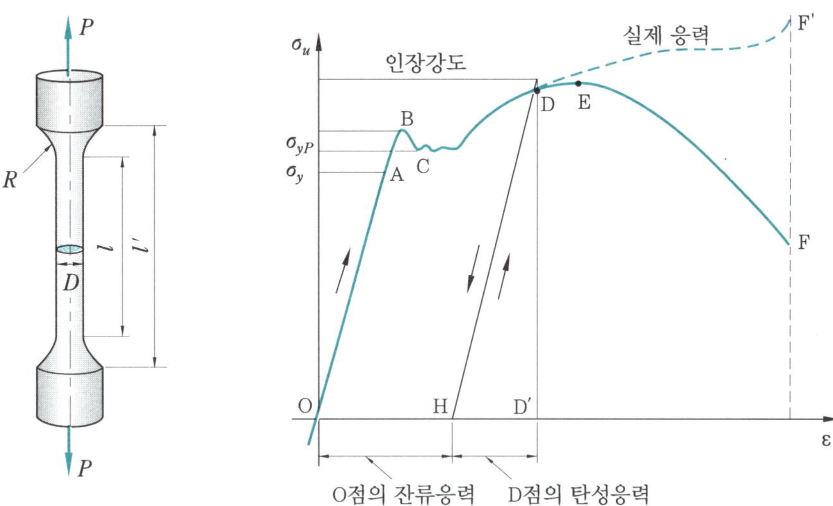

$D = 4\ \text{mm}, \quad l = 50\ \text{mm}$

$P = 60\ \text{mm}, \quad R \geqq 15\ \text{mm}$

$l = 4\sqrt{A} = 3.54D, \quad A = $ 시험편의 단면적

   (a) KS B 08014호 시험편   (b) 응력–변형률 선도

그림 2-6 응력–변형률 선도(인장시험)

그림 2–6 (b)는 연강(軟鋼, mild steel)의 인장시험 선도인 응력–변형률 선도이며, 다음의 특성이 있다.

① 원점 O에서 A점까지는 응력에 비례하여 직선적으로 변형률이 증가하여 훅(Hooke)의 법칙이 성립된다.

② A점을 비례한도(比例限度, proportional limit)라 하며, 이 점에서 다시 응력이 증가하면 하중을 제거하여도 변형은 완전히 원위치로 돌아가지 않고 변형이 남는다. 이것을 잔류변형(殘留變形, residual strain), 또는 영구변형(永久變形, permanet strain)이라 하며, 이 잔류변형을 남기지 않는 상한(上限) 응력을 탄성한도(彈性限度, elastic limit)라 한다. 이 점의 허용한도는 0.003 %의 영구변형을 의미하므로 탄성한도는 신장(伸張) 측정기의 감도(感度) 또는 정밀도에 의해 좌우되지만 이 재료의 경우 비례한도보다 약간 위에 위치하거나 거의 일치하게 되므로 탄성한도와 비례한도를 같은 의미로 사용하는 경우도 있다.

③ B점을 상항복점(上降伏點, upper yield point)이라 하며, 이 점에 도달하면 일부분에 가장 저항력이 약한 방향으로 급격히 미끄럼 현상을 일으키면서 신장이 증가하므로 응력은 불연속적으로 C점까지 강하(降下)하게 된다. 이 현상은 연강이나 연철의 특이한 성질로서 최대 전단응력이 45° 경사면을 따라 미끄럼을 일으키는 소성변

형을 하게 된다.

④ C점을 하항복점(下降伏點, lower yield point)이라 하고, 미끄럼이 점차 다른 부분으로 옮겨져 시험편 평행부 전체에 미칠 때까지 신장이 일어나도 응력은 거의 변하지 않는다. 보통 상항복점인 B점을 재료의 항복점(降伏點, yield point)이라 한다.

⑤ 뤼더선(Lüder's line) : 이 미끄럼을 일으킨 면은 세로축에 대하여 양측에 각각 45° 경사진 선으로 교차되어 있으므로 항복의 발생 정도를 알 수 있게 되는데, 이와 같이 미끄럼을 나타내는 선을 뤼더선이라 한다.

　미끄럼 변형이 전체에 걸쳐 일어나면 한번 미끄러진 면은 미끄럼에 대한 저항이 증가하기 때문에 다시 변형이 증가하면서 응력도 증가하게 된다. 이것을 변형경화(變形硬化, strain hardning), 또는 가공경화(加工硬化)라 한다.

⑥ 최고점 E점에서의 응력을 극한강도(極限强度, ultimate strength)라 하며, 인장일 때 인장강도(引張强度, tensile strength)라 한다.

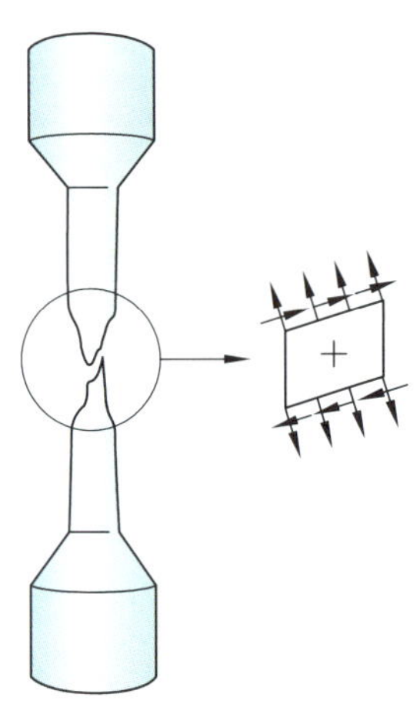

그림 2-7 Lüder's line

　E점에서 곡선이 내려가는 것은 재료의 일부에 네킹(necking) 현상이 발생하는 것인데, 단면이 가늘어지기 때문이다. 이때의 응력은 최초의 단면적으로 하중을 나눈 값으로서 공칭응력(公稱應力, normal stress)이라 하며, 축소된 실제의 단면적으로 하중을 나눈 것을 실제응력(實際應力, actual stress)라 하고 그림 2-6 (b)의 점선으로 표시된 부분이다.

　단면수축은 점차 급격히 진행되어 F점에서 파단(破斷)된다. F점에서 공칭응력은 인장강도보다 적으므로 E점의 인장강도를 파단응력(破斷應力, breaking stress)이라 하는 경우도 있다.

⑦ 시험편의 최초 단면적과 표점(標點)거리(gage length)를 A, l, 파단 시의 단면적과 표점거리를 A', l' 이라 하면 단면 수축률 ψ와 신장률 ϕ는

$$\psi = \frac{A-A'}{A} \times 100\,\%, \qquad \phi = \frac{l'-l}{l} \times 100\,\%$$

　단면 수축률과 신장률이 큰 재료를 연성(延性)재료(ductile material)라 하고, 작은 재료를 취성(脆性)재료(brittle material)라 한다. 신장률이 큰 재료는 파단까지의 변형 에너지 흡수가 크므로 충격하중에 대하여 안전하다. 보통 구조용 강은 비례한도 196 MPa(20 kg/mm²) 내외이고, 단면 수축률은 약 60 %이다. 그 밖의 재료는 하중을 제거하였을 때 잔류변형이 0.2 %에 달하는 응력을 $\sigma_{0.2}$ 안전응력(0.2 % proof stress)이라 하여 항복점에 대응되는 응력이다.

⑧ 이 인장시험 봉이 단순 인장을 받으면 탄성한도 내에서 훅(Hooke)의 법칙이 성립되며 봉의 변형량 λ는 $\lambda = \dfrac{Pl}{AE}$ 의 결과식을 얻게 된다.

이 식에서 AE를 축강도(軸剛度, axial rigidity)라 하고, l/AE를 유연도(柔軟度, flexibility), AE/l을 강성도(剛性度, stiffness)라 한다.

4. 훅(Hooke)의 법칙과 탄성계수

4-1 훅의 법칙

"재료의 응력이 비례한도에 이르면 응력(σ)과 변형률(ε)과는 정비례한다." 또는 "탄성한도 내에서 신장량(λ)은 하중(P)과 길이(l)에 비례하고, 단면적(A)에 반비례한다." 이것은 재료역학의 기초가 되는 중요 법칙으로 훅의 법칙(Hooke's law)이라 한다. 즉,

$$\sigma \propto \varepsilon \;(\text{응력} = \text{비례상수} \times \text{변형률})$$

또는, $\dfrac{P}{A} \propto \dfrac{\lambda}{l} \rightarrow \lambda \propto \dfrac{P \cdot l}{A} \left(\text{신장량} = \text{비례상수} \times \dfrac{\text{하중} \times \text{길이}}{\text{단면적}} \right)$

윗식에서 비례상수를 탄성계수(彈性係數, modulus of elasticity)라 한다.

4-2 세로 탄성계수(modulus of longitudinal elasticity)

수직응력 σ와 그에 따른 세로 변형률 ε이 훅의 법칙에 따라 정비례 관계를 성립시키는 비례상수를 영계수(Young's modulus), 또는 세로 탄성계수(縱彈性係數)라 하고, E로 표시하며 단위는 N/m^2 또는 kgf/cm^2이다.

$$E = \frac{\sigma}{\varepsilon} = \frac{\dfrac{P}{A}}{\dfrac{\lambda}{l}} = \frac{Pl}{A\lambda} \quad [\text{N/m}^2, \ \text{kgf/cm}^2]$$

연강에 대하여 세로 탄성계수 $E = 2.1 \times 10^6 \, \text{kgf/cm}^2 \fallingdotseq 210 \, \text{GPa}$이다.

4-3 가로 탄성계수(modulus of lateral elasticity)

탄성한도 내에서 전단응력을 τ, 전단 변형률을 γ라 하고 두 값 사이의 비례상수를 G라 할 때,

$$\tau = G \cdot \gamma, \quad G = \frac{\tau}{\gamma} = \frac{P/A}{\lambda_s/l} = \frac{Pl}{A\lambda_s}$$

의 관계가 성립한다. 이 비례상수를 전단 탄성계수(modulus of rigidity), 또는 가로 탄성계수라 하며 G로 표시하고, 단위는 응력과 같은 N/m², 또는 kgf/cm²를 가지며, 그 크기는 E의 2/5 정도이고, 연강에 대하여 가로 탄성계수(橫彈性係數) $G = 0.81$ kgf/cm² $\fallingdotseq 81\,GPa$이다.

전단 탄성계수 G는 직각을 갖는 두 면 사이에 1 rad(57.3°)의 각도 변화를 발생시키는 데 필요한 전단응력 τ의 값이다.

4-4 체적 탄성계수(modulus of volume)

물체에 압축응력 p를 작용시키면 모든 방향에 압축응력 $\sigma = -p$가 작용하여 체적 V가 $\varDelta V$만큼 감소하여 V'이 된다. 이때 체적 변형률 ε_V는

$$\varepsilon_V = \frac{V'-V}{V} = \frac{-\varDelta V}{V}$$

가 되며, 이것은 압력에 비례하게 된다. 즉,

$$\sigma = -p = K \cdot \varepsilon_V$$

의 식이 성립하며, 이때 σ와 ε_V 사이의 비례상수 K를 체적 탄성계수(體積彈性係數)라 하며, ε_V가 무차원 수이므로, K는 압력이나 응력의 단위와 같은 값을 갖게 된다.

예제 6. 길이 $l = 3$ m, 지름 $d = 1.6$ cm인 원형 단면봉을 $P = 30$ kN의 축하중을 작용시켜 신장량이 $\delta = 2.2$ mm가 되었다. 이 봉에 발생하는 인장응력과 이 재료의 탄성계수 E 값을 구하시오. 또, kgf 단위로 환산하여 구하시오.

[해설] 인장응력 $\sigma = \dfrac{P}{A} = \dfrac{P}{\dfrac{\pi}{4}d^2}$

$$= \frac{30}{\frac{\pi}{4} \times 1.6^2} = 14.93 \text{ kN/cm}^2$$

$$= 14.93 \times 10^4 \text{ kN/m}^2 = 149.3 \times 10^3 \text{ kN/m}^2$$

$$= 149.3 \text{ MN/m}^2 = 149.3 \text{ MPa}$$

세로 변형률 $\varepsilon = \dfrac{\lambda}{l} = \dfrac{2.2}{3000} = 0.00073$

세로 탄성계수 $E = \dfrac{\sigma}{\varepsilon} = \dfrac{149.3 \text{ MPa}}{0.00073}$

$$= 204520 \text{ MPa} = 204.52 \text{ GPa}$$

1 kgf = 9.8066 N이므로, σ와 E를 kgf으로 표시하면,

$$\sigma = 149.3\,\text{MPa} = 149.3 \times 10^6\,\text{Pa}$$
$$= 149.3 \times 10^6\,\text{N/m}^2 = 1510\,\text{kgf/cm}^2$$
$$E = 204.52\,\text{GPa} = 204.52 \times 10^9\,\text{Pa}$$
$$= 204.52 \times 10^9\,\text{N/m}^2 = 2.086\,\text{kgf/cm}^2$$

예제 7. 길이가 2.4 m이고 지름이 3 mm인 강선에 인장하중 850 N이 작용할 때 강선의 신장을 구하시오.(단, 재료의 영계수 $E = 210\,\text{GPa}$이다.)

[해설] 신장량 $\lambda = \dfrac{Pl}{AE} = \dfrac{P \cdot l}{\dfrac{\pi}{4}\,d^2 \times E}$

$$= \frac{4 \times 850 \times 2.4}{\{\pi \times (3 \times 10^{-3})^2\} \times (210 \times 10^9)} = 0.00137\,\text{m} = 1.37\,\text{mm}$$

예제 8. 지름 $d = 2.2\,\text{cm}$인 재료가 전단하중 $P = 25\,\text{kN}$을 받아서 전단 변형률이 0.00075 rad 만큼 발생하였다. 이 재료의 전단 탄성계수 G값을 구하시오.

[해설] 전단 탄성계수 또는 가로(횡) 탄성계수 $G = \dfrac{\tau}{\gamma}$이므로,

전단응력 $\tau = \dfrac{P}{\dfrac{\pi}{4}\,d^2} = \dfrac{4 \times 25000}{\pi (2.2 \times 10^{-2})^2}$

$$= 65799863\,\text{N/m}^2 = 65.8\,\text{MN/m}^2 = 65.8\,\text{MPa}$$

$$\therefore G = \frac{\tau}{\gamma} = \frac{65.8\,\text{MPa}}{0.00075} \fallingdotseq 87.7 \times 10^3\,\text{MPa} = 87.7\,\text{GPa}$$

예제 9. 길이가 3 m인 AL 봉의 전체 길이 중 1 m 부분은 한 변이 정사각형 단면이고, 나머지 2 m 부분은 지름이 2 cm인 원형 단면이다. 이 봉에 인장하중 $P = 20\,\text{kN}$을 작용시킬 때 봉의 전체 신장량을 구하시오.(단, 재료의 세로 탄성계수 $E = 72\,\text{GPa}$이다.)

[해설] 신장량 $\lambda = \dfrac{P \cdot l}{AE}$ 이므로

① 사각단면 부분에서

$$\lambda_1 = \frac{P \cdot l_1}{A_1 E} = \frac{(20 \times 10^3) \times 1}{(0.02 \times 0.02) \times (72 \times 10^9)}$$
$$= 694 \times 10^{-6}\,\text{m} = 0.694\,\text{mm}$$

② 원형 단면 부분에서

$$\lambda_2 = \frac{P \cdot l_2}{A_2 E} = \frac{(20 \times 10^3) \times 2}{\dfrac{\pi}{4} \times 0.02^2 \times (72 \times 10^9)}$$
$$= 1769 \times 10^{-6} = 1.769\,\text{mm}$$

$$\therefore \text{봉의 전체 신장량은 } \lambda = \lambda_1 + \lambda_2 = 0.694 + 1.769 = 2.463\,\text{mm}$$

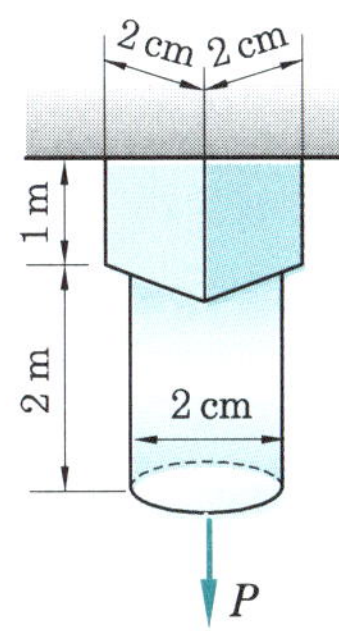

5. 푸아송의 비(Poisson's ratio)

 탄성한도 내에서 재료의 축방향으로 인장하중을 작용시키면 축방향으로 신장을 일으키는 동시에 가로 방향으로 수축이 일어난다. 즉, 재료에는 축신장과 더불어 가로 수축을 동반하며 탄성한도 내에서는 그 비(比)가 일정하게 유지되며, 그 축신장과 가로 수축의 비(比)는 푸아송의 비(Poisson's ration) μ라 하고, 그 역수를 m이라 하면 $m = \dfrac{1}{\mu}$을 푸아송의 수(poisson's number)라 한다. 푸아송의 비는 1보다 작은 값이며, 그 역수인 푸아송의 수는 1보다 큰 값을 가지게 된다. 푸아송의 비 μ와 푸아송의 수 m의 관계식은 다음과 같다.

$$\mu = \frac{1}{m} = \frac{\varepsilon'}{\varepsilon} = \frac{\text{가로 신장률}}{\text{세로 신장률}}$$

 참고로 푸아송의 비는 재료의 분자 구조론을 사용하여 μ의 값을 확정한 프랑스의 수학자 Poisson의 이름을 인용한 것이다.

표 2-1 각종 재료의 μ와 m 값

재 료	μ	m	재 료	μ	m
연 철	0.278	3.6	유 리	0.244	4.1
연 강	0.303	3.3	셀룰로이드	0.400	2.5
황동 (동)	0.333	3.0	납	0.430	2.32
주 철	0.270	3.7	고 로	0.500	2.00

 체적 변화율은 $\varepsilon_V = \dfrac{\varDelta V}{V}$이며, 체적 탄성계수 $K = \dfrac{\sigma}{\varepsilon_V}$이다.

 주어진 재료의 세로 탄성계수 E와 푸아송의 비 μ를 알고 있으면 그 재료로 만들어진 균일 단면봉의 인장 상태에서의 체적 변화를 쉽게 알 수 있다.

 그림 2-8에서

    원체적 $V = A \cdot l$ (원래 단면적×높이)

    높이 변화 $l_1 = l + \lambda\,(= \lambda_1 + \lambda_2) = l + \varepsilon \cdot l = l(1 + \varepsilon)$

    단면의 가로와 세로의 변화 $l_2 = l - \lambda\,(= \lambda_1 + \lambda_2)$

$$= l - \varepsilon' \cdot l = l(1 - \varepsilon') = l(1 - \mu\varepsilon)$$

    단면적 변화 $A_1 = l_2^2 = [l(1 - \varepsilon')]^2$

$$= [l(1 - \mu\varepsilon)]^2 = l^2[1 - \mu\varepsilon]^2 = A(1 - \mu\varepsilon)^2$$

체적 변화　$V_1 = l_1 \cdot l_2^2 = l_1 \cdot A_1$

$$= l(1+\varepsilon) \times A(1-\mu\varepsilon)$$
$$= Al(1+\varepsilon)(1-\mu\varepsilon)$$
$$= Al(1+\varepsilon-2\mu\varepsilon)$$
$$= Al[1+\varepsilon(1-2\mu)]$$

체적 변화량　$\Delta V = V_1 - V$

$$= Al[1+\varepsilon(1-2\mu)] - Al$$
$$= V(1-2\mu)$$

체적 변화율　$\varepsilon_V = \dfrac{\Delta V}{V}$

$$= \dfrac{Al\varepsilon(1-2\mu)}{Al}$$
$$= \varepsilon(1-2\mu) = \varepsilon - 2\mu\varepsilon$$

어떤 재료가 인장하중을 받음으로써 그 체적이 줄어드는 경우가 없어야 한다. 즉, $\varepsilon_V = 0$에서 $\varepsilon - 2\mu\varepsilon = 0$ 이므로 $\mu \leq \dfrac{1}{2}$ 이어야 한다. 고무의 경우 μ의 값이 0.5에 매우 근접하므로 길이가 늘어나도 체적 변화가 거의 없으며 콘크리트의 경우는 1/8~1/12 정도로 작고 코르크의 경우는 μ를 0으로 잡는다.

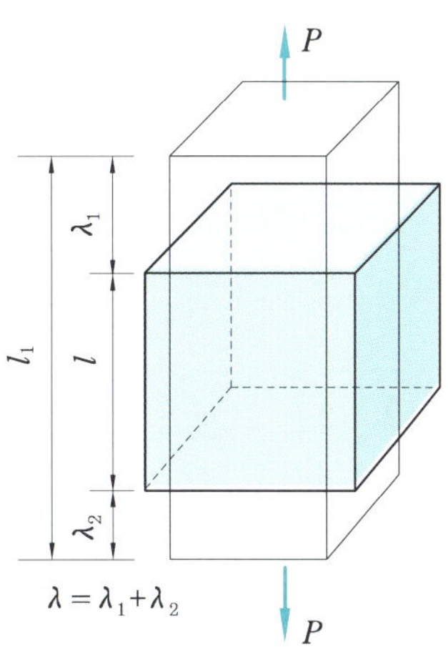
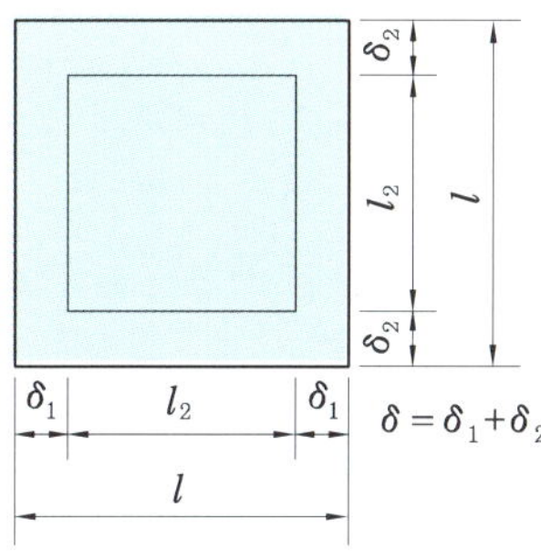

그림 2-8　체적 변화

예제 10. 길이 20 cm, 한 변의 길이가 4 cm인 정사각형 단면의 봉에 8 kN의 압축하중이 작용할 때 체적 변화량을 구하시오.(단, 푸아송의 비 $\mu = 0.25$, 탄성계수 $E = 200\,\text{GPa}$이다.)

해설　압축하중이 작용하므로 체적 변화율은 감소 상태이다. 따라서,

체적 감소량　$\Delta V = V \cdot \varepsilon(1-2\mu) = Al \cdot \varepsilon(1-2\mu)$

$$= Al \cdot \dfrac{\lambda}{l}(1-2\mu) = A \cdot \dfrac{Pl}{AE}(1-2\mu) = \dfrac{Pl}{E}(1-2\mu)$$

$$= \dfrac{8000 \times 0.2}{200 \times 10^9} \times (1 - 2 \times 0.25)$$

$$= 4 \times 10^{-9}\,\text{m}^3 = 0.004\,\text{cm}^3$$

예제 11. 지름이 2 cm, 길이 20 cm의 연강봉이 인장하중을 받아 0.016 cm 늘어나고 동시에 지름이 0.0005 cm만큼 줄었다고 한다. 이 재료의 푸아송의 비(Poisson's ratio)를 구하시오.

해설 푸아송의 비 $\mu = \dfrac{1}{m} = \dfrac{\varepsilon'}{\varepsilon} = \dfrac{\text{가로(횡) 변형률}}{\text{세로(종) 변형률}}$ 에서,

$$\mu = \frac{\varepsilon'}{\varepsilon} = \frac{\dfrac{\delta}{d}}{\dfrac{\lambda}{l}} = \frac{l\delta}{d\lambda}$$

$$= \frac{20 \times 0.0005}{2 \times 0.016} = \frac{0.01}{0.032} = 0.3125$$

예제 12. 지름 3 cm인 연강봉이 인장하중 30 kN을 받고 있다. 이 연강봉의 단면적 감소량을 구하시오.(단, 푸아송의 비는 0.3, 탄성계수 $E = 200$ GPa이다.)

해설 봉에 인장하중이 작용할 때 길이(축) 방향은 $(1+\varepsilon) : 1$로 늘고, 가로(횡) 방향은 $(1-\mu\varepsilon)$: 1로 줄며, 단면적은 $(1-\mu\varepsilon)^2 : 1$로 줄어든다.

$(1-\mu\varepsilon)^2 = 1 - 2\mu\varepsilon + \mu^2\varepsilon^2$ ($\mu^2\varepsilon^2$는 미소량이므로 무시한다)

$\qquad\qquad \fallingdotseq 1 - 2\mu\varepsilon$

따라서, 단면적은 $(1-2\mu\varepsilon) : 1$로 줄어들며, 여기서 $2\mu\varepsilon$을 단면적 감소율이라 하고 단면적을 A라 하면

$$\text{단면적 감소율} = A \times 2\mu\varepsilon = A \times 2\mu \times \frac{\lambda}{l}$$

$$= A \times 2\mu \times \frac{1}{l} \times \frac{Pl}{AE} = \frac{2\mu P}{E}$$

$$= \frac{2 \times 0.3 \times 30 \text{ kN}}{200 \text{ GPa}} = \frac{2 \times 0.3 \times 30 \times 10^3 \text{ N}}{200 \times 10^9 \text{ N/m}^2}$$

$$= 0.0009 \text{ cm}^2$$

6. 탄성계수 $E,\ G,\ K,\ m$ 관계식

6-1 세로 탄성계수 E와 체적 탄성계수 K의 관계식

그림 2-9에서 재료에 인장하중 P를 가하면 세로 방향에 인장응력 σ가 발생하며, 그 방향으로 변형률 ε이 생기며, 가로 방향으로는 ε'이 동시에 일어나게 된다. 이들 사이의 관계식은 다음과 같다.

$$\varepsilon' = -\mu\varepsilon = -\varepsilon \cdot \frac{1}{m} = -\frac{1}{m} \cdot \frac{\sigma}{E} \qquad\qquad (2\text{-}1)$$

윗식에서 보듯이 세로 방향에 인장응력 σ가 작용하면 그의 수직 방향인 가로 방향에 압축응력 $-\dfrac{\sigma}{mE}$가 작용함을 알 수 있으며, 모든 방향에서 마찬가지이다.

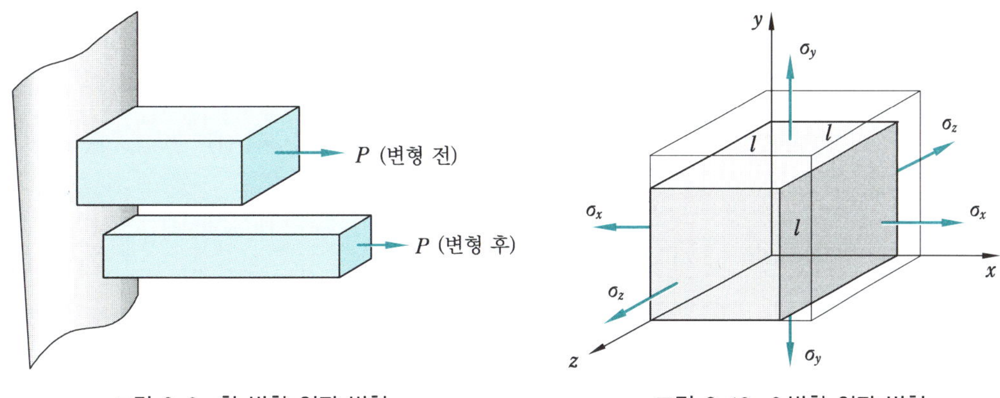

그림 2-9 한 방향 인장 변형　　　　그림 2-10 3 방향 인장 변형

그림 2-10과 같은 한 변의 길이가 l 인 정육면체의 각 면에 인장응력 σ_x, σ_y, σ_z 가 작용한다. 이때, x 축 방향의 변형률 ε_x 는 x 축 방향의 변형률 $\varepsilon_x(=\sigma_x/E)$ 와 x 축 방향과 수직인 y 축 방향과 z 축 방향의 응력 σ_y, σ_z 에 의한 변형률 $-\varepsilon_y\left(=-\dfrac{\sigma_y}{mE}\right)$, $-\varepsilon_z\left(=-\dfrac{\sigma_z}{mE}\right)$ 와 합이 되므로, 다음 식과 같다.

$$\varepsilon_x = \varepsilon_x - \varepsilon_y - \varepsilon_z = \frac{\sigma_x}{E} - \frac{\sigma_y}{mE} - \frac{\sigma_z}{mE} = \frac{\sigma_x}{E} - \frac{1}{mE}\,(\sigma_y + \sigma_z) \tag{2-2}$$

각 축에 대해서도 마찬가지이므로 x, y, z 축에 대한 각 면의 변화율은 다음과 같다.

$$\left.\begin{aligned}
\varepsilon_x &= \frac{\sigma_x}{E} - \frac{1}{mE}\,(\sigma_y + \sigma_z) \\[4pt]
\varepsilon_y &= \frac{\sigma_y}{E} - \frac{1}{mE}\,(\sigma_x + \sigma_z) \\[4pt]
\varepsilon_z &= \frac{\sigma_z}{E} - \frac{1}{mE}\,(\sigma_x + \sigma_y)
\end{aligned}\right\} \tag{2-3}$$

한편, 물체의 체적은 $(1+\varepsilon_x)(1+\varepsilon_y)(1+\varepsilon_z):1$ 의 비율로 증가하므로 이 식을 정리하면 $(1+\varepsilon_x+\varepsilon_y+\varepsilon_z+\varepsilon_x\varepsilon_y+\varepsilon_y\varepsilon_z+\varepsilon_z\varepsilon_x+\varepsilon_{xyz}):1$ 이 되고, 2차항 이상은 미소값으로서 무시할 수 있으며 이 식은 $(1+\varepsilon_x+\varepsilon_y+\varepsilon_z):1$ 로 표시할 수 있다. 따라서, 체적 변형률 ε_V 는

$$\varepsilon_V = \varepsilon_x + \varepsilon_y + \varepsilon_z \tag{2-4}$$

가 된다. 식 (2-4)에 식 (2-3)을 대입하여 정리하면,

$$\varepsilon_V = \varepsilon_x + \varepsilon_y + \varepsilon_z = \frac{m-2}{mE}\,(\sigma_x + \sigma_y + \sigma_z) \tag{2-5}$$

모든 면에 균일압력이 작용한다면 $\sigma_x = \sigma_y = \sigma_z$ 가 되고, 또한 $\varepsilon_x = \varepsilon_y = \varepsilon_z$ 가 되므로 $\varepsilon_V = 3\varepsilon$ 으로 표시할 수 있으므로 식 (2-5)는 다음 식과 같다.

$$\varepsilon_V = 3\varepsilon = \frac{(m-2)}{mE}\cdot 3\sigma = \frac{3(m-2)}{mE}\cdot\sigma \tag{2-6}$$

체적 탄성계수 $K = \dfrac{\sigma}{\varepsilon_V}$ 이므로, 이 식에 식 (2-6)을 대입 정리하면 다음 식과 같다.

$$K = \frac{m}{3(m-2)} \cdot E \tag{2-7}$$

6-2 수직 변형률과 전단 변형률

　그림 2-11 (b)에서 그림 2-11의 정육면체의 한 요소에 크기가 같은 수직 방향의 압축 응력과 수평 방향의 인장응력이 작용하고 z축에는 응력이 작용하지 않는다면 축과 45° 를 이루고 있는 각 면의 요소 ab, bc, cd, ad에는 수직응력과 크기가 같은 전단력만이 작용하게 되어 $\tau = \sigma_x = -\sigma_y$ 의 상태가 되는데, 이러한 상태를 순수전단(純粹剪斷, pure shear)이라고 한다.

　a, b, c, d 요소를 생각할 때 각 변은 순수전단 상태에 있으므로 길이의 변화는 없다. 그러나 대각선 db와 ac는 인장응력 σ_x, 압축응력 σ_y로 인하여 d'b'(인장), a'c'(압축)으로 된다.

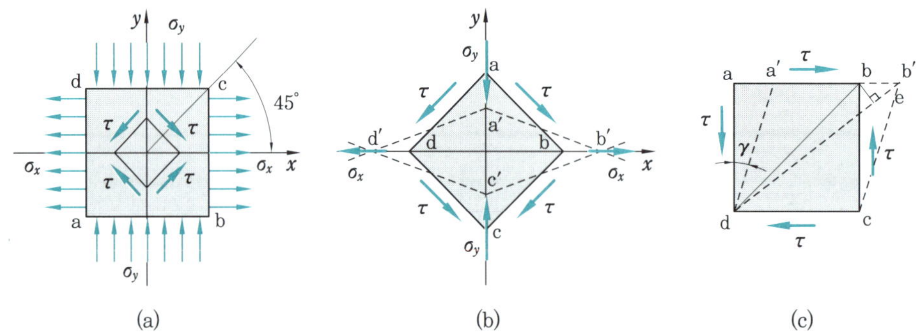

그림 2-11 수직 변형과 전단 변형

　그림 2-11 (c)에서 보면 ac가 a'c로, db가 db'으로 되어 정사각형 abcd는 a'b'cd가 되며, 전단변형률 γ를 일으키게 되고 점 d의 각은 $\dfrac{\pi}{2}$에서 $\dfrac{\pi}{2} - \gamma$로 점 c의 각도는 $\dfrac{\pi}{2}$에서 $\dfrac{\pi}{2} + \gamma$로 된다.

　그림 2-11 (c)의 점 b에서 db'에 수선의 발을 내려 db'과 만난 점을 e라 한다. γ는 미소각이므로 de ≒ bd 가 되고, db'의 늘어난 길이의 비율은 $\dfrac{b'e}{de}\left(≒ \dfrac{b'e}{db}\right)$ 로 표시된다.

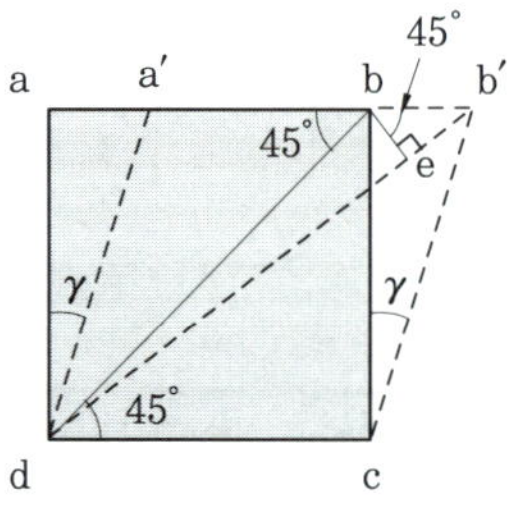

여기서, $\mathrm{b'e} = \mathrm{bb'} \cdot \sin 45° = \dfrac{\mathrm{bb'}}{\sqrt{2}}$, $\mathrm{bd} = \mathrm{bc} \cdot \dfrac{1}{\sin 45°} = \sqrt{2} \cdot \mathrm{bc}$

$\mathrm{ad} \approx \mathrm{a'd}$, $\mathrm{bc} \approx \mathrm{b'c}$ 로 보면, $\mathrm{bb'} = \mathrm{bc} \cdot \gamma$, $\mathrm{aa'} = \mathrm{ad} \cdot \gamma$, 따라서 $\mathrm{b'e} = \dfrac{\mathrm{bb'}}{\sqrt{2}} = \dfrac{\mathrm{bc}}{\sqrt{2}} \cdot \gamma$
가 된다.

인장에 의한 bd의 변형률 ε_1 은

$$\varepsilon_1 = \frac{\mathrm{b'e}}{\mathrm{bd}} = \frac{\dfrac{\mathrm{bc}}{\sqrt{2}} \cdot \gamma}{\sqrt{2} \cdot \mathrm{bc}} = \frac{\mathrm{bc} \cdot \gamma}{2\mathrm{bc}} = \frac{\gamma}{2} \tag{2-8}$$

같은 방법으로 압축에 의한 ac의 변형률 ε_2 는 $\varepsilon_2 = \dfrac{-\gamma}{2}$ 가 된다. 따라서, 인장 및 압축에 의한 수직 변형률은 전단 변형률의 $\dfrac{1}{2}$ 이 됨을 알 수 있다.

탄성한도 내에서 $G = \dfrac{\tau}{\gamma}$ 이고, x방향(bd 면)의 신장률은 $\varepsilon_x = \dfrac{\gamma}{2}$, y방향(ac 면)의 수축률은 $\varepsilon_y = -\dfrac{\gamma}{2}$ 이므로,

$$\varepsilon_x = -\varepsilon_y = \frac{\gamma}{2} = \frac{\tau}{2G} = \frac{\sigma_x}{2G} \quad (\tau = \sigma_x = -\sigma_y \text{ 이므로}) \tag{2-9}$$

순수전단 상태에서 x 축에 인장응력이 작용하면 y 축에 압축응력이 작용하고, z 축에 는 응력이 작용하지 않으므로,

$$x \text{ 축 방향의 신장률 } \varepsilon_x = \frac{\sigma_x}{E} - \frac{1}{m} \cdot \frac{\sigma_y}{E}$$

같은 방법으로,

$$y \text{ 축 방향의 신장률 } \varepsilon_y = \frac{\sigma_y}{E} - \frac{1}{m} \cdot \frac{\sigma_x}{E}$$

이고, $\tau = \sigma_x = -\sigma_y$ 이므로 두 신장률 ε_x 와 ε_y 는 다음 식으로 표시된다.

$$\varepsilon_x = -\varepsilon_y = \frac{\sigma_x}{E} + \frac{1}{m} \cdot \frac{\sigma_x}{E} = \frac{\sigma_x}{E}\left(1 + \frac{1}{m}\right) \tag{2-10}$$

따라서, 식 (2-9)와 식 (2-10)으로부터

$$\varepsilon_x = -\varepsilon_y = \frac{\sigma_x}{2G} = \frac{\sigma_x}{E}\left(1 + \frac{1}{m}\right)$$

이고, 정리하면

$$G = \frac{mE}{2(m+1)} \tag{2-11}$$

$$m = \frac{2G}{E-2G} \tag{2-12}$$

가 되며, 식 (2-7)의 K값에 식 (2-11)과 식 (2-12)를 대입 정리하면

$$K = \frac{2G(m+1)}{3(m-2)} = \frac{EG}{9G-3E} \qquad\qquad (2-13)$$

가 된다. 따라서, 탄성계수 E, G, K와 푸아송의 수 m의 관계는 다음과 같다.

[E, G, K, m 관계식]

$$E = \frac{3(m-2)}{m} \cdot K = \frac{2(m+1)}{m} \cdot G = 2(1+\mu) \cdot G = \frac{9GK}{G+3K}$$

$$G = \frac{m}{2(m+1)} \cdot E = \frac{E}{2(1+\mu)} = \frac{3(m-2)}{2(m+1)} \cdot K = \frac{3EK}{9K-E}$$

$$K = \frac{m}{3(m-2)} \cdot E = \frac{E}{3(1-2\mu)} = \frac{2(m+1)}{3(m-2)} \cdot G = \frac{EG}{9G-3E}$$

$$m = \frac{2G}{E-2G} = \frac{6K+2G}{3K-2G} = \frac{6K}{3K-E} = \frac{1}{\mu}$$

예제 13. 지름 20 mm, 길이 3 m의 연강제 원형 단면축에 30 kN의 인장하중을 작용시킬 때 길이가 1.4 mm 늘어나고 지름이 0.0027 mm만큼 줄어들었다. 이때 가로 탄성계수 G값(GPa)을 구하시오.

[해설] 주어진 값 $d = 20 \times 10^{-3}$ m, $l = 3$ m, $P = 30000$ N, $\lambda = 1.4 \times 10^{-3}$ m, $\delta = 0.0027 \times 10^{-3}$ m 이므로,

① 세로 변형률 $\varepsilon = \dfrac{\lambda}{l} = \dfrac{1.4 \times 10^{-3}}{3} = 0.000467$

② 가로 변형률 $\varepsilon' = \dfrac{\delta}{d} = \dfrac{0.0027 \times 10^{-3}}{20 \times 10^{-3}} = 0.000135$

③ 푸아송의 비 $\mu = \dfrac{\varepsilon'}{\varepsilon} = \dfrac{0.000135}{0.000467} = 0.2891$

　　푸아송의 수 $m = \dfrac{1}{\mu} = \dfrac{1}{0.2891} = 3.459$

④ 세로 탄성계수

$$E = \frac{\sigma}{\varepsilon} = \frac{P}{A\varepsilon} = \frac{4P}{\pi d^2 \cdot \varepsilon}$$

$$= \frac{4 \times 30000}{\pi \cdot (20 \times 10^{-3})^2 \times 0.000467}$$

$$\fallingdotseq 204585 \times 10^6 \text{ N/m}^2 \fallingdotseq 204.6 \times 10^9 \text{ N/m}^2 = 204.6 \text{ GN/m}^2$$

$$= 204.6 \text{ GPa}$$

⑤ 가로 탄성계수 $G = \dfrac{m}{2(m+1)} \cdot E$

$$= \frac{3.459}{2 \times (3.459 + 1)} \times 204.6$$

$$\fallingdotseq 79.36 \text{ GPa}$$

> **예제 14.** 세로 탄성계수 $E = 210\,\text{GPa}$, 가로 탄성계수 $G = 81\,\text{GPa}$인 연강의 푸아송의 비
> 와 체적 탄성계수 $K\,[\text{GPa}]$를 구하시오.

[해설] ① 푸아송의 수 $m = \dfrac{1}{\mu} = \dfrac{2G}{E-2G}$ 로부터,

$$\text{푸아송의 비 } \mu = \frac{E-2G}{2G} = \frac{E}{2G} - 1$$

$$= \frac{210}{2\times 81} - 1 = 0.296$$

② 체적 탄성계수 $K = \dfrac{E \cdot G}{9G - 3E}$

$$= \frac{210 \times 81}{9 \times 81 - 3 \times 210} = 171.82\,\text{GPa}$$

7. 허용응력(allowable)과 안전율(safety factor)

　기계의 일부분이나 구조물에 작용하는 최대응력은 언제나 탄성한도 이내이어야 하중을
가한 후 이를 제거했을 때 영구(永久)변형(permanent deformation)이 생기지 않는다.

　기계의 운전이나 구조물의 작용이 실제적으로 안전한 범위 내에서 작용하고 있는 응력
을 사용(使用)응력(working stress, σ_w)이라 하고, 재료를 사용함에 있어 허용할 수 있
는 최대응력을 허용(許容)응력(allowable stress, σ_a)이라 한다. 사용응력은 허용응력보
다 작아야 하며, 허용응력은 탄성한도보다 작아야 한다.

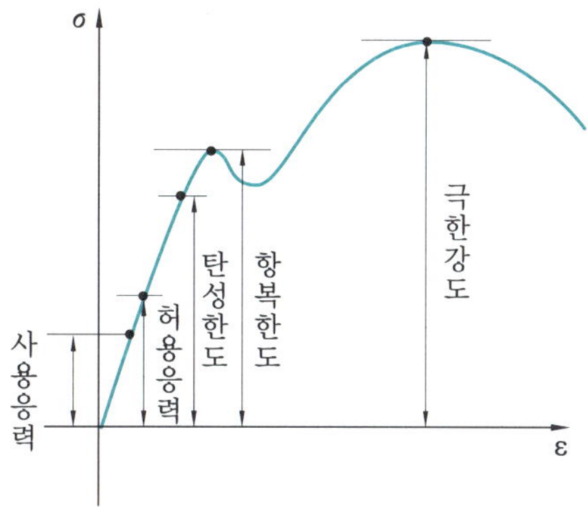

그림 2-12　응력-변형률 선도

　최대응력(인장강도 또는 극한강도, σ_u)과 허용응력의 비, 또는 항복응력 (σ_y)과 허용응
력의 비를 안전율(安全率, safety factor, S)라 하며, 다음 관계식을 갖는다.

$$\left.\begin{array}{l} \text{안전율} \quad S = \dfrac{\sigma_u}{\sigma_a} \ \text{또는} \ \dfrac{\sigma_y}{\sigma_a} \\[3mm] \text{허용응력} \quad \sigma_a = \dfrac{\sigma_u}{S} \ \text{또는} \ \dfrac{\sigma_y}{S} \end{array}\right\} \qquad (2\text{-}14)$$

안전율은 재료의 불균일 및 응력계산 등에 대한 부정확성을 보충하고 각 부분이 충분한 안전율을 고려함으로써 안전하고 경제적인 치수 결정에 중요한 역할을 한다. 안전율은 연성재료(延性材料)에서는 항복(降伏)응력을 고려하고, 취성재료(脆性材料)에서는 최대응력(인장강도 또는 극한강도)을 고려하며, 고온에서는 크리프(creep) 한도를 고려하는 것이 좋다.

허용응력이나 안전율을 결정할 때 고려해야 할 사항은 다음과 같다.

① 재질(材質)
② 하중과 응력 계산의 정확성
③ 하중의 종류에 따른 응력의 성질
④ 부재의 형상 및 사용 장소
⑤ 공작 방법 및 정밀도
⑥ 온도, 마멸, 부식 등

표 2-2 각종 재료의 안전율

재 료	정 하 중	동 하 중		충격하중
		반복하중	교번하중	
주철 및 취약 금속	4	6	10	15
연 강	3	5	8	12
주 강	3	5	8	15
동 및 납	5	6	9	15
목 재	7	10	15	20
석 재	20	30	—	—

표 2-3 재료의 허용응력 σ_a [MPa, kgf/cm²]

응 력	하중	연 강		주 강		주 철		황 동	
		MPa	kgf/cm²	MPa	kgf/cm²	MPa	kgf/cm²	MPa	kgf/cm²
인장	a	89~147	900~1500	59~118	600~1200	30	300	21	210
	b	59~98	600~1000	40~79	400~800	20	200	14	140
	c	30~49	300~500	20~40	200~400	9.9	100	—	—
압축	a	89~147	900~1500	89~147	900~1500	89	900	40~59	400~600
	b	59~98	600~1000	59~98	600~1000	59	600	27	270

응 력	하중	연 강		주 강		주 철		황 동	
		MPa	kgf/cm^2	MPa	kgf/cm^2	MPa	kgf/cm^2	MPa	kgf/cm^2
전단	a	71~118	720~1200	47~95	480~960	30	300	—	—
	b	47~79	480~800	32~63	320~640	20	200	—	—
	c	24~40	240~400	16~32	160~320	9.9	100	—	—
굽힘	a	89~147	900~1500	74~118	750~1200	—	—	—	—
	b	59~98	600~1000	49~79	500~800	—	—	—	—
	c	30~49	300~500	25~40	250~400	—	—	—	—
비틀림	a	59~118	600~1200	47~89	480~900	—	—	—	—
	b	40~79	400~800	32~63	320~640	—	—	—	—
	c	20~40	200~400	16~32	160~320	—	—	—	—

㊔ a : 정하중, b : 반복하중, c : 교번하중

예제 15. 연강제 보일러(boiler)의 안전율을 구하시오.

[해설] 안전율을 정하는 방법에는 다음과 같은 방법이 있다.

안전율 (S) = 인장강도 (또는 극한강도)×응력의 종류에 따른 값
×하중의 종류×불분명한 기타 조건을 고려한 값
$= a \times b \times c \times d$

연강제 보일러의 경우,

안전율 $S = a \times b \times c \times d = 2 \times 1 \times 1 \times 2.5 = 5$

여기서, a : 연강제, b : 정응력, c : 정하중, d : 부식

【참고】 a(인장강도 / 극한강도) : 보통 (2), 담금질강 (1.5), 니켈강 (1.5)

b(응력의 종류에 따른 값) : 정하중 (1), 반복하중 (2), 교번하중 (3)

c(하중의 종류) : 정하중 (1), 동하중 (2)

d(기타 조건을 고려한 값) : 돌발적 과부하 (1.5~3), 재질의 불균질(1.5~3), 연강, 황동, 청동 (1.5),
주철, 주강, 담금질강 (2)

예제 16. 지름 2 cm인 연강환봉에 30 kN의 정하중(인장)이 작용할 때 안전성을 확인하시오.

[해설] 연강의 인장 파괴응력은 412 MPa이고, 연강의 하중이 정하중일 때 안전율은 3이므로,

$$\sigma_a = \frac{\sigma_u}{S} = \frac{412}{3} = 137.3 \text{ MPa}$$

이것에 대응하는 하중 P는

$$P = \sigma_a \cdot A = 137.3 \times \frac{\pi}{4} \times 0.02^2$$

$$= 0.0431 \text{ MPa} = 43.1 \text{ kN}$$

따라서, 허용하중 43.1 kN > 작용 (사용)하중 30 kN이므로 안전하다.

> **예제 17.** 단면이 6 cm×10 cm인 목재(木材)가 40 kN의 압축하중을 받고 있다. 안전율을 7로 하면 실제 사용응력은 허용응력의 몇 %가 되는지를 구하고 또 목재에 가할 수 있는 안전한 최대하중(MPa)을 구하시오.(단, 목재의 압축강도는 50 MPa이다.)

해설　① 허용응력　$\sigma_a = \dfrac{\text{목재의 압축강도 } \sigma_c}{\text{안전율 } S} = \dfrac{50}{7} \fallingdotseq 7.143\,\text{MPa} = 7143\,\text{kPa}$

사용응력　$\sigma_w = \dfrac{P}{A} = \dfrac{40\,\text{kN}}{0.06 \times 0.1\,\text{m}^2} = 6666.7\,\text{kN/m}^2\,(=\text{kPa})$

$\therefore \dfrac{\sigma_w}{\sigma_a} = \dfrac{6666.7}{7143} = 93.33\,\%$

② 안전하중　$P = \sigma_a \cdot A$

$$= 7143\,\text{kPa} \times (0.06 \times 0.1)\,\text{m}^2 = 42.858\,\text{kN}$$

또는　$P = \dfrac{40\,\text{kN}}{0.9333} = 42.859\,\text{kN}$

8. 응력집중(stress concentration)

　그림 2-13과 같이 균일한 단면의 봉(棒)에 축방향의 하중이 작용할 때 응력은 단면에 균일하게 작용한다. 그러나 환봉(還棒)의 임의 부분에 노치(notch), 홀(hole), 키웨이 (keyway), 스크루 스레드(screw thread) 등이 있을 때, 이 봉에 하중을 작용시키면 그 단면에 나타나는 응력분포 상태는 대단히 불규칙하게 되고 노치 등 급변하는 부분에서 균열 또는 파괴가 일어나게 된다. 이와 같이 형상이 급격히 변화한 부분은 다른 부분에 비해 큰 응력이 일어나는 상태가 되는데 이러한 현상을 응력집중 (應力集中)이라 한다.

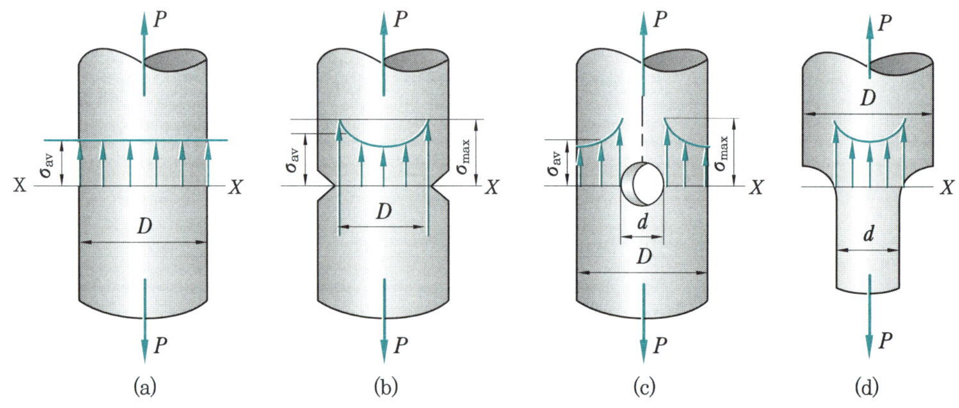

그림 2-13 응력집중 상태

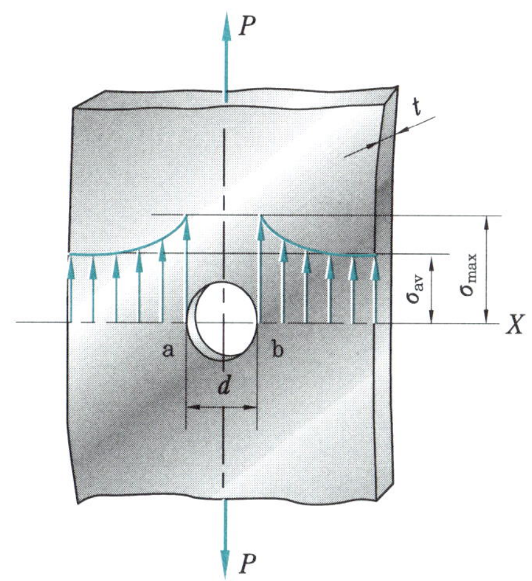

그림 2-14 판재의 응력집중

기계 운전시 일어나는 파단의 대부분은 노치(notch) 부분이 있는 부재가 외력을 받아 한 단면의 평균응력(σ_{av})보다 큰 응력이 발생하여 응력 분포가 불규칙해지기 때문인데, 여기에 교번 또는 반복하중까지 가해진다면 진행성의 균열이 생겨 결국 파괴될 것이다.

그림 2-14에서 판의 폭이 b, 폭이 t인 균일한 단면판에 인장하중 P가 작용하면 구멍에서 멀리 떨어진 단면에 일어나는 응력분포는 균일단면에서와 같이 일정하여,

$$\sigma = \frac{P}{A} = \frac{P}{bt} \tag{2-15}$$

가 된다. 구멍의 중심을 통하는 단면에 일어나는 세로 방향의 응력 분포는 원형 구멍의 가장자리에 있는 a, b점에서 응력집중이 발생하여 큰 응력으로 나타나고 a, b점에서 멀어질수록 감소한다. a, b점 부분에서 일어나는 큰 응력을 최대 집중응력(最大集中應力) σ_{max} 이라 한다.

원형 구멍 부분의 단면에서 구멍 부분을 제외한 전단면적(gross cross section)에 작용하는 응력을 공칭응력(公稱應力, nomial stress, σ_n)이라 하며, 이것은 응력집중을 고려하지 않은 평균응력으로 그 크기는

$$\sigma_n = \frac{P}{(b-d)t} = \sigma_{av} \tag{2-16}$$

이며, 최대 집중응력 σ_{max} 과 평균응력 σ_{av} 와의 비(比)를 형상계수(形狀係數) 또는 응력집중계수(應力集中係數, stress concentration factor) α_k라 하며, α_k는

$$\alpha_k = \frac{국부응력}{공칭응력} = \frac{최대\ 집중응력\,(\sigma_{max})}{평균응력\,(\sigma_{av})} \tag{2-17}$$

로 표시할 수 있다. α_k의 값은 탄성한도 내에 있으며 노치(notch) 등의 형상과 하중의

종류에 따라 정해지고 부재(部材)의 크기 또는 재질에 무관하다. 형상이 간단한 경우에는 계산에 의하여 구하고, 복잡한 경우에는 스트레인 게이지(strain guage)나 광(光)탄성 시험으로 측정한다. 또한 α_k는 인장(引張)의 경우가 일반적으로 크며, 굽힘, 비틀림의 순으로 작게 된다.

그림 2-15는 판(板)에 원형 구멍이 있을 때 인장에 대한 α_k와 d/b의 관계를 표시하고 있으며, 그림 2-16은 단붙임 환봉(還棒)을 비틀림할 때 그 차수와 형상계수의 관계를 나타낸 것이다.

봉이 d에서 D까지 지름이 변화할 때 D/d가 증가함에 따라, 단(段, fillet)의 반지름 ρ가 감소함에 따라 α_k가 증가한다. 다시 말하면 가느다란 쪽인 축의 지름 d를 일정하게 하고 단(fillet) 부분의 곡률 반지름 ρ을 적게 함에 따라 형상계수 α_k는 크게 되는 것이다.

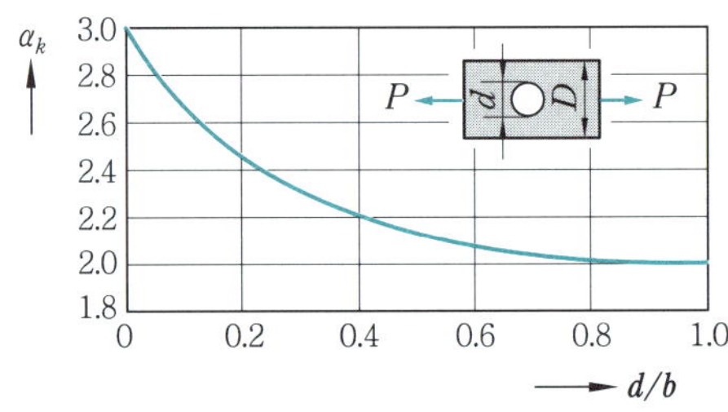

그림 2-15 원형 구멍이 있는 판에 인장하중이 작용하는 경우

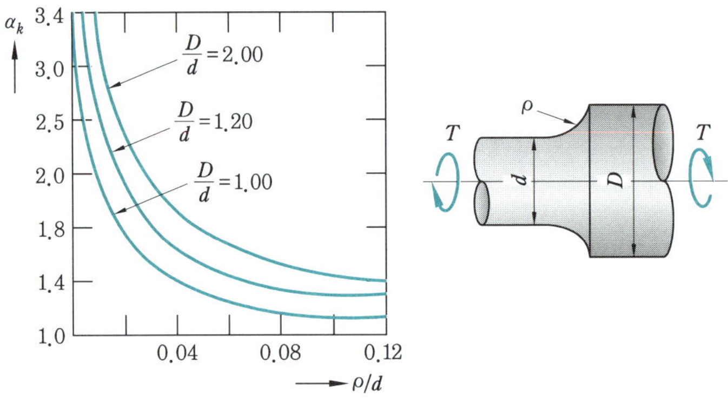

그림 2-16 단붙임축에 비틀림이 작용하는 경우

예제 18. 폭 $12\,\text{cm}$, 두께 $1\,\text{cm}$의 판재의 중앙에 $4\,\text{cm}$의 원형 구멍이 뚫려져 있다. 이 판에 $6000\,\text{N}$의 인장하중이 작용할 때 구멍 가장자리의 최대 집중응력 $\sigma_{\max}$을 구하시오.

[해설] 원형 구멍 부분의 평균응력 σ_{av} 는

$$\sigma_{\text{av}} = \frac{P}{(b-d)t} = \frac{6000}{(12-4)\times 10^{-2}\times 0.01}$$

$$= 7500000 \, \text{N/m}^2 = 7.5 \, \text{MN/m}^2 = 7.5 \, \text{MPa}$$

$\dfrac{d}{b} = \dfrac{4}{12} = 0.333$ 이므로, 그림 2-15에서 $\alpha_k = 2.3$ 을 얻을 수 있다.

$$\sigma_{\max} = \alpha_k \cdot \sigma_{\mathrm{av}} = 2.3 \times 7.5 \, \text{MPa} = 17.25 \, \text{MPa}$$

예제 19. 단(fillet) 달린 환봉축의 지름을 $d = 120 \, \text{mm}$, $D = 144 \, \text{mm}$로 하고, 단 부분에 곡률 반지름 $\rho = 5 \, \text{mm}$ 의 둥근새를 붙였을 때 최대 집중응력을 구하시오.(단, 가는 부분의 축에 작용하는 비틀림 모멘트 $T = 6 \, \text{kN·m}$로 한다.)

[해설] $\dfrac{D}{d} = \dfrac{144}{120} = 1.2$ 이고, $\dfrac{\rho}{d} = \dfrac{5}{120} = 0.04$ 이므로

그림 2-16의 그래프에서 형상계수를 구하면 $\alpha_k = 1.7$ 이다.

가는 부분의 축에 발생하는 비틀림 응력은

$$\tau = \frac{16T}{\pi d^3} = \frac{16 \times 6000}{\pi \times 0.12^3}$$

$$\fallingdotseq 17.7 \times 10^6 \, \text{N/m} = 17.7 \, \text{MN/m}^2 \, (= \text{MPa})$$

최대 집중응력 $\tau_{\max} = \alpha_k \cdot \tau = 1.7 \times 17.7 = 30.03 \, \text{MPa}$

【참고】 비틀림 응력 $\tau = \dfrac{16T}{\pi d^3}$ 는 다음 장에서 상세하게 알아 본다.

예제 20. 다음 그림과 같이 $D = 50 \, \text{mm}$, $t = \rho = 5 \, \text{cm}$ 인 홈이 파인 축이 40 kN의 인장하중을 받고 있을 때의 안전율을 구하시오.(단, 재료의 인장강도는 400 MPa이다.)

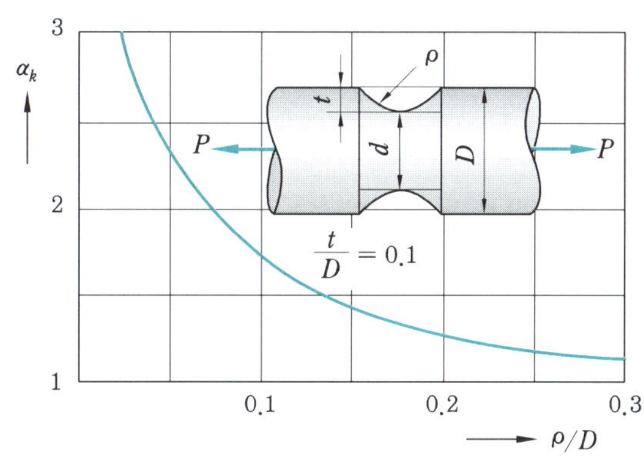

[해설] $\dfrac{t}{D} = \dfrac{5}{50} = 0.1$, $\dfrac{\rho}{D} = \dfrac{5}{50} = 0.1$, 그림의 그래프에서 $\alpha_k = 1.7$ 이므로

평균응력 $\sigma_{\mathrm{av}} = \dfrac{P}{\dfrac{\pi}{4} d^2} = \dfrac{4 \times 40}{\pi \times 0.05^2} = 20382 \, \text{kN/m}^2 \fallingdotseq 20.4 \, \text{MN/m}^2 \fallingdotseq 20.4 \, \text{MPa}$

최대 집중응력 $\sigma_{\max} = \alpha_k \cdot \sigma_{\mathrm{av}} = 1.7 \times 20.4 = 34.68 \, \text{MPa}$

$\therefore$ 안전율 $S = \dfrac{\sigma_u}{\sigma_{\max}} = \dfrac{400}{34.68} = 11.534$

∽ 연습문제 ∾

1. 어떤 재료의 세로 탄성계수 $E = 210\,\text{GPa}$이고, 가로 탄성계수 $G = 80\,\text{GPa}$일 때 체적 탄성계수 K를 구하시오.

2. 지름이 40 mm, 길이가 150 mm인 재료에 39.2 kN의 하중을 가했더니 0.02 mm 늘어났다. 종탄성계수(GPa)를 구하시오.

3. 다음 중 단면이 4 cm×6 cm인 사각각재가 4900 N의 전단하중을 받아 전단변형이 1/1000로 되었다. 이 재료의 가로 탄성계수를 구하시오.

4. 그림 p 2–1과 같은 단면의 봉이 압축하중을 받을 때 평형이 되었다. P와 Q의 관계식을 구하시오.(단, $Q = 2W$)

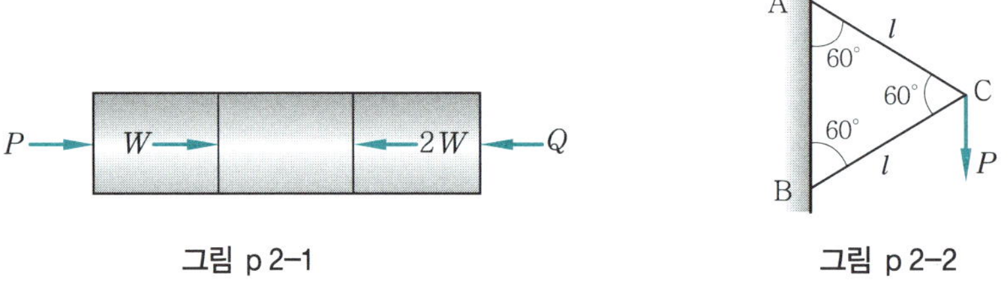

그림 p 2–1그림 p 2–2

5. 길이, 단면이 같은 두 개의 봉을 그림 p 2–2와 같이 정삼각형으로 연결하고 C점에서 하중 P를 작용시켰을 때의 봉 AC 및 BC에 작용하는 작용력을 구하시오.

6. 그림 p 2–3과 같이 경사진 강선 AC, BC가 수직하중 98 kN을 받고 있을 때의 강선의 단면적을 구하시오.(단, 허용응력은 147 MPa이다.)

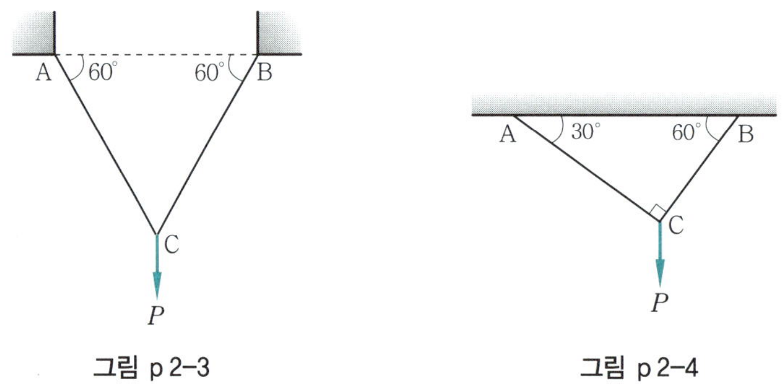

그림 p 2–3그림 p 2–4

7. 그림 p 2–4에서 보는 바와 같은 구조물의 AC 강선이 받고 있는 힘을 구하시오.

8. 허용 압축응력이 49 MPa이고, 두께가 3 mm인 중공 원통에 압축하중 31.36 kN을 걸려고
한다. 이 원통의 바깥지름을 구하시오.

9. 성크키의 전달 토크 T, 높이 h, 폭 b, 길이 l, 축지름을 d라 하면 이때 생기는 압축응력
σ_c를 식으로 나타내시오.

10. 그림 p 2–5와 같이 인장하중 P를 받는 축에서 d_1, d_2의 지름의 비가 2 : 3 이라면 d_1쪽
에 발생하는 응력 σ_1은 d_2쪽에 발생하는 응력 σ_2의 몇 배인지 구하시오.

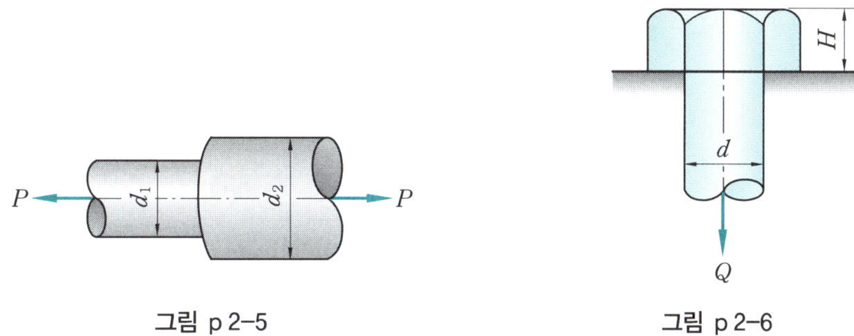

그림 p 2–5   그림 p 2–6

11. 그림 p 2–6과 같은 볼트에 축하중 Q가 작용할 때 볼트 머리부에 생기는 전단응력 τ를
볼트에 생기는 인장응력 σ의 0.6 배까지 허용한다면 머리의 높이 H는 볼트의 지름 d의
몇 배인지 구하시오.

12. 내압 5.5 MPa을 받는 안지름 200 mm의 압력용기 뚜껑을 8개의 볼트로 고정시킬 때,
볼트의 허용 인장응력이 49 MPa인 경우 볼트의 지름(mm)을 구하시오.

13. 그림 p 2–7과 같이 1960 N의 힘을 주는 벨트차가 축지름 50 mm의 축에 키($15 \times 10 \times$
60)로써 고정될 때 키에 생기는 전단응력(τ)과 압축응력(σ_c)을 구하시오.

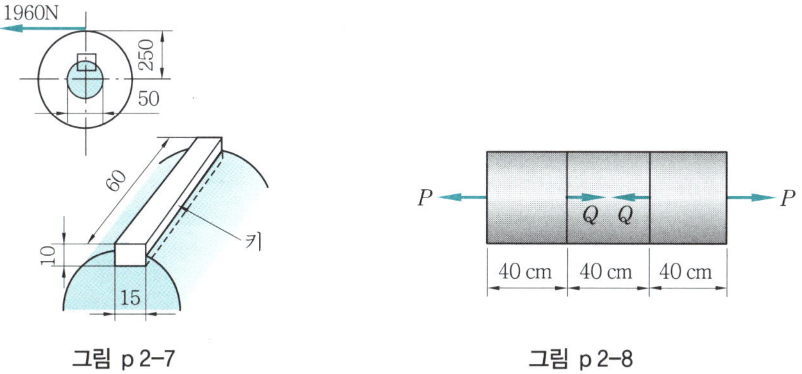

그림 p 2–7   그림 p 2–8

14. 그림 p 2–8과 같은 길이 120 cm인 강봉이 $P = 78.4$ kN과 $Q = 19.6$ kN을 받을 때 이 봉

의 전체 신장량을 구하시오.(단, 단면적 $A = 14\ \text{cm}^2$이고, 종탄성계수 $E = 205.8\ \text{GPa}$이다.)

15. 벨트 전동에서 두께 10 mm의 가죽 벨트에 걸리는 최대 인장하중이 3920 N이고, 인장강도가 37.24 MPa이며, 안전율이 15라고 할 때 적당한 벨트의 너비를 구하시오.

16. 최대하중 58.8 kN을 감아올리는 크레인이 파괴하중 156.8 kN의 로프 6개를 사용하였을 때 적당한 안전계수를 구하시오.

17. 그림 p 2–9와 같이 양단이 고정된 균일단면봉의 중간 단면 mn에 축하중 P가 작용할 경우, 양단의 반력을 R_1, R_2라고 할 때 비 R_1 / R_2를 나타내시오.

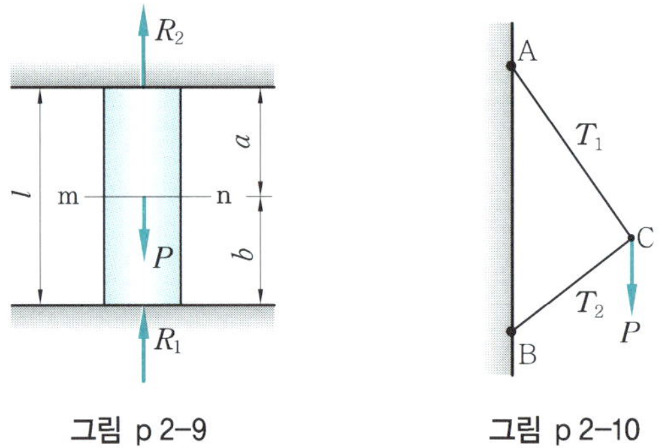

그림 p 2–9　　　　　그림 p 2–10

18. 그림 p 2–10과 같이 2개의 봉 AC, BC를 힌지로 연결한 구조물에 연직하중 $P = 9800$ N이 작용할 때 봉 AC 및 BC에 작용하는 하중의 종류 및 크기 T_1, T_2를 구하시오.(단, $\overline{\text{AC}} = 4\ \text{m}$, $\overline{\text{BC}} = 3\ \text{m}$, $\overline{\text{AB}} = 5\ \text{m}$이다.)

19. 그림 p 2–11과 같은 핀 조인트(pin joint)에서 핀의 지름 $d = 2$ cm, 허용 전단응력 $\tau_a = 48$ MPa이라고 할 때, 이 이음에 가할 수 있는 인장하중(kN)을 구하시오.

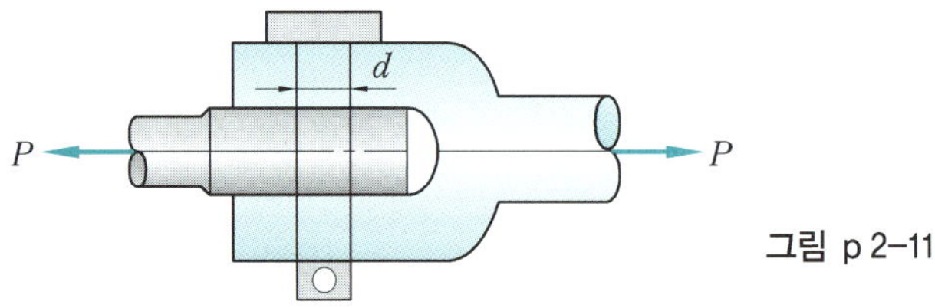

그림 p 2–11

20. 영계수가 196 GPa이고, 푸아송의 수가 10/3인 재료로 만들어진 지름 2 cm인 봉이 39.2 kN의 인장하중을 받을 때 봉의 지름(cm)을 구하시오.

21. 지름이 2 cm인 봉이 인장하중 19.6 kN을 받았을 때, 푸아송의 비가 0.3, 탄성계수 $E = 196$ GPa라면 감소한 단면적을 구하시오.

22. 단면적이 $10\,\mathrm{cm}^2$, 길이 $20\,\mathrm{cm}$인 둥근 봉이 인장하중을 받고 있다. 봉 재료의 푸아송의 비가 0.3이고, 신장률이 0.002일 때의 체적 변화량을 구하시오.

23. 지름 $15\,\mathrm{mm}$의 연강봉에 $P = 29.4\,\mathrm{kN}$의 인장하중이 가하여졌을 때, 이 봉에 대한 수축된 길이와 $1\,\mathrm{mm}$당의 체적의 증가량을 구하시오.(단, 연강의 종탄성계수 $E = 210\,\mathrm{GPa}$, 푸아송의 비 $\mu = 0.3$이다.)

24. 그림 p 2–12와 같이 볼트로 $68.6\,\mathrm{kN}$의 하중을 지지하려고 한다. 적당한 볼트 지름(d)과 볼트 머리의 높이(h)를 구하시오.(단, 볼트에 발생되는 응력의 한도를 인장응력 $98\,\mathrm{MPa}$, 전단응력 $68.6\,\mathrm{MPa}$까지로 한다.)

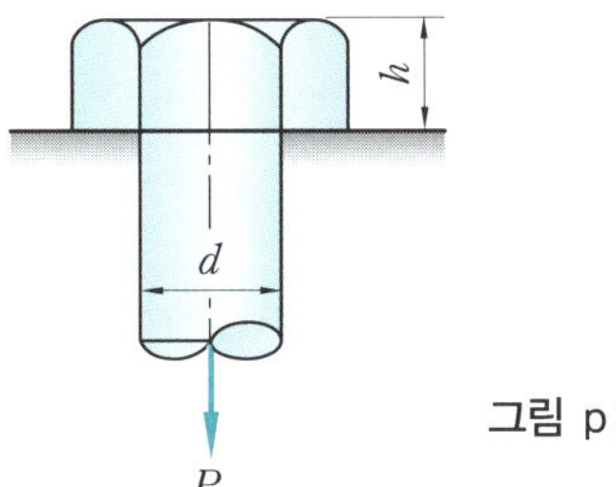

그림 p 2–12

25. 다음 조건에서의 안전율 S를 구하시오.(단, 극한강도 $\sigma_u = 441\,\mathrm{MPa}$, 종탄성계수 $E = 206\,\mathrm{GPa}$이다.)

> ── [조 건] ──────────
> • 인장하중 $98\,\mathrm{kN}$이 작용하고 한 봉의 지름이 $5\,\mathrm{cm}$일 때
> • 인장에 의한 봉의 신장량이 $1\,\mathrm{mm}$, 환 봉의 길이 $3\,\mathrm{m}$일 때

26. 내압 $3.92\,\mathrm{MPa}$을 받는 안지름 $250\,\mathrm{mm}$의 압력용기 뚜껑을 볼트로 고정하려고 한다. 볼트의 지름을 $24\,\mathrm{mm}$, 허용응력을 $98\,\mathrm{MPa}$로 할 때 적당한 볼트의 개수를 구하시오.

27. 그림 p 2–13에서와 같이 벽 천장에 로프가 매달려 $4.9\,\mathrm{kN}$의 수직하중을 받고 있다고 한다. 각 로프의 허용응력이 $19.6\,\mathrm{MPa}$일 때 적당한 로프의 지름(mm)을 구하시오.

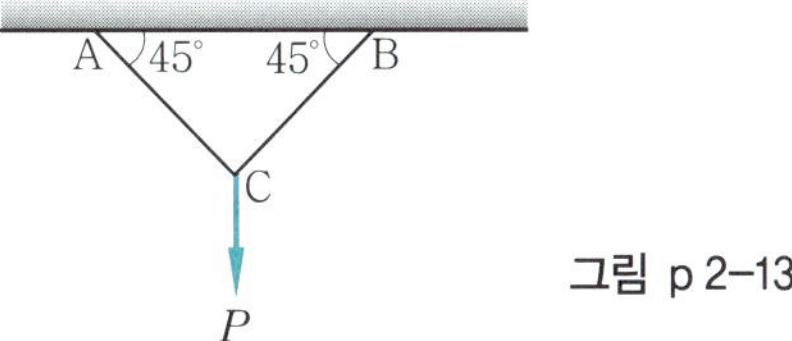

그림 p 2–13

28. 압축강도가 $392\,\mathrm{MPa}$인 펀치로 전단강도 $100.1\,\mathrm{MPa}$인 연강판에 지름 $20\,\mathrm{mm}$의 구멍을 뚫고자 한다. 이 펀치로 뚫을 수 있는 판의 두께를 구하시오.

29. 바깥지름이 30 cm인 중공(中空)의 주철관에 압축하중 98 kN을 가하고 안선율이 15일 때 두께를 구하시오.(단, 주철관의 압축강도는 441 MPa이다.)

30. 그림 p 2-14와 같이 폭 $D = 150\ \text{mm}$인 강판에 드릴 구멍 $d = 40\ \text{mm}$가 뚫려 있다. 이 재료를 축방향으로 인장하중 $P = 98\ \text{kN}$이 작용했을 때 두께 t를 구하시오.(단, 재료의 최대응력은 $\sigma_{\max} = 196\ \text{MPa}$, 응력집중 계수 $\alpha_k = 1.6$ 이다.)

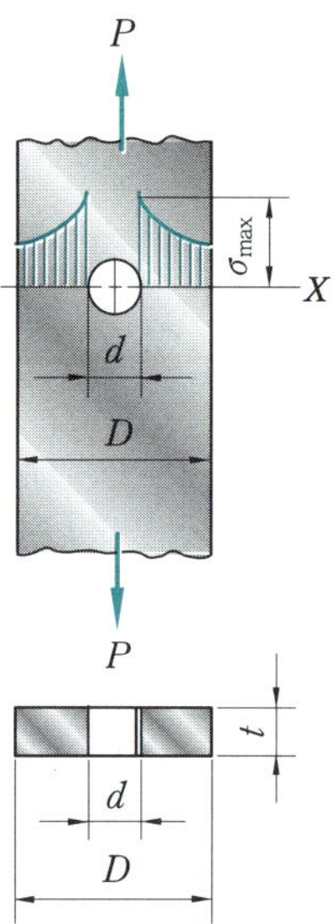

그림 p 2-14

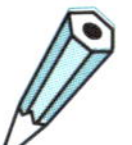

연습문제 풀이

1. E, G, K 관계에서,

$$E = 2G(1+\mu), \quad G = \frac{E}{2(1+\mu)}$$

$$K = \frac{E}{3(1-2\mu)}$$

① $E = 2G(1+\mu)$에서,

$$\mu = \frac{E}{2G} - 1 = \frac{210}{2 \times 80} - 1 = 0.3125$$

② $K = \dfrac{E}{3(1-2\mu)}$

$$= \frac{210}{3(1 - 2 \times 0.3125)} = 186.7\,\text{GPa}$$

또는 $K = \dfrac{GE}{3(3G - E)}$

$$= \frac{80 \times 210}{3(3 \times 80 - 210)} = 186.7\,\text{GPa}$$

2. 훅(Hooke)의 법칙 $\sigma = E \cdot \varepsilon$에서 주어진 값이 d, l, P, λ이므로,

$$E = \frac{\sigma}{\varepsilon} = \frac{P/A}{\lambda/l}$$

$$= \frac{Pl}{A\lambda} = \frac{Pl}{\dfrac{\pi d^2}{4} \times \lambda} = \frac{4Pl}{\pi d^2 \times \pi}$$

$$= \frac{4 \times (39.2 \times 10^3) \times (0.15)}{\pi \times (40 \times 10^{-3})^2 \times (0.02 \times 10^{-3})}$$

$$= 2.34 \times 10^{11}\,\text{N/m}^2 (= \text{Pa})$$

$$= 234\,\text{GPa}$$

3. 가로 탄성계수는

$$G = \frac{\tau}{\gamma} = \frac{P_s/A}{\gamma} = \frac{P_s}{A\gamma}$$

$$= \frac{4900}{(24 \times 10^{-4}) \times \dfrac{1}{1000}}$$

$$\fallingdotseq 2.04 \times 10^9\,\text{N/m}^2 (= \text{Pa}) = 2.04\,\text{GPa}$$

4. 평형조건 ($\Sigma F = 0$; 힘의 합은 0)에 의하여 다음과 같이 생각하면

$$\Sigma F = P + W - 2W - Q = 0$$

문제에서 $Q = 2W$이므로 $W = \dfrac{1}{2} Q$

$$P + \frac{1}{2} Q - 2 \times \frac{1}{2} Q - Q = 0$$

$$\therefore P = \frac{3}{2} Q$$

5. ① 힘 P에 의하여 봉 AC에는 인장력, 봉 BC에는 압축력이 작용한다.

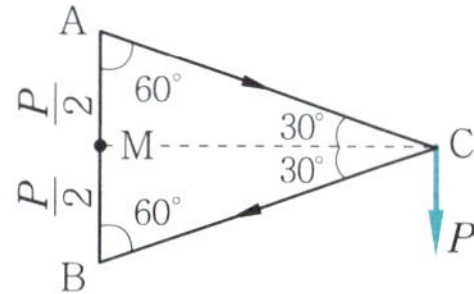

② P는 삼각형의 AB에 해당하므로

$$\text{AM} = \text{MB} = \frac{1}{2} P$$

$$\sin 30° = \frac{\text{AM}}{\text{AC}} \text{에서,}$$

$$\text{AC} = \frac{\dfrac{P}{2}}{\sin 30°} = \frac{P/2}{1/2} = P$$

$$\sin 30° = \frac{\text{MB}}{\text{BC}} \text{에서,}$$

$$\text{BC} = \frac{\dfrac{P}{2}}{\sin 30°} = \frac{P/2}{1/2} = P$$

$$\therefore \text{AC} = \text{BC} = P$$

∴ AC는 인장력 P, BC는 압축력 P가 작용한다.

6. 수직하중 P는 $\dfrac{P}{\text{AC}} = \sin 60°$일 때

$$\therefore P = \text{AC} \cdot \sin 60° = T \cdot \sin 60°$$

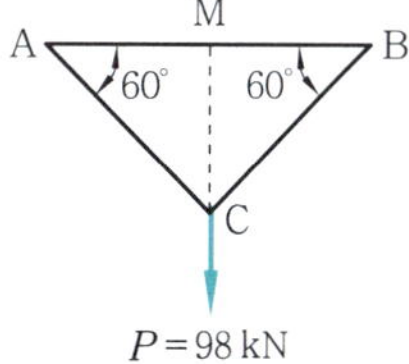

$$\frac{P}{\text{BC}} = \sin 60° \text{일 때}$$

$$\therefore P = \text{BC} \cdot \sin 60° = T \cdot \sin 60°$$

따라서, 수직하중 $P = 2T \cdot \sin 60°$이다.

$$\therefore 2T \cdot \sin 60° = P = 98\,\text{kN}$$

$$\therefore T = \frac{98\,\text{kN}}{2 \cdot \sin 60} = \frac{98\,\text{kN}}{\sqrt{3}} = 56.58\,\text{kN}$$

강선(AC, BC)에 걸리는 인상응력은
$\sigma = T/A$에서,

$$\therefore A = \frac{T}{\sigma} = \frac{56.58 \times 10^3}{147 \times 10^6}$$

$$= 3.849 \times 10^{-4}\,\mathrm{m}^2 \fallingdotseq 3.85\,\mathrm{cm}^2$$

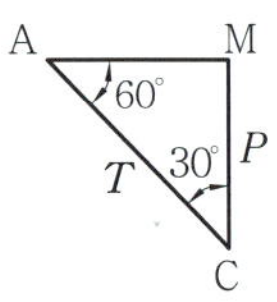
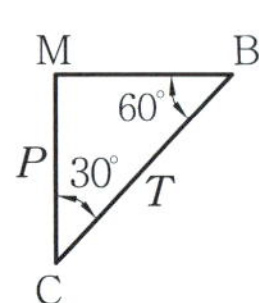

7. ① T_1, T_2, P가 평행을 이루려면 $T_{1x} = T_{2x}$
이어야 한다.

즉, $\dfrac{T_{1x}}{T_1} = \cos 30°$, $\dfrac{T_{2x}}{T_2} = \cos 60°$에서,

$$(T_{1x} = T_1 \cdot \cos 30°) = (T_{2x} = T_2 \cdot \cos 60°)$$

$$\therefore T_1 \cdot \cos 30° = T_2 \cdot \cos 60°$$

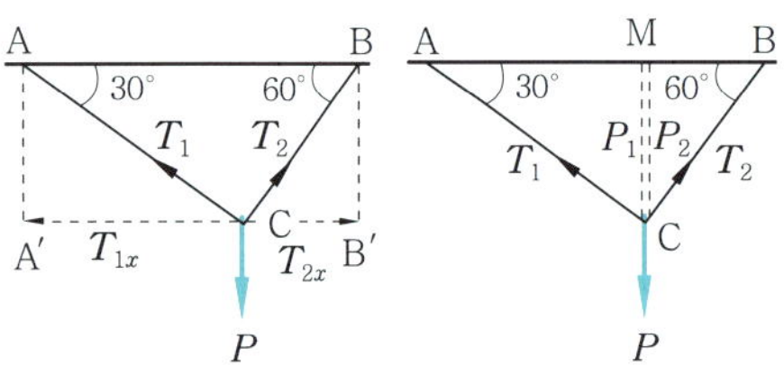

② △ACM에서,　$\cos 60° = \dfrac{P_1}{T_1}$

$$\therefore P_1 = T_1 \cdot \cos 60°$$

△BCM에서,　$\cos 30° = \dfrac{P_2}{T_2}$

$$\therefore P_2 = T_2 \cdot \cos 30°$$

$$\therefore P = P_1 + P_2 = T_1 \cdot \cos 60° + T_2 \cdot \cos 30°$$

$$= 980\,\mathrm{N}$$

①, ②에서
$$\begin{cases} T_1 \cdot \cos 30° = T_2 \cdot \cos 60° \\ T_1 \cdot \cos 60° + T_2 \cdot \cos 30° = 980\,\mathrm{N} \end{cases}$$

$$\Rightarrow \begin{cases} \dfrac{\sqrt{3}}{2} T_1 = \dfrac{1}{2} T_2 \\ \dfrac{1}{2} \cdot T_1 + \dfrac{\sqrt{3}}{2} T_2 = 980 \end{cases}$$

$$\Rightarrow \quad T_2 = \sqrt{3}\,T_1$$

$$\therefore \frac{1}{2} T_1 + \frac{\sqrt{3}}{2} \times \sqrt{3}\,T_1 = 980$$

$$\therefore T_1 = 980 \times \frac{1}{2} = 490\,\mathrm{N} = T_{AC}$$

$$T_2 = \sqrt{3}\,T_1 = \sqrt{3} \times 490$$

$$= 848.73\,\mathrm{N} = T_{BC}$$

8. $d_1 = d_2 - 2t = d_2 - 2 \times 3 = (d_2 - 6)\,\mathrm{mm}$ (단위에 주의)

허용 압축응력 $\sigma_{ca} = \dfrac{P_c}{A}$ 에서,

$$A = \frac{P_c}{\sigma_{ca}} = \frac{\pi(d_2^2 - d_1^2)}{4}$$

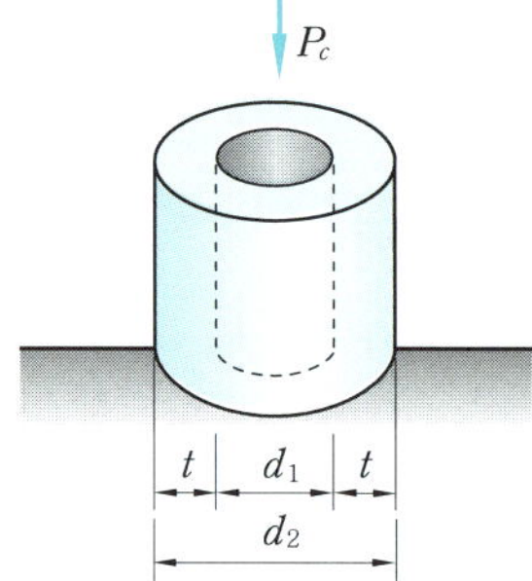

$$\therefore d_2^2 - d_1^2 = \frac{4 \cdot P_c}{\pi \cdot \sigma_{ca}} = \frac{4 \times (31.36 \times 10^3)}{\pi \times (49 \times 10^6)}$$

$$= 8.153 \times 10^{-4}\,\mathrm{m}^2$$

$$= 815.3\,\mathrm{mm}^2$$

$$d_2^2 - d_1^2 = d_2^2 - (d_2 - 6)^2$$

$$= d_2^2 - (d_2^2 - 12 d_2 + 36)$$

$$= d_2^2 - d_2^2 + 12 d_2 - 36$$

$$= (12 d_2 - 36)\,\mathrm{mm}^2$$

$$\therefore d_2^2 - d_1^2 = (12 d_2 - 36) = 815.3$$

$$\therefore d_2 = \frac{815.3 + 36}{12} = 70.94\,\mathrm{mm}$$

9. 키의 측면에 작용하는 압축력을 W라 하면 압축력에 의한 압축응력은

$$\sigma_c = \frac{W}{A} = \frac{W}{t \times l}$$

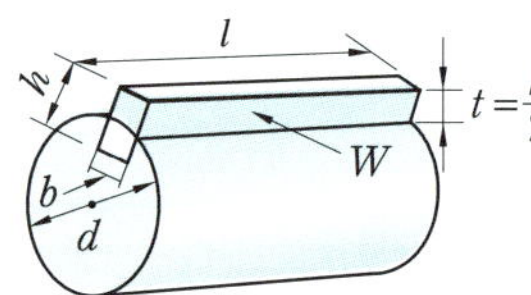

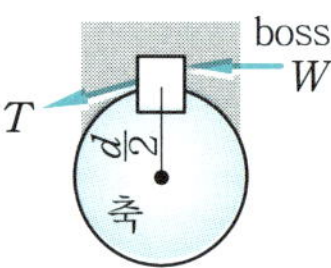

키의 전달 토크 T는

$$T = \frac{d}{2} \times W \text{이고} \left(W = T \times \frac{2}{d} \right)$$

키의 깊이는 $t = \dfrac{h}{2}$에서,

$$\therefore \sigma_c = \frac{W}{t\,l} = \frac{T \times \dfrac{2}{d}}{\left(\dfrac{h}{2}\right) \times l} = \frac{4T}{dhl}$$

10. 인장응력 $\sigma = \dfrac{P}{A} = \dfrac{4P}{\pi d^2}$ 에서 σ 는 $\dfrac{1}{d^2}$ 에 비례하므로,

$$d_1 : d_2 = 2 : 3, \quad d_1^2 : d_2^2 = 4 : 9$$

즉 $d_1^2 = \dfrac{4}{9} d_2^2$ 이므로,

$$\sigma_1 = \frac{4P}{\pi d_1^{\,2}} = \frac{4P}{\pi \cdot \frac{4}{9} d_2^{\,2}} = \left(\frac{9}{4}\right)\frac{4P}{\pi d_2^{\,2}}$$

$$\sigma_2 = \frac{4P}{\pi d_2^{\,2}}$$

$$\therefore \ \sigma_1 = \frac{9}{4}\sigma_2$$

11. 인장응력 $\sigma_t = \dfrac{Q}{A} = \dfrac{4Q}{\pi d^2}$

전단응력 $\tau = \dfrac{Q}{A} = \dfrac{Q}{\pi d H}$

문제에서 $\tau = 0.6\,\sigma_t$ 이므로

$$\frac{Q}{\pi d H} = 0.6 \times \frac{4Q}{\pi d^2} = \frac{3}{5} \times \frac{4Q}{\pi d^2}$$

$$H = \frac{Q}{\pi d} \times \frac{5\pi d^2}{12Q} = \frac{5}{12}d$$

$$\therefore \ H = \frac{5}{12}d$$

12. 압력용기의 뚜껑에 작용하는 전하중 P 는

$P = $ 내압 $\times$ 압력용기 뚜껑의 면적

$$= (5.5 \times 10^6) \times \frac{\pi}{4} \times 0.2^2 = 72700 \ \text{N}$$

압력용기의 볼트 1개에 걸리는 하중 P_1 은

$$P_1 = \frac{\text{전하중}}{\text{볼트 수}} = \frac{172700}{8} = 21587.5 \ \text{N}$$

$\therefore$ 볼트에 걸리는 인장응력 $\sigma_t = \dfrac{P_1}{A_1}$

$$49 \times 10^6 = \frac{21587.5}{\frac{\pi}{4}d^2}$$

$$\therefore \ d = \sqrt{\frac{4 \times 21587.5}{\pi \times 49 \times 10^6}} = 0.0237 \ \text{m}$$

$$= 23.7 \ \text{mm} \doteqdot 24 \ \text{mm}$$

13. 키에 작용하는 전단응력 τ 는

$$\tau = \frac{P}{A} = \frac{P}{bl} = \frac{\frac{2}{d}T}{bl} = \frac{2T}{bld}$$

$$= \frac{2 \times 490}{(15 \times 10^{-3}) \times (60 \times 10^{-3}) \times (50 \times 10^{-3})}$$

$$= 21.8 \times 10^6 \ \text{N/m}^2 = 21.8 \ \text{MPa}$$

여기서, $T = 250 \times 10^{-3} \times 1960 = 490 \ \text{N·m}$

키에 작용하는 압축응력 σ_c 는

$$\sigma_c = \frac{P}{A} = \frac{P}{\left(\frac{h}{2}\right) \cdot l}$$

$$= \frac{2 \times \left(\frac{2}{d} \times T\right)}{hl} = \frac{4T}{hl \cdot d}$$

$$= \frac{4 \times 490}{(10 \times 10^{-3}) \times (60 \times 10^{-3}) \times (50 \times 10^{-3})}$$

$$= 65.3 \times 10^6 \ \text{N/m}^2 = 65.3 \ \text{MPa}$$

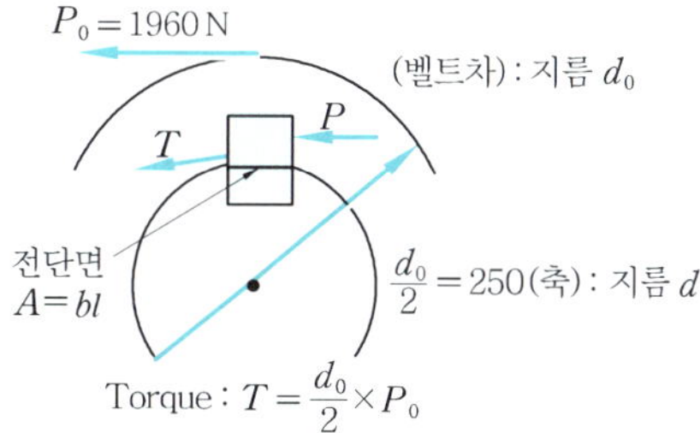

14. A 와 C 는 P 의 인장력을 받으며, B 는 $P - Q$ 의 압축력을 받는다. 그러므로 신장량 λ 는

$$\lambda = \lambda_1 + \lambda_2 = \frac{Pl_1}{AE} \times 2\text{개} + \frac{(P-Q)l_2}{AE}$$

$$= \frac{2Pl_1 + (P-Q)l_2}{AE}$$

$$= \frac{2 \times (78.4 \times 10^3) \times 0.4 + (78.4 - 19.6) \times 10^3 \times 0.4}{(14 \times 10^{-4}) \times (205.8 \times 10^9)}$$

$$= 2.99 \times 10^{-4} \ \text{m} \doteqdot 0.3 \ \text{mm}$$

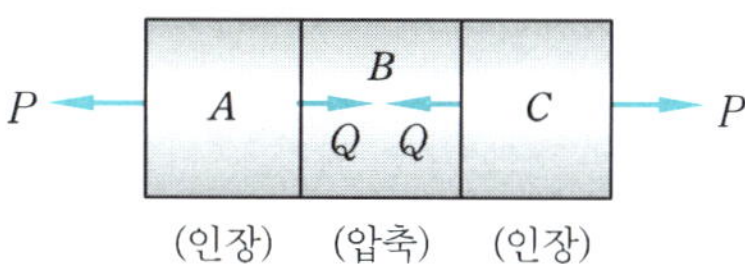

15. 허용응력은 $S = \dfrac{\sigma_u}{\sigma_a}$ 에서,

σ_u (극한강도) $= \sigma_t$ (인장강도)

$$\sigma_a = \frac{\sigma_t}{S} = \frac{37.24 \times 10^6}{15}$$

$$\doteqdot 2.48 \times 10^6 \ \text{N/m}^2 (= \text{Pa})$$

벨트 단면의 걸리는 허용응력이 구해졌으므로,

$$\sigma_a = \frac{P}{A}, \quad A = b \times t$$

$$\sigma_a = \frac{P}{bt} \ \text{에서,}$$

$$b = \frac{P}{t \cdot \sigma_a} = \frac{3920}{0.01 \times (2.48 \times 10^6)}$$
$$= 0.158\,\text{m} = 158\,\text{mm}$$

16. 로프의 총 파괴하중은
$$P = 156.8\,\text{kN} \times 6\text{개} = 940.8\,\text{kN}$$
이것으로 최대 58.8 kN을 감아 올리므로 안전계수는 파괴하중을 기준으로 한다.
$$\therefore S = \frac{\text{총 파괴하중}}{\text{최대하중}} = \frac{940.8}{58.8} = 16$$

17. 하중 P는 양단의 반력 R_1 및 R_2와 더불어 평형 상태를 이루어야 하므로,
$$P - R_1 - R_2 = 0, \qquad \therefore P = R_1 + R_2$$
하중 P는 R_1과 함께 봉의 아랫부분으로 줄어들게 하고 (압축), R_2와 함께 봉의 윗부분을 늘어나게 한다 (인장). 그러나 양단이 고정되어 있어 길이 l은 변화가 없으므로 아랫부분의 줄어든 길이 $\left(\lambda_1 = \dfrac{R_1 b}{AE}\right)$와 윗부분의 늘어난 길이 $\left(\lambda_2 = \dfrac{R_2 a}{AE}\right)$는 같아야 한다.
$$\therefore \lambda_1 = \lambda_2$$
$$\frac{R_1 b}{AE} = \frac{R_2 a}{AE} \text{에서,}$$
$$\therefore \frac{R_1}{R_2} = \frac{a}{b}$$

18. 연직하중 P에 의하여 봉 AC는 인장, 봉 BC는 압축될 것이다. 힌지 C에 대한 자유물체도에서 길이가 $3 : 4 : 5$ 이므로, $\angle$ACB는 $90°$가 된다.

힘의 폐다각형(삼각형)에서,
$$P : T_1 = 5 : 4$$
$$\therefore T_1 = \frac{4}{5} \times P = \frac{4}{5} \times 9800$$
$$= 7840\,\text{N (인장)}$$
$$P : T_2 = 5 : 3$$
$$\therefore T_2 = \frac{3}{5} \times P = \frac{3}{5} \times 9800$$
$$= 5880\,\text{N (압축)}$$

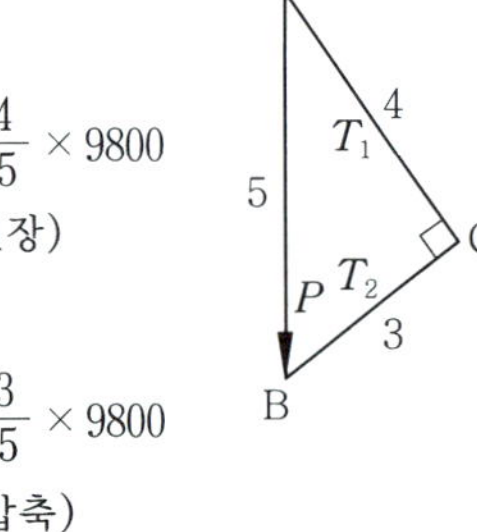

19. 조인트에 작용하는 인장하중에 의하여 핀은 전단된다. 따라서, 허용 전단응력 $\tau_a = \dfrac{P_s}{A}$ 에서, 전단단면은 2개소이므로

$$A = 2 \times \frac{\pi}{4} d^2$$
$$\therefore P = \tau_a \cdot A = \tau_a \times 2 \times \frac{\pi}{4} d^2\,\text{m}^2$$
$$= 48\,\text{MPa} \times 2 \times \frac{\pi}{4} \times 0.02^2$$
$$= 48 \times 10^6\,\text{N/m}^2 \times 2 \times \frac{\pi}{4} \times 0.02^2\,\text{m}^2$$
$$\fallingdotseq 30.14\,\text{kN}$$

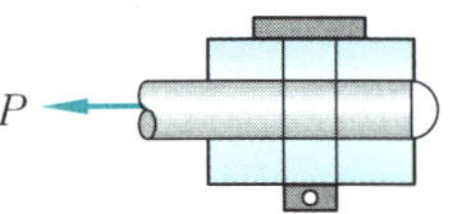

20. 변화 후의 지름 d'를 구하는 문제이다.

$d' \rightarrow \delta = d - d'$에서 구할 수 있고, 주어진 값이 E, m, d, P이므로,

〈방법 1〉 $\quad \mu = \dfrac{1}{m} = \dfrac{\varepsilon'}{\varepsilon} = \dfrac{\delta/d}{\lambda/l} = \dfrac{\delta/d}{\sigma/E}$ 에서

$$\frac{1}{m} = \frac{\varepsilon l}{d\lambda} = \frac{\delta E}{d\sigma}$$
$$\therefore \delta = d - d' = \frac{d\sigma}{mE}$$
$$\therefore d' = d - \frac{d\sigma}{mE} = d - \frac{d \cdot P}{mE \cdot A}$$
$$= 0.02 - \frac{0.02 \times 39.2 \times 10^3}{\dfrac{10}{3} \times (196 \times 10^9) \times \dfrac{\pi}{4} \times 0.02^2}$$
$$= 1.9996\,\text{cm}$$

〈방법 2〉 $\quad \delta = d - d'$ 에서

① $\dfrac{1}{m} = \dfrac{\varepsilon'}{\varepsilon} \rightarrow \varepsilon' = \dfrac{\delta}{d} = \dfrac{d - d'}{d}$
$$\therefore d' = d(1 - \varepsilon')$$

② $\varepsilon' = \dfrac{\varepsilon}{m} = \dfrac{1}{m} \cdot \dfrac{\sigma}{E} = \dfrac{P/A}{mE} = \dfrac{P}{mEA}$
$$= \frac{(39.2 \times 10^3)}{\dfrac{10}{3} \times (196 \times 10^9) \times \dfrac{\pi}{4} \times 0.02^2}$$
$$= 1.911 \times 10^{-4}$$
$$\therefore d' = d(1 - \varepsilon') = 2 \times (1 - 1.911 \times 10^{-4})$$
$$= 1.9996\,\text{cm}$$

21. ① 길이 : 원래 봉의 길이가 l 이라면, 봉의 길이 변화량(신장량) λ는 $\varepsilon = \dfrac{\lambda}{l}$ 에서, $\lambda = \varepsilon \cdot l$ 이므로, 봉은 $l' - l = \lambda$ 에서 변화 후 봉의 길이는, $l' = l + \lambda = l + \varepsilon l = l(1 + \varepsilon)$ 만큼 늘어나므로 봉의 길이는 $(1 + \varepsilon) : 1$의 비율로 늘어난다.

② 지름 : 원래 봉의 지름이 d 라면 봉의 지름 변화량(감소량) δ는 가로 변형이므로, $\varepsilon' = \dfrac{\delta}{d}$ 에서 $\delta = d \cdot \varepsilon'$이므로 봉은 $d - d' = \delta = d\varepsilon' = d \cdot \mu\varepsilon$에서 변화 후 봉의 지름은 $d' = d - d\mu\varepsilon = d(1-\mu\varepsilon)$ 만큼 줄어들므로 봉의 지름은 $(1-\mu\varepsilon)1 : 1$의 비율로 줄어든다.

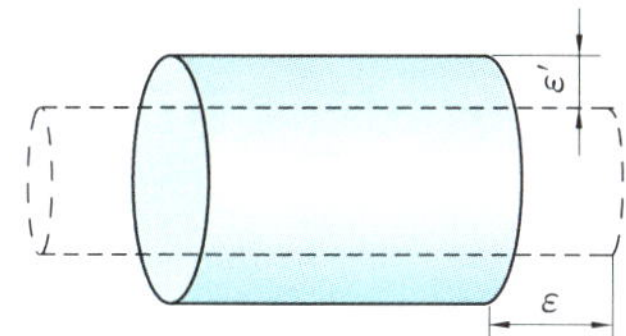

③ 단면적은 지름의 제곱의 비율로 변화하므로 $(1-\mu\varepsilon)^2 : 1$의 비율로 감소한다. $(1-\mu\varepsilon)^2 = 1 - 2\mu\varepsilon + \mu^2\varepsilon^2$에서 $\mu^2\varepsilon^2$은 미소량이므로 무시하면, 단면적은 $(1-2\mu\varepsilon) : 1$의 비율로 변화하므로 $2\mu\varepsilon$이 변화율이 되고, 따라서 단면적 변화량은 $A \times 2\mu\varepsilon$이 된다.

∴ 문제에서의 단면적 감소율 (변화율)은,

$$A \times 2\mu\varepsilon = A \times 2\mu \times \frac{\sigma}{E}$$
$$= A \times 2\mu \times \frac{P}{AE} = \frac{2\mu P}{E}$$
$$= \frac{2 \times 0.3 \times (19.6 \times 10^3)}{(196 \times 10^9)}$$
$$= 6 \times 10^{-8}\,\mathrm{m}^2 = 6 \times 10^{-4}\,\mathrm{cm}^2$$
$$= 0.0006\,\mathrm{cm}^2$$

22. 인장하중 시 길이는 $(1+\varepsilon)$의 비율로 늘어나고, 지름은 $(1-\mu\varepsilon)^2$의 비율로 줄어들며, 압축하중 시 길이는 $(1-\varepsilon)$의 비율로 줄어들고, 지름은 $(1+\mu\varepsilon)^2$의 비율로 늘어난다. 체적은 길이×단면적이므로 체적 변화율은

① 인장 시

$$(1+\varepsilon) \cdot (1-\mu\varepsilon)^2 = (1+\varepsilon)(1-2\mu\varepsilon+\mu^2\varepsilon^2)$$
$$\fallingdotseq (1+\varepsilon)(1-2\mu\varepsilon)$$
$$= 1-2\mu\varepsilon-\varepsilon+2\mu\varepsilon^2$$
$$\fallingdotseq 1-2\mu\varepsilon+\varepsilon$$
$$= 1+\varepsilon(1-2\mu)$$

② 압축 시

$$(1-\varepsilon) \cdot (1+\mu\varepsilon)^2 = (1-\varepsilon)(1+2\mu\varepsilon+\mu^2\varepsilon^2)$$
$$= 1+2\mu\varepsilon-\varepsilon-2\mu\varepsilon^2$$
$$\fallingdotseq 1+2\mu\varepsilon-\varepsilon$$
$$= 1-\varepsilon(1-2\mu)$$

결국, 체적 변화율은 $\varepsilon(1-2\mu)$의 비율로 늘어나고 줄어들므로, 체적 변화량 $\Delta V = V \times \varepsilon(1-2\mu)$이다. 따라서 인장 시 체적 증가량은,

$$\therefore \Delta V = V \times \varepsilon(1-2\mu)$$
$$= (10 \times 20) \times 0.002 \times (1-2 \times 0.3)$$
$$= 0.16\,\mathrm{cm}^3$$

23. ① 수축된 부분은 단면 지름의 감소량이다.

$$\therefore \text{가로 변형률 } \varepsilon' = \frac{d-d'}{d} = \frac{\delta}{d},\ \ \mu = \frac{\varepsilon'}{\varepsilon}$$
$$\text{수축량 } \delta = d \cdot \varepsilon' = d \times \mu\varepsilon$$
$$= d \times \mu \times \frac{P}{AE} \left(\varepsilon = \frac{\sigma}{E} = \frac{P}{AE} \right)$$
$$= (15 \times 10^{-3}) \times 0.3$$
$$\times \frac{(29.4 \times 10^3)}{\frac{\pi}{4}(15 \times 10^{-3})^2 \times (210 \times 10^9)}$$
$$= 3.57 \times 10^{-6}\,\mathrm{m} \fallingdotseq 0.0036\,\mathrm{mm}$$

② 체적 변화량 $\Delta V = V \times \varepsilon(1-2\mu)$인데, 단위길이당의 변화량이므로 $V = A \times l$에서,

$$\therefore \Delta V = A \times \varepsilon(1-2\mu)\,\mathrm{mm}^3/\mathrm{mm}$$
$$= A \times \frac{P}{AE} \times (1-2\mu)$$
$$= \frac{(29.4 \times 10^3)}{(210 \times 10^6)} \times (1-2 \times 0.3)$$
$$= 5.6 \times 10^{-8}\,\mathrm{m}^2 = 5.6 \times 10^{-2}\,\mathrm{mm}^2$$
$$= 0.056\,\mathrm{mm}^3/\mathrm{mm}$$

24. ① 인장응력 $\sigma_t = \dfrac{P}{A} = \dfrac{P}{\frac{\pi}{4}d^2}$에서,

$$d = \sqrt{\frac{4P}{\pi\sigma_t}} = \sqrt{\frac{4 \times 68.6}{\pi \times 98 \times 10^3}}$$
$$= 0.02986\,\mathrm{m} \fallingdotseq 2.99\,\mathrm{cm}$$

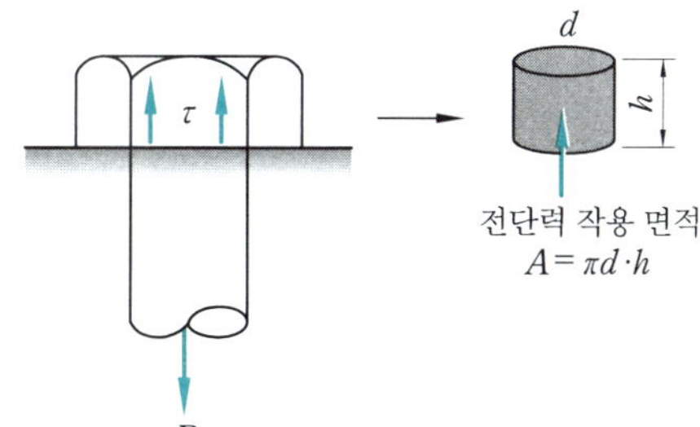

② 볼트 머리부의 전단응력 $\tau = \dfrac{P}{A}$ 에서,

A는 그림과 같으므로, $\tau = \dfrac{P}{\pi dh}$ 에서,

$$\therefore h = \frac{P}{\pi d\tau} = \frac{68.6}{3.14 \times 0.02986 \times 68.6 \times 10^3}$$

$$= 0.0107\,\text{m} = 1.07\,\text{cm}$$

25. ① $S_1 = \dfrac{\sigma_u}{\sigma_{a1}}$

$\left(\text{안전율} = \dfrac{\text{극한강도}}{\text{허용응력}} = \dfrac{\text{최대응력}}{\text{허용응력}}\right)$에서, 허용응력은

$$\sigma_{a1} = \frac{P}{A} = \frac{P}{\frac{\pi}{4}d^2} = \frac{4 \times 98 \times 10^3}{\pi \times 0.05^2}$$

$$= 49936305\,\text{N/m}^2 \fallingdotseq 50\,\text{MPa}$$

$$\therefore S_1 = \frac{\sigma_u}{\sigma_{a1}} = \frac{441\,\text{MPa}}{50\,\text{MPa}} = 8.82$$

② $S_2 = \dfrac{\sigma_u}{\sigma_{a_2}}$ 에서, 허용응력은

$$\sigma_{a_2} = E \cdot \varepsilon = E \cdot \frac{\lambda}{l}$$

$$= (206 \times 10^9) \times \frac{0.001}{3}$$

$$\fallingdotseq 68.67\,\text{MPa}$$

$$\therefore S_2 = \frac{\sigma_u}{\sigma_{a_2}} = \frac{441\,\text{MPa}}{68.67\,\text{MPa}} = 6.42$$

26. 압력용기의 전압(total pressure)

$$F = pA = nP$$

여기서, n : 볼트 수, P : 볼트에 걸리는 하중

① $F = pA = 3.92 \times 10^6 \times \dfrac{\pi}{4} \times 0.25^2$

$$= 192325\,\text{N}$$

② 볼트 1개에 걸리는 하중 P는 $\sigma_a = \dfrac{P}{A}$ 에서,

$$P = \sigma_a \cdot A = 98 \times 10^6 \times \frac{\pi}{4} \times (0.024)^2$$

$$= 4311.7\,\text{N}$$

③ 볼트의 수는 $F = nP$ 에서,

$$n = \frac{F}{P} = \frac{192325}{4311.7} = 4.34$$

$$\therefore \text{볼트 수는 안전상 5개가 필요하다.}$$

27. $P = 2T \cdot \cos 45°$ 에서 강선에 작용하는 장력 T는

$$T = \frac{P}{2 \cdot \cos 45°} = \frac{4.9\,\text{kN}}{2° \cos 45°} = 3.46\,\text{kN}$$

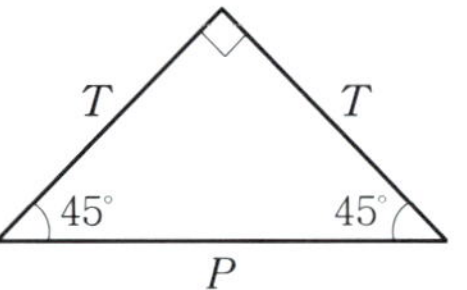

강선에 작용하는 응력 $\sigma = \dfrac{T}{A}$ 에서,

$$\therefore \sigma = \frac{T}{\frac{\pi}{4}d^2}$$

$$\therefore d = \sqrt{\frac{4T}{\pi\sigma}} = \sqrt{\frac{4 \times 3.46 \times 10^3}{\pi \times 19.6 \times 10^6}}$$

$$\fallingdotseq 0.01499\,\text{m} = 15\,\text{mm}$$

28. 펀치 하중이 판의 전단하중(끊어지는 힘)보다 커야 구멍이 뚫어지므로,

$$\text{펀치의 압축하중} \geqq \text{전단하중}$$

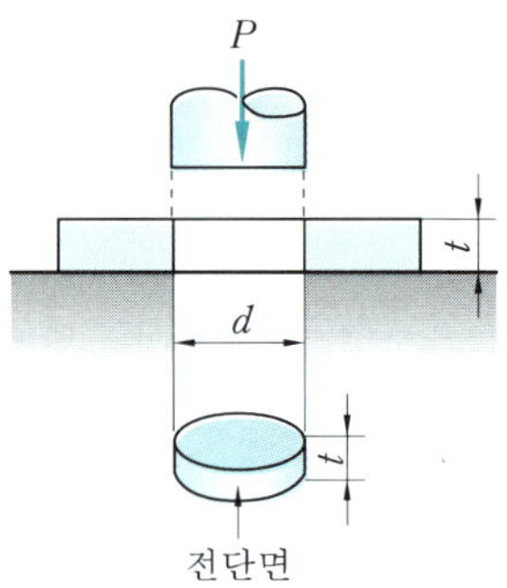

$$P_c(=\sigma_c \cdot A_c) \geqq P_s(=\tau \cdot A_s) \text{에서}$$

$$\sigma_c \times \frac{\pi}{4}d^2 \geqq \tau \times \pi d \cdot t$$

$$\therefore t \leqq \frac{\sigma_c \cdot d}{4\tau} = \frac{392 \times 0.02}{4 \times 100.1}$$

$$= 0.0196\,\text{m} \fallingdotseq 20\,\text{mm}$$

$$\therefore \text{판의 두께는 20 mm 이하}$$

29. ① 주철관의 두께 $t = \dfrac{d_2 - d_1}{2}$

② 안전율 $S = \dfrac{(\text{압축}) \text{최대응력 } \sigma_u}{(\text{압축}) \text{허용응력 } \sigma_a}$ 이므로,

$$\sigma_{ca} = \frac{\sigma_{cu}}{S}$$

$$= \frac{441\,\text{MPa}}{15} = 29.4\,\text{MPa}$$

③ 중공관에 작용하는 압축 허용응력은

$$\sigma_{ca} = \frac{P}{A} = \frac{P}{\frac{\pi}{4}(d_2^2 - d_1^2)}$$

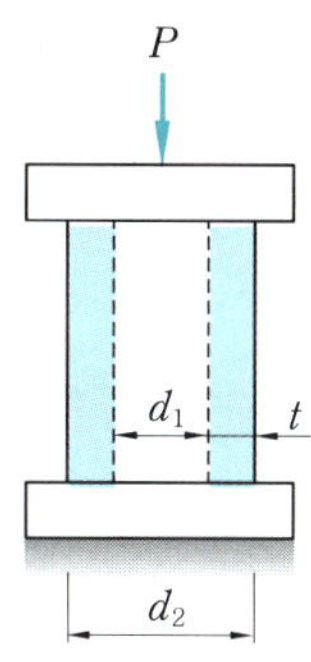

$$\therefore \; d_1 = \sqrt{d_2^2 - \frac{4P}{\pi \sigma_{ca}}}$$

$$= \sqrt{(30 \times 10^{-2})^2 - \frac{4 \times (98 \times 10^3)}{\pi \times (29.4 \times 10^6)}}$$

$$= 0.2928 \text{ m} = 29.28 \text{ cm}$$

$$\therefore \text{ 중공관의 두께 } t = \frac{d_2 - d_1}{2}$$

$$= \frac{30 - 29.28}{2}$$

$$= 0.36 \text{ cm} = 3.6 \text{ mm}$$

30. 응력집중 계수(형상계수)

$$\alpha_k = \frac{\text{최대응력}(\sigma_{max})}{\text{평균응력}(\sigma_{av})}$$

평균응력 $\sigma_{av} = \dfrac{P}{A} = \dfrac{P}{(D-d)\,t}$ 이므로

$$\sigma_{av} = \frac{\sigma_{max}}{\alpha_k} = \frac{P}{(D-d)\,t}$$

$$\therefore \; t = \frac{P}{(D-d)} \times \frac{\alpha_k}{\sigma_{max}}$$

$$= \frac{(98 \times 10^3)}{(0.15 - 0.04)} \times \frac{1.6}{(196 \times 10^6)}$$

$$= 7.27 \times 10^{-3} \text{ m} \fallingdotseq 7.27 \text{ mm}$$

제3장   인장, 압축, 전단

1. 인장과 압축의 부정정계

계(系, system) 또는 구조물(構造物, structure)의 각 요소들에 작용하는 축하중은 여러 가지의 제한 조건들이 다르기 때문에 정역학(靜力學)의 평형 방정식만으로는 간단히 구할 수 없다. 이와 같이 계(系), 또는 구조물에 제한된 조건들이 포함되어 있을 때 이것을 부정정계(不靜定系, statically indeterminate system)라 하며, 이 시스템을 풀기 위해서는 제한된 조건수만큼의 변형을 고려한 방정식을 세워 해결해야 한다.

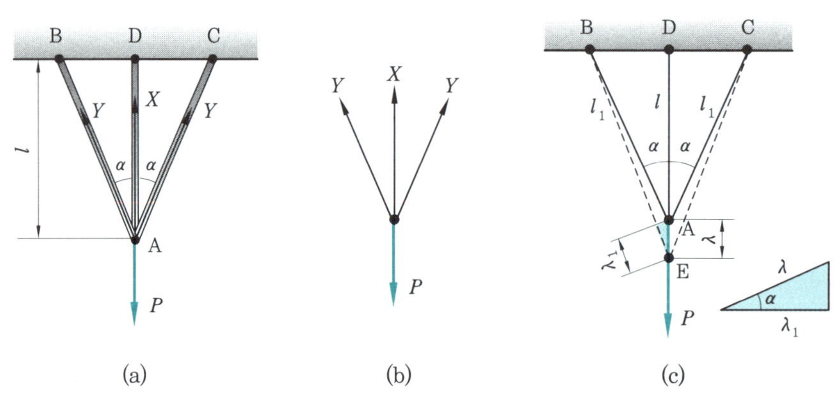

그림 3-1 평면 트러스

그림 3-1은 3개의 강선이 연직하중 P를 받는 평면 트러스이다.

그림 3-1 (b)에서 연직봉에 인장력 X와 경사봉에 인장력 Y가 작용한다. 연직 방향(Y축 방향)의 힘의 평형 조건에서 $\sum Y = 0$이므로,

$$\sum Y = 0 \; ; \; X + 2Y \cdot \cos \alpha = P \qquad (3-1)$$

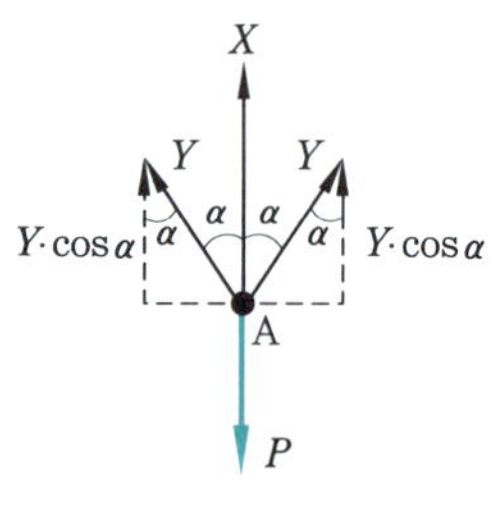

그림 3-2

그림 3-1 (c)에서 신장량이 구조물의 치수에 비하여 극히 미소(微小)하므로 $\angle\,\mathrm{BAD} \approx \angle\,\mathrm{BED} = \angle\,\alpha$로 보아 연직봉의 신장량 λ, 길이 l과 경사봉의 신장량 λ_1, 길이 l_1 사이에는 다음 식이 만들어진다.

$$\left.\begin{array}{l} \lambda_1 = \lambda \cdot \cos\alpha \\ l_1 = l / \cos\alpha \end{array}\right\} \tag{3-2}$$

훅(Hooke)의 법칙에 의하여 연직봉의 λ와 X, 경사봉의 λ_1과 Y 사이에는 다음과 같은 관계가 있다.

$$\text{연직봉의 신장량 } \lambda = \frac{Xl}{AE}$$

$$\text{경사봉의 신장량 } \lambda_1 = \frac{Yl_1}{AE} = \frac{Y \cdot l}{AE \cdot \cos\alpha} \tag{3-3}$$

식 (3-3)을 식 (3-2)에 대입하면

$$\frac{Y \cdot l}{AE \cdot \cos\alpha} = \frac{X \cdot l \cdot \cos\alpha}{AE} \tag{3-4}$$

정리하면,

$$Y = X \cdot \cos^2\alpha$$

이며, $X + 2Y \cdot \cos\alpha = P$에 대입하고 정리하면,

$$X + 2(X \cdot \cos^2\alpha) \cdot \cos\alpha = P$$

$$X(1 + 2\cos^3\alpha) = P$$

$$X = \frac{P}{(1 + 2\cos^3\alpha)}, \quad Y = \frac{P \cdot \cos^2\alpha}{1 + 2 \cdot \cos^3\alpha} \tag{3-5}$$

그러므로 A점의 연직봉의 신장량 δ와 경사봉 δ_1은 다음과 같다.

$$\lambda = \frac{Xl}{AE} = \frac{Pl}{AE}\left(\frac{1}{1 + 2 \cdot \cos^3\alpha}\right), \quad \lambda_1 = \frac{Yl}{AE} = \frac{Pl}{AE}\left(\frac{\cos^2\alpha}{1 + 2 \cdot \cos^3\alpha}\right) \tag{3-6}$$

α가 $0°$에 가까워지면 식 (3-5)에서 $\cos\alpha$는 1에 가까워져 경사봉이 연직봉이 되어 연직봉이 받는 힘은 $X = \dfrac{P}{3}$가 되고, α가 $90°$에 가까워지면 경사봉이 수평으로 되어 대단히 길어지므로 전하중을 연직봉이 받게 될 것이다.

그림 3-3과 같이 양단고정 균일단면봉의 부정정계에서 임의의 단면 mn에 축하중 P가 작용하였다면, 하중 P에 대하여 봉의 상단과 하단에 각각 반력(反力, reaction force) R_1과 R_2가 생기게 되며 축하중 P와 반력 R_1, R_2 사이의 힘의 평형 조건에 따른 방정식은 연직 아래 방향을 (+)로 보면 다음 식과 같다.

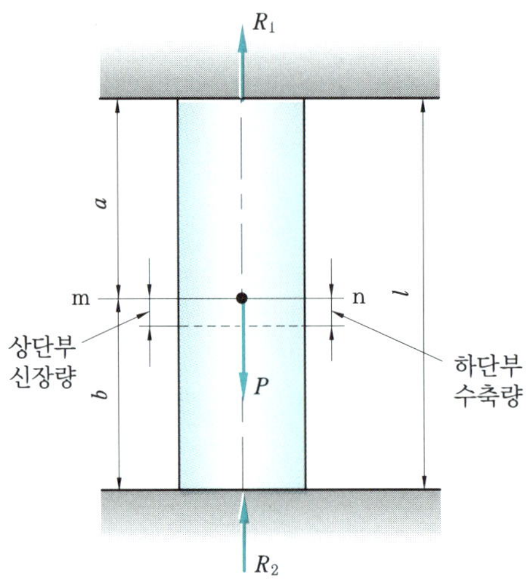

그림 3-3　양단고정 균일단면봉의 부정정계

$$\left.\begin{array}{l} P - R_1 - R_2 = 0 \\ P = R_1 + R_2 \end{array}\right\} \tag{3-7}$$

또한 하중 P는 mn 단면을 중심으로 봉의 상단부를 늘어나게 하고, 하단부를 줄어들게 하며 mn 단면 상에서는 신축량(伸縮量)이 같게 되므로 mn 단면에서 (상단부 신장량) = (하단부 수축량)이 된다.

$$\left.\begin{array}{l} \dfrac{R_1 \cdot a}{AE} = \dfrac{R_2 \cdot b}{AE} \\[2mm] \dfrac{R_1}{R_2} = \dfrac{b}{a} \end{array}\right\} \tag{3-8}$$

식 (3-7)과 식 (3-8)을 연립으로 풀고 정리하면 다음과 같이 반력 R_1, R_2와 응력 σ_1, σ_2를 다음과 같이 구할 수 있게 된다.

$$\left.\begin{array}{l} R_1 = \dfrac{P \cdot b}{a+b} = \dfrac{Pb}{l}, \quad R_2 = \dfrac{P \cdot a}{a+b} = \dfrac{P \cdot a}{l} \\[3mm] \sigma_1 = \dfrac{R_1}{A}, \quad \sigma_2 = \dfrac{R_2}{A} \end{array}\right\} \tag{3-9}$$

예제 1. 다음 그림과 같이 구조물의 부재 AC, BC가 하중 P로 인하여 받고 있는 힘의 세기를 구하시오.

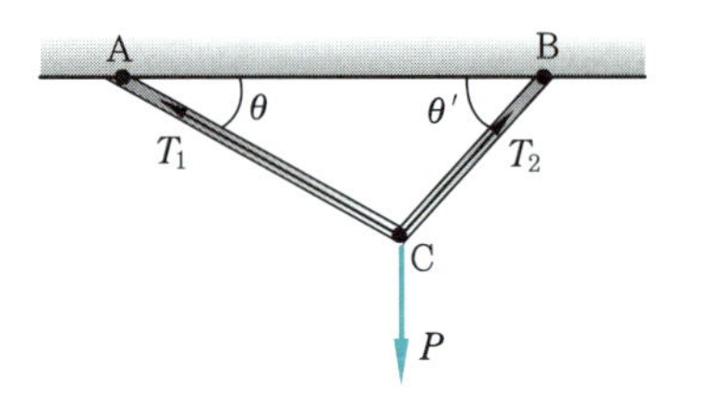

[해설] 그림의 자유 물체도를 보면, y축 방향의 힘의 평형 조건으로부터

$$\sum Y = 0 \; ; \; -T_1 \cdot \sin\theta - T_2 \cdot \sin\theta' + P = 0 \qquad \text{(a)}$$

x축 방향의 힘의 평형 조건으로부터

$$\sum X = 0 \; ; \; -T_1 \cdot \cos\theta + T_2 \cdot \cos\theta' = 0 \qquad \text{(b)}$$

식 (b)에서 $T_2 = \dfrac{T_1 \cdot \cos\theta}{\cos\theta'}$ 를 식 (a)에 대입 정리하면,

$$-T_1 \cdot \sin\theta - T_1 \frac{\cos\theta}{\cos\theta'} \cdot \sin\theta' + P = 0$$

$$T_1 \cdot (\sin\theta \cdot \cos\theta' + \cos\theta \cdot \sin\theta') = P \cdot \cos\theta'$$

$$[\ast \sin(\alpha+\beta) = \sin\alpha \cdot \cos\beta + \cos\alpha \cdot \cos\beta]$$

$$T_1 \cdot \sin(\theta+\theta') = P \cdot \cos\theta'$$

$$\therefore T_1 = \frac{P \cdot \cos\theta}{\sin(\theta+\theta')}$$

$$T_2 = \frac{T_1 \cdot \cos\theta}{\cos\theta'} = \frac{P \cdot \cos\theta'}{\sin(\theta+\theta')} \cdot \frac{\cos\theta}{\cos\theta'} = \frac{P \cdot \cos\theta}{\sin(\theta+\theta')}$$

$$\therefore \text{경사봉에 작용하는 장력} \; T_1 = \frac{P \cdot \cos\theta'}{\sin(\theta+\theta')} , \quad T_2 = \frac{P \cdot \cos\theta}{\sin(\theta+\theta')}$$

예제 2. 다음 그림과 같이 길이 $l+2a$인 균일단면봉의 양 끝에 인장력 P를 가하고, 양 끝에서 길이 a 되는 지점에 축하중 (압축력) Q를 가하여 인장될 때 봉의 신장량을 구하시오.(단, 길이 $l=60\,\text{cm}$, $a=30\,\text{cm}$, $P=10\,\text{kN}$, $Q=5\,\text{kN}$, 단면적 $A=4\,\text{cm}^2$, $E=210$ GPa이다.)

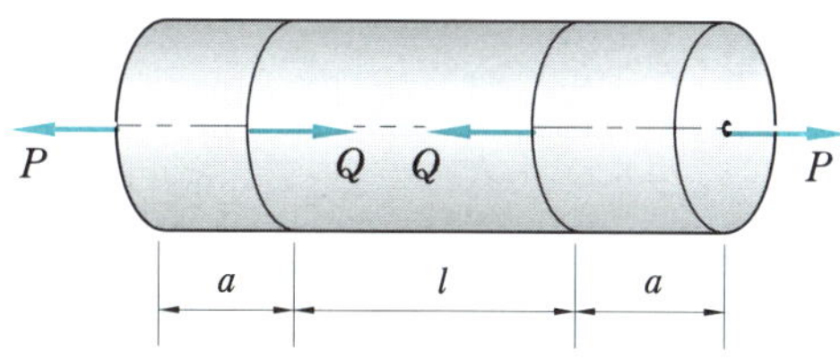

[해설]

작용하중 P와 Q는 $P > Q$이므로 A와 C 부분은 인장되고, B도 인장되며 봉 전체도 인장된다.

A와 C 부분의 늘어난 양 (신장량)을 λ_1, B부분의 늘어난 양을 λ_2라 하면,

$$\lambda_1 = \frac{Pa}{AE} + \frac{Pa}{AE} = \frac{2Pa}{AE} , \quad \lambda_2 = \frac{(P-Q) \cdot l}{AE}$$

이므로, 봉 전체의 신장량 λ는

$$\lambda = \lambda_1 + \lambda_2 = \frac{2Pa}{AE} + \frac{(P-Q) \cdot l}{AE} = \frac{2Pa+(P-Q)l}{AE}$$

$$\therefore \ \lambda = \frac{2 \times 10000 \times 0.3 + (10000 - 5000) \times 0.6}{(4 \times 10^{-4}) \times (210 \times 10^{9})} = 1.07 \times 10^{-4} \ \text{m} = 0.0107 \ \text{cm}$$

예제 3. 다음 그림과 같이 균일단면봉의 상단을 고정시키고 하단을 마루 위에 지지한 경우, 외부로부터 A점과 B점에 하중 P_1과 P_2를 작용시켰을 때 마루로부터 전달되는 반력 R를 구하시오.(단, $P_1 = 15$ kN, $P_2 = 30$ kN, $a = 10$ cm, $b = 20$ cm, $c = 30$ cm이다.)

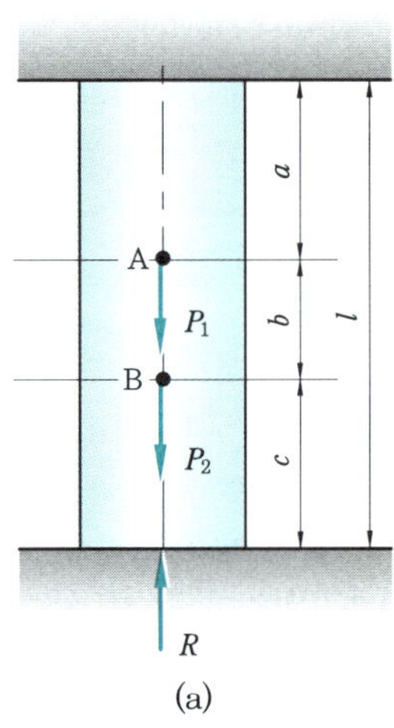

해설 그림 (b), (c)는 그림 (a)의 자유 물체도이다.

① 그림 (b)에서 힘의 평형 : $P_1 = R_1 + R_1'$

  A점에서 변형량은

$$\frac{R_1'a}{AE} \quad \frac{R_1'a}{AE} \text{(상부의 늘어난 양)} = \frac{b+c}{a} \cdot R_1 \text{(하부의 줄어든 양)}$$

  두 식으로부터

$$P_1 = R_1 + R_1'$$
$$= R_1 + \frac{b+c}{a} \cdot R_1$$
$$= R_1 \left(1 + \frac{b+c}{a} \right) = R_1 \cdot \frac{l}{a} \quad \text{(a)}$$

② 그림 (c)에서

  힘의 평형 : $P_2 = R_2 + R_2'$

  B점에서 변형량은

$$\frac{R_2'(a+b)}{AE} \text{(상부의 늘어난 양)}$$

$$= \frac{R_2 c}{AE} \text{(하부의 줄어든 양)}$$

$$R_2' = \frac{c}{a+b} \cdot R_2$$

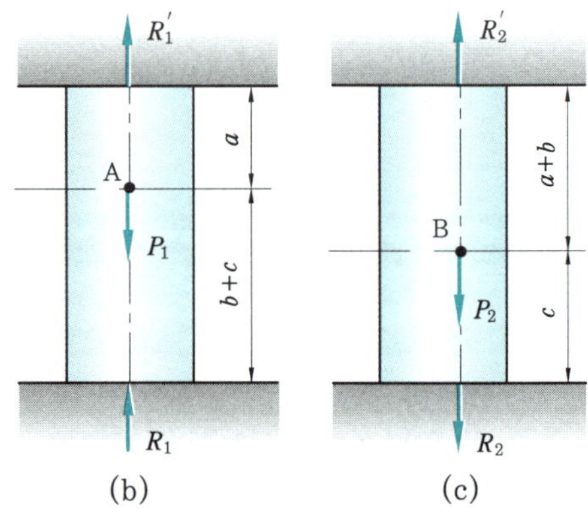

두 식으로부터

$$P_2 = R_2 + R_2{}' = R_2 + \frac{c}{a+b} \cdot R_2 = \frac{R_2 \cdot \left(1 + \frac{c}{a+b}\right)}{b} = R_2 \cdot \frac{l}{a+b} \qquad \text{(b)}$$

따라서, 식 (a)에서

$$R_1 = \frac{a}{l} \times P_1 = \frac{a}{a+b+c} \times P_1 = \frac{10}{10+20+30} \times 15 = 2.5 \text{ kN}$$

식 (b)에서

$$R_2 = \frac{a+b}{l} \times P_2 = \frac{a+b}{a+b+c} \times P_2 = \frac{10+20}{10+20+30} \times 30 = 15 \text{ kN}$$

$$\therefore R = R_1 + R_2 = 2.5 + 15 = 17.5 \text{ kN}$$

2. 합성재료의 응력

그림 3-4와 같이 연강과 구리로 된 균일단면봉을 세로로 이은 경우, 연강봉의 길이를 l_1, 단면적을 A_1, 탄성계수를 E_1이라 하고, 구리봉의 길이를 l_2, 단면적을 A_2, 탄성계수를 E_2라 하면 이 조합된 봉에 압축하중 P를 가하면 각각의 봉은 수축하게 된다. 그 수축량 λ_1, λ_2는

$$\lambda_1 = \frac{P \cdot l_1}{A_1 E_1}, \qquad \lambda_2 = \frac{P \cdot l_2}{A_2 E_2}$$

전체 수축량 λ는

$$\lambda = \lambda_1 + \lambda_2 = \frac{Pl_1}{A_1 E_1} + \frac{Pl_2}{A_2 E_2} = P\left(\frac{l_1}{A_1 E_1} + \frac{l_2}{A_2 E_2}\right)$$

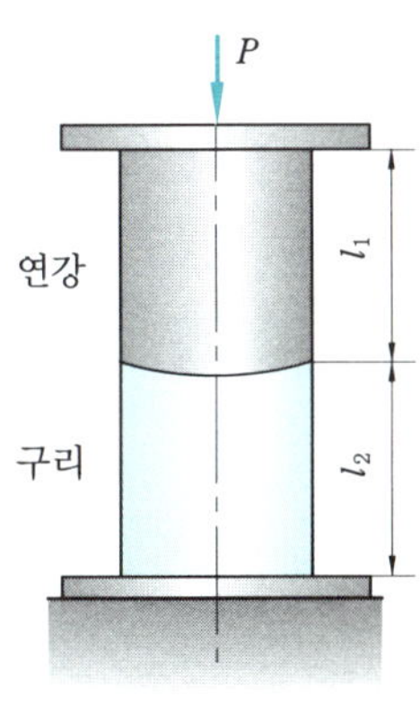

그림 3-4 합성재료의 균일단면봉

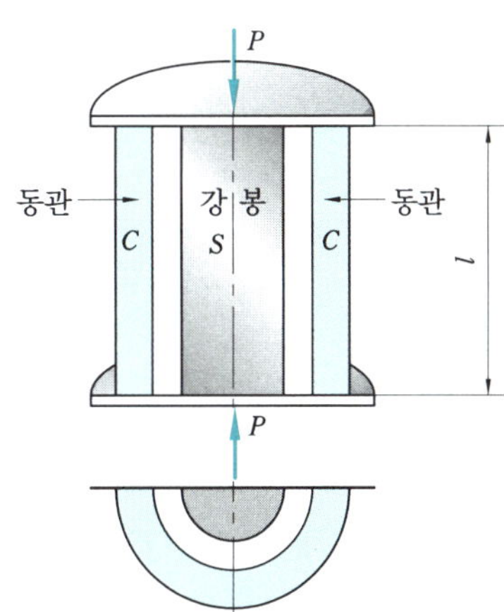

그림 3-5 동관과 강봉으로 합성된 기둥

각 봉에 발생하는 응력 σ_1, σ_2 는

$$\sigma_1 = \frac{P}{A_1} \ , \ \ \sigma_2 = \frac{P}{A_2}$$

이다. 따라서, λ 값은 다음과 같이 된다.

$$\lambda = \lambda_1 + \lambda_2 = \frac{P}{A_1} \cdot \frac{l_1}{E_1} + \frac{P}{A_2} \cdot \frac{l_2}{E_2} = \frac{\sigma_1 \, l_1}{E_1} + \frac{\sigma_2 \, l_2}{E_2}$$

그림 3-5와 같이 동관(銅管)과 강봉(鋼棒)으로 이루어진 합성재료에 상하로 판(板)을 견고히 고정한 후 판의 중심에 압축하중 P를 가(加)하는 경우이다.

강봉과 동관의 단면적을 A_s, A_c, 탄성계수를 E_s, E_c, 압축응력을 σ_s, σ_c, 수축량을 λ_s, λ_c 라 하면

외부의 압축하중 $=$ 강봉의 내력 $+$ 동관의 내력

$$P = \sigma_s A_s + \sigma_c A_c \tag{3-10}$$

각각의 수축량은 $\lambda_s = \dfrac{P \cdot l}{A_s E_s} = \dfrac{\sigma_s \cdot l}{E_s}$, $\lambda_c = \dfrac{P \cdot l}{A_c E_c} = \dfrac{\sigma_c \cdot l}{E_c}$ 인데, 강봉과 동관의 수축량은 같아야 하므로

$$\lambda_s = \lambda_c = \lambda = \frac{\sigma_s \cdot l}{E_s} = \frac{\sigma_c \cdot l}{E_c} \ \text{에서} \ \ \frac{\sigma_s}{E_s} = \frac{\sigma_c}{E_c} \tag{3-11}$$

식 (3-10)과 식 (3-11)로부터 강봉과 동관의 응력을 구해 보면,

$$P = \sigma_s \cdot A_s + \sigma_c \cdot A_c = \sigma_s \cdot A_s + \left(\sigma_s \cdot \frac{E_c}{E_s} \right) \cdot A_c = \sigma_s \left(A_s + \frac{E_c}{E_s} \cdot A_c \right)$$

$$\left. \begin{array}{l} \sigma_s = \dfrac{P}{A_s + \dfrac{E_c}{E_s} \cdot A_c} = \dfrac{E_s \cdot P}{A_s E_s + A_c E_c} \\[2em] \sigma_c = \dfrac{E_c}{E_s} \times \sigma_s = \dfrac{E_c \cdot P}{A_s E_s + A_c E_c} \end{array} \right\} \tag{3-12}$$

또 수축량 $\lambda = \dfrac{\sigma_s l}{E_s} = \dfrac{\sigma_c l}{E_c}$ 이므로,

$$\lambda = \frac{\sigma_s l}{E_s} = \frac{l}{E_s} \times \frac{E_s \cdot P}{A_s E_s + A_c E_c} = \frac{Pl}{A_s E_s + A_c E_c}$$

$$\lambda = \frac{\sigma_c l}{E_c} = \frac{l}{E_c} \times \frac{E_c \cdot P}{A_s E_s + A_c E_c} = \frac{Pl}{A_s E_s + A_c E_c}$$

$$\therefore \ \lambda = \frac{\sigma_s \cdot l}{E_s} = \frac{\sigma_c \cdot l}{E_c} = \frac{Pl}{A_s E_s + A_c E_c} \tag{3-13}$$

예제 4. 유효 단면적 $1600\ \text{cm}^2$인 콘크리트 기둥 속에는 지름 $22\ \text{mm}$의 연강제 철근봉이 9개가 원형으로 나열되어 박혀 있다. 콘크리트의 사용응력이 $\sigma_1 = 5\ \text{MPa}$일 때 이 기둥이 견딜 수 있는 하중을 구하시오.(단, 콘크리트의 탄성계수 $E_c = 14\ \text{GPa}$, 연강의 탄성계수 $E_s = 210\ \text{GPa}$이다.)

[해설] 기둥에 가해지는 외력 = 콘크리트의 내력 + 철근봉의 내력

$$P = \sigma_c \cdot A_c + \sigma_s \cdot A_s$$

콘크리트의 수축량 = 철근봉의 수축량

$$\frac{\sigma_c\, l_c}{E_c} = \frac{\sigma_s\, l}{E_s} \rightarrow \sigma_s = \sigma_c \cdot \frac{E_s}{E_c}$$

$$\therefore\ P = \sigma_c A_c + \sigma_s A_s$$

$$= \sigma_c A_c + \left(\sigma_c \cdot \frac{E_s}{E_c}\right) \cdot A_s$$

$$= \sigma_c\left(A_c + \frac{E_s}{E_c} \cdot A_s\right)$$

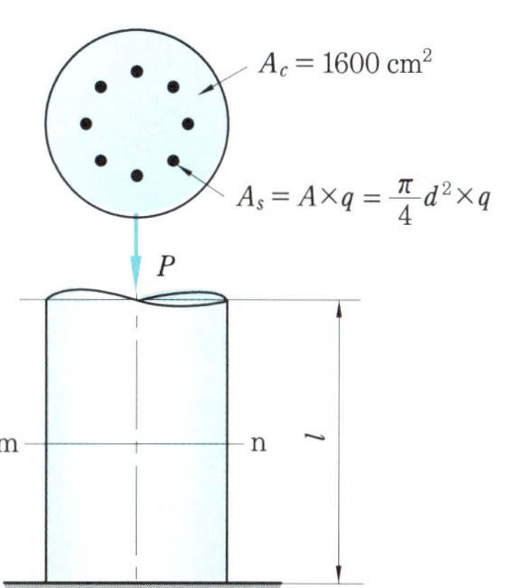

그러므로 견딜 수 있는 압축하중 P는

$$P = (5 \times 10^6) \times \left(1600 \times 10^{-4} + \frac{210}{14} \times \frac{\pi}{4} \times 0.022^2 \times 9\right)$$

$$= 1056.460\ \text{N} \fallingdotseq 1056.5\ \text{kN}$$

예제 5. 길이가 $75\ \text{cm}$인 동파이프에 연강제 볼트, 너트를 끼워 넣고 $\dfrac{1}{4}$ 회전할 때 볼트와 동파이프에 발생하는 응력(MPa)을 구하시오.〔단, 연강의 탄성계수 $E_s = 210\ \text{GPa}$, 동의 탄성계수 $E_c = 110\ \text{GPa}$, 볼트의 단면적 $A_s = 6\ \text{cm}^2$, 동파이프의 단면적 $A_c = 12\ \text{cm}^2$이고 볼트의 나사 피치(pitch)는 $p = 3.2\ \text{mm}$ 이다.〕

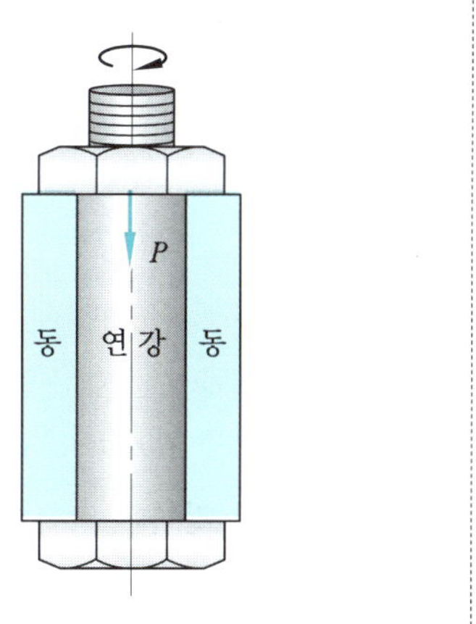

[해설] 너트를 죄면 볼트가 인장되며 그때의 신장량을 λ_s라 하고, 동시에 동파이프가 압축되어 수축되므로 수축량을 λ_c라 하면 이 두 변화량의 합은 볼트의 리드 양과 같게 된다.

$$\lambda_s + \lambda_c = \frac{1}{4} \cdot p$$

너트를 $\dfrac{1}{4}$ 회전시켜 조일 때 볼트와 파이프에 걸리는 인장력과 압축력을 P라 하면,

$$\lambda_s + \lambda_c = \frac{P \cdot l}{A_s E_s} + \frac{P \cdot l}{A_c E_c} = \frac{p}{4}$$

$$\therefore P = \frac{p}{4l} \times \cfrac{1}{\cfrac{1}{A_s E_s} + \cfrac{1}{A_c E_c}} = \frac{p}{4l} \times \cfrac{A_s E_s}{1 + \cfrac{A_s E_s}{A_c E_c}}$$

$$= \frac{0.32}{4 \times 75} \times \cfrac{(6 \times 10^{-4}) \times (210 \times 10^{9})}{1 + \cfrac{6 \times 210}{12 \times 110}} \fallingdotseq 68763 \text{ N}$$

그러므로 $\sigma_s = \dfrac{P}{A_s} = \dfrac{68763}{6 \times 10^{-4}} \fallingdotseq 114.6 \times 10^{6} \text{ N/m}^2 = 114.6 \text{ MPa}$ (인장응력)

$\sigma_c = \dfrac{P}{A_c} = \dfrac{68676}{12 \times 10^{-4}} \fallingdotseq 57.3 \times 10^{6} \text{ N/m}^2 = 57.3 \text{ MPa}$ (압축응력)

예제 6. 다음 그림과 같이 길이 $l = 60$ mm이고, 지름 $d = 15$ mm의 연강봉을 두께 $t = 2.5$ mm의 동관에 밀착시켜 끼워 넣은 후 축방향으로 $P = 1.6$ kN의 압축하중을 작용시킬 때 연강봉과 동관에 발생하는 응력과 전체 변형량을 구하시오.(단, 동의 $E_c = 105$ GPa, 강의 $E_s = 210$ GPa이다.)

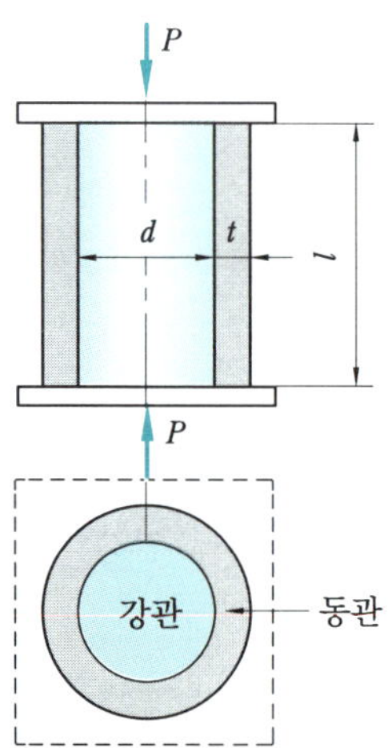

해설 압축하중 $P = \sigma_s A_s + \sigma_c A_c$ (a)

양 재료의 길이는 같으며, 변형률도 같아야 하므로 $\varepsilon = \dfrac{\sigma}{E}$ 에서 강봉과 동관의 탄성계수, 응력을 E_s, σ_s 및 E_c, σ_c라 하면,

$$\varepsilon = \frac{\sigma_s}{E_s} = \frac{\sigma_c}{E_c} \qquad\qquad (b)$$

$$\frac{E_s}{E_c} = \frac{\sigma_s}{\sigma_c} = \frac{210}{105} = 2, \quad \sigma_s = 2\sigma_c \qquad\qquad (c)$$

식 (a)에서 $P = 2\sigma_c \cdot A_s + \sigma_c A_c$ 이므로 $\sigma_c = \dfrac{P}{2A_s + A_c}$

$P = \sigma_s \cdot A_s + \dfrac{1}{2}\sigma_s \cdot A_c$ 이므로 $\sigma_s = \dfrac{2P}{2A_s + A_c}$

여기서, $A_s = \dfrac{\pi}{4}d^2 = \dfrac{\pi}{4} \times 0.015^2 = 1.76625 \times 10^{-4} \text{ m}^2$

$$A_c = \frac{\pi}{4}\left[(d+2t)^2 - d^2\right] = \frac{\pi}{4}(0.02^2 - 0.015^2) = 1.37375 \times 10^{-4}\ \text{m}^2$$

$$\therefore\ \sigma_c = \frac{16}{2 \times 1.76625 \times 10^{-4} + 1.37375 \times 10^{-4}} = 32611.5\ \text{kN/m}^2 \fallingdotseq 32.6\ \text{MN/m}^2\ (= \text{MPa})$$

$$\sigma_s = 2\sigma_c = 65.2\ \text{MPa}$$

$$\lambda = \frac{\sigma_s \cdot l}{E_s} = \frac{\sigma_c \cdot l}{E_c} = \frac{32611.5 \times 10^3 \times 0.06}{105 \times 10^9} \fallingdotseq 1.8635 \times 10^{-5}\ \text{m} = 0.018635\ \text{mm}$$

3. 자중에 의한 봉의 응력과 변형률

3-1 균일단면봉

재료에 인장력 또는 압축력이 작용할 때 일반적으로 재료의 자중(自重)은 외력에 비하여 매우 적으므로 무시할 수 있었으나 재료의 단면적이 크고 길이가 길어지면 재료의 자중의 영향은 무시할 수 없다.

그림 3-6에서 mn 하단부의 무게(중량 ; 重量, weight)는 재료의 단위면적당 무게인 비중량을 γ라 하면 $W_x = \gamma \cdot V_x = \gamma \cdot A \cdot x$이고, 봉 전체의 무게는 $W = \gamma A l$이다. 만약, 봉에 외력 P가 작용하고 봉의 무게를 고려한다면 봉의 하단으로부터 x의 거리에 있는 mn 단면에서의 응력은

$$\sigma_x = \text{외력에 의한 응력} + \text{봉의 중량에 의한 응력}$$

$$= \frac{P}{A} + \frac{W_x}{A} = \frac{P + W_x}{A}$$

$$= \frac{P + \gamma A x}{A} = \frac{P}{A} + \gamma x \tag{3-14}$$

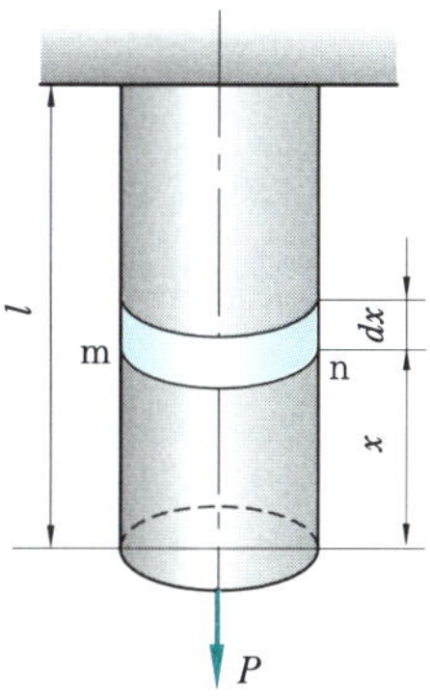

이며, $x = l$인 봉의 상단에서는 최대응력이 발생한다.

$$\sigma_{\max} = \frac{P}{A} + \frac{W_l}{A} = \frac{P + W_l}{A}$$

$$= \frac{P + \gamma A l}{A} = \frac{P}{A} + \gamma l \tag{3-15}$$

그림 3-6 균일단면의 원형봉

봉의 안전 단면적을 설계하기 위하여 최대응력 대신 사용응력 σ_w를 대신 사용하면,

$$\sigma_w = \frac{P}{A} + \gamma l,\quad \frac{P}{A} = \sigma_w - \gamma l$$

$$\text{안전 단면적}\ A = \frac{P}{\sigma_w - \gamma l} \tag{3-16}$$

가 된다.

　봉의 중량, 즉 봉의 자중을 고려하여 봉의 신장량을 생각해 보자. 극히 짧은 길이인 dx의 신장 $d\lambda$는 dx에서의 인장응력은 일정하며, 훅의 법칙에 의해 다음과 같은 식으로 표현된다.

$$d\lambda = \frac{\sigma}{E} \times dx = \frac{1}{E} \times \left(\frac{P + \gamma Ax}{A} \right) \times dx = \frac{P + \gamma Ax}{AE} \, dx$$

봉의 전신장 λ는 봉의 하단 $(x = 0)$부터 상단 $(x = l)$까지 전체에 걸친 신장량이므로

$$\lambda = \int_0^l d\lambda = \int_0^l \frac{P + \gamma Ax}{AE} \cdot dx = \frac{Pl + \frac{1}{2}\gamma Al^2}{AE}$$

$$= \frac{Pl}{AE}\,(\text{외력에 의한 신장}) + \frac{\gamma l^2}{2E}\,(\text{자중에 의한 신장})$$

$$= \frac{l}{AE}\left(P + \frac{1}{2}\gamma Al \right) \tag{3-17}$$

$$\lambda = \frac{Pl}{AE} + \frac{\gamma Al^2}{2AE} = \frac{Pl}{AE} + \frac{(\gamma Al) \cdot l}{2AE} = \frac{Pl}{AE} + \frac{Wl}{2AE} \tag{3-18}$$

　식 (3-18)에서 외력에 의한 신장량 $\dfrac{Pl}{AE}$ 과 비교하면 봉의 자중에 의한 신장량은 봉의 중량의 $\dfrac{1}{2}$ 에 해당하는 외력이 봉에 작용할 때 발생하는 신장량과 같다.

3-2　균일강도의 봉

　그림 3-7에서 길이가 l인 봉의 상단을 고정하고 하단에 중량 P의 물체를 매달았을 때 봉의 자중(自重)을 고려하여 봉의 응력이 봉 전체에 균일하게(균일강도로, 동일한 응력으로) 작용하게 하는 단면적 A와 자중의 크기, 전신장량을 살펴보도록 하자.

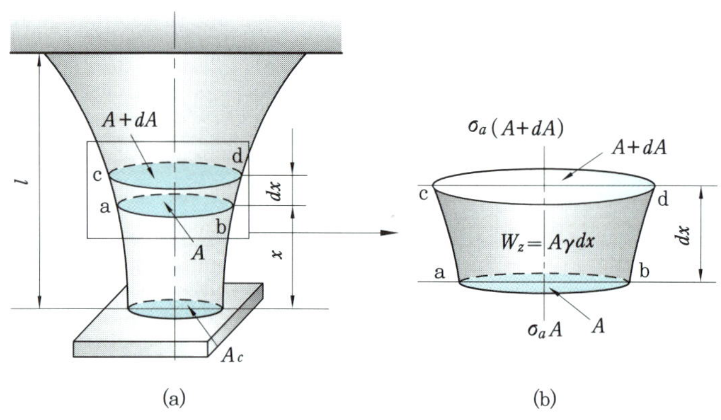

그림 3-7　균일강도의 봉

봉의 하단으로부터 x 거리의 단면적을 A, $x+dx$ 거리의 단면적을 $A+dA$라 하면 양 단면에는 동일 응력 σ_a가 작용한다. 그림 3-7 (b)에서 미소길이 dx의 자중은 $W_x = \gamma V_x = \gamma \cdot A \cdot dx$이므로, 다음의 식이 성립된다.

$$\text{cd 단면에 작용하는 힘} = \text{ab 단면에 미치는 추의 질량} + dx \text{ 부분의 자중}$$

$$\sigma_a(A+dA) = (\sigma_a \cdot A) + (\gamma A \cdot dx) \tag{3-19}$$

$$\sigma_a \cdot dA = \gamma Adx, \quad \frac{dA}{A} = \frac{\gamma}{\sigma_a}\,dx$$

양변을 적분하면,

$$\int \frac{dA}{A} = \int \frac{\gamma}{\sigma_a}\,dx$$

$$\log_e A = \frac{\gamma}{\sigma_a} \cdot \int dx = \frac{\gamma}{\sigma_a}\,x + C_1$$

$C_1 = \log_e C$라면,

$$\log_e A = \frac{\gamma}{\sigma_a}\,x + \log_e C$$

$$\log_e A - \log_e C = \frac{\gamma}{\sigma_a}\,x$$

$$\log_e \frac{A}{C} = \frac{\gamma}{\sigma_a}\,x$$

$$\frac{A}{C} = e^{\frac{\gamma}{\sigma_a}x} \quad (e \text{는 자연대수}) \tag{3-20}$$

적분상수 C를 구해 보자.

$x=0$(봉의 최하단부)에서 단면적은 A_0이므로,

$$(A)_{x=0} = C \cdot e^{\frac{\gamma}{\sigma_a} \times 0} = C, \quad A_0 = C = \frac{P}{\sigma_a}$$

와 같이 표시된다. 따라서, 식 (3-20)에서 봉 하단으로부터 x 거리의 단면적 A는

$$A = C \cdot e^{\frac{\gamma}{\sigma_a}x} = \frac{P}{\sigma_a} \cdot e^{\frac{\gamma}{\sigma_a}x} \tag{3-21}$$

이 되면, 기둥의 밑면적, 즉 $x=l$인 봉의 상단부의 단면적 A_1은 다음과 같다.

$$(A)_{x=l} = \left(\frac{P}{\sigma_a} \cdot e^{\frac{\gamma}{\sigma_a}x} \right)_{x=l}, \quad A_1 = \frac{P}{\sigma_a} \cdot e^{\frac{\gamma}{\sigma_a}l} \tag{3-22}$$

봉의 자중을 W라 하면 봉 전체의 힘의 평형으로부터 다음 식이 성립한다.

추의 중량＋봉 전체의 자중 ＝ 봉의 밑면$(x = l)$에 작용하는 내력

$$P + W = A_1 \cdot \sigma_a$$

$$W = A_1 \cdot \sigma_a - P = \frac{P}{\sigma_a}\, e^{\frac{\gamma}{\sigma_a} l} \times \sigma_a - P = P\left(e^{\frac{\gamma l}{\sigma_a}} - 1\right) \tag{3-23}$$

또, 기둥 전 길이에 일정한 응력 σ_a 가 작용하므로 봉의 전신장량은

$$\lambda = \varepsilon \cdot l = \frac{\sigma_a}{E} \cdot l \tag{3-24}$$

예제 7. 다음 그림과 같은 기둥의 각 단면에 생기는 응력 σ_w 가 일정하게 되도록 기둥의
모양을 결정하시오.

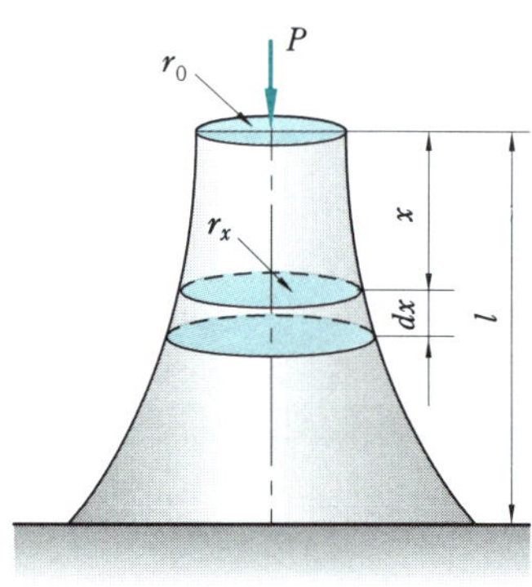

(균일강도의 기둥)

[해설] 상단면의 단면적을 A_0, 반지름을 r_0, 상단면으로 x 거리에 있는 단면적을 A_x, 반지
름을 r_x, 단면적 A_x 에 작용하는 중량을 P_x, 기둥의 비중량을 γ, 균일강도의 응력을 σ_a
라고 하면,

$$P = \sigma_a \cdot A_0 = \sigma_a \cdot \pi r_0^2 \tag{a}$$

$$P_x = P + \int_0^x W_x = P + \int_0^x \pi r_x^2 \cdot \gamma \cdot dx \tag{b}$$

$$P_x = \sigma_a \cdot A_x = \sigma_a \cdot \pi r_x^2 \tag{c}$$

식 (b)와 (c)에서,

$$P_x = P + \int_0^x \pi r_x^2 \gamma \cdot dx = \sigma_a \cdot \pi r_x^2 \tag{d}$$

양변을 x에 대하여 미분하면,

$$\frac{dP_x}{dx} = \frac{d}{dx}\left(P + \int_0^x \pi r_x^2 \cdot \gamma \cdot dx\right) = \sigma_a \cdot 2\pi r_x \cdot \frac{dr_x}{dx}$$

$$\pi r_x^2 \cdot \gamma = \sigma_a \cdot 2\pi r_x \frac{dr_x}{dx}$$

$$\therefore\ dx = \frac{\sigma_a \cdot 2\pi r_x}{\pi r_x^2 \cdot \gamma} \cdot dr_x = \frac{2\sigma_a}{r_x \cdot \gamma}\, dr_x$$

적분하면,

$$\left[\int dx = x\right] = \left[\int \frac{2\sigma_a}{r_x \cdot \gamma}\, dr_x = \frac{2\sigma_a}{\gamma}\, x \cdot \log r_x + C\right]$$

$$x = \frac{2\sigma_a}{\gamma}\, x \cdot \log r_x + C \tag{e}$$

$x = 0$(상단부)에서 $r_x = r_0$ 이므로, 식 (e)에 대입하면,

$$0 = \frac{2\sigma_a}{\gamma}\, x \cdot \log r_0 + C \rightarrow C = -\frac{2\sigma_a}{\gamma} \cdot \log r_0$$

그러므로 $x = \dfrac{2\sigma_a}{\gamma} \cdot \log r_x + C = \dfrac{2\sigma_a}{\gamma} \cdot \log r_0 - \dfrac{2\sigma_a}{\gamma} \cdot \log r_0 = \dfrac{2\sigma_a}{\gamma} \cdot \log\left(\dfrac{r_x}{r_0}\right)$

$$\frac{r_x}{r_0} = e^{\frac{\gamma}{2\sigma_c}x} \tag{f}$$

임의의 위치의 단면의 반지름은

$$r_x = r_0 \cdot e^{\frac{\gamma}{2\sigma_c}x} \tag{g}$$

그림 3-8은 그림 3-7의 변형인 계단형 균일단면, 균일강도의 봉으로 봉을 계단적으로 변화시킨 한 예이다.

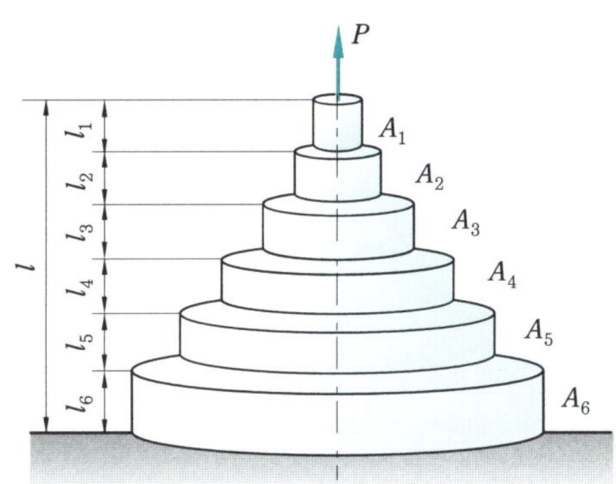

그림 3-8 계단형 균일강도의 봉

각 계단봉의 길이를 l_1, l_2, l_3, l_4, $\cdots$, 단면적을 A_1, A_2, A_3, A_4, $\cdots$, 각 봉에 균일하게 작용하는 응력을 σ, 비중량을 γ 라 하고, 각 봉의 단면을 계산해 보면 다음과 같다.

① 길이 l_1인 봉에 작용하는 힘의 평형 관계에서,

l_1 봉에 작용하는 내력 = 외력 + l_1 봉의 자중

$$\sigma \cdot A_1 = P + \gamma A_1 l_1$$

$$\therefore A_1 = \frac{P}{\sigma - \gamma \cdot l_1} \tag{3-25}$$

② 길이 l_2인 봉이 경우도 마찬가지로,

l_2 봉에 작용하는 내력 $= l_1$ 봉에 작용하는 내력 $+ l_2$ 봉의 자중

$$\sigma \cdot A_2 = \sigma \cdot A_1 + \gamma \cdot A_2 \cdot l_2$$

$$\therefore A_2 = \frac{\sigma \cdot A_1}{\sigma - \gamma \cdot l_2} = A_1 \times \frac{\sigma}{\sigma - \gamma \cdot l_2} = \frac{P \cdot \sigma}{(\sigma - \gamma \cdot l_1) \cdot (\sigma - \gamma \cdot l_2)} \qquad (3\text{-}26)$$

③ 길이 l_3인 봉에 대해서도 마찬가지이므로,

$$\sigma \cdot A_3 = \sigma \cdot A_2 + \gamma \cdot A_3 \cdot l_3$$

$$\therefore A_3 = \frac{\sigma \cdot A_2}{\sigma - \gamma \cdot l_3} = A_2 \times \frac{\sigma}{\sigma - \gamma \cdot l_3}$$

$$= \frac{P \cdot \sigma^2}{(\sigma - \gamma \cdot l_1)(\sigma - \gamma \cdot l_2)(\sigma - \gamma \cdot l_3)} \qquad (3\text{-}27)$$

④ 길이 l_x인 봉에 대해서 생각해 보면,

$$\sigma \cdot A_x = \sigma \cdot A_{x-1} + \gamma \cdot A_x \cdot l_x$$

$$\therefore A_x = \frac{\sigma \cdot A_{x-1}}{\sigma - \gamma \cdot l_x} = \frac{P \cdot \sigma^{x-1}}{(\sigma - \gamma \cdot l_1) \cdot (\sigma - \gamma \cdot l_2) \cdot \cdots \cdot (\sigma - \gamma_x)} \qquad (3\text{-}28)$$

⑤ 만약 각 봉의 길이가 모두 같다면 $l_1 = l_2 = l_3 = \cdots = l_x = \cdots = l_n = l$이므로,

$$A_x = \frac{P \cdot \sigma^{x-1}}{(\sigma - \gamma l)^x} = \frac{P}{\sigma} \cdot \left(\frac{\sigma}{\sigma - \gamma l} \right)^x \qquad (3\text{-}29)$$

이 된다.

예제 8. 길이 20 cm인 수직 강철봉에 하중 $P = 30$ kN이 작용할 때, 사용응력을 σ_w 60 MPa로 할 수 있는 봉의 단면적과 봉의 신장량을 구하시오.(단, 이 재료의 비중량은 $\gamma = 78.5$ kN/m^3, 탄성계수 $E = 210$ GPa이며, 자중을 고려한다.)

해설 봉에 작용하는 최대응력 $=$ 외력에 의한 내력 $+$ 자중에 의한 내력

$$\sigma_{\max} (\text{또는 } \sigma_w) = \frac{P}{A} + \frac{W}{A} = \frac{P}{A} + \frac{\gamma A l}{A} = \frac{P}{A} + \gamma l$$

$$\therefore \text{봉의 단면적 } A = \frac{P}{\sigma_w - \gamma l} = \frac{30000}{60 \times 10^6 - 78500 \times 20}$$

$$= 5.134 \times 10^4 \text{ m}^2 = 5.134 \text{ cm}^2$$

봉의 전신장량 $(\lambda) =$ 외력에 의한 신장량 $+$ 자중에 의한 신장량

$$= \frac{Pl}{AE} + \frac{Wl}{2AE} = \frac{l}{E} \left(\frac{P}{A} + \frac{\gamma l}{2} \right)$$

$$= \frac{20}{210 \times 10^9} \times \left(\frac{30000}{5.13 \times 10^{-4}} + \frac{78500 \times 20}{2} \right)$$

$$= 5.64 \times 10^{-3} \text{ m} = 5.64 \text{ mm}$$

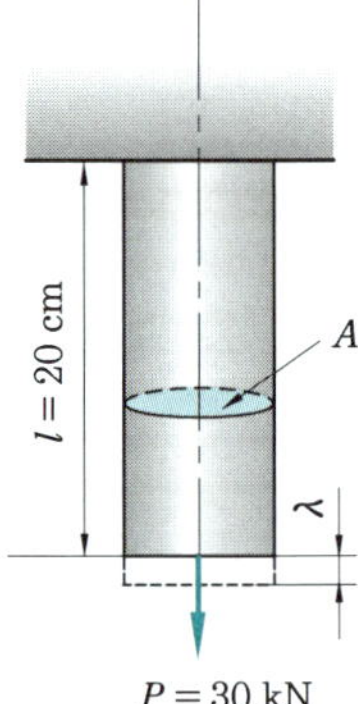

예제 9. 길이 l, 단면적 A, 비중량 γ, 탄성계수 E인 균일단면의 봉이 그림과 같이 수평으로 놓고 봉의 길이의 중앙에 연직축을 세우고 일정한 각속도 ω로 회전시킬 때 이 봉에 발생하는 최대응력 σ와 신장량 λ를 구하시오.

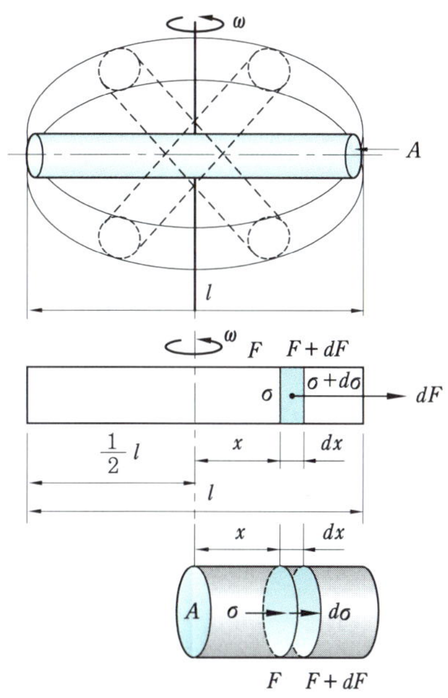

해설 회전축으로부터 x만큼의 거리에 있는 dx의 미소면적 요소를 생각해 보자.

봉의 회전으로 인한 봉의 단면의 중심선에 원심력 F가 발생한다.

그림에서 원심력은 다음과 같은 식으로 표시된다.

원심력 $F = A \cdot \sigma$ (a)

미소 부분에서 원심력 $dF = A \cdot d\sigma$ (b)

$F + dF = (\sigma + d\sigma)A$ (c)

회전축에서 x 거리까지의 봉의 무게는 $W = A \cdot x \cdot \gamma$

원심력은 $F = ma$에서 $F = ma = \dfrac{W}{g} \cdot r\omega^2$ 이므로,

$$dF = \frac{\gamma \cdot A \cdot dx}{g} \times x\omega^2 = \frac{\gamma \omega^2 Ax}{g} \times dx \tag{d}$$

($\dfrac{\gamma A dx}{g}$ 는 미소 부분의 질량, $x \cdot \omega^2$ 은 미소 부분의 반지름 방향의 각속도)

식 (b)에서 $d\sigma = \dfrac{dF}{A}$ 이므로 여기에 식 (d)를 대입하여 정리하면,

$$d\sigma = \frac{1}{A} \times \frac{\gamma \omega^2 Ax}{g} dx = \frac{\gamma \omega^2 x}{g} dx$$

이고, 양변을 $x = 0$ 에서 $x = \dfrac{l}{2}$ 까지 적분하면

$$\left[\int d\sigma = \sigma \right] = \left[\int_0^{\frac{l}{2}} \frac{\gamma \omega^2}{g} x\,dx = \frac{\gamma \omega^2}{g} \left[\frac{1}{2} x^2 \right]_0^{\frac{l}{2}} = \frac{\gamma \omega^2}{2g} \times \frac{l^2}{4} \right]$$

$$\therefore \text{ 봉의 최대응력 } \sigma = \frac{\gamma \omega^2}{2g} \cdot \frac{l^2}{4} \tag{e}$$

$$\text{봉의 신장량 } \lambda = \frac{\sigma l}{E} = \frac{\gamma \omega^2 l^3}{8gE} \quad (\text{각속도 } \omega = \frac{2\pi n}{60}) \tag{f}$$

예제 10. 높이가 l 이고 밑면의 지름이 d, 단위체적당 중량이 γ 인 직원뿔체를 그림과 같이 천장에 매달 때 이 재료에 발생할 최대 인장응력 $\sigma_{\max}$ 와 신장 λ 를 구하시오.

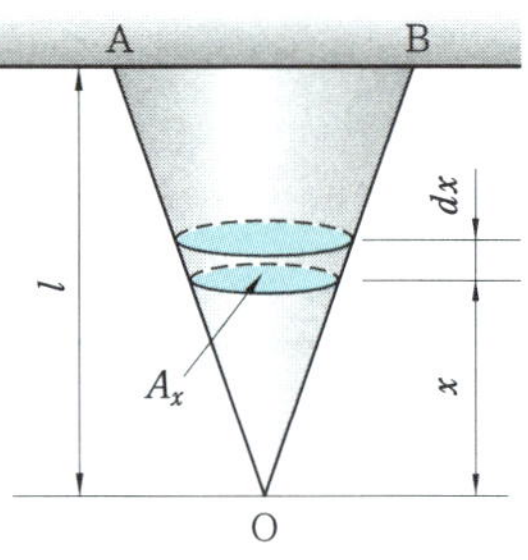

[해설] 원뿔체의 체적은 $V = \frac{1}{3} Al$ 이고, 무게(중량)는 $W = \gamma V$ 이다.

원뿔봉 전체의 무게 $W = \gamma V = \gamma \left(\frac{1}{3} Al \right)$

봉의 하단으로부터 x 만큼의 거리의

무게 $W_x = \gamma \cdot \frac{1}{3} A_x \cdot x$, 단면적 $A_x = \frac{\pi d^2}{4} \cdot \frac{x^2}{l^2}$

응력의 크기 $\sigma_x = \frac{W_x}{A_x} = \dfrac{\dfrac{\pi d^2}{4} \cdot \dfrac{x^3}{3l^2}}{\dfrac{\pi d^2}{4} \cdot \dfrac{x^2}{l^2}} = \dfrac{\gamma x}{3}$

미소 부분 dx 의 신장량은 $d\lambda = \dfrac{\sigma_x}{E} dx = \dfrac{\gamma x}{3E} dx$

봉 전체의 신장량은 $\displaystyle\int_0^\lambda d\lambda$ 이므로, $\lambda = \displaystyle\int_0^l \frac{\gamma x}{3E} dx = \frac{\gamma l^2}{6E}$ 이다.

4. 열응력 (thermal stress)

일반적으로 물체는 온도가 상승하면 팽창하고(늘어나고), 하강하면 수축한다(줄어든다). 물체의 자유로운 팽창과 수축이 불가능하도록 물체를 고정하여 신축을 방해하면 물체는 마치 인장이나 압축을 받는 형태가 되며, 물체 내부는 인장응력이나 압축응력이 발생하는 것처럼 된다. 이와 같이 온도 변화에 의해 발생하는 응력을 열응력(thermal stress)이라 하며, 열응력은 보일러나 열기관 파괴의 원인이 되며, 가열 끼워맞춤에도 이용된다.

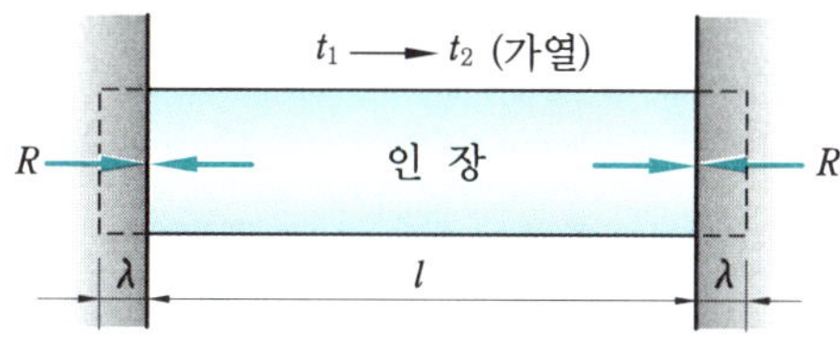

그림 3-9 양단고정봉의 열응력

그림 3-9에서 양단을 고정하고 봉을 가열하면 봉이 팽창하여 벽에 압축력이 작용하며, 이 압축력은 반력 R에 의해 저지되어 봉에는 압축력이 작용하게 된다.

봉의 신장량 λ는 가열 후의 길이를 l'이라 하면

$$\lambda = l' - l = \alpha(t_2 - t_1) \cdot l = \alpha \cdot \Delta t \cdot l \tag{3-30}$$

이 되며, α는 재료의 선팽창계수(coefficient of line)이다.

봉의 압축력만큼 반력 R이 작용하게 되므로, 봉이 신장은 이 반력 R에 의해 발생되는 것과 같게 되므로 신장량 λ는 $\lambda = \dfrac{R \cdot l}{AE}$이 되며, 식 (3-30)과 같게 놓으면 다음 식이 성립한다.

$$\lambda = \alpha \cdot \Delta t \cdot l = \frac{R \cdot l}{AE}$$

$$\rightarrow R = A \cdot E \cdot \alpha \cdot \Delta t = 압축력(P) \tag{3-31}$$

압축력 $P = A \cdot E \cdot \alpha \cdot \Delta t$를 이용하여 열응력의 크기와 변형률을 구하면,

$$\sigma = \frac{P}{A} = \frac{AE\alpha \cdot \Delta t}{A} = E \cdot \alpha \cdot \Delta t \tag{3-32}$$

$$\varepsilon = \frac{\sigma}{E} = \frac{E \cdot \alpha \cdot \Delta t}{E} = \alpha \cdot \Delta t \tag{3-33}$$

이며, 식 (3-30)을 이용하여도 식 (3-31), (3-32), (3-33)을 구할 수 있다.

물체를 가열할 경우 $(t_1 < t_2)$에는 물체에 압축응력이 생기며, 냉각할 경우 $(t_1 > t_2)$에는 인장응력이 발생하게 된다.

표 3-1 각종 금속 재료의 선팽창계수의 값

재 료	$\alpha\,[\text{cm}/\text{℃}\cdot\text{cm}]$	재 료	$\alpha\,[\text{cm}/\text{℃}\cdot\text{cm}]$
연 강	1.12×10^{-5}	주 석	2.70×10^{-5}
경 강	1.07×10^{-5}	알루미늄	2.39×10^{-5}
황 동	1.84×10^{-5}	구 리	1.65×10^{-5}
아 연	2.97×10^{-5}	니 켈	1.33×10^{-5}
납	2.93×10^{-5}	백 금	0.89×10^{-5}

예제 11. 지름이 2.5 cm인 연강봉을 15℃에서 벽에 고정하고 온도를 40℃로 상승시켰을 때 열응력(MPa)을 구하시오. 또 봉의 단면이 벽에 영향을 주는 힘(kN)을 구하시오. (단, 연강봉의 $E = 210$ GPa이고, 선팽창계수 $\alpha = 11.5 \times 10^{-6}$이다.)

[해설] 15℃에서 40℃로 가열할 경우 봉에는 압축응력이 발생하며, 그 값은

$$\sigma = E \cdot \varepsilon = E \cdot \alpha \cdot \Delta t$$
$$= 210 \times (11.5 \times 10^{-6}) \times (40 - 15) = 0.060375 \text{ GPa} = 60.375 \text{ MPa}$$
$$P = \sigma \cdot A = 60.375 \times \frac{\pi}{4} \times 0.025^2$$
$$= 0.02962 \text{ MN} = 29.62 \text{ kN}$$

예제 12. 연강제 나사봉을 27℃일 때 24 MPa의 인장응력을 발생시킨 상태에서 고정하였다면, 기온이 7℃로 하강하였을 때의 응력을 구하시오. ($E = 210$ GPa, $\alpha = 11.3 \times 10^{-6}$)

[해설] 구하고자 하는 응력(σ) = 초기 인장응력(σ_0) + 7℃일 때의 열응력(σ_1)

열응력 $\sigma_1 = E \cdot \alpha \cdot \Delta t = 210 \times (11.3 \times 10^{-6}) \times (27 - 7) = 0.04746 \text{ GPa} = 47.46 \text{ MPa}$

$$\therefore \ \sigma = \sigma_0 + \sigma_1 = 24 \text{ MPa} + 47.46 \text{ MPa} = 71.46 \text{ MPa}$$

예제 13. 지름 40 mm, 길이 90 cm의 원형 단면봉의 양단을 벽에 고정하여 온도를 70℃ 상승시킬 때 벽을 미는 힘(kN)을 구하시오.(단, 이 봉은 온도를 100℃만큼 올리면 1.1 mm의 신장이 생기며, 탄성계수 $E = 210$ GPa이다.)

[해설] 우선, 벽을 미는 힘 $P = \sigma A = AE \cdot \alpha \cdot \Delta t$를 구하기 위해 선팽창계수 α를 구해 보면 신장량 $\lambda = l \cdot \alpha \cdot \Delta t$에서,

$$\alpha = \frac{\lambda}{l \cdot \Delta t} = \frac{0.11}{90 \times 100} = 1.22 \times 10^{-5}$$

$$\therefore \ P = \sigma A = (E \cdot \alpha \cdot \Delta t)A = (210 \text{ GPa}) \times (1.22 \times 10^{-5}) \times 70 \times \frac{\pi}{4} \times 0.04^2$$

$$= 2.2525 \times 10^{-4} \text{ GN} = 225.25 \text{ kN}$$

예제 14. 다음 그림과 같이 서로 다른 재료로 조합된 봉의 양단을 고정하고, 이 봉을 온도 t_1에서 t_2로 상승시켰을 때 각 봉에 발생하는 열응력을 구하시오.

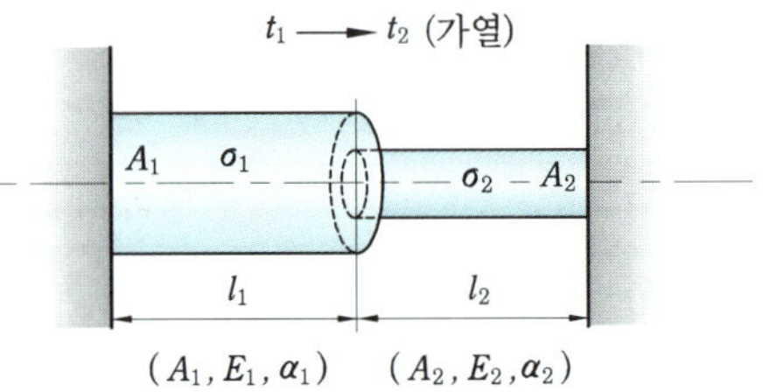

[해설] 각 봉에 작용하는 힘은 같으므로,

$$\sigma_1 A_1 = \sigma_2 A_2 \tag{a}$$

각 봉의 신장량은 $\lambda_1 = \varepsilon_1 \, l_1 = \dfrac{\sigma_1}{E_1} \, l_1$, $\lambda_2 = \varepsilon_2 \, l_2 = \dfrac{\sigma_2}{E_2} \, l_2$이므로

$$\text{전신장량 } \lambda = \lambda_1 + \lambda_2 = \frac{\sigma_1}{E_1} \, l_1 + \frac{\sigma_2}{E_2} \, l_2 \tag{b}$$

$$\text{열응력에 의한 팽창된 길이는 } \Delta l = \alpha_1 \cdot l_1 \cdot \Delta t + \alpha_2 \cdot l_2 \cdot \Delta t \tag{c}$$

식 (b) = 식 (c)이어야 하므로,

$$\frac{\sigma_1}{E_1} \, l_1 + \frac{\sigma_2}{E_2} \, l_2 = (\alpha_1 \, l_1 + \alpha_2 \, l_2) \cdot \Delta t \tag{d}$$

식 (a)에서 $\sigma_2 = \dfrac{A_1}{A_2} \cdot \sigma_1$이므로 이것을 식 (d)에 대입 정리하면, 다음 식이 얻어진다.

$$\sigma_1 = \frac{(\alpha_1 \cdot l_1 + \alpha_2 \cdot l_2)}{\dfrac{l_1}{E_1} + \dfrac{A_1}{A_2} \cdot \dfrac{l_2}{E_2}} \times \Delta t, \quad \sigma_2 = \frac{(\alpha_1 \cdot l_1 + \alpha_2 \cdot l_2)}{\dfrac{l_2}{E_2} + \dfrac{A_2}{A_1} \cdot \dfrac{l_1}{E_1}} \times \Delta t$$

5. 원환응력과 원통응력

5-1　얇은 원환의 응력(thin circular ring stress)

　두께가 얇은 원환(圓環, ring)이 그림 3-10과 같이 균일하게 분포된 반지름 방향의 하중을 받는 경우, 이 원환의 단면적 A가 원주를 따라서 균일하고 두께 t가 반지름 r에 비하여 작은 경우에는 그와 같은 하중으로 인하여 그 원환 속에 발생하는 원주 방향의 응력과 변형률이 각 단면 위에 균일하게 분포된다고 볼 수 있으므로, 단순인장과 단순압축으로 취급할 수 있다.

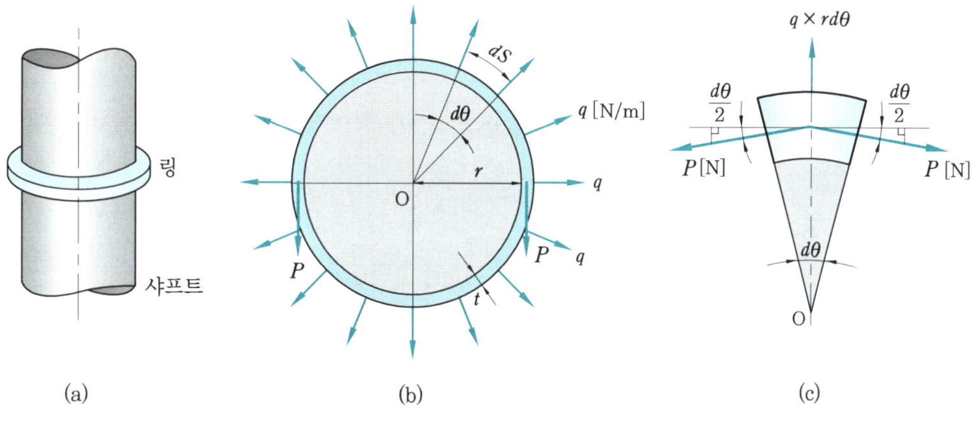

그림 3-10　얇은 원환(ring)

  원환에 작용하는 분포하중은 내압 또는 외압이거나 회전하는 원환인 경우 원심력(遠心力)일 수도 있다. 모든 경우에 대하여 원환의 중심선, 즉 평균 반지름 r에 대한 원주의 단위길이당 작용하는 하중의 값 $q[\text{N/m}]$를 분포하중의 세기라 말할 수 있다.

  내압과 외압에 의한 하중으로 인하여 원환 속에 발생되는 내력(內力)을 살펴보면 길이 $ds(=r\cdot d\theta)$인 미소요소에서 평형 조건은 다음과 같다.

$$q \times rd\theta - 2P \times \frac{d\theta}{2} = 0 \ \rightarrow \ P = q \cdot r \tag{3-34}$$

여기서, P : 원환 인장력(hoop tension)으로 원주 방향의 인장력

$q \cdot rd\theta$: 반지름 방향의 외적(外的) 하중의 원심력

힘(원환 인장력)은 원환의 단면적 A 위에 균일하게 분포하므로 원환응력 σ는

$$\sigma = \frac{P}{A} = \frac{q \cdot r}{A} \tag{3-35}$$

또한, 원환 둘레와 단면에 균일하게 분포되는 원주 방향의 변형률 ε_1은

$$\varepsilon_1 = \frac{\sigma}{E} = \frac{q \cdot r}{AE} \tag{3-36}$$

이고, 원환의 둘레와 지름의 비는 원주율 π와 같으므로 그 원환의 지름의 변형률은 원주 방향의 변형률과 같게 된다. 이 지름의 변형률은 가열 끼워맞춤(shrink fit)의 문제에서 중요한 역할을 한다.

  실제 응용에서는 회전하는 원환 속의 인장응력을 계산해야 하며, 이때 q는 원환의 단위 길이에 작용하는 원심력이 되며 원환의 각가속도를 $\omega[\text{rad/s}]$, 반지름을 r, 원주 속도를 v, 원환의 단위길이당 중량을 w 라 한다.

$$\text{단위길이당 작용하는 원심력 } q = \frac{w}{g} \times \frac{v^2}{r} \tag{3-37}$$

$$\text{원환 속에 작용하는 원주 방향의 인장력 } P = q \cdot r = \frac{wv^2}{g} = \frac{w}{g} \cdot \omega^2 r^2 \tag{3-38}$$

$$\text{원환 속의 인장응력 } \sigma = \frac{P}{A} = \frac{wv^2}{Ag} = \frac{v^2}{Ag} \times A \cdot \gamma = \frac{\gamma}{g} v^2 = \frac{\gamma}{g} \cdot \omega^2 r^2 \tag{3-39}$$

  고속으로 회전하는 큰 지름의 원환(ring) 속에는 매우 큰 응력이 발생하므로 회전 속도를 제한하여야 한다.

5-2 내압을 받는 얇은 원통(thin walled cylinder)

  보일러, 물 또는 가스 저장 탱크, 송수관, 압력 용기 등과 같이 안지름에 비하여 두께가 얇은 원통($d > 10\,t$), 또는 관(tube)에 내압이 작용하는 경우 강판의 내부에는 압력에 저항하는 인장응력이 발생한다.

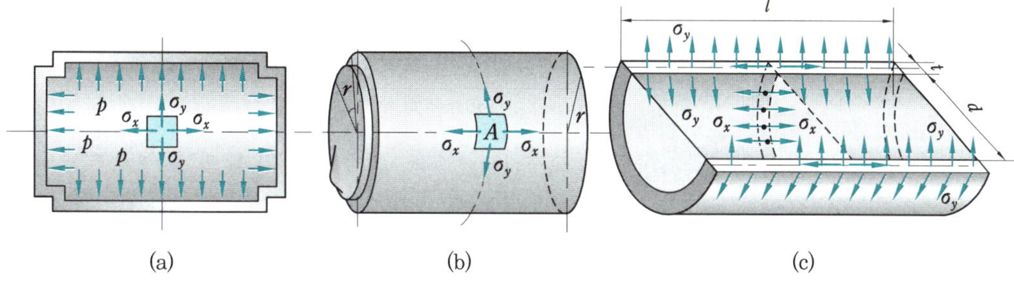

그림 3-11 내압을 받는 얇은 원통

그림 3-11에서 보는 바와 같이 안지름이 d, 두께가 t인 내압 p [N/m²]를 받는 원통에서 그림 3-11 (c)에서처럼 가로 방향(상하 방향)으로 파괴되는 경우와 세로 방향(좌우 방향)으로 파괴되는 경우가 있다.

가로 방향 파괴에 대한 응력 σ_y는 원통 벽면의 양면에서 발생하며 세로 방향 파괴에 대한 응력 σ_x는 원환 부분에 생긴다.

(1) 가로 방향의 응력 – 원주 응력, 후프(hoop) 응력

그림 3-12와 같이 원통의 하단 부분의 안지름을 d, 두께를 t, 내압을 p, 길이를 l이라 하면 원통의 단면부에 작용하는 전압력 $p \cdot d \cdot l$과 이에 대응하여 원통의 두께 부분에 발생하는 내력 P는 같으므로,

$$P = p \cdot d \cdot l \tag{3-40}$$

$$P = 2 \times \sigma_y \cdot tl = p \cdot d \cdot l \tag{3-41}$$

$$\therefore \ \sigma_y = \frac{pdl}{2tl} = \frac{pd}{2t}, \quad t = \frac{p \cdot d}{2\sigma_y} \tag{3-42}$$

여기서, σ_y는 원통의 원주상에 균일하게 분포하는 응력이며, 이 응력을 원주응력(圓周應力), 또는 후프 응력(hoop stress)라 한다. 이 후프 응력은 원통벽의 안쪽이 크고 바깥쪽이 작으나, 지름에 비하여 두께가 작은 얇은 원통의 경우는 원통벽 내외측의 응력은 균일한 것으로 본다.

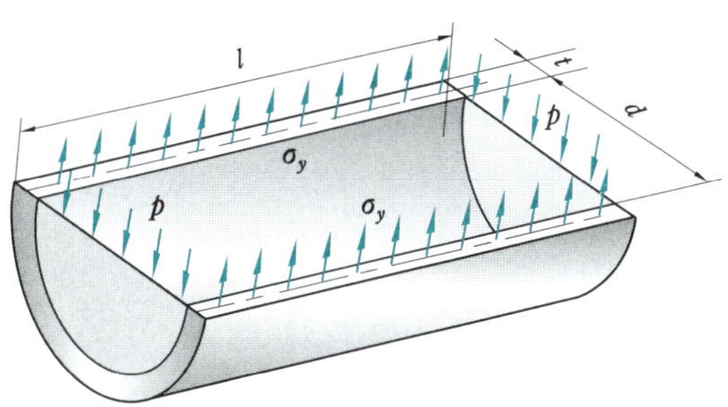

그림 3-12 가로 방향의 응력

(2) 세로 방향의 응력 – 축(軸) 방향 응력

그림 3-13과 같이 원통의 축 방향과 수직한 단면으로 절단한 단면에 작용하는 전압력은 $p \cdot A = \dfrac{\pi}{4} d^2 \cdot p$ 이고, 이것에 저항하기 위해 원통의 세로 방향 단면에는 축 방향으로 인장응력 σ_x 가 발생하며, 저항력은 $\sigma_x \cdot A = \sigma_x \cdot \pi \cdot d \cdot t$ 이므로 힘의 평형으로부터 다음 식이 성립된다.

$$P = \left[p \cdot A = \frac{\pi}{4} d^2 \cdot p \right] = \left[\sigma_x \cdot A = \sigma_x \cdot \pi \cdot d \cdot t \right]$$

$$\sigma_x = \frac{\dfrac{\pi}{4} d^2 \cdot p}{\pi \cdot d \cdot t} = \frac{p \cdot d}{4t}, \quad t = \frac{p \cdot d}{4\sigma_x} \tag{3-43}$$

이 응력을 세로 응력, 즉 축 방향의 응력이라 한다.

식 (3-42)와 식 (3-43)에서 가로 방향의 응력(원주응력) σ_y 는 세로 방향의 응력(축 방향의 응력) σ_x 의 2배가 되므로 내압을 받는 얇은 원통의 파괴는 종단면(원주응력)을 따라 일어나며 원통을 이음할 때는 세로 이음을 가로 이음의 2배의 강도가 되도록 이음하여야 한다.

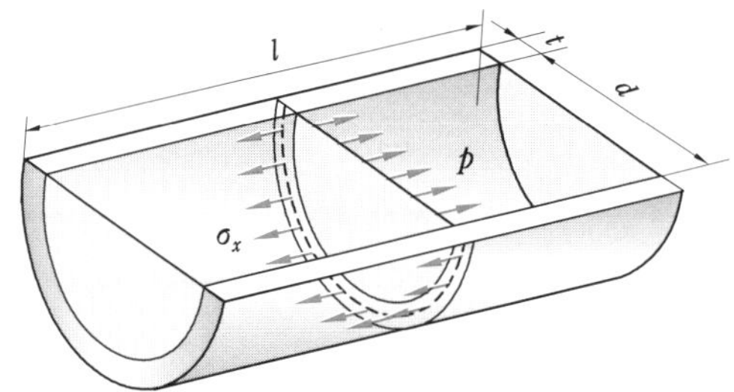

그림 3-13 세로 방향의 응력

5-3 내압을 받는 두꺼운 원통

두꺼운 원통에서는 각 점에서의 후프 응력에 차가 생기고, 반지름 방향의 응력도 무시할 수 없다. 일반적으로 사용되고 있는 식에 대해서 생각해 보자.

(1) 임의 점(r)에서의 응력

임의 점(반지름이 r 인 점)에서의 후프 응력은

$$\sigma_h = \frac{P r_1^2 (r_2^2 + r^2)}{r^2 (r_2^2 - r_1^2)} \ [\text{N/m}^2] \tag{3-44}$$

임의 점(반지름이 r 인 점)에서의 반지름 방향의 응력은

$$\sigma_r = \frac{Pr_1^2(r_2^2 - r^2)}{r^2(r_2^2 - r_1^2)} \ [\text{N/m}^2] \qquad (3\text{-}45)$$

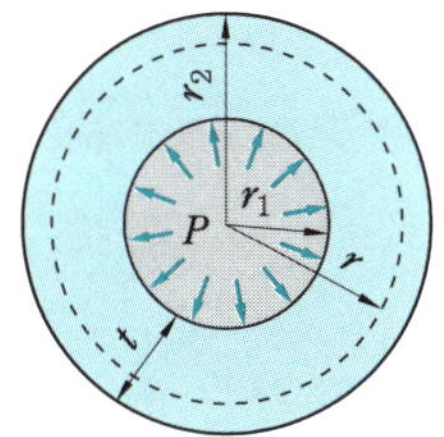

P : 내압(Pa)
r_1 : 내압의 반지름
r_2 : 외벽의 반지름
r : 임의 점의 반지름

그림 3-14 두꺼운 원통

(2) 최대 응력 ($r = r_1$)

최대 후프 응력과 최대 반지름 방향의 응력은 $r = r_1$인 내벽에 생기므로 식 (3-44)와 (3-45)에서,

$$\sigma_h \,|_{\,r=r_1} = (\sigma_h)_{\max} = \frac{Pr_1^2(r_2^2 + r_1^2)}{r_1^2(r_2^2 - r_1^2)} = P\frac{r_2^2 + r_1^2}{r_2^2 - r_1^2} \ [\text{N/m}^2] \qquad (3\text{-}46)$$

$$\sigma_r \,|_{\,r=r_1} = (\sigma_r)_{\max} = \frac{Pr_1^2(r_2^2 - r_1^2)}{r_1^2(r_2^2 - r_1^2)} = P \ [\text{N/m}^2] \qquad (3\text{-}47)$$

(3) 최소 응력 ($r = r_2$)

최소 후프 응력과 최소 반지름 방향의 응력은 $r = r_2$인 외벽에 생기므로, 식 (3-44)와 (3-45)에서,

$$\sigma_h|_{\,r=r_2} = (\sigma_h)_{\min} = \frac{Pr_1^2(r_2^2 + r_2^2)}{r_2^2(r_2^2 - r_1^2)}$$

$$= P \cdot \frac{2Pr_1^2}{r_2^2 - r_1^2} \ [\text{N/m}^2] \qquad (3\text{-}48)$$

$$\sigma_r|_{\,r=r_2} = (\sigma_r)_{\min} = \frac{Pr_1^2(r_2^2 - r_2^2)}{r_2^2(r_2^2 - r_1^2)} = 0 \qquad (3\text{-}49)$$

(4) 바깥지름과 안지름의 비

식 (3-46)에서,

$$(\sigma_h)_{\max} = P \cdot \frac{r_2^2 + r_1^2}{r_2^2 - r_1^2} = P \cdot \frac{\left(\dfrac{r_2}{r_1}\right)^2 + 1}{\left(\dfrac{r_2}{r_1}\right)^2 - 1}$$

이며, 이를 정리하면

$$\therefore \ \frac{r_2}{r_1} = \sqrt{\frac{(\sigma_h)_{\max} + P}{(\sigma_h)_{\max} - P}} \tag{3-50}$$

5-4　두께가 얇은 구의 응력

압력을 가진 액체와 기체를 넣은 살이 얇은 두께의 구는 원벽에 직각으로 압력을 받는다.
그림 3-15에서 구를 파괴하려는 전압력 F 는

$$F = PA = P \times \frac{\pi}{4} d^2 \tag{3-51}$$

전압력에 견디는 내부의 인장응력 $\sigma_t = \dfrac{F}{A}$ 에서,

$$A = \frac{\pi}{4}(d+2t)^2 - \frac{\pi}{4} d^2 = \frac{\pi}{4}(4\,dt + \underset{\text{무시}}{4\,t^2}) \fallingdotseq \pi dt$$

$$\therefore \ \sigma_t = \frac{F}{\pi dt}$$

$$\therefore \ F = \pi dt \cdot \sigma_t \tag{3-52}$$

식 (3-51)과 (3-52)에서,

$$F = P \times \frac{\pi}{4} d^2 = \sigma_t \cdot \pi dt$$

$$\therefore \ \sigma_t = \frac{Pd}{4t} \ [\text{N/m}^2], \quad t = \frac{Pd}{4\,\sigma_t} \tag{3-53}$$

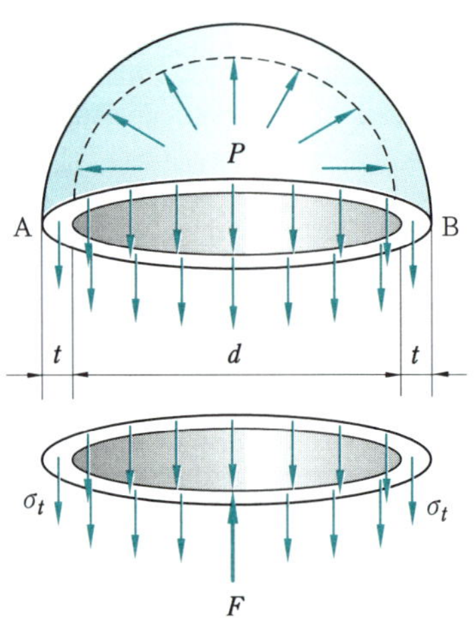

그림 3-15　구의 응력

즉, 얇은 살 두께의 구의 응력은 결국 얇은 원통의 축방향의 응력과 같으며, 원주방향 응력의 $\dfrac{1}{2}$ 이다.

예제 15. 다음 그림과 같은 내압용기(耐壓容器, pressure vessel)가 받는 막응력(膜應力, membrane stress)을 구하시오.

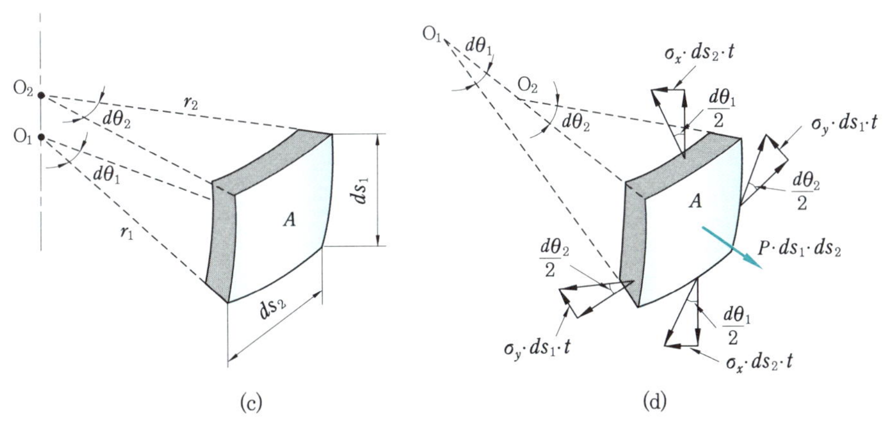

[해설] 한 부재(部材)가 직교하는 두 방향(x방향과 y방향)의 인장응력과 압축응력을 동시에 받는 경우를 2축응력(biaxial stress)이라 하며, 그림과 같이 얇은 벽의 밀폐용기가 내압 p를 받고 있을 때 이것을 vessel(내압용기 ; 耐壓容器)라 한다.

용기의 벽 두께 t가 주반지름에 비하여 매우 작은 경우 그 벽은 실질적으로 벽이라기보다는 막(膜)이라 할 수 있다. 이 막 속의 응력들은 막의 중앙 면의 접선 방향으로 작용하고 그 두께 위에 균일하게 분포하는데, 이러한 응력을 막응력이라 한다.

그림 (a), (b), (c), (d)에서
  σ_x : 자오선(子午線) 방향의 인장응력(자오선 응력)
  σ_y : 원주 방향의 인장응력(원주응력, 후프 응력)
  t : 막두께
  r_1 : A에서의 자오선의 곡률 반지름

$r_2 : A$ 에서의 자오선에 수직한 곡률 반지름

$d\theta_1 : A$ 에서 자오선의 호에 대응되는 중심각

$d\theta_2 : A$ 에서 자오선과 직교하는 호에 대응하는 중심각

$ds_1 : A$ 에서 자오선 방향으로의 길이 $(= r_1 \cdot d\theta_1)$

$ds_2 : A$ 에서 원주 방향의 길이 $(= r_2 \cdot d\theta_2)$

A 요소의 가장자리에 작용하는 응력의 합력들은 $\sigma_x \cdot ds_2 \cdot t$ 와 $\sigma_y \cdot ds_1 \cdot t$ 로 표시되며, 다음과 같이 표시된다.

$$\text{자오선 방향의 두 힘} : \sigma_x \cdot ds_2 \cdot t \cdot \frac{d\theta_1}{2} \times 2 = \sigma_x \cdot ds_2 \cdot t \cdot \frac{ds_1}{r_1} \tag{a}$$

$$\text{원주 방향의 두 힘} : \sigma_y \cdot ds_1 \cdot t \cdot \frac{d\theta_2}{2} \times 2 = \sigma_y \cdot ds_1 \cdot t \cdot \frac{ds_2}{r_2} \tag{b}$$

식 (a)와 식 (b)의 합은 A 의 내면에 작용하는 압력과 평형을 이루어야 하므로,

$$\sigma_x \cdot ds_2 \cdot t \cdot \frac{ds_1}{r_1} + \sigma_y \cdot ds_1 \cdot t \cdot \frac{ds_2}{r_2} = p \cdot ds_1 \cdot ds_2 \tag{c}$$

$$\frac{\sigma_x}{r_1} + \frac{\sigma_y}{r_2} = \frac{p}{t} \tag{d}$$

로 표시되며 식 (d)를 막응력식이라 하며, 두께가 얇은 벽의 내압용기에 대하여 중요한 식이다.

예제 16. 지름이 d 이고, 두께 t 인 얇은 두께의 구형(球刑) 용기가 균일한 내압 p 를 받을 때 구면(球面)에 작용하는 응력을 구하시오.

해설 얇은 두께의 내압용기에 작용하는 응력을 구하면

막응력식 $\dfrac{\sigma_x}{r_1} + \dfrac{\sigma_y}{r_2} = \dfrac{p}{t}$ 에서 $r_1 = r_2 = r$ 이고 $\sigma_x = \sigma_y = \sigma$ 이므로

$$\frac{\sigma}{r} + \frac{\sigma}{r} = \frac{p}{t}$$

$$\therefore \sigma = \frac{pr}{2t} = \frac{pd}{4t}$$

예제 17. 안지름 25 cm, 두께 5 mm인 원통에 내압 10 MPa이 작용할 때 후프 응력과 축방향 응력을 구하시오.

해설 내압을 받는 얇은 원통의 원주응력(= hoop 응력)과 축방향의 응력은

$$\text{원주응력 } \sigma_y = \frac{pd}{2t} = \frac{1 \times 0.25}{2 \times 0.005} = 25 \text{ MPa}$$

$$\text{축방향 응력 } \sigma_x = \frac{pd}{4t} = \frac{\sigma_y}{2} = 12.5 \text{ MPa}$$

예제 18. 500 rpm의 주철제 풀리(pulley)의 핀(pin)의 사용응력은 10 MPa이다. 풀리의 최대지름(cm)을 구하시오.(단, 풀리의 비중량 $\gamma = 72 \text{ kN/m}^3$ 이다.)

[해설] 풀리의 회전 속도 $v = \dfrac{2\pi r N}{60}$ 이고, 원환의 응력을 고려하면 $\sigma = \dfrac{\gamma v^2}{g}$ 이다.

두 식을 같게 놓으면 $\dfrac{\pi r N}{30} = \sqrt{\dfrac{g\sigma}{\gamma}}$ 이다.

$$\therefore\ r = \frac{30}{\pi N} \times \sqrt{\frac{g \cdot \sigma}{\gamma}}$$

$$= \frac{30}{\pi \times 500} \times \sqrt{\frac{980\ \text{cm/s}^2 \times 1000\ \text{N/cm}^2}{72 \times 10^3\ \text{N/cm}^3}}$$

$$= 0.01911 \times 3689.32 = 70.67\ \text{cm}$$

$$d = 2r = 70.67 \times 2 \fallingdotseq 141\ \text{cm}$$

예제 19. 평균 반지름이 $24\ \text{cm}$, 두께가 t인 얇은 원환이 각속도 $\omega\ [\text{rad/s}]$로 회전하고 있다. 이 원환의 원주 속도 v와 허용 매분 회전수를 구하시오.(단, 재료의 비중량 $\gamma = 78 \times 10^{-3}\ \text{N/cm}^3$, 사용응력 $\sigma_w = 50\ \text{MPa}$이다.)

[해설] 얇은 원환의 경우 원주응력 σ는

$$\sigma = \frac{\gamma}{g}\, r^2 \omega^2 = \frac{\gamma}{g}\, v^2$$

$$\therefore\ v = \sqrt{\frac{g \cdot \sigma}{\sigma}} = \sqrt{\frac{980 \times 5000}{78 \times 10^{-3}}} = 7926\ \text{cm/s}$$

$$N = \frac{30v}{\pi \cdot r}\ \left(v = \frac{2\pi r N}{60}\right) = \frac{30 \times 7926}{\pi \times 24} = 3155\ \text{rpm}$$

예제 20. 평균 반지름이 $30\ \text{cm}$, 두께가 $3\ \text{mm}$인 강관이 $p = 1\ \text{MPa}$의 내압을 받고 있다. 이 관의 벽 속에 발생하는 원환 응력의 크기와 지름 증가량을 구하시오.(단, $E = 210\ \text{GPa}$)

[해설] 원환응력을 구하기 위해 강관의 길이를 $1\ \text{cm}$ 정도 잘라 얇은 원환으로 보면 내압 p는 원환 둘레의 단위길이당 하중의 세기가 된다. 따라서, 원환응력은

$$\text{원환응력}\ \ \sigma = \frac{p \cdot r}{A} = \frac{p \cdot r}{t \cdot l} = \frac{1 \times 0.3}{(3 \times 10^{-3}) \times (1 \times 10^{-2})} = 100\ \text{MPa}$$

$$\text{변형률}\ \ \varepsilon = \frac{\sigma}{E} = \frac{100}{210000} = 0.000476$$

$$\text{지름의 변형량 (증가량)}\ \ \varDelta d = \varepsilon \cdot d = 0.000476 \times 60 \fallingdotseq 0.0286\ \text{cm}$$

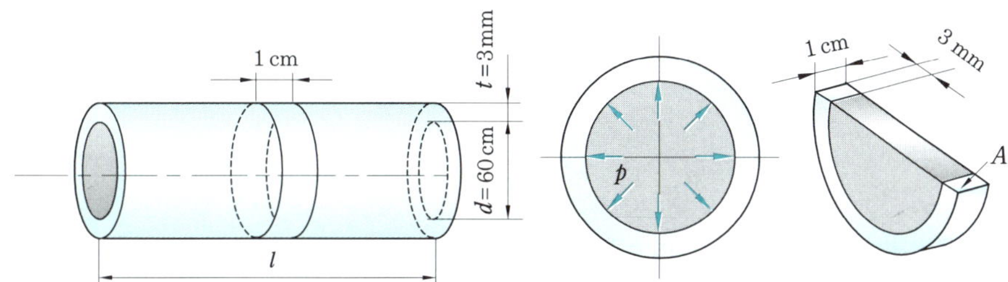

6. 탄성 에너지(elastic strain energy)

단면이 균일한 균일단면봉에 인장하중이나 압축하중이 작용하면 이 하중에 의해서 봉이 신장 또는 수축되어 변형이 일어나게 되며, 이는 봉의 내부에서 일을 한 것과 같게 된다. 이 일은 정적(靜的) 에너지이며 이 일의 일부 또는 모두가 변형(變形) 위치 에너지(potential energy)로 바뀌어 봉의 내부에 저장된다. 이러한 에너지를 변형 에너지(strain energy), 또는 탄성 변형 에너지(elastic strain energy)라 한다.

재료의 탄성한도 이내에서 변형이 일어나는 경우 하중에 의해서 생긴 일은 모두 위치 에너지로 변환되며, 이 하중을 제거하면 원래의 형태로 되돌아가며 재료 내부에 저장되었던 변형 에너지는 외부로 방출된다. 만약, 탄성한도 이상으로 하중을 가하면 일의 일부는 소성 변형을 일으키며 이 변형을 일으키기 위해 일의 일부가 열에너지로 변화되어 없어지며 나머지는 재료 내부에 위치 에너지로 남게 된다. 좋은 예로 스프링을 잡아당겼을 경우를 생각해 보면 이해할 수 있을 것이다.

6-1 인장 또는 압축으로 인한 탄성 에너지

단순 인장하중 상태에 있는 봉은 그 재료가 탄성한도 내에 있는 동안 훅(Hooke)의 법칙에 따라 그림 3-16과 같이 직선 OA가 된다.

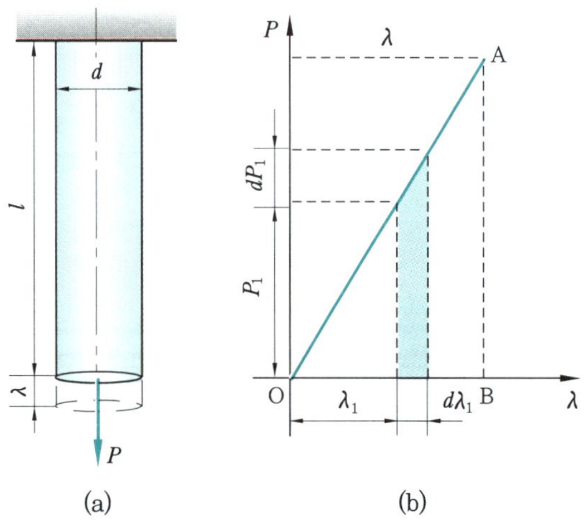

그림 3-16 수직응력에 의한 변형 에너지

봉이 인장하중 P를 받을 때 봉 내부에 저장되는 전(全) 에너지는 점 O와 점 B 사이의

$P_1 \cdot d\lambda_1$과 같은 빗금 부분을 모두 합한 면적인 OAB로 나타낼 수 있다. 이 변형 에너지를 U라고 표시하면 그래프에서 U는 다음과 같은 식을 얻을 수 있다.

$$U = \triangle \text{OAB 의 면적} = \frac{1}{2} \times P \times \delta \, [\text{N·m}] \tag{3-54}$$

이 식은 훅의 법칙이 성립되는 탄성한도 내에서 유효한 것이며, 탄성한도 내에서의 변형량 $\lambda = \dfrac{Pl}{AE}$ 을 식 (3-54)에 대입하면 U는 다음과 같이 된다.

$$\left. \begin{array}{l} U = \dfrac{1}{2} P \cdot \lambda = \dfrac{1}{2} P \times \dfrac{Pl}{AE} = \dfrac{P^2 l}{2AE} \, [\text{N·m}] \\[3mm] U = \dfrac{1}{2} P \cdot \lambda = \dfrac{1}{2} \left(\dfrac{AE}{l} \cdot \lambda \right) \lambda = \dfrac{AE\lambda^2}{2l} \, [\text{N·m}] \end{array} \right\} \tag{3-55}$$

특히, 단위체적당 탄성(변형) 에너지를 u 라고 하면,

$$u = \frac{U}{V} = \frac{U}{Al} = \frac{1}{Al} \cdot \frac{P^2 \cdot l}{2AE} = \frac{P^2}{2A^2 E} = \frac{\sigma^2}{2E} \, [\text{N·m/m}^3]$$

$$= \frac{1}{2E} (E \cdot \varepsilon)^2 = \frac{E \cdot \varepsilon^2}{2} \, [\text{N·m/m}^3] \tag{3-56}$$

이 되며, 한 재료가 탄성한도 내에서 단위체적당 재료 내부에 저장할 수 있는 변형 에너지를 그 재료의 최대 탄성 에너지라 하고, 최대 탄성 에너지의 양을 그 재료의 리질리언스 (modulus of resilience)라 한다. 만약, 재료에 압축하중이 작용한다면 응력이 $-\sigma$, 변형률이 $-\varepsilon$인 값을 가지며 식 (3-56)에 대입하면

$$u = \frac{(-\sigma)^2}{2E} = \frac{\sigma^2}{2E}$$

$$u = \frac{E(-\varepsilon)^2}{2} = \frac{E \cdot \varepsilon^2}{2}$$

이 되어, 인장하중이 작용할 때나 압축하중이 작용할 때 모두 같은 값을 갖는다.

6-2 순수전단에 의한 탄성 에너지

그림 3-17과 같이 탄성 재료의 미소요소 $(dx, \, dy, \, dz)$가 측면에서 전단력 V를 받아 육면체 속에 변형 에너지를 저장하게 된다. 재료에 변형이 일어나는 동안 전단력 V는 천천히 증가하게 된다. 즉, 변형이 진행됨에 따라 윗면은 아랫면에 대하여 수평 방향으로 $\gamma \cdot dy$만큼 이동하게 되며, 윗면에서 전단력$(= \tau \cdot dx \cdot dz)$가 할 수 있는 일, 즉 변형 에너지 $U = \dfrac{1}{2} P \cdot \lambda_s$가 된다.

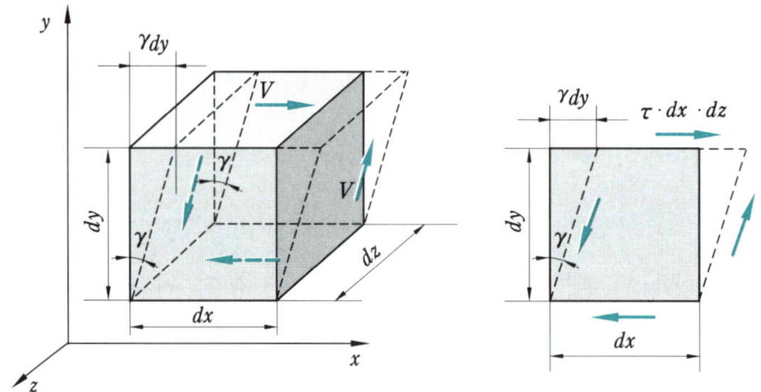

그림 3-17 전단력에 의한 변형 에너지

순수전단에 의한 변형에서 측면의 전단력은 일을 하지 않으므로 오로지 상부의 전단력에 의해 발생되는 일, 즉 이 재료에 저장되는 변형 에너지의 전부이며 이것을 전단 탄성에너지라 하며 다음과 같은 식이 성립된다.

$$dU = \frac{1}{2} \, P \cdot \lambda_s = \frac{1}{2} (\tau \cdot dx \cdot dz) \cdot \gamma \cdot dy$$

$$U = \frac{1}{2} \cdot \tau \cdot A \cdot \gamma \cdot l \tag{3-57}$$

$$= \frac{1}{2} \, \tau \cdot \gamma \cdot Al = \frac{\tau^2}{2G} \cdot Al = \frac{G\gamma^2}{2} \cdot Al \, [\text{N·m}]$$

$$\left(\tau = G \cdot \gamma, \ \gamma = \frac{\tau}{G}, \ \lambda_s = \frac{P \cdot l}{AG} \right)$$

$$U = \frac{1}{2G} \left(\frac{P}{A} \right)^2 \cdot Al = \frac{P^2 \cdot l}{2AG} = \frac{AG}{2l} \cdot \lambda_s^{\,2} \, [\text{N·m}] \tag{3-58}$$

단위체적당 전단 탄성 에너지를 최대 전단 탄성 에너지라 하며, u로 표시한다.

$$u = \frac{U}{V} = \frac{\tau \cdot \gamma}{2} = \frac{\tau^2}{2G} = \frac{G\gamma^2}{2} \, [\text{N·m/m}^3] \tag{3-59}$$

표 3-2 재료의 탄성 에너지

재 료	종탄성계수 (E)		탄성한도 (σ)		최대 탄성 에너지 (u)		비중량 (γ)	
	GPa	kg/cm^2	MPa	kg/cm^2	N·m/cm^3	kg·cm/cm^3	N/cm^3	g/cm^3
연 강	206	2.1×10^6	196	2000	0.0934	0.952	76.5×10^{-3}	7.8
경 강	206	2.1×10^6	785	8000	1.495	15.24	76.5×10^{-3}	7.8
구 리	103	1.05×10^6	78.5	800	0.0294	0.30	83.4×10^{-3}	8.5
고 무	1.96×10^{-3}	20	7.85	80	15.69	160	9.12×10^{-3}	0.93

예제 21. 연강과 고무의 종 (세로)탄성계수가 각각 $E_s = 210\,\text{GPa}$, $E_g = 0.1\,\text{MPa}$이고, 탄성한도가 $\sigma_s = 200\,\text{MPa}$, $\sigma_g = 8\,\text{MPa}$, 비중량 $\gamma_s = 78 \times 10^{-3}\,\text{N/cm}^3$, $\gamma_g = 9.3 \times 10^{-3}\,\text{N/cm}^3$이다. 연강과 고무의 단위체적당, 단위중량당 최대 탄성 에너지를 구하시오.

[해설] $E_s = 210\,\text{GPa} = 210 \times 10^9\,\text{N/m}^2 = 21 \times 10^6\,\text{N/cm}^2$

$E_g = 0.1\,\text{MPa} = 0.1 \times 10^6\,\text{N/m}^2 = 10\,\text{N/cm}^2$

$\sigma_s = 200\,\text{MPa} = 200 \times 10^6\,\text{N/m}^2 = 20000\,\text{N/cm}^2$

$\sigma_g = 8\,\text{MPa} = 8 \times 10^6\,\text{N/m}^2 = 800\,\text{N/cm}^2$

① 단위체적당 최대 탄성 에너지

$$u_s = \frac{\sigma_s^2}{2E_s} = \frac{20000^2}{2 \times (21 \times 10^6)}$$

$$\fallingdotseq 9.524\,\text{N·cm/cm}^3$$

$$= 95240\,\text{N·m/m}^3 = 95.24\,\text{kJ/m}^3$$

$$u_g = \frac{\sigma_g^2}{2E_g} = \frac{500^2}{2 \times 10} = 32000\,\text{N·cm/cm}^3$$

$$= 320 \times 10^6\,\text{N/m}^3 = 320\,\text{MJ/m}^3$$

$$\therefore \ u_s : u_g = 1 : 3360$$

② 단위중량당 최대 탄성 에너지

$$u = \frac{\text{단위체적당 최대 탄성 에너지}}{\text{비중량}}$$

$$u_s = \frac{95240\,\text{N·m/m}^3}{78 \times 10^3\,\text{N/m}^3} = 1.22\,\text{N·m/N}\,(=\text{J/N})$$

$$u_g = \frac{320 \times 10^6\,\text{N·m/m}^3}{9.3 \times 10^3\,\text{N/m}^3} = 34408.6\,\text{N·m/N}\,(=\text{J/N})$$

$$\therefore \ u_s : u_g = 1 : 28204$$

예제 22. 탄성한도 내에서 인장하중을 받는 봉에 발생하는 응력이 2배가 되면, 단위체적당 저장되는 탄성 에너지는 몇 배가 되는지를 구하시오.

[해설] 단위체적당 최대 탄성 에너지는

$$u = \frac{U}{V} = \frac{P\lambda}{2Al} = \frac{P^2}{2A^2E} = \frac{\sigma^2}{2E}$$

따라서, 응력이 2배가 되면 u는 4배가 된다.

예제 23. 다음 그림과 같은 3개의 원형봉에 같은 크기의 인장하중이 작용할 때 봉에 저장되는 탄성 에너지의 비를 구하시오.(단, 동일재의 재료의 봉이다.)

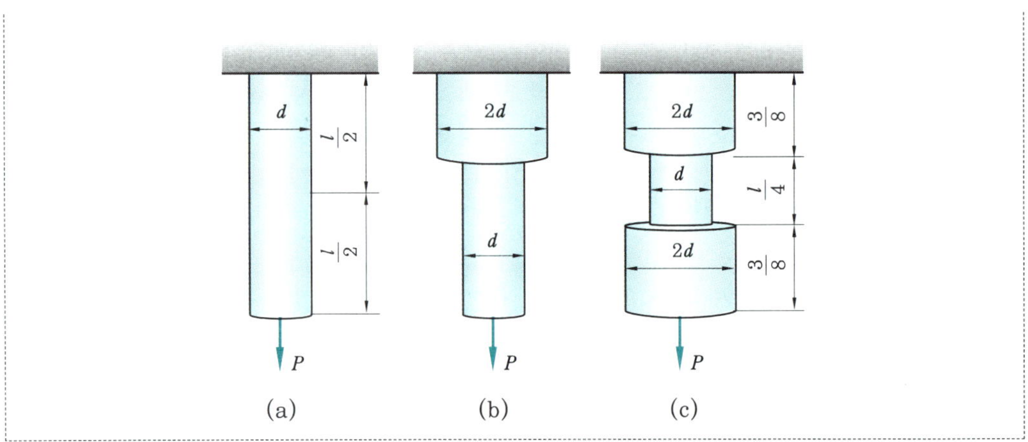

해설 탄성 에너지 $U = \dfrac{P^2 l}{2AE}$ 에서

- P는 3개의 봉 모두 같다.
- 탄성계수 E는 동일 재료이므로 모두 같다.
- 지름 d일 때 $A_1 = \dfrac{\pi}{4} d^2$, 지름 $2d$일 때 $A_2 = \dfrac{\pi}{4}(2d)^2 = 4 \times \dfrac{\pi}{4} d^2 = 4A_1$

$$U_1 = \frac{P^2 \cdot l}{2AE}$$

$$U_2 = \frac{P^2 \cdot \dfrac{l}{2}}{2A_2 E} + \frac{P^2 \cdot \dfrac{l}{2}}{2A_1 E} = \frac{P^2 \cdot l}{2 \times 2 \times 4A_1 E} + \frac{P^2 \cdot l}{2 \times 2A_1 E} = \frac{5P^2 \cdot l}{16 A_1 E}$$

$$U_3 = \frac{P^2 \cdot \dfrac{3}{8} l}{2A_2 E} + \frac{P^2 \cdot \dfrac{l}{4}}{2A_1 E} + \frac{P^2 \cdot \dfrac{3}{8} l}{2A_2 E} = 2 \times \frac{3P^2 \cdot l}{2 \times (4A_1) \cdot E \times 8} + \frac{P^2 \cdot l}{2A_1 E \times 4}$$

$$= \frac{3P^2 \cdot l}{32 A_1 E} + \frac{P^2 \cdot l}{8 A_1 E} = \frac{7P^2 \cdot l}{32 A_1 E}$$

$$\therefore \ U_1 : U_2 : U_3 = \frac{1}{2} : \frac{5}{16} : \frac{7}{32} = 16 : 10 : 7$$

예제 24. 단면적이 일정하지 않은 길이 l인 불균일 단면봉에 축하중 P를 작용시킬 때 이 봉에 저장된 탄성 에너지를 구하시오.

해설 그림에서 빗금 친 미소요소 dx 부분은 축하중 P로 인하여 $d\lambda$만큼의 변형이 생기며, $d\lambda = \varepsilon \cdot dx$ 이다.

봉 전체에 일정한 축하중 P가 작용하므로 미소요소 dx 부분에 탄성 에너지 dU는

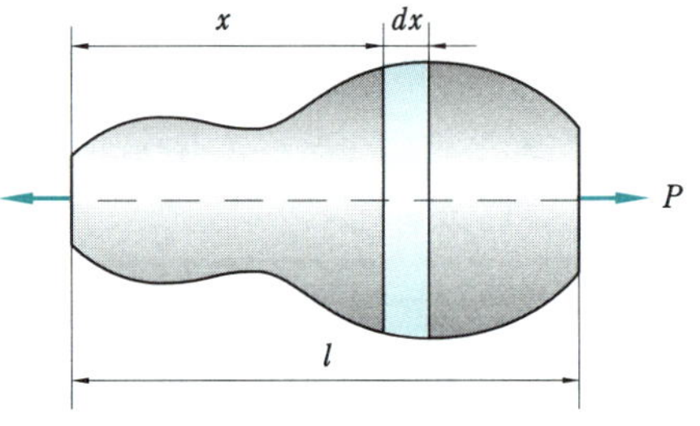

$$dU = \frac{1}{2} P \cdot d\lambda - \frac{P}{2} \cdot \varepsilon \cdot dx \qquad \text{(a)}$$

가 된다. $\varepsilon = \dfrac{\sigma}{E}$ 이므로 식 (a)는 다음 식으로 표시된다.

$$dU = \frac{P}{2E}\, \varepsilon \cdot dx = \frac{P}{2} \cdot \frac{\sigma}{E} \cdot dx = \frac{P^2}{2AE}\, dx$$

$$\therefore\ U = \int_0^l dU = \int_0^l \left(\frac{P^2}{2AE} \right) dx = \frac{P^2}{2E} \int_0^l \frac{dx}{A} \tag{b}$$

예제 25. 다음 그림과 같은 원추형 기둥은 상단을 고정하고 하단에 축하중 P를 작용시킬 때 이 봉에 저장되는 탄성 에너지를 구하시오.

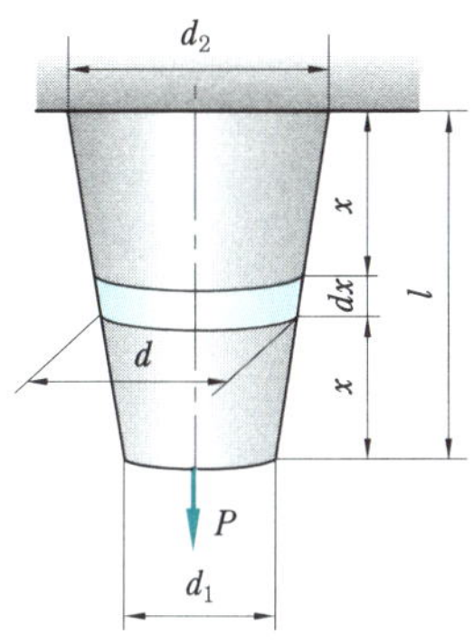

해설 미소 부분 dx의 탄성 에너지를 구하여 $x \to 0$에서 $x \to l$까지 적분하면 된다.

① 미소 부분 dx의 지름 d

$$d_2 - d_1 : d - d_1 = l : x$$

$$\frac{d - d_1}{d_2 - d_1} = \frac{x}{l}, \ \ d = \frac{d_2 - d_1}{l}\, x + d_1$$

② 미소 부분 dx의 저장된 탄성 에너지

$$dU = \frac{\sigma^2}{2E} \cdot Adx = \frac{P^2}{2A^2 \cdot E} \cdot Adx = \frac{P^2}{2E} \cdot \frac{4}{\pi d^2}\, dx = \frac{P^2}{\pi E} \cdot \frac{dx}{d^2}$$

$$\therefore\ U = \int_0^l \frac{2P^2}{\pi E} \cdot \int_0^l d\frac{x}{d^2} = \frac{P^2}{\pi E} \cdot \int_0^l d\frac{x}{\left(\dfrac{d_2 - d_1}{l}\, x + d \right)^2}$$

$$= \frac{2P^2}{\pi E} \left[-\frac{d_2 - d_1}{l} \times \frac{1}{\dfrac{d_2 - d_1}{l}\, x + d_1} \right]_0^l = \frac{2P^2}{\pi E} \cdot \frac{l}{d_1 d_2}$$

7. 충격응력(impact stress)

그림 3–18과 같이 상단이 고정된 봉의 하단에 플랜지(flange)를 붙이고 높이 h에 추를 설치한 후 이 추를 낙하시키면 플랜지에 충격적으로 하중이 가해지며 이때 재료에 순간적 응력이 발생하게 되는데 이 응력을 충격응력(impact stress)이라 하며, 봉에는 충격으

로 인한 신장이 생기게 된다.

　봉의 길이를 l, 단면적을 A, 종탄성계수를 E, 충격에
의한 봉의 최대 인장응력을 σ, 그때의 신장을 λ라 하면,
봉 속에 저장된 변형 에너지를 추 W가 연직거리 $(h+\lambda)$
만큼 낙하하는 동안 행한 일과 같아야 하므로,

$$U = W \cdot (h+\lambda) = \frac{AE \cdot \lambda^2}{2l}$$

$$Wh - W\lambda - \frac{AE}{2l}\lambda^2 = 0 \qquad (3\text{-}60)$$

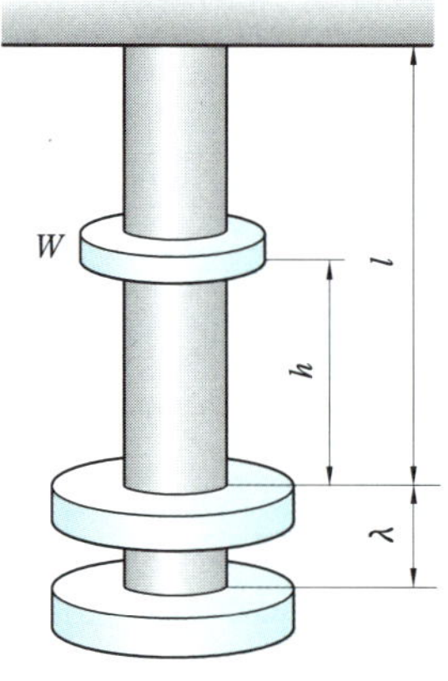

그림 3-18　충격하중에 의한
　　　　　응력

　정하중 W가 작용할 때는 정적 신장량 $\lambda_0 = \dfrac{Wl}{AE}$ 이므
로, 식 (3-60)에 대입하여 정리하면

$$\lambda^2 = 2\lambda_0 \cdot \lambda - 2\lambda_0 \cdot h = 0$$

$$\text{충격 변형량 } \lambda = \lambda_0 + \sqrt{\lambda_0^2 + 2\lambda_0 h} \left(= \lambda_0 + \sqrt{\lambda_0^2 + \frac{v^2}{g} \cdot \lambda_0} \right)$$

$$= \lambda_0 \left(1 + \sqrt{1 + \frac{2h}{\lambda_0}} \right) = \lambda_0 \left(1 + \sqrt{1 + \frac{2EAh}{Wl}} \right) \qquad (3\text{-}61)$$

　여기서, $v = \sqrt{2gh}$ 는 낙하하는 추가 플랜지를 타격하기 직전의 속도

$$\text{봉 속의 충격응력 } \sigma = E \cdot \varepsilon = E \cdot \frac{\lambda}{l} = \frac{E}{l} \cdot \lambda_0 \left(1 + \sqrt{1 + \frac{2EAh}{Wl}} \right)$$

$$= \frac{E}{l} \cdot \frac{Wl}{AE} \left(1 + \sqrt{1 + \frac{2EAh}{Wl}} \right)$$

$$= \frac{W}{A} \left(1 + \sqrt{1 + \frac{2EAh}{Wl}} \right)$$

$$= \sigma_0 \left(1 + \sqrt{1 + \frac{2EAh}{Wl}} \right) \qquad (3\text{-}62)$$

추의 높이 h가 λ_0에 비해 대단히 크다면,

$$\lambda \fallingdotseq \sqrt{\frac{v^2}{g} \cdot \lambda_0}, \quad \sigma = \frac{E}{l}\lambda = \frac{E}{l} \cdot \sqrt{\frac{v^2}{g} \cdot \lambda_0} = \sqrt{\frac{2E}{Al} \cdot \frac{W \cdot v^2}{2g}} \qquad (3\text{-}63)$$

　충격응력은 근호 속의 탄성계수(E)에 비례하고, 체적(Al)에 반비례하며 운동 에너지
$\left(\dfrac{Wv^2}{2g} = \dfrac{1}{2}mv^2 \right)$에 비례함을 알 수 있다.

　충격응력식 (3-61), (3-62)에서 $h=0$이면 $\sigma = 2\sigma_0$, $\lambda = 2\lambda_0$ 이 된다. 즉, 충격하중에
의한 응력(σ) 및 신장(λ)은 정적하중(σ_0) 및 신장(λ_0)의 2배가 된다.

　충격응력은 다음 관계로도 식을 얻을 수 있다.

봉 내의 변형 에너지 $U = \dfrac{1}{2} W\lambda = W(h+\lambda)$

정응력 $\sigma = \dfrac{W}{A}$ 이므로 $U = \dfrac{1}{2}(\sigma \cdot A)\lambda = W(h+\lambda)$

변형률 $\varepsilon = \dfrac{\sigma}{E} = \dfrac{\lambda}{l}$ 이므로 $\dfrac{1}{2} \cdot \sigma A \cdot \dfrac{\sigma}{E} \cdot l = W(h+\lambda)$

정리하면, $Al\sigma^2 - 2Wl \cdot \sigma - 2EWh = 0$

$$\therefore \sigma = \dfrac{W}{A}\left(1+\sqrt{1+\dfrac{2EAh}{Wl}}\right) = \sigma_0\left(1+\sqrt{1+\dfrac{2h}{\lambda_0}}\right)$$

$$\lambda = \dfrac{l}{E} \cdot \sigma = \dfrac{Wl}{AE}\left(1+\sqrt{1+\dfrac{2h}{\lambda_0}}\right)$$

$$= \lambda_0\left(1+\sqrt{1+\dfrac{2h}{\lambda_0}}\right) = \lambda_0 + \sqrt{\lambda_0^{\,2}+2h\lambda_0}$$

예제 26. 상단을 고정한 지름 4 cm, 길이 3 m의 원형봉의 상단을 고정하고 정하중 50 kN의 추를 낙하 높이 1 m 지점에서 낙하시켰을 때, 봉에 생기는 충격응력과 신장을 구하시오. 또, 봉의 탄성계수 $E = 210\,\text{GPa}$이고 인장강도 $\sigma_t = 420\,\text{MPa}$일 때 안정성을 검토하시오.

[해설] 정응력 $\sigma_0 = \dfrac{W}{A} = \dfrac{50}{\dfrac{\pi}{4}\times 0.04^2} = 39809\,\text{kN/m}^2 \fallingdotseq 39.8\,\text{MN/m}^2(=\text{MPa})$

정신장 $\lambda_0 = \dfrac{\sigma_0 l}{E} = \dfrac{39.8 \times 3}{210 \times 10^3} = 0.000569\,\text{m} = 0.0569\,\text{cm}$

충격응력 $\sigma = \sigma_0\left(1+\sqrt{1+\dfrac{2h}{\lambda_0}}\right) = 39.8 \times \left(1+\sqrt{1+\dfrac{2\times 100}{0.0569}}\right) \fallingdotseq 2400\,\text{MPa}$

충격신장 $\lambda = \lambda_0\left(1+\sqrt{1+\dfrac{2h}{\lambda_0}}\right) = 0.0569 \times \left(1+\sqrt{1+\dfrac{2\times 100}{0.0569}}\right) = 3.431\,\text{cm}$

인장강도 $\sigma_t = 420\,\text{MPa} < $ 충격응력 $\sigma = 2400\,\text{MPa}$: 봉은 파괴된다.

예제 27. 그림과 같이 강선의 한 끝에 달려 있는 중량 400 kg의 물체를 도르레를 이용하여 자유낙하하던 중 갑자기 정지시켰을 때 강선에 생기는 최대 인장응력을 구하시오.(단, 강선의 단면적은 2 cm², 탄성계수 210 GPa이다.)

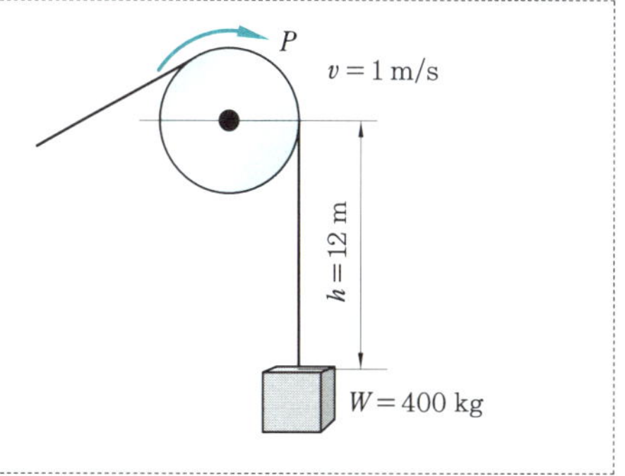

해설 ① 정지 직전 강선의 신장 $\lambda_0 = \dfrac{Wl}{AE} = \dfrac{(400 \times 9.80665) \times 12}{(2 \times 10^{-4}) \times (210 \times 10^9)}$

$$= 1.12 \times 10^{-3}\,\mathrm{m} = 0.112\,\mathrm{cm}$$

② 강선 전체의 신장량 $\lambda = \lambda_0 \left(1 + \sqrt{1 + \dfrac{2EAh}{Wl}} \right)$

$$= \lambda_0 + \sqrt{\lambda_0^{\,2} + 2h\lambda_0} = \lambda_0 + \sqrt{\lambda_0^{\,2} + \dfrac{v^2}{g} \cdot \lambda_0}$$

$$= 0.112 + \sqrt{0.112^2 + \dfrac{100^2}{980} \cdot 0.112} = 1.187\,\mathrm{cm}$$

③ 강선에 생기는 최대 인장응력 $\sigma = E \cdot \varepsilon = E \cdot \dfrac{\lambda}{h}$

$$= 210\,\mathrm{GPa} \times \dfrac{1.187}{1200} \fallingdotseq 208\,\mathrm{MPa}$$

예제 28. 그림과 같이 중량 10 kg의 추를 낙하시키는 경우 봉의 비례한도가 200 MPa인 연강이라 할 때 봉이 영구변형을 일으키지 않도록 하는 봉의 단면적을 구하시오.(단, $l = 50\,\mathrm{mm}$, $h = 30\,\mathrm{mm}$, $d = 8\,\mathrm{mm}$, $E = 210\,\mathrm{GPa}$이다.)

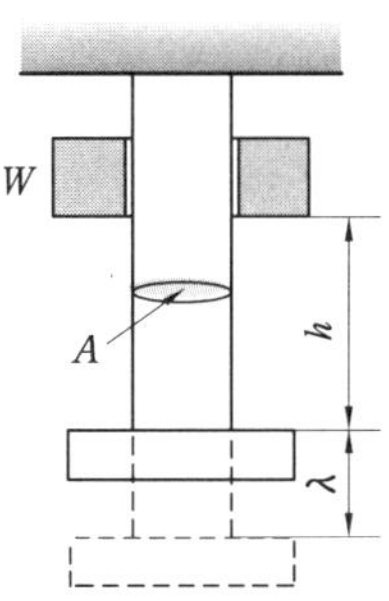

해설 충격응력 $\sigma = \sigma_0 \left(1 + \sqrt{1 + \dfrac{2h}{\lambda_0}} \right) = \dfrac{W}{A} \left(1 + \sqrt{1 + \dfrac{2EAh}{Wl}} \right)$

$$\dfrac{\sigma \cdot A}{W} - 1 = \sqrt{1 + \dfrac{2EAh}{Wl}}$$

$$\left(\dfrac{\sigma A}{W} - 1 \right)^2 = 1 + \dfrac{2EAh}{Wl}$$

$$\left(\dfrac{\sigma A}{W} \right)^2 - 2 \left(\dfrac{\sigma A}{W} \right) + 1 = 1 + \dfrac{2EAh}{Wl}$$

$$\left(\dfrac{\sigma \cdot A}{W} \right)^2 = \dfrac{2EAh + 2\sigma l \cdot A}{Wl} = \dfrac{2Eh + 2\sigma l}{Wl} \times A$$

$$\therefore A = \dfrac{2Eh + 2\sigma l}{l} \times \dfrac{W}{\sigma^2}$$

$$= \dfrac{2 \times 210 \times 10^9 \times 0.03 + 2 \times (200 \times 10^6) \times 0.05}{0.05 \times (200 \times 10^6)^2} \times 98.0665$$

$$= 6.188 \times 10^{-4}\,\mathrm{m}^2 = 6.188\,\mathrm{cm}^2$$

❦ 연습문제 ❧

1. 그림 p 3–1과 같은 안지름 100 mm, 두께 10 mm, 길이 200 mm의 강관에 같은 길이와 두께의 안지름 130 mm의 황동관을 끼우고 양단에 강체의 판을 올려놓고 196 kN의 압축하중을 가할 때 각각의 원통관이 받는 하중과 변형량을 구하시오.(단, 강관의 E_s = 205.8 GPa, 동관의 E_c = 68.6 GPa)

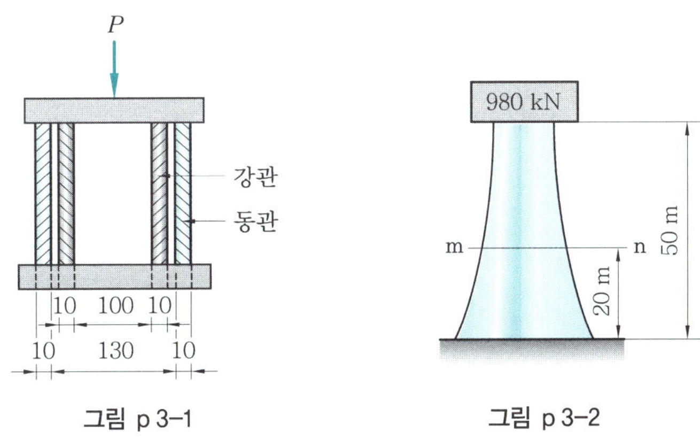

그림 p 3–1　　　　　　　　그림 p 3–2

2. 그림 p 3–2와 같은 콘크리트로 만든 급수탑이 있다. 급수량이 980 kN이고, 높이가 50 m일 때, 지상으로부터 20 m 되는 곳의 단면적을 구하시오.(단, 콘크리트의 비중은 2.2 g/cm³, 압축 파괴응력은 19.6 MPa, 안전율은 20이다.)

3. 길이 400 mm, 지름 12 mm의 균일단면의 강봉에 상단을 고정하여 정하중 W = 98 N의 원환(ring)을 끼우고 높이 100 mm의 지점에서 낙하시켰을 때, 봉에 생기는 충격응력 및 충격신장을 구하시오.(단, E = 205.8 GPa이다.)

4. (1) 두께 15 mm, 인장강도 411.6 MPa인 연강판으로 784 kPa의 내압을 받고 있는 원통을 만들려고 한다. 적당한 안지름을 구하시오.(단, 안전계수는 6이다.)

　(2) 바깥지름이 50 cm이고, 안지름이 30 cm인 원통에 내압 19.6 MPa를 받고 있을 때 최대 후프 응력과 최소 후프 응력을 구하시오.

　(3) 주철제 벨트 풀리에 있는 링의 회전속도를 1000 rpm으로 제한하려고 한다. 이때의 지름(cm)을 구하시오.(단, 재료의 허용응력은 14.7 MPa, 비중은 7.25이다.)

5. 그림 p 3–3과 같은 양단 고정봉이 있다. 축하중 P, Q를 같은 방향으로 작용시킬 때, 이 봉의 양단에 발생하는 반력 R_1, R_2를 구하시오. (a = 2 m, b = 1.5 m, c = 1 m, P = 3920 N, Q = 7840 N이다.)

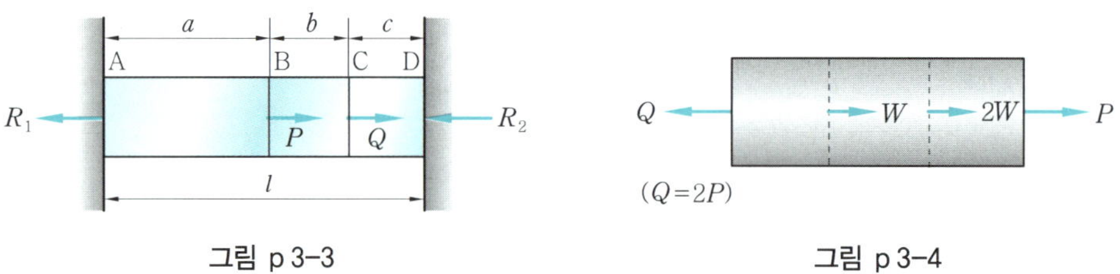

그림 p 3-3   그림 p 3-4

6. 내압을 받는 두꺼운 원통에서 후프 응력과 원주 응력을 구하시오.

7. 그림 p 3-4와 같이 균일단면봉이 축하중을 받고 평형 상태에 있다. $Q=2P$가 되기 위한 W의 값을 구하시오.

8. 평균지름 25 cm, 소선의 지름 1.25 cm인 원통형 코일 스프링에 176.4 N의 축하중을 작용시켰더니 축방향으로 10 cm가 늘어났다. 이때 코일 스프링에 저장된 탄성 에너지의 크기를 구하시오.

9. 탄성한도가 784 kPa, 종탄성계수가 215.6 GPa인 스프링강의 최대 탄성 에너지를 구하시오.

10. 안지름 20 cm, 두께 4 cm인 원통에 허용응력을 14.7 MPa로 할 때 이 원통에 가할 수 있는 내압의 크기를 구하시오.

11. 균일단면의 황동봉에서 길이가 10 m, 하중이 39.2 kN, 허용 인장응력이 98 MPa일 때, 견딜 수 있는 단면적 A를 구하시오.(단, 황동봉의 비중량은 8.6이다.)

12. 길이 2 m, 밑면의 한 변의 길이가 1 m인 정사각뿔의 구리가 연직으로 매달려 있을 때 자중에 의한 신장량(cm)을 구하시오.(단, $\gamma = 84280 \, \text{N/m}^3$, $E = 98 \, \text{GPa}$이다.)

13. 재료의 비중량이 16954 N/m^{3}이고, 높이가 10 m인 균일강도의 벽돌로 쌓은 기둥이 있다. 이 기둥의 꼭대기에 980 kN의 압축하중을 가할 때 98 kPa의 압축응력이 발생한다고 한다. 이 기둥의 총 중량은 얼마인가?

14. 실온 20℃에서 19.6 MPa의 인장응력을 발생하는 강봉을 40℃로 온도를 올렸다. 선팽창계수 $\sigma = 11.6 \times 10^{-6}$, 세로 탄성계수 $E = 205.8 \, \text{GPa}$일 때 응력 변화를 구하시오.

15. 양단을 고정한 길이 10 m의 기차 레일 2개의 간격이 20℃일 때 1 cm이었다. 이 레일의 선팽창계수 $\alpha = 1.07 \times 10^{-5} \, \text{cm/℃·cm}$이고, 세로 탄성계수 $E = 205.8 \, \text{GPa}$라면, 영하 40℃일 때 레일의 간격을 구하시오.

16. 그림 p 3-5와 같이 봉 AC의 길이가 1 m, 단면적이 10 cm^{2}일 때, 봉 AC에 저장할 수 있는 탄성 에너지의 크기를 구하시오.(단, 종탄성계수 $E = 215.6 \, \text{GPa}$)

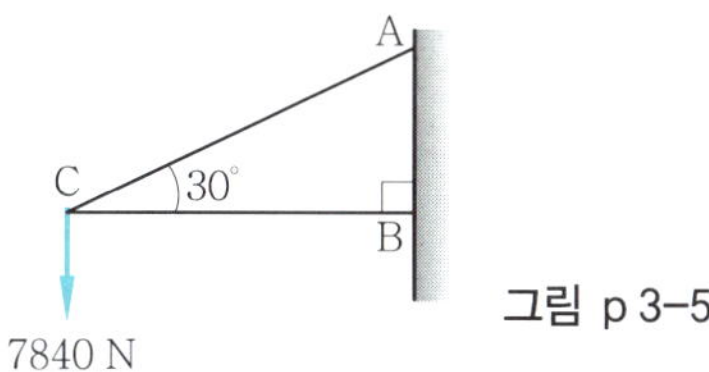

17. 구리의 비중량은 8.5이다. 구리의 탄성한도가 78.4 MPa, 종탄성계수가 102.9 GPa이라 할 때, 단위중량당의 최대 탄성 에너지를 구하시오.(단, 구리의 비중량은 $8.5\,\mathrm{g/cm^3}$이다.)

18. 평균지름 200 cm, 두께 2 cm의 풀리가 500 rpm으로 회전할 때, 링에 생기는 응력을 구하시오.(단, 재료의 비중량 $\gamma = 7.9\,\mathrm{g/cm^3}$이다.)

19. 그림 p 3-6과 같은 20×20 mm의 정사각 단면의 강봉에 하중이 작용할 때 하중의 작용점 근처에서의 응력분포의 국부적 불규칙성을 무시하고 이 봉의 전 길이의 신장량을 구하시오.(단, 탄성계수 $E = 205.8$ GPa이다.)

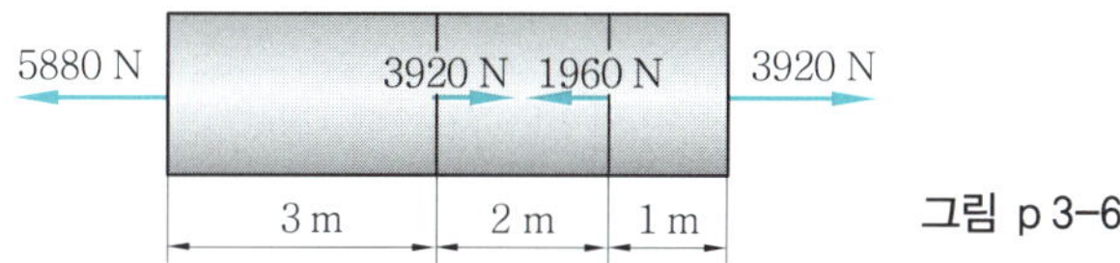

20. 낙차 30 m인 파이프관으로 사용되는 지름 1 m의 용접관의 두께를 구하시오.(단, 물의 충격에 의한 압력 상승은 정수압의 25 %, 용접효율은 75 %, 허용응력은 58.8 MPa이다.)

21. 두께가 8 mm인 가죽 벨트가 회전수 1200 rpm으로 회전하는 지름 40 cm의 풀리에 감겨 있다. 이때 가죽의 비중량을 1.0이라 할 때, 원심력으로 인한 벨트 속에 발생하는 인장응력(Pa)을 구하시오.(단, 중력가속도 $g = 980\,\mathrm{cm/s^2}$이다.)

22. 그림 p 3-7과 같은 균일강도의 강봉의 길이가 3 m이다. 사용응력 $\sigma_w = 88.2$ MPa로 하고, 세로 탄성계수 $E = 205.8$ GPa일 때 전신장량을 구하시오.

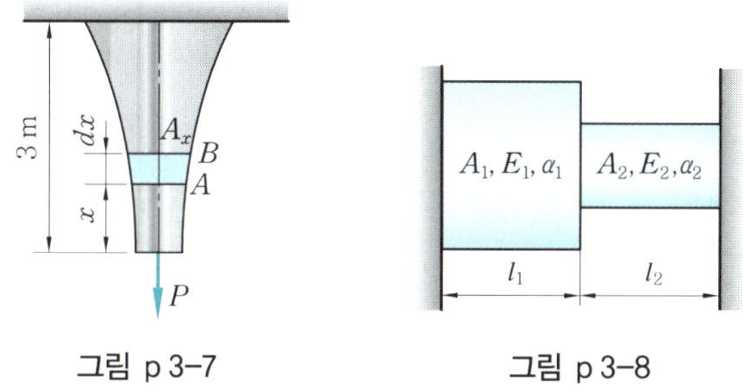

23. 그림 p 3-8과 같은 2개의 서로 다른 재료로 조립된 봉의 양단이 고정되어 있다. 이 봉을 온도 t_1에서 t_2로 상승시킬 때 봉의 각각에 발생하는 열응력을 구하시오.

24. 그림 p 3-9에서 봉 AC 및 BC에 저장되는 탄성 에너지와 전체에 저장되는 탄성 에너지를 구하시오.

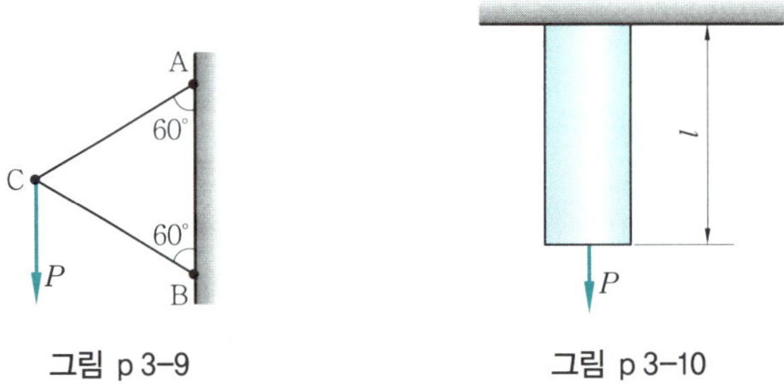

그림 p 3-9   그림 p 3-10

25. 그림 p 3-10과 같이 천장에 붙은 축에 인장하중 P가 작용하고 있다. 재료의 비중량을 $\gamma\,[\text{N/m}^3]$이라 할 때, 봉에 저장되는 탄성 에너지를 구하시오.

26. 그림 p 3-11과 같이 양단이 고정된 균일단면봉의 중간 단면 mn에 축하중 P가 작용할 때의 반력 R_1, R_2를 구하시오.

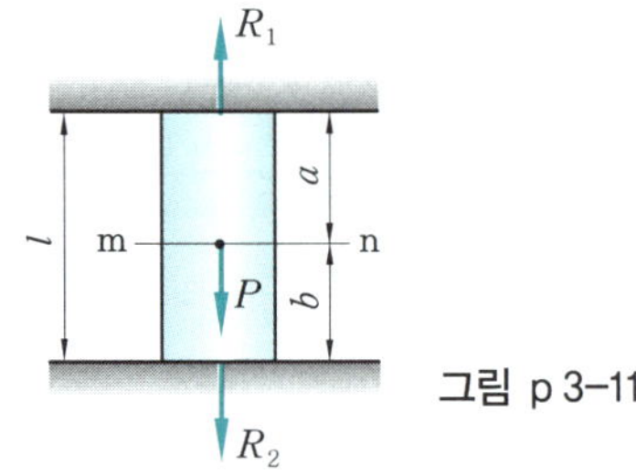

그림 p 3-11

27. 길이가 l이고, 단면적이 A인 균일단면봉의 상단을 고정하여 자중하에 연직으로 매달고, 그 하단에 인장력 P를 주었다. 탄성계수 E, 푸아송의 비 μ, 비중량 γ의 값이 주어졌을 때, 이 봉의 체적 증가량을 구하시오.

28. 길이 50 cm, 단면적이 일정한 연강환봉이 수평 위치에 놓여 있을 때, 그 중심을 통한 연직축의 둘레에 등각속도로 회전시킨다. 그때 봉에 생기는 최대 인장응력이 78.4 MPa 이하일 때 허용된 최대 회전수를 구하시오. 또 그때의 봉의 신장량을 구하시오.(단, 봉의 비중량은 77420 N/m³, 종탄성계수 $E = 205.8\,\text{GPa}$이다.)

29. 콘크리트로 담을 쌓을 때 벽 하단부의 압축 파괴응력을 $\sigma_c = 19.6\,\text{MPa}$, 안전율을 20으로 할 때 안전한 담의 높이를 구하시오.(단, 단위체적당 중량 $\gamma = 2.2\,\text{g/cm}^3$)

30. 10℃일 때 길이 2 m, 지름 10 cm 의 연강봉을 1 mm 만큼 늘어나는 것을 허용하도록 벽에 고정시켰다. 온도를 70℃로 상승시켰을 경우 열응력과 벽에 미치는 힘을 구하시오. (단, $E = 205.8\,\text{GPa}$, $\alpha = 11.2 \times 10^{-6}$이다.)

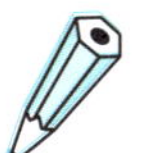

연습문제 풀이

1. 재료가 다른 이중관의 경우이므로 응력은 $\sigma_s = $

$\sigma_s = \dfrac{KP}{KA_s + A_s}$, $\sigma_c = \dfrac{P}{KA_s + A_c}$ 이고, 변형

량은 $\lambda_s = \lambda_c = \varepsilon \cdot l \left(\varepsilon_s = \varepsilon_c = \dfrac{\sigma_s}{E_s} \right)$이므로,

① $A_s = \dfrac{\pi}{4}(0.12^2 - 0.1)^2 = 3.45 \times 10^{-3} \text{ m}^2$

$A_c = \dfrac{\pi}{4}(0.15^2 - 0.13^2) = 4.39 \times 10^{-3} \text{ m}^2$

$K = \dfrac{E_s}{E_c} = \dfrac{205.8 \text{ GPa}}{68.6 \text{ GPa}} = 3$

② $\sigma_s = \dfrac{KP}{KA_s + A_c}$

$= \dfrac{3 \times (196 \times 10^3 \text{ N})}{3 \times (3.45 \times 10^{-3}) \text{ m}^2 + (4.39 \times 10^{-3}) \text{ m}^2}$

$= 39.89 \times 10^6 \text{ N/m}^2 \, (= \text{Pa})$

$\sigma_c = \dfrac{P}{KA_s + A_c} = \dfrac{\sigma_s}{K} = \dfrac{32.89 \times 10^6}{3}$

$= 13.30 \times 10^6 \text{ N/m}^2 \, (= \text{Pa})$

* $K = \dfrac{E_s}{E_c} = \dfrac{\sigma_s / \varepsilon_s}{\sigma_c / \varepsilon_c} = \dfrac{\sigma_s}{\sigma_c}$

③ $P_s = \sigma_s \cdot A_s$

$= (39.89 \times 10^6 \text{ N/m}^2) \times (3.45 \times 10^{-3} \text{ m}^2)$

$\doteqdot 137 \times 10^3 N = 137 \text{ kN}$

$P_c = P - P_s = 196 \text{ kN} - 137 \text{ kN} = 59 \text{ kN}$

④ $\lambda = \lambda_1 = \lambda_2 = \varepsilon_s \cdot l = \dfrac{\sigma_s}{E_s} \times l$

$= \dfrac{39.89 \times 10^6 \text{ Pa}}{205.8 \text{ GPa}} \times 200 \text{ mm}$

$= \dfrac{39.89 \times 10^6 \text{ Pa}}{205.8 \times 10^9 \text{ Pa}} \times 0.2 \text{ m}$

$= 3.88 \times 10^{-5} \text{ m} = 0.0038 \text{ cm}$

$\therefore P_s = 137 \text{ kN}, \ P_c = 59 \text{ kN}$

$\lambda_s = \lambda_c = 0.0038 \text{ cm}$

2. 균일강도의 봉에서 자유단으로부터 x 거리의
단면적 A_x는

$A_x = A_0 \cdot e^{\frac{\gamma}{\sigma} x}$

① $\log_e A_x = \log_e A_0 + \dfrac{\gamma}{\sigma} x$ 에서, A_0는 자유
단의 면적이므로 자중은 없다. 따라서,

$A_0 = \dfrac{P \,(\text{축하중})}{\sigma}$

문제에서 허용응력은

$\sigma = \dfrac{\sigma_c \,(\text{압축 파괴응력})}{S \,(\text{안전계수})} = \dfrac{19.6 \text{ MPa}}{20}$

$= 0.98 \text{ MPa} = 980 \text{ kPa}$

$\therefore A_0 = \dfrac{P}{\sigma} = \dfrac{980 \text{ kN}}{980 \text{ kPa} \,(= \text{kN/m}^2)} = 1 \text{ m}^2$

② $\gamma = 2.2 \text{ g/cm}^3 = 2.2 \times 10^{-3} \text{ kg} / 10^{-6} \text{ m}^3$

$= 2.2 \times 10^3 \text{ kg/m}^3$

$= 2.2 \times 10^3 \times 9.8 = 21560 \text{ N/m}^3$

$\therefore \ x$는 자유단으로부터의 거리이므로 지
면으로부터 20 m인 곳은 자유단으로부터
30 m인 곳이므로, $x = 30$ m

$\therefore A_x = A_0 \cdot e^{\frac{\gamma}{\sigma} \times x}$ 에서, $x = 30$ m인 곳은

$A_{30} = 1 \times e^{\frac{21560}{980 \times 10^3} \times 30} = 1.935 \text{ m}^2$

3. ① 정적하중에 의한 응력

$\sigma_0 = \dfrac{W}{A} = \dfrac{4W}{\pi d^2} = \dfrac{4 \times 98}{\pi \times 0.012^2}$

$= 866950 \text{ N/m}^2$

변형량 $\lambda_0 = \dfrac{Wl}{AE} = \dfrac{\sigma_0}{E} l$

$= \dfrac{866950 \text{ N/m}^2}{205.8 \times 10^9 \text{ N/m}^2} \times 0.4 \text{ m}$

$= 1.69 \times 10^{-6} \text{ m}$

② 충격에 의한 응력은

$\sigma = \sigma_0 \left(1 + \sqrt{1 + \dfrac{2h}{\lambda_0}} \right)$

$= 866950 \left(1 + \sqrt{1 + \dfrac{2 \times 0.1}{1.69 \times 10^{-6}}} \right)$

$\doteqdot 300 \times 10^6 \text{ N/m}^2 = 300 \text{ MPa}$

변형(신장)량은

$\lambda = \lambda_0 \left(1 + \sqrt{1 + \dfrac{2h}{\lambda_0}} \right)$

$= 1.69 \times 10^{-6} \times \left(1 + \sqrt{1 + \dfrac{2 \times 0.1}{1.69 \times 10^{-6}}} \right)$

$= 5.83 \times 10^{-4} \text{ m} = 0.0583 \text{ cm}$

4. (1) 안전을 고려하여 축방향의 응력보다 원주 응력(후프 응력)이 2배 크므로 원주응력을 적용해야 한다. 먼저 허용응력은

$$\sigma_a = \frac{\sigma_u}{S} = \frac{411.6\,\text{MPa}}{6}$$

$$= 68.6\,\text{MPa}$$

이므로, 원주응력 $\sigma = \dfrac{Pd}{2t}$ 에서 안지름은

$$d = \frac{2t \cdot \sigma}{P}$$

$$= \frac{2 \times (15 \times 10^{-3}\,\text{m}) \times (68.6 \times 10^{6})\,\text{N/m}^2}{784 \times 10^{3}\,\text{N/m}^2}$$

$$= 2.625\,\text{m} = 262.5\,\text{cm}$$

(2) 최대 후프 응력

$$(\sigma_h)_{\max} = P \times \frac{r_2^2 + r_1^2}{r_2^2 - r_1^2}$$

$$= (19.6\ \text{MPa}) \times \frac{25^2 + 15^2}{25^2 - 15^2}$$

$$= 41.65\,\text{MPa}$$

최소 후프 응력

$$(\sigma_h)_{\min} = P \times \frac{2r_1^2}{r_2^2 - r_1^2}$$

$$= 19.6\,\text{MPa} \times \frac{2 \times 15^2}{25^2 - 15^2}$$

$$= 22.05\,\text{MPa}$$

(3) $\sigma = \dfrac{P}{A} = \dfrac{\gamma}{g} v^2$

$$\gamma = 7.25\ \text{g/cm}^3 = 7.25 \times 10^{-3} \times 9.8\,\text{N/cm}^3$$

$$= 0.07105\,\text{N/cm}^3$$

$$\sigma = 14.7\,\text{MPa} = 14.7 \times 10^{6}\,\text{N/m}^2$$

$$= 14.7 \times 10^{6} \times 10^{-4}\,\text{N/cm}^2 = 1470\,\text{N/cm}^2$$

$$v = \sqrt{\frac{\sigma \cdot g}{\gamma}} = \sqrt{\frac{1470 \times 980}{0.07105}} = 4502.9\,\text{cm/s}$$

$v = \dfrac{\pi d n}{60}$ 에서,

$$\therefore d = \frac{60v}{\pi n} = \frac{60 \times 4502.9}{\pi \times 1000} \fallingdotseq 86\,\text{cm}$$

5. ① 축하중 P에 의한 반력 R_1', R_2' 라면,

힘평형 $R_1' + R_2' = P$ $\hspace{2cm}$ (a)

"AB 구간의 변화량(신장량) = BD 구간의 변화량(수축량)"이어야 하므로,

$$\frac{R_1' \cdot a}{AE} = \frac{R_2' (b+c)}{AE}$$

$$\therefore R_1' \cdot a = R_2' (b+c) \hspace{2cm} \text{(b)}$$

식 (a), (b)를 연립하여 풀면,

$$R_1' = \frac{b+c}{l} P, \quad R_2' = \frac{a}{l} P \hspace{1cm} \text{(c)}$$

② 축하중 Q에 의한 반력 R_1'', R_2'' 라면,

힘평형 $R_1'' + R_2'' = Q$ $\hspace{1.5cm}$ (d)

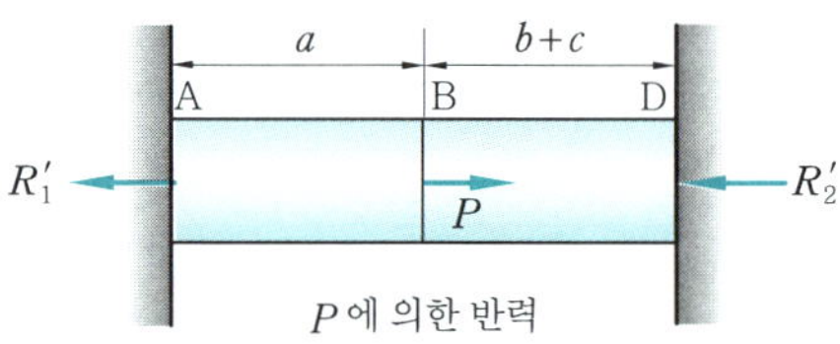

P에 의한 반력

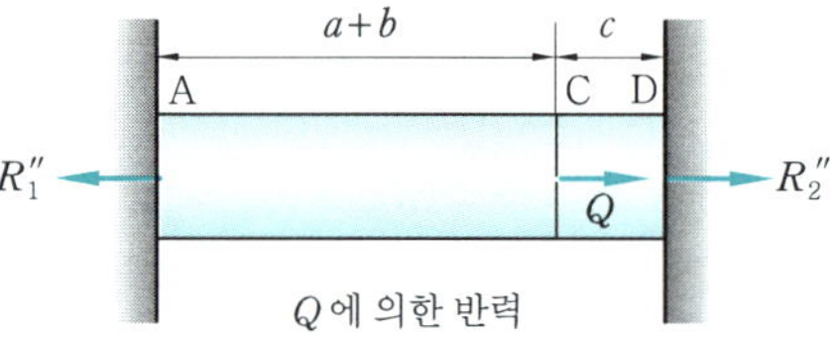

Q에 의한 반력

"AB 구간의 신장량 = CD 구간의 수축량"이어야 하므로,

$$\frac{R_1''(a+b)}{AE} = \frac{R_2'' \cdot c}{AE}$$

$$R_1''(a+b) = R_2'' \cdot c \hspace{2cm} \text{(e)}$$

식 (d), (e)를 연립하여 풀면,

$$R_1'' = \frac{c}{l} Q, \quad R_2'' = \frac{a+b}{l} Q \hspace{1cm} \text{(f)}$$

식 (e), (f)에서 P와 Q에 의한 반력 R_1, R_2는

$$R_1 = R_1' + R_1'' = \frac{P(b+c) + Qc}{l}$$

$$= \frac{3920(1.5+1) + 7840 \times 1}{4.5} = 3920\,\text{N}$$

$$R_2 = R_2' + R_2'' = \frac{P \cdot a + Q(a+b)}{l}$$

$$= \frac{3920 \times 2 + 7840(2 + 1.5)}{4.5} = 7840\,\text{N}$$

$$\therefore R_1 = 3920\,\text{N}\,(=P), \quad R_2 = 7840\,\text{N}\,(=Q)$$

6. 후프 응력 $\sigma_h = \dfrac{p r_1^2 (r_2^2 + r^2)}{r^2 (r_2^2 - r_1^2)}$

원주 응력 $\sigma_r = \dfrac{p r_1^2 (r_2^2 + r^2)}{r_2^2 - r_1^2}$

7. 힘의 평형조건에서,

$$Q - W - 2W - P = 0 \quad (Q = 3W + P)$$

$\left.\begin{array}{l} Q = 3W + P \\ Q = 2P \end{array}\right\}$ 에서, $3W + P = 2P$

$$\therefore\ W = \frac{1}{3}\,P$$

8. $U = \dfrac{1}{2}\,P\lambda = \dfrac{1}{2} \times 176.4 \times 0.1 = 8.82\ \text{N·m}$

9. 최대 탄성 에너지 = 단위체적당 탄성 에너지

$$\therefore\ u = \frac{U}{V} = \frac{\sigma^2}{2E}\,Al/Al = \frac{\sigma^2}{2E}$$
$$= \frac{(784\ \text{kPa})^2}{2 \times (215.6 \times 10^3\ \text{kPa})}$$
$$= 1.425\ \text{N·m/m}^3$$

10. 내압을 받는 원통에서 원주 방향 응력 $\sigma_t = \dfrac{Pd}{2t}$, 축방향의 응력 $\sigma_x = \dfrac{Pd}{4t}$ 에서 $\sigma_t = 2\sigma_x$ 이므로, 원주 방향의 응력을 고려하면 안전하다.

따라서, $\sigma_t = \dfrac{Pd}{2t}$ 에서,

$$P = \frac{2t \cdot \sigma_t}{d} = \frac{2 \times 0.04 \times (14.7 \times 10^6)}{0.2}$$
$$= 5.88 \times 10^6\ \text{N/m}^2 = 5.88\ \text{MPa}$$

11. 응력 $\sigma = \sigma_P + \sigma_w = \dfrac{P}{A} + \gamma l$ 에서,

$(\gamma = 8.6\ \text{g/cm}^3 = 8.6 \times 10^{-3} \times 9.8 \times 10^6$
$\qquad = 84280\ \text{N/m}^3)$

$$\therefore\ A = \frac{P}{\sigma - \gamma l} = \frac{39.2 \times 10^3}{(98 \times 10^6) - 84280 \times 10}$$
$$= 4.035 \times 10^{-4}\ \text{m}^2 = 4.035\ \text{cm}^2$$

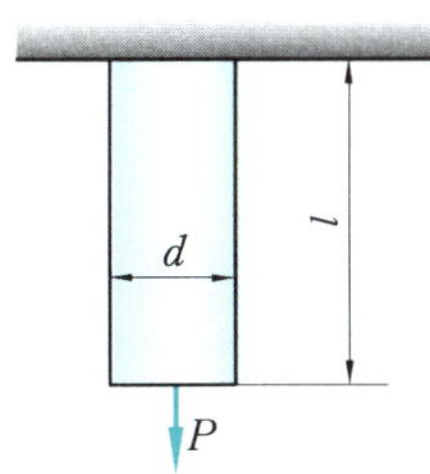

12. 원뿔 봉의 경우 마찬가지로 계산할 수 있으며,

자중 $W_x = \gamma A_x \cdot \dfrac{x}{3}$

응력 $\sigma_x = \dfrac{W_x}{A_x} = \dfrac{\gamma x}{3}$

신장량 $d\lambda = \varepsilon_x \cdot dx$ 에서 구하면,

$$\therefore\ \lambda = \frac{\gamma l^2}{6E} = \frac{84280 \times 2^2}{6 \times 98 \times 10^9}$$
$$= 5.73 \times 10^{-7}\ \text{m} = 5.73 \times 10^{-5}\ \text{cm}$$

13. 균일강도의 봉의 임의의 점 x에서의 단면적 A_x는

$$A_x = A_0 \cdot e^{\frac{\gamma}{\sigma}x} \qquad \left(A_0 = \frac{P}{\sigma}\right)$$

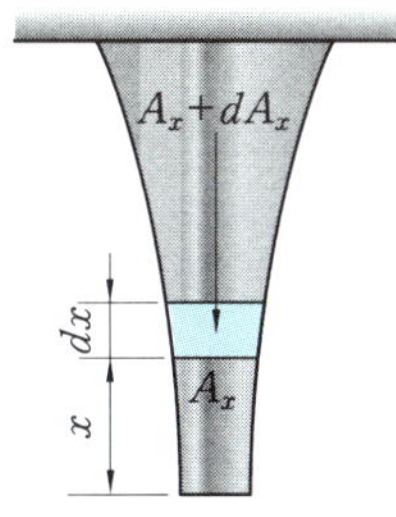

자중 $dW_x = \gamma \cdot dV_x = \gamma A_x \cdot dx$

$$W = \int_0^l dW_x = \int_0^l \gamma A_x \cdot dx$$
$$= \int_0^l \gamma \cdot A_0 \cdot e^{\frac{\gamma}{\sigma}x}\,dx$$
$$= \gamma A_0 \int_0^l e^{\frac{\gamma}{\sigma}x}\,dx = \gamma \cdot A_0 \cdot \frac{\sigma}{\gamma}\left[e^{\frac{\gamma}{\sigma}x}\right]_0^l$$
$$= A_0 \cdot \sigma\left(e^{\frac{\gamma}{\sigma}l} - 1\right)$$
$$= \frac{P}{\sigma} \cdot \sigma \cdot \left(e^{\frac{\gamma}{\sigma}l} - 1\right) = P\left(e^{\frac{\gamma}{\sigma}l} - 1\right)$$

$$W = (980 \times 10^3) \times \left(e^{\frac{16954}{98 \times 10^3} \times 10} - 1\right)$$
$$= 185088\ \text{N} \fallingdotseq 185\ \text{kN}$$

14. 온도 상승으로 인한 열응력

$\sigma_2 = E \cdot \varepsilon = E \cdot \alpha \cdot \Delta t$
$\quad = (205.8 \times 10^9) \times (11.6 \times 10^{-6}) \times (40 - 20)$
$\quad \fallingdotseq 477 \times 10^6\ \text{N/m}^2 = 477\ \text{MPa}$

재료의 인장응력 $\sigma_1 = 19.6\ \text{MPa}$이므로,

$\therefore\ \Delta\sigma = \sigma_2 - \sigma_1 = 477 - 19.6 = 457.4\ \text{MPa}$

15. $20℃$에서의 기차 레일의 길이 l_1은

$l_1 = $ 기차 레일 $10\ \text{m} \times 2$개 + 간격 $1\ \text{cm}$
$\quad = 20.01\ \text{m}$

영하 $40℃$에서의 레일의 길이 l_2는

$l_2 = $ 기차 레일 $10\ \text{m} \times 2$개
$\qquad + (20℃$에서 영하 $40℃$로의 냉각에 의한) 수축량

$$= 10 \times 2 \, \text{m} + \alpha \cdot \Delta t \cdot l$$
$$= 20 \, \text{m} + (1.07 \times 10^{-5}) \times (-40 - 20) \times 20$$
$$= 20 - 0.013 = 19.987 \, \text{m}$$

따라서, 영하 40 ℃에서의 레일의 간격은 "20℃에서의 기차 레일의 길이－영하 40℃에서의 기차 레일의 길이"이다.

$$\therefore \lambda = l_1 - l_2 = 20.01 - 19.987$$
$$= 0.023 \, \text{m} = 2.3 \, \text{cm}$$

16. $AC : AB = 2 : 1 = T : 7840$ 이므로
AB에 걸리는 장력 $T = 15680 \, \text{N}$

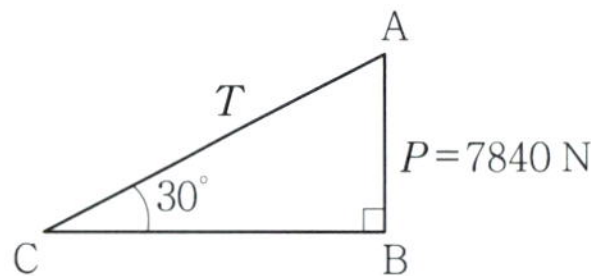

$$\therefore U_{AC} = \frac{1}{2} P\lambda = \frac{T^2 l}{2AE}$$
$$= \frac{15680^2 \times 1}{2 \times (10 \times 10^{-4}) \times (215.6 \times 10^9)}$$
$$= 0.57 \, \text{N} \cdot \text{m}$$

17. 단위체적당 탄성 에너지 u는

$$u = \frac{U}{V} = \frac{\dfrac{\sigma^2}{2E} \cdot Al}{Al} = \frac{\sigma^2}{2E}$$
$$= \frac{(78.4 \times 10^6)^2}{2 \times (102.9 \times 10^9)} = 29866.7 \, \text{N} \cdot \text{m/m}^3$$

단위중량당의 최대 탄성 에너지는

$$u_r = u / \gamma = \frac{\text{N} \cdot \text{m}}{\text{m}^3} \Big/ \frac{\text{N}}{\text{m}^3} = \text{N} \cdot \text{m/N}$$

비중량은

$$\gamma = 8.5 = 8.5 \, \text{g/cm}^3 = 8.5 \times 10^{-3} \, \text{kg/cm}^3$$
$$= 8.5 \times 10^{-3} \times 9.8 \, \text{N/cm}^3$$
$$= 8.5 \times 10^{-3} \times 9.8 \times 10^6 \, \text{N/m}^3$$
$$= 83300 \, \text{N/m}^3$$

$$\therefore u_r = \frac{u}{\gamma} = \frac{29866.7}{83300} = 0.359 \, \text{N} \cdot \text{m/N}$$

18. 두께가 지름에 비해 얇은 원환(링)의 응력은 원심력 $P = \dfrac{wv^2}{g}$ 에 의한 것이므로,

원심력 $P = \dfrac{\dfrac{W}{l} \times v^2}{g} = \dfrac{Wv^2}{gl}$

$$= \frac{\gamma Al \cdot v^2}{gl} = \frac{\gamma A \cdot v^2}{g}$$

응력 $\sigma = \dfrac{P}{A} = \dfrac{\gamma v^2}{g}$

(비중량 $\gamma = 7.9 \, \text{g/cm}^3$
$$= 7.9 \times 10^{-3} \times 9.8 \times 10^6 \, \text{N/m}^3$$
$$= 77420 \, \text{N/m}^3)$$

원주속도 $v = \dfrac{\pi dN}{60} = \dfrac{\pi \times 200 \times 500}{60}$
$$= 5233 \, \text{cm/s} = 52.33 \, \text{m/s}$$

$$\therefore \sigma = \frac{P}{A} = \frac{\gamma v^2}{g} = \frac{77420 \times 52.33^2}{9.8}$$
$$\fallingdotseq 21.63 \times 10^6 \, \text{N/m}^2 = 21.63 \, \text{MPa}$$

19. ① 3 m 부분
우측 : $3920 - 1960 + 3920 = 5880 \, \text{N}$

$$\therefore \lambda_1 = \frac{P_1 l_1}{AE}$$

② 2 m 부분
좌측 : $5880 - 3920 = 1960 \, \text{N}$
우측 : $3920 - 1960 = 1960 \, \text{N}$

$$\therefore \lambda_2 = \frac{P_2 l_2}{AE}$$

③ 1 m 부분
좌측 : $5880 - 3920 - 1960 = 3920 \, \text{N}$
우측 : $3920 \, \text{N}$

$$\therefore \lambda_3 = \frac{P_3 l_3}{AE}$$

따라서, 총 신장량은

$$\lambda = \lambda_1 + \lambda_2 + \lambda_3 = \frac{P_1 l_1}{AE} + \frac{P_2 l_2}{AE} + \frac{P_3 l_3}{AE}$$
$$= \frac{1}{AE}(P_1 l_1 + P_2 l_2 + P_3 l_3)$$
$$= \frac{1}{(0.02 \times 0.02) \times (205.8 \times 10^9)}$$
$$(5880 \times 3 + 1960 \times 2 + 3920 \times 1)$$
$$= 3.1 \times 10^{-4} \, \text{m} = 0.31 \, \text{mm}$$

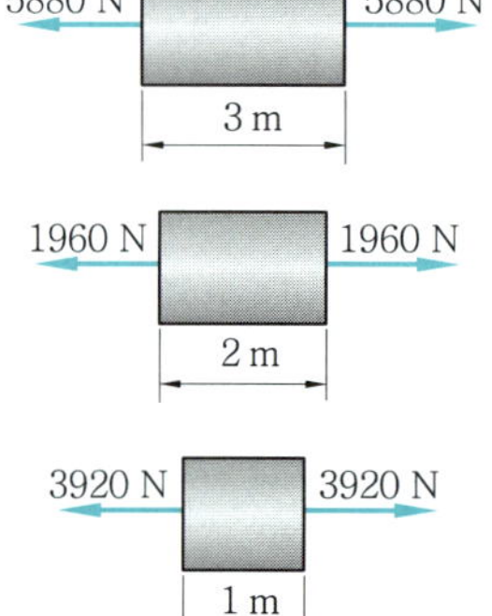

20. 파이프에 작용하는 응력은 후프 응력이다.

$\sigma_a = \dfrac{Pd}{2t \times \eta}$ 에서 (η : 용접효율)

정수압 $= 300 \text{ mAq} = 30 \text{ kg/cm}^2$

$\qquad\qquad = 2940000 \text{ N/m}^2$

물의 충격에 의한 압력은

$\quad P = 정수압 \times 1.25 = 3675000 \text{ N/m}^2$

$\quad \therefore\ t = \dfrac{Pd}{2\sigma_a \cdot \eta} = \dfrac{(3675000) \times 1}{2 \times (58.8 \times 10^6) \times 0.75}$

$\qquad\quad = 0.0417 \text{ m} = 4.17 \text{ cm}$

21. 비중량 $\gamma = 1.0$ 은

$\quad \gamma = 1.0 \text{ g/cm}^3 = 1.0 \times 10^{-3} \text{ kg/cm}^3$

$\qquad = 1.0 \times 10^{-3} \times 9.8 \text{ N/cm}^3$

따라서 인장응력은

$\quad \sigma_t = \dfrac{P\,(원심력)}{A\,(벨트\ 단면적)}$

$\qquad = \dfrac{\dfrac{wv^2}{g}}{A} = \dfrac{\dfrac{Wv^2}{gl}}{A} = \dfrac{\dfrac{\gamma Al \cdot v^2}{gl}}{A}$

$\qquad = \dfrac{\gamma v^2}{g} = \dfrac{\gamma}{g}(\omega r)^2 = \dfrac{\gamma}{g}\left(2\pi \dfrac{N}{60} \cdot r\right)^2$

$\qquad = \dfrac{(9.8 \times 10^{-3})}{980} \times \left(\dfrac{2\pi \times 1200}{60} \times 20\right)^2$

$\qquad = 63.1 \text{ N/cm}^2 = 63.1 \times 10^4 \text{ N/m}^2$

$\qquad = 631 \text{ kPa}$

22. 미소구간 dx 에 대한 변형(신장)량은 $d\lambda$ 이므로 변형률 $\varepsilon = \dfrac{변형된\ 길이}{원래\ 길이} = \dfrac{d\lambda}{dx}$ 이고, 신장량 $d\lambda = \varepsilon \cdot dx = \dfrac{\sigma}{E}\,dx$ 이다.

따라서, 전신장량은

$\quad \lambda = \displaystyle\int_0^l d\lambda = \int_0^l \dfrac{\sigma}{E}\,dx = \dfrac{\sigma}{E}\,l$

$\qquad = \dfrac{88.2 \times 10^6 \text{ N/m}^2}{205.8 \times 10^9 \text{ N/m}^2} \times 3$

$\qquad = 1.286 \times 10^{-3} \text{ m}$

$\qquad = 0.1286 \text{ cm} = 1.286 \text{ mm}$

23. 1과 2에 발생하는 열응력을 σ_1, σ_2 라 하면, 온도 상승에 의한 양단에 작용하는 힘은 같으므로,

$\quad P = \sigma_1 A_1 = \sigma_2 A_2 \qquad\qquad (a)$

각각의 신장량을 λ_1, λ_2 라 하면,

$\quad \lambda_1 = \varepsilon_1 l_1 = \dfrac{\sigma_1}{E_1}\,l_1,$

$\qquad\qquad\qquad\qquad\qquad\qquad (b)$

$\quad \lambda_2 = \varepsilon_2 l_2 = \dfrac{\sigma_2}{E_2}\,l_2$

열에 의한 자유 팽창량은

$\quad l_1' = \alpha_1 (t_2 - t_1)\,l_1, \quad l_2' = \alpha_2 (t_2 - t_1)\,l_2$

$\quad \therefore\ \Delta l = l_1' + l_2'$

$\qquad\qquad = l_1 \cdot \alpha_1 \cdot \Delta t + l_2 \cdot \alpha_2 \cdot \Delta t \qquad (c)$

식 (b)와 식 (c)는 같아야 하므로

$\quad \lambda = (\lambda_1 + \lambda_2) = \Delta l$

$\quad \therefore\ \dfrac{\sigma_1}{E_1}\,l_1 + \dfrac{\sigma_2}{E_2}\,l_2$

$\qquad = l_1 \alpha_1 \Delta t + l_2 \alpha_2 \Delta t \qquad\qquad (d)$

식 (a)의 변환식 $\sigma_2 = \dfrac{A_1}{A_2}\sigma_1$ 을 식 (d)에 대입하면,

$\quad \dfrac{\sigma_1}{E_1}\,l_1 + \dfrac{\dfrac{A_1}{A_2}\sigma_1}{E_2}\,l_2 = \Delta t\,(l_1 \alpha_1 + l_2 \alpha_2)$

윗식을 정리하면

$\quad \therefore\ \sigma_1 = \dfrac{\Delta t\,(l_1 \alpha_1 + l_2 \beta_2)}{\dfrac{l_1}{E_1} + \dfrac{A_1}{A_2 E_2}\,l_2}$

$\qquad \sigma_2 = \dfrac{\Delta t\,(l_1 \alpha_1 + l_2 \alpha_2)}{\dfrac{l_2}{E_2} + \dfrac{A_2}{A_1 E_1}\,l_1} \quad (\Delta t = t_2 - t_1)$

24. 자유 물체도의 그림에서 $T_{AC} = T_{BC} = T = P$ 이므로, AC와 BC에 작용하는 탄성 에너지는

$\quad U = \dfrac{1}{2}\,(작용력) \times (신장량)$

$\qquad = \dfrac{1}{2} \times T \times \lambda = \dfrac{1}{2}\,P\lambda$

신장량 $\lambda = \dfrac{Pl}{AE} = \dfrac{Tl}{AE}$

따라서, AC, BC에 작용하는 탄성 에너지는

$\quad U_{AC} = U_{BC} = \dfrac{1}{2}\,T\lambda = \dfrac{T^2 l}{2AE}$

작용력에 의한 탄성 에너지는

$\quad U = \dfrac{1}{2}\,P\lambda = \dfrac{P^2 l}{2AE}$

25. 탄성 에너지의 일반식은 $U = \dfrac{1}{2}\,P\lambda = \dfrac{P^2 l}{2AE}$ 이고, 하단으로부터 x 만큼 떨어진 곳의 미소량 dx 를 취하면 이때 탄성 에너지는

$$dU_x = \frac{P_x{}^2}{2AE}\,dx$$

여기서,

$$P_x = 직접\ 하중 + 자중 = P + \gamma \cdot Ax$$

$$(자중\ W = 비중량 \times 체적)$$

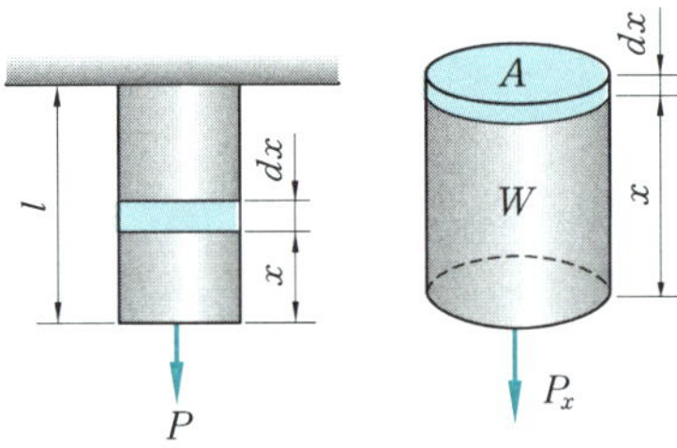

$$\therefore dU_x = \frac{P_x{}^2}{2AE}\,dx = \frac{(P + \gamma Ax)^2}{2AE}\,dx$$

$$= \frac{P^2}{2AE}\,dx + \frac{P \cdot \gamma Ax}{AE}\,dx$$

$$+ \frac{\gamma^2 A^2 x^2}{2AE} \cdot dx$$

따라서, 봉 전체에 저장되는 탄성 에너지는

$$U = \int_0^l dU_x$$

$$= \int_0^l \left(\frac{P^2}{2AE}\,dx + \frac{P \cdot \gamma Ax}{AE}\,dx + \frac{\gamma^2 A^2 x^2}{2AE}\,dx \right)$$

$$= \frac{P^2 l}{2AE} + \frac{P \cdot \gamma A l^2}{2AE} + \frac{1}{3} \times \frac{\gamma^2 A^2 l^3}{2AE}$$

$$= \frac{P^2 l}{2AE} + \frac{P\gamma l^2}{2E} + \frac{\gamma^2 A l^3}{6E}$$

만약, 자중에 의한 탄성 에너지만 생각한다면 외력 $P = 0$이므로,

$$U_{자중} = \frac{\gamma^2 l^2}{6E} \cdot Al$$

26. 힘의 평형 조건에서

$$P = R_1 + R_2 \tag{a}$$

봉의 상부의 변형량 (신장량) $\lambda_a = \dfrac{R_1 \cdot a}{AE}$ 와 봉의 하부의 변형량 (수축량) $\lambda_b = \dfrac{R_2 \cdot b}{AE}$ 는 같으므로,

$$\frac{R_1 a}{AE} = \frac{R_2 b}{AE}, \quad R_1 \cdot a = R_2 b$$

$$\frac{R_1}{R_2} = \frac{b}{a} \tag{b}$$

식 (a), (b)에서,

$$R_1 \cdot a = R_2 \cdot b = (P - R_1) \cdot b$$

$$\therefore R_1 = \frac{P}{a+b}\,b = \frac{Pb}{l}$$

$$R_1 \cdot a = (P - R_2)\,a = R_2 \cdot b$$

$$\therefore R_2 = \frac{P}{a+b}\,a = \frac{Pa}{l}$$

27. 체적 증가량 ΔV = 원체적 $\times$ 체적 증가율

$$= V \times \varepsilon(1 - 2\mu)$$

$$\therefore \Delta V = V \cdot \varepsilon(1 - 2\mu)$$

$$= Al \cdot \varepsilon \cdot (1 - 2\mu) \tag{a}$$

"변형률 (증가율) ε = 하중 P에 의한 것 + 자중에 의한 것" 이므로,

$$\varepsilon = \frac{\lambda_P}{l} + \frac{\lambda_W}{l}$$

$$= \frac{1}{l}\left(\frac{Pl}{AE} + \frac{\gamma l^2}{2E} \right) \tag{b}$$

식 (a), (b)에서 체적 증가량은

$$\Delta V = Al \times \frac{1}{l}\left(\frac{Pl}{AE} + \frac{\gamma l^2}{2E} \right) \cdot (1 - 2\mu)$$

$$= \frac{Al(1 - 2\mu)}{E} \times \left(\frac{P}{A} + \frac{\gamma l}{2} \right)$$

28. 회전에 의한 봉의 원심력 P에 의하여 인장 응력이 발생하므로, 봉의 회전축 (中心)에서 x의 위치에 취한 미소거리 dx에 대하여 원심력 dp, 응력 $d\sigma$, 각속도 ω라면, $dp = A \cdot d\sigma$ 이므로, 미소구간에서의 원심력 dp는

$$dp = \frac{w \cdot v^2}{g}$$

$$= w \times v^2 \times \frac{1}{g} = \frac{W}{x} \times (\omega x)^2 \times \frac{1}{g}$$

$$= \frac{\gamma A \cdot dx}{x} \times \omega^2 \cdot x^2 \times \frac{1}{g}$$

$$= \frac{\gamma A \omega^2}{g}\,x\,dx$$

$$(자중 = 무게 = W = \gamma \cdot V = \gamma \cdot A \cdot dx,$$

$$w = W/x)$$

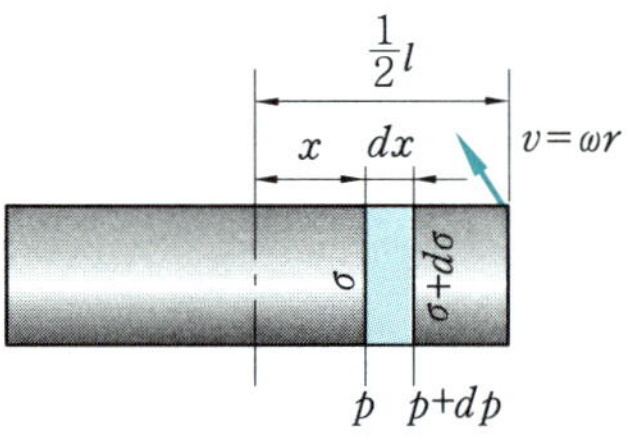

$$\therefore dp = A \cdot d\sigma, \quad \frac{\gamma A \omega^2}{g}\,x\,dx = A \cdot d\sigma$$

$$\therefore d\sigma = \frac{\gamma \omega^2}{g}\,x \cdot dx$$

$$= \frac{\gamma\omega^2}{g} \times \frac{1}{2}\left(\frac{1}{2}l\right)^2$$

$$\sigma = \int d\sigma = \int_0^{\frac{l}{2}} \frac{\gamma\omega^2}{g} x\,dx$$

$$= \frac{\gamma\omega^2 l^2}{8g} \quad \left(\omega = \frac{2\pi N}{60} = \frac{\pi N}{30}\right)$$

$$\therefore \sigma = \frac{\gamma \cdot \pi^2 \cdot N^2 l^2}{8g \times 900}$$

따라서, 최대회전수는

$$N = \sqrt{\frac{8g \times 900 \times \sigma}{\gamma \cdot \pi^2 \cdot l^2}}$$

$$= \sqrt{\frac{8 \times 9.8 \times 900 \times 78.4 \times 10^6}{77420 \times \pi^2 \times 0.5^2}}$$

$$= 5384 \text{ rpm}$$

봉의 신장량은

$$\lambda = \frac{\sigma}{E}l = \frac{78.4 \times 10^6}{205.8 \times 10^9} \times 0.5$$

$$= 1.905 \times 10^{-4} \text{ m}$$

29. 안전율 $= \dfrac{\sigma_{\max}}{\sigma_a}$ 에서,

$$\sigma_a = \frac{\sigma_{\max}}{S} = \frac{19.6 \text{ MPa}}{20} = 980 \text{ kPa}$$

$$\therefore \sigma_a = \frac{W(\text{자중})}{A(\text{바닥 면적})}$$

$$= \frac{\gamma V}{A} = \frac{\gamma A h}{A} = \gamma h$$

$$= (2.2 \times 10^{-3} \times 9.8 \times 10^6) \times h$$

$$= 980 \times 10^3$$

$$\therefore h = \frac{980 \times 10^3}{21560} = 45.45 \text{ m}$$

30. 열응력 $\sigma = E \cdot \varepsilon = E \times \dfrac{\lambda}{l}$

미는 힘 $P = \sigma \cdot A$에서 가열에 의한 자유신장량은

$$\lambda = \varepsilon \cdot l = \alpha \cdot \Delta t \cdot l$$

$$= (11.2 \times 10^{-6}) \times (70 - 10) \times 2$$

$$= 1.344 \times 10^{-3} \text{ m}$$

$$= 1.344 \text{ mm}$$

"온도에 의한 실제 변화량 = 자유신장량 − 허용 신장량"이므로,

$$\lambda' = 1.344 - 1 = 0.344 \text{ mm}$$

따라서, 열응력은

$$\sigma = E \times \frac{\lambda'}{l}$$

$$= (205.8 \times 10^9) \times \frac{(0.344 \times 10^{-3})}{2}$$

$$= 35377600 \text{ N/m}^2 \fallingdotseq 35.4 \text{ MPa}$$

벽을 미는 힘은

$$P = \sigma \cdot A$$

$$= 35397600 \times \frac{\pi}{4} \times 0.1^2$$

$$= 277871 \text{ N} \fallingdotseq 277.87 \text{ kN}$$

제 4 장　조합응력과 모어 원

　내압을 받는 용기 또는 회전체, 빔(beam) 등의 한 요소에 작용하는 응력은 직각 방향에 인장력 또는 압축력이 동시에 작용하므로 이에 대응한 인장응력 또는 압축응력이 같은 면(面) 위에 동시에 작용하는데, 이러한 단순응력(單純應力)이 합성된 응력을 조합응력(組合應力, combined stress)이라 하고, 2축 방향으로 작용하는 응력을 2축(軸)응력(biaxial stress), 3축 방향으로 작용하는 것을 3축응력(triaxial stress)이라 한다. 또 응력이 모두 한 평면 위에 놓이게 되면 평면(平面)응력(plane stress)이라 한다. 임의의 점 또는 임의의 면에 작용하는 응력은 수직응력과 접선응력으로 이루어져 있으며, 특히 수직응력만 작용하고 접선응력이 작용하지 않는 면을 주평면(主平面, principal plane), 주평면에 작용하는 응력을 주응력(主應力, principal stress)이라 한다.

1. 단순응력(경사면에서의 응력)

1-1　법선응력과 접선응력

　그림 4-1에서처럼 재료에 인장력이나 압축력을 주면 그림 4-1 (a)와 같이 파괴되어야 한다. 그러나 실제로 재료는 그림 4-1 (b)와 같이 파괴되는데, 이는 이 재료를 파괴시키는 것이 인장력이나 압축력의 분력(分力) 때문이며, 재료의 단면 상에 수직응력과 전단응력이 존재한다.

　그림 4-2와 같이 균일단면봉에 축하중 P가 작용하면 수직단면 mn 상에 균일한 응력인 수직응력 $\sigma_x = \dfrac{P}{A}$가 발생한다.

　그림 4-2에서 mn 단면과 θ만큼 경사진 m′n′ 단면의 응력 상태를 보면 축방향의 힘 P를 m′n′ 단면의 법선 방향의 힘 N과 접선 방향의 힘 Q로 분해하면, N은 경사면 m′n′ 면에 대한 법선력(法線力)이고, Q는 m′n′ 면에 대한 접선력(接線力)이다.

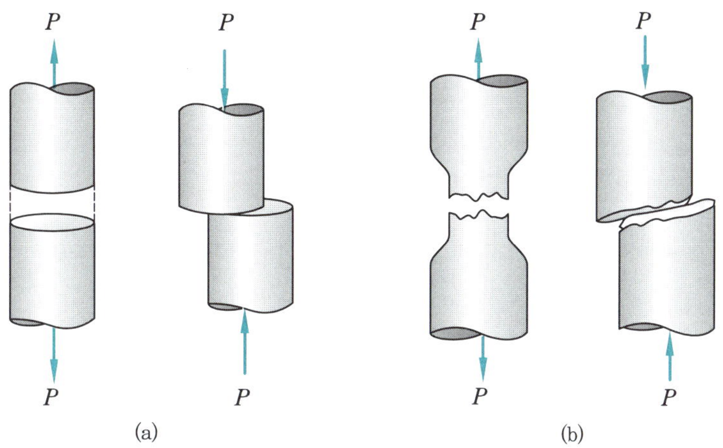

그림 4-1 재료의 인장력과 압축력에 의한 파괴

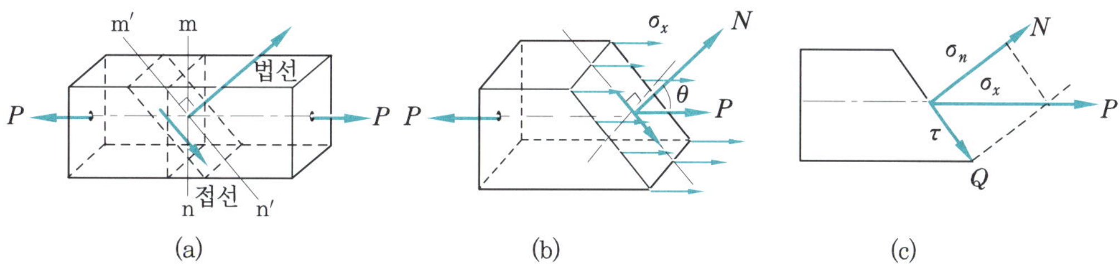

그림 4-2 경사면의 작용력과 응력

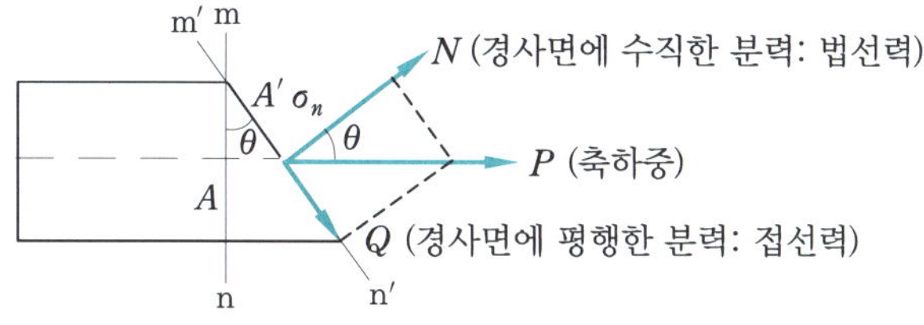

그림 4-3 법선력과 접선력

mn 단면과 m′n′ 단면이 이루는 각이 θ 이므로, N, Q, A 는 다음과 같다.

$$\left.\begin{array}{l} \text{법선력 } N = P \cdot \cos\theta \\[4pt] \text{접선력 } Q = P \cdot \sin\theta \\[4pt] \text{경사 단면 } A' = \dfrac{A(\text{수직 단면})}{\cos\theta} \end{array}\right\} \tag{4-1}$$

경사 단면 상에서의 법선응력(normal stress) σ_n 은

$$\sigma_n = \frac{N}{A'} = \frac{P \cdot \cos\theta}{\dfrac{A}{\cos\theta}} = \frac{P}{A} \cdot \cos^2\theta = \sigma_x \cdot \cos^2\theta \tag{4-2}$$

경사면 상에서의 접선응력(tangential stress), 즉 전단응력 τ는

$$\tau = \frac{Q}{A'} = \frac{P \cdot \sin\theta}{\dfrac{A}{\cos\theta}} = \frac{P}{A} \cdot \sin\theta \cdot \cos\theta = \frac{1}{2} \times \sigma_x \cdot \sin 2\theta \qquad (4\text{--}3)$$

여기서, $\sin 2\theta = \sin(\theta + \theta) = 2\sin\theta \cdot \cos\theta$

횡단면 mn 위에는 수직응력 σ_x만 작용하지만 경사 단면 위에는 법선응력(σ_n)과 전단응력(τ)가 동시에 작용한다.

경사 단면이 기울어지는 각도를 $\theta = 0°,\ 45°,\ 90°$로 나누어 살펴보면,

① $\theta = 0°$일 때

$$\left.\begin{aligned}
\sigma_n &= \sigma_x \cdot \cos^2 0° = \sigma_x = (\sigma_n)_{\max} \\[2mm]
\tau &= \frac{1}{2} \cdot \sigma_x \cdot \sin 2 \times 0° = 0 = \tau_{\min}
\end{aligned}\right\} \qquad (4\text{--}4)$$

② $\theta = 45°$일 때

$$\left.\begin{aligned}
\sigma_n &= \sigma_x \cdot \cos^2 45° = \frac{1}{2}\sigma_x \\[2mm]
\tau &= \frac{1}{2} \cdot \sigma_x \cdot \sin 2 \times 45° = \frac{1}{2}\sigma_x = \tau_{\max} \\[2mm]
\therefore\ \sigma_n &= \tau
\end{aligned}\right\} \qquad (4\text{--}5)$$

③ $\theta = 90°$일 때

$$\left.\begin{aligned}
\sigma_n &= \sigma_x \cdot \cos^2 90° = 0 = (\sigma_n)_{\min} \\[2mm]
\tau &= \frac{1}{2} \cdot \sigma_x \cdot \sin 2 \times 90° = 0 = \tau_{\min}
\end{aligned}\right\} \qquad (4\text{--}6)$$

식 (4-4), (4-5), (4-6)에서 θ가 증가하면서 σ_n은 감소하여 $\theta = 90°$에서 $\sigma_n = 0$이 되며 전단응력 τ는 θ가 증가하면서 $\theta = 0°$일 때와 $\theta = 90°$일 때, $\tau = 0$이 되고 $\theta = 45°$일 때 $\tau = \frac{1}{2}\sigma_x$로 최대값이 된다.

최대 전단응력은 최대 법선응력의 $\frac{1}{2}$에 불과하지만 인장 또는 압축에 비해 전단에 비교적 약한 재료는 최대 전단응력으로 파괴된다.

이 파괴는 최대 전단응력이 작용하는 횡단면에서 직접 파단하는 것이 아니고 최대 전단응력이 작용하는 45° 경사면을 따라 두 부분으로 상대적인 미끄럼으로 인하여 파괴가 진행되는 것이다. 특히 그림 4-1 (b)는 시편을 인장시험기에 걸었을 때 항복점에 도달하여 45° 경사면을 따라 미끄러져 파단을 일으키는 무늬이며, 이런 무늬의 선을 Lüder(뤼더) 선 또는 Piobert 무늬라 한다.

그림 4-4 법선응력과 접선응력의 부호

법선응력과 전단응력의 부호(符號) 규약은 그림 4-4와 같이 인장일 때 (+), 압축일 때 (−) 부호를 붙이고, 전단응력은 재료 내의 임의의 점에 대하여 시계 방향으로 회전하고자 하면 (+), 반시계 방향일 경우는 (−) 부호를 붙인다.

1-2 단축응력의 공액응력(complementary stress)

그림 4-5에서 축의 인장력이 작용하는 봉의 경사 단면 m′n′ 면과 직교하는 m″n″ 면 위에 작용하는 응력을 $\sigma_n{}'$, τ' 로 표시하고, 식 (4-2)와 식 (4-3)에 θ 대신 $\theta+90°$를 대입하면

$$\sigma_n' = (\theta_n)_{\theta+90} = \sigma_x \cdot \cos^2(\theta+90) = \sigma_x \cdot \sin^2\theta \tag{4-7}$$

$$\tau' = (\tau)_{\theta+90} = \frac{1}{2}\,\sigma_x \cdot \sin 2(\theta+90)$$

$$= \frac{1}{2}\,\sigma_x \cdot \sin(2\theta+180°) = -\frac{1}{2}\,\sigma_x \cdot \sin 2\theta \tag{4-8}$$

이며, 이들 두 직교하는 응력의 합은

$$\left.\begin{array}{l}\sigma_n+\sigma_n' = \sigma_x \cdot \cos^2\theta + \sigma_x \cdot \sin^2\theta = \sigma_x(\cos^2\theta + \sin^2\theta) = \sigma_x \\[2mm] \tau + \tau' = \frac{1}{2} \cdot \tau \cdot \sin 2\theta + \left(-\frac{1}{2} \cdot \tau \cdot \sin 2\theta\right) = 0 \end{array}\right\} \tag{4-9}$$

이다. 식 (4-9)에서 축에 인장력 P를 받는 봉의 두 직교 단면 위에 작용하는 σ_n과 σ_n'의 합은 σ_x로 일정하며, 이 값은 수직 단면 mn 위에 작용하는 σ_x와 같다.

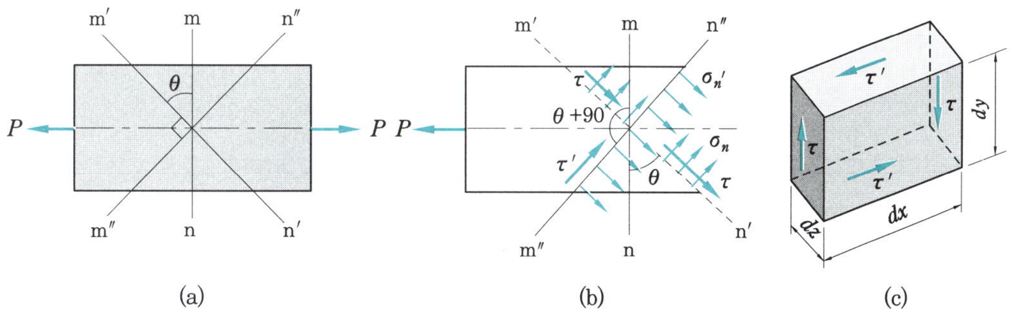

그림 4-5 공액 단면에 작용하는 응력

　　서로 직교하는 단면 위에 작용하는 σ_n 과 $\sigma_n{'}$, τ 와 $\tau{'}$ 을 공액응력(共軛應力)이라 하며, 특히 공액 전단응력은 항상 크기가 같고 방향이 반대($\tau = -\tau{'}$)이다.

　　그림 4-5 (c)에서 τ 및 $\tau{'}$ 에 의해서 발생하는 우력(偶力, couple)의 모멘트는 서로 평형을 이루어야 하므로 $\tau \cdot (dy \cdot dz) \cdot dx = -\tau{'}(dx \cdot dz) \cdot dy$ 이고 $\tau = -\tau{'}$ 가 된다.

1-3　단축응력의 모어(Mohr) 원

　　1882년 오토 모어(Otto Mohr)에 의해 발표된 모어(Mohr)의 원은 단축의 법선응력 σ_n 과 전단응력 τ 를 그래프로 나타내어 임의의 경사각에 대한 응력의 값을 도해적(圖解的)으로 표시하는 방법이다.

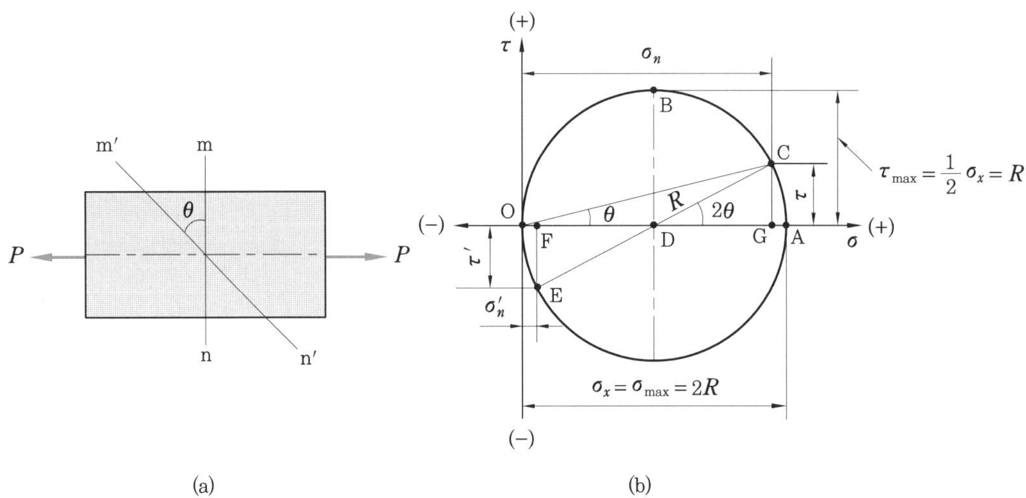

그림 4-6　경사단면(단축응력)에 대한 모어 원

　　그림 4-6에서 O를 원점으로 하는 직교 좌표 상에서 x 축을 σ, y 축을 τ 로 표시한다. 경사단면 m'n'에 대하여 σ_n 과 τ 는 다음과 같다.

　　　　법선응력 $\sigma_n = \sigma_x \cdot \cos^2\theta$

　　　　접선응력(전단응력) $\tau = \dfrac{1}{2}\,\sigma_x \cdot \sin 2\theta$

　　경사각 $\theta = 0°$, $45°$, $90°$ 로 구분하여 σ_n 과 τ 를 구해 보면,

① $\theta = 0°$

$$\left(\begin{array}{l} \sigma_n = \sigma_x \cdot \cos^2 0° = \sigma_x \\ \tau = \dfrac{1}{2} \cdot \sigma_x \cdot \sin 2 \times 0° = 0 \end{array}\right) \text{으로 A점}$$

② $\theta = 45°$

$$\left.\begin{array}{l} \sigma_n = \sigma_x \cdot \cos^2 45° = \dfrac{1}{2}\,\sigma_x \\[2mm] \tau = \dfrac{1}{2}\cdot \sigma_x \cdot \sin 2\times 45° = \dfrac{1}{2}\,\sigma_x \end{array}\right\} \text{으로 B점}$$

③ $\theta = 90°$

$$\left.\begin{array}{l} \sigma_n = \sigma_x \cdot \cos^2 90° = 0 \\[2mm] \tau = \dfrac{1}{2}\cdot \sigma_x \cdot \sin 2\times 90° = 0 \end{array}\right\} \text{으로 원점(O점)}$$

경사면에 작용하는 응력 성분들을 원주 상의 한 점의 좌표로 표시하는 모어 원을 작도해 보도록 한다.

① 지름 $\overline{\text{OA}}$(반지름 $\overline{\text{OD}}$)의 원을 그린다. ($\overline{\text{OA}} = 2R = \sigma_x$, $\overline{\text{OD}} = R = \dfrac{1}{2}\,\sigma_x$)

② 임의의 경사각 θ에 대응하는 원주 상의 점을 찾기 위하여 A점에서 반시계 방향으로 중심각 2θ를 이루는 원주 상의 점 C를 찾는다. ($\angle\text{CDA} = 2\theta$, $\angle\text{COA} = \theta$)

③ $\sigma_n = \sigma_x$, $\tau = 0$, ($\theta = 0°$)인 좌표를 A점으로 표시 : A $(\sigma_x,\ 0)$

④ $\sigma_n = \dfrac{1}{2}\,\sigma_x$, $\tau = \dfrac{1}{2}\,\sigma_x$, ($\theta = 45°$)인 좌표를 B점으로 표시 : B $\left(\dfrac{1}{2}\,\sigma_x,\ \dfrac{1}{2}\,\sigma_x\right)$

⑤ $\sigma_n = 0$, $\tau = 0$, ($\theta = 90°$)인 좌표를 O점으로 표시 : O $(0,\ 0)$

⑥ 법선응력 $\sigma_n = \sigma_x \cdot \cos^2\theta = \dfrac{1}{2}\,\sigma_x(1+\cos 2\theta) = \dfrac{1}{2}\,\sigma_x + \dfrac{1}{2}\,\sigma_x \cdot \cos 2\theta$

여기서, $1 + \cos 2\theta = 1 + (\cos^2\theta - \sin^2\theta)$

$\qquad\qquad\qquad = (1 + \cos^2\theta) - (1 - \cos^2\theta) = 2\cos^2\theta$

$\dfrac{1}{2}\,\sigma_x = $ 원의 반지름 $= \overline{\text{OD}}$

$\dfrac{1}{2}\,\sigma_x \cdot \cos 2\theta$로 표시되는 점 G를 잡으면,

$\dfrac{1}{2}\,\sigma_x \cdot \cos 2\theta = \overline{\text{CD}}\cdot\cos 2\theta = \overline{\text{DG}} = \overline{\text{OD}} + \overline{\text{DG}} = \overline{\text{OG}}$

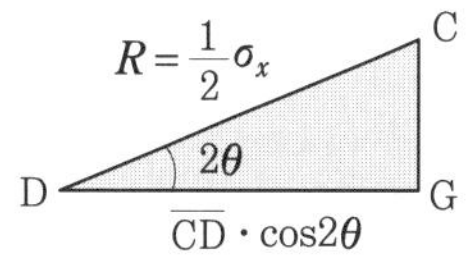

그림 4-7

⑦ 전단응력 $\tau = \dfrac{1}{2}\cdot \sigma_x \cdot \sin 2\theta = \overline{\text{CD}}\cdot\sin 2\theta = \overline{\text{CG}}$

⑧ 최대 법선응력 $(\sigma_n)_{\max} = \sigma_x = \overline{\text{OA}} = 2R$ (R : 원의 반지름)

최대 전단응력 $\tau_{\max} = \dfrac{1}{2}\,\sigma_x = \overline{\text{OB}} = R$

⑨ 공액응력 $\sigma_n{}' = \sigma_x \cdot \sin^2\theta = \dfrac{1}{2}\,\sigma_x(1 - \cos 2\theta) = \dfrac{1}{2}\,\sigma_x - \dfrac{1}{2}\,\sigma_x \cdot \cos 2\theta$

$\qquad\qquad\qquad = \overline{\text{OD}} - \overline{\text{DG}} = \overline{\text{OD}} - \overline{\text{FD}} = \overline{\text{OF}}$

$$\tau' = -\tau = -\overline{\mathrm{CG}} = \overline{\mathrm{FE}}$$

예제 1. 단면적이 $5\ \mathrm{cm}^2$인 균일단면봉이 축 압축하중 $50\ \mathrm{kN}$을 받고 있다. 이 봉이 축에 $45°$ 경사진 평면에 있을 때 법선응력과 전단응력을 구하시오.

[해설] 법선응력 $\sigma_n = \sigma_x \cdot \cos^2\theta$, 접선응력(전단응력) $\tau = \dfrac{1}{2}\sigma_x \cdot \sin 2\theta$ 이고 축 압축하중을 받고 있으므로,

$$\sigma_n = \sigma_x \cdot \cos^2\theta = \frac{P}{A} \cdot \cos^2\theta = \frac{-50}{5\times 10^{-4}} \times \cos^2 45° = -50000\ \mathrm{kN/m^2}$$

$$= -50\ \mathrm{MN/m^2} = -50\ \mathrm{MPa}$$

$$\tau = \frac{1}{2}\sigma_x \cdot \sin 2\theta = \frac{1}{2} \cdot \frac{-50}{5\times 10^{-4}} \times \sin(2\times 45) = -50000\ \mathrm{kN/m^2}$$

$$= -50\ \mathrm{MN/m^2} = -50\ \mathrm{MPa}$$

$$\therefore\ \sigma_n = \tau = -50\ \mathrm{MPa}$$

예제 2. 다음 그림과 같은 두 단면 ab와 cd 사이의 처음 거리가 $l = 12\ \mathrm{mm}$ 이고, 단면적이 $4\ \mathrm{cm}^2$, 경사각이 $45°$일 때 축하중 $P = 120\ \mathrm{kN}$ 으로 인한 단면 ab와 cd 사이의 거리의 변화량을 구하시오.(단, $E = 210\ \mathrm{GPa}$ 이다.)

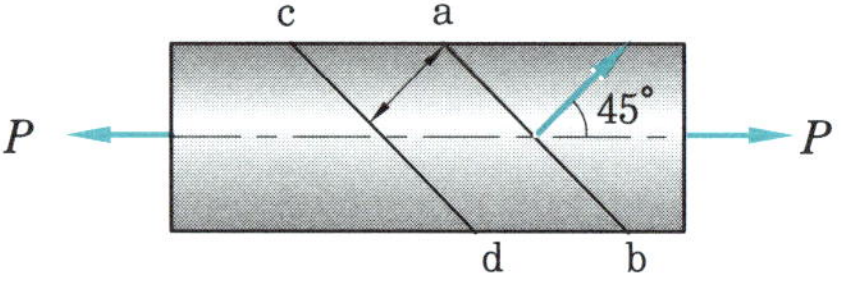

[해설] 변형량 $\lambda = \dfrac{\sigma l}{E}$ 이므로

$$\sigma_n = \sigma_x \cdot \cos^2\theta = \frac{P}{A} \cdot \cos^2\theta$$

$$= \frac{120}{4\times 10^{-4}} \times \cos^2 45° = \frac{120}{4\times 10^{-4}} \times \frac{1}{2}$$

$$= 150000\ \mathrm{kN/m^2} = 150\ \mathrm{MN/m^2} = 150\ \mathrm{MPa}$$

$$\therefore\ \lambda = \frac{\sigma}{E} \cdot l = \frac{150\ \mathrm{MPa}}{210\times 10^3\ \mathrm{MPa}} \times 12\ \mathrm{mm} = 0.00857\ \mathrm{mm} = 857\times 10^{-6}\ \mathrm{cm}$$

예제 3. 축 인장응력 σ_x를 받는 봉이 한 경사 평면으로 절단되었을 때, 그 단면에 작용하는 법선응력 $\sigma_n = 84\ \mathrm{MPa}$, 접선응력 $\tau = 28\ \mathrm{MPa}$이었다. 축 인장응력 σ_x의 값과 경사각의 크기를 구하시오.

[해설] $\sigma_n = \sigma_x \cdot \cos^2\theta = 84\ \mathrm{MPa}$

$$\tau = \frac{1}{2}\sigma_x \cdot \sin 2\theta = \sigma_x \cdot \sin\theta \cdot \cos\theta = 28\ \mathrm{MPa}$$

$$\frac{\tau}{\sigma_n} = \frac{\sigma_x \cdot \sin\theta \cdot \cos\theta}{\sigma_x \cdot \cos^2\theta} = \tan\theta$$

$$\therefore\ \theta = \tan^{-1}\left(\frac{\tau}{\sigma_n}\right) = \tan^{-1}\frac{28}{84} = \tan^{-1}\frac{1}{3} = 18.43°$$

$$\sigma_x = \frac{\sigma_n}{\cos^2\theta} = \frac{84}{\cos^2 18.43°} = 93.33\ \text{MPa}$$

예제 4. $\sigma_x = 100\,\text{MPa}$일 때, $\theta = 30°$, $\theta = 120°$의 법선응력과 전단응력을 해석적(解釋的)
으로 계산하고, 또 도식적(圖式的)으로 구하시오. 그리고 미소 응력요소를 취하여 이
요소에 작용하는 응력들의 방향을 화살표로 표시하시오.

해설 ① 해석적 방법

$\theta = 30°$일 때

$$\sigma_n = \sigma_x \cdot \cos^2\theta = 100 \times \cos^2 30° = 100 \times \frac{3}{4} = 75\ \text{MPa}$$

$$\tau = \frac{1}{2}\sigma_x \cdot \sin 2\theta = \frac{1}{2}\cdot 100 \times \sin(2 \times 30)$$

$$= 50 \times \frac{\sqrt{3}}{2} \fallingdotseq 43.3\ \text{MPa}$$

$\theta = 120° = 90° + 30°$이므로

$$\sigma_n' = \sigma_x \cdot \sin^2\theta = 100 \times \sin^2 30° = 25\ \text{MPa}$$

$$\tau'' = \frac{-1}{2}\sigma_x \cdot \sin 2\theta = -\tau = -43.3\ \text{MPa}$$

② 도식적 방법

$$\sigma_x = \overline{OA} = 100\ \text{MPa} = 2R$$

$$\sigma_n = \overline{OG} = \overline{OD} + \overline{DG} = R + \overline{CD}\cdot\cos 60°$$

$$= 50 + 50 \cdot \cos 60° = 75\ \text{MPa}$$

$$\tau = \overline{CG} = \overline{CD}\cdot\sin 60°$$

$$= 50 \cdot \sin 60° = 43.3\ \text{MPa}$$

$$\sigma_n' = \overline{OF} = \overline{OD} - \overline{DF} = \overline{OD} - \overline{DG}$$

$$= 50 - 50 \cdot \cos 60° = 50 - 25 = 25\ \text{MPa}$$

$$\tau' = \overline{FE} = -\overline{CG} = -\tau' = -43.3\ \text{MPa}$$

③ 미소단면의 응력요소

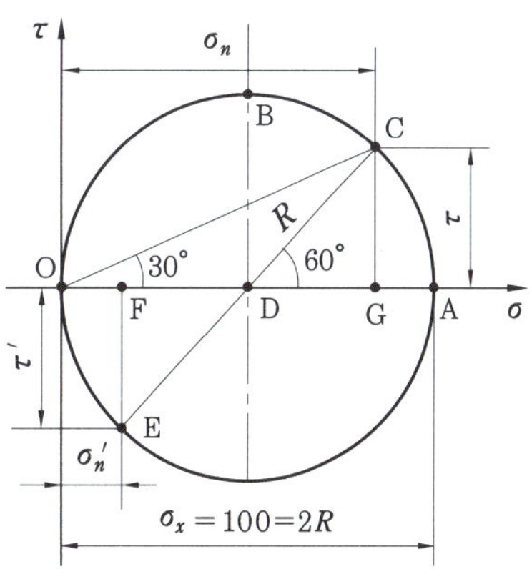

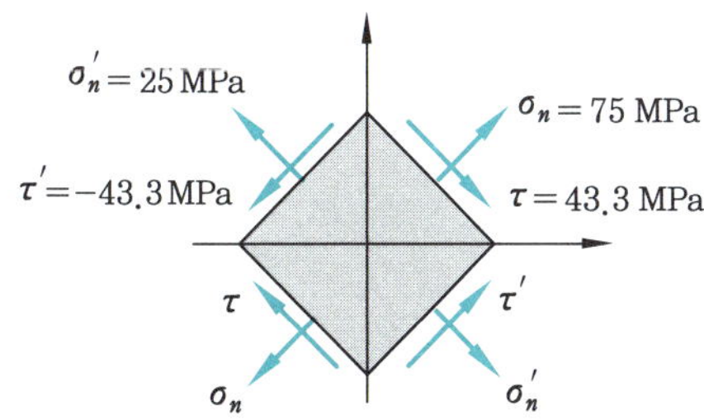

2. 2축응력(biaxial stress)

한 평면 요소에 수직응력들이 x 및 y 방향으로 동시에 작용할 때 이것을 2축응력이라 한다.

2-1　법선응력과 접선응력

재료의 한 요소에 두 직각 방향으로 인장응력 σ_x, σ_y가 작용한다($\sigma_x > \sigma_y$)고 하고 σ_z는 무시한다.

그림 4-8 (b)에서 표면 ab, bc, ac의 면적을 dA_x, dA_y, dA_n으로 표시하고 ab 및 bc에 작용하는 응력의 합력은 $\sigma_x \cdot dA_x$, $\sigma_y \cdot dA_y$로 표시하면 경사면 ac 위에 법선응력의 합력과 접선응력(=전단응력)의 합력은 $\sigma_n \cdot dA_n$과 $\tau \cdot dA_n$이 존재해야 한다.

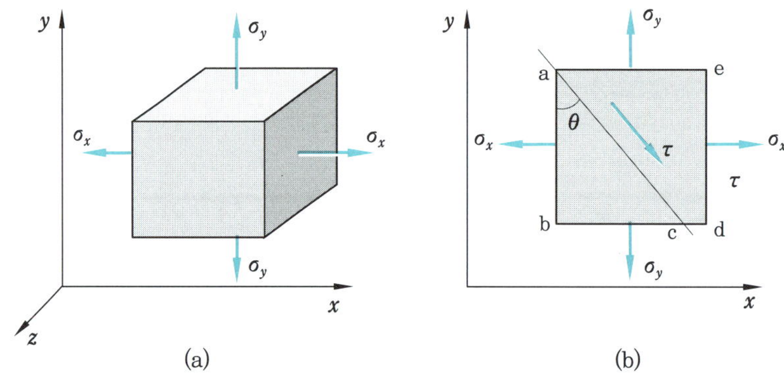

그림 4-8　2축응력의 작용력과 응력

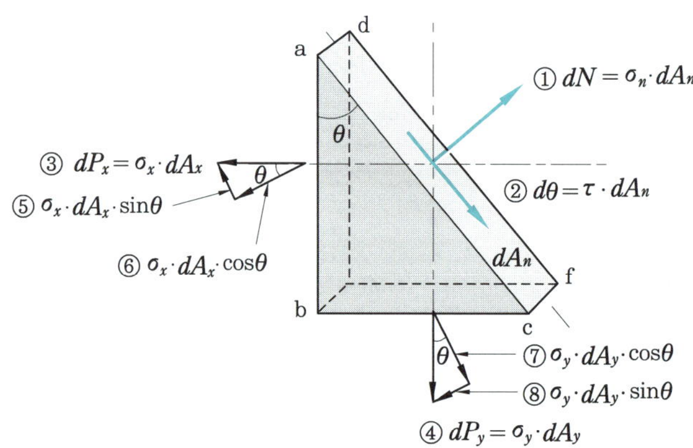

그림 4-9　미소요소 △abc의 힘의 평형요소

그림 4-9에서 $dA_x = dA_n \cdot \cos\theta$, $dA_y = dA_n \cdot \sin\theta$이므로 미소요소에서 경사면에 수직한 n축(법선) 방향의 모든 힘의 평형 관계를 고려하면 다음과 같은 관계가 성립된다.

• 경사면의 법선력의 평형 : ①－⑥－⑧＝0

$$\sigma_n \cdot dA_n - \sigma_x \cdot dA_x \cdot \cos\theta - \sigma_y \cdot dA_y \cdot \sin\theta = 0$$

$$\sigma_n \cdot dA_n = \sigma_x \cdot dA_n \cdot \cos^2\theta + \sigma_y \cdot dA_n \cdot \sin^2\theta$$

$$\therefore \ \sigma_n = \sigma_x \cdot \cos^2\theta + \sigma_y \cdot \sin^2\theta = \sigma_x \cdot \frac{1 + \cos^2\theta}{2} + \sigma_y \cdot \frac{1 - \cos^2\theta}{2}$$

$$= \frac{1}{2}(\sigma_x + \sigma_y) + \frac{1}{2}(\sigma_x - \sigma_y) \cdot \cos 2\theta \tag{4-10}$$

• 경사면의 접선력의 평형 : ②－⑤＋⑦＝0

$$\tau \cdot dA_n - \sigma_x \cdot dA_x \cdot \sin\theta + \sigma_y \cdot dA_y \cdot \cos\theta = 0$$

$$\tau \cdot dA_n = \sigma_x \cdot dA_x \cdot \sin\theta - \sigma_y \cdot dA_y \cdot \cos\theta$$

$$= \sigma_x \cdot (dA_n \cdot \cos\theta) \cdot \sin\theta - \sigma_y \cdot (dA_n \cdot \sin\theta) \cdot \cos\theta$$

$$\therefore \ \tau = \sigma_x \cdot \sin\theta \cdot \cos\theta - \sigma_y \cdot \sin\theta \cdot \cos\theta = (\sigma_x - \sigma_y) \cdot \sin\theta \cdot \cos\theta$$

$$= \frac{1}{2}(\sigma_x - \sigma_y) \cdot \sin 2\theta \tag{4-11}$$

식 (4-10)과 식 (4-11)은 각 θ에 의하여 표시되는 임의의 경사면에 작용하는 법선응력과 전단응력의 크기를 결정하는 식이다.

2축응력에서의 최대, 최소 응력을 $\theta = 0°, 45°, 90°$에 대하여 살펴보면 다음과 같다.

① $\theta = 0°$일 때

$$\left.\begin{array}{l} \sigma_n = \dfrac{1}{2}(\sigma_x + \sigma_y) + \dfrac{1}{2}(\sigma_x - \sigma_y) \cdot \cos 2 \times 0° = \sigma_x \\[3mm] \tau = \dfrac{1}{2}(\sigma_x - \sigma_y) \cdot \sin 2 \times 0° = 0 \end{array}\right\} \tag{4-12}$$

② $\theta = 45°$일 때

$$\left.\begin{array}{l} \sigma_n = \dfrac{1}{2}(\sigma_x + \sigma_y) + \dfrac{1}{2}(\sigma_x - \sigma_y) \cdot \cos(2 \times 45°) = \dfrac{1}{2}(\sigma_x + \sigma_y) \\[3mm] \tau = \dfrac{1}{2}(\sigma_x - \sigma_y) \cdot \sin(2 \times 45°) = \dfrac{1}{2}(\sigma_x - \sigma_y) \end{array}\right\} \tag{4-13}$$

③ $\theta = 90°$일 때

$$\left.\begin{array}{l} \sigma_n = \dfrac{1}{2}(\sigma_x + \sigma_y) + \dfrac{1}{2}(\sigma_x - \sigma_y) \cdot \cos(2 \times 90°) = \sigma_y \\[3mm] \tau = \dfrac{1}{2}(\sigma_x - \sigma_y) \cdot \sin(2 \times 90°) = 0 \end{array}\right\} \tag{4-14}$$

④ $\theta = 90° + 45°$ 일 때

$$\tau = \frac{1}{2}(\sigma_x - \sigma_y) \cdot \sin(2 \times 135°) = -\frac{1}{2}(\sigma_x - \sigma_y) \tag{4-15}$$

식 (4-12)~(4-15)에서

$$\left.\begin{array}{l} \text{최대 법선응력} \ \ (\sigma_n)_{\max} = (\sigma_n)_{\theta=0} = \sigma_x \\[2mm] \text{최소 법선응력} \ \ (\sigma_n)_{\min} = (\sigma_n)_{\theta=90} = \sigma_y \end{array}\right\} \tag{4-16}$$

$$\text{최대 전단응력} \ \ \tau_{\max} = \tau_{\theta=45} = \frac{1}{2}(\sigma_x - \sigma_y)$$

$$\text{최소 전단응력} \ \ \tau_{\min} = \tau_{\theta=135} = -\frac{1}{2}(\sigma_x - \sigma_y) \tag{4-17}$$

여기서, σ_x와 σ_y는 최대, 최소 법선응력이며, $\theta = 0°$, $\theta = 90°$인 직교 평면($\tau = 0$, $\tau' = 0$) 위에서 나타나므로 $\theta = 0°$, $\theta = 90°$인 직교 평면을 주평면(主平面)이라 하고, σ_x와 σ_y를 주응력(主應力, principal stress)이라 하며 전단응력은 없다.

$\sigma_x = \sigma_y$일 때 $\tau_{\max} = \tau_{\min} = 0$이 되고, ac의 경사면이 어떠한 각도를 이루어도 전단응력은 작용하지 않는다.

$\sigma_x = -\sigma_y$일 때 $\sigma_n = \sigma_n' = 0$이 되고, $\tau_{\max} = \sigma_x = -\sigma_y$가 되어 "순수전단(純粹剪斷, pure shere)"의 상태로 된다.

2-2 2축응력의 공액응력

그림 4-10에서 평면 ac와 직교하는 평면 ef 위에 작용하는 법선응력 σ_n'과 전단응력 τ'은 경사면 ac 위에 작용하는 σ_n과 τ에 θ값 대신 $\theta + 90°$를 대입한 값과 같다.

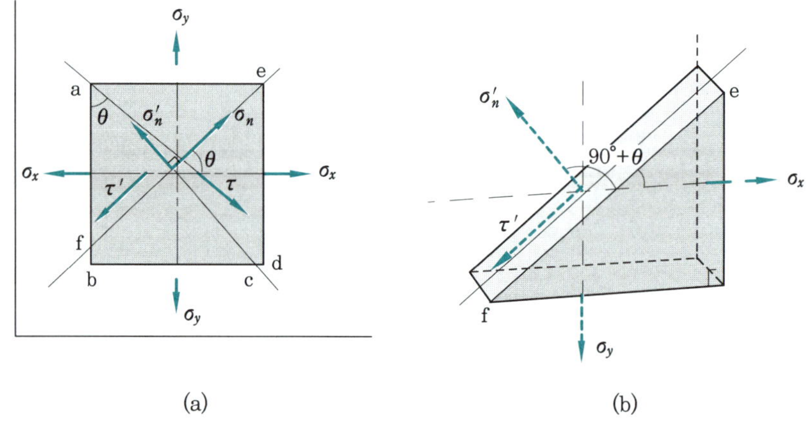

그림 4-10 2축응력의 공액응력

법선 공액응력　$\sigma_n{}' = (\sigma_n)_{\theta \to \theta + 90°} = \dfrac{1}{2}(\sigma_x + \sigma_y) + \dfrac{1}{2}(\sigma_x - \sigma_y) \cdot \cos 2(\theta + 90°)$

$$= \dfrac{1}{2}(\sigma_x + \sigma_y) - \dfrac{1}{2}(\sigma_x - \sigma_y) \cdot \cos 2\theta \tag{4-18}$$

전단 공액응력　$\tau' = (\tau)_{\theta \to \theta + 90°} = \dfrac{1}{2}(\sigma_x - \sigma_y) \cdot \sin 2(\theta + 90°)$

$$= -\dfrac{1}{2}(\sigma_x - \sigma_y) \cdot \sin 2\theta \tag{4-19}$$

식 (4-10), (4-11), (4-18), (4-19)로부터 서로 공액을 이루는 σ_n과 $\sigma_n{}'$, τ와 τ'의 합은

$$\sigma_n + \sigma_n{}' = \left[\dfrac{1}{2}(\sigma_x + \sigma_y) + \dfrac{1}{2}(\sigma_x - \sigma_y) \cdot \cos 2\theta \right]$$

$$+ \left[\dfrac{1}{2}(\sigma_x + \sigma_y) - \dfrac{1}{2}(\sigma_x - \sigma_y) \cdot \cos 2\theta \right] = \sigma_x + \sigma_y \tag{4-20}$$

$$\tau + \tau' = \dfrac{1}{2}(\sigma_x - \sigma_y) \cdot \sin 2\theta + \left[-\dfrac{1}{2}(\sigma_x - \sigma_y) \cdot \sin 2\theta \right] = 0 \tag{4-21}$$

위의 식에서 2축응력 상의 수직응력의 합 $(\sigma_n + \sigma_n{}')$은 θ에 관계없이 $\sigma_x + \sigma_y$로 일정하며, 전단응력은 크기는 같고 방향이 반대인 값을 갖는다.

2-3　2축응력에서의 변형률

그림 4-11 (a)의 미소단면인 그림 4-11 (b)에서와 같이 탄성한도 내에서 x 방향의 전 (全) 변형률 ε_x는 x 방향의 인장응력 σ_x로 인한 신장과 y 방향의 수축의 합이므로 다음 식과 같다.

$$\varepsilon_x = x\,\text{방향의 세로 신장률} + y\,\text{방향의 가로 수축률} = \dfrac{\sigma_x}{E} + \dfrac{\sigma_y}{mE} \tag{4-22}$$

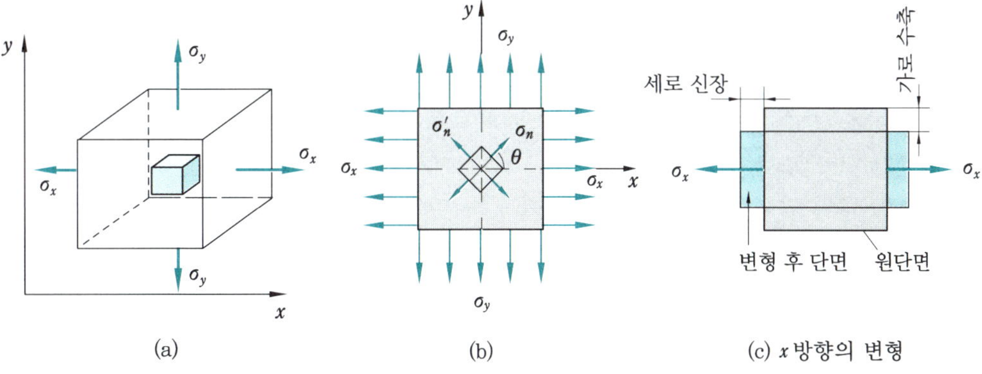

그림 4-11　2축응력에서의 변형 요소

y방향의 변형률 ε_y도 마찬가지이므로,

$$\varepsilon_y = y\,\text{방향의 세로 신장률} + y\,\text{방향의 가로 수축률} = \frac{\sigma_y}{E} + \frac{\sigma_x}{mE} \tag{4-23}$$

2축응력에서 z방향의 변형률 ε_z는 x방향과 y방향의 응력에 의한 가로 수축만 일어나므로,

$$\varepsilon_z = -\frac{\sigma_x}{mE} - \frac{\sigma_y}{mE} = \frac{-1}{mE}(\sigma_x + \sigma_y) \tag{4-24}$$

식 (4-22), (4-23), (4-24)는 그림 4-11 (b)와 같은 요소가 주축 x와 y 방향의 주응력 σ_x와 σ_y를 받을 때 임의의 한 주축 방향의 변형률은 그 방향의 응력과 그와 직교하는 방향의 응력의 영향을 푸아송의 비만큼 받아서 변화함을 의미한다.

식 (4-22), (4-23)의 σ_x와 σ_y를 변형률 ε_x와 ε_y로 표시하려면 두 식을 연립으로 풀어 정리하면 된다.

$$\left.\begin{aligned}
\sigma_x &= \frac{(\varepsilon_x + \mu\varepsilon_y)\cdot E}{1-\mu^2} = \frac{m(m\varepsilon_x + \varepsilon_y)\cdot E}{m^2-1} \\[2ex]
\sigma_y &= \frac{(\mu\varepsilon_x + \varepsilon_y)\cdot E}{1-\mu^2} = \frac{m(\varepsilon_x + m\varepsilon_y)\cdot E}{m^2-1}
\end{aligned}\right\} \tag{4-25}$$

식 (4-25)는 스트레인 게이지(strain guage)로 주변형률 ε_x, ε_y를 측정하여 그 면에 작용하는 응력을 산출할 수 있다.

2축응력 상태에서 체적 변화률은

$$\varepsilon_V = (\sigma_x + \sigma_y)\cdot\frac{(1-2\mu)}{E} \tag{4-26}$$

2-4 2축응력의 모어(mohr)의 원

2축응력을 도식적으로 해법을 구하기 위하여 모어의 원을 이용할 수 있다. 이 도형의 구조는 원의 방정식의 표준형으로 표시된다.

그림 4-12 (a)와 같이 2축응력 상태에 있는 얇은 판이 임의의 경사각 θ를 이루는 경우, 경사면 위의 법선응력 σ_n과 전단응력 τ는 다음과 같은 관계를 갖는다.

$$\sigma_n = \frac{1}{2}(\sigma_x + \sigma_y) + \frac{1}{2}(\sigma_x - \sigma_y)\cdot\cos 2\theta$$

$$\tau = \frac{1}{2}(\sigma_x - \sigma_y)\cdot\sin 2\theta$$

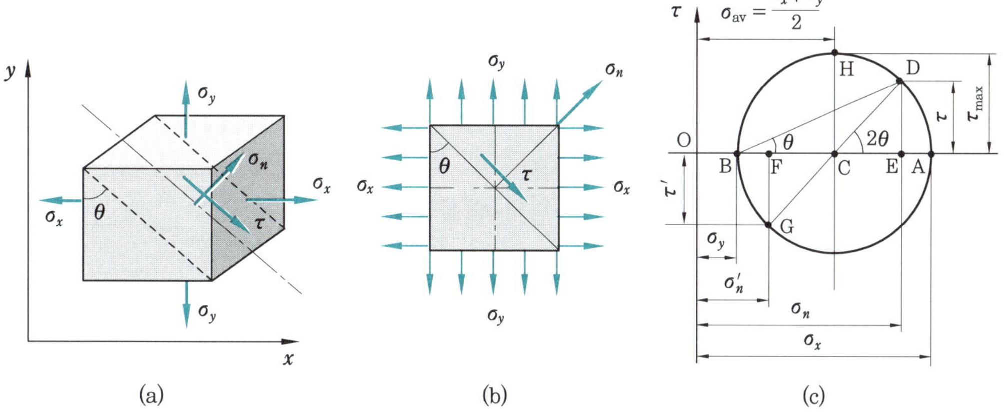

그림 4-12 2축응력 상태에서의 모어의 원

$$\text{평균응력 } \sigma_{av} = \frac{1}{2}(\sigma_x + \sigma_y), \text{ 최대 전단응력 } \tau_{max} = \frac{1}{2}(\sigma_x - \sigma_y)$$

σ_{av} 와 τ_{max} 를 σ_n, τ 에 대입하여 정리하면,

$$\sigma_n = \sigma_{av} + \tau_{max} \cdot \cos 2\theta, \quad \sigma_n - \sigma_{av} = \tau_{max} \cdot \cos 2\theta$$

$$\tau = \tau_{max} \cdot \sin 2\theta, \quad \sin 2\theta = \frac{\tau}{\tau_{max}}$$

【참고】 $\sin^2\theta + \cos^2\theta = 1, \ \sin^2 2\theta + \cos^2 2\theta = 1, \ \cos 2\theta = \sqrt{1 - \sin^2 2\theta}$

$\cos 2\theta = \dfrac{\sigma_n - \sigma_{av}}{\tau_{max}}, \ \sin 2\theta = \dfrac{\tau}{\tau_{max}}$ 이므로,

$$\frac{\sigma_n - \sigma_{av}}{\tau_{max}} = \sqrt{1 - \left(\frac{\tau}{\tau_{max}}\right)^2}$$

$$\sigma_n - \sigma_{av} = \tau_{max} \cdot \sqrt{1 - \left(\frac{\tau}{\tau_{max}}\right)^2} = \sqrt{\tau_{max}^2 - \tau^2}$$

$$\therefore (\sigma_n - \sigma_{av})^2 + \tau^2 = \tau_{max}^2 \qquad (4-27)$$

이 식은 원의 방정식의 표준형 $x^2 + y^2 = r^2$ 과 같다. 즉, $(\sigma_n - \sigma_{av}, \tau)$ 를 좌표로 반지름 τ_{max} 인 원이다.

그림 4-12 (c)는 법선응력과 전단응력이 작용하는 경우 임의의 각 θ 인 경사면에 일어나는 응력 상태를 모어의 원으로 나타낸 것이다.

주응력 $\sigma_x = \overline{OA}$, $\sigma_y = \overline{OB}$ 이고 $\overline{AB}$ 를 지름으로, 점 C를 중심으로 원을 그리면 이 원주 상의 임의의 점은 $(\sigma_n - \sigma_{av}, \tau)$ 로서 경사면에 따른 경사면 위의 법선응력 σ_n 과 전단응력 τ 의 변화를 나타내게 된다.

작도법은 σ축과 반시계 방향으로 2θ되는 원주 상에 반지름 $\overline{CD}$를 긋고 원주와 만나는 점을 D, 점 D에서 σ축에 내린 수선을 그어 만나는 점을 E라 한다.

① 지름 $\overline{AB}$(반지름 $\overline{CD}$)의 원을 그린다.

② $\angle DCE = 2\theta$, $\angle DBE = \theta$인 D점을 취한다.

③ $\overline{OA} = \sigma_x$, $\overline{OB} = \sigma_y$인 A점, B점과 원의 중심 C점을 취한다.

④ 법선응력 $\sigma_n = \dfrac{1}{2}(\sigma_x + \sigma_y) + \dfrac{1}{2}(\sigma_x - \sigma_y)\cdot\cos 2\theta$

$$= \dfrac{1}{2}(\overline{OA} + \overline{OB}) + \dfrac{1}{2}(\overline{OA} - \overline{OB})\cdot\cos 2\theta$$

$$= \overline{OC} + \overline{CE} = \overline{OE}$$

⑤ 전단응력 $\tau = \dfrac{1}{2}(\sigma_x - \sigma_y)\cdot\sin 2\theta = \dfrac{1}{2}(\overline{OA} - \overline{OB})\cdot\sin 2\theta$

$$= \overline{CD}\cdot\sin 2\theta = \overline{DE}$$

⑥ $\theta = 0°$; $\sigma_n = \sigma_x = (\sigma_n)_{max} = \overline{OA}$

$$\tau = 0 = \text{점 A}$$

$\theta = 45°$; $\sigma_n = \dfrac{1}{2}(\sigma_x + \sigma_y) = \sigma_{av} = \overline{OC}$

$$\tau = \dfrac{1}{2}(\sigma_x - \sigma_y) = \tau_{max} = \overline{CH} = R$$

$\theta = 90°$; $\sigma_n = \sigma_y = (\sigma_n)_{min} = \overline{OB}$

$$\tau = 0 = \text{점 B}$$

⑦ $\sigma_n + \sigma_n' = \overline{OE} + \overline{OF} = 2\overline{OC}$

$$\tau = -\tau \ ; \ \overline{DE} = -\overline{FG}$$

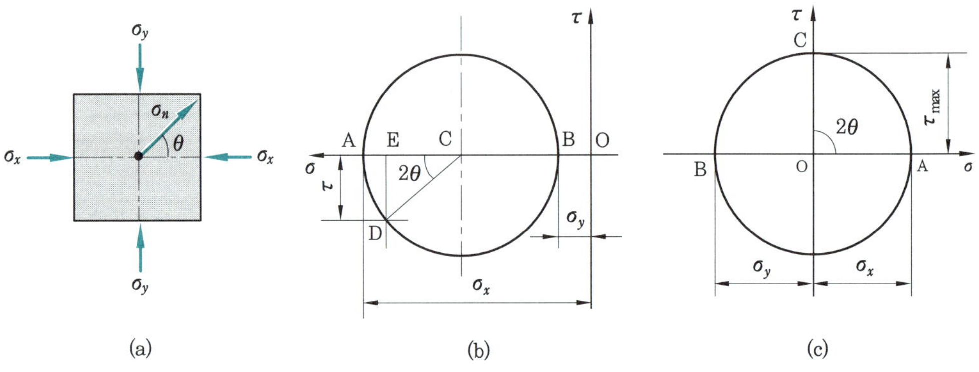

그림 4-13 축 압축응력과 순수전단의 모어 원

그림 4-13에서와 같이 σ_x, σ_y가 축압축일 때 그림 4-13 (a), (b)와 같이 응력 상태가 표시되며, 좌표에서는 음($-$)으로 취하여 그린다. 또 그림 4-13 (c)에서와 같이 $\sigma_x = \sigma_y$이면 경사면의 각이 $2\theta = \dfrac{\pi}{2}$ $\left(\text{즉},\ \theta = \dfrac{\pi}{4}\right)$일 때 $\tau_{\max} = \sigma_x = \sigma_y$의 관계가 있으며, 이와 같은 상태를 순수전단 상태라 한다.

예제 5. 다음 그림과 같은 요소에서 $\sigma_x = 100\,\mathrm{MPa}$, $\sigma_y = -50\,\mathrm{MPa}$, 경사각 $\theta = 30°$일 때, σ_n, $\sigma_n{}'$, τ, τ', ε_x, ε_y를 구하시오. (단, $E = 210\,\mathrm{GPa}$, $\mu = 0.3$이다.)

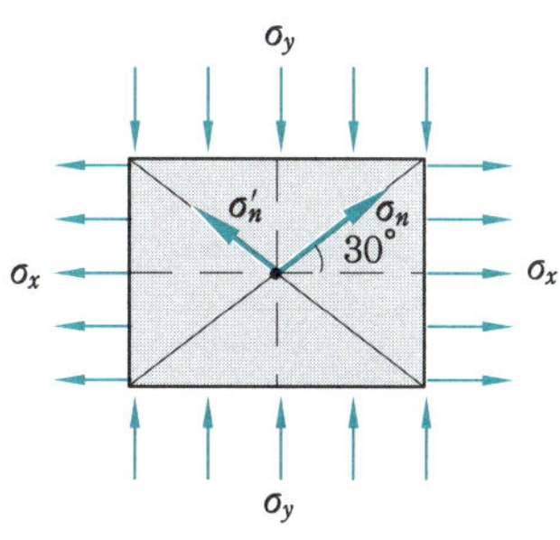

[해설] σ_x와 σ_y가 작용하는 2축응력 상태이므로,

① $\sigma_n = \dfrac{1}{2}(\sigma_x + \sigma_y) + \dfrac{1}{2}(\sigma_x - \sigma_y) \cdot \cos 2\theta$

$\quad = 25 + 75 \times \cos(2 \times 30) = 62.5\,\mathrm{MPa}$

② $\sigma_n{}' = \dfrac{1}{2}(\sigma_x + \sigma_y) - \dfrac{1}{2}(\sigma_x - \sigma_y) \cdot \cos 2\theta$

$\quad = 25 - 75 \times \cos(2 \times 30) = -12.5\,\mathrm{MPa}$

③ $\tau = \dfrac{1}{2}(\sigma_x - \sigma_y) \cdot \sin 2\theta = 75 \times \sin(2 \times 30) = 65\,\mathrm{MPa}$

④ $\tau' = -\tau = -65\,\mathrm{MPa}$

⑤ $\varepsilon_x = \dfrac{\sigma_x}{E} - \dfrac{\mu \sigma_y}{E} = \dfrac{1}{E}(\sigma_x - \mu \sigma_y)$

$\quad = \dfrac{1}{210 \times 10^3} \times (100 + 0.3 \times 50) = 548 \times 10^{-6}$

⑥ $\varepsilon_y = \dfrac{\sigma_y}{E} - \dfrac{\mu \sigma_x}{E} = \dfrac{1}{E}(\sigma_y - \mu \sigma_x)$

$\quad = \dfrac{1}{210 \times 10^3} \times (-50 - 100 \times 0.3) = -381 \times 10^{-6}$

예제 6. 강판의 두께가 $10\,\mathrm{mm}$인 재료로 지름 $1\,\mathrm{m}$의 원통형 보일러에 내압 $10\,\mathrm{MPa}$이 작용하고 있을 때 이 원통의 모선에 대하여 $\theta = 60°$를 이루는 나선에 수직한 단면에 작용하는 법선응력 σ_n과 전단응력 τ를 구하고, 이 보일러의 벽에 발생하는 최대 전단변형률(변형도) γ를 구하시오. (단, $E = 210\,\mathrm{GPa}$, $\mu = 0.3$이다.)

[해설] $\dfrac{\sigma_x}{r_1} + \dfrac{\sigma_y}{r_2} = \dfrac{p}{t}$ 에서 $r_1 =$ 자오선의 곡률 반지름 $= \infty$, $r_2 =$ 자오선에 수직한 곡률 반지름 $= r = 50$ cm이므로,

① 수직응력과 최대 전단응력

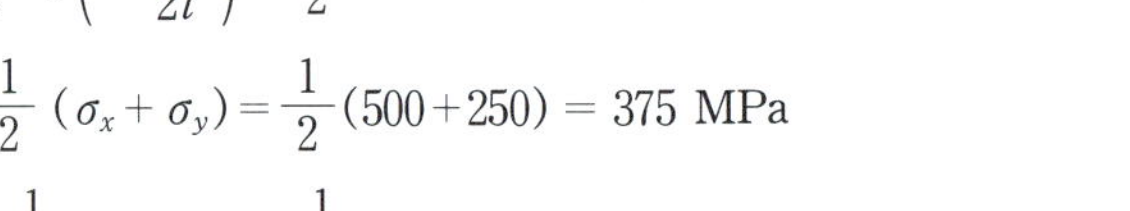

$$\sigma_y = \frac{p \cdot r}{t} = \frac{10 \times 0.5}{0.01} = 500 \ \text{MPa}$$

$$\sigma_x = \frac{1}{2}\,\sigma_y \left(= \frac{pr}{2t}\right) = \frac{1}{2} \times 500 = 250 \ \text{MPa}$$

$$\sigma_{\text{av}} = \frac{1}{2}\,(\sigma_x + \sigma_y) = \frac{1}{2}\,(500 + 250) = 375 \ \text{MPa}$$

$$\tau_{\text{max}} = \frac{1}{2}\,(\sigma_x - \sigma_y) = \frac{1}{2}\,(250 - 500) = -125 \ \text{MPa}$$

② 법선응력과 전단응력

$$\therefore\ \sigma_n = \frac{1}{2}\,(\sigma_x + \sigma_y) + \frac{1}{2}\,(\sigma_x - \sigma_y) \cdot \cos 2\theta = \sigma_{\text{av}} + \tau_{\text{max}} \cdot \cos 2\theta$$

$$= 375 - 125 \times \frac{1}{2} = 312.5 \ \text{MPa}$$

$$\sigma_n{}' = \frac{1}{2}\,(\sigma_x + \sigma_y) - \frac{1}{2}\,(\sigma_x - \sigma_y) \cdot \cos 2\theta = \sigma_{av} - \tau_{\text{max}} \cdot \cos 2\theta$$

$$= 375 + 125 \times \frac{1}{2} = 437.5 \ \text{MPa}$$

$$\tau = \frac{1}{2}\,(\sigma_x - \sigma_y) \cdot \sin 2\theta = \tau_{\text{max}} \cdot \sin 120$$

$$= -125 \times \frac{\sqrt{3}}{2} = -108.25 \ \text{MPa}$$

③ 보일러 벽에 발생하는 전단 변형률

$$G = \frac{E}{2(1+\mu)} = \frac{210}{2 \times (1+0.3)} \fallingdotseq 81 \ \text{GPa}$$

$$\gamma_{\text{max}} = \frac{\tau_{\text{max}}}{G} = \frac{125}{81 \times 10^3} \fallingdotseq 0.00154$$

3. 평면응력(plane stress)

보에 직각 방향으로 작용하는 하중으로 인하여 발생하는 굽힘 모멘트에 의해 보속의 한 구형(矩形, 사각) 단면 요소에는 σ_x, σ_y와 전단응력 τ_{xy}, τ_{yx}가 동시에 작용한다. 즉, 축에 축 방향의 하중과 비틀림 모멘트가 동시에 작용할 때도 같은 응력 상태에 놓이게 된다. 사각단면 요소의 응력 상태를 표시하고 각도를 이룬 임의의 경사 평면에 작용하는 법선응력과 전단응력을 고찰하고 이들의 최대응력의 크기와 방향을 구한다.

그림 4–14에서 τ_{xy}와 τ_{yx}에서 하첨자 xy와 yx를 살펴보면 첫번째 문자는 전단응력이

작용하는 면(面)을 표시하고, 두 번째 문자는 전단응력의 방향을 표시하므로 τ_{xy}는 단면 요소의 x면 위에 전단응력이 y 방향으로 작용하는 것을 말하고, τ_{yx}는 단면 요소의 y면 위에 전단응력이 x 방향으로 작용하는 것을 말한다. 그러므로 τ_{xy}와 τ_{yx}는 공액응력으로 크기가 같고, 방향이 반대인 것이다.

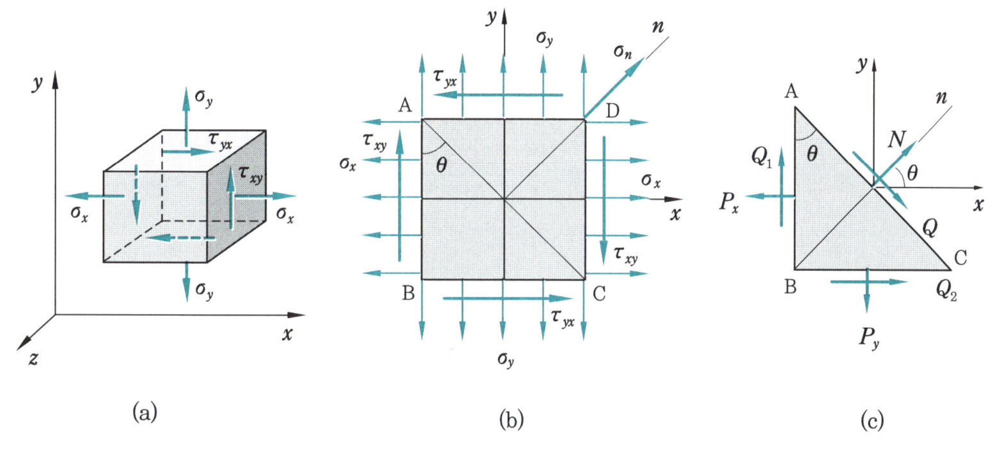

그림 4-14 평면응력의 작용력과 응력

3-1 법선응력과 전단응력

그림 4-15의 삼각형 요소의 경사 단면의 법선응력과 전단응력은 각 측면에 작용하는 힘의 평행 조건으로부터 다음과 같다.

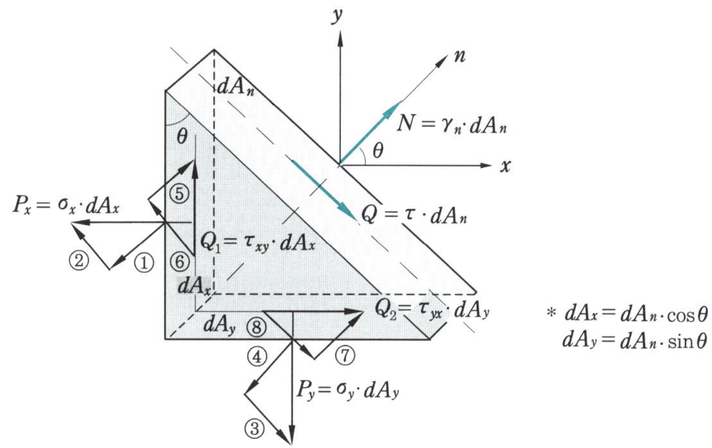

그림 4-15 평면응력의 힘의 평형 요소

• 경사면의 법선력의 평형 : $N - \text{①} - \text{④} + \text{⑤} + \text{⑦} = 0$

$$\sigma_n \cdot dA_n = \sigma_x \cdot dA_x \cdot \cos\theta + \sigma_y \cdot dA_y \cdot \sin\theta - \tau_{xy} \cdot dA_x \cdot \sin\theta - \tau_{yx} \cdot dA_y \cdot \cos\theta$$

$$= \sigma_x \cdot dA_n \cdot \cos^2\theta + \sigma_y \cdot dA_n \cdot \sin^2\theta - \tau_{xy} \cdot dA_n \cdot \cos\theta \cdot \sin\theta$$

$$- \tau_{yx} \cdot dA_n \cdot \cos\theta \cdot \sin\theta$$

$$\sigma_n = \sigma_x \cdot \cos^2\theta + \sigma_y \cdot \sin^2\theta - \tau_{xy} \cdot \cos\theta \cdot \sin\theta - \tau_{yx} \cdot \cos\theta \cdot \sin\theta$$

$$= \frac{1}{2}(\sigma_x + \sigma_y) + \frac{1}{2}(\sigma_x - \sigma_y) \cdot \cos 2\theta - 2 \cdot \tau_{xy} \cdot \sin\theta \cdot \cos\theta$$

$$\therefore \text{법선응력} \quad \sigma_n = \frac{1}{2}(\sigma_x + \sigma_y) + \frac{1}{2}(\sigma_x - \sigma_y) \cdot \cos 2\theta - \tau_{xy} \cdot \sin 2\theta \tag{4-28}$$

【참고】 $\left(\cos^2\theta = \dfrac{1 + \cos 2\theta}{2}, \quad \sin^2\theta = \dfrac{1 - \cos 2\theta}{2}, \quad \sin\theta \cos\theta = \dfrac{\sin 2\theta}{2} \right)$

- 경사면의 접선력의 평형 : $Q - ② + ③ - ⑥ + ⑧ = 0$

$$\tau \cdot dA_n = \sigma_x \cdot dA_x \cdot \sin\theta - \sigma_y \cdot dA_y \cdot \cos\theta$$

$$+ \tau_{xy} \cdot dA_x \cdot \cos\theta - \tau_{yx} \cdot dA_y \cdot \sin\theta$$

$$= \sigma_x \cdot dA_n \cdot \cos\theta \cdot \sin\theta - \sigma_y \cdot dA_n \cdot \sin\theta \cdot \cos\theta$$

$$+ \tau_{xy} \cdot dA_n \cdot \cos^2\theta - \tau_{yx} \cdot dA_n \cdot \sin^2\theta$$

$$\tau = \sigma_x \cdot \cos\theta \cdot \sin\theta - \sigma_y \cdot \cos\theta \cdot \sin\theta + \tau_{xy} \cdot \cos^2\theta - \tau_{yx} \cdot \sin^2\theta$$

$$= (\sigma_x - \sigma_y) \cdot \frac{\sin 2\theta}{2} + \tau_{xy}\left(\frac{1 + \cos 2\theta}{2} - \frac{1 - \cos 2\theta}{2} \right)$$

$$= \frac{1}{2}(\sigma_x - \sigma_y) \cdot \sin 2\theta + \tau_{xy} \cdot \cos 2\theta$$

$$\therefore \text{전단응력} \quad \tau = \frac{1}{2}(\sigma_x - \sigma_y) \cdot \sin 2\theta + \tau_{xy} \cdot \cos 2\theta \tag{4-29}$$

3-2 평면응력의 공액응력

경사면의 두 응력 σ_n과 τ의 공액응력은 $\theta = 90°$에서 발생하므로,

$$\text{법선 공액응력} \quad \sigma_n' = \frac{1}{2}(\sigma_x + \sigma_y) + \frac{1}{2}(\sigma_x - \sigma_y) \cdot \cos 2(\theta + 90) - \tau_{xy} \cdot \sin 2(\theta + 90)$$

$$= \frac{1}{2}(\sigma_x + \sigma_y) - \frac{1}{2}(\sigma_x - \sigma_y) \cdot \cos 2\theta + \tau_{xy} \cdot \sin 2\theta \tag{4-30}$$

$$\text{전단 공액응력} \quad \tau = \frac{1}{2}(\sigma_x - \sigma_y) \cdot \sin 2(\theta + 90) + \tau_{xy} \cdot \cos 2(\theta + 90)$$

$$= \frac{-1}{2}(\sigma_x - \sigma_y) \cdot \sin 2\theta - \tau_{xy} \cdot \cos 2\theta \tag{4-31}$$

$$\left. \begin{array}{l} \sigma_n + \sigma_n' = \sigma_x + \sigma_y \\ \tau + \tau' = 0 \end{array} \right\} \tag{4-32}$$

3-3 최대 및 최소 주응력

θ가 $0°$에서 $360°$까지 변함에 따라 응력 σ_n과 τ로 변한다. σ_n의 최대값은 주응력(主應力)이 되고, σ_n의 최대값이 되는 평면은 전단응력이 0이 되며, 주응력이 발생하는 주평면(主平面)의 위치, 즉 경사각은 $\dfrac{d\sigma_n}{d\theta}=0$ 또는 $\tau=0$에서 구할 수 있다.

식 (4-28)에서,

$$\frac{d\sigma_n}{d\theta} = 0 + \frac{1}{2}(\sigma_x - \sigma_y)\cdot(-2\cdot\sin 2\theta) - \tau_{xy}(2\cdot\cos 2\theta) = 0$$

$$-(\sigma_x - \sigma_y)\cdot(\sin 2\theta) - 2\tau_{xy}\cdot(\cos 2\theta) = 0$$

$$\frac{\sin 2\theta}{\cos 2\theta} = \tan 2\theta = \frac{-2\,\tau_{xy}}{\sigma_x - \sigma_y} \quad \text{〔식 (4-29)의 } \tau = 0 \text{에서도 같은 결과를 얻음〕}$$

$$\therefore \ \tan 2\theta = -\frac{2\tau_{xy}}{\sigma_x - \sigma_y} \tag{4-33}$$

여기서, θ는 주평면을 결정해 주는 경사각이다. θ값 중에서 하나에 대하여 $0°$에서 $90°$ 사이에 수직응력 σ_n은 최대가 되고, 다른 하나의 θ에 대해서는 $90°$에서 $180°$ 사이에서 최소가 되며, 이들 주응력은 직교 좌표 평면 위에 생긴다.

$$\left.\begin{aligned} \theta &= -\frac{1}{2}\tan^{-1}\frac{2\,\tau_{xy}}{\sigma_x - \sigma_y} \\[2mm] \theta' &= \theta + 90° = -\frac{1}{2}\tan^{-1}\frac{-2\cdot\tau_{xy}}{\sigma_x - \sigma_y} + \frac{\pi}{2} \end{aligned}\right\} \tag{4-34}$$

식 (4-34)를 식 (4-28)에 대입하면 주평면의 법선응력인 주응력(최대 주응력 σ_1과 최소 주응력 σ_2)을 얻게 된다. 최대 주응력과 최소 주응력을 구해 보면,

$$\cos 2^2\theta = \frac{\cos^2 2\theta}{\cos^2 2\theta + \sin^2 2\theta} = \frac{1}{\dfrac{\cos^2 2\theta + \sin^2 2\theta}{\cos^2 2\theta}}$$

$$= \frac{1}{1 + \dfrac{\sin^2 2\theta}{\cos^2 2\theta}} = \frac{1}{1 + \tan^2 2\theta}$$

$$\left.\begin{aligned} \cos 2\theta &= \frac{1}{\sqrt{1 + \tan^2 2\theta}} = \frac{\sigma_x - \sigma_y}{\sqrt{(\sigma_x - \sigma_y)^2 + 4\,\tau_{xy}^{\,2}}} \\[3mm] \sin 2\theta &= \frac{\tan 2\theta}{\sqrt{1 + \tan 2\theta}} = \frac{-2\tau_{xy}}{\sqrt{(\sigma_x - \sigma_y)^2 + 4\,\tau_{xy}^{\,2}}} \end{aligned}\right\} \tag{4-35}$$

$\theta' = \theta + 90°$를 대입하면,

$$
\left.
\begin{aligned}
\cos 2\theta' &= \cos 2(\theta + 90) = -\cos 2\theta = \frac{-(\sigma_x - \sigma_y)}{\sqrt{(\sigma_x - \sigma_y)^2 + 4\,\tau_{xy}^2}} \\[2ex]
\sin 2\theta' &= \sin 2(\theta + 90) = -\sin 2\theta = \frac{+2\,\tau_{xy}}{\sqrt{(\sigma_x - \sigma_y)^2 + 4\,\tau_{xy}^2}}
\end{aligned}
\right\}
\tag{4-36}
$$

식 (4-35)를 식 (4-28)에 대입하면 최대 주응력 $(\sigma_n)_{\max} = \sigma_1$을 얻을 수 있으며, 그 식은

$$
\begin{aligned}
(\sigma_n)_{\max} &= \sigma_1 \\[2ex]
&= \frac{1}{2}(\sigma_x + \sigma_y) + \frac{1}{2}(\sigma_x - \sigma_y) \cdot \frac{(\sigma_x - \sigma_y)}{\sqrt{(\sigma_x - \sigma_y)^2 + 4\,\tau_{xy}^2}} - \tau_{xy} \cdot \frac{(-2\tau_{xy})}{\sqrt{(\sigma_x - \sigma_y)^2 + 4\tau_{xy}^2}} \\[2ex]
&= \frac{1}{2}(\sigma_x + \sigma_y) + \frac{\dfrac{1}{2}(\sigma_x - \sigma_y)^2 + 2\tau_{xy}^2}{\sqrt{(\sigma_x - \sigma_y)^2 + 4\tau_{xy}^2}} \\[2ex]
&= \frac{1}{2}(\sigma_x + \sigma_y) + \frac{1}{2}\sqrt{(\sigma_x - \sigma_y)^2 + 4\tau_{xy}^2}
\end{aligned}
\tag{4-37}
$$

식 (4-36)을 식 (4-28)에 대입하면 최소 주응력 $(\sigma_n)_{\min} = \sigma_2$를 얻을 수 있으며, 그 식은

$$
\begin{aligned}
(\sigma_n)_{\min} &= \sigma_2 \\[2ex]
&= \frac{1}{2}(\sigma_x + \sigma_y) + \frac{1}{2}(\sigma_x - \sigma_y) \cdot \frac{-(\sigma_x - \sigma_y)}{\sqrt{(\sigma_x - \sigma_y)^2 + 4\,\tau_{xy}^2}} - \tau_{xy} \cdot \frac{2\,\tau_{xy}}{\sqrt{(\sigma_x - \sigma_y)^2 + 4\tau_{xy}^2}} \\[2ex]
&= \frac{1}{2}(\sigma_x + \sigma_y) - \frac{1}{2}\sqrt{(\sigma_x + \sigma_y)^2 + 4\tau_{xy}^2}
\end{aligned}
\tag{4-38}
$$

3-4 최대 및 최소 전단응력

최대 전단응력이 작용하는 평면의 경사각을 구하기 위해서는 $\dfrac{d\tau}{d\theta_1} = 0$에서 구할 수 있다.

$$
\tau = \frac{1}{2}(\sigma_x - \sigma_y) \cdot \sin 2\theta_1 + \tau_{xy} \cdot \cos 2\theta_1 \text{에서}
$$

$$
\frac{d\tau}{d\theta_1} = \frac{1}{2}(\sigma_x - \sigma_y) \cdot 2\cos 2\theta_1 + \tau_{xy} \cdot (-2) \cdot \sin 2\theta_1 = 0
$$

$$
\therefore \ \tan 2\theta_1 = \frac{\sin 2\theta_1}{\cos 2\theta_1} = \frac{\sigma_x - \sigma_y}{2\tau_{xy}}
\tag{4-39}
$$

앞의 주응력에서와 마찬가지로, $\cos 2\theta_1 = \dfrac{1}{\sqrt{1 + \tan^2 2\theta_1}}$ 과 $\sin 2\theta_1 = \dfrac{\tan 2\theta_1}{\sqrt{1 + \tan 2\theta_1}}$,

$\tan 2\,\theta_1 = \dfrac{\sigma_x - \sigma_y}{2\,\tau_{xy}}$ 를 식 (4-29)에 대입 정리하면 최대 전단응력 τ_{max} 가 얻어지며, $\theta_1{}' = \theta_1 + 90$ 를 대입하면 최소 전단응력 τ_{min} 이 얻어진다.

$$\tau_{max} = \frac{1}{2}(\sigma_x - \sigma_y) \cdot \sin 2\theta_1 + \tau_{xy} \cdot \cos 2\theta_1$$

$$= \frac{1}{2}(\sigma_x - \sigma_y) \cdot \frac{\left(\dfrac{\sigma_x - \sigma_y}{2\tau_{xy}}\right)}{\sqrt{1 + \left(\dfrac{(\sigma_x - \sigma_y)}{2\tau_{xy}}\right)^2}} + \tau_{xy} \cdot \frac{1}{\sqrt{1 + \left(\dfrac{\sigma_x - \sigma_y}{2\tau_{xy}}\right)^2}}$$

$$= \frac{1}{2}(\sigma_x - \sigma_y) \cdot \frac{(\sigma_x - \sigma_y)}{\sqrt{(\sigma_x - \sigma_y)^2 + 4\tau_{xy}^2}} + \tau_{xy} \cdot \frac{4\tau_{xy}}{\sqrt{(\sigma_x - \sigma_y)^2 + 4\tau_{xy}^2}}$$

$$= \frac{1}{2} \cdot \frac{(\sigma_x - \sigma_y)^2 + 4\tau_{xy}^2}{\sqrt{(\sigma_x - \sigma_y)^2 + 4\tau_{xy}^2}}$$

$$= \frac{1}{2}\sqrt{(\sigma_x - \sigma_y)^2 + 4\tau_{xy}^2} \tag{4-40}$$

$$= \frac{1}{2}(\sigma_1 - \sigma_2)$$

$$= \frac{1}{2}\left[(\sigma_n)_{max} - (\sigma_n)_{min}\right] \tag{4-41}$$

$\theta_1{}' = \theta_1 + 90°$ 를 대입하면, 최소 전단응력 τ_{min} 을 얻을 수 있다.

$$\tau_{min} = \frac{1}{2}(\sigma_x - \sigma_y) \cdot \sin 2(\theta_1 + 90) + \tau_{xy} \cdot \cos 2(\theta_1 + 90)$$

$$= -\frac{1}{2}(\sigma_x - \sigma_y) \cdot \sin 2\theta_1 - \tau_{xy} \cdot \cos 2\theta_1 = -\tau_{max}$$

$$= -\frac{1}{2}\sqrt{(\sigma_x - \sigma_y)^2 + 4\tau_{xy}^2} \tag{4-42}$$

식 (4-33)과 식 (4-39)에서,

$$\tan 2\theta \times \tan 2\theta_1 = \frac{-2\tau_{xy}}{\sigma_x - \sigma_y} \times \frac{\sigma_x - \sigma_y}{2\,\tau_{xy}} = -1 \tag{4-43}$$

$\tan 2\theta$ 와 $\tan 2\theta_1$ 은 역수 관계가 있으며, θ 와 θ_1 의 관계는 다음과 같다.

$$\theta = \theta_1 \pm \frac{\pi}{4} \tag{4-44}$$

식 (4-44)는 최대 전단응력이 작용하는 평면은 주평면과 45°를 이루는 경사면이 된다. 주평면 사이를 2등분하는 두 직교 평면임을 알 수 있다.

3-5 평면응력의 모어의 원

그림 4-16과 같은 요소에 두 직각 방향으로 수직응력 $(\sigma_x,\ \sigma_y)$이 작용하는 동시에 전단응력 $(\tau_{xy},\ \tau_{yx})$이 작용할 때 임의의 경사면에 발생하는 응력 상태를 그림 4-16 (c)의 모어 원으로 해석할 수 있다.

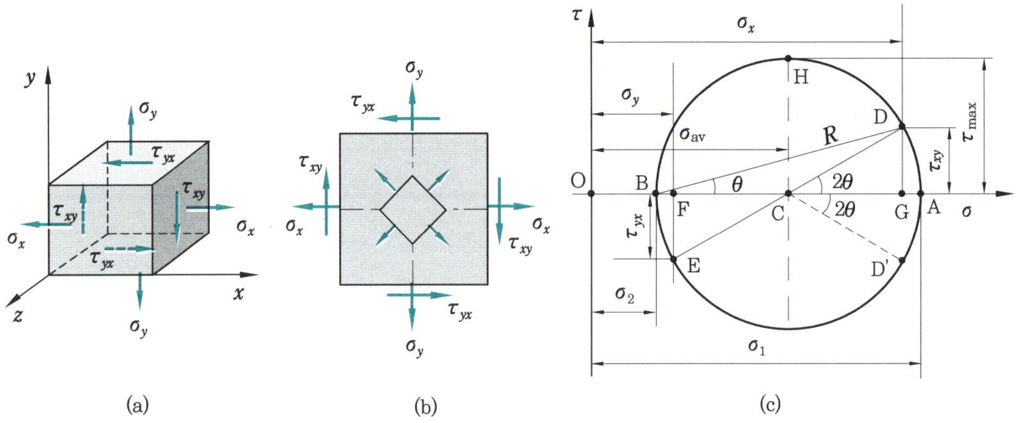

그림 4-16 평면응력 상태에서의 모어의 원

모어 원의 기하학적 관계에서 주응력 σ_1과 σ_2를 $\sigma_x,\ \sigma_y,\ \tau_{xy}$로 표시해 보면 다음과 같다.

① $\sigma_x = \overline{\mathrm{OG}}$, $\sigma_y = \overline{\mathrm{OF}}$, $\tau_{xy} = \overline{\mathrm{DG}}$, $\tau_{yx} = \overline{\mathrm{FE}}$를 잡고, $\overline{\mathrm{AB}}$를 지름 ($\overline{\mathrm{CD}}$를 반지름)으로 점 C를 중심으로 원을 그리면 경사각 θ에 대한 면의 법선응력(σ_n)과 전단응력 (τ)의 변화를 표시하는 모어 원이 된다.

② 축의 중심에서 모어원의 중심까지의 거리 $\sigma_{\mathrm{av}} = \overline{\mathrm{OC}} = \dfrac{1}{2}(\sigma_x + \sigma_y)$

③ 원의 반지름은 $R = \overline{\mathrm{BC}} = \overline{\mathrm{CE}} = \overline{\mathrm{CA}} = \overline{\mathrm{CD}}$

④ $\overline{\mathrm{CG}} = \dfrac{1}{2}(\sigma_x - \sigma_y)$를 취하면, $\triangle \mathrm{CDG}$에서,

$$\overline{\mathrm{CD}}^2 = \overline{\mathrm{CG}}^2 + \overline{\mathrm{DG}}^2$$

$$\overline{\mathrm{CD}} = \sqrt{\overline{\mathrm{CG}}^2 + \overline{\mathrm{DG}}^2} = \sqrt{\left[\frac{1}{2}(\sigma_x - \sigma_y)\right]^2 + \tau_{xy}^2}$$

$$= \frac{1}{2}\sqrt{(\sigma_x - \sigma_y)^2 + 4\,\tau_{xy}^2} = R$$

⑤ 최대 주응력 $\sigma_1 = \sigma_{\mathrm{av}} + R = \dfrac{1}{2}(\sigma_x + \sigma_y) + \dfrac{1}{2}\sqrt{(\sigma_x - \sigma_y)^2 + 4\,\tau_{xy}^2}$

$$= \overline{\mathrm{OC}} + \overline{\mathrm{CA}} = \overline{\mathrm{OA}}$$

⑥ 최소 주응력 $\sigma_2 = \sigma_{av} - R = \dfrac{1}{2}(\sigma_x + \sigma_y) - \dfrac{1}{2}\sqrt{(\sigma_x - \sigma_y)^2 + 4\tau_{xy}^2}$

$$= \overline{OC} - \overline{CA} = \overline{OC} - \overline{BC} = \overline{OB}$$

⑦ 경사각 $\tan 2\theta = \dfrac{-2\tau_{xy}}{\sigma_x - \sigma_y} = \dfrac{-\tau_{xy}}{\dfrac{1}{2}(\sigma_x - \sigma_y)} = \dfrac{\overline{D'G}}{\overline{CG}}$

⑧ 최대 전단응력 $\tau_{max} = \dfrac{1}{2}\sqrt{(\sigma_x - \sigma_y)^2 + 4\tau_{xy}^2}$

$$= R = \overline{CH} = \overline{BC} = \dfrac{1}{2}(\sigma_1 - \sigma_2)$$

⑨ 최소 전단응력 $\tau_{min} = -\tau_{max} = \overline{FE}$

위의 식들로부터 임의의 두 직교 평면에 작용하는 법선응력과 전단응력이 주어질 때 최대 및 최소 주응력을 구할 수 있다.

예제 7. $\sigma_x = 50\,\text{MPa}$, $\sigma_y = 30\,\text{MPa}$, $\tau_{xy} = 10\,\text{MPa}$인 주평면 응력 상태에서 주응력의 값과 방향을 구하시오.

[해설] 최대 주응력 $\sigma_1 = \dfrac{1}{2}(\sigma_x + \sigma_y) + \dfrac{1}{2}\sqrt{(\sigma_x - \sigma_y)^2 + 4\tau_{xy}^2}$

$$= \dfrac{1}{2}(50 + 30) + \dfrac{1}{2}\sqrt{(50 - 30)^2 + 4 \times 10^2}$$

$$= 40 + 14.14 = 51.14\,\text{MPa}$$

최소 주응력 $\sigma_2 = \dfrac{1}{2}(\sigma_x + \sigma_y) - \dfrac{1}{2}\sqrt{(\sigma_x - \sigma_y)^2 + 4\tau_{xy}^2}$

$$= 40 - 14.14 = 25.86\,\text{MPa}$$

경사각 $\tan 2\theta = \dfrac{-2\tau_{xy}}{\sigma_x - \sigma_y} = \dfrac{-2 \times 10}{50 - 30} = -1$

$$2\theta = [\tan^{-1}(-1)] = \dfrac{-\pi}{4}$$

$$\therefore\ \theta_1 = -\dfrac{\pi}{8}$$

$$\theta_2 = \theta_1 + \dfrac{\pi}{2} = -\dfrac{\pi}{8} + \dfrac{\pi}{2} = \dfrac{3\pi}{8}$$

예제 8. 구형(사각) 요소에서 $\sigma_x = -50\,\text{MPa}$, $\sigma_y = 30\,\text{MPa}$, $\tau_{xy} = 10\,\text{MPa}$일 때 주응력 σ_1, σ_2와 τ_{max}, σ_{av}, 경사각 2θ를 모어 원을 그리고 표시하여라.

[해설] 평면응력 상태이므로

$$\sigma_{av} = \dfrac{1}{2}(\sigma_x + \sigma_y) = \dfrac{1}{2}(-50 + 30) = -10\,\text{MPa}$$

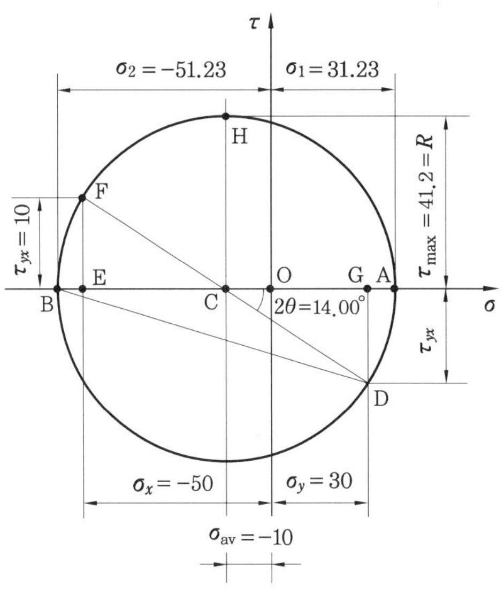

$$\sigma_{1,\,2} = \sigma_{av} \pm \frac{1}{2}\sqrt{(\sigma_x - \sigma_y)^2 + 4\tau_{xy}^2}$$

$$= -10 \pm \frac{1}{2}\sqrt{(-50-30)^2 + 4\times 10^2}$$

$$= -10 \pm 41.23$$

$$\therefore \ \sigma_1 = 31.23 \text{ MPa}, \quad \sigma_2 = -51.23 \text{ MPa}$$

$$\tau_{max} = \frac{1}{2}\sqrt{(\sigma_x - \sigma_y)^2 + 4\,\tau_{xy}^2} = \frac{1}{2}(\sigma_1 - \sigma_2)$$

$$= \frac{1}{2}(31.23 + 51.23) = 41.23 \text{ MPa} = R$$

$$\tan 2\theta = \frac{-2\,\tau_{xy}}{\sigma_x - \sigma_y} = \frac{-2\times 10}{-50-30} = \frac{1}{4}$$

$$\therefore \ 2\theta \fallingdotseq 14.04°$$

$$\therefore \ \theta = 7.02°, \quad \theta' = -90 + 7.02 \fallingdotseq -83°$$

✑ 연습문제 ✑

1. 단면이 $6\,\mathrm{cm} \times 5\,\mathrm{cm}$인 직사각형의 봉이 $205.8\,\mathrm{kN}$의 축인장력을 받고 있을 때 축에 직각인 단면과 $60°$의 각도를 이루는 단면에서의 법선응력과 전단응력을 구하시오.

2. 한 변이 $2\,\mathrm{cm}$인 정사각 단면의 봉이 그림 p 4–1과 같이 축인장력 $P = 39.2\,\mathrm{kN}$을 받고 있다. 횡단면과 $30°$ 경사된 구형(사각형) 요소의 표면에 작용하는 공액응력을 구하시오.

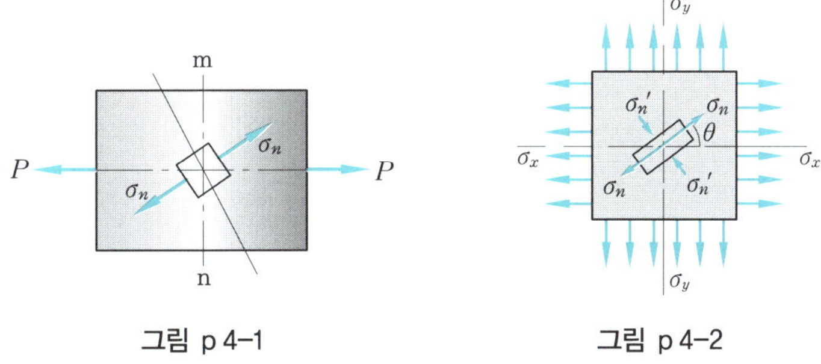

그림 p 4–1   그림 p 4–2

3. 그림 p 4–2와 같은 2축응력의 변형 요소에서 $\sigma_x = 98\,\mathrm{MPa}$, $\sigma_y = -49\,\mathrm{MPa}$, $\theta = 30°$일 때 법선응력 σ_n, $\sigma_n{}'$와 전단응력 τ, τ'를 구하시오. 또, 세로 탄성계수 $E = 205.8\,\mathrm{GPa}$이고, 푸아송의 비가 0.3일 때 x축 방향과 y축 방향의 변형률 ε_x, ε_y를 구하시오.

4. x 방향으로 $\sigma_x = 58.8\,\mathrm{MPa}$의 인장응력과 y방향으로 $\sigma_y = 19.6\,\mathrm{MPa}$의 압축응력이 서로 직각으로 작용할 때 인장응력이 작용하는 면과 $30°$의 각을 이루는 단면 상의 응력들을 구하는 모어의 응력원을 그리시오.

5. 한 변의 길이가 $40\,\mathrm{mm}$인 사각단면의 봉이 인장하중 $P = 29.4\,\mathrm{kN}$을 받고 있다. 최대 전단응력은 횡단면과 경사각이 몇 도일 때 일어나며, 그 크기를 구하시오.

6. 지름이 $20\,\mathrm{mm}$인 원형 단면봉이 인장하중 $24.5\,\mathrm{kN}$을 받고 있다. 최대 법선응력은 횡단면과 경사각이 몇 도일 때 일어나며, 그때의 공액응력 $\sigma_n{}'$ [MPa]을 구하시오.

7. 어떤 재료에 수직응력 $\sigma_x = 49\,\mathrm{MPa}$, 압축응력 $\sigma_y = -29.4\,\mathrm{MPa}$, 전단응력 $\tau_{xy} = 39.2\,\mathrm{MPa}$이 작용할 때, 최대 주응력 σ_1 [MPa]과 최소 주응력 σ_2 [MPa]를 구하시오.

8. 위 문제 7에서 경사각 $\theta = 30°$일 때 수직응력 σ_n과 전단응력 τ를 구하시오.

9. 평면응력 상태에서 $\sigma_x = 78.4\,\mathrm{MPa}$, $\sigma_y = 39.2\,\mathrm{MPa}$, $\tau_{xy} = -34\,\mathrm{MPa}$일 때 평균응력 σ_{av}와 최대 전단응력 τ_{max}, 주응력 σ_1, σ_2 및 주평면 결정각 θ를 구하시오.

10. 그림 p 4-3과 같은 2축응력에 대한 모어원에서 경사각 $\theta = 22.5°$ 일 때 최대 전단응력 $\tau_{\max}$ 와 법선응력 σ_n, $\sigma_n{}'$, 전단응력 τ 와 τ' 를 구하시오.

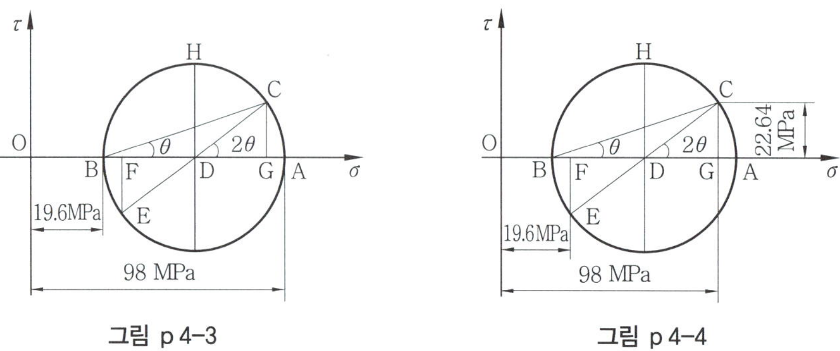

그림 p 4-3   그림 p 4-4

11. 그림 p 4-4와 같은 평면응력 상태에 대한 모어 원에서 최대 전단응력, 최소 주응력, 최대 주응력, 주평면에 표시되는 각 θ 를 구하시오.

12. 강재 표면의 주변형도가 $\varepsilon_x = 2.7 \times 10^{-4}$, $\varepsilon_y = -1.8 \times 10^{-4}$ 일 때, 이에 대응되는 주응력 σ_x 와 σ_y 를 구하시오. (단, $E = 205.8\,\mathrm{GPa}$ 이고, $\mu = 0.3$ 이다.)

13. 지름 25 cm의 강구(鋼球)를 5.88 MPa의 액체 속에 넣었을 경우, 강구의 체적변형률 및 체적 변화량을 구하시오. (단, $E = 205.8\,\mathrm{GPa}$, $m = \dfrac{10}{3}$ 이다.)

14. 지름 2 cm의 강봉에 $P = 30.8\,\mathrm{kN}$ 의 인장력을 작용시키면 $\sigma_y = -15.68\,\mathrm{MPa}$ 이 발생한다. 이 봉의 축심과 $60°$ 의 경사면에 대한 법선응력과 전단응력을 구하고, 이 두 응력의 합성 응력을 구하시오.

15. 고무로 된 입방체를 두 연직벽 사이의 홈 속에 놓고 그 윗면에 압축 응력 $\sigma_y = -98\,\mathrm{MPa}$ 를 작용시킬 때 최대 전단응력의 크기와 방향을 구하시오. (단, 이 정육면체는 x 축 방향으로는 전혀 늘어날 수 없으 나, y 축 방향과 z 축 방향으로는 자유롭게 변형한다. 또 이 고무의 푸와송의 비는 $\mu = 0.5$ 이다.)

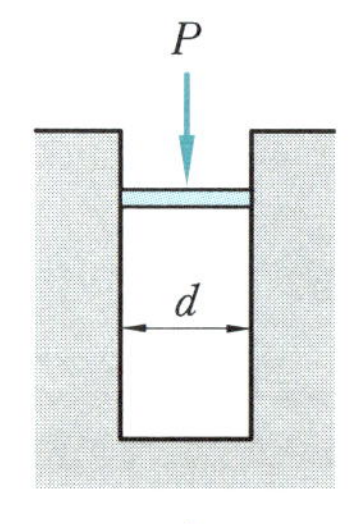

16. 안지름이 20 cm이고, 강판의 두께가 0.5 cm인 원통 용기가 0.98 MPa의 내압을 받고 있을 때 반지름의 증가 $\varDelta r$ 을 구하시오. (단, $E = 205.8\,\mathrm{GPa}$, $\mu = 0.3$ 이다.)

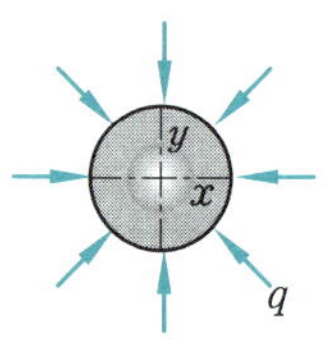

17. 지름 $d = 5\,\mathrm{cm}$ 인 고무 원기둥을 강재(鋼材) 원통 내에서 꼭 끼워 그 림 p 4-5와 같이 입구에서 $P = 3920\,\mathrm{N}$ 의 힘으로 고무 원기둥을 압축 할 때 고무 기둥과 원통 벽면에 발생하는 압력을 구하시오. 〔단, 원통 은 강체(剛体)로서 변형하지 않으며, 푸와송의 수 $m = 2.2$ 이다.〕

그림 p 4-5

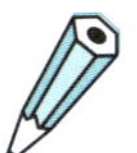

연습문제 풀이

1. 경사단면에 작용하는 법선응력과 전단응력은 수직단면 mn에 작용하는 응력 $\sigma_x = \dfrac{P}{A}$ 이므로

$$\sigma_x = \frac{P}{A} = \frac{205.8 \times 10^3 x \text{ N}}{6 \times 5 \times 10^{-4} \text{ m}^2}$$

$$= 68.6 \times 10^6 \text{ N/m}^2 = 68.6 \text{ MPa}$$

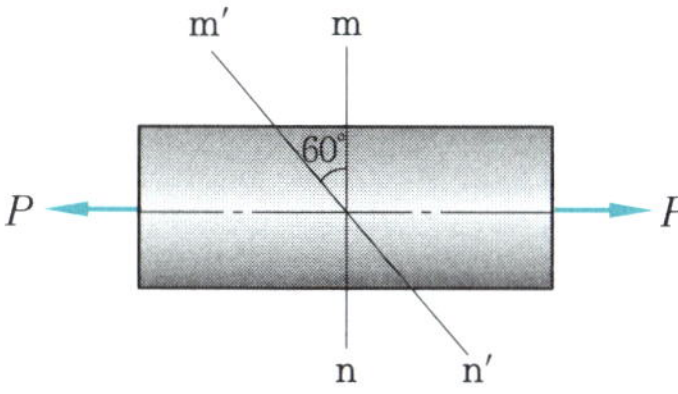

따라서, 법선응력은

$$\sigma_n = \sigma_x \cdot \cos^2\theta = 68.6 \text{ MPa} \times \cos^2 60°$$

$$= 68.6 \text{ Mpa} \times 0.25 = 17.15 \text{ MPa}$$

전단응력은

$$\tau = \frac{1}{2}\,\sigma_x \cdot \sin 2\theta$$

$$= \frac{1}{2} \times 68.6 \text{ MPa} \times \sin 2 \times 60°$$

$$= \frac{1}{2} \times 68.6 \times \frac{\sqrt{3}}{2}$$

$$= 29.704 \text{ MPa}$$

2. 수직단면 mn에 생기는 응력

$$\sigma_x = \frac{P}{A} = \frac{P}{a^2} = \frac{39.2 \times 10^3 \text{ N}}{0.02^2 \text{ m}^2}$$

$$= 98 \times 10^6 \text{ N/m}^2 = 98 \text{ MPa}$$

법선응력과 전단응력의 공액응력과의 관계는

$$\sigma_n + \sigma_n' = \sigma_x, \quad \tau + \tau' = 0$$

법선응력 σ_n 의 공액응력 σ_n' 은

$$\sigma_n' = \sigma_x - \sigma_n = \sigma_x - \sigma_x \cdot \cos^2\theta$$

$$= \sigma_x(1 - \cos^2\theta) = \sigma_x \cdot \sin^2\theta$$

$$= 98 \text{ MPa} \times \sin^2 30° = 24.5 \text{ MPa}$$

전단응력 τ 의 공액응력 τ' 은

$$\tau' = -\tau = -\frac{1}{2}\,\sigma_x \cdot \sin 2\theta$$

$$= -\frac{1}{2} \times 98 \text{ MPa} \times \sin 2 \times 30°$$

$$= -42.44 \text{ MPa}$$

3. ① 2축응력 상태에서 법선응력은

$$\sigma_n = \frac{1}{2}(\sigma_x + \sigma_y) + \frac{1}{2}(\sigma_x - \sigma_y)\cdot\cos 2\theta$$

$$= \frac{1}{2}(98 - 49) + \frac{1}{2}(98 + 49)\times\cos 60°$$

$$= 61.25 \text{ MPa}$$

법선(공액)응력은

$$\sigma_n' = \frac{1}{2}(\sigma_x + \sigma_y) - \frac{1}{2}(\sigma_x - \sigma_y)\cdot\cos 2\theta$$

$$= \frac{1}{2}(98 - 49) - \frac{1}{2}(98 + 49)\times\cos 60°$$

$$= -12.25 \text{ MPa}$$

전단응력은

$$\tau = \frac{1}{2}(\sigma_x - \sigma_y)\cdot\sin 2\theta$$

$$= \frac{1}{2}(98 + 49)\times\sin 60° = 63.65 \text{ MPa}$$

전단 (공액) 응력 $\tau' = -\tau = -63.65 \text{ MPa}$

② 2축응력 상태에서의 변형률은

x축 방향;

$$\varepsilon_x = \frac{\sigma_x}{E} - \frac{\sigma_y}{mE} = \frac{\sigma_x}{E} - \frac{\mu\sigma_y}{E}$$

$$= \frac{1}{(205.8 \times 10^3 \text{ MPa})} \times (98 + 0.3 \times 49)$$

$$\fallingdotseq 5.48 \times 10^{-4}$$

y축 방향;

$$\varepsilon_y = \frac{\sigma_y}{E} - \frac{\mu\varepsilon_x}{E}$$

$$= \frac{1}{(205.8 \times 10^3 \text{ MPa})} \times (-49 - 0.3 \times 98)$$

$$\fallingdotseq -3.81 \times 10^{-4}$$

4. 수직응력 $\sigma_x = 58.8 \text{ MPa}$, $\sigma_y = -19.6 \text{ MPa}$, $\theta = 30°$ 이므로,

$$\sigma_n = \frac{1}{2}(\sigma_x + \sigma_y) + \frac{1}{2}(\sigma_x - \sigma_y)\cdot\cos 2\theta$$

$$= \frac{1}{2}(58.8 - 19.6) + \frac{1}{2}(58.8 + 19.6)\times\cos 60°$$

$$= 39.2 \text{ MPa}$$

$$\tau = \frac{1}{2}(\sigma_x - \sigma_y)\cdot\sin 2\theta$$

$$= \frac{1}{2}(58.8 + 19.6)\times\sin 60° = 33.95 \text{ MPa}$$

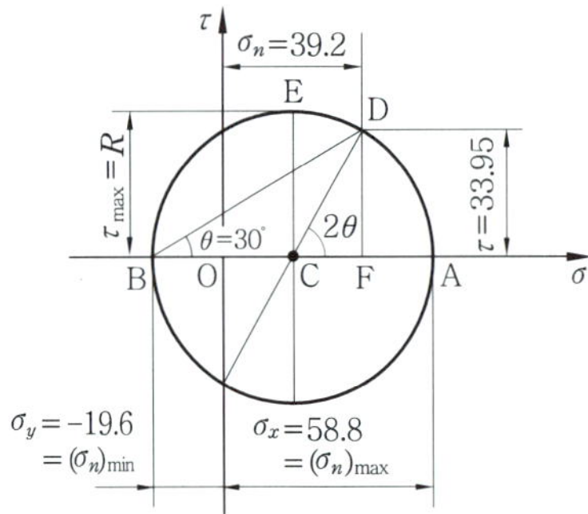

반지름 $R = \dfrac{1}{2}(\sigma_x - \sigma_y)$

$$= \dfrac{1}{2} \times (58.8 + 19.6) = 39.2\ \text{MPa}$$

5. 단축응력 상태에서 전단응력 $\tau = \dfrac{1}{2}\sigma_x \cdot \sin\theta$ 이고, $\sin 2\theta = 1$일 때 최대 전단응력 $\tau_{\max}$ 가 된다.

$$\sin 2\theta = 1, \quad 2\theta = \sin^{-1}1, \quad 2\theta = 90°$$

$$\therefore\ \theta = 45°$$

$$\therefore\ \tau_{\max} = \dfrac{1}{2}\sigma_x \times 1 = \dfrac{1}{2} \times \dfrac{P}{A}$$

$$= \dfrac{29.4 \times 10^3}{2 \times 0.04^2} = 9187500\ \text{N/m}^2$$

$$\fallingdotseq 9.2\ \text{MPa}$$

6. 단축응력의 법선응력 σ_n은 $\sigma_n = \sigma_x \cdot \cos^2\theta$ 이고, $\cos^2\theta = 1$일 때 최대 법선응력의 값을 갖게 된다.

$\cos^2\theta = 1$에서 $\cos\theta = 1$, $\theta = \cos^{-1}1 = 0$ 이므로 $\theta = 0°$에서 최대 법선응력이 발생한다. 따라서, 공액 법선응력은

$$\sigma_n' = \sigma_x \cdot \sin^2\theta = \dfrac{P}{A} \times \sin^2 0° = 0\ \text{MPa}$$

7. 최대 주응력 σ_1과 최소 주응력 σ_2는

$$\sigma_1 = \dfrac{1}{2}(\sigma_x + \sigma_y) + \dfrac{1}{2}\sqrt{(\sigma_x - \sigma_y)^2 + 4\tau_{xy}^2}$$

$$= \dfrac{1}{2}(49 - 29.4) + \dfrac{1}{2}\sqrt{(49 + 29.4)^2 + 4 \times (39.2)^2}$$

$$= 9.8 + 55.44 = 65.24\ \text{MPa}$$

$$\sigma_2 = \dfrac{1}{2}(\sigma_x + \sigma_y) - \dfrac{1}{2}\sqrt{(\sigma_x - \sigma_y)^2 + 4\tau_{xy}^2}$$

$$= 9.8 - 55.44 = -45.64\ \text{MPa}$$

8. $\sigma_n = \sigma_x \cdot \cos^2\theta + \sigma_y \cdot \sin^2\theta - 2\tau_{xy} \cdot \cos\theta_1 \cdot \sin\theta$

$$= \dfrac{1}{2}(\sigma_x + \sigma_y) + \dfrac{1}{2}(\sigma_x - \sigma_y) \cdot \cos 2\theta - \tau_{xy} \cdot \sin 2\theta$$

$$= \dfrac{1}{2}(49 - 29.4) + \dfrac{1}{2}(49 + 29.4) \cdot \cos 60°$$

$$- 39.2 \times \sin 60°$$

$$= -4.55\ \text{MPa}$$

$$\tau = (\sigma_x - \sigma_y)\cos\theta \cdot \sin\theta + \tau_{xy} \cdot (\cos^2\theta - \sin^2\theta)$$

$$= \dfrac{1}{2}(\sigma_x - \sigma_y) \cdot \sin 2\theta + \tau_{xy} \cdot \cos 2\theta$$

$$= \dfrac{1}{2}(49 + 29.4) \cdot \sin 60° + 39.2 \times \cos 60°$$

$$= 53.55\ \text{MPa}$$

9. 평면응력에서

① 평균응력

$$a_{av} = \dfrac{1}{2}(\sigma_x + \sigma_y) = \dfrac{1}{2}(78.4 + 39.2)$$

$$= 58.8\ \text{MPa}$$

② 최대 전단응력

$$\tau_{\max} = \dfrac{1}{2}\sqrt{(\sigma_x - \sigma_y)^2 + 4\tau_{xy}^2}$$

$$= \dfrac{1}{2}\sqrt{(78.4 - 39.2)^2 + 4 \times (-34)^2}$$

$$\fallingdotseq 39.25\ \text{MPa}$$

③ 최대 주응력

$$\sigma_1 = \dfrac{1}{2}(\sigma_x + \sigma_y) + \dfrac{1}{2}\sqrt{(\sigma_x - \sigma_y)^2 + 4\tau_{xy}^2}$$

$$= \sigma_{av} + R = 58.8 + 39.25$$

$$\fallingdotseq 98.05\ \text{MPa}$$

④ 최소 주응력은

$$\sigma_2 = \dfrac{1}{2}(\sigma_x + \sigma_y) - \dfrac{1}{2}\sqrt{(\sigma_x - \sigma_y)^2 + 4\tau_{xy}^2}$$

$$= \sigma_{av} - R = 58.8 - 39.25$$

$$\fallingdotseq 19.55\ \text{MPa}$$

⑤ 주평면 결정각 θ는 $\tan 2\theta = \dfrac{-2\tau_{xy}}{\sigma_x - \sigma_y}$ 에서,

$$\theta = \dfrac{1}{2}\tan^{-1}\left(\dfrac{-2\tau_{xy}}{\sigma_x - \sigma_y}\right)$$

$$= \dfrac{1}{2} \cdot \tan^{-1}\left\{\dfrac{-2 \times (-34)}{78.4 - 39.2}\right\}$$

$$\fallingdotseq \dfrac{1}{2} \times 60° = 30°$$

10. 그림에서 $\sigma_x = 98\ \text{MPa}$, $\sigma_y = 19.6\ \text{MPa}$이므로, 평균응력은

$$\sigma_{av} = \overline{OD} = \dfrac{1}{2}(\sigma_x + \sigma_y) = \dfrac{1}{2}(98 + 19.6)$$

$$= 58.8 \text{ MPa}$$

① 최대 전단응력

$$\tau_{\max} = \text{반지름}$$

$$R = \frac{1}{2}(\sigma_x - \sigma_y)$$

$$= \frac{1}{2}(98 - 19.6) = 39.2 \text{ MPa}$$

② 법선응력

$$\sigma_n = \overline{OG} = \overline{OD} + \overline{DG} = \sigma_{av} + \overline{CD} \cdot \cos 2\theta$$

$$= 58.8 + 39.2 \times \cos(2 \times 22.5)$$

$$= 86.52 \text{ MPa}$$

③ 공액 법선응력

$$\sigma_n' = \overline{OF} = \overline{OD} - \overline{FD} = \sigma_{av} - \overline{ED} \cdot \cos 2\theta$$

$$= 58.8 - 39.2 \times \cos(2 \times 22.5)$$

$$= 31.08 \text{ MPa}$$

④ 전단응력

$$\tau = \overline{CG} = \overline{CD} \cdot \sin 2\theta = R \cdot \sin 2\theta$$

$$= 39.2 \times \sin(2 \times 22.5) = 27.72 \text{ MPa}$$

⑤ 공액 전단응력

$$\tau' = -\tau = -27.72 \text{ MPa}$$

11. 모어(Mohr) 원에서 $\sigma_x = 98 \text{ MPa}$, $\sigma_y = 19.6$ MPa, $\tau_{xy} = 22.64 \text{ MPa}$ 이므로,

평균응력 $\sigma_{av} = \overline{OD} = \dfrac{1}{2}(\sigma_x + \sigma_y)$

$$= \frac{1}{2}(98 + 19.6) = 58.8 \text{ MPa}$$

① 최대 전단응력

$$\tau_{\max} = R = \frac{1}{2}\sqrt{(\sigma_x - \sigma_y)^2 + 4 \cdot \tau_{xy}^2}$$

$$= \frac{1}{2}\sqrt{(98 - 19.6)^2 + 4 \times 22.64^2}$$

$$\fallingdotseq 45.27 \text{ MPa}$$

② 최대 주응력

$$\sigma_1 = \overline{OA} = \overline{OD} + \overline{DA} = \sigma_{av} + R$$

$$= 58.8 + 45.27 = 104.07 \text{ MPa}$$

③ 최소 주응력

$$\sigma_2 = \overline{OB} = \overline{OD} - \overline{BD} = \sigma_{av} - R$$

$$= 58.8 - 45.27$$

$$= 13.57 \text{ MPa}$$

④ 주평면 결정각 θ 는 $\tan 2\theta = \dfrac{-2\tau_{xy}}{\sigma_x - \sigma_y}$ 에서,

$$\theta = \frac{1}{2}\tan^{-1}\left(\frac{-2\tau_{xy}}{\sigma_x - \sigma_y}\right)$$

$$= \frac{1}{2} \cdot \tan^{-1}\left(\frac{-2 \times 22.64}{98 - 19.6}\right) = -15°$$

12. x 방향의 수직응력은

$$\sigma_x = \frac{(\varepsilon_x + \mu\varepsilon_y) \cdot E}{1 - \mu^2}$$

$$= \frac{(2.7 \times 10^{-4}) + 0.3 \times (-1.8 \times 10^{-4})}{(1 - 0.3^2)}$$

$$\times (205.8 \times 10^9)$$

$$= 48849231 \text{ N/m}^2 \fallingdotseq 48.85 \text{ MPa (인장)}$$

y 방향의 수직응력은

$$\sigma_y = \frac{(\varepsilon_y + \mu\varepsilon_x) \cdot E}{1 - \mu^2}$$

$$= \frac{(-1.8 \times 10^{-4}) + 0.3 \times (2.7 \times 10^{-4})}{(1 - 0.3^2)}$$

$$\times (205.8 \times 10^9)$$

$$= -22389231 \text{ N/m}^2 \fallingdotseq -22.39 \text{ MPa (압축)}$$

13. 강구가 액체 속에 있을 경우 x, y, z 방향 모두에서 압축응력이 작용하므로,

$$\sigma_x = \sigma_y = \sigma_z = -\sigma = 5.88 \text{ MPa}$$

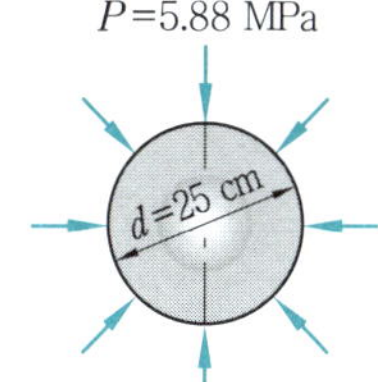

구(球)의 선변형률 ε 은 $\varepsilon_x = \varepsilon_y = \varepsilon_z$ 이므로,

$$\varepsilon_x = \left(\frac{\sigma_x}{E} - \frac{\sigma_y}{mE} - \frac{\sigma_z}{mE}\right)$$

$$= \frac{1}{E}\left\{-\sigma - \left(\frac{-\sigma - \sigma}{m}\right)\right\}$$

$$= \frac{1}{E}(-\sigma)\left(1 - \frac{2}{m}\right) = \frac{-\sigma}{E}\left(1 - \frac{2}{m}\right)$$

$$= \varepsilon_y = \varepsilon_z$$

$$\therefore \varepsilon_V = \varepsilon_x + \varepsilon_y + \varepsilon_z = 3 \times \frac{-\sigma}{E}\left(1 - \frac{2}{m}\right)$$

$$= 3 \times \frac{-5.88 \text{ MPa}}{205.8 \times 10^3 \text{ MPa}} \times \left(1 - \frac{2 \times 3}{10}\right)$$

$$= -3.43 \times 10^{-5}$$

$\varepsilon_V = \dfrac{\Delta V}{V}$ 에서,

$$\therefore \Delta V = \varepsilon_V \times V = \varepsilon_V \times \frac{4}{3}\pi r^3$$

$$= (-3.43 \times 10^{-5}) \times \frac{4}{3}\pi \times \left(\frac{25}{2}\right)^3$$

$$= -0.280 \text{ cm}^3$$

14. x방향의 수직응력

$$\sigma_x = \frac{P}{A} = \frac{4P}{\pi d^2} = \frac{4 \times (30.8 \times 10^3)}{\pi \times 0.02^2}$$

$$\fallingdotseq 98.09 \text{ MPa}$$

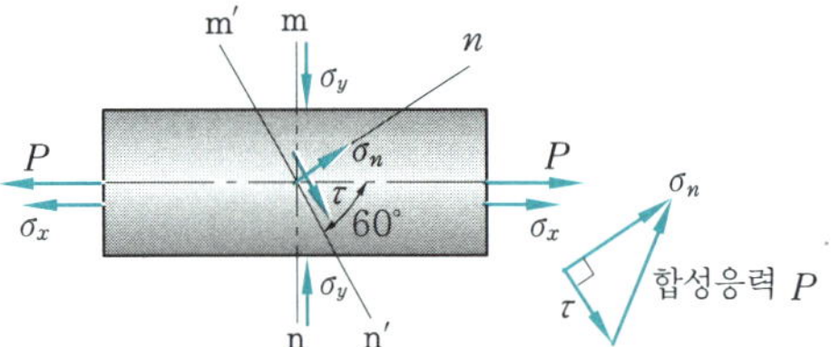

2축응력 상태에서 σ_n과 τ는

$$\sigma_n = \frac{1}{2}(\sigma_x + \sigma_y) + \frac{1}{2}(\sigma_x - \sigma_y) \cdot \cos 2\theta$$

$$= \frac{1}{2}(98.09 - 15.68)$$

$$+ \frac{1}{2}(98.09 + 15.68) \times \cos 60°$$

$$= 69.65 \text{ MPa}$$

$$\tau = \frac{1}{2}(\sigma_x - \sigma_y) \cdot \sin 2\theta$$

$$= \frac{1}{2}(98.09 + 15.68) \times \sin 60°$$

$$= 49.26 \text{ MPa}$$

[참고] 봉의 축심과 60°의 경사단면이므로,

$$2\theta = 60° \quad \therefore \quad \theta = 30°$$

따라서, 합성응력은

$$P = \sqrt{\sigma_n^2 + \tau^2} = \sqrt{(69.65)^2 + (49.26)^2}$$

$$= 85.31 \text{ MPa}$$

15. 이 정육면체가 x축 방향으로 전혀 변형이 없으므로,

$$\varepsilon_x = 0 = \frac{1}{E}(\sigma_x - \mu\sigma_y)$$

$$= \frac{1}{E}[\sigma_x - 0.5 \times (-98)]$$

$$\sigma_x + 49 = 0$$

$$\therefore \quad \sigma_x = -49 \text{ MPa}$$

최대 전단응력은 결정각 $\cot 2\theta = \dfrac{2\tau_{xy}}{\sigma_x - \sigma_y}$ 에서, $\tau_{xy} = 0$일 때 발생하므로,

$$\cot 2\theta = \frac{2 \times 0}{-49 - (-98)} = 0$$

$$\therefore \quad 2\theta = 90, \quad \theta = 45°$$

$$\therefore \quad \tau_{\max} = \frac{1}{2}(\sigma_x - \sigma_y) \times \sin 90 - \tau_{xy} \cdot \cos 90$$

$$= \frac{1}{2}(\sigma_x - \sigma_y) = \frac{1}{2}[-49 - (-98)]$$

$$= 24.5 \text{ MPa}$$

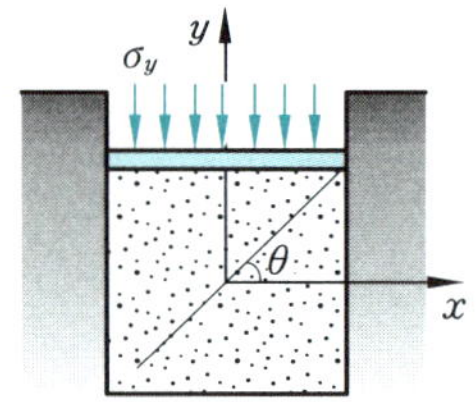

16. 축방향의 응력 $\sigma_x = \dfrac{Pd}{4t} = \dfrac{Pr}{2}t$

원주방향의 응력 $\sigma_y = \dfrac{Pd}{2t} = 2\sigma_x$ 이므로, 원주(반지름) 방향의 변형률 ε_y 는

$$\varepsilon_y = \frac{\sigma_y}{E} - \frac{\sigma_x}{mE} = \frac{1}{E}(\sigma_y - \mu\sigma_x)$$

$$= \frac{1}{E}(2\sigma_x - \mu\sigma_x) = \frac{\sigma_x}{E}(2 - \mu)$$

$$\varepsilon_x = \frac{\Delta l}{l}, \quad \varepsilon_y = \frac{\Delta r}{r} \text{ 이므로,}$$

$$\therefore \quad \varepsilon_y = \frac{\Delta r}{r} = \frac{\sigma_x}{E}(2 - \mu)$$

$$\therefore \quad \Delta r = \frac{\sigma_x}{E} \cdot r \cdot (2 - \mu)$$

$$= \frac{(Pr/2t)}{E} \cdot r(2 - \mu)$$

$$= \frac{Pr^2}{2t \cdot E}(2 - \mu)$$

$$= \frac{(0.98 \times 10^6) \times (0.2/2)^2}{2 \times (0.5 \times 10^{-2}) \times (205.8 \times 10^9)}$$

$$\times (2 - 0.3)$$

$$= 8.095 \times 10^{-6} \text{ m} = 8.095 \times 10^{-4} \text{ m}$$

17. $\varepsilon_x = \varepsilon_y = 0$, $\sigma_x = \sigma_y = -q$, $\sigma_z = \dfrac{P}{A} = \dfrac{4P}{\pi d^2}$,

$$\varepsilon_x = \frac{\sigma_x}{E} - \frac{\sigma_y}{mE} - \frac{\sigma_z}{mE} \text{ 에서,}$$

$$\varepsilon_x \cdot E = \sigma_x - \mu(\sigma_y + \sigma_z), \quad \varepsilon_x = 0$$

$$\therefore \quad \sigma_x - \mu(\sigma_y + \sigma_z) = 0$$

$$\sigma_x = \mu(\sigma_y + \sigma_z)$$

$$-q = \mu\left(-q + \frac{4P}{\pi d^2}\right)$$

$$\therefore \quad q = \frac{4P}{\left(1 - \dfrac{1}{\mu}\right) \cdot \pi d^2}$$

$$= \frac{4 \times 3920}{(1 - 2.2) \times \pi \times 0.05^2}$$

$$= -1664544 \text{ N/m}^2 \fallingdotseq -1.665 \text{ MPa}$$

제 5 장　평면 도형의 성질

1. 단면 1 차 모멘트와 도심

그림 5-1에서와 같이 임의의 면적이 A인 평면 도형 상에 미소면적 dA_1, dA_2, $\cdots$, dA_n을 취하여 그의 좌표를 x_1, x_2, $\cdots$, x_n, y_1, y_2, $\cdots$, y_n이라 할 때 dA_1, dA_2, $\cdots$, dA_n에서 X축, Y축까지의 거리를 곱한 값인 $x_1 \cdot dA_1$, $x_2 \cdot dA_2$, $\cdots$, $y_1 \cdot dA_1$, $y_2 \cdot dA_2$, $\cdots$를 미소면적의 X축 및 Y축에 관한 1 차 모멘트라 하고, 그것을 도형의 전면적 A에 대하여 적분한 값을 X축 및 Y축에 관한 단면1차 모멘트(first moment of area), 또는 기하 모멘트(geometrical moment)라 하며, 다음과 같이 표시한다.

$$
\begin{aligned}
G_X &= y_1 \cdot dA_1 + y_2 \cdot dA_2 + \cdots + y_n \cdot dA_n \\
&= \Sigma y_i \cdot dA_i = \int_A y \cdot dA
\end{aligned} \tag{5-1}
$$

$$
\begin{aligned}
G_Y &= x_1 \cdot dA_1 + x_2 \cdot dA_2 + \cdots + x_n \cdot dA_n \\
&= \Sigma x_i \cdot dA_i = \int_A x \cdot dA
\end{aligned} \tag{5-2}
$$

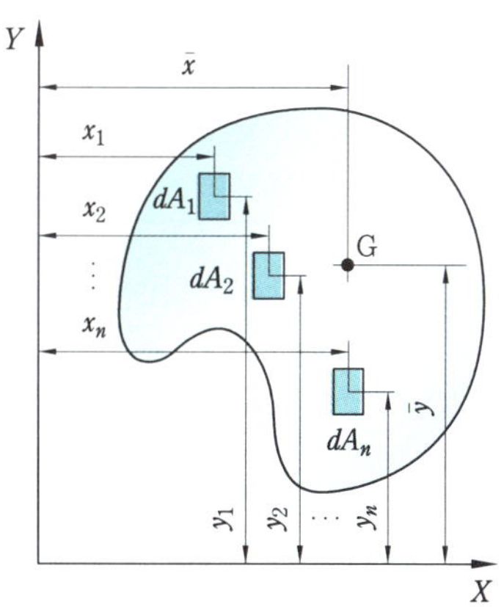

그림 5-1　단면 1 차 모멘트와 도심

평면 도형의 중심(重心), 즉 단면 1 차 모멘트가 0이 되는 점을 단면의 도심(圖心, cen-troid of area)이라 하고, 도심 G의 좌표를 $(\overline{x}, \overline{y})$라 한다.

$$G_X = \int_A y \cdot dA = A \cdot \overline{y}$$

$$G_Y = \int_A x \cdot dA = A \cdot \overline{x}$$

$$\left. \begin{array}{l} \overline{x} = \dfrac{G_Y}{A} = \dfrac{\int_A x \cdot dA}{\int_A dA} \ [\text{cm}] \\[2em] \overline{y} = \dfrac{G_X}{A} = \dfrac{\int_A y \cdot dA}{\int_A dA} \ [\text{cm}] \end{array} \right\} \tag{5-3}$$

식 (5-3)에서 도심의 좌표 $\overline{x}$, $\overline{y}$는 단면 A의 도심 G에서 Y축 및 X축까지의 거리이고, $\overline{x}$와 $\overline{y}$를 0으로 하면 $G_X = 0$, $G_Y = 0$이 된다. 즉, 단면의 도심을 통과하는 축에 대한 단면 1 차 모멘트는 항상 0(zero)이 된다.

만약, 두 도형이 대칭이라면 대칭축은 반드시 도심을 지나며 2축에 대한 단면 1 차 모멘트는 0이 된다. 단면 1 차 모멘트는 "면적 × 거리"이므로 $\text{cm}^2 \times \text{cm} = \text{cm}^3 \ [\text{L}^3]$으로 표시한다.

X축에 평행한 Z축에 대한 단면 1 차 모멘트는 그림 5-2와 같다.

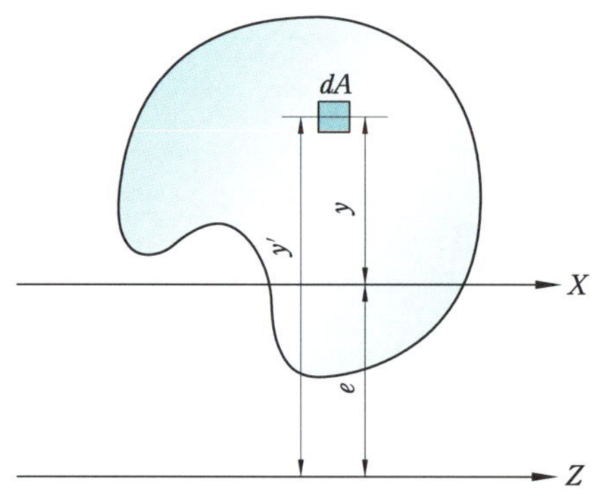

그림 5-2 Z축에 대한 단면 1 차 모멘트

Z축에 대한 단면 1 차 모멘트는

$$G_Z = \int_A y' \cdot dA = \int_A (y+e)dA = \int_A y \cdot dA + \int_A e \cdot dA = G_x + e \cdot A \tag{5-4}$$

식 (5-4)는 어느 축에 대한 단면 1 차 모멘트를 알면, 그 축과 평행한 임의의 거리 e 만큼 떨어진 축의 단면 1 차 모멘트를 알 수 있다.

예제 1. 다음 그림과 같은 삼각형의 Z 축에 대한 단면 1 차 모멘트와 도심의 위치를 구하시오.

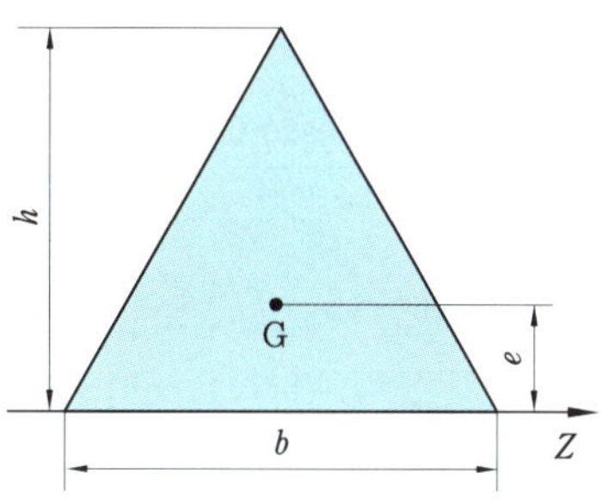

[해설] 색칠한 미소 부분에 대하여

단면 1 차 모멘트 $G_Z = \int_0^h y \cdot dA = \int_0^h y \cdot (x \cdot dy)$

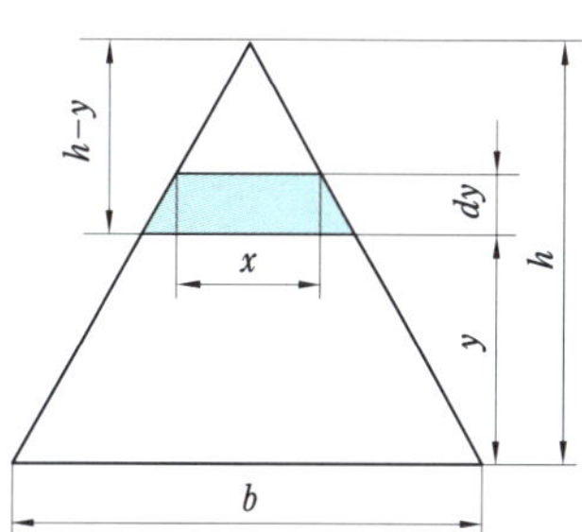

$b : h = x : h-y$ 에서 $x = \dfrac{b}{h} \cdot (h-y)$ 이므로,

$$G_Z = \int_0^h y \cdot \frac{b}{h} \cdot (h-y) \cdot dy$$

$$= \int_0^h \left(by - \frac{b}{h} y^2 \right) \cdot dy = \left[\frac{b}{2} y^2 - \frac{by^3}{3h} \right]_0^h$$

$$= \frac{bh^2}{2} - \frac{bh^2}{3} = \frac{bh^2}{6}$$

$$\overline{y} = \frac{G_Z}{A} = \frac{\dfrac{bh^2}{6}}{\dfrac{1}{2} bh} = \frac{h}{3}$$

예제 2. 다음 그림과 같은 사다리꼴 단면의 단면 1 차 모멘트와 도심까지의 거리를 구하시오.

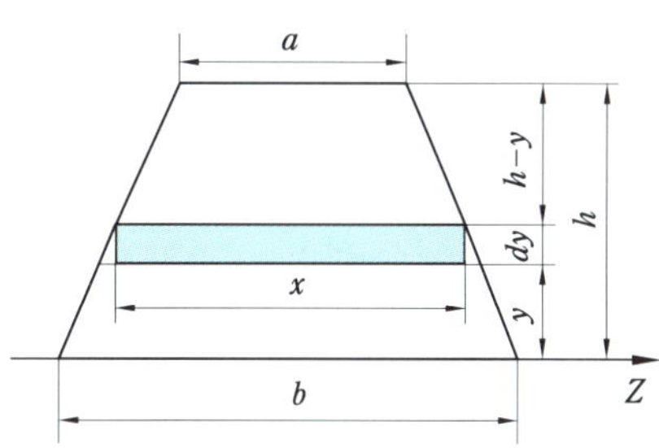

[해설] 단면 1 차 모멘트 $G_Z = \int_\varDelta y \cdot dA = \int_0^h y \cdot (x \cdot dy)$

미소 부분에서 $(x-a) : (b-a) = (h-y) : h$

$$x - a = \frac{h-y}{h} (b-a)$$

$$\therefore x = a + \frac{h-y}{h} (b-a) = b - \frac{y}{h} (b-a)$$

단면적 $A = \dfrac{1}{2}(a+b)\cdot h$

$$\therefore G_Z = \int_0^h y\left[b - \frac{y}{h}(b-a)\right]dy = \left[\frac{1}{2}by^2 - \frac{y^3}{3h}(b-a)\right]_0^h = \frac{h^2}{6}(b+2a)$$

$$\overline{y} = \frac{G_Z}{A} = \frac{\dfrac{h^2}{6}(b+2a)}{\dfrac{1}{2}(a+b)h} = \frac{h(2a+b)}{3(a+b)}$$

예제 3. 다음 그림과 같은 도형의 도심의 위치를 구하시오.

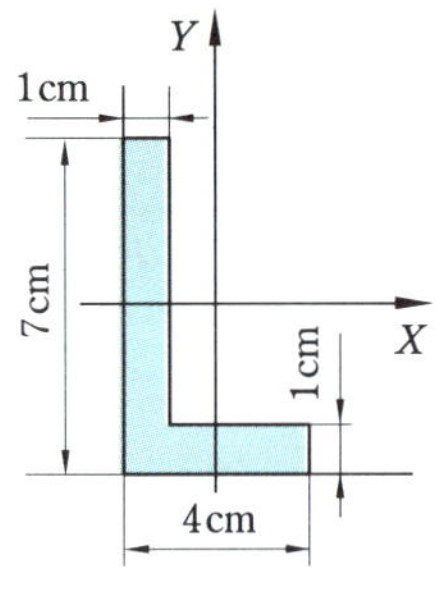

해설 도형을 ①과 ②로 나누어 각각의 단면을 A_1, A_2로 나누고 각각을 X'축 및 Y'축에 대한 단면 1 차 모멘트를 구한 후 도심을 구한다.

$$G_{X'} = \overline{y_1}\cdot A_1 + \overline{y_2}\cdot A_2$$
$$= 3.5\times 7 + 0.5\times 3 = 26\ \text{cm}^3$$
$$G_{Y'} = \overline{x_1}\cdot A_1 + \overline{x_2}\cdot A_2$$
$$= 0.5\times 7 + 2.5\times 3 = 11\ \text{cm}^3$$
$$\therefore \overline{x} = \frac{G_{Y'}}{A} = \frac{11}{7+3} = 1.1\ \text{cm}$$
$$\overline{y} = \frac{G_{X'}}{A} = \frac{26}{7+3} = 2.6\ \text{cm}$$

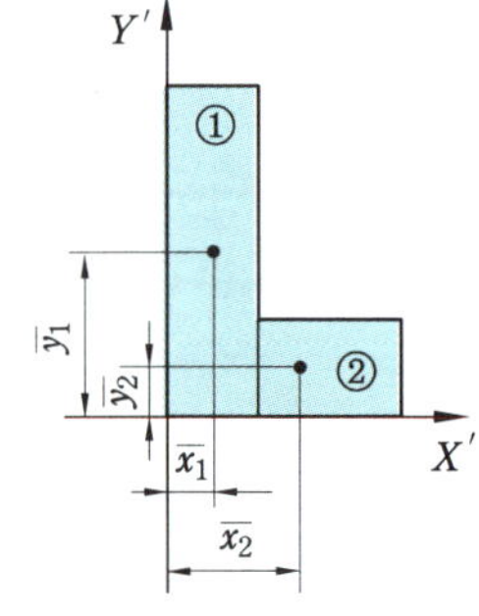

예제 4. 다음 그림과 같이 한 변의 길이 20 cm인 정사각형에서 지름 10 cm인 원의 면적을 뺀 부분의 도심을 구하시오.

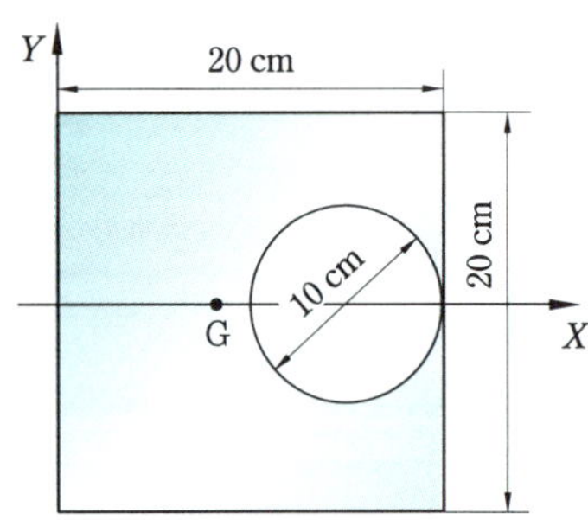

[해설] 주어진 그림은 X축에 대하여 상하가 대칭이므로, 도심은 X축 상에 있으므로 $\overline{x}$ 의 값만 구하면 된다.

$$A_R = 20 \times 20 = 400 \ \text{cm}^2$$

$$A_C = \pi \times 5^2 = 78.5 \ \text{cm}^2$$

$$A = A_R - A_C = 400 - 78.5 = 321.5 \ \text{cm}^2$$

$$G_{YR} = \overline{x_R} \cdot A_R = 10 \times 400 = 4000 \ \text{cm}^3$$

$$G_{YC} = \overline{x_C} \cdot A_C = 15 \times 78.5 = 1177.5 \ \text{cm}^3$$

$$\therefore G_Y = G_{YR} - G_{YC} = 4000 - 1177.5 = 2822.5 \ \text{cm}^3$$

$$\overline{x} = \frac{G_Y}{A} = \frac{2822.5}{321.5} = 8.779 \ \text{cm}$$

$$\therefore G_X = 0, \quad G_Y = 2822.5 \ \text{cm}^3$$

$$\overline{x} = 8.779 \ \text{cm}, \quad \overline{y} = 0$$

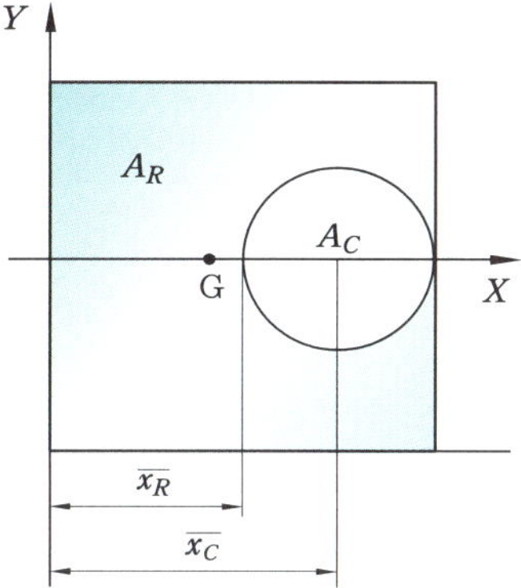

2. 단면 2 차 모멘트와 단면계수

2-1　단면 2 차 모멘트와 회전 반지름

그림 5-3과 같이 임의의 평면 도형의 한 미소면적 dA 에서 X축 및 Y축까지의 거리 x 및 y의 제곱을 곱한 값을 X축 및 Y축에 관한 미소단면의 2차 모멘트라 하고, 그 도형의 전체 면적 A에 걸쳐 적분한 값을 각각 X축 및 Y축에 관한 단면 2 차 모멘트 (second moment of area) 또는 관성(慣性) 모멘트(moment of inertia)라 하고 면적 (cm^2)의 거리의 제곱(cm^2)이므로 단위는 cm^4, m^4이다.

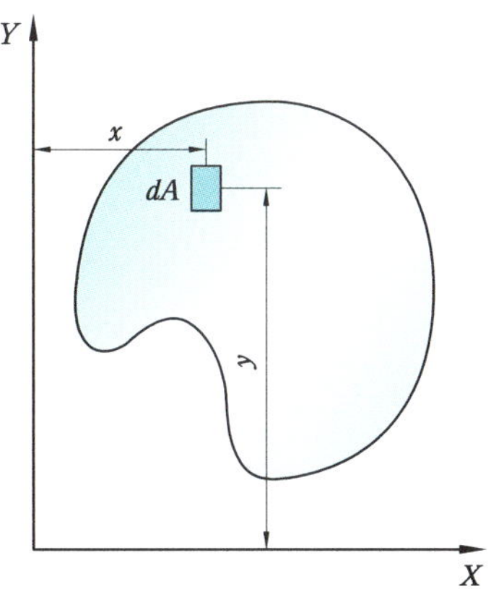

그림 5-3　단면 2 차 모멘트

X축 및 Y축에 관한 단면 2 차 모멘트 I_X, I_Y 는

$$\left.\begin{array}{l} I_X = \Sigma y^2 \cdot dA = \displaystyle\int_A y^2 \cdot dA \\[2mm] I_Y = \Sigma x^2 \cdot dA = \displaystyle\int_A x^2 \cdot dA \end{array}\right\} \tag{5-5}$$

으로 표현할 수 있다.

임의의 한 도형의 전면적이 어떤 한 점에 집중하였다고 생각하고 주어진 축에 대한 이 도형의 관성 모멘트의 크기가 주어진 축에 대해 분포된 면적의 관성 모멘트와 같은 경우 이 점을 단면 2 차 반지름(radius of gyration of area), 또는 회전 반지름 또는 관성 반지름이라 하며, 단위는 cm이고 k로 표시한다.

어떤 단면의 회전 반지름은 관성 모멘트의 값을 그 단면적으로 나눈 값의 제곱근이라 말할 수 있다. 즉,

$$\left.\begin{array}{l} \text{단면 2 차 모멘트 } I = k^2 \cdot A, \ k = \sqrt{\dfrac{I}{A}} \\[4mm] k_x = \sqrt{\dfrac{I_x}{A}} \\[4mm] k_y = \sqrt{\dfrac{I_y}{A}} \end{array}\right\} \tag{5-6}$$

특히, 회전지름은 압축부재(기둥)에 대하여 필요하다.

2-2　단면계수(modulus of section)

그림 5-4에서 도형의 도심을 지나는 축에 관한 단면 2 차 모멘트 I를 그 축에 도형의 끝단까지의 연거리 e_1, e_2로 나눈 값을 2축에 대한 단면계수(斷面係數)라 하고 Z로 표시하며, 단위는 cm³이다.

$$\left.\begin{array}{l} Z_1 = \dfrac{I_x}{e_1} \\[4mm] Z_2 = \dfrac{I_x}{e_2} \end{array}\right\} \tag{5-7}$$

만약, 도형이 대칭축이면 2축에 대한 단면계수는 $Z_1 = Z_2 = Z$ 하나만 존재하고 대칭이 아닐 경우에는 2개의 단면계수가 존재하게 된다.

특히, 보(beam)나 기둥(column)의 설계시 단면 2 차 모멘트와 회전 반지름, 단면계수는 중요한 역할을 한다.

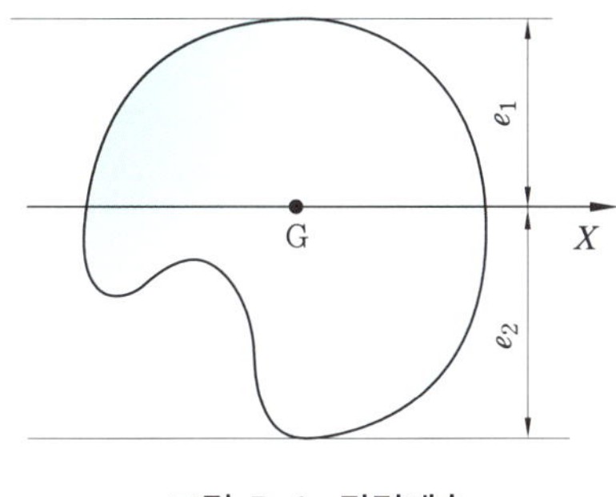

그림 5-4 　단면계수

2-3 　단면 2 차 모멘트의 평행축 정리

　그림 5-5에서와 같이 평면 도형의 도심을 지나는 X축에 관한 단면 2 차 모멘트가 알려져 있는 경우에 이 X축에 평행한 X'축에 관한 단면 2 차 모멘트를 평행축 정리 (parallel axis theorem)라 한다.

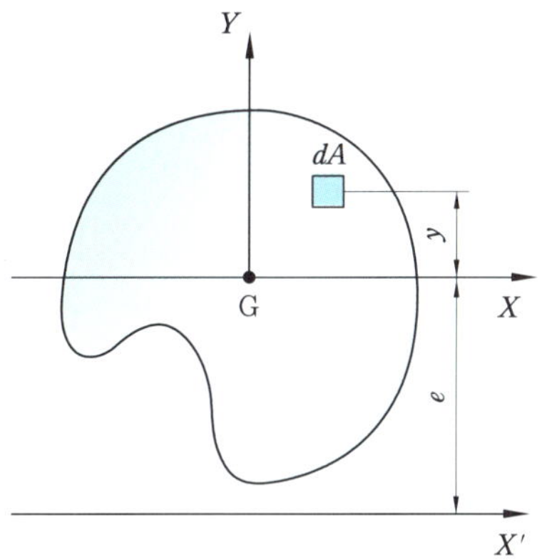

그림 5-5 　단면 2 차 모멘트의 평행축 정리

　그림에서 X'축에 대한 단면 2 차 모멘트는 다음과 같다.

$$I_{X'} = \int_A (y+e)^2 \cdot dA = \int_A y^2 \cdot dA + 2\int_A y \cdot dA + \int_A e^2 \cdot dA$$

여기서, $\int_A y^2 \cdot dA$ 는 도심을 지나는 X축에 관한 단면 2 차 모멘트 I_X 이고, $\int_A y \cdot dA$ 는 도심을 지나는 X축에 관한 단면 1 차 모멘트 G_X 이므로, $G_X = \int_A y \cdot dA = 0$ 이다. 그러므로

$$I_{X'} = I_X + 0 + e^2 \cdot A = I_X + e^2 A \tag{5-8}$$

이 되며, $e = 0$일 때 $I_{X'} = I_X$ 가 되므로 최소가 되고 d가 증가하면서 $I_{X'}$ 의 값이 커진

다. 평행축 정리에서 최소 관성 모멘트($I_{X'} = I_X$)는 도심을 지나는 축에 대한 관성 모멘트와 같다.

예제 5. 그림 (a)와 같은 직사각형 단면의 관성 모멘트와 단면계수, 회전 반지름을 구하고, 그림 (b)의 관성 모멘트를 구하시오.

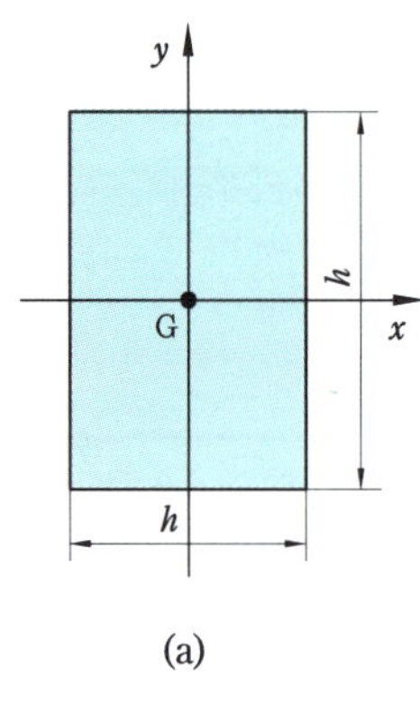
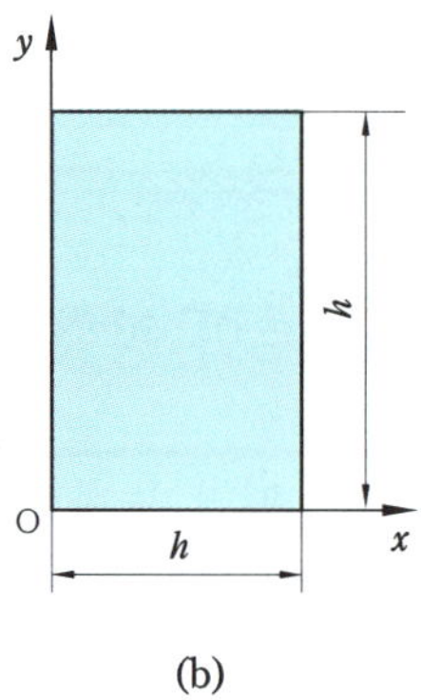

(a) (b)

해설 도심을 통과하는 경우

① 단면 2 차 모멘트(＝관성 모멘트)

$$I_x = \int_A y^2 dA_2 = \int_{-\frac{h}{2}}^{\frac{h}{2}} y^2 \cdot dA = 2\int_0^{\frac{h}{2}} y^2 (b \cdot dy) = \frac{bh^3}{12}$$

$$I_y = \int_A x^2 dA_1 = \int_{-\frac{b}{2}}^{\frac{b}{2}} x^2 \cdot dA = 2\int_0^{\frac{b}{2}} x^2 (h \cdot dx) = \frac{hb^3}{12}$$

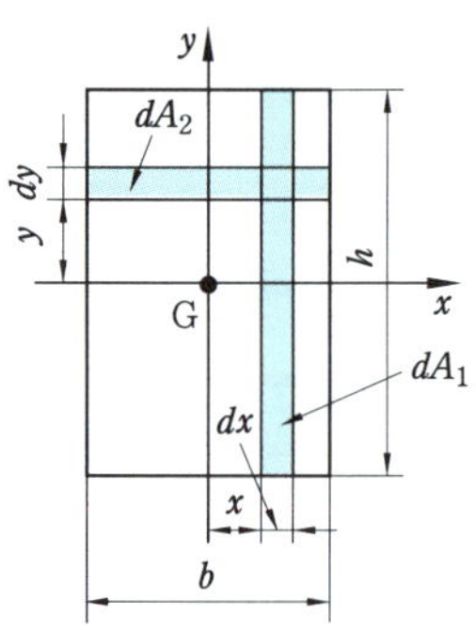

$$Z_x = \frac{I_x}{e_y} = \frac{\dfrac{bh^3}{12}}{\dfrac{h}{2}} = \frac{bh^2}{6}$$

$$Z_y = \frac{I_y}{e_x} = \frac{\dfrac{hb^3}{12}}{\dfrac{b}{2}} = \frac{hb^2}{6}$$

$$k_x = \sqrt{\frac{I_x}{A}} = \sqrt{\frac{bh^3}{12}\bigg/ bh} = \frac{h}{2\sqrt{3}}$$

$$k_y = \sqrt{\frac{I_y}{A}} = \sqrt{\frac{hb^3}{12}\bigg/ bh} = \frac{b}{2\sqrt{3}}$$

② 밑변에 대한 단면 2 차 모멘트

$$I_{X'} = \int_A y^2 \cdot dA = \int_0^h y^2 (b \cdot dy) = \frac{bh^3}{3}$$

또는 $I_{X'} = I_x + e^2 \cdot A = \frac{bh^3}{12} + \left(\frac{h}{2}\right)^2 \cdot bh = \frac{bh^3}{3}$

$$I_{Y'} = I_y + e^2 \cdot A = \frac{hb^3}{12} + \left(\frac{b}{2}\right)^2 \cdot bh = \frac{hb^3}{3}$$

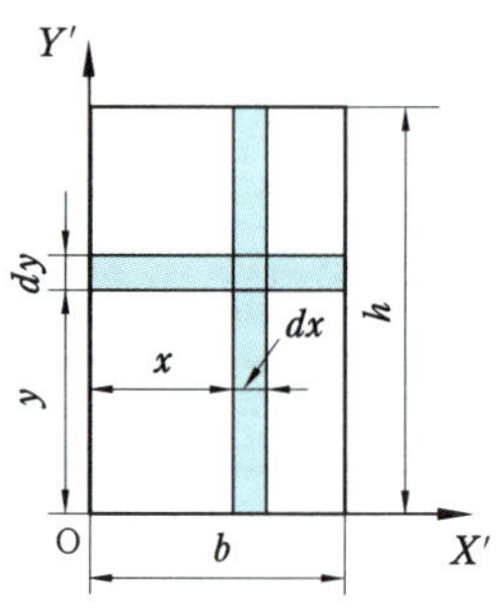

예제 6. 다음 그림과 같은 삼각형 단면의 도심과 밑변에 대한 I와 Z를 구하시오.

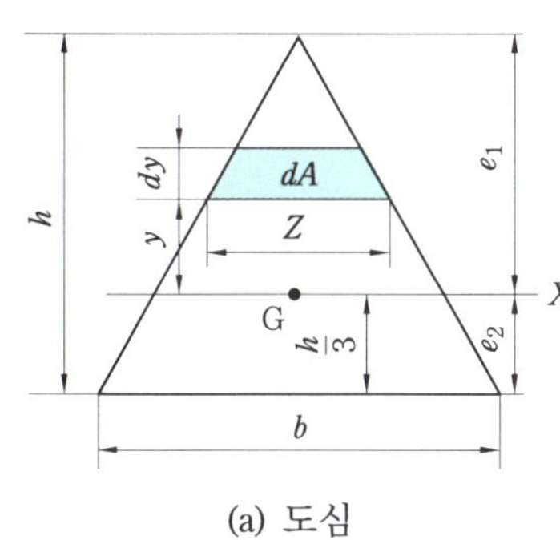

(a) 도심

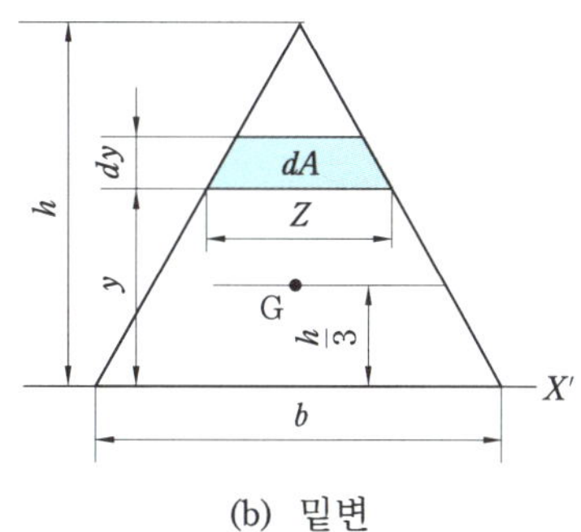

(b) 밑변

해설 ① 도심에 관한 I와 Z

$$Z \cdot dy = dA, \quad Z = \frac{dA}{dy}$$

$$Z : b = \left(\frac{2}{3}\, h - y\right) : h, \quad dA = \frac{b}{h}\left(\frac{2}{3}\, h - y\right) \cdot dy$$

$$\therefore I_X = \int_A y^2 \cdot dA = \int_{-\frac{h}{3}}^{\frac{3}{2}h} y^2 \cdot \frac{b}{h}\left(\frac{2}{3}\, h - y\right) \cdot dy = \frac{bh^3}{36}$$

$$Z_{x_1} = \frac{I_X}{e_1} = \frac{\dfrac{bh^3}{36}}{\dfrac{2}{3}\, h} = \frac{bh^2}{24}, \qquad Z_{x_2} = \frac{I_X}{e_2} = \frac{\dfrac{bh^3}{36}}{\dfrac{1}{3}\, h} = \frac{bh^2}{12}$$

② 밑변에 관한 I와 Z

$$Z \cdot dy = dA, \quad Z = \frac{dA}{dy}$$

$$Z\left(= \frac{dA}{dy}\right) : b = (h - y) : h, \quad dA = \frac{b}{h}(h - y) \cdot dy$$

$$I_{X'} = \int_A y^2 \cdot dA = \int_0^h y^2 \cdot \frac{b}{h}(h - y) \cdot dy = \frac{bh^3}{12}$$

예제 7. 다음 그림과 같은 원형 단면의 중심 O에 대한 관성 모멘트 I와 단면계수 Z를 구하시오.

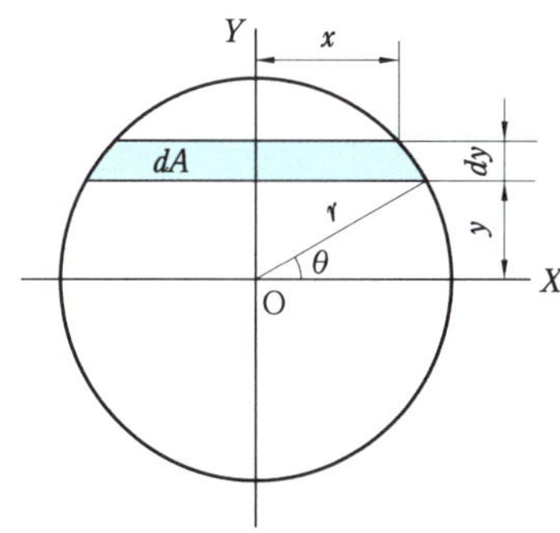

해설　$x' = r \cdot \cos\theta,\ \ y = r \cdot \sin\theta\ (dy = r \cdot \cos\theta \cdot d\theta),\ \ dA = 2x \cdot dy$

$$I_X = \int_A y^2 \cdot dA = \int_{-r}^{r} y^2 \cdot dA$$

$$= 2\int_0^r y^2 \cdot dA = 2\int_0^r y^2 \cdot 2x \cdot dy$$

$$= 4\int_0^r (r \cdot \sin\theta)^2 \cdot (r \cdot \cos\theta) \cdot (r \cdot \cos\theta \cdot d\theta)$$

$$= 4\int_0^r r^4 \cdot \sin^2\theta \cdot \cos^2\theta \cdot d\theta$$

$$= 4r^4 \int_0^{\frac{\pi}{2}} \frac{1}{4} \cdot \sin^2 2\theta \cdot d\theta$$

$$= \frac{r^4}{2}\int_0^{\frac{\pi}{2}} (1 - \cos 4\theta)d\theta = \frac{r^4}{2}\Big[\theta - \frac{\sin 4\theta}{4}\Big]_0^{\frac{\pi}{2}}$$

$$= \frac{r^4}{2}\Big(\frac{\pi}{2} - \frac{1}{4}\cdot\sin 4\cdot\frac{\pi}{2}\Big) = \frac{r^4}{4}\cdot\pi\cdot\frac{\pi}{4}\Big(\frac{d}{2}\Big)^4 = \frac{\pi d^4}{64}$$

$$Z = \frac{I_X}{e} = \frac{\dfrac{\pi d^4}{64}}{\dfrac{d}{2}} = \frac{\pi d^3}{32}\Big(= \frac{\pi r^3}{4}\Big)$$

예제 8. 다음 그림과 같이 구형(矩形, 사각) 단면의 도심 밖의 X, Y축에 대한 단면 2 차 모멘트를 각각 I_X, I_Y라 할 때 $I_Y - I_X$의 값을 구하시오.

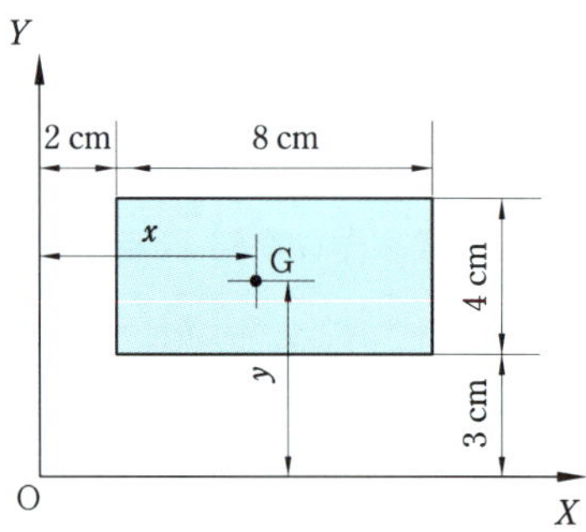

해설　평행축 정리를 이용하여 풀어보면,

$$I_X = I_x + y^2 A = \frac{bh^3}{12} + y^2(b \times h)$$

$$= \frac{8 \times 4^3}{12} + (2+3)^2 \times (8 \times 4) = 842.67\ \text{cm}^4$$

$$I_Y = I_y + x^2 A$$

$$= \frac{hb^3}{12} + x^2(h \times b)$$

$$= \frac{4 \times 8^3}{12} + (2+4)^2 \times (4 \times 8) = 1322.67\ \text{cm}^4$$

$$\therefore I_Y - I_X = 1322.67 - 842.67 = 480\ \text{cm}^4$$

2-4 극단면 2 차 모멘트(polar moment of inertia)

그림 5-6에서 보는 바와 같이 X축과 Y축의 교점인 O점을 극(極, pole)이라 할 때, 이 도형의 극에 대한 단면 2 차 모멘트(관성 모멘트)를 극관성 모멘트, 또는 극단면 2 차 모멘트라 하고 I_p로 표시하며, 단위는 cm^4이다.

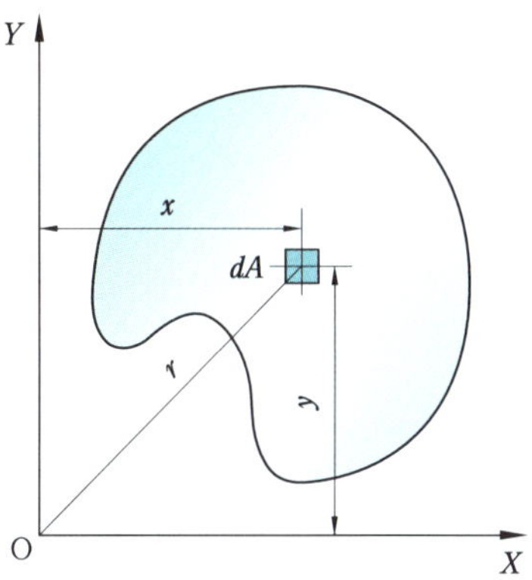

그림 5-6 극단면 2 차 모멘트

임의의 단면의 미소면적을 dA라 할 때 극단면 2 차 모멘트 I_p는

$$I_p = \int_A r^2 \cdot dA \tag{5-9}$$

이며, $x^2 + y^2 = r^2$ 이므로 식 (5-9)는

$$I_p = \int_A r^2 \cdot dA = \int_A (x^2 + y^2)\, dA = \int_A x^2 \cdot dA + \int_A y^2 \cdot dA = I_X + I_Y$$

$$\therefore \; I_p = I_X + I_Y \tag{5-10}$$

이 된다. 식 (5-10)은 극단면 2 차 모멘트 I_p는 X축, Y축에 관한 두 단면 2 차 모멘트 I_X, I_Y를 합한 것과 같음을 알 수 있으며, 원이나 정사각형 등 두 직교축이 대칭일 때는 $I_X = I_Y$ 이므로,

$$I_p = 2I_X = 2I_Y, \quad I_X = I_Y = I = \frac{I_p}{2} \tag{5-11}$$

인 관계를 가지므로 극단면 2 차 모멘트는 단면 2 차 모멘트의 2배이다. 또한, 극단면 계수를 Z_p라 하고, 다음과 같이 표시된다.

$$Z_p = \frac{I_p}{e} \tag{5-12}$$

> **예제 9.** 원형 단면에 중심 O점에 대한 극관성 모멘트, 극단면 계수와 중심 O점을 지나
> 는 X축 및 Y축에 대한 관성 모멘트, 단면계수를 구하시오.

[해설] 미소 단면적 $dA = 2\pi r \cdot dr$

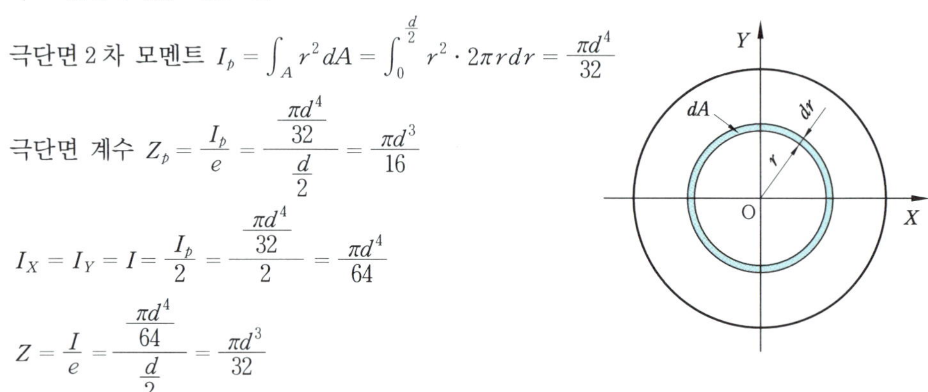

극단면 2차 모멘트 $I_p = \displaystyle\int_A r^2\, dA = \int_0^{\frac{d}{2}} r^2 \cdot 2\pi r\, dr = \dfrac{\pi d^4}{32}$

극단면 계수 $Z_p = \dfrac{I_p}{e} = \dfrac{\frac{\pi d^4}{32}}{\frac{d}{2}} = \dfrac{\pi d^3}{16}$

$I_X = I_Y = I = \dfrac{I_p}{2} = \dfrac{\frac{\pi d^4}{32}}{2} = \dfrac{\pi d^4}{64}$

$Z = \dfrac{I}{e} = \dfrac{\frac{\pi d^4}{64}}{\frac{d}{2}} = \dfrac{\pi d^3}{32}$

3. 상승 모멘트와 주축

3-1 상승 모멘트와 주축

그림 5-7 (a)에서 평면 도형 내의 미소면적 dA에 X축 및 Y축에서 dA까지의 거리 x
및 y의 상승적(相乘積, $x \cdot y$)을 곱한 값 $xy \cdot dA$를 도형 전체에 대하여 적분한 것을 그
도형의 상승(相乘) 모멘트(product of inertia) I_{xy}라고 한다.

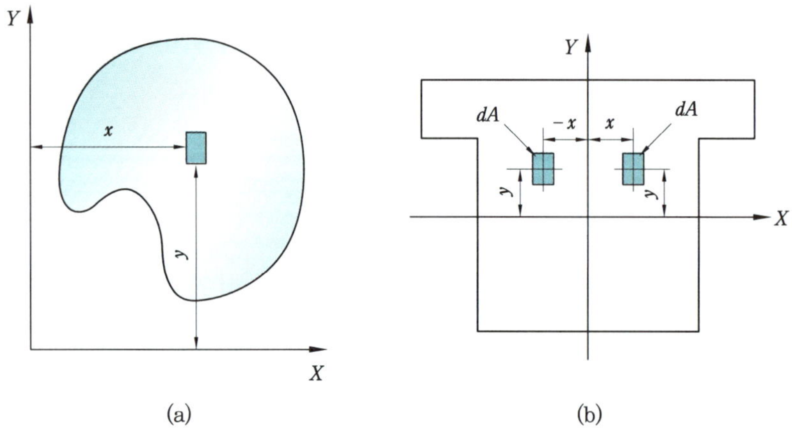

(a)   (b)

그림 5-7 면적 상승 모멘트

$$I_{xy} = \int_A x \cdot y \cdot dA \tag{5-13}$$

식 (5-13)은 x 및 y 두 축 중 어느 한 축이라도 대칭 상태에 있을 경우 그 축에 대한 상승 모멘트는 0이 된다. 그림 5-8 (b)에서 미소면적 dA에 대하여 대칭 위치의 미소면적 dA가 반드시 존재하여 각 요소의 상승 모멘트는 상쇄된다. 즉,

$$I_{xy} = \int_A x \cdot y \cdot dA = \int_0^x xy \cdot dA + \int_{-x}^0 (-x \cdot y) \cdot dA$$

$$= \int_0^x xy \cdot dA - \int_{-x}^0 xy \cdot dA = 0$$

이 된다. 이와 같이 도형의 도심을 지나고 $I_{xy}=0$이 되는 직교축(直交軸)을 그 단면의 주축(主軸, principal axis)이라 한다.

도형의 대칭축에 대한 상승 모멘트는 반드시 0이 되고, 그 축은 주축이 되며 도심을 지나고 대칭축에 직각인 축도 주축이 된다.

그림 5-8에서 x축 및 y축을 O점에 대하여 시계 방향으로 90° 회전시키면 두 축은 y', x'축으로 변환되며 미소면적 dA의 신·구좌표(新舊座標)는

$$y' = x$$
$$x' = -y$$

으로 변환되며 변환축에 대한 단면 상승 모멘트 $I_{x',\,y'}$는

$$I_{x',\,y'} = \int_A x' \cdot y' \cdot dA = \int_A (-y) \cdot x \cdot dA = - \int_A xy\, dA = -I_{xy}$$

이 되며, 이 식은 90° 회전할 동안 단면 상승 모멘트의 부호를 바꾸게 되는 것이다. 그러므로 상승 모멘트는 연속함수인 이상 그 값이 반드시 0이 되는 방향에 존재한다. 이 방향의 축이 주축이며 도심을 좌표의 원점으로 잡는다면 이 주축을 도심주축(圖心主軸, centroidal principal axis)이라고 한다.

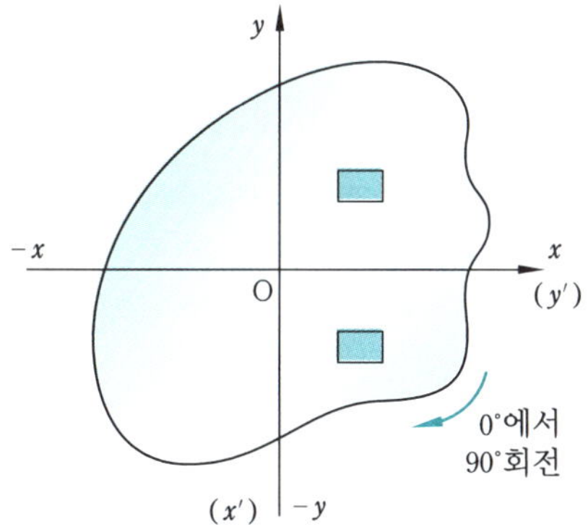

그림 5-8　도심 주축

3-2 상승 모멘트의 평행축 정리

그림 5-9와 같은 임의의 도형의 도심을 지나는 X축 및 Y축에 대한 단면 상승 모멘트의 값을 알면 그 축들에 각각 평행한 X'축 및 Y'축에 대한 단면 상승 모멘트는 평행축 정리를 이용하여 다음과 같은 식을 얻을 수 있다.

$$x' = x + a, \qquad y' = y + b$$

$$I_{x',\,y'} = \int_A x'y' \cdot dA = \int_A (x+a)(y+b) \cdot dA$$

$$= \int_A (xy + ax + by + ab)dA$$

$$= \int_A xy \cdot dA + a\int_A x \cdot dA + b\int_A y \cdot dA + \int_A ab \cdot dA$$

$$= I_{xy} + ab \cdot A \tag{5-14}$$

여기서, $\int_A xy \cdot dA = I_{xy}$ 이고, $\int_A x \cdot dA = 0$, $\int_A y \cdot dA = 0$(도심에 대한 단면 1 차 모멘트)이다.

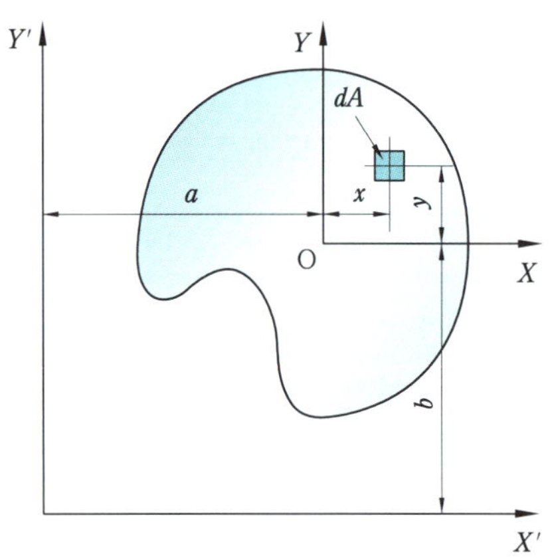

그림 5-9 상승 모멘트의 평행축 정리

예제 10. 다음 그림과 같은 사각단면의 두 축 X', Y'에 대한 상승 모멘트 $I_{X'Y'}$를 구하시오.

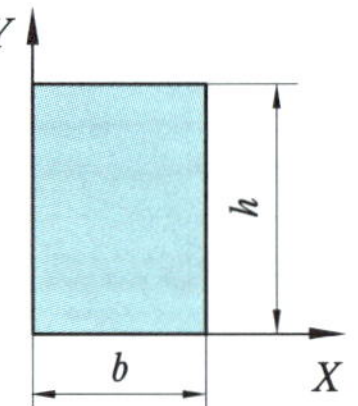

【해설】 $I_{X'Y'}$는 평행축 정리를 이용하여

$$I_{X'Y'} = I_{XY} + ab \cdot A = 0 + \left(\frac{b}{2}\right) \cdot \left(\frac{h}{2}\right) \cdot (b \cdot h) = \frac{b^2 h^2}{4}$$

【참고】 대칭도형에서 $I_{XY} = 0$ 이다.

예제 11. 다음 그림의 L형 단면의 X축 및 Y축에 대한 단면 상승 모멘트 I_{XY}를 구하시오.

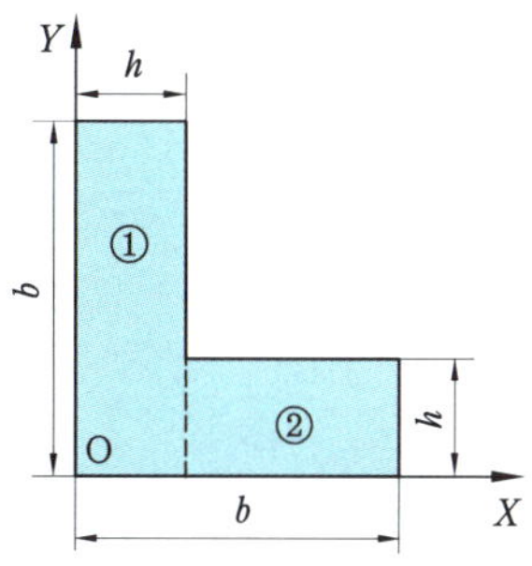

【해설】 [예제 10]에서와 마찬가지로 점선으로 사각단면을 구분하면,

$$I_{XY} = I_{XY①} + I_{XY②}$$

$$= \frac{a_1^2 h_1^2}{4} + \frac{a_2^2 h_2^2}{4} = \frac{b^2 h^2}{4} + \frac{(b-h)^2 \cdot h^2}{4}$$

예제 12. 다음 그림과 같은 도형의 $I_{X_1 Y_1}$, $I_{X_2 Y_2}$, $I_{X_3 Y_3}$를 구하시오.

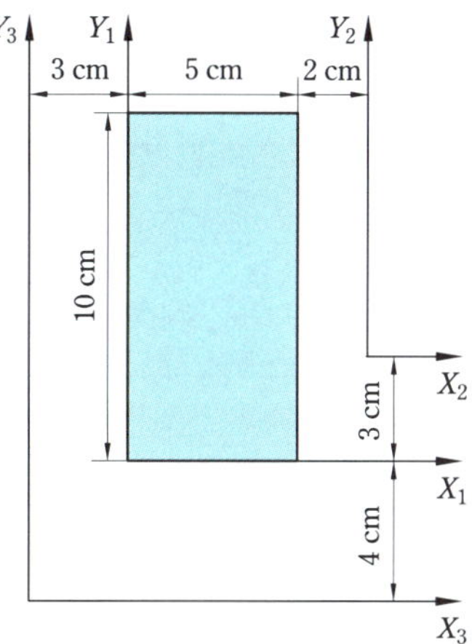

【해설】 $I_{XY} = I_{XY} + abA = \dfrac{b^2 h^2}{4} = \dfrac{A^2}{4}$ 이므로

$$I_{X_1 Y_1} = (-2.5) \times (-5) \times (5 \times 10) = 625 \text{ cm}^4$$

$$I_{X_2 Y_2} = (2 + 2.5) \times (-2) \times (5 \times 10) = -450 \text{ cm}^4$$

$$I_{X_3 Y_3} = (-3-2.5) \times (-5-4) \times (5 \times 10) = 2475 \text{ cm}^4$$

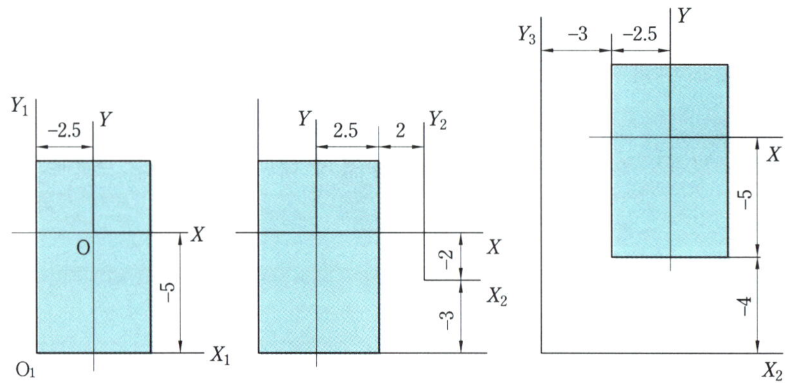

4. 주축의 결정

어떤 평면 도형의 도심을 지나는 X축 및 Y축에 대한 관성 모멘트와 단면 상승 모멘트 I_X, I_Y, I_{XY}는,

$$I_X = \int_A y^2 \cdot dA, \ \ I_Y = \int_A x^2 \cdot dA, \ \ I_{XY} = \int_A xy \cdot dA$$

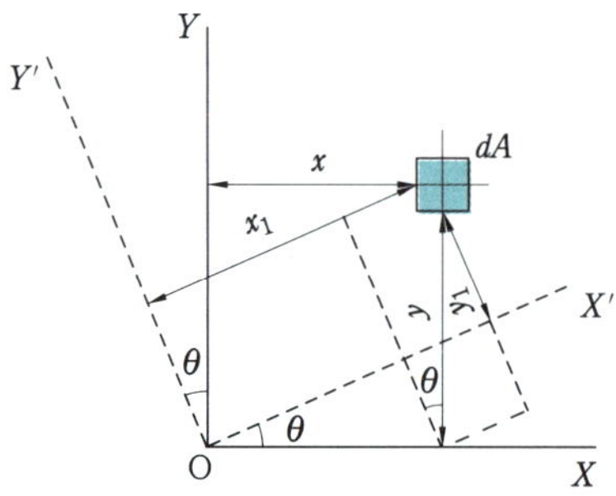

그림 5-10 주축의 결정

그림 5-10과 같이 X축 및 Y축을 O점을 중심으로 θ만큼 회전시킨 X'축 및 Y'축에 대한 관성 모멘트와 단면 상승 모멘트를 구하기 위하여 미소면적 dA의 회전축에 대한 좌표를 구하면,

$$x_1 = x \cdot \cos\theta + y \cdot \sin\theta, \ \ y_1 = y \cdot \cos\theta - x \cdot \sin\theta$$

X'축 및 Y'축에 대한 관성 모멘트는

$$I_{X'} = \int_A y_1^2 \cdot dA$$

$$= \int_A (y \cdot \cos\theta - x \cdot \sin\theta)^2 \cdot dA$$

$$= \int_A y^2 \cdot \cos^2 \cdot dA - \int_A 2xy \cdot \cos\theta \cdot \sin\theta \cdot dA + \int_A x^2 \cdot \sin^2\theta \cdot dA$$

$$= \cos^2\theta \int_A y^2 \cdot dA + \sin^2\theta \int_A x^2 \cdot dA - 2\cos\theta \cdot \sin\theta \int_A xy \cdot dA$$

$$= I_X \cdot \cos^2\theta + I_Y \cdot \sin^2\theta - 2I_{XY} \cdot \cos\theta \cdot \sin\theta \tag{5-15}$$

$$I_{Y'} = \int_A x_1^2 \cdot dA$$

$$= \int_A (x \cdot \cos\theta + y \cdot \sin\theta)^2 \cdot dA$$

$$= I_X \cdot \sin^2\theta + I_Y \cdot \cos^2\theta + 2I_{XY} \cdot \cos\theta \cdot \sin\theta \tag{5-16}$$

이며, $\cos^2\theta = \dfrac{1}{2}(1 + \cos 2\theta)$, $\sin^2\theta = \dfrac{1}{2}(1 - \cos 2\theta)$, $\cos\theta \cdot \sin\theta = \dfrac{1}{2} \cdot \sin 2\theta$를 대입하여 정리하면,

$$I_{X'} = I_X \cdot \frac{1}{2}(1 + \cos 2\theta) + I_Y \cdot \frac{1}{2}(1 - \cos 2\theta) - 2I_{XY} \cdot \frac{1}{2} \cdot \sin 2\theta$$

$$= \frac{1}{2}(I_X + I_Y) + \frac{1}{2}(I_X - I_Y) \cdot \cos 2\theta - I_{XY} \cdot \sin 2\theta \tag{5-17}$$

$$I_{Y'} = I_X \cdot \frac{1}{2}(1 - \cos 2\theta) + I_Y \cdot \frac{1}{2}(1 + \cos 2\theta) + 2I_{XY} \cdot \frac{1}{2} \cdot \sin 2\theta$$

$$= \frac{1}{2}(I_X + I_Y) - \frac{1}{2}(I_X - I_Y) \cdot \cos 2\theta + I_{XY} \cdot \sin 2\theta \tag{5-18}$$

$I_{X'}$와 $I_{Y'}$의 합과 차는

$$I_{X'} + I_{Y'} = I_X + I_Y = I_p \tag{5-19}$$

$$I_{X'} - I_{Y'} = (I_X - I_Y) \cdot \cos 2\theta - 2I_{XY} \cdot \sin 2\theta \tag{5-20}$$

식 (5-19)에서 회전축 X', Y'에 대한 단면 2차 모멘트의 합 $I_{X'} + I_{Y'}$는 원래의 축 X, Y에 대한 단면 2차 모멘트의 합 $I_X + I_Y$와 같고, 원점 O에 대한 극단면 2차 모멘트 I_p와 같음을 알 수 있다.

회전축에 대한 면적 상승 모멘트 $I_{X'Y'}$는

$$I_{X'Y'} = \int_A x_1 \cdot y_1 \cdot dA$$

$$= \int_A (x \cdot \cos\theta + y \cdot \sin\theta)(y \cdot \cos\theta - x \cdot \sin\theta) dA$$

$$= \int_A (y^2 \cdot \sin\theta \cdot \cos\theta - x^2 \cdot \sin\theta \cdot \cos\theta + xy \cdot \cos^2\theta - xy \cdot \sin^2\theta)\,dA$$

$$= I_X \cdot \sin\theta \cdot \cos\theta - I_Y \cdot \sin\theta \cdot \cos\theta + I_{XY}(\cos^2\theta - \sin^2\theta)$$

$$\therefore\ I_{X'Y'} = \frac{1}{2}(I_X - I_Y) \cdot \sin 2\theta + I_{XY} \cdot \cos 2\theta \qquad\qquad (5\text{-}21)$$

식 (5-21)에서 단면 상승 모멘트 $I_{X'Y'}$도 회전각 θ의 변화에 따라 변화한다는 것을 알 수 있으며 $\theta = 0°$일 때 $I_{X'Y'} = I_{XY}$이고, $\theta = 90°$일 때 $I_{X'Y'} = -I_{XY}$이며 그 중간각에서 $I_{X'Y'} = 0$이 되는 각 위치 θ가 있으며 이 위상(位相)에 있는 회전축을 면적 주축(principal axis of area)이라 하고, 회전축이 도심에 원점을 가지고 있으면 도심 주축(centroidal principal axis)이라 한다.

주축에 대한 상승 모멘트는 0이므로, 주축의 방향은 $I_{X'Y'} = 0$으로 놓고 구한다. 즉,

$$I_{X'Y'} = \frac{1}{2}(I_X - I_Y) \cdot \sin 2\theta + I_{XY} \cdot \cos 2\theta = 0$$

$$\tan 2\theta = \frac{2 I_{XY}}{I_X - I_Y} \qquad\qquad (5\text{-}22)$$

식 (5-22)에서 θ는 주축 위치각을 뜻하며 두 개의 값이 계산된다. 두 개의 θ값은 $\dfrac{\pi}{2}$ 만큼의 차가 있으며 직교한다. 따라서, 식 (5-22)는 상승 모멘트가 0이 되는 X', Y'축 의 방향을 결정하는 각이다.

식 (5-22)를 θ에 대하여 미분하여 0으로 놓으면, $I_{X'}$의 최대값을 구할 수 있다.

$$\frac{dI_{X'}}{d\theta} = (I_X - I_Y) \cdot \sin 2\theta - 2\,I_{XY} \cdot \cos 2\theta = 0$$

$$\therefore\ \tan 2\theta = \frac{2\,I_{XY}}{I_X - I_Y}$$

가 얻어지며 식 (5-22)와 동일한 식을 얻게 된다. 즉, $I_{Y'}$는 식 (5-18)을 이용하여 얻어 지며, 주축은 단면 2차 모멘트를 최대 또는 최소로 하는 축으로 결정된다.

주축에 대한 것을 요약하면,

① 주축은 식 (5-22) $\tan 2\theta = \dfrac{2 I_{XY}}{I_X - I_Y}$ 로 결정되는 한 쌍의 직교축이다.

② 주축에 대한 단면 상승 모멘트는 0이다.

③ 주축에 대한 단면 2차 모멘트는 최대값, 최소값이 각각 하나씩 있다.

④ 대칭축은 항상 주축이 된다.

주관성(主慣性) 모멘트(단면 2차 모멘트) $I_1(= I_{\max})$, $I_2(= I_{\min})$을 얻기 위해 식

(5-17), (5-18)의 $\sin 2\theta$, $\cos 2\theta$ 를 $\tan 2\theta$ 로 표시하고 식 (5-22)를 대입 정리하면 다음과 같다.

$$
\left.
\begin{aligned}
\sin 2\theta &= \frac{\tan 2\theta}{\sqrt{1+\tan^2 2\theta}} = \frac{2 I_{XY}}{\sqrt{(I_X - I_Y)^2 + 4 I_{XY}^2}} \\[2mm]
\cos 2\theta &= \frac{1}{\sqrt{1+\tan^2 2\theta}} = \frac{I_X - I_Y}{\sqrt{(I_X - I_Y)^2 + 4 I_{XY}^2}}
\end{aligned}
\right\} \tag{5-23}
$$

식 (5-23)을 식 (5-17), (5-18)에 대입 정리하면,

$$
\left.
\begin{aligned}
\text{최대 주관성 모멘트 } I_1 &= I_{\max} \\
&= \frac{1}{2}(I_X + I_Y) + \frac{1}{2}\sqrt{(I_X - I_Y)^2 + 4 I_{XY}^2} \\[2mm]
\text{최소 주관성 모멘트 } I_2 &= I_{\min} \\
&= \frac{1}{2}(I_X + I_Y) - \frac{1}{2}\sqrt{(I_X - I_Y)^2 + 4 I_{XY}^2}
\end{aligned}
\right\} \tag{5-24}
$$

식 (5-24)는 제 4 장의 식 (4-37), (4-38)과 일치하며, 모어의 원으로도 주관성 모멘트를 표시할 수 있음을 뜻한다.

예제 13. 다음 그림과 같은 L형 단면의 X, Y축에 대한 단면 상승 모멘트와 단면의 주축 및 주관성 모멘트를 구하시오.

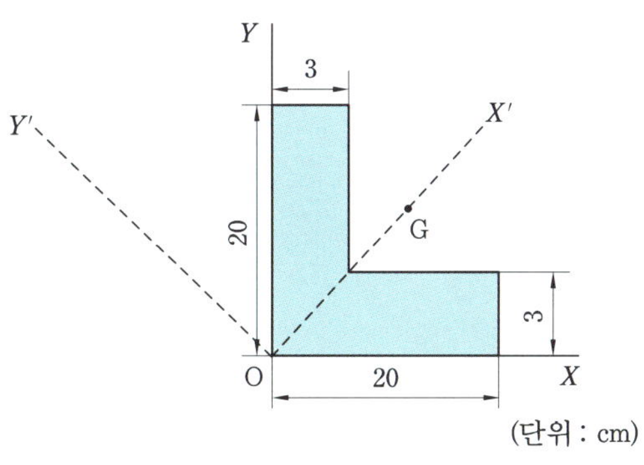

해설 단면 상승 모멘트 $I_{XY} = \int_A xy \cdot dA$ 이므로, 사각단면의 경우

$$
I_{XY} = \int_A xy \cdot dA = \int_0^b x \cdot dx \int_0^h y \cdot dy = \frac{b^2 h^2}{4}
$$

$$
\therefore I_{XY} = \frac{20^2 \times 3^2}{4} + \frac{20^2 \times 3^2}{4} - \frac{3^2 \times 3^2}{4} = 1779.75 \text{ cm}^4
$$

단면 2 차 모멘트는

$$
I_X = \frac{bh^3}{3} = \frac{3 \times 20^3}{3} + \frac{(20-3) \times 3^3}{3} = 8153 \text{ cm}^4 = I_Y
$$

　　X, Y축에 $45°$ 기울어진 X'축은 대칭축으로 단면의 주축이며, 이것과 직교된 Y'축도 단면의 주축이다.

$$I_{X'} = \frac{1}{2}\,(I_X + I_Y) + \frac{1}{2}\,(I_X - I_Y) \cdot \cos 2\theta - I_{XY} \cdot \sin 2\theta$$

$$I_{Y'} = \frac{1}{2}\,(I_X + I_Y) - \frac{1}{2}\,(I_X - I_Y) \cdot \cos 2\theta + I_{XY} \cdot \sin 2\theta$$

로부터 $\theta = 45°\,(I_X = I_Y)$일 때 최대·최소 주관성 모멘트가 생기므로,

$$\begin{aligned}
I_1 = I_{\max} &= \frac{1}{2}\,(I_X + I_Y) + \frac{1}{2}\,\sqrt{(I_X - I_Y)^2 + 4\,I_{XY}^{\,2}} \\
&= \frac{1}{2}\,(I_X + I_Y) + I_{XY} \\
&= I_X + I_{XY} \\
&= 8153 + 1779.75 \\
&= 9932.75 \ \text{cm}^4
\end{aligned}$$

$$\begin{aligned}
I_2 = I_{\min} &= \frac{1}{2}\,(I_X + I_Y) - \frac{1}{2}\,\sqrt{(I_X - I_Y)^2 + 4\,I_{XY}^{\,2}} \\
&= \frac{1}{2}\,(I_X + I_Y) - I_{XY} \\
&= I_X - I_{XY} \\
&= 8153 - 1779.75 \\
&= 6373.5 \ \text{cm}^4
\end{aligned}$$

❧ 연습문제 ❧

1. 그림 p 5-1과 같은 L형 단면에서 도심 $\overline{x}$ 및 $\overline{y}$를 구하시오.

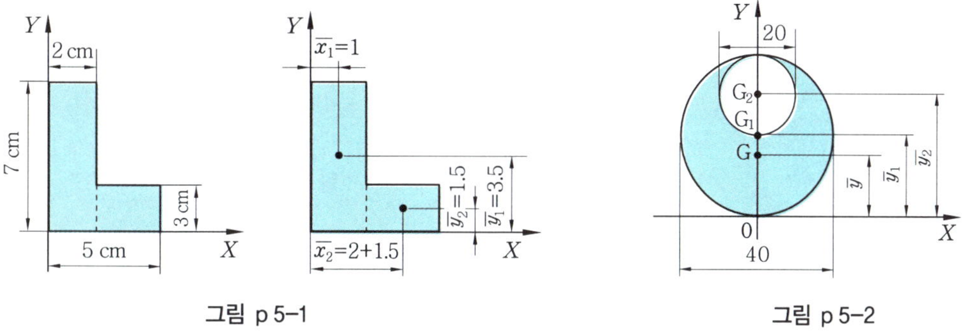

그림 p 5-1   그림 p 5-2

2. 그림 p 5-2와 같이 지름이 40 cm인 원의 상단에 지름 20 cm의 원을 잘라내었다. X 축에 대한 색칠한 부분의 도심 $\overline{y}$를 구하시오.

3. 그림 p 5-3의 I형 빔(beam)에서 x 축에 대한 도심 $\overline{y}$와 y 축에 대한 도심 $\overline{x}$를 구하시오.

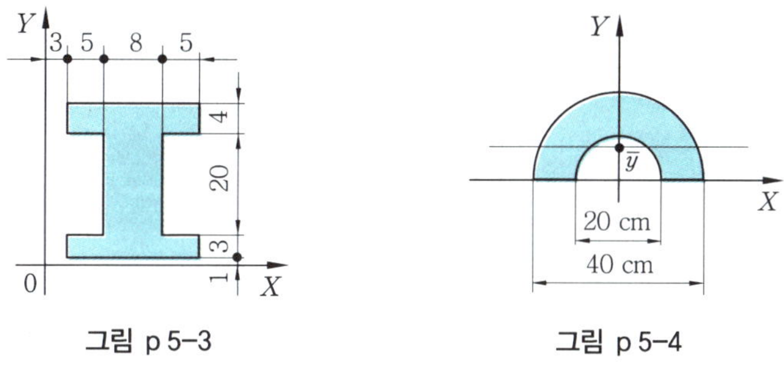

그림 p 5-3   그림 p 5-4

4. 그림 p 5-4와 같이 큰 반원의 지름이 40 cm 이고 작은 반원의 지름이 20 cm라 할 때, x 축에 대한 도심 $\overline{y}$를 구하시오.

5. 그림 p 5-5와 같이 반지름 R인 큰 원에서 내부에 지름이 R인 원의 구멍을 뚫을 경우 도심점 e의 거리를 구하시오.

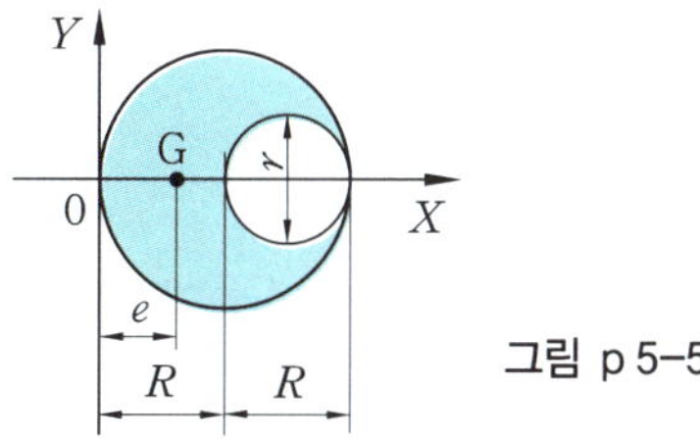

그림 p 5-5

6. 그림 p 5–6의 단면은 지름이 40 cm인 원이다. X, X_1, X_2 축에서의 단면 1 차 모멘트 G_x, G_{x1}, G_{x2}를 구하시오.

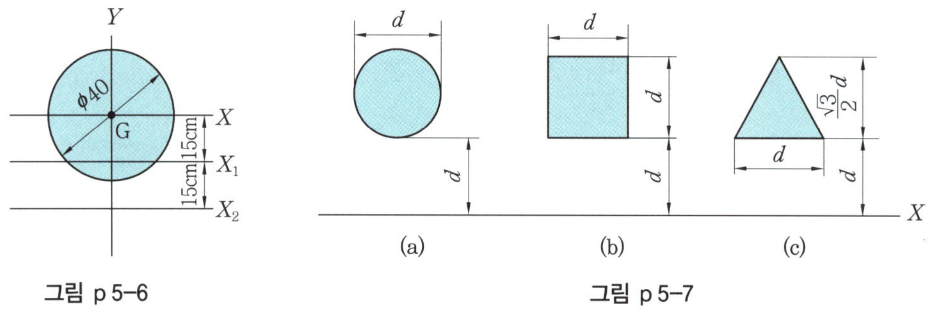

그림 p 5–6　　　　　　　　　　　　　　그림 p 5–7

7. 그림 p 5–7의 X 축선 상에 도형 (a), (b), (c)가 있다. 단면 1 차 모멘트가 큰 순서대로 나열하시오.

8. 그림 p 5–8과 같이 색칠한 1/4 원의 단면 1 차 모멘트 G_x와 도심점 $\overline{y}$를 구하시오.

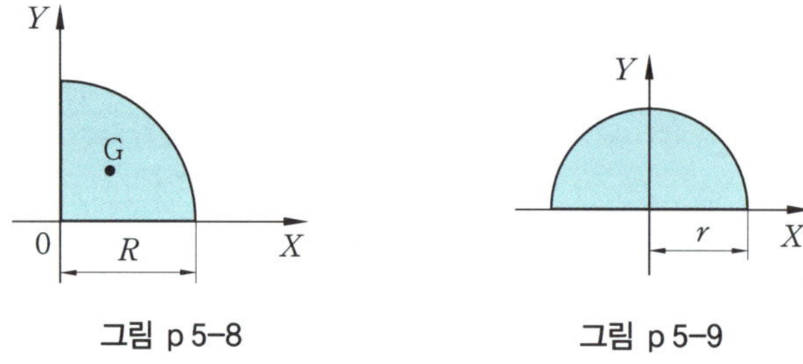

그림 p 5–8　　　　　　　　　　　　　그림 p 5–9

9. 그림 p 5–9와 같은 반지름 r 인 반원에서 단면 X 축에 관한 2 차 모멘트 I_X 을 구하시오.

10. 그림 p 5–10과 같이 밑변이 b 이고, 높이가 h 인 사각단면에서 도심축 Y 에 관한 단면 2 차 모멘트 I_Y를 구하시오.

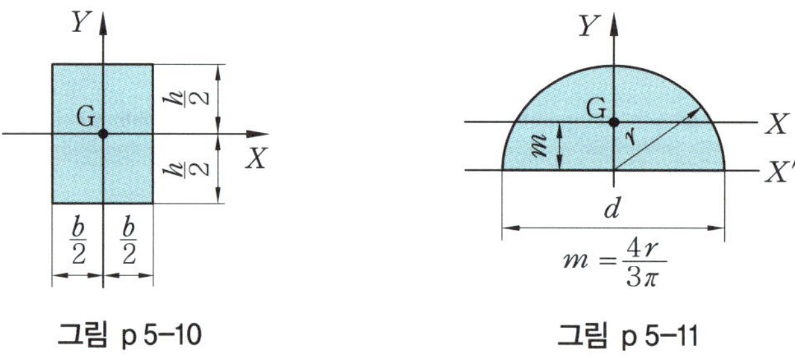

그림 p 5–10　　　　　　　　　　　　그림 p 5–11

11. 그림 p 5–11과 같이 지름이 d 이고, 반지름이 r 인 반원형 단면의 도심축에 관한 단면 2 차 모멘트를 구하시오.

12. 그림 p 5–12와 같이 원형 단면의 회전반지름 K_X와 단면계수 Z_X를 구하시오.

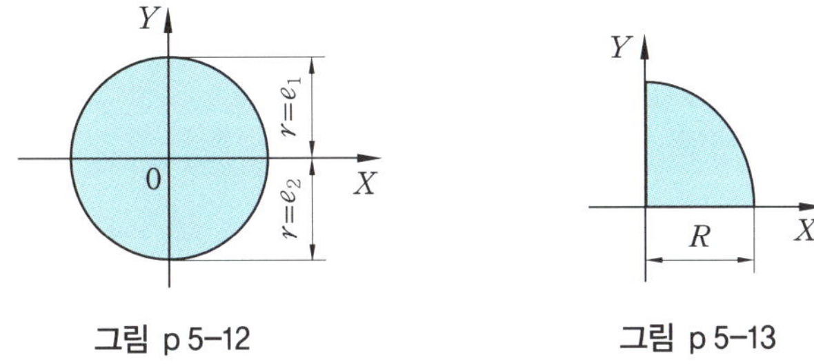

그림 p 5–12   그림 p 5–13

13. 그림 p 5–13과 같이 반지름 R인 1/4 단면이 있다. 이때 XY축의 관성 상승 모멘트 I_{XY}를 구하시오.

14. 그림 p 5–14와 같은 L형 단면이 있다. XY축에 관한 상승 모멘트 I_{XY}를 구하시오.

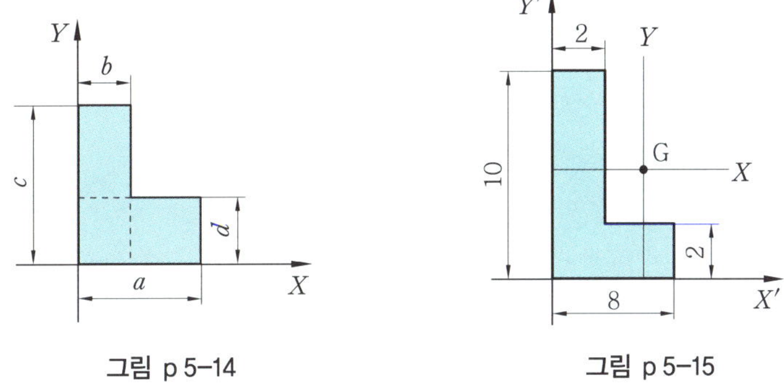

그림 p 5–14   그림 p 5–15

15. 그림 p 5–15에서 X, Y 축으로부터 주축을 결정하는 각 θ와 최대, 최소 단면 2차 모멘트 $I_{\max}$, $I_{\min}$을 구하시오.

16. 그림 p 5–16과 같은 부채꼴 단면의 반지름을 $R = 4\,\mathrm{cm}$, $r = 2\,\mathrm{cm}$, $\alpha = \dfrac{\pi}{4}$로 하였을 때 색칠한 부분의 도심 G를 구하시오.

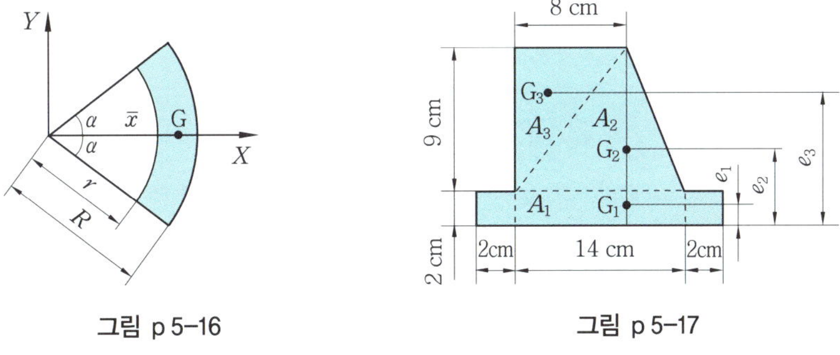

그림 p 5–16   그림 p 5–17

17. 그림 p 5–17과 같은 단면의 밑변에 관한 단면 2차 모멘트(cm^4)를 구하시오.

18. 그림 p 5–18과 같이 지름 d 인 원형 단면에서 최대 단면계수를 갖는 구형 단면을 얻으려면 폭 b 와 높이 h 의 비를 구하시오.

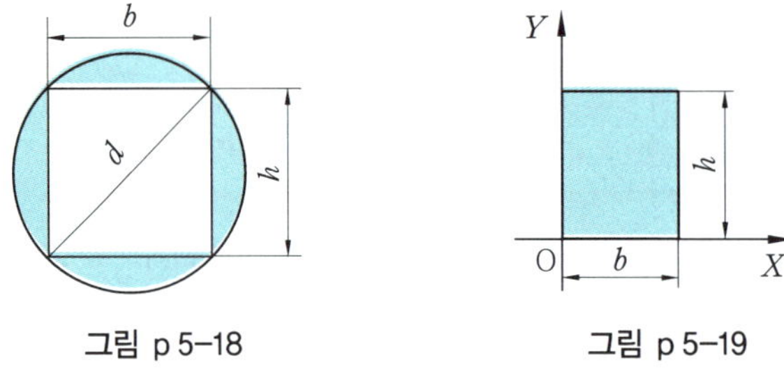

그림 p 5–18   그림 p 5–19

19. 그림 p 5–19와 같은 사각형의 단면에서 꼭지점 O를 지나는 주축의 방향을 정하는 $\tan 2\theta$ 의 값을 구하시오.

20. 그림 p 5–20과 같은 5각형의 X 축에 대한 단면 1 차 모멘트와 도심을 구하시오.

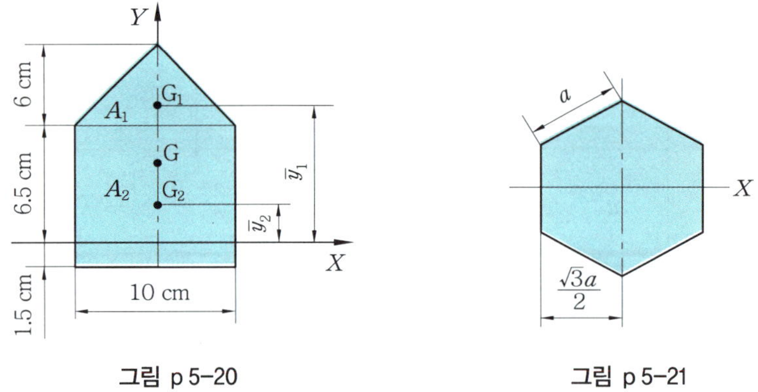

그림 p 5–20   그림 p 5–21

21. 그림 p 5–21과 같이 한 변이 a 인 정육각 단면의 X 축에 대한 관성 모멘트와 단면계수를 구하시오.

연습문제 풀이

1. 점선 왼쪽 단면의 면적을 A_1, 오른쪽 단면의 면적을 A_2라 하면,

$$\overline{x} = \frac{G_y}{A} = \frac{A_1 \overline{x_1} + A_2 \overline{x_2}}{A_1 + A_2}$$

$$= \frac{(7 \times 2 \times 1) + (3 \times 3 \times 3.5)}{(7 \times 2) + (3 \times 3)} = 1.413 \text{ cm}$$

$$\overline{y} = \frac{G_x}{A} = \frac{A_1 \overline{y_1} + A_2 \overline{y_2}}{A_1 + A_2}$$

$$= \frac{(7 \times 2 \times 3.5) + (3 \times 3 \times 1.5)}{(7 \times 2) + (3 \times 3)} \fallingdotseq 2.72 \text{ cm}$$

2. 큰 원의 단면적을 A_1, 작은 원의 단면적을 A_2라 하고, O점으로부터 큰 원 도심까지의 거리를 $\overline{y_1}$, O점으로부터 작은 원 도심까지의 거리를 $\overline{y_2}$ 라 하면,

$$\overline{y} = \frac{G_x}{A} = \frac{A_1 \overline{y_1} - A_2 \overline{y_2}}{A_1 - A_2}$$

$$= \frac{\left(\dfrac{\pi \cdot 20^2}{4} \times 20 \right) - \left(\dfrac{\pi \cdot 10^2}{4} \times 30 \right)}{\left(\dfrac{\pi \cdot 20^2}{4} \right) - \left(\dfrac{\pi \cdot 10^2}{4} \right)}$$

$$= \frac{\dfrac{\pi}{4}(20^2 \times 20 - 10^2 \times 30)}{\dfrac{\pi(20^2 - 10^2)}{4}}$$

$$\fallingdotseq 16.67 \text{ cm}$$

3. 사각형 18×27의 단면적을 A_1, 사각형 5×20의 단면적을 A_2라 하면,

$$\overline{y} = \frac{G_x}{A} = \frac{A_1 \overline{y_1} - 2A_2 \overline{y_2}}{A_1 - 2A_2}$$

$$= \frac{(18 \times 27 \times 14.5) - 2(5 \times 20 \times 14)}{(18 \times 27) - 2(5 \times 20)}$$

$$= 14.85 \text{ cm}$$

여기서, $\overline{y_1} = \dfrac{27}{2} + 1 = 14.5$

$$\overline{y_2} = \frac{20}{2} + 4 = 14$$

$$\overline{x} = \frac{G_y}{A} = \frac{A_1 \overline{x_1} - A_2 \overline{x_2} - A_3 \overline{x_3}}{A_1 - 2A_2}$$

$$= \frac{(18 \times 27 \times 12) - (5 \times 20 \times 5.5) - (5 \times 20 \times 18.5)}{(18 \times 27) - 2(5 \times 20)}$$

$$= 12 \text{ cm}$$

여기서, $\overline{x_1} = \dfrac{18}{2} + 3 = 12$

$$\overline{x_2} = \frac{5}{2} + 3 = 5.5$$

$$\overline{x_3} = \frac{5}{2} + 16 = 18.5$$

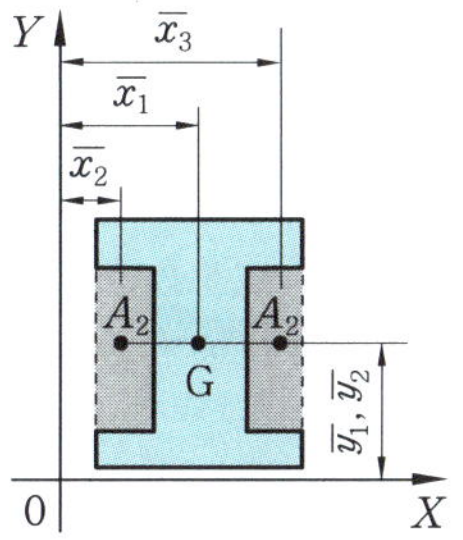

4. 도심 $\overline{x} = \dfrac{G_y}{A}$, $\overline{y} = \dfrac{G_x}{A}$ 이므로,

큰 반원에서

$$A_1 = \frac{\pi D^2}{4} / 2 = \frac{\pi \cdot 40^2}{8} = 628 \text{ cm}^2$$

작은 반원에서

$$A_2 = \frac{\pi d^2}{4} / 2 = \frac{\pi \cdot 20^2}{8} = 157 \text{ cm}^2$$

반원의 x 축에 대한 도심은 $\overline{y} = \dfrac{4r}{3\pi}$ 이므로,

큰 반원의 도심은

$$\overline{y_1} = \frac{4}{3\pi} \times R = \frac{4}{3\pi} \times 20 \fallingdotseq 8.49 \text{ cm}$$

작은 반원의 도심은

$$\overline{y_2} = \frac{4}{3\pi} \times r = \frac{4}{3\pi} \times 10 \fallingdotseq 4.24 \text{ cm}$$

$$\therefore \ \overline{y} = \frac{G_x}{A} = \frac{A_1 \overline{y_1} - A_2 \overline{y_2}}{A_1 - A_2}$$

$$= \frac{628 \times 8.49 - 157 \times 4.24}{628 - 157}$$

$$\fallingdotseq 9.91 \text{ cm}$$

5. 그림에서 큰 원의 단면적 $A_1 = \pi R^2$, 작은 원의 단면적 $A_2 = \dfrac{\pi \cdot R^2}{4}$ 이고, 큰 원의 도심점

까지의 거리를 $\overline{x_1}$, 작은 원의 도심까지의 거리를 $\overline{x_2}$ 라 하면,

$$e = \frac{G_r}{A} = \frac{A_1 \overline{x_1} - A_2 \overline{x_2}}{A_1 - A_2}$$

$$= \frac{(\pi R^2 \times R) - \left(\frac{\pi \cdot R^2}{4} \times \frac{3}{2} R \right)}{\pi R^2 - \frac{\pi \cdot R^2}{4}}$$

$$= \frac{\pi R^2 \left(R - \frac{3}{8} R \right)}{\pi R^2 \left(1 - \frac{1}{4} \right)} = \frac{\frac{5}{8} R}{\frac{3}{4}} = \frac{5}{6} R$$

6. X, X_1, X_2 축에서 도심까지의 거리를 각각 $\overline{y}$, $\overline{y_1}$, $\overline{y_2}$ 라 하면

$$A = \frac{\pi}{4} \times 40^2 \fallingdotseq 1256.6 \text{ cm}^2$$

따라서, X 축의 단면 1 차 모멘트는

$$G_x = A\overline{y} = 1256.6 \times 0 = 0 \text{ (도심 통과)}$$

X_1 축의 단면 1 차 모멘트는

$$G_{x1} = A\overline{y_1} = 1256.6 \times 15 = 18849 \text{ cm}^3$$

X_2 축의 단면 1 차 모멘트는

$$G_{x2} = A\overline{y_2} = 1256.6 \times 30 = 37698 \text{ cm}^3$$

7. 원형의 단면적을 A_1, 단면 1 차 모멘트를 G_1, 도심까지의 거리를 $\overline{y_1}$이라 하고, 사각형의 단면적을 A_2, 단면 1 차 모멘트를 G_2, 도심까지의 거리를 $\overline{y_2}$라 하며, 정삼각형의 단면적을 A_3, 단면 1 차 모멘트를 G_3, 도심까지의 거리를 $\overline{y_3}$라 하면,

$$G_1 = A_1 \overline{y_1} = \frac{\pi \cdot d^2}{4} \times \left(\frac{3}{2} d \right) = 1.178 d^3$$

$$G_2 = A_2 \overline{y_2} = d^2 \times \left(\frac{3}{2} d \right) \fallingdotseq 1.5 d^3$$

$$G_3 = A_3 \overline{y_3} = \frac{1}{2} \left(d \times \frac{\sqrt{3}}{2} d \right) \times \left(\frac{\sqrt{3}}{6} d + d \right)$$

$$\fallingdotseq 0.558 d^3$$

$$G_2 > G_1 > G_3, \quad \therefore \ (b) > (a) > (c)$$

8. $G_x = \int_A y dA$에서 $dA = x \cdot dy$ 이므로, $G_x = \int_0^R y \cdot x dy$가 된다. 그런데 극좌표 (x, y)점과 원점을 연결한 선과 X축 사이의 각을 θ라 하면, $x = R \cos \theta$, $y = R \sin \theta$가 된다. 또 y를

미분하면 $dy = R \cos \theta d\theta$, 이것을 G_x에 대입하면,

$$G_x = \int_\pi^{\frac{\pi}{2}} R \sin \theta \cdot R \cos \theta \cdot R \cos \theta d\theta$$

$$= \int_\pi^{\frac{\pi}{2}} R^3 \cos^2 \theta \sin \theta d\theta$$

$$= R^3 \left[-\frac{1}{3} \cos^3 \theta \right]_0^{\frac{\pi}{2}} = \frac{R^3}{3}$$

$y = R \cdot \sin \theta$ 에서

$$y = 0 \to \sin \theta = \theta \to \theta = 0$$

$$y = R \to \sin \theta = 1 \to \theta = \frac{\pi}{2}$$

※ $\cos \theta = t \to -\sin \theta d\theta = dt$

$$\int \cos^2 \theta \cdot \sin \theta d\theta$$

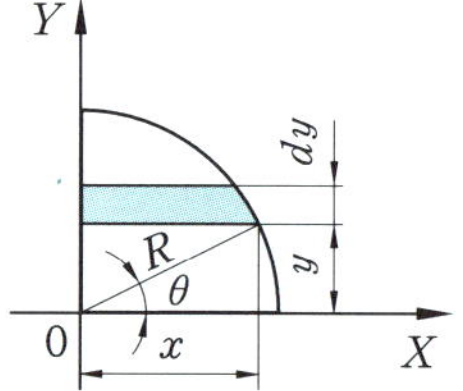

$$\therefore \int (-t^2) dt = \left[-\frac{1}{3} t^3 \right] = \left[-\frac{1}{3} \cos^3 \theta \right]$$

$$A = \pi R^2 \times \frac{1}{4} = \frac{\pi \cdot R^2}{4}$$

$$\therefore \overline{y} = \frac{G_x}{A} = \frac{\frac{R^3}{3}}{\frac{\pi R^2}{4}} = \frac{4R}{3\pi}$$

[참고] 두 축의 조건이 같으므로, $\overline{x} = \overline{y}$도 성립한다.

9. 그림에서 $dA = 2x \cdot dy$ 이므로,

$$I_X = \int_A y^2 dA = \int_0^r y^2 \cdot 2x dy$$

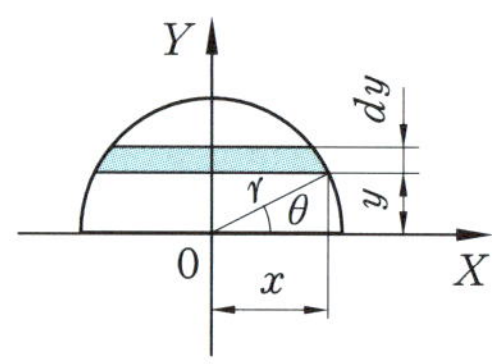

또, $x = r \cos \theta$, $y = r \sin \theta$, $dy = r \cos \theta$ 이므로

$$I_X = \int_0^{\frac{\pi}{2}} (r \sin \theta)^2 \cdot 2(r \cos \theta) \cdot r \cos \theta d\theta$$

$$= 2r^4 \int_0^{\frac{\pi}{2}} \sin\theta^2 \cdot \cos^2\theta \, d\theta$$

$$= \frac{1}{2} r^4 \int_0^{\frac{\pi}{2}} (2\sin\theta \cdot \cos\theta)^2 \, d\theta$$

$$= \frac{1}{2} r^4 \int_0^{\frac{\pi}{2}} (\sin 2\theta)^2 \, d\theta$$

$$= \frac{r^4}{2} \int_0^{\frac{\pi}{2}} \left(\frac{1}{2} - \frac{\cos 4\theta}{2} \right) d\theta$$

$$= \frac{r^4}{2} \left[\frac{1}{2}\theta - \frac{1}{4 \times 2} \sin 4\theta \right]_0^{\frac{\pi}{2}}$$

$$= \frac{\pi r^4}{8} = \frac{\pi d^4}{128}$$

10. $I_Y = \int_A x^2 \, dA$에서, $dA = h \cdot dx$이므로,

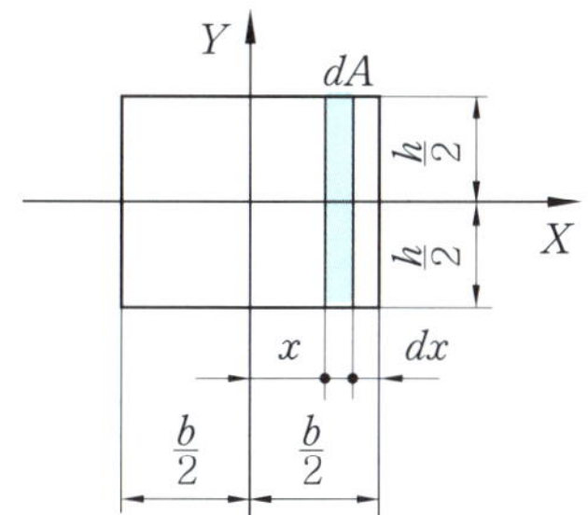

$$I_Y = \int_{-\frac{b}{2}}^{\frac{b}{2}} x^2 \cdot h \cdot dx = 2h \int_0^{\frac{b}{2}} x^2 \, dx$$

$$= 2h \left[\frac{1}{3} x^3 \right]_0^{\frac{b}{2}} = \frac{hb^3}{12}$$

11. 반원의 저변에 대한 단면 2차 모멘트 $I_x{}'$는

$$I_x{}' = \frac{\pi d^4}{128} = \frac{\pi r^4}{8}$$

$$I_x{}' = I_x + m^2 A, \quad m = \frac{4r}{3\pi}$$

따라서, 도심에 관한 단면 2차 모멘트 I_x는

$$I_x = I_x{}' - m^2 A = \frac{\pi r^4}{8} - \left(\frac{4r}{3\pi} \right)^2 \times \left(\frac{\pi r^2}{2} \right)$$

$$= \frac{9\pi^2 - 64}{72\pi} \cdot r^4$$

$$= \frac{9\pi^2 - 64}{1152\pi} \times d^4$$

12. $I_X = I_Y = \frac{\pi r^4}{4}$, $e_1 = e_2 = r$이므로,

단면계수는

$$Z_X = Z_Y = Z = \frac{I_X}{e_1} = \frac{\frac{\pi}{4}r^4}{r} = \frac{\pi r^3}{4}$$

회전반지름은

$$K_X = K_Y = \sqrt{\frac{I_X}{A}} = \sqrt{\frac{\pi \cdot r^4}{4} \times \frac{1}{\pi r^2}} = \frac{r}{2}$$

13. 그림에서 $x = \rho\cos\theta$, $y = \rho\sin\theta$ $dA = \rho \, d\theta \, d\rho$ 이므로,

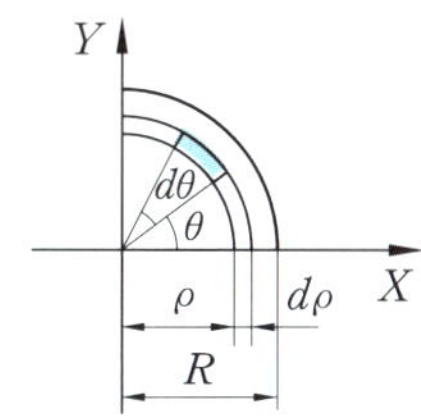

$$I_{XY} = \int_A xy \, dA = \int\int xy\rho \, d\theta \, d\rho$$

$$= \int_0^r \int_0^{\frac{\pi}{2}} (\rho\cos\theta)(\rho\sin\theta)\rho \, d\theta \, d\rho$$

$$= \int_0^r \int_0^{\frac{\pi}{2}} \rho^3 \cos\theta \sin\theta \, d\theta \, d\rho$$

$$= \left[\frac{1}{4}\rho^4 \right]_0^r \cdot \int_0^{\frac{\pi}{2}} \cos\theta \sin\theta \, d\theta$$

$$\left(\rightarrow \sin\theta \cdot \cos\theta = \frac{1}{2}\sin 2\theta \right)$$

$$= \frac{r^4}{4} \cdot \left[-\frac{1}{4}(\cos 2\theta) \right]_0^{\frac{\pi}{2}} = \frac{r^4}{8}$$

14. 그림에서 유효면적은 $(b \times c) + (a \times d) - (b \times d)$ 이므로,

$$I_{XY} = \int_0^A xy \, dA = \int_0^A xy \, dx \, dy$$

$$I_{XY} = \int_0^b \int_0^c xy \, dx \, dy + \int_0^a \int_0^d xy \, dx \, dy$$

$$\quad - \int_0^b \int_0^d xy \, dx \, dy$$

$$= \left[\frac{x^2}{2} \right]_0^b \cdot \left[\frac{y^2}{2} \right]_0^c + \left[\frac{x^2}{2} \right]_0^a \cdot \left[\frac{y^2}{2} \right]_0^d$$

$$\quad - \left[\frac{x^2}{2} \right]_0^b \cdot \left[\frac{y^2}{2} \right]_0^d$$

$$= \frac{b^2 c^2}{4} + \frac{a^2 d^2}{4} - \frac{b^2 d^2}{4}$$

$$= \frac{1}{4}(b^2 c^2 + a^2 d^2 - b^2 d^2)$$

15. 우선 I_X, I_Y를 구하면,

$$I_X = \left(\frac{2\times 10^3}{12} + 20 \times 1.5^2 \right)$$
$$+ \left(\frac{6\times 2^3}{12} \times 12 \times 2.5^2 \right)$$
$$= 511.67 \, \text{cm}^4$$

$$I_Y = \left(\frac{10\times 2^3}{12} + 20 \times 1.5^2 \right)$$
$$+ \left(\frac{2\times 6^3}{12} \times 12 \times 2.5^2 \right)$$
$$= 2751.67 \, \text{cm}^4$$

$$\tan 2\theta = \frac{2I_{XY}}{I_Y - I_X}$$
$$= \frac{2\times 120}{2751.67 - 511.67} \fallingdotseq 0.107$$

$$2\theta = \tan^{-1} 0.107 = 6.1155°$$
$$\therefore \theta \fallingdotseq 3.058°$$

또, 주축에서의 $I_{\max}$와 $I_{\min}$은

$$I_{\max} = \frac{1}{2}(I_X + I_Y) + \frac{1}{2}\sqrt{(I_X - I_Y)^2 + 4I_{XY}^2}$$
$$= \frac{1}{2}(511.67 + 2751.67)$$
$$+ \frac{1}{2}\sqrt{(511.67 - 2751.67)^2 + 4\times 120^2}$$
$$= 1631.67 + 1126.41 \fallingdotseq 2758.1 \, \text{cm}^4$$

$$I_{\min} = \frac{1}{2}(I_X + I_Y) - \frac{1}{2}\sqrt{(I_X - I_Y)^2 + 4I_{XY}^2}$$
$$= \frac{1}{2}(511.67 + 2751.67)$$
$$- \frac{1}{2}\sqrt{(511.67 - 2751.67)^2 + 4\times 120^2}$$
$$= 1631.67 - 1126.41 \fallingdotseq 505.26 \, \text{cm}^4$$

16. 부채꼴 단면의 단면 1 차 모멘트 G_y는
$$G_y = \frac{2}{3} r^3 \cdot \sin\theta$$
따라서, 빗금친 부분에 대하여
$$G_y = \frac{2}{3}(R^3 - r^3) \cdot \sin\alpha,$$
$$A = \alpha \cdot (R^2 - r^2)$$

$$\therefore \bar{x} = \frac{G_y}{A} = \frac{\frac{2}{3}(R^3 - r^3)\sin\alpha}{\alpha(R^2 - r^2)}$$
$$= \frac{2(R^3 - r^3)\times \sin\alpha}{3\alpha(R^2 - r^2)}$$
$$= \frac{2\times(4^3 - 2^3)\times \sin 45°}{3\times \frac{\pi}{4} \times (4^2 - 2^2)}$$

$$\fallingdotseq 2.803 \, \text{cm}$$

17. 밑변에 대하여, A_1 단면의 단면 2 차 모멘트는
$$I_1 = \frac{bh^3}{3} = \frac{18\times 2^3}{3} = 48 \, \text{cm}^4$$
A_2 단면의 단면 2 차 모멘트는
$$I_2 = \frac{bh^3}{36} + e_2^2 A_2$$
$$= \frac{14\times 9^3}{36} + (2+3)^2 \cdot \left(\frac{14\times 9}{2} \right)$$
$$= 1858.5 \, \text{cm}^4$$
A_3 단면의 단면 2 차 모멘트는
$$I_3 = \frac{bh^3}{36} + e_3^2 A_3$$
$$= \frac{8\times 9^3}{36} + (2+6)^2 \cdot \left(\frac{8\times 9}{2} \right)$$
$$= 2466 \, \text{cm}^4$$
따라서, $I = I_1 + I_2 + I_3$
$$= 48 + 1858.5 + 2466$$
$$= 4372.5 \, \text{cm}^4$$

18. 구형(사각) 단면의 단면계수 $Z = \dfrac{bh^2}{6}$ 이고,
$$b^2 + h^2 = d^2 \text{에서,}$$
$$\therefore Z = \frac{b}{6}(d^2 - b^2)$$

단면계수 Z 의 값을 최대로 하는 값은, $\dfrac{dZ}{db} = 0$에서

$$\frac{1}{6}(d^2 - 3b^2) = 0$$
$$\therefore b = \frac{d}{\sqrt{3}}$$
$$h = \sqrt{d^2 - b^2} = \sqrt{d^2 - \frac{1}{3}d^2} = \sqrt{\frac{2}{3}}\, d$$
$$\therefore b : h = \frac{1}{\sqrt{3}}\, d : \frac{\sqrt{2}}{\sqrt{3}}\, d = 1 : \sqrt{2}$$

19. 주축 방향 결정각 $\tan 2\theta = \dfrac{2I_{xy}}{I_y - I_x}$ 이므로, X축에 대한 단면 2 차 모멘트 $I_x = \dfrac{bh^3}{3}$ Y축에 대한 단면 2 차 모멘트 $I_y = \dfrac{hb^3}{3}$ X, Y축에 대한 단면 상승 모멘트는
$$I_{xy} = \int_A xy\, dA = \frac{b^2 h^2}{4}$$

$$\therefore \ \tan 2\theta = \frac{2I_{xy}}{I_y - I_x} = \frac{2 \cdot \dfrac{b^2 h^2}{4}}{\dfrac{hb^3}{3} - \dfrac{bh^3}{3}}$$

$$= \frac{3bh}{2(b^2 - h^2)}$$

20.

$$A_1 = \frac{1}{2} b_1 h_1 = \frac{1}{2} \times 10 \times 6 = 30 \ \text{cm}^2$$

$$A_2 = b_2 h_2 = 10 \times 8 = 80 \ \text{cm}^2$$

$$\overline{y_1} = \frac{6}{3} + 6.5 = 8.5 \ \text{cm}$$

$$\overline{y_2} = \frac{8}{2} - 1.5 = 2.5 \ \text{cm}$$

$$G_1 = A_1 \cdot \overline{y_1} = 30 \times 8.5 = 255 \ \text{cm}^3$$

$$G_2 = A_2 \cdot \overline{y_2} = 80 \times 2.5 = 200 \ \text{cm}^3$$

$$\therefore \ G_x = G_1 + G_2 = 255 + 200 = 455 \ \text{cm}^3$$

$$\therefore \ \overline{y} = \frac{G_x}{A} = \frac{455}{30 + 80} = 4.14 \ \text{cm}^3$$

21. X 축에 관하여 대칭이므로 X 축 위의 직사각형과 삼각형의 밑변에 관한 단면 2 차 모멘트의 합은 2배해 주면 전체 I 를 구할 수 있다.

밑변에 대한 사각 단면의 단면 2 차 모멘트 I_1 은

$$I_1 = \frac{bh^3}{3} = \frac{\left(2 \times \dfrac{\sqrt{3}}{2} a\right) \times \left(\dfrac{1}{2} a\right)^3}{3}$$

$$= \frac{\sqrt{3}}{24} a^4$$

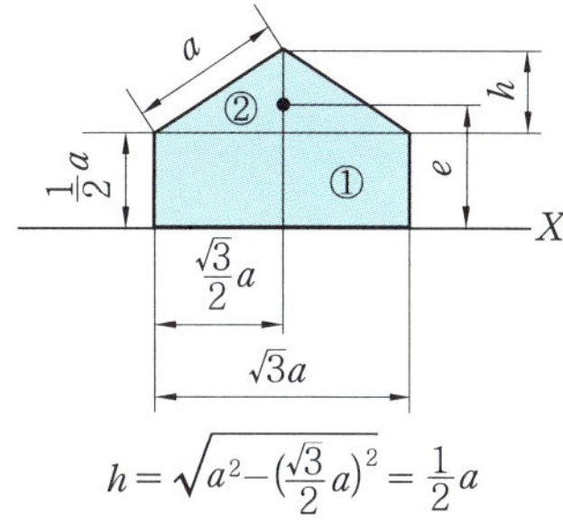

$$h = \sqrt{a^2 - \left(\frac{\sqrt{3}}{2} a\right)^2} = \frac{1}{2} a$$

밑변에 대한 삼각단면의 단면 2 차 모멘트 I_2 는

$$I_2 = \frac{bh^3}{36} + e^2 A = \frac{bh^3}{36} + e^2 \cdot \frac{bh}{2}$$

$$= \frac{\sqrt{3} a \times \left(\dfrac{1}{2} a\right)^3}{36} + \left(\frac{1}{2} a + \frac{1}{2} a \times \frac{1}{3}\right)^2$$

$$\times \left(\frac{\sqrt{3} a \times \dfrac{1}{2} a}{2}\right)$$

$$= \frac{\sqrt{3} a^4}{36 \times 8} + \left(\frac{2}{3} a\right)^2 \times \left(\frac{\sqrt{3}}{4} a^2\right)$$

$$= \frac{\sqrt{3} a^4}{36 \times 8} + \frac{4\sqrt{3} \cdot a^4}{36} = \frac{33\sqrt{3} a^4}{36 \times 8}$$

$$\therefore \ I = 2(I_1 + I_2) = 2\left(\frac{\sqrt{3} a^4}{24} + \frac{33\sqrt{3} a^4}{36 \times 8}\right)$$

$$= 2 \times \frac{45\sqrt{3}}{36 \times 8} a^4 = 5\frac{\sqrt{3}}{16} a^4$$

단면계수 $Z = \dfrac{I}{e} = \dfrac{I}{\left(h + \dfrac{1}{2} a\right)} = \dfrac{I}{\dfrac{1}{2} a + \dfrac{a}{2}}$

$$= \frac{\left(\dfrac{5\sqrt{3}}{16} a^4\right)}{a} = \frac{5\sqrt{3}}{16} a^3$$

제6장 비틀림

1. 축의 비틀림 (torsion of shaft)

1-1 원형축의 비틀림 (torsion of circular shaft)

그림 6-1에서 보는 바와 같이 길이 l, 반지름 r인 원형 단면의 축을 일단(一端)은 고정하고 다른 한쪽은 우력(偶力, twisting moment) $T = P \cdot L$을 작용시키면 비틀림이 발생하며, 축 표면 위에서 축선에 평행한 모선(母線) AB는 비틀려져 AB'로 변형되며 축 내에서는 비틀림 응력(torsional stress)이 발생한다. 이때 가해진 우력을 비틀림 모멘트 (torsional moment, twisting moment), 또는 토크(torque)라 한다. 또한 모선 AB와 AB' 사이의 각 γ를 전단각(angle of shearing), 단면(端面)의 회전각 θ를 비틀림각 (angle of torsion)이라 한다.

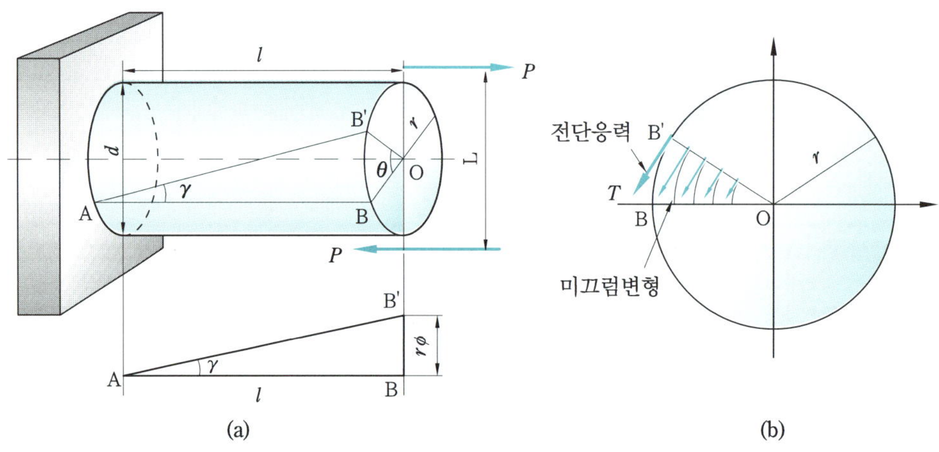

그림 6-1 축의 비틀림과 응력 분포

그림 6-1에서 비틀림각 θ가 작을 때 축은 원형을 유지하고 단면의 지름과 축의 거리는 변화되지 않는다고 하자. 모선 AB는 AB′으로 비틀어져 나선(helix)이 되며 단면의 반지름 OB는 OB′으로 이동하여 ∠BOB′, 즉 비틀림각 θ가 만들어진다. 따라서, 그림 6-1로부터 전단각 γ는 매우 작은 각이므로,

$$\tan \gamma = \frac{\text{BB}}{\text{AB}} = \frac{r\theta}{l} \fallingdotseq \gamma \,[\text{rad}] \tag{6-1}$$

전단각 γ는 비틀림 모멘트에 의하여 길이 l인 원형축의 외주에 발생하는 전단 변형률(剪斷變形率, shearing strain)이 된다.

전단 변형률 γ에 의해서 발생하는 전단응력 τ는 가로(橫) 탄성계수를 G라 하면,

$$\tau = G \cdot \gamma = G \cdot \frac{r\theta}{l} \quad \text{또는} \quad \tau = G \cdot \frac{\theta}{l} \cdot r \tag{6-2}$$

γ는 전단 변형률로서 같은 원형 단면에서는 단면의 위치에 관계없이 같은 응력이 발생한다.

식 (6-2)에서 θ는 l에 비례하므로 $\dfrac{\theta}{l}$는 일정한 값이 되며, $G\dfrac{\theta}{l}$ 또한 일정한 값이 된다. 그러므로 전단응력 τ는 표면에서 최대이며 O점이 중심이 된다.

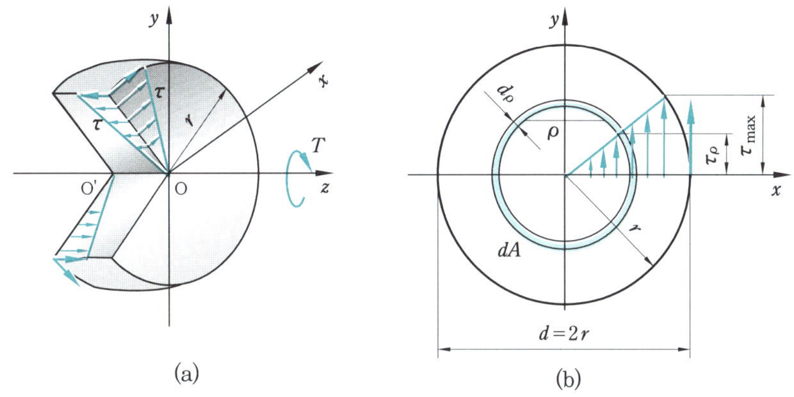

그림 6-2　원형 단면봉에 작용하는 비틀림 응력

그림 6-2는 봉의 단면에서 임의의 반지름 ρ에서의 전단응력을 τ_ρ, 반지름 r에서의 전단응력을 τ라 하면 미소면적 dA에서의 비틀림 모멘트 (=토크)는

$$dT = \tau_\rho \cdot \rho dA, \quad \tau : \tau_\rho = r : \rho \left(\tau_\rho = \tau \cdot \frac{\rho}{r} \right)$$

$$T = \int dT = \int \tau_\rho \cdot \rho dA = \int \tau \cdot \frac{\rho}{r} \cdot \rho dA = \frac{\tau}{r} \int \rho^2 dA \tag{6-3}$$

$\int \rho^2 \cdot dA$는 중심 O에 대한 극관성 모멘트 I_p이므로,

$$\therefore\ T = \frac{\tau}{r}\int \rho^2 \cdot dA = \frac{\tau}{r}\cdot I_p = \tau \cdot \frac{I_p}{r} = \tau \cdot Z_p \tag{6-4}$$

■ 극단면 계수 (極斷面係數, polar modulus of section) Z_p

그림 6-3에서 단면의 중심 O에서 X축 및 Y축이 서로 직교하고 있으며, 중심 O로부터 임의의 거리 ρ에 미소면적 dA를 취하면 극단면 2차 모멘트 I_p는

$$I_p = \int_A \rho^2 dA = \int_A (x^2 + y^2)\,dA$$
$$= \int_A x^2 dA + \int_A y^2 dA = I_X + I_Y$$

이며, 단면이 중실(中實) 원형축인 경우 $I_X = I_Y = \dfrac{\pi d^4}{64}$ 이므로

$$I_p = I_X + I_Y = 2I_X = 2I_Y = 2\times \frac{\pi d^4}{64} = \frac{\pi d^4}{32} \tag{6-5}$$

또, 단면이 중공(中空) 원형축인 경우 바깥지름을 d_2, 안지름을 d_1 이라면,

$$I_p = \frac{\pi}{32}\,(d_2^4 - d_1^4) \tag{6-6}$$

극단면 계수 $Z_p = \dfrac{I_p}{e} = \dfrac{I_p}{\dfrac{d}{2}}$ 이므로 원형 단면의 극단면 계수는 다음과 같다.

$$\text{중실축 } Z_p = \frac{I_p}{\dfrac{d}{2}} = \frac{\dfrac{\pi d^4}{32}}{\dfrac{d}{2}} = \frac{\pi d^3}{16} \tag{6-7}$$

$$\text{중공축 } Z_p = \frac{I_p}{\dfrac{d_2}{2}} = \frac{\dfrac{\pi}{32}\,(d_2^4 - d_1^4)}{\dfrac{d_2}{2}} = \frac{\pi}{16}\left(\frac{d_2^4 - d_1^4}{d_2}\right) \tag{6-8}$$

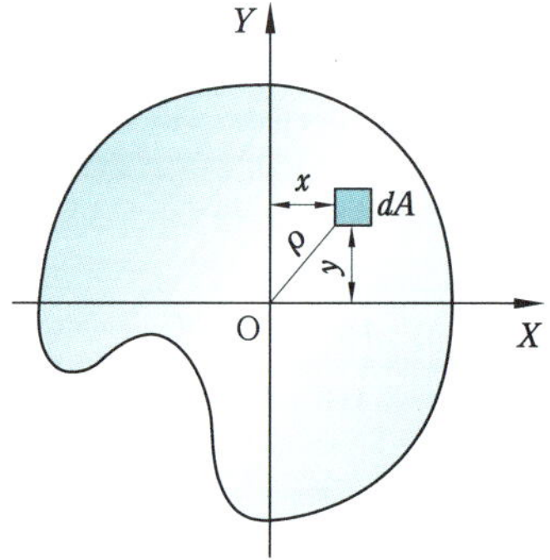

그림 6-3 극단면계수

1-2 축의 강도와 강성도

최대 전단응력 $\tau_{\max}$ 는 축의 표면에 작용하므로 원형 단면의 축의 비틀림 모멘트 및 비틀림 응력의 관계는 식 (6-4), (6-5)로부터,

$$
\left.
\begin{aligned}
\text{중실축} \quad T &= \tau \cdot Z_p = \tau \cdot \frac{\pi d^3}{16} \text{에서} \quad \tau = \frac{16\,T}{\pi d^3} \\
\text{중공축} \quad T &= \tau \cdot Z_p = \tau \cdot \frac{\pi}{16}\left(\frac{d_2^{\,4} - d_1^{\,4}}{d_2}\right) \text{에서} \quad \tau = \frac{16\,T}{\pi} \cdot \frac{d_2}{d_2^{\,4} - d_1^{\,4}}
\end{aligned}
\right\} \quad (6-9)
$$

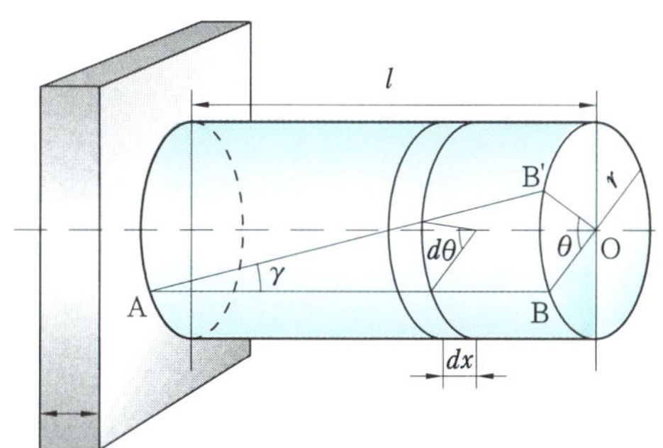

그림 6-4 축의 강성도

그림 6-4에서 미소거리 dx를 취하면, $\gamma \cdot dx = r \cdot d\theta$, $\tau = G \cdot \gamma$ 이므로

$$
d\theta = \frac{\gamma}{r} \cdot dx = \frac{\tau}{G} \cdot \frac{dx}{r}, \qquad T = \frac{\tau}{r} \cdot I_p, \qquad \frac{T}{I_p} = \frac{\tau}{r}
$$

$$
\therefore \ d\theta = \frac{T}{GI_p} \cdot dx
$$

가 된다. 따라서, 비틀림각 θ는 다음과 같다.

$$
\theta = \int d\theta = \int_0^l \frac{T}{GI_p} \cdot dx = \frac{T \cdot l}{GI_p} \ [\text{rad}] \tag{6-10}
$$

$$
\theta = \frac{T \cdot l}{GI_p} \ [\text{rad}] = \frac{T \cdot l}{G \cdot \dfrac{\pi d^4}{32}} \times \frac{180}{\pi} = \frac{584\,T \cdot l}{Gd^4} \ [^\circ] \tag{6-11}
$$

$$
\text{단위길이당 비틀림} \quad \phi = \frac{\theta}{l} = \frac{T}{GI_p} \ [\text{rad/m}] \tag{6-12}
$$

식 (6-11)은 비틀림 시험에서 각종 재료의 전단 탄성계수를 결정할 목적으로 사용되며 주어진 축에 주어진 토크를 작용시켜 비틀림각을 측정하여 식 (6-11)에 대입함으로써 G 값을 계산할 수 있다. 이때 GI_p를 비틀림 강성계수(剛性係數, torsional rigidity)라 하고, 그 역수 $\dfrac{1}{GI_p}$을 비틀림 유연도(torsional flexibility)라 하며 단위 토크에 의해 생기

는 회전각으로 정의된다.

식 (6-12)에서 축의 단위길이당 비틀림각 $\dfrac{\theta}{l}$ 을 축의 강성도 (stiffness of shaft)라 하며 전동축은 강도 (強度, strength)와 함께 강성도 (剛性度, stiffness)를 필요로 한다.

일반적인 전동축에서는 축의 길이 1 m에 대해 비틀림각을 $\dfrac{1}{4}$ [도] 이내로 하는 것이 표준이다. 바흐 (Bach)의 주장에 의하면 보통 연강제 축에서는 비틀림각 $\theta = \dfrac{1}{4}$ [°/m], 횡탄성계수 $G = 78\,\text{GPa}\,(= 8 \times 10^5\,\text{kg/cm}^2)$로 하여 강성도에 의한 축의 지름을 구한다.

예제 1. 지름 5 cm의 원형 단면축에 1500 N·m의 비틀림 모멘트를 가했을 때 생기는 최대 전단응력을 구하시오.

[해설] 비틀림 모멘트 $T = \tau_{\max} \cdot Z_p = \dfrac{\pi}{16}\,d^3 \cdot \tau_{\max}$

여기서, d : 축의 지름 (m)

$\qquad I_{\max}$: 축에 생기는 최대 전단응력 (MPa)

$\therefore \ \tau_{\max} = \dfrac{16\,T}{\pi d^3}\ \text{N/m}^2$

$\qquad\quad = \dfrac{16 \times 1500}{\pi \times 0.05^2} = 61146500$

$\qquad\quad \fallingdotseq 61.15 \times 10^6\ \text{N/m}^2 = 61.15\ \text{MN/m}^2 = 61.15\ \text{MPa}$

예제 2. 다음 그림과 같이 바깥지름 300 mm의 벨트 풀리로 동력을 전달할 때 긴장 측 장력에 5000 N, 이완 측 장력에 3000 N의 힘이 걸리고 있다. 축의 지름이 4 cm라고 할 때 최대 비틀림 모멘트와 전단응력을 구하시오.

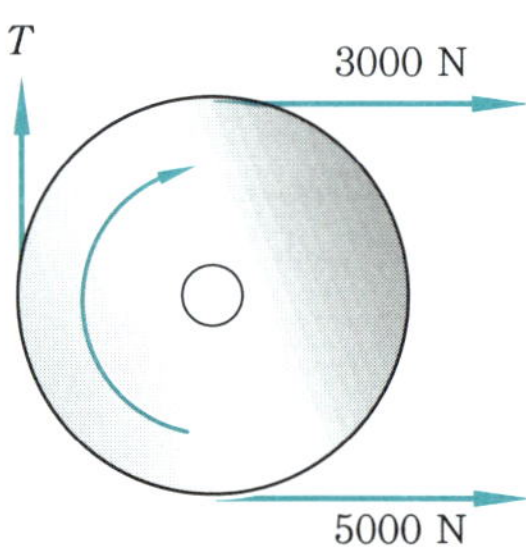

[해설] 토크를 일으키는 힘 $Q =$ 긴장 측 장력 $-$ 이완 측 장력 $= 5000 - 3000 = 2000\ \text{N}$

비틀림 모멘트($=$토크) $T = \dfrac{D}{2} \cdot Q = \dfrac{0.3}{2} \times 2000 = 300\ \text{N·m}$

전단응력 $\tau = \dfrac{T}{Z_p} = \dfrac{T}{\dfrac{\pi d^3}{16}} = \dfrac{16 \times 300}{\pi \times 0.04^3} \fallingdotseq 23.9 \times 10^6\ \text{N/m}^2$

$\qquad\qquad = 23.9\ \text{MN/m}^2 = 23.9\ \text{MPa}$

예제 3. 원형 단면의 중실축(中實軸)과 중공축(中空軸)에서 크기가 같은 전단응력이 작용할 때 축의 지름과 체적을 비교하시오.(단, 중공축의 안지름은 바깥지름의 1/2이다.)

[해설] ① 중실축 : $\tau_1 = \dfrac{16\,T}{\pi d^3}$, $d^3 = \dfrac{16\,T}{\pi \tau_1}$

② 중공축 : $\tau_2 = \dfrac{16\,T}{\pi \left(\dfrac{d_2^4 - d_1^4}{d_2}\right)} = \dfrac{16\,T}{\pi d_2^{\,3}\left\{1 - \left(\dfrac{d_1}{d_2}\right)^4\right\}}$

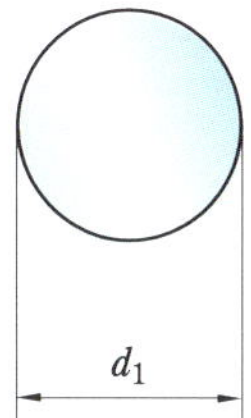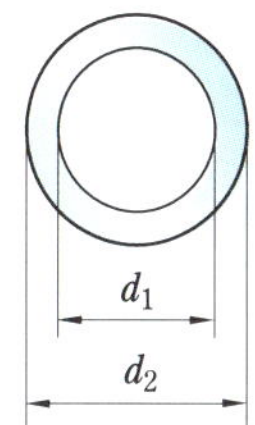

$$d_2^{\,3} = \dfrac{16\,T}{\pi \tau_2 \cdot \left\{1 - \left(\dfrac{d_1}{d_2}\right)^4\right\}}$$

$$\dfrac{d_1}{d_2} = \dfrac{1}{2} = x$$

③ 지름비 : $\tau_1 = \tau_2$ 이므로,

$$\dfrac{d_2^{\,3}}{d^3} = \dfrac{\dfrac{16\,T}{\pi \tau_2 \cdot \left(1 - \dfrac{1}{2}\,x^4\right)}}{\dfrac{16\,T}{\pi \tau_1}} = \dfrac{1}{1 - x^4}$$

$$\dfrac{d_2}{d} = \sqrt[3]{\dfrac{1}{1 - x^4}} = \sqrt[3]{\dfrac{1}{1 - \left(\dfrac{1}{2}\right)^4}} = \sqrt[3]{\dfrac{16}{15}} = 1.022$$

$$\therefore d_2 = 1.022\,d$$

④ 체적비 : $V_1 = A_1 \cdot l = \dfrac{\pi d^2}{4} \cdot l$, $V_2 = A_2 \cdot l = \dfrac{\pi}{4}(d_2^2 - d_1^2) \cdot l$

$$\dfrac{V_2}{V_1} = \dfrac{\dfrac{\pi}{4}(d_2^2 - d_1^2) \cdot l}{\dfrac{\pi}{4}\,d^2 \cdot l} = \dfrac{d_2^2 - d_1^2}{d^2} = \dfrac{d_2^2\left\{1 - \left(\dfrac{d_1}{d_2}\right)^2\right\}}{d^2} = \dfrac{d_2^2(1 - x^2)}{d^2}$$

$$= \left(\dfrac{d_2}{d}\right)^2 \cdot \left\{1 - \left(\dfrac{1}{2}\right)^2\right\} = 1.022^2 \times \dfrac{3}{4} = 0.78$$

$$\therefore V_2 = 0.78\,V_1$$

따라서, 중공축의 바깥지름이 실축에 비하여 2.2 % 정도 커지지만, 체적은 22 % 정도 감소하며 중량($W = \gamma V$)도 22 % 감소하게 된다.

예제 4. 지름이 d 인 원형 단면의 축을 바깥지름 $d_2 (= d)$, 안지름 $d_1 \left(= \dfrac{d_2}{2}\right)$ 인 중공축으로 바꾸면 받을 수 있는 비틀림 모멘트는 몇 % 감소하게 되는지 구하시오.

[해설] ① 중실축 : $T_1 = \dfrac{\pi d^3}{16}\,\tau$

② 중공축 : $T_2 = \dfrac{\pi}{16} \cdot \dfrac{d_2^4 - d_1^4}{d_2} \cdot \tau$, $d_2 = d$, $d_1 = \dfrac{d_2}{2} = \dfrac{d}{2}$

$$\therefore\ T_2 = \frac{\pi}{16}\cdot\frac{d^4-\left(\frac{d}{2}\right)^4}{d}\cdot\tau = \frac{\pi}{16}\times\frac{15d^3}{16}\cdot\tau$$

③ 비틀림 모멘트 감소율 $= \dfrac{T_1-T_2}{T_1}\times 100\ \% = \dfrac{\frac{\pi}{16}d^3\cdot\tau - \frac{\pi}{16}\times\frac{15}{16}d^3\cdot\tau}{\frac{\pi}{16}d^3\cdot\tau}\times 100$

$$= \frac{\frac{1}{16}-\frac{1}{16}\times\frac{15}{16}}{\frac{1}{16}}\times 100 = 6.25\ \%$$

2. 동력축 (power shaft)

축은 외부로부터 가해지는 토크(torque)에 의하여 회전하는데, 이는 전동기로부터 축에 동력이 가해짐으로써 이루어진다.

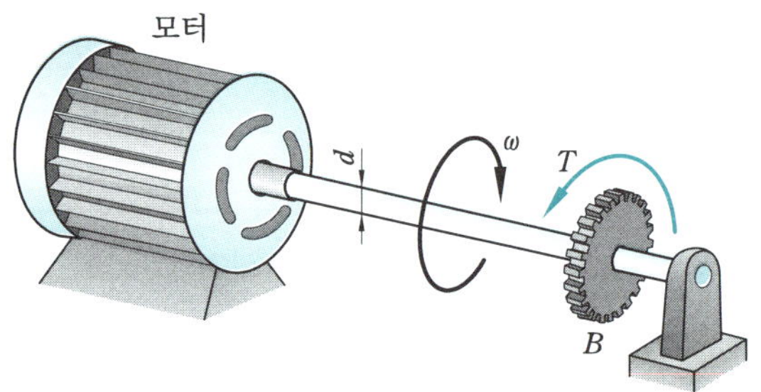

그림 6-5 원형축에 의한 동력 전달

2-1 중력 단위의 경우

동력을 전달하는 축이 비틀림 모멘트(평균 토크) T [kgf·cm]를 받아 각속도 ω [rad/s]에 분당 회전수 N [rpm]으로 회전하며, 전달력 P [kgf], 원주 속도 [m/s], 전달마력($=$전달 동력) H 라고 한다면,

전달동력 H_{PS} : $1\,\mathrm{PS} = 75\,\mathrm{kgf\cdot m/s} = 632.3\,\mathrm{kcal/h} = 0.7355\,\mathrm{kW}$

H_{kW} : $1\,\mathrm{kW} = 102\,\mathrm{kgf\cdot m/s} = 860\,\mathrm{kcal/h} = 1.36\,\mathrm{PS} = 1\,\mathrm{kJ}/s$

$$H_{\mathrm{PS}} = \frac{Pv}{75} = \frac{Pr\omega}{75} = \frac{T\cdot\omega}{75\times 100} = \frac{T}{75\times 100}\times\frac{2\pi N}{60} = \frac{2\pi NT}{450000}$$

$$\therefore \text{토크 } T = \frac{450000\,H_{\mathrm{PS}}}{2\pi N} \fallingdotseq 71620\,\frac{H_{\mathrm{PS}}}{N}\ [\mathrm{kgf\cdot cm}] \tag{6-13}$$

$$T = \tau \cdot Z_p = \tau \cdot \frac{\pi d^3}{16} = 71620\,\frac{H_{\mathrm{PS}}}{N}\ \text{이므로,}$$

$$\therefore \text{축의 지름 } d = 71.5 \cdot \sqrt[3]{\frac{H_{\mathrm{PS}}}{\tau \cdot N}}\ [\mathrm{cm}]\ (\tau : \mathrm{kgf/cm^2}) \tag{6-14}$$

$$H_{\mathrm{kW}} = \frac{Pv}{102} = \frac{Pr\omega}{102} = \frac{T\cdot\omega}{102\times100}$$

$$= \frac{T}{102\times100} \times \frac{2\pi N}{60} = \frac{2\pi NT}{612000}$$

$$\therefore \text{토크 } T = \frac{612000\,H_{\mathrm{kW}}}{2\pi N} \fallingdotseq 97400\,\frac{H_{\mathrm{kW}}}{N}\ [\mathrm{kgf\cdot cm}] \tag{6-15}$$

$$T = \tau \cdot Z_p = \tau \cdot \frac{\pi d^3}{16} = 97400\,\frac{H_{\mathrm{kW}}}{N}\ \text{이므로,}$$

$$\therefore \text{축의 지름 } d = 79.2 \cdot \sqrt[3]{\frac{H_{\mathrm{kW}}}{\tau \cdot N}}\ [\mathrm{cm}] \tag{6-16}$$

바흐(Bach)의 이론에 의하여 $\theta = \dfrac{1}{4}$ [°/m] 이내, $G = 8\times10^5\,\mathrm{kgf/cm^2}$ 일 때 강성도에 의한 축의 지름은 다음과 같다.

비틀림각 $\theta = \dfrac{T\cdot l}{GI_p}$ [rad]이므로,

$$\frac{1}{4} \times \frac{\pi}{180}\ [\mathrm{rad}] = \frac{\left(71620 \times \dfrac{H_{\mathrm{PS}}}{N}\right)\times100}{(8\times10^5)\times\dfrac{\pi d^4}{32}}$$

이를 정리하면 다음과 같다.

강성도에 의한 축의 지름 : $d = 12 \cdot \sqrt[4]{\dfrac{H_{\mathrm{PS}}}{N}}$ [cm] $\tag{6-17}$

$$\frac{1}{4} \times \frac{\pi}{180} = \frac{\left(97400 \times \dfrac{H_{\mathrm{kW}}}{N}\right)\times100}{(8\times10^5)\times\dfrac{\pi d^4}{32}}$$

강성도에 의한 축의 지름 : $d = 13 \cdot \sqrt[4]{\dfrac{H_{\mathrm{kW}}}{N}}$ [cm] $\tag{6-18}$

강성도에 의하여 축의 지름을 계산하는 경우 G, N, H_{PS}(또는 H_{kW})가 주어지면 축의 지름 d를 구할 수 있으며 강성도를 고려하지 않은 경우에는 강도에 의해서만 계산하고, 강성도를 고려한 경우에는 강성도와 강도를 계산하여 큰 쪽의 값을 취하는 것이 좋다.

2-2 SI 단위의 경우

평균 토크 T [N·m], 각속도 ω [rad/s], 분당 회전수 N [rpm], 전달력 P [N], 원주 속도 v [m/s], 전달마력 H [PS 또는 kW $(=$ kJ/s $=$ kN·m/s$)$]라면 전달동력$(=$전달마력$)=$전달력$\times$원주 속도이므로,

$$H = Pv = P \cdot (\omega \cdot r) = (P \cdot r) \cdot \omega = T \cdot \omega = T \cdot \frac{2\pi N}{60} = \frac{T \cdot N}{9.55}$$

$$\therefore \text{토크 } T = 9.55 \cdot \frac{H}{N} (H = H_{\text{PS}} \text{ 또는 } H_{\text{kW}}) \tag{6-19}$$

$$\left.\begin{array}{l} = (9.55 \times 735) \cdot \dfrac{H_{\text{PS}}}{N} \text{ [N·m]} \\[3mm] = (9.55 \times 1000) \cdot \dfrac{H_{\text{kW}}}{N} \text{ [N·m]} \end{array}\right\} \tag{6-20}$$

【참고】 1 N·m = 1 J, 1 N·m/s = 1 J/s = 1 W, 1 hp = 735 N·m/s, 1 kW = 1000 N·m/s

$$T = \tau \cdot Z_p = \tau \cdot \frac{\pi d^3}{16} = 9.55 \times 735 \times \frac{H_{\text{PS}}}{N} \text{ 이므로,}$$

$$\therefore \text{축의 지름}: d = 32.95 \cdot \sqrt[3]{\frac{H_{\text{PS}}}{\tau \cdot N}} \quad [\tau : \text{N/m}^2, \ H_{\text{PS}} : \text{PS (or hp)}] \tag{6-21}$$

$$T = \tau \cdot Z_p = \tau \cdot \frac{\pi d^3}{16} = 9.55 \times 1000 \times \frac{H_{\text{kW}}}{N} \text{ 이므로,}$$

$$\therefore \text{축의 지름}: d = 36.51 \cdot \sqrt[3]{\frac{H_{\text{kW}}}{\tau \cdot N}} \quad (\tau : \text{N/m}^2, \ H_{\text{kW}} : \text{kW}) \tag{6-22}$$

예제 5. 회전수 150 rpm에서 200 hp를 전달하고 있는 연강제 중공축(中空軸)의 안지름과 바깥지름을 구하시오.(단, 안지름과 바깥지름의 비는 $\dfrac{2}{3}$ 이고, 비틀림각은 1개에 대하여 $\dfrac{1}{4}$ 도 이내로 하며 $G = 83$ GPa이다.)

해설 축이 전달하는 마력과 비틀림 모멘트와의 관계식에서,

$$T = (9.55 \times 735) \cdot \frac{H_{\text{PS}}}{N}$$

$$= 9.55 \times 735 \times \frac{200}{150} = 9359 \text{ N·m}$$

$$\text{비틀림각 } \theta = \frac{T \cdot l}{GI_p} = \frac{Tl}{G} \times \frac{1}{\frac{\pi}{32}\left\{d_2^4 - \left(\frac{2}{3} d_2\right)^4\right\}} = \frac{T \cdot l}{G \times \frac{\pi}{32} \times \frac{65}{81} d_2^4}$$

$$d_2^4 = \frac{T \cdot l}{G \times \frac{\pi}{32} \times \frac{65}{81} \theta} = \frac{32 \times 81 \times T \times l}{G \times \pi \times 65 \times \theta}$$

$$= \frac{32 \times 81 \times 9359 \times 1}{(83 \times 10^9) \times \pi \times 65 \times \dfrac{1}{4} \times \dfrac{\pi}{180}} = 0.0003284$$

$$\therefore \ d_2 = \sqrt[4]{0.0003284} = 0.1346 \text{ m} = 13.46 \text{ cm} \fallingdotseq 13.5 \text{ cm}$$

$$\therefore \ d_1 = \frac{2}{3} \cdot d_2 \fallingdotseq 9 \text{ cm}$$

바깥지름 : 13.5 cm, 안지름 : 9 cm

예제 6. 매분 175 회전으로 44.13 kJ/s를 전달하는 동력축의 지름을 구하시오.(단, 재료의 인장강도는 332.2 MPa로 하고, 비틀림 강도는 인장강도의 70 %로 하며, 안전계수 $S = 10$이다.)

[해설] $\tau_a = \dfrac{0.7 \times \sigma_t}{S} = \dfrac{0.7 \times 333.2}{10} = 23.324$ MPa

$H = 44.13$ kJ/s, $N = 175$ rpm이므로,

축의 지름 : $d = 71.5 \times \sqrt[3]{\dfrac{H_{\text{PS}}}{\tau_a \cdot N}}$ 에서 H_{PS}는 [PS], τ_a는 $[\text{kgf/cm}^2]$, $N\,[\text{rpm}]$이므로,

$\qquad H_{\text{PS}} = 44.13$ kJ/s $= 44.13 \div 0.7355 \fallingdotseq 60$ PS

$\qquad\quad (\because 1 \text{ PS} = 75 \text{ kgf} \cdot \text{m/s} = 632.3 \text{ kcal/h} = 0.7355 \text{ kJ/s} = 0.7355 \text{ kW})$

$\qquad \tau_a = 23.324$ MPa $= 23.324 \times 10^6$ N/m$^2 = 23.324 \times 10^6 \div 9.8$ kgf/m^2

$\qquad\quad = 2380000$ kgf/m$^2 = 238$ kgf/cm^2

$\qquad \therefore \ d = 71.5 \times \sqrt[3]{\dfrac{60}{238 \times 175}} \fallingdotseq 8.1 \text{ cm}$

[별해]　$\tau = \dfrac{0.7 \times \sigma_t}{\text{s}} = \dfrac{0.7 \times 332.2}{10} = 23.324$ MPa

$\qquad H = 44.13 \text{ kJ}/s = 44.13 \text{ kW} = H_{\text{kW}}$

$\qquad \therefore \ d = 36.51 \times \sqrt[3]{\dfrac{H_{\text{kW}}}{\tau \cdot N}} = 36.51 \times \sqrt[3]{\dfrac{44.13}{(23.324 \times 10^6) \times 175}}$

$\qquad\quad = 0.0807 \text{ m} = 8.07 \text{ cm}$

예제 7. 매분 300 회전하고 있는 지름 5 cm인 축이 있다. 길이 1 m에 대하여 비틀림각 $\theta = 0.2°$로 하면 이 축은 몇 마력을 전달하고 있는가 ?(단, $G = 78.4$ GPa이다.)

[해설] $T = \dfrac{60H}{2\pi N} = 9.55 \times \dfrac{H}{N} = 9.55 \times \dfrac{44.13 \text{ kJ/s}}{175} = \dfrac{9.55 \times 44130 \text{ J/s}}{175 \text{ rpm}}$

$\qquad = 2408.24 \text{ J} = 2408.24 \text{ N} \cdot \text{m}$

$\qquad \therefore \ T = 2408.24 \text{ N} \cdot \text{m} = \tau_a \times \dfrac{\pi d^3}{16}$

$\qquad\quad = (23.324 \times 10^6 \text{ N/m}^2) \times \dfrac{\pi}{16} d^3$

$\qquad \therefore \ d = \sqrt[3]{\dfrac{2408.24 \times 16}{(23.324 \times 10^6 \times \pi)}}$

$\qquad\quad = 0.0807 \text{ m} \fallingdotseq 8.1 \text{ cm}$

$T = 9.55 \dfrac{H}{N}$ 에서, $1\,\text{PS} = 735\,\text{N·m/s}$, $1\,\text{kW} = 1000\,\text{N·m/s}$ 이므로,

$$T = 9.55 \times 735 \times \frac{H_\text{PS}}{300}\ [\text{N·m}]$$

$\theta = 584 \times \dfrac{T \cdot l}{G d^4}$ 에서,

$$0.2 = 584 \times \frac{9.55 \times 735 \times H_\text{PS} \times 1}{(78.4 \times 10^{9}) \times 0.05^{4} \times 300}$$

$$\therefore\ H_\text{PS} = 7.17\,\text{PS}$$

예제 8. 지름 $10\,\text{cm}$의 중실(中實) 원형축을 같은 재료, 같은 단면적의 중공 (中空) 원형축으로 바꾸려고 한다. 이때 길이 l은 같고, $d_2 = 2d_1$ 이며, 중실축과 중공축의 회전수 N이 같다면 전달마력은 몇 % 변화하는지 구하시오.

$\boxed{\text{해설}}$ ① 같은 단면적 (A), 같은 길이 (l), 같은 재료 (γ)이므로, 축의 중량 $W = \gamma \cdot V = \gamma \cdot Al$ 에서, 중실축 무게 $(\gamma_1 \cdot A_1 \cdot l_1)$ = 중공축 무게 $(\gamma_2 \cdot A_2 \cdot l_2)$이다.

$$\gamma \cdot \frac{\pi}{4} d^2 \cdot l = \gamma \cdot \frac{\pi}{4}(d_2^2 - d_1^2) \cdot l$$

$$d^2 = d_2^2 - d_1^2 = d_2^2 - \left(\frac{1}{2}d_2\right)^2 = \frac{3}{4}d_2^{\,2}$$

$$\therefore\ \frac{d_2}{d} = \frac{2}{\sqrt{3}}$$

$$\therefore\ d_2 = \frac{2}{\sqrt{3}} \times d = \frac{2}{\sqrt{3}} \times 10 = 11.5\,\text{cm}$$

$$d_1 = \frac{1}{2}d_2 = \frac{1}{2} \times 11.5 = 5.75\,\text{cm}$$

② 중실축 : $T_1 = \tau \cdot \dfrac{\pi d^3}{16} = 9.55 \times \dfrac{H_1}{N}$

$$H_1 = \tau \cdot \frac{\pi d^3}{16} \times \frac{N}{9.55}$$

③ 중공축 : $T_2 = \tau \cdot \dfrac{\pi}{16} \times \dfrac{d_2^4 - d_1^4}{d_2} = \tau \cdot \dfrac{\pi}{16} \cdot \dfrac{15}{16} d_2^3 = 9.55 \times \dfrac{H_2}{N}$

$$H_2 = \tau \cdot \frac{\pi}{16} \cdot \frac{15}{16} d_2^3 \cdot \frac{N}{9.55}$$

$$\therefore\ \frac{H_2}{H_1} = \frac{\tau \cdot \dfrac{\pi}{16} \cdot \dfrac{15}{16} d_2^3 \cdot \dfrac{N}{9.55}}{\tau \cdot \dfrac{\pi}{16} d^3 \cdot \dfrac{N}{9.55}}$$

$$= \frac{15}{16} \cdot \frac{d_2^3}{d^3} = \frac{15}{16}\left(\frac{d_2}{d}\right)^3$$

$$= \frac{15}{16} \times \left(\frac{2}{\sqrt{3}}\right)^3 \fallingdotseq 1.44\ (44\,\%\ \text{변화하였음})$$

3. 비틀림에 의한 탄성 에너지

비틀림을 받는 원형축은 비틀림 모멘트, 즉 토크에 의하여 생긴 에너지를 축 속에 저장시키며, 이 에너지는 변형률 에너지 또는 탄성 에너지라 한다.

그림 6-6에서 표면에서의 최대 전단응력을 τ_{max} 이라고 하면, 그 내부에 있는 반지름 ρ의 원주상의 임의의 점에 작용하는 전단응력 τ는 다음과 같다.

$$\tau : \rho = \tau_{max} : r, \qquad \frac{\tau}{\tau_{max}} = \frac{\rho}{r}$$

$$\therefore \ \tau = \frac{\rho}{r} \cdot \tau_{max} \tag{6-23}$$

탄성 변형 에너지 $U = \dfrac{1}{2} P_s \lambda_s$ 이므로 반지름 ρ에서의 단위체적당 탄성 에너지 u는,

$$u = \frac{U}{Al} = \frac{\dfrac{1}{2} P_s \lambda_s}{Al} = \frac{\dfrac{1}{2} P_s \cdot \dfrac{P_s l}{AG}}{Al} = \frac{P_s^2}{2A^2 G} = \frac{\tau^2}{2G}$$

$$\therefore \ u = \frac{1}{2G} \times \left(\frac{\rho}{r} \cdot \tau_{max} \right)^2 = \frac{\rho^2 \cdot \tau_{max}^2}{2Gr^2} \tag{6-24}$$

길이 l, 반지름 ρ, 두께 $d\rho$인 미소 단면 요소 dA에 저장된 탄성 에너지 dU는 다음 식과 같다.

$$dU = u \cdot dV = u \cdot (2\pi\rho \cdot d\rho) \cdot l = \frac{\rho^2 \cdot \tau_{max}^2}{2Gr^2} \times 2\pi\rho \cdot d\rho \cdot l$$

$$= \frac{\tau_{max}^2 \cdot \rho^3 \cdot \pi l}{Gr^2} \, d\rho$$

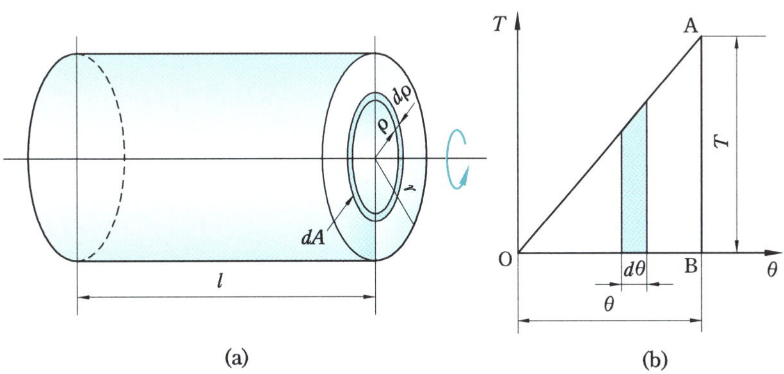

그림 6-6 비틀림에 의한 탄성 변형 에너지

비틀림 모멘트를 받은 원형 단면 봉 내에 저장된 전(全) 탄성 에너지(U)는 다음과 같이 된다.

$$U = \int_0^r \frac{\tau_{\max}^2 \cdot \rho^3 \cdot \pi l}{Gr^2}\, d\rho = \frac{\tau_{\max}^2 \cdot \pi l}{Gr^2} \int_0^r \rho^3 d\rho = \frac{\tau_{\max}^2 \cdot \pi l}{Gr^2} \cdot \frac{r^4}{4}$$

$$= \frac{1}{2}\,\pi r^2 \cdot l \times \frac{\tau_{\max}^2}{2G} = \frac{\tau_{\max}^2}{4G} \cdot Al \tag{6-25}$$

식 (6-25)는 인장 및 압축에 의한 탄성 에너지의 $\dfrac{1}{2}$, 즉 봉의 모든 부분이 최대 전단응력 $\tau_{\max}$ 와 같은 크기의 응력을 받을 경우는 저장할 수 있는 탄성 변형 에너지의 $\dfrac{1}{2}$에 불과하다는 것을 나타낸다.

원형 단면봉이 비틀림 모멘트를 받을 때 표면에서의 최대 전단응력은

$$\tau_{\max} = \frac{T \cdot r}{I_p} \left(= \frac{T}{Z_p} \right) = \frac{T}{\dfrac{\pi d^3}{16}} = \frac{2T}{\pi r^3}$$

이므로, 탄성 변형 에너지 U는 식 (6-25)로부터

$$U = \frac{\pi r^2 \cdot l \cdot \tau_{\max}^2}{4G} = \frac{\pi r^2 l}{4G} \times \left(\frac{2T}{\pi r^3} \right)^2 = \frac{T^2 \cdot l}{G \cdot \pi r^4}$$

$$= \frac{T^2 \cdot l}{2G \cdot \dfrac{\pi r^4}{2}} = \frac{T^2 \cdot l}{2GI_p} \tag{6-26}$$

여기서, $I_P = \dfrac{\pi d^4}{32} = \dfrac{\pi \cdot (2r)^4}{32} = \dfrac{\pi r^4}{2}$

그림 6-6 (b)의 비틀림 모멘트 시험선도에서 탄성한도 내에서는 삼각형의 면적(AOB)이 봉에 저장되는 전(全) 변형 에너지를 표시하므로 탄성 변형 에너지 U는 다음과 같다.

$$U = \triangle\text{AOB의 면적} = \frac{1}{2} \cdot T \cdot \theta \left(\theta = \frac{Tl}{GI_p} \right) = \frac{T^2 l}{2GI_p} \tag{6-27}$$

중공원형축(中空圓形軸)에 대하여 살펴 보면,

$$T = \tau \cdot Z_p = \tau \cdot \frac{\pi}{16} \cdot \frac{(d_2^4 - d_1^4)}{d_2}, \quad I_p = \frac{\pi}{32}(d_2^4 - d_1^4)$$

이므로, $U = \dfrac{T^2 l}{GI_p}$ 에 대입하여 정리하면

$$U = \frac{l}{G} \times \left[\tau \cdot \frac{\pi}{16} \cdot \frac{(d_2^4 - d_1^4)}{d_2} \right]^2 \times \frac{1}{\dfrac{\pi}{32}(d_2^4 - d_1^4)}$$

$$= \frac{\tau^2}{4G} \left[1 + \left(\frac{d_1}{d_2} \right)^2 \right] \cdot \frac{\pi}{4}(d_2^2 - d_1^2) \cdot l \tag{6-28}$$

단위체적당 전단 탄성 에너지 u는 다음과 같다.

$$u = \frac{U}{V} = \frac{\tau^2}{4G}\left[1+\left(\frac{d_1}{d_2}\right)^2\right] \tag{6-29}$$

예제 9. 동일 재료의 중실축(中實軸)과 얇은 중공원축(中空圓軸)이 같은 무게를 갖고 있으며, 축을 약간 비틀 때 최대 전단응력이 같다면 이때의 탄성 에너지의 비를 구하시오.

[해설] 실제 원축과 중공원축의 탄성 에너지를 U_1, U_2라 하면,

$$U_1 = \frac{1}{2}\,T\cdot\theta = \frac{1}{2}\,T\cdot\frac{Tl}{GI_p} = \frac{T^2 l}{2GI_p} = \frac{\left(\tau\cdot\frac{\pi}{16}d^3\right)^2\cdot l}{2G\cdot\frac{\pi d^4}{32}}$$

$$= \frac{\tau^2}{4G}\cdot\frac{\pi}{4}d^2\cdot l = \frac{\tau^2}{4G}\cdot V_1$$

$$U_2 = \frac{1}{2}\,T\cdot\theta = \frac{1}{2}\,T\cdot\frac{T}{2\pi r^3 t}\cdot\frac{l}{G} = \frac{1}{4}\cdot\frac{T^2\cdot l}{\pi r^3 t G} = \frac{1}{4G}\cdot\frac{(2\pi r^2 t\cdot\tau_1)^2\cdot l}{\pi r^3 t}$$

$$= \frac{\pi r t\cdot\tau_1^2\cdot l}{G} = \frac{\tau_1^2}{2G}\cdot 2\pi r t\cdot l = \frac{\tau_1^2}{2G}\cdot V_2$$

무게가 같고 동일 재료이므로, $V_1 = V_2$ ($W = \gamma V$에서)

$$\therefore\ \frac{U_1}{U_2} = \frac{\dfrac{\tau^2}{4G}\cdot V_2}{\dfrac{\tau_1^2}{2G}\cdot V_2} = \frac{2}{4}\cdot\frac{\tau^2}{\tau_1^2}$$

$\tau = \tau_1$이므로,

$$\therefore\ \frac{U_1}{U_2} = \frac{1}{2}\,,\ \ U_1 : U_2 = 1 : 2$$

4. 스프링 (spring)

4-1 원통형 코일 스프링

(1) 스프링의 전단응력

그림 6-7과 같이 비틀림 이론의 흥미로운 응용의 한 예로서 코일 스프링(coil spring)을 들 수 있다. 실체 원형 단면(實體圓形斷面)의 선재(線材)를 원통에 나선형으로 촘촘하게 감아서 만든 스프링이 축 방향의 힘 P를 받을 때 코일의 평면이 나선의 축에 거의 수직한다고 하자.

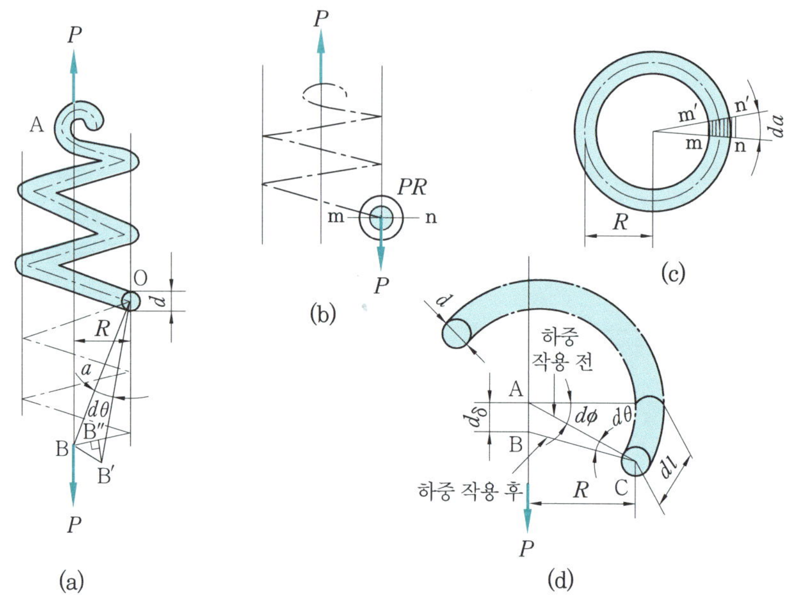

그림 6-7 원통 코일 스프링

임의의 코일 단면이 mn에 작용하는 응력의 합력은 힘의 평형조건에 의하여 도심(圖心)을 지나는 전단력 P 및 그 단면 내의 반시계 방향의 모멘트 $T = P \cdot \dfrac{D}{2} = PR$ 과의 합과 같다. 모멘트(偶力) T 는 선재에 전단응력을 발생시키므로 지름 d 인 선재 표면 상의 모멘트로 인한 최대 전단응력 τ_1 은 $T = PR$ 과 $T = \tau_1 \cdot Z_p = \tau_1 \cdot \dfrac{\pi}{16} d^3$ 으로부터 다음과 같이 표시된다.

$$\tau_1 = \frac{16T}{\pi d^3} = \frac{16PR}{\pi d^3}$$

또한, 전단력 P 로 인한 전단응력 τ_2 는

$$\tau_2 = \frac{P}{A} = \frac{4P}{\pi d^2}$$

여기서, τ_2 는 선재의 단면 아래쪽으로 사용하므로 코일의 안쪽에서 τ_1 의 방향과 일치하게 되어 단면 mn 상에 걸리는 응력은 τ_1 과 τ_2 를 합하면 점 m에서 최대 전단응력이 되고 그 크기는

$$\tau_{\max} = \tau_1 + \tau_2 = \frac{16PR}{\pi d^3} + \frac{4P}{\pi d^2} = \frac{16PR}{\pi d^3}\left(1 + \frac{d}{4R}\right) \tag{6-30}$$

가 된다. 이 식의 괄호 속의 둘째 항 $\dfrac{d}{4R}$ 는 전단응력의 영향을 표시하며 $\dfrac{d}{R}$ 의 비가 클수록 최대 전단응력 $\tau_{\max}$ 이 증가함을 의미한다.

투박한 철도 차량용 원통 코일 스프링에서는 이 영향이 매우 중요한 사항이 된다. 코일의 외측점(外側点)에서는 전단응력 τ_1과 τ_2의 방향이 서로 반대가 되므로 이 영향은 그 점의 응력을 감소시키게 된다.

최대 전단응력 $\tau_{\max}$은 항상 코일의 안쪽에 발생하므로 파손될 때는 안쪽에서 균열이 발생하게 된다. 따라서, 코일의 안쪽이 바깥쪽보다 불리한 조건이 된다.

식 (6-30)을 왈(Waal)의 수정계수 $K = \left(\dfrac{4m-1}{4m-4} + \dfrac{0.615}{m} \right)$를 사용하여 표시하면,

$$\tau_{\max} = \frac{16PR}{\pi d^3} \cdot \left(\frac{4m-1}{4m-4} + \frac{0.615}{m} \right), \quad m = \frac{2R}{d} \tag{6-31}$$

와 같이 된다.

(2) 스프링의 처짐

스프링의 처짐이 코일의 비틀림만을 고려하고 전단력의 영향을 무시하면, 그림 6-7 (c)에서 단면 mn과 m′n′ 사이에 낀 미소요소에 생기는 비틀림각은 $\theta = \dfrac{Tl}{GI_p}$에서 l 대신 $R \cdot dx$를 적용하면,

$$d\theta = \frac{T \cdot dl}{GI_p} = \frac{PR \cdot Rdx}{GI_p}$$

가 되며, 이 비틀림으로 인하여 스프링의 아랫부분은 단면 mn의 도심에 대하여 회전하여 힘 P의 작용점 B는 그림 6-7 (a)에서 길이 $ad\theta$의 원호 BB′을 그리게 되며 이 변위의 수직성분 BB″는 다음과 같다.

$$d\delta = \mathrm{BB}'' = \mathrm{BB}' \cdot \sin\theta = \mathrm{BB}' \cdot \frac{R}{a} = R \cdot d\theta = \frac{PR^3}{GI_p} \, d\alpha$$

스프링의 전체 처짐은 mn, m′n′과 같은 요소의 비틀림으로 인한 B′B″들을 이 스프링의 전 길이에 대한 것이므로 n권의 스프링 전각 $2\pi n$에 대해 적분하면,

$$\delta = \int d\delta = \int_0^{2\pi n} \frac{PR^3}{GI_p} \cdot d\alpha = \frac{PR^3}{GI_p} \cdot 2\pi n$$

$$= \frac{PR^3 \cdot 2\pi n}{G \times \dfrac{\pi d^4}{32}} = \frac{64nPR^3}{Gd^4} = \frac{8nPD^3}{Gd^4} \tag{6-32}$$

이 되며, 다음의 방법으로도 간단히 유도된다.

원형 단면의 스프링에서 소선의 비틀림각 $\theta = \dfrac{Tl}{GI_p} = \dfrac{32Tl}{G\pi d^4}$, 소선의 전체 길이 l, 코일 수 n이라면 $l = 2\pi R \cdot n$, $T = PR$이므로,

$$\theta = \frac{32T \cdot l}{G\pi d^4} = \frac{32PR}{G\pi d^4} \cdot 2\pi R \cdot n = \frac{64PR^2 n}{Gd^4}$$

이고, 스프링의 탄성 에너지를 U_1 이라면

$$U_1 = \frac{1}{2}\,T \cdot \theta = \frac{1}{2}\,PR \cdot \frac{64nPR^2}{Gd^4} = \frac{32P^2R^3n}{Gd^4}$$

스프링이 축하중 P 를 받아 δ 만큼 처졌다면 P 가 스프링에 한 일 U_2 는

$$U_2 = \frac{1}{2}\,P\delta$$

이다. P 가 스프링에 한 일이 스프링 내에 저장된 에너지와 같으므로 $U_1 = U_2$ 에서,

$$\frac{32nP^2R^3}{Gd^4} = \frac{1}{2}\,P\delta$$

$$\therefore \delta = \frac{64nPR^3}{Gd^4} = \frac{8nPD^3}{Gd^4} \tag{6-33}$$

단위길이당의 처짐량에 대한 하중의 비를 스프링 상수(spring constant) k 라 하며, 다음과 같이 표시한다.

$$k = \text{스프링 상수} = \frac{P}{\delta} = \frac{Gd^4}{64R^3n} \tag{6-34}$$

어느 두 스프링 상수가 서로 같으면 그 두 스프링은 같은 강도를 갖는다고 하며, 스프링 상수 k 를 변화시키려면 그 재질, 선재의 지름, 스프링의 코일의 반지름, 코일의 권수 등을 바꾸면 된다.

4-2 원추 코일 스프링

그림 6-8과 같이 원추형 스프링이 압축하중 P 를 받고 있다. 이 스프링의 평면도는 다음 식으로 주어지는 스프링을 이루고 있다.

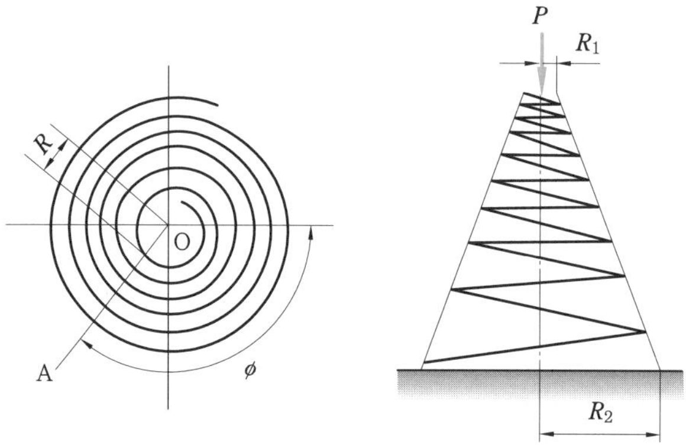

그림 6-8 원추 코일 스프링의 비틀림

$$R = R_1 + \frac{(R_2 - R_1)\phi}{2\pi n} \tag{6-35}$$

여기서, R는 임의의 점 A에서의 스프링의 반지름이고, ϕ는 그 위치의 각도이다. 스프링 소선의 단위길이의 비틀림각을 θ'으로 하고, 소선의 길이 $Rd\phi$가 비틀림을 받을 때 비틀림각은 $\theta'Rd\phi$가 된다. 이 비틀림각에 의해 생기는 코일의 변화량, 즉 처짐은 $\theta'R^2d\phi$ 이다. 따라서, 코일의 반지름 R_1에서 R_2까지의 전신장량 δ는

$$\delta = \int_0^{2\pi n} \theta' R^2 d\phi$$

$\dfrac{dR}{d\phi} = \dfrac{R_2 - R_1}{2\pi n}, \quad d\phi = \dfrac{2\pi n}{R_2 - R_1} dR$ 이므로,

$$\delta = \frac{2\pi n}{R_2 - R_1} \int_{R_1}^{R_2} \theta' R^2 dR \tag{6-36}$$

소선의 지름이 d인 원형의 경우,

$$\theta' = \frac{32PR}{\pi d^4} \times \frac{1}{G}$$

$$\therefore \ \delta = \frac{64n}{R_2 - R_1} \cdot \frac{P}{Gd^4} \int_{R_1}^{R_2} R^3 dR$$

$$= \frac{16nP}{Gd^4} (R_1 + R_2)(R_1^2 + R_2^2) \tag{6-37}$$

스프링 상수 $k = \dfrac{P}{\sigma}$ 에서,

$$k = \frac{Gd^4}{16n(R_1 + R_2)(R_1^2 + R_2^2)} \tag{6-38}$$

$R_1 = R_2 = R$이면 원통 코일 스프링의 처짐이 구해지며, $R_1 = 0$, $R_2 = R$이면 삼각형의 원추 코일 스프링의 처짐을 구할 수 있다.

예제 10. 나선형 원통 코일 스프링에서 선재(線材)의 지름이 5 mm, 코일 스프링의 지름 5 cm, 허용 전단응력이 700 MPa일 때 스프링의 안전 하중 및 스프링 상수가 100 N/cm가 되기 위한 코일의 감김수를 구하시오. (단, $G = 85$ GPa이다.)

[해설] $\tau = \dfrac{16PR}{\pi d^3} = \dfrac{8PD}{\pi d^3}$ 에서,

$$P = \frac{\pi d^3}{8D} \tau = \frac{\pi \times 0.005^3}{8 \times 0.05} \times (700 \times 10^6) = 686.9\,\text{N} \fallingdotseq 687\,\text{N}$$

또, $k = \dfrac{P}{\delta} = \dfrac{Gd^4}{64R^3 n} = \dfrac{Gd^4}{8D^3 n}$ 에서

$$n = \frac{Gd^3}{8kD^3} = \frac{(85 \times 10^9) \times 0.005^4}{8 \times 10000 \times 0.05^3} = 5.3125 \fallingdotseq 5.3$$

예제 11. 원통형 코일 스프링에서 $P = 245\,\text{N}$, $R = 4\,\text{cm}$, $d = 0.8\,\text{cm}$, G $= 82.32\,\text{GPa}$, 코일의 권수 $n = 20$인 경우, 최대 전단응력과 처짐을 구하시오.

[해설] $m = \dfrac{2R}{d} = \dfrac{2 \times 4}{0.8} = 10$

$$\tau_{\max} = \frac{16PR}{\pi d^3} \left(\frac{4m-1}{4m-4} + \frac{0.615}{m} \right) = \frac{16 \times 245 \times 4}{\pi \times 0.8^3} \times \left(\frac{4 \times 10 - 1}{4 \times 10 - 4} + \frac{0.615}{10} \right)$$

$$= 11165.74\,\text{N/cm}^2 = 11165.74 \times 10^4\,[\text{N/m}^2] \fallingdotseq 111.6574\,\text{MPa}$$

$$\delta = \frac{64nPR^3}{Gd^4} = \frac{64 \times 20 \times 245 \times 0.04^3}{(82.32 \times 10^9) \times (0.8 \times 10^{-2})^4} \fallingdotseq 0.0595\,\text{m} = 5.95\,\text{cm}$$

예제 12. 지름 8 cm의 안전 밸브에서 증기압이 1.5 MPa로 되면 열리도록 스프링을 만들려고 한다. 코일의 지름은 16 cm로서 3 cm만큼 압축으로 인한 처짐량이 되면 안전 밸브가 작동하는 것으로 할 때 선재의 지름 및 감김수 n을 구하시오(단, $\tau = 150\,\text{MPa}$ $G = 80\,\text{GPa}$이다.)

[해설] 스프링에 가해지는 전압력 $P = \dfrac{\pi}{4} d^2 \cdot p = \dfrac{\pi}{4} \times 0.08^2 \times (1.5 \times 10^6) = 7536\,\text{N}$

$\tau = \dfrac{16PR}{\pi d^3}$ 에서,

$$d = \sqrt[3]{\frac{16PR}{\pi\tau}} = \sqrt[3]{\frac{8PD}{\pi\tau}} = \sqrt[3]{\frac{8 \times 7536 \times 0.16}{\pi \times (150 \times 10^6)}} = 0.0274\,\text{m} = 2.74\,\text{cm}$$

$$n = \frac{Gd^4\delta}{64PR^3} = \frac{(80 \times 10^9) \times 0.0274^4 \times 0.03}{64 \times 7536 \times 0.08^3} = 5.48$$

∽ 연습문제 ∽

1. 지름이 다른 d_1, d_2인 2개 중실원형축이 있다. 동일한 비틀림 모멘트를 받을 때 탄성 에너지의 비 $\dfrac{U_2}{U_1}$를 구하시오.(단, 재료는 동일하며, $2d_1 = d_2$이다.)

2. 전길이 620 cm, 소선의 지름이 3 cm, 평균지름이 16 cm인 밀착 코일 스프링을 만들어 22.54 kN의 하중을 작용시켰더니 처짐이 11.5 cm였다. 이 재료의 전단 탄성계수 G [kg/cm²]를 구하시오.

3. 스프링 상수가 4900 N/m, 9800 N/m인 2개의 스프링이 병렬로 연결되어 있다. 스프링 하단부에 인장하중 2940 N이 작용할 때 전체의 처짐량 δ와 탄성 에너지 U를 구하시오.

4. 그림 p 6-1에서 소선의 지름 $d = 0.6$ cm, 평균지름 $D = 6$ cm인 코일 스프링에서 허용 전단응력이 588 MPa이 될 때, 안전하중 P와 스프링 상수 4900 N/m가 되기 위한 권수 n을 구하시오.(단, 횡탄성계수 $G = 86.24$ GPa이다.)

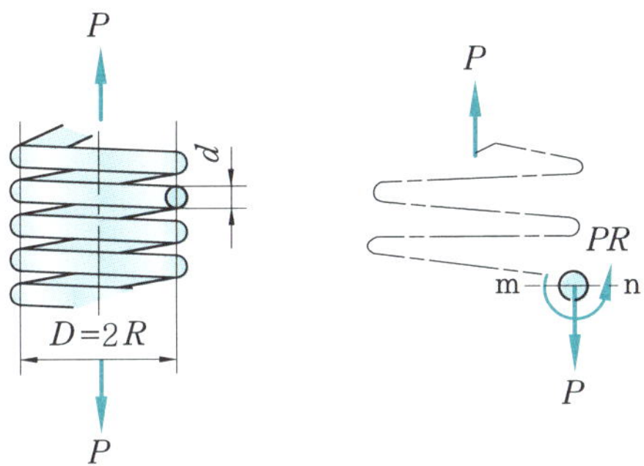

그림 p 6-1

5. 평균지름이 50 mm, 소선의 지름 8 mm, 유효권수가 15인 코일 스프링이 있다. 스프링 하중 196 N을 가할 경우 최대 전단응력과 처짐량을 구하시오.(단, 횡탄성계수 $G = 78.4$ GPa이다.)

6. 소선의 지름 $d = 1$ cm인 코일 스프링에서 490 N의 하중을 가할 경우 최대 전단응력이 147 MPa을 넘지 않게 하는 코일의 평균지름을 구하시오.(단, $K = 1$로 한다.)

7. 그림 p 6-2와 같이 지름 6 mm인 피아노 선으로 평균지름 60 mm인 압축 코일 스프링을 만들었다. 하중 $W = 294$ N을 가했더니 처짐 $\delta = 15$ mm일 때 전단응력 τ와 유효권수 n을 구하시오.(단, 횡탄성계수 $G = 86.24$ MPa이다.)

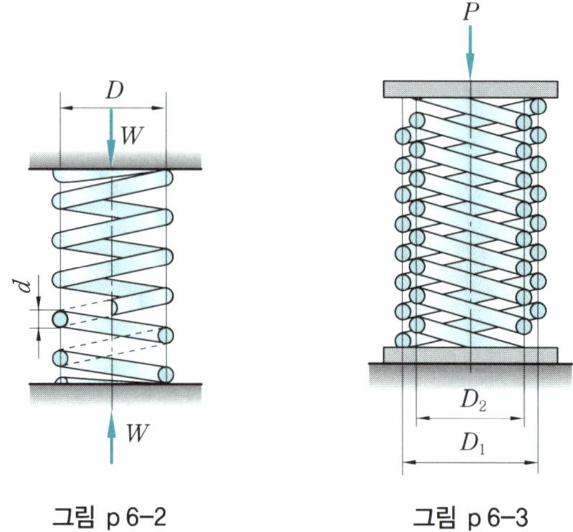

그림 p 6-2　　　　　　　　그림 p 6-3

8. 그림 p 6-3과 같은 2중 코일 스프링이 있다. 각 코일의 소선의 지름은 10 mm이고, 평균 지름은 $D_1 = 100\,\text{mm}$, $D_2 = 60\,\text{mm}$라 할 때, 압축하중이 588 N 작용한다. 이때, 각 스프링에 발생하는 최대 전단응력을 구하시오.

9. 매분 1000 rpm으로 5 kW의 동력을 전달하는 축이 있다. 이 축의 길이가 1 m, 지름이 20 mm라면 이 축의 비틀림각 θ를 구하시오.(단, 가로 탄성계수 $G = 79.38\,\text{GPa}$이다.)

10. 재료가 같고 단면이 같은 두 개의 축의 길이가 각각 l과 $2l$이다. 길이가 l인 축에 비틀림 모멘트 T가 작용하고, 길이가 $2l$인 축에 비틀림 모멘트 $2T$가 작용할 때 비틀림각의 크기 $\theta_1 : \theta_2$를 구하시오.

11. 바깥지름이 10 cm이고, 안지름이 6 cm인 중공축에서 축에 발생하는 허용 비틀림응력이 39.2 MPa일 때 비틀림 모멘트 T를 구하시오.

12. 500 rpm으로 20 kW를 전달시키는 축의 지름(mm)을 구하시오.(단, 재료의 비틀림응력 29.4 MPa, 강성도는 1 m에 대하여 1/4도, 횡탄성계수 $G = 79.38\,\text{GPa}$으로 한다.)

13. 매분 500 rpm으로 10 PS를 전달하고 있는 축의 지름을 구하시오.(단, 재료의 허용 비틀림응력을 39.2 MPa, 가로 탄성계수 $G = 78.4\,\text{GPa}$로 강성도는 1 m에 대하여 1/4도로 한다.)

14. 300 rpm으로 회전하고 있는 지름 50 mm의 연강제 중실축으로 비틀림각을 1 m에 대해 0.2°까지 허용할 때 전달할 수 있는 동력(kW)을 구하시오.(단, 연강의 횡탄성계수 $G = 79.38\,\text{GPa}$으로 한다.)

15. 동일 재료로 만든 길이가 l이고, 지름이 d인 축과 길이 $2l$, 지름 $2d$인 축을 동일한 비틀림각을 만들려고 할 때 비틀림 모멘트의 비를 구하시오.

16. 그림 p 6-4와 같이 같은 동력을 전달하는 지름 d의 중실축과 바깥지름이 d이고, 안지름이 $\dfrac{d}{2}$인 중공축이 있다. 비틀림각과 중량의 비를 구하시오.

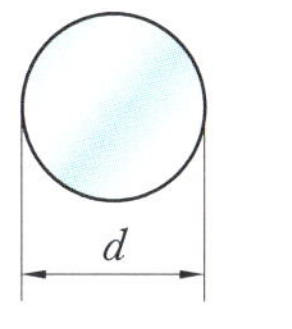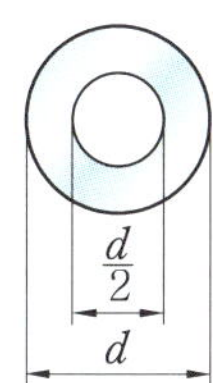

그림 p 6-4

17. 지름이 10 cm인 차축이 길이 1.5 m에 대해 1°를 넘지 않게 하려 한다. 허용 비틀림응력을 구하시오.(단, 재료의 횡탄성계수 $G = 82.32$ GPa이다.)

18. 그림 p 6-5와 같이 축의 지름이 10 cm, 길이가 2 m인 연강제 환봉의 양단이 고정되어 있다. 좌단 A로부터 50 cm 떨어진 곳에 비틀림 모멘트 4900 N·m 가 작용할 때 봉에 생기는 응력 τ_1, τ_2와 비틀림각 ϕ를 구하시오.(단, 재료의 가로 탄성계수 $G = 79.38$ MPa이다.)

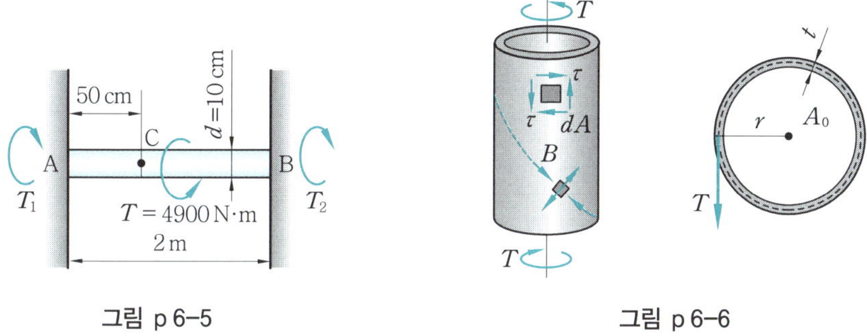

그림 p 6-5　　　　　　　　　　그림 p 6-6

19. 그림 p 6-6과 같은 얇은 두께 t를 갖는 관에서 전단응력 τ와 비틀림각 θ를 구하시오.

20. 지름이 40 mm이고, 길이가 2 m인 축에 비틀림 모멘트가 작용하였다. 허용 전단응력을 29.4 MPa이라 할 때 비틀림에 의해 저장할 수 있는 탄성 에너지 U와 최대 탄성 에너지 u을 구하시오.(단, 재료의 횡탄성계수 $G = 79.38$ GPa이다.)

21. 길이가 1 m이고, 두께가 2 mm이며, 평균반지름이 200 mm인 얇은 관에서 비틀림 모멘트 $T = 196$ N·m일 때, 최대 전단응력 τ를 근사적으로 구하고, 비틀림각 θ를 구하시오.(단, 이 재료의 횡탄성계수 $G = 81.34$ GPa이다.)

22. 길이가 4 m인 원형축이 비틀림 모멘트 T를 받았을 때 허용 전단응력 $\tau = 39.2$ MPa을 얻었다. 비틀림에 의한 탄성 에너지 $U = 38.01$ N·m였다면 이 축의 지름을 구하시오.(단, 축재료의 가로 탄성계수 $G = 79.38$ GPa이다.)

23. 실축과 중공축에서 크기가 같은 전단응력이 작용할 때 축의 지름과 체적을 비교하시오.

(단, 중공축의 안지름은 바깥지름의 $\dfrac{1}{2}$ 이다.)

24. 그림 p6-7과 같은 연강축에서 풀리 2에 $N=175\,\text{rpm}$, $H_2=100\,\text{PS}$를 전달하고 풀리 1 및 3에 각각 $H_1=40\,\text{PS}$, $H_3=60\,\text{PS}$를 받아 전달할 때 그 축의 지름을 강도의 견지에서 구하고, 또한 비틀림각을 구하시오.(단, 사용응력 $\tau_w=11.76\,\text{MPa}$, $G=78.4\,\text{GPa}$이다.)

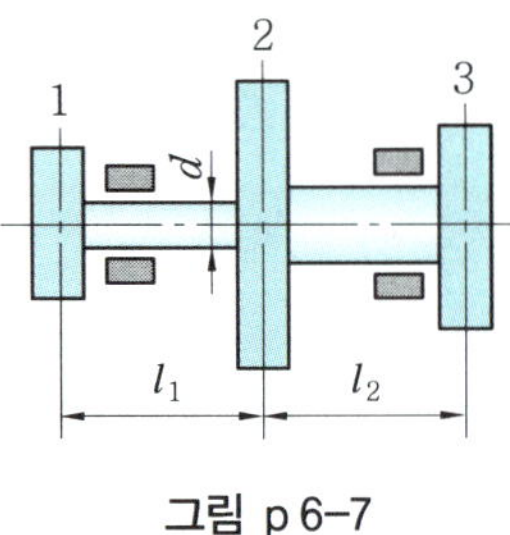

그림 p6-7

25. 자동차의 변속기와 후차축 차동기어 사이에 추진축이 달려 있다. 그런데 그 축은 얇은 두께의 원통을 사용한 것이다. 이때 엔진의 출력이 130 마력에서 5400 rpm으로 한 경우에 이 추진축의 안지름을 구하시오.(단, 변속기의 처리 속비는 4.24, 축의 허용응력은 84.28 MPa, 축의 바깥지름은 6 cm로 한다.)

26. 중공축과 중실축이 같은 강도를 갖기 위한 중량비 $\left(\dfrac{W_2}{W_1}\right)$와 강도의 비 $\left(\dfrac{\theta_1}{\theta_2}\right)$를 구하시오.(단, 중공축의 안지름 d_1과 바깥지름 d_2와의 비는 $d_1=0.8\,d_2$로 한다.)

27. 연강제 환봉을 비틀림 용수철로 사용할 때, 비틀림각 30°에서 최대 비틀림응력이 98 MPa이 되도록 하기 위해서 봉의 길이와 지름비를 구하시오.(단, $G=81.34\,\text{GPa}$이다.)

28. 그림 p6-8과 같이 한 변이 50 cm인 정사각형의 파이프가 13720 N·m의 비틀림 모멘트를 받을 때 파이프의 두께 t와 단위길이당 비틀림각(강성도)을 구하시오.(단, $T_w=41.16\,\text{MPa}$, $G=78.4\,\text{GPa}$이다.)

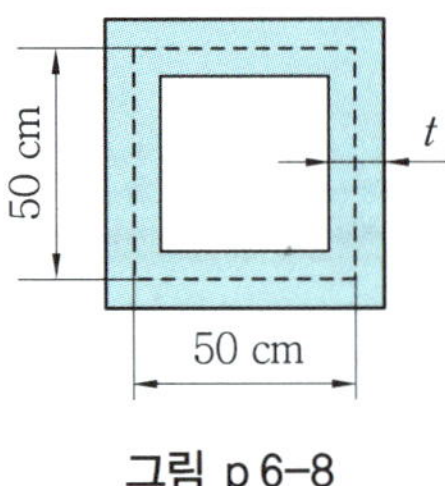

그림 p6-8

29. 스프링의 소선의 지름이 5 mm, 코일 스프링의 지름이 5 cm, 허용 전단응력이 686 MPa일 때 스프링의 안전지지 하중 및 스프링 상수가 9800 N/m가 되기 위한 권수를 구하시오.(단, 스프링 소선은 $G=83.3\,\text{GPa}$이다.)

연습문제 풀이

1.
$$U_1 = \frac{T^2 l}{2GI_{P1}} = \frac{32\,T^2 l}{2G\pi d_1^{\,4}} = \frac{16\,T^2 l}{G\pi d_1^{\,4}}$$

$$U_2 = \frac{T^2 l}{2GI_{P2}} = \frac{32\,T^2 \tau}{2G\pi d_2^{\,4}}$$

$$= \frac{32\,T^2 l}{2G\pi\,(2d_1)^4} = \frac{T^2 l}{G\pi d_1^{\,4}}$$

$$\therefore\ \frac{U_2}{U_1} = \frac{\dfrac{T^2 l}{G\pi d_1^{\,4}}}{\dfrac{16\,T^2 l}{G\pi d_1^{\,4}}} = \frac{1}{16}$$

2. 스프링의 전길이 $l = 2\pi Rn = \pi Dn$에서,

$$n = \frac{l}{\pi}D = \frac{6.2}{\pi\times0.16} \fallingdotseq 12$$

또, 스프링의 처짐은

$$\delta = \frac{64\,nPR^3}{Gd^4} = \frac{8\,nPD^3}{Gd^4}$$

따라서, 전단 탄성계수는

$$G = \frac{8\,nPD^3}{\delta\cdot d^4} = \frac{8\times12\times22540\times0.16^3}{0.115\times0.03^4}$$

$$= 9.515\times10^{10}\ \text{N/m}^2 = 95.15\ \text{GPa}$$

3. 전체 스프링 상수는

$$k = k_1 + k_2 = 4900 + 9800 = 14700\ \text{N/m}$$

$$k = \frac{P}{\delta}\ \text{에서}$$

$$\delta = \frac{P}{k} = \frac{2940}{14700} = 0.2\ \text{m}$$

또, $P = k\cdot\delta$이므로, 탄성 에너지는

$$U = \frac{1}{2}P\cdot\delta = \frac{1}{2}(k\cdot\delta)\delta = \frac{1}{2}k\delta^2$$

$$= \frac{1}{2}\times14700\times0.2^2 = 294\ \text{N·m}$$

4. $T = \dfrac{\pi}{16}d^3\tau$에서

$$T = \frac{D}{2}\cdot P$$

$$\tau = \frac{16\,T}{\pi d^3} = \frac{16\,P\cdot\dfrac{D}{2}}{\pi d^3} = \frac{8\,PD}{\pi d^3}$$

$$P = \frac{\pi d^3 \tau}{8D} = \frac{\pi\times0.006^3\times(588\times10^6)}{8\times0.06}$$

$$\fallingdotseq 830.8\ \text{N}$$

또, $k = \dfrac{Gd^4}{64R^3n} = \dfrac{Gd^4}{8D^3n}$에서,

$$n = \frac{Gd^4}{8D^3k} = \frac{(86.24\times10^9)\times0.006^4}{8\times0.06^3\times4900}$$

$$= 13.2 \fallingdotseq 13$$

5. 스프링 상수 $C = \dfrac{D}{d} = \dfrac{50}{8} = 6.25$이므로,

수정계수는

$$K = \frac{4C-1}{4C-4} + \frac{0.615}{C}$$

$$= \frac{25-1}{25-4} + \frac{0.615}{6.25} \fallingdotseq 1.24$$

$$\therefore\ \tau_{\max} = \frac{8KPD}{\pi d^3} = \frac{8\times1.24\times196\times0.05}{\pi\times0.008^3}$$

$$= 60469745\ \text{N/m}^2 \fallingdotseq 60.47\ \text{MPa}$$

처짐량은

$$\delta = \frac{8\,nPD^3}{Gd^4} = \frac{8\times15\times196\times0.05^3}{(78.4\times10^9)\times0.008^4}$$

$$= 9.2\times10^{-3}\ \text{m} = 0.92\ \text{cm}$$

6. $\tau_{\max} = \dfrac{16\,PRK}{\pi d^3} = \dfrac{8\,PDK}{\pi d^3}$에서,

$$D = \frac{\pi d^3\cdot\tau_{\max}}{8PK}$$

$$= \frac{\pi\times0.01^3\times(147\times10^6)}{8\times490\times1}$$

$$= 0.1178\ \text{m} = 11.78\ \text{cm}$$

7. 스프링 상수 $C = \dfrac{D}{d} = \dfrac{60}{6} = 10$이므로, 왈의

수정계수는

$$K = \frac{4C-1}{4C-4} + \frac{0.615}{C}$$

$$= \frac{40-1}{40-4} + \frac{0.615}{10} \fallingdotseq 1.14$$

$$\therefore\ \tau = \frac{8KPD}{\pi d^3} = \frac{8\times1.14\times294\times0.06}{\pi\times0.006^3}$$

$$= 237197452\ \text{N/m}^2 = 237.2\ \text{MPa}$$

또, 유효권수 n은 $\delta = \dfrac{8\,nPD^3}{Gd^4}$에서,

$$n = \frac{Gd^4\delta}{8PD^3}$$

$$= \frac{(86.24\times10^9)\times0.006^4\times0.015}{8\times294\times0.06^3}$$

$$\doteqdot 3.3 = 3$$

8. 동시 압축을 받으므로 두 스프링의 수축량 δ_1과 δ_2는 같다. 또, (바깥쪽 스프링에 작용하는 힘 P_1)+(안쪽 스프링에 작용하는 힘 P_2) $=588$ N이다.

$$\delta_1 = \frac{8nD_1^3P_1}{Gd^4}, \quad \delta_2 = \frac{8nD_2^3P_2}{Gd^4}$$

에서 $\delta_1 = \delta_2$이므로,

$$D_1^3P_1 = D_2^3P_2$$

$$\frac{P_1}{P_2} = \frac{D_2^3}{D_1^3} = \frac{60^3}{100^3} = 0.0216$$

$$\therefore P_1 \doteqdot 127\,\text{N}, \quad P_2 \doteqdot 461\,\text{N}$$

τ = 비틀림에 의한 것 + 축하중에 의한 것

$$= \frac{T}{Z_P} + \frac{P}{A} = \frac{16PR}{\pi d^3} + \frac{4P}{\pi d^2}$$

$$= \frac{16PR}{\pi d^3}\left(1+\frac{d}{4R}\right)$$

$$\tau_{\max 1} = \frac{16P_1R_1}{\pi d^3}\left(1+\frac{d}{4R_1}\right)$$

$$= \frac{16\times127\times0.05}{\pi\times0.01^3}\left(1+\frac{0.01}{4\times0.05}\right)$$

$$= 33974522\,\text{N/m}^2 \doteqdot 34\,\text{MPa}$$

$$\tau_{\max 2} = \frac{16P_2R_2}{\pi d^3}\left(1+\frac{d}{4R_2}\right)$$

$$= \frac{16\times461\times0.03}{\pi\times(0.01)^3}\left(1+\frac{0.01}{4\times0.03}\right)$$

$$= 76343949\,\text{N/m}^2 \doteqdot 76.344\,\text{MPa}$$

9. $T = 9550\times\dfrac{H_{\text{kW}}}{N}$

$$= 9550\times\frac{5}{1000} \doteqdot 47.75\,\text{N·m}$$

$$\theta = \frac{T\cdot l}{G\cdot I_P} = \frac{32Tl}{G\pi d^4}$$

$$= \frac{32\times47.75\times1}{(79.38\times10^9)\times\pi\times0.02^4}$$

$$\doteqdot 0.03831\,\text{rad}$$

각도로 고치려면

$$\theta = 0.03831\times\frac{180}{\pi} \doteqdot 2.2° = 2°12'$$

10. 비틀림각 $\theta = \dfrac{T\cdot l}{G\cdot I_P}$에서, 재료가 같고 단면이 같으므로 $G\cdot I_P$는 동일하다.

$$\therefore \theta_1 : \theta_2 = T\cdot l : 2T\cdot 2l$$

$$= Tl : 4Tl = 1 : 4$$

11. $T = \tau\cdot Z_p$에서,

$$Z_p = \frac{\pi(d_2^4-d_1^4)}{16d_2} = \frac{\pi d_2^3(1-x^4)}{16}$$

$$x = \frac{d_1}{d_2}$$

$$\therefore T = (39.2\times10^6)\frac{\pi\times0.1^3\times\left(1-\dfrac{6}{10}\right)}{16}$$

$$\doteqdot 3077.2\,\text{N·m}$$

12. 강성도상에서,

$$\theta = \frac{Tl}{GI_p}\,[\text{rad}] = \frac{584\,Tl}{Gd^4}\,[°]$$

$$\therefore d = \sqrt[4]{\frac{584\,Tl}{G\theta°}}$$

$$T = 9550\times\frac{H_{\text{kW}}}{N} = 9550\times\frac{20}{500} = 382\,\text{N·m}$$

$$\therefore d = \sqrt[4]{\frac{584\times382\times1}{(79.38\times10^9)\times0.25}} \doteqdot 0.058\,\text{m}$$

$$= 5.8\,\text{cm} = 58\,\text{mm}$$

강도 상에서

$$T = 9550\frac{H_{\text{kW}}}{N} = \tau\cdot\frac{\pi}{16}d^3$$

$$d = \sqrt[3]{\frac{16}{\pi}\times\frac{T}{\tau}} = \sqrt[3]{\frac{16}{\pi}\times\frac{382}{29.4\times10^6}}$$

$$= 0.0405\,\text{m} = 4.05\,\text{cm} = 40.5\,\text{mm}$$

$\therefore$ 축의 안전상 큰 값인 $d = 58$ mm를 사용한다.

13. 강도에서,

$$d = 32.95\sqrt[3]{\frac{H_{\text{PS}}}{\tau}N}$$

$$\doteqdot 32.95\times\sqrt[3]{\frac{10}{(39.2\times10^6)\times500}}$$

$$\doteqdot 0.0263\,\text{m} \doteqdot 2.63\,\text{cm} = 26.3\,\text{mm}$$

강성도에서 바흐(Bach)의 공식을 적용하면,

$$d = 120\sqrt[4]{\frac{H_{\text{PS}}}{N}} = 120\times\sqrt[4]{\frac{10}{100}} \doteqdot 45.1\,\text{mm}$$

$\therefore$ 큰 쪽의 값 45.1 mm를 취하면 안전하다.

14. $\theta = \dfrac{584\,Tl}{Gd^4}$에서, $T = 9550\dfrac{H_{\text{kW}}}{N}$ [N·m] 이

므로 대입하면,

$$\theta = \frac{584 \times 9550 \times H \times l}{G d^4 N} \ [\text{도}]$$

$$\therefore \ H = \frac{G d^4 N \theta}{584 \times 9550 \times l}$$

$$= \frac{(79.38 \times 10^9) \times 0.05^4 \times 300 \times 0.2}{584 \times 9550 \times 1}$$

$$= 5.34 \ \text{kW}$$

15. $\theta = \dfrac{T \cdot l}{G \cdot I_p}$ 에서, $l_2 = 2l_1$

$$\therefore \ I_{p2} = \frac{\pi (2d)^4}{32} = \frac{\pi d^4}{2} = 16 I_{p1}$$

$\theta_1 = \theta_2$ 에서 $\dfrac{T_1 l_1}{G I_{p1}} = \dfrac{T_2 l_2}{G I_{p2}}$ 에 대입하면

$$\frac{T_1 l_1}{G \times I_{p1}} = \frac{T_2 \times 2 l_1}{G \times 16 I_{p1}}$$

$$\therefore \ \frac{T_1}{T_2} = \frac{2}{16} = \frac{1}{8}$$

16. 중실축의 비틀림각 $\theta_1 = \dfrac{32 \, T l}{G \pi d^4}$

중실축의 비틀림각 $\theta_2 = \dfrac{32 \, T l}{G \pi (d_2^4 - d_1^4)}$

$$= \frac{32 \, T l}{G \pi d_2^4 (1 - x^4)}$$

$d_2 = d, \ x = \dfrac{d_1}{d_2} = \dfrac{\frac{d}{2}}{d} = \dfrac{1}{2}$ 이므로,

$$\theta_2 = \frac{32 \, T l}{G \pi d^4 \left\{ 1 - \left(\frac{1}{2} \right)^4 \right\}}$$

$$= \frac{16 \times 32 \, T l}{15 \, G \pi d^4} = \frac{16}{15} \theta_1$$

$$\therefore \ \text{비틀림각의 비} \ \frac{\theta_1}{\theta_2} = \frac{15}{16}$$

또, 중실축의 중량을 W_1, 중공축의 중량을 W_2 라 하면,

$$W_1 = \frac{\pi}{4} d^2 l \gamma$$

$$W_2 = \frac{\pi}{4} (d_2^2 - d_1^2) l \rho = \frac{\pi}{4} \left\{ d^2 - \left(\frac{d}{2} \right)^2 \right\} l \gamma$$

$$= \frac{3\pi}{16} d^2 l \gamma$$

따라서, 중량비는

$$\frac{W_1}{W_2} = \frac{\dfrac{\pi d^2 l \gamma}{4}}{\dfrac{3\pi d^2 l \gamma}{16}} = \frac{16}{12} = \frac{4}{3}$$

17. $\tau = G \cdot \gamma = G \cdot \dfrac{r \theta}{l}$

$$= (82.32 \times 10^9) \times \frac{0.05}{1.5} \times \left(\frac{\pi}{180} \times 1 \right)$$

$$= 47867555 \ \text{N/m}^2 \fallingdotseq 47.87 \ \text{MPa}$$

즉, 허용 비틀림 응력이 47.87 MPa보다 작거나 같아야 한다.

18. 환봉 AC, BC 부분에서 생기는 비틀림 모멘트를 T_1, T_2라 하면

$$T = T_1 + T_2 = 4900 \ \text{N·m} \tag{a}$$

또 AC, BC 부분에 생기는 비틀림각은 C의 단면에서 같은 값이므로,

$$\theta = \frac{32 T_1 l_1}{\pi d^4 G} = \frac{32 T_2 l_2}{\pi d^4 G} \tag{b}$$

식 (a), (b)에서,

$$T_1 = \frac{l_2 T_2}{l_1 + l_2} = \frac{1.5 \times 4900}{2} = 3675 \ \text{N·m}$$

$$T_2 = 4900 - 3675 = 1225$$

그러므로 $\tau = \dfrac{16 T}{\pi d^3}$ 에서,

$$\tau_1 = \frac{16 T_1}{\pi d^3} = \frac{16 \times 3675}{\pi \times 0.1^3} = 18726114 \ \text{N/m}^2$$

$$\fallingdotseq 18.73 \ \text{MPa}$$

$$\tau_2 = \frac{16 T_2}{\pi d^3} = \frac{16 \times 1225}{\pi \times 0.1^3} = 6242038 \ \text{N/m}^2$$

$$\fallingdotseq 6.24 \ \text{MPa}$$

또, C의 단면에서의 비틀림각은

$$\theta = \frac{32 T_1 l_1}{\pi d^4 G} \times \frac{180}{\pi}$$

$$= \frac{32 \times 3675 \times 0.5}{\pi \times 0.1^4 \times (79.38 \times 10^9)} \times \frac{180}{\pi}$$

$$= 0.135°$$

19. 두께 부분에 미소면적 dA를 취하여 극관성 모멘트를 근사적으로 구하면,

$I_p = \displaystyle\int_A r^2 \, dA$ 에서 $r = c$ 이므로,

$$I_p = r^2 A = r^2 \times 2\pi r t = 2\pi r^3 t$$

$$\therefore \ T = \tau \cdot Z_p = \tau \cdot \frac{I_p}{r} = 2 \tau r^2 t \cdot \tau$$

$$\therefore \ \text{전단응력} \ \tau = \frac{T}{2\pi r^2 t}$$

비틀림각 $\theta = \dfrac{T l}{G I_p} = \dfrac{T l}{G (2\pi r^3 t)}$

$$= \frac{T \cdot l}{2\pi G r^3 t}$$

20. $I_p = \dfrac{\pi d^4}{32} = \dfrac{\pi \times 0.04^4}{32} \fallingdotseq 2.512 \times 10^{-4} \ \text{m}^4$

$T = \dfrac{\pi d^3}{16} \cdot \tau = \dfrac{\pi \times 0.04^3}{16} \times (29.4 \times 10^6)$

$\quad = 369.264 \ \text{N·m}$

따라서, 탄성 에너지는

$U = \dfrac{1}{2} T\theta = \dfrac{T^2 l}{2GI_p}$

$\quad = \dfrac{369.264^2 \times 2}{2 \times (79.38 \times 10^9) \times (2.512 \times 10^{-7})}$

$\quad \fallingdotseq 6.84 \ \text{N·m}$

또, 최대 탄성 에너지, 즉 단위체적당 저장하는 탄성 에너지는

$u = \dfrac{U}{V} = \dfrac{U}{Al} = \dfrac{4U}{\pi d^2 l}$

$\quad = \dfrac{4 \times 6.84}{\pi \times 0.04^2 \times 2} \fallingdotseq 2736 \ \text{N·m}/\text{m}^3$

21. 최대 전단응력은

$\tau = \dfrac{T}{2\pi r^3 t}$

$\quad = \dfrac{196}{2\pi \times 0.2^3 \times 0.002} \fallingdotseq 390127 \ \text{N/m}^2$

$\quad \fallingdotseq 390 \ \text{kPa}$

비틀림각은

$\theta = \dfrac{Tl}{GI_p} = \dfrac{Tl}{2G\pi r^3 t}$

$\quad = \dfrac{196 \times 1}{2 \times (81.34 \times 10^9) \times \pi \times 0.2^3 \times 0.002}$

$\quad \fallingdotseq 2.4 \times 10^{-5} \ \text{rad}$

22. 탄성 에너지 $U = \dfrac{1}{2} T\theta = \dfrac{T^2 l}{2GI_p}$ 에서,

$I_p = \dfrac{\pi d^4}{32}, \ T = \dfrac{\pi d^3}{16} \cdot \tau$ 이므로 대입하면,

$U = \dfrac{\left(\dfrac{\pi d^3}{16} \cdot \tau \right)^2 \cdot l}{2G \times \dfrac{\pi d^4}{32}} = \dfrac{\pi d^2 \cdot \tau^2 \cdot l}{16G}$

$d^2 = \dfrac{16GU}{\pi \tau^2 l}$

$\therefore d = \sqrt{\dfrac{16GU}{\pi \tau^2 l}}$

$\quad = \sqrt{\dfrac{16 \times (79.38 \times 10^9) \times 38.01}{\pi \times (39.2 \times 10^6)^2 \times 4}}$

$\fallingdotseq 0.05 \ \text{m} = 5 \ \text{cm}$

23. 실축 : $\tau_1 = \dfrac{16 T_1}{\pi d^3}, \quad \therefore d^3 = \dfrac{16 T_1}{\pi \tau_1}$

$\tau_2 = \dfrac{16 T_2}{\dfrac{\pi(d_2^4 - d_1^4)}{d_2}}$

$\quad = \dfrac{16 T_2}{\pi d_2^3 \left\{ 1 - \left(\dfrac{d_1}{d_2} \right)^4 \right\}} = \dfrac{16 T_2}{\pi d_2^3 (1 - x^4)}$

$\therefore d_2^3 = \dfrac{16 T_2}{\pi (1 - x^4)\tau_2} \quad \left(x = \dfrac{d_1}{d_2} = \dfrac{1}{2} \right)$

① 지름 비교

$\dfrac{d_2^3}{d^3} = \dfrac{\dfrac{16 T_2}{\pi \left(1 - \dfrac{1}{16} \right)\tau_2}}{\dfrac{16 T_1}{\pi \tau_1}}$

$\quad = \dfrac{\dfrac{16 T_2}{\pi \tau_2} \times \dfrac{15}{16}}{\dfrac{16 T_1}{\pi \tau_1}} = \dfrac{15}{16}$

$\therefore \dfrac{d_2}{d} = \sqrt[3]{\dfrac{15}{16}} = 1.022$

$\therefore d_2 = 1.022 d$ (중공축의 바깥지름이 실축에 비해 2.2 % 증가)

② 체적 비교

$\dfrac{V_중}{V_실} = \dfrac{\dfrac{\pi}{4}(d_2^2 - d_1^2) \cdot l}{\dfrac{\pi}{4} d^2 \cdot l}$

$\quad = \dfrac{\left\{ d_2^2 - \left(\dfrac{1}{2} d_2 \right)^2 \right\}}{d^2} = \dfrac{3}{4} \cdot \dfrac{d_2^2}{d^2}$

$\quad = \dfrac{3}{4} \times 1.022^2 = 0.78$

$\therefore V_중 = 0.78 \times V_실$ (중공축이 실축에 비해 체적이 22 % 감소)

$\therefore$ 중량은 $\gamma \cdot V$ 이므로, 중량도 22 % 감소한다.

24. 풀리 1과 2 사이에 $H_1 = 40\,\text{PS}$, 풀리 2와 3 사이에 $H = 60\,\text{PS}$의 힘이 전달되므로 공급 토크 T_2와 수급 토크 T_1, T_3는

$T_1 = 7020 \dfrac{H_{\text{PS1}}}{N} = 7020 \times \dfrac{40}{175}$

$\quad = 1064.57 \ \text{N·m}$

$$T_2 = 7020 \frac{H_{PS2}}{N} = 7020 \times \frac{100}{175}$$
$$= 4011.43 \text{ N·m}$$
$$T_3 = 7020 \frac{H_{PS3}}{N} = 7020 \times \frac{60}{175}$$
$$= 2406.86 \text{ N·m}$$

위 T_1, T_2, T_3 중 수급 토크는 T_1, T_3인데, 이 중 T_3가 최대 토크이므로 이에 대하여 충분한 강도를 갖도록 한다.

$$\therefore T_3 = \frac{\pi}{16} d^3 \cdot \tau = 7020 \frac{H_{PS3}}{N}$$
$$\therefore d = \sqrt[3]{2406.86 \times \frac{16}{\pi} \tau}$$
$$= \sqrt[3]{2406.86 \times \frac{16}{\pi \times (11.76 \times 10^6)}}$$
$$= 0.1014 \text{ m} \fallingdotseq 10 \text{ cm}$$

축길이 1 m에 대한 비틀림각은

$$\theta° = 584 \times \frac{Tl}{Gd^4}$$
$$= 584 \times \frac{2406.86 \times 1}{(78.4 \times 10^9) \times 0.1^4}$$
$$= 0.179°$$

25. 추진축의 회전수는

$$N = \frac{N_E}{\varepsilon} = \frac{5400}{4.24} \fallingdotseq 1274 \text{ rpm}$$
$$\therefore T = 7020 \frac{H_{PS}}{N} = 7020 \times \frac{130}{1274}$$
$$= 716.33 \text{ N·m}$$
$$T = \tau \times \frac{\pi}{16} \left(\frac{d_2^4 - d_1^4}{d_2} \right) \text{에서,}$$
$$\therefore d_1 = \sqrt[4]{d_2^4 - \frac{16 T d_2}{\pi} \tau}$$
$$= \sqrt[4]{0.06^4 - \frac{16 \times 716.33 \times 0.06}{\pi \times (84.28 \times 10^6)}}$$
$$= 0.0567 \text{ m} = 5.67 \text{ cm}$$

26. ① 중실축에 발생하는 최대 전단응력은

$$\tau_1 = \frac{16 T}{\pi d^3}$$

중공축에 발생하는 최대 전단응력은

$$\tau_2 = \frac{16 T \cdot d_2}{\pi (d_2^4 - d_1^4)} = \frac{16 d_2 \cdot T}{\pi d_2^4 \left\{ 1 - \left(\frac{d_1}{d_2} \right)^4 \right\}}$$
$$= \frac{16 T}{\pi d_2^3 (1 - 0.8^4)} = \frac{16 T}{0.59 \pi d_2^3}$$

같은 강도 $(T = \tau \cdot Z_P)$를 가지므로,

$$\frac{16}{\pi d^3} T = \frac{16}{0.59 \pi d_2^3} T$$
$$\therefore d^3 = 0.59 d_2^3, \quad d = 0.84 d_2$$

중실축의 단면적은 $A_1 = \frac{\pi}{4} d^2$

중공축의 단면적은

$$A_2 = \frac{\pi}{4} (d_2^2 - d_1^2) = \frac{\pi}{4} \{ d_2^2 - (0.8 d_2)^2 \}$$
$$= \frac{\pi}{4} d_2^2 \times 0.36$$

재료의 중량 $W = \gamma A l$ 이므로, 중량비는

$$\frac{W_2}{W_1} = \frac{\gamma A_2 l}{\gamma A_1 l} = \frac{0.36 \frac{\pi}{4} d_2^2}{\frac{\pi}{4} d^2}$$
$$= 0.36 \times \frac{d_2^2}{d^2} = 0.36 \times \frac{d_2^2}{0.84 d_2^2}$$
$$= 0.510$$

② 중실축의 비틀림각은 $\theta_1 = \frac{32 T l}{G \pi d^4}$

중공축의 비틀림각은

$$\theta_2 = \frac{32 T l}{G \cdot \pi (d_2^4 - d_1^4)}$$
$$= \frac{32 T l}{G \pi \{ d_2^4 - (0.8 d_2)^4 \}} = \frac{32 T l}{0.59 \times G \pi d_2^4}$$

따라서, 강성도비는

$$\frac{\theta_1}{\theta_2} = \frac{32 T l / G \pi d^4}{32 T l / 0.59 \times G \pi d_2^4}$$
$$= \frac{0.59 d_2^4}{d^4} = \frac{0.59 \cdot d_2^4}{(0.84 d_2)^4}$$
$$= \frac{0.59}{0.498} \fallingdotseq 1.185$$

27. 비틀림 응력은

$$\tau = G \cdot \gamma = G \cdot \frac{r\theta}{l} = G \cdot \frac{d\theta}{2l}$$
$$\theta \, [\text{rad}] = \theta° \times \frac{\pi}{180}$$
$$\therefore \frac{l}{d} = \frac{\theta G}{2 \tau}$$
$$= \frac{\left(30 \times \frac{\pi}{180} \right) \times (81.34 \times 10^9)}{2 \times (98 \times 10^6)}$$
$$= 217.18$$

28. 정사각형 파이프에서

① $\tau = \dfrac{T}{2a^2 t}$ 에서,

$$t = \dfrac{T}{2a^2\tau} = \dfrac{13720}{2\times 0.5^2\times(41.16\times10^6)}$$
$$= 6.67\times10^{-4}\ \text{m}$$
$$= 0.667\ \text{mm}$$

② $\theta = \dfrac{Tl}{Gt(a-t)^3}$ 에서,

$$\theta' = \dfrac{\theta}{l} = \dfrac{T}{Gt(a-t)^3}$$
$$= \dfrac{13720}{(78.4\times10^9)\times(6.67\times10^{-4})\times(0.5-0.000667)^3}$$
$$= 2.1\times10^{-3}\ \text{rad/m}$$
$$= 2.1\times10^{-5}\ \text{rad/cm}$$

29. ① $\tau = \dfrac{T}{Z_P} = \dfrac{16T}{\pi d^3}$

$$= \dfrac{16\times\left(P\times\dfrac{D}{2}\right)}{\pi d^3} = \dfrac{8PD}{\pi d^3}$$

따라서, 안전하중은

$$P = \dfrac{\pi d^3}{8D}\tau$$
$$= \dfrac{\pi\times0.005^3\times(686\times10^6)}{8\times0.05} \fallingdotseq 673\ \text{N}$$

② $\theta = \dfrac{Tl}{GI_P} = \dfrac{32Tl}{G\pi d^4}$

$$= \dfrac{32\times\left(P\times\dfrac{D}{2}\right)\times\pi Dn}{G\pi d^4} = \dfrac{16nPD^2}{Gd^4}$$

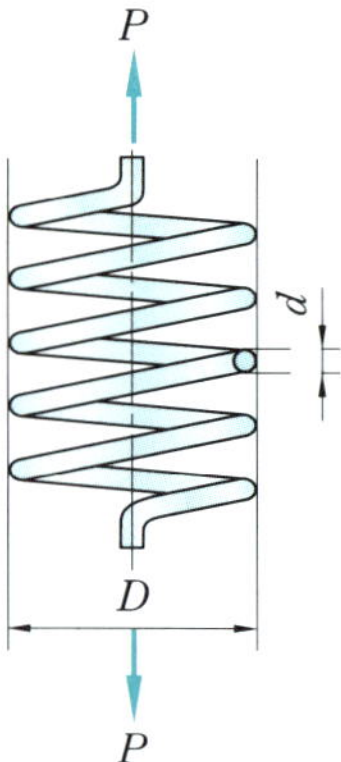

$$U = \dfrac{1}{2}T\theta = \dfrac{1}{2}\left(P\times\dfrac{D}{2}\right)\times\dfrac{16nPD^2}{Gd^4}$$
$$= \dfrac{4nP^2D^3}{Gd^4}$$
$$U = \dfrac{1}{2}T\theta = \dfrac{4nP^2D^3}{Gd^4} = \dfrac{1}{2}P\delta$$
$$\therefore\ \sigma = \dfrac{8nPD^3}{Gd^4}$$
$$k = \dfrac{P}{\delta}$$

$\dfrac{8nPD^3}{Gd^4} = \dfrac{P}{k}$ 에서,

$$\therefore\ n = \dfrac{Gd^4}{8kD^3}$$
$$= \dfrac{(83.3\times10^9)\times0.005^4}{8\times9800\times0.05^3}$$
$$= 5.3125 \fallingdotseq 5.3$$

<table><tr><td>제 **7** 장</td><td></td></tr></table>

보의 전단과 굽힘

1. 보와 하중의 종류

1-1 보(beam)

단면의 치수에 비하여 길이가 긴 구조용 부재(部材)가 적당히 지지되어 있고, 축선에 수직방향으로 하중을 받으면 구부러지는데, 이와 같이 굽힘작용을 받는 봉을 보라 한다. 도심을 연결하는 중심선의 직선인 직선보, 중심선이 곡선인 곡선보가 있으며, 이런 보에는 정역학적인 평형조건인 반력(反力, reaction force) 등을 구할 수 있는 정정(靜定)보와 평형조건만으로 구할 수 없는 부정정(不靜定)보가 있다.

1-2 보의 지점(support)의 종류

① 가동지점(可動支點, hinged movable support) : 보의 회전과 평행이 자유로우나, 수직이동이 불가능한 지점으로 자유지점(free support)이라 하며, 수평반력(R_H)은 영(zero)이고, 수직반력(R_V)만 존재한다.

② 부동지점(不動支點, hinged immovable support) : 보의 회전은 자유롭지만 수평, 수직 이동이 불가능한 지점이며, 수직반력과 수평반력이 존재한다.

③ 고정지점(固定支點, fixed support, built in support) : 보의 회전은 물론 수평과 수직 이동이 모두 불가한 지지점이며, 수직반력, 수평반력, 모멘트 등이 있다.

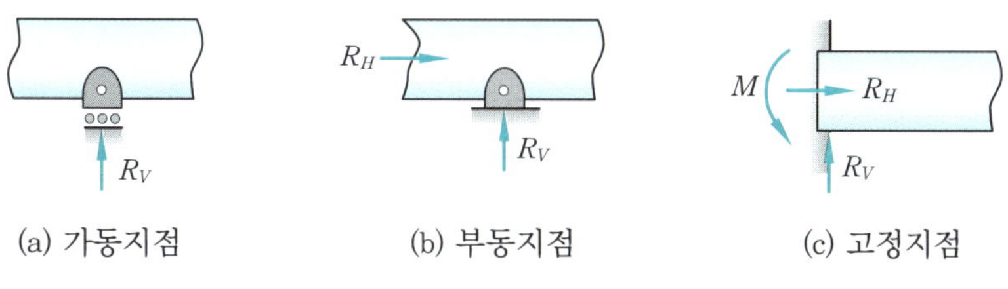

그림 7-1 지점(support)의 종류

1-3   하중(load)의 종류

① 집중하중(concentradted load) : 보의 어느 한 지점에 집중하여 작용하는 하중(荷重)이며, 크기는 N, kgf으로 표시한다.

② 균일분포 하중(uniformly distributed load) : 보의 단위길이에 하중이 균일하게 분포하여 작용하는 하중으로, 등분포(等分布) 하중이라고도 하며, 크기는 N/m, kgf/m이다.

③ 불균일 분포 하중(varying load) : 보의 단위길이에 하중이 불균일하게 분포하여 작용하는 하중이다.

④ 이동하중(smoving load) : 차량이 교량 위를 통과할 때처럼 하중이 이동하여 작용하는 하중이다. 이 밖에도 점변분포(漸変分布) 하중과 부등분포(不等分布) 하중이 있다.

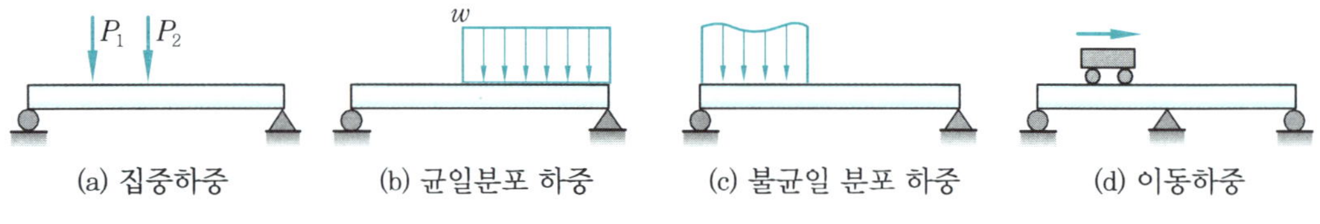

그림 7-2   하중의 종류

1-4   보의 종류

(1) 정정보(statically determinate beam)

① 외팔보(cantilever beam) : 한 끝단(一端) 만 고정한 보로서 고정된 단을 고정단, 다른 끝을 자유단이라 한다(반력수 3개).

② 단순보(simple beam) : 양단에서 받치고 있는 보로, 양단지지보이다(반력수 3개).

③ 돌출보(overhanging beam) : 보의 한 부분이 지점 밖으로 돌출되어 지점의 바깥쪽에 하중이 걸리는 보로 내다지보이다(반력수 3개).

④ 게르버보(gerber beam) : 단순보와 돌출보를 조합하여 이루어진 보로서 반력은 3개 이상이지만 단순보와 돌출보의 두 부분으로 나누어 생각하면 반력은 3개이다.

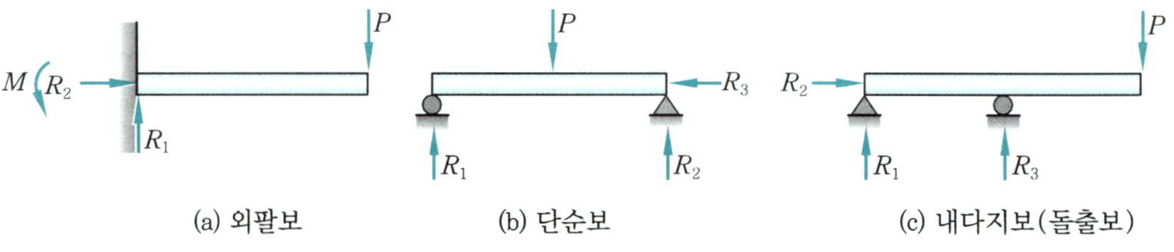

그림 7-3   정정보의 종류

(2) 부정정보(statically indeterminate beam)

① (양단) 고정보(both ends fixed beam) : 양단이 모두 고정된 보로서 보 중에서 가장 강한 보이다(반력수 6개).

② 고정받침보(one end fixed, other end supported beam) : 한 단은 고정되고, 다른 단은 받쳐져 있는 보이다(반력수 4개).

③ 연속보(continuous beam) : 3개 이상의 지점, 즉 2개 이상의 스팬(span)을 가진 보(반력수 = 지점수+1)이다.

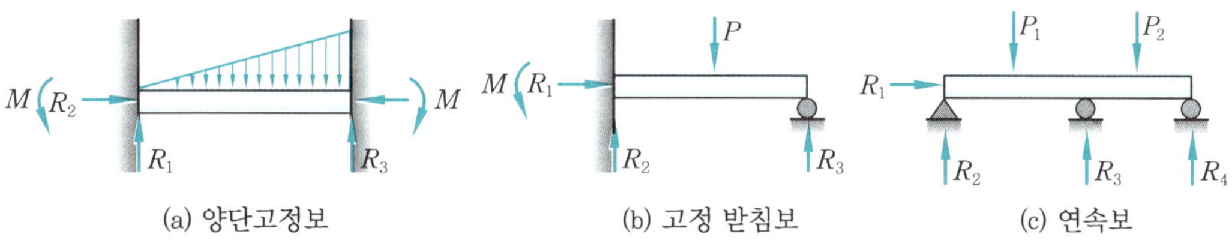

그림 7-4 부정정보의 종류

2. 전단력과 굽힘 모멘트

2-1　보의 평형 조건

보의 임의의 단면에 하중이 작용하면 평형상태를 유지하기 위해서는 그 지지점에 반작용으로서 하중에 저항하는 힘이 작용하여 평형을 이루어야 한다. 이때 이 하중에 대한 저항력을 반력(反力, reaction force)이라 한다. 대부분의 보는 수평 방향으로 하중이 작용하지 않고 수직하중만 작용하므로 수평반력을 무시하고 수직반력만 생각한다.

(1) 보의 평형 조건

① 보에 작용하는 하중과 반력의 대수합은 영이 되어야 한다($\sum Y_i = 0$).

　: 상향의 힘($+$), 하향의 힘($-$), 오른쪽 방향의 힘($+$), 왼쪽 방향의 힘($-$)

② 보의 임의의 점에 대한 굽힘 모멘트의 대수합은 영이 되어야 한다($\sum M_i = 0$).

　: 시계 방향의 모멘트($+$), 반시계 방향의 모멘트($-$)

그림 7-5에서, 수평 방향의 하중이 없으므로 수평반력은 영($\sum X_i = 0$)이고, 수직 방향의 힘의 합은 영($\sum Y_i = 0$)이다.

따라서, $R_A(上)$, $P_1(下)$, $P_2(下)$, $P_3(下)$, $R_B(上)$이므로

$$R_A - P_1 - P_2 - P_3 + R_B = 0$$

즉,
$$R_A + R_B = P_1 + P_2 + P_3$$

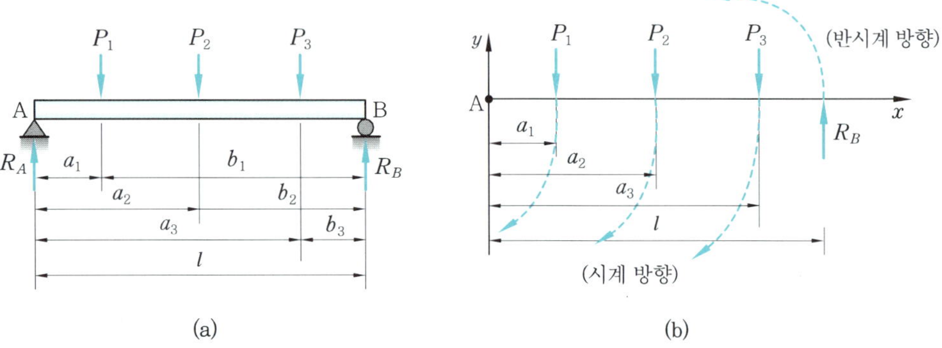

그림 7-5 보의 평형

A점에 대한 모멘트(A점을 기준점으로 한 모멘트)의 합은 영($\sum M_A = 0$)에서,

$P_1 a_1,\ P_2 a_2,\ P_3 a_3$: 시계 방향($+$), $R_B \cdot l$: 반시계 방향($-$)

$$\therefore\ P_1 a_1 + P_2 a_2 + P_3 a_3 - R_B l = 0$$

$$\therefore\ R_B = \frac{P_1 a_1 + P_2 a_2 + P_3 a_3}{l}$$

$$R_A = P_1 + P_2 + P_3 - R_B = \frac{P_1 b_1 + P_2 b_2 + P_3 b_3}{l}$$

예제 1. 그림과 같은 단순보에서 3개의 하중을 받고 있을 때 반력 R_A, R_B를 구하시오.

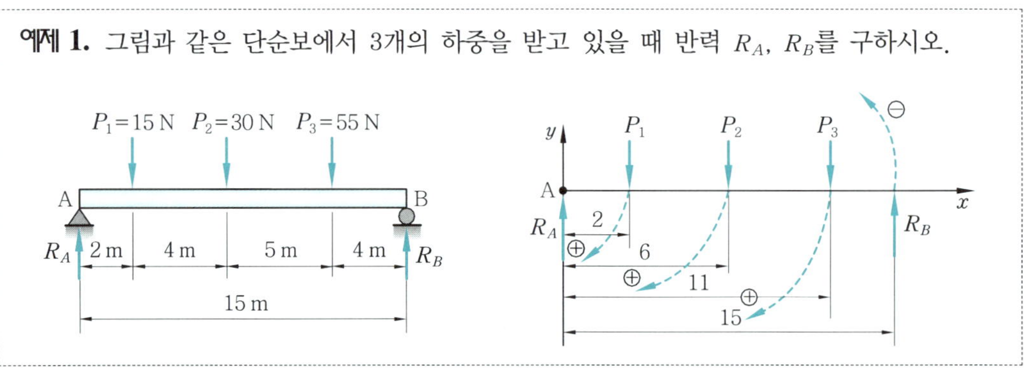

해설 $\sum Y_i = 0$; $R_A + R_B - P_1 - P_2 - P_3 = 0$ (a)

$\sum M_A = 0$(A점 기준) ; $P_1 \times 2 + P_2 \times 6 + P_3 \times 11 - R_B \times 15 = 0$ (b)

식 (b)에서,

$$R_B = \frac{P_1 \times 2 + P_2 \times 6 + P_3 \times 11}{15} = \frac{15 \times 2 + 30 \times 6 + 55 \times 11}{15} = 54.33 \text{ N}$$

식 (a)에서,

$$R_A = P_1 + P_2 + P_3 - R_B = 15 + 30 + 55 - 54.33 = 45.67 \text{ N}$$

2-2　전단력과 굽힘 모멘트

그림 7-6 (a)의 단면 X에서 그림 7-6 (b), 즉 두 부분으로 절단하여 자유 물체도로 분리하면, 오른쪽 부분은 왼쪽 부분이 평형을 이루도록 작용되어야 한다.

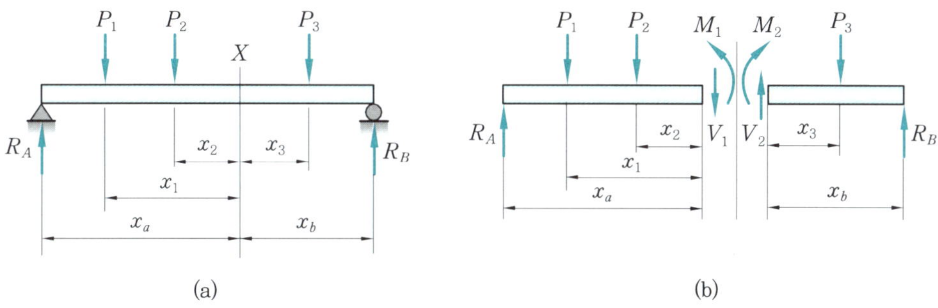

(a)　　　　　　　　　　　　　　　　(b)

그림 7-6　전단력과 굽힘 모멘트

하중 P와 반력 R에 대응되는 단면 X 위의 전단력 V와 굽힘 모멘트 M은 평형 조건으로부터 다음과 같다.

① 그림 7-6 (a)에서,

$$\sum Y_i = 0 \; ; \; R_A - P_1 - P_2 - P_3 + R_B = 0 \tag{7-1}$$

$$\sum M_{Xi} = 0 \; ; \; R_A \cdot x_a - P_1 x_1 - P_2 x_2 + P_3 x_3 - R_B x_b = 0 \tag{7-2}$$

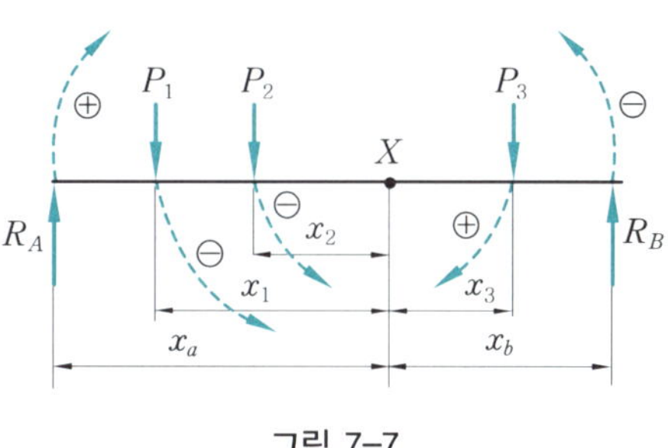

그림 7-7

② 그림 7-6 (b)의 왼쪽에서,

$$\sum F = 0 \; ; \; 상향\ (+),\ 하향\ (-)$$

$$R_A - P_1 - P_2 - V_1 = 0$$

$$\therefore \; V_1 = R_A - P_1 - P_2 \tag{7-3}$$

$$\sum M = 0 \; ; \; 시계\ 방향\ (+),\ 반시계\ 방향\ (-)$$

$$R_A x_a - P_1 x_1 - P_2 x_2 - M_1 = 0$$

$$\therefore \; M_1 = R_A x_a - P_1 x_1 - P_2 x_2 \tag{7-4}$$

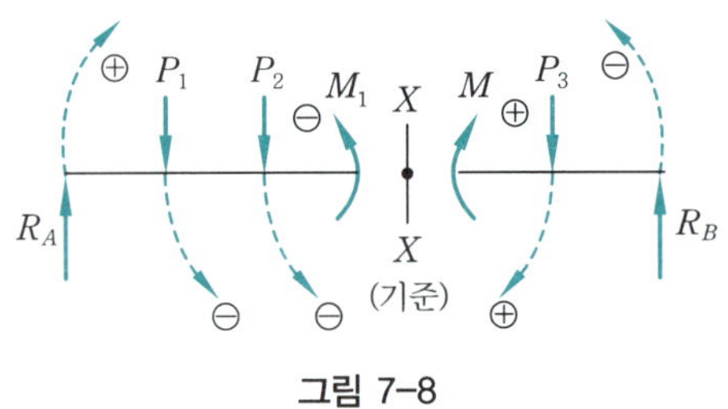

그림 7-8

③ 그림 7-6 (b)의 오른쪽에서

$$\sum F = 0 \;;\; V_2 - P_3 + R_B = 0$$

$$\therefore\; V_2 = P_3 - R_B \tag{7-5}$$

$$\sum M = 0 \;;\; M_2 + P_3 x_3 - R_B x_b = 0$$

$$\therefore\; M_2 = R_B x_b - P_3 x_3 \tag{7-6}$$

식 (7-1)에서

$$R_A - P_1 - P_2 = P_3 - R_B$$

식 (7-3)과 식 (7-5)로부터

$$V_1 = V_2 = V \tag{7-7}$$

식 (7-2)에서

$$R_A x_a - P_1 x_1 - P_2 x_2 = R_B x_b - P_3 x_3$$

식 (7-4)와 식 (7-6)으로부터

$$M_1 = M_2 = M$$

즉, V_1과 V_2, M_1과 M_2는 각각 그 크기가 같고 방향이 반대이다. 여기서 수직력 V를 전단력(shearing force), 우력(偶力) M 을 굽힘 모멘트(bending moment)라 한다.

단면 X의 좌우에 작용하는 대수합은 크기가 같고 방향이 반대이다. 단면 X에서 전단력 V는 임의의 단면의 왼쪽에 있는 모든 힘의 대수합 또는 오른쪽에 있는 모든 힘의 대수합의 $(-)$와 같다.

굽힘 모멘트 M은 임의 단면의 왼쪽에 있는 모든 힘의 모멘트의 대수합과 같고 또는 오른쪽에 있는 모든 힘의 모멘트의 대수합의 $(-)$와 같다.

2-3 전단력, 수평력 모멘트의 부호 규약

표 7-1은 전단력(V), 굽힘 모멘트(M), 수평력 또는 법선력(N), 반력(R) 등의 부호 규약이다.

표 7-1 N, V, M의 부호 규약

	반 력	전단력	굽힘 모멘트	N, V, M
(+)				
(−)				

반력은 상향의 반력이 (+), 하향의 반력이 (−)이며, 전단력은 전단면을 기준으로 전단력이 시계방향이면 (+), 그 반대이면 (−)이고, 굽힘 모멘트는 위로 오목한 형태가 (+)이며, 아래로 볼록한 형태가 (−)이고, 수평력은 인장이면 (+), 압축이면 (−)이다.

2-4 전단력, 굽힘 모멘트, 하중 사이의 관계

(+)의 법선력 N은 그 힘이 작용하는 표면으로부터 멀어지려 하고 방향(인장)을 가리키고, (+)의 전단력 V는 그 힘이 작용하는 표면 둘레에 시계 방향으로 작용하며, (+)의 굽힘 모멘트 M은 왼쪽 외력의 합성 모멘트가 시계 방향으로 회전한다. (−)의 N, V, M은 이들과 반대 방향이다.

① 그림 7-9 (a)에서(O점을 기준으로 하여)

두 단면 사이의 미소거리 dx만큼의 요소에 분포하중이 작용한다면 그 요소의 왼쪽 표면에는 (+)의 전단력 V와 굽힘 모멘트 M이 작용하고, 오른쪽 표면에는 V 및 M의 증가분 dV와 dM의 차이로 왼쪽 표면에 대응되는 $V+dV$ 및 $M+dM$이 작용한다. 이것은 보의 측정거리 x에 따라 V와 M이 변한다는 것을 의미한다. O점에 대한 평형 조건으로부터 다음 식이 얻어진다.

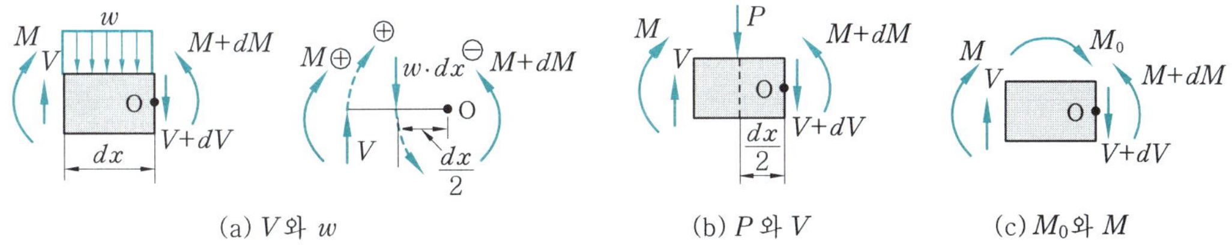

(a) V와 w　　　　(b) P와 V　　　　(c) M_0와 M

그림 7-9 V, M, P의 관계

$$\sum Y_i = 0 \; ; \; V(上), \; w \times dx(下), \; V + dV(下)$$

$$V - wdx - (V + dV) = 0$$

$$\therefore \frac{dV}{dx} = -w \tag{7-8}$$

$w = 0$이라면 $dV = 0$이므로 전단력 V는 전혀 변하지 않고 일정하다는 것을 알 수 있다.〔전단력의 x에 대한 변화율은 분포하중의 세기에 $(-)$를 붙인 값과 같다.〕

$$\sum M_i = 0 \; ; \; M + V \cdot dx - w \cdot dx \cdot \left(\frac{dx}{2} \right) - (M + dM) = 0$$

$(dx)^2$을 무시하고 정리하면,

$$\therefore \frac{dM}{dx} = V \tag{7-9}$$

굽힘 모멘트의 x에 대한 변화율은 그 단면에서의 전단력과 같다.

② 그림 7-9 (b)에서

$$\sum Y_i = 0 \; ; \; V - P - (V + dV) = 0$$

$$\therefore dV = -P \tag{7-10}$$

하중 작용점이 좌에서 우로 통과할 때 dx 사이에서 P의 양만큼 갑자기 감소한다.

$$\sum M_i = 0 \; ; \; M + V \cdot dx - P \cdot \frac{dx}{2} - (M + dM) = 0$$

$$\therefore \frac{dM}{dx} = V \tag{7-11}$$

(집중하중 P의 작용점에서 P의 양만큼 갑자기 감소한다.)

③ 그림 7-9 (c)에서

하중이 우력 M_0의 형태로 작용하는 경우, 연직 방향의 평형으로부터 $dV = 0$이 되어 전단력은 하중의 작용점 왼쪽에서 오른쪽으로 통과할 때 변하지 않고 일정하다는 것이다. 모멘트의 평형으로부터 다음 식을 얻을 수 있다.

$$\sum M_i = 0 \; ; \; M + M_0 + Vdx - (M + dM) = 0$$

$$\therefore dM = M_0 \tag{7-12}$$

(가해진 우력 M_0 때문에 하중의 작용점의 왼쪽에서 오른쪽으로 이동함에 따라 굽힘 모멘트는 갑자기 증가한다.)

일반적으로 굽힘 모멘트 M의 최대값은 $V = 0$인 점, 즉 $(+)$에서 $(-)$로 바뀌는 점에서 일어남을 알 수 있으며, 전단력 V가 $(+)$에서 $(-)$로 바뀌는 점은 하중이 작용하는 점 아래에 있다.

3. 전단력 선도와 굽힘 모멘트 선도

단면에서의 응력의 크기는 전단력과 굽힘 모멘트의 값에 의해 결정되며, V와 M은 거리 x에 따라 변화한다. V와 M이 거리 x에 따라 변화하는 값을 그래프로 그리기 위해 x를 가로 좌표로 잡아 그린 것을 전단력 선도(shearing force diagram ; SFD), 굽힘 모멘트 선도(bending moment diagran ; BMD) 라고 한다.

3-1 외팔보(cantilever beam)

(1) 자유단에 집중하중이 작용할 때

① 지점반력

$$\Sigma Y_i = 0 \; ; \; -P + R_B = 0$$

$$\therefore R_B = P \tag{7-13}$$

$$\Sigma M_B = 0 \; ; \text{B점을 기준으로 한 모멘트의 합은 영}$$

$$-Pl + M_B = 0$$

$$\therefore M_B = Pl \tag{7-14}$$

② 전단력(V), 굽힘 모멘트(M)의 방정식

$$\left. \begin{array}{l} V = -P \,(\text{직선식}) \\ M_x = -P \cdot x \,(\text{1차식}) \end{array} \right\} \tag{7-15}$$

③ SFD와 BMD

SFD : $V = -P$ 로 일정한 값을 가지므로 직사각형

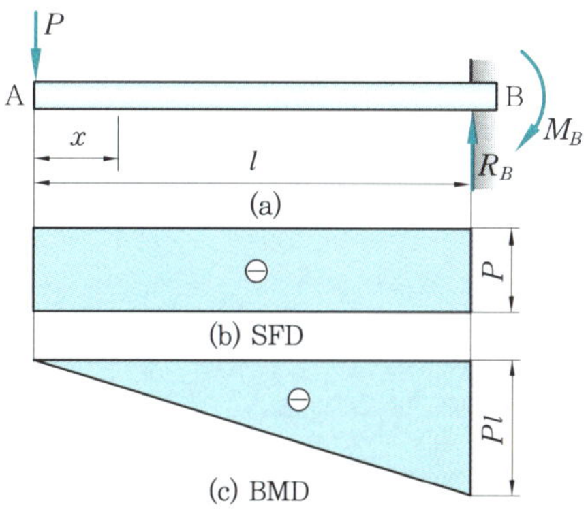

그림 7-10 자유단에 집중하중이 작용하는 모멘트

BMD : $M_x = -Px$; $x = 0$, $M_{x=0} = 0$

$$x = l,\ M_{x=l} = -Pl = M_{max} \tag{7-16}$$

최대 굽힘 모멘트는 B 단에 작용하며, 왼쪽이 고정되고, 오른쪽 자유단에 하중이 가해지면 SFD는 $(+)$, BMD는 $(-)$가 된다.

(2) 2개 이상 다수의 집중하중이 작용할 때

하중이 작용하는 구간별로 V와 M을 구한다.

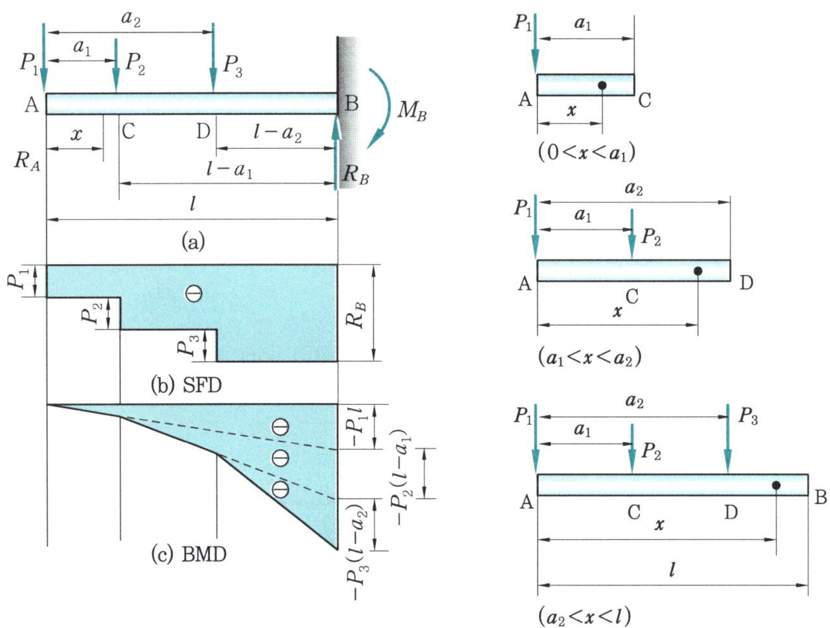

그림 7-11 다수의 집중하중이 작용하는 외팔보

① 지점반력

$$\sum Y_i = 0 \ ; \ -P_1 - P_2 - P_3 + R_B = 0$$

$$\therefore R_B = P_1 + P_2 + P_3 \tag{7-17}$$

$$\sum M_B = 0 \ ; \ -P_1 \cdot l - P_2(l - a_1) - P_3(l - a_2) + M_B = 0$$

$$\therefore M_B = P_1 l + P_2(l - a_1) + P_3(l - a_2) \tag{7-18}$$

② V와 M의 방정식

㈎ 구간 $0 < x < a_1$

$$V_1 = -P_1 \ (\text{직선식}) \tag{7-19}$$

$$M_1 = -P_1 x \ (\text{1차식}) \tag{7-20}$$

㈏ 구간 $a_1 < x < a_2$

$$V_2 = -P_1 - P_2 \text{ (직선식)} \qquad (7\text{–}21)$$

$$M_2 = -P_1 x - P_2 (x - a_1) \text{ (1차식)} \qquad (7\text{–}22)$$

(다) 구간 $a_2 < x < l$

$$V_3 = -P_1 - P_2 - P_3 \text{ (직선식)} \qquad (7\text{–}23)$$

$$M_3 = -P_1 x - P_2 (x - a_1) - P_3 (x - a_2) \text{ (1차식)} \qquad (7\text{–}24)$$

③ SFD와 BMD

(가) SFD : $0 \sim a_1$; $V_1 = -P_1$, $a_1 \sim a_2$: $V_2 = -P_1 - P_2$

$\qquad a_2 \sim l$; $V_3 = -P_1 - P_2 - P_3$인 사각형

(나) BMD : $x = 0$; $M_1 = -P_1 x = 0$

$$x = a_1 \; ; \; M_2 = -P_1 x - P_2(x - a_1) = -P_1 a_1$$

$$x = a_2 \; ; \; M_3 = -P_1 x - P_2(x - a_1) + P_3(x - a_2)$$

$$= -P_1 a_2 - P_2(a_2 - a_1)$$

$$x = l \; ; \; M_3 = -P_1 l - P_2(l - a_1) - P_3(l - a_2)$$

예제 2. 그림과 같은 보의 지점반력, 각 점의 전단력 및 굽힘 모멘트를 구하고, 전단력 선도(SFD)와 굽힘 모멘트 선도(BMD)를 그리시오.

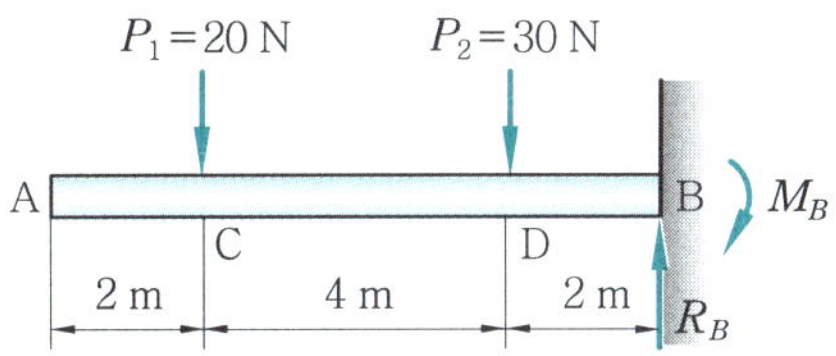

해설 ① 지점반력

$$R_B - P_1 - P_2 = 0$$

$$\therefore R_B = P_1 + P_2 = 20 + 30 = 50 \text{ N}$$

$$M_B - P_1(4 + 2) - P_2 \cdot 2 = 0$$

$$\therefore M_B = 20 \times 6 + 30 \times 2 = 180 \text{ N·m}$$

② 전단력 V

$$V_{AC} = 0$$

$$V_{CD} = -20 \text{ N}$$

$$V_{DB} = -20 - 30 = -50 \text{ N}$$

③ 굽힘 모멘트 M

$$M_A = 0, \quad M_C = 0$$

$$M_D = -20 \times 4 = -80 \text{ N·m}$$

$$M_B = -20 \times 6 - 30 \times 2 = -180 \text{ N·m}$$

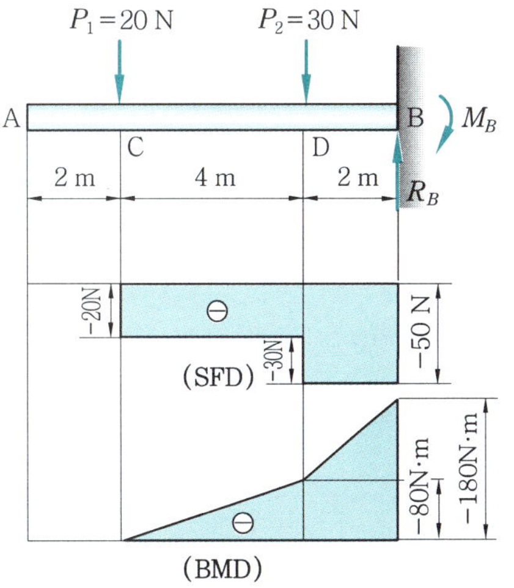

(3) 등분포 하중이 작용할 때

등분포 하중은 합력이 wl 이고, 보의 도심에 집중적으로 작용하는 집중하중으로 고쳐 계산한다. 즉, 그림 7-12에서 하중의 합력은 $w \times x$ [N]이고, 이 하중은 분포하중이 작용하며 C와 B의 중앙에 집중 작용하므로, w에 의한 모멘트 M_A는 다음과 같이 되는 것이다.

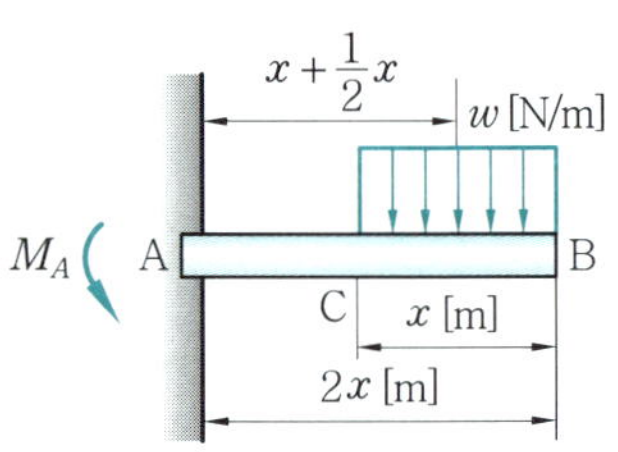

그림 7-12

$$M_A = wx \times \left(x + \frac{1}{2} x \right)$$

$$= wx \times \frac{3}{2} x$$

$$= \frac{3}{2} wx^2$$

등분포 하중 w가 작용하는 길이 l인 외팔보에 대하여 생각해 보자.

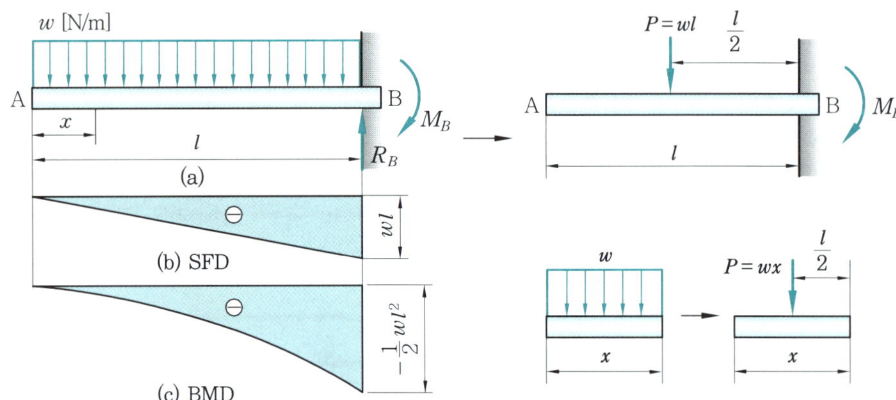

그림 7-13　등분포 하중이 작용하는 외팔보

그림 7-13에서,

① 지지반력

$$\sum Y_i = 0 \; ; \; -wl + R_B = 0$$

$$\therefore R_B = wl \tag{7-25}$$

$$\sum M_B = 0 \; ; \; -\left(wl \times \frac{l}{2} \right) + M_B = 0$$

$$\therefore M_B = \frac{1}{2} wl^2 \tag{7-26}$$

② V와 M의 방정식

$$V_x = -wx \text{ (1차식)} \tag{7-27}$$

$$M_x = -wx \times \frac{x}{2} = -\frac{1}{2} wx^2 \text{ (2차식 : 포물선)} \tag{7-28}$$

③ SFD와 BMD

$$x = 0 \; ; \; V = 0, \quad M = 0 \tag{7-29}$$

$$x = l \; ; \; V_B = -wl, \quad M_B = -\frac{1}{2}wl^2 \tag{7-30}$$

최대 전단응력과 굽힘 모멘트는 자유단으로부터 $x = l$인 고정단에 생기며,

$$\left.\begin{array}{l} V_{\max} = -wl \\[2mm] M_{\max} = -\dfrac{1}{2}wl^2 \end{array}\right\} \tag{7-31}$$

예제 3. 그림과 같이 내다지보(외팔보)에 분포하중이 작용할 경우, 전단력과 굽힘 모멘트를 구하고, SFD 및 BMD를 그리시오.

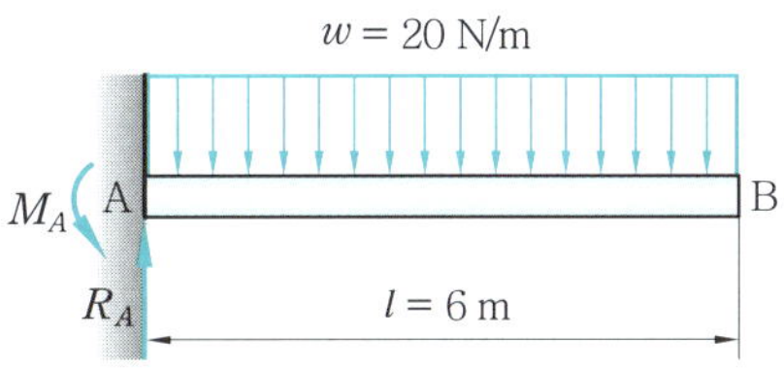

[해설] $R_A = w \times l = 20 \times 6 = 120 \text{ N}$

$V_A = R_A = 120 \text{ N}$

$M_A = -(wl) \times \dfrac{l}{2} = -120 \times \dfrac{6}{2} = -360 \text{ N·m}$

$\quad\quad = -360 \text{ J}$

(4) 점변(漸變)하는 분포하중을 작용할 때

자유단의 하중이 0이고 고정단의 하중이 w_0인 삼각형의 점변하는 분포하중을 받고 있을 때, V와 M의 값은 다음과 같이 된다.

① 지지반력

B점에서 $\dfrac{l}{3}$ 되는 거리에 분포하중의 합력 $\dfrac{w_0 l}{2}$(삼각형의 면적)이 작용한다면,

$$\sum Y_i = 0 \; ; \; R_B - \frac{w_0 l}{2} = 0$$

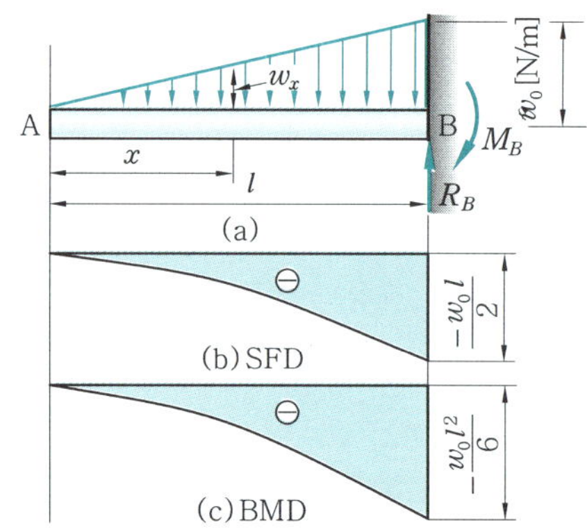

그림 7-14 점변하는 등분포 하중이 작용하는 외팔보

$$\therefore\ R_B = \frac{w_0\, l}{2} \tag{7-32}$$

$$\sum M_B = 0\ ;\ -\frac{w_0\, l}{2} \times \frac{l}{3} + M_B = 0$$

$$\therefore\ M_B = \frac{w_0\, l^2}{6} \tag{7-33}$$

② V 와 M 의 방정식

$$V_x = -\frac{1}{2}\, w_x \cdot x = -\frac{1}{2}\ \cdot\ \frac{w_0 x}{l}\ \cdot\ x = \frac{w_0 x^2}{2l} \quad (\text{2차식 : 포물선}) \tag{7-34}$$

$$\left(x : w_x = l : w_0 \rightarrow w_x = \frac{w_0\, x}{l} \right)$$

$$M_x = -\frac{1}{2}\, w_x \cdot x \times \frac{x}{3} = -\frac{1}{2}\ \cdot\ \frac{w_0 x}{l}\ \cdot\ x \times \frac{x}{3} = -\frac{w_0 x^3}{6l} \quad (\text{3차식}) \tag{7-35}$$

③ SFD와 BMD

$$\left.\begin{aligned} x = 0\ ;\ V_x &= V_A = 0 \\ M_x &= M_A = 0 \end{aligned}\right\} \tag{7-36}$$

$$\left.\begin{aligned} x = l\ ;\ V_x &= -V_B = -\frac{w_0\, l}{2} = V_{\max} \\ M_x &= M_B = -\frac{w_0\, l^2}{6} = M_{\max} \end{aligned}\right\} \tag{7-37}$$

예제 4. 그림과 같은 보의 전단력 V 와 굽힘 모멘트 M, SFD 및 BMD를 구하시오.

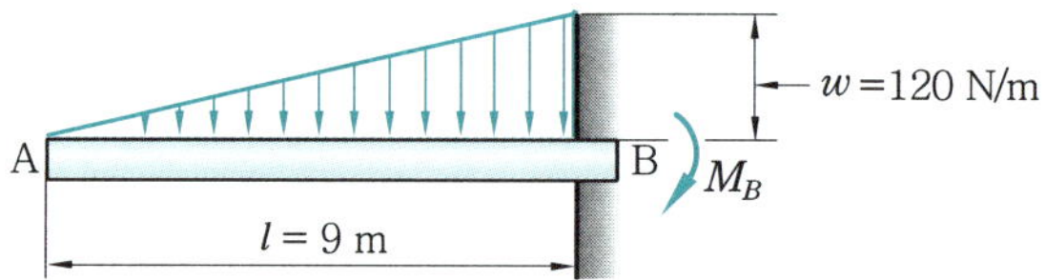

해설 ① 반력 : $R_A = 0$

$$R_B = \frac{1}{2} wl$$

$$= \frac{1}{2} \times 120 \times 9 = 540 \text{ N}$$

$P = \frac{1}{2} wl,\ 작용점 = 도심 \left(\frac{l}{3} \right)$

② 전단력 : $V_A = 0$

$$V_B = -P = -\frac{1}{2} wl$$

$$= -\frac{1}{2} \times 120 \times 9 = -540 \text{ N}$$

$P = \frac{1}{2} wl,\ 작용점 = 도심 \left(\frac{l}{3} \right)$

③ 굽힘 모멘트 : $M_A = 0$

$$M_B = -P \times \frac{l}{3} = -\frac{wl}{2} \times \frac{l}{3}$$

$$= -\frac{wl^2}{6} = -\frac{1}{6} \times 120 \times 9^2 = -1620 \text{ N·m (J)}$$

3-2 단순보(양단지지보, simple beam)

(1) 임의 위치에 1개의 집중하중이 작용할 때

① 지점반력

$$\sum Y_i = 0 \text{ or } \sum V = 0 ; R_A + R_B - P = 0 \ (R_A + R_B = P) \tag{7-38}$$

$$\sum M_B = 0 ; R_A \cdot l - Pb = 0$$

$$\left. \begin{aligned} &\therefore R_A = \frac{Pb}{l} \\ &R_B = P - R_A = P - \frac{Pb}{l} = \frac{P(l-b)}{l} = \frac{Pa}{l} \end{aligned} \right\} \tag{7-39}$$

$$\left. \begin{aligned} &\sum M_A = 0 ; -R_B \cdot l + P \cdot a = 0 \\ &\therefore R_B = \frac{Pa}{l} \end{aligned} \right\} 로도\ 구해진다.$$

② V와 M의 방정식

(개) 구간 $0 < x < a$

$$\left. \begin{aligned} &V = R_A = \frac{Pb}{l} \\ &M = R_A \cdot x = \frac{Pb}{l} x \end{aligned} \right\} \tag{7-40}$$

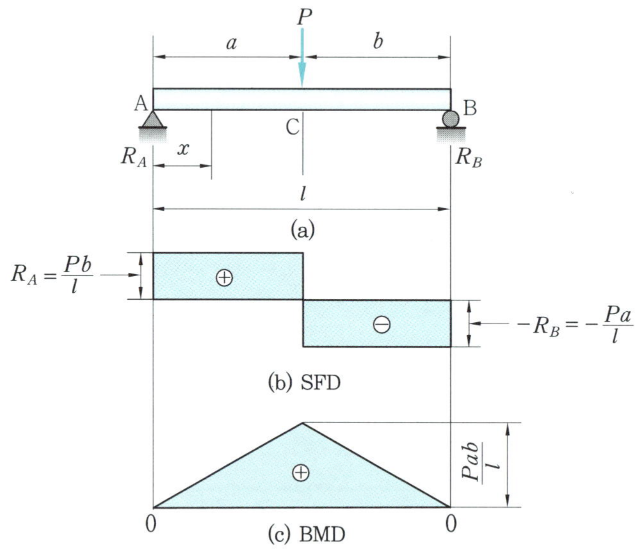

그림 7-15 임의의 위치에 집중하중이 작용하는 단순보

(나) 구간 $a < x < l$

$$\left. \begin{array}{l} V = R_A - P = \dfrac{Pb}{l} - P = -\dfrac{Pa}{l} \\[2mm] M = R_A \cdot x - P(x-a) = \dfrac{Pb}{l}\,x - P(x-a) \end{array} \right\} \tag{7-41}$$

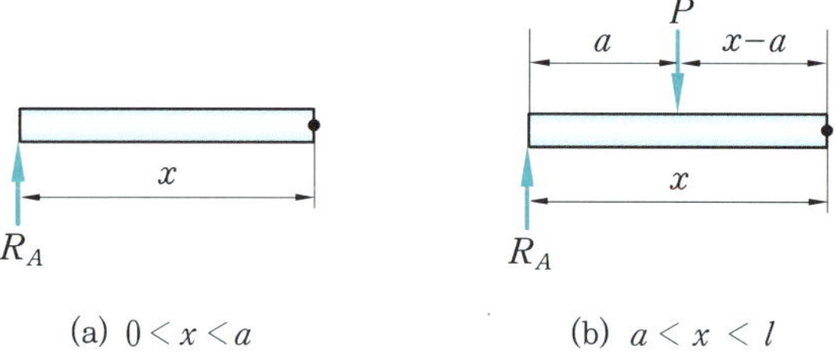

(a) $0 < x < a$ (b) $a < x < l$

그림 7-16

③ SFD와 BMD

(가) BMD는 위의 구간별 모멘트 식으로부터,

$$x = 0 \; ; \; M = R_A \cdot x = 0 \tag{7-42}$$

$$\left. \begin{array}{l} x = a \; ; \; M = R_A \cdot x = \dfrac{Pb}{l} \cdot x = \dfrac{Pab}{l} \\[2mm] M = R_A x - P(x-a) = R_A \cdot a - P \times 0 = \dfrac{Pab}{l} \end{array} \right\} M_{\max} \tag{7-43}$$

$$x = l \; ; \; M = R_A \cdot x - P(x-a) = \dfrac{Pb}{l} \cdot l - P(l-a) = 0 \tag{7-44}$$

(나) SFD도 모멘트 식으로부터,

$$x = 0 \; ; \; \frac{dM}{dx} = V = R_A$$

$$x = a \; ; \; \frac{dM}{dx} = V = R_A \left(= \frac{Pb}{l} \right)$$

$$\frac{dM}{dx} = V = R_A - P = -R_B = \frac{Pb}{l} - P = \frac{-P \cdot a}{l}$$

$$x = l \; ; \; \frac{dM}{dx} = R_A - P = -R_B = -\frac{Pa}{l}$$

$$(7-45)$$

최대 굽힘 모멘트는 $x = a$인 곳에서 발생하므로,

$$M_{\max} = M_{x=a} = \frac{Pab}{l} \tag{7-46}$$

$a = b = \dfrac{l}{2}$ 이면,

$$M_{\max} = \frac{P \times \dfrac{l}{2} \times \dfrac{l}{2}}{l} = \frac{Pl}{4} \tag{7-47}$$

위 결과에서 최대 굽힘 모멘트는 전단력의 부호가 바뀌는 단면, 즉 하중이 작용하는 C 점에서 발생한다. 이와 같은 단면은 위험한 단면으로서 위험 단면(dangerous section)이라 한다.

(2) 2개 이상의 집중하중이 작용할 때

2개 이상의 하중이 작용할 때는 이 보를 여러 부분으로 나누어 반력을 구하고, 각 부분에 대한 전단력 V와 굽힘 모멘트 M을 구한다.

① 지지반력

$$\sum Y_i = 0 \; ; \; R_A - P_1 - P_2 - P_3 + R_B = 0$$

$$\therefore \; R_A + R_B = P_1 + P_2 + P_3 \tag{7-48}$$

$$\sum M_B = 0 \; ; \; R_A \cdot l - P_1 b_1 - P_2 b_2 - P_3 b_3 = 0$$

$$\therefore \; R_A = \frac{P_1 b_1 + P_2 b_2 + P_3 b_3}{l}$$

$$R_B = \frac{P_1 a_1 + P_2 a_2 + P_3 a_3}{l}$$

$$(7-49)$$

② V와 M의 방정식

㈎ 구간 $0 < x < a_1$

$$V_{AC} = R_A, \qquad M_A = R_A x \tag{7-50}$$

㈏ 구간 $a_1 < x < a_2$

$$V_{CD} = R_A - P_1, \qquad M_C = R_A \cdot x - P_1(x - a_1) \tag{7-51}$$

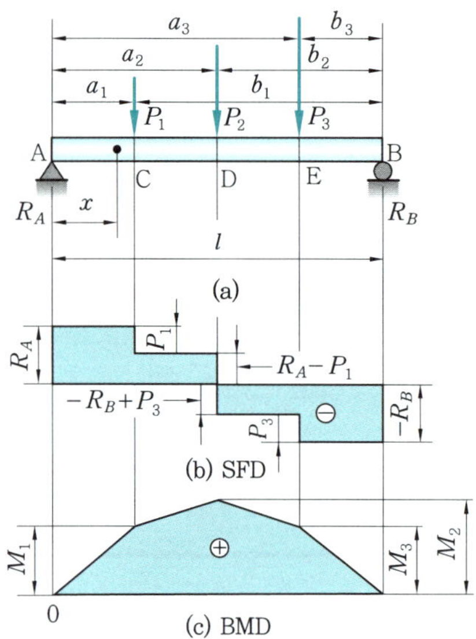

그림 7-17 2개 이상의 집중하중이 작용하는 외팔보

㈐ 구간 $a_2 < x < a_3$

$$V_{DE} = R_A - P_1 - P_2 = P_3 - R_B$$

$$M_D = R_A \cdot x - P_1(x - a_1) - P_2(x - a_2) \tag{7-52}$$

㈑ 구간 $a_3 < x < l$

$$\left.\begin{array}{l} V_{EB} = R_A - P_1 - P_2 - P_3 = -R_B \\[2mm] M_E = R_A \cdot x - P_1(x - a_1) - P_2(x - a_2) - P_3(x - a_3) = R_B(l - x) \end{array}\right\} \tag{7-53}$$

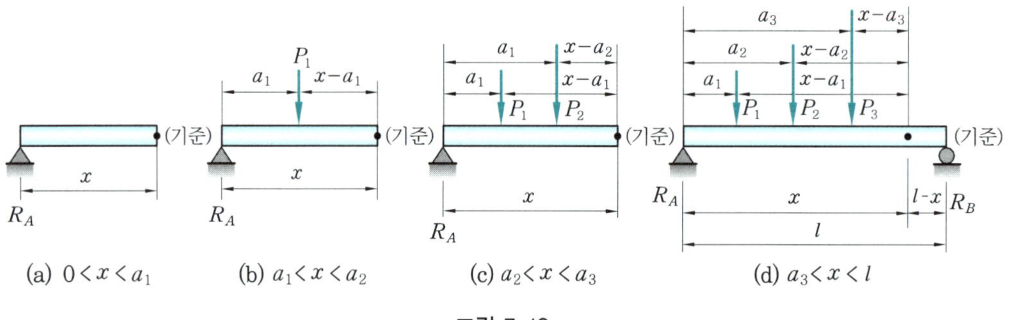

(a) $0 < x < a_1$ (b) $a_1 < x < a_2$ (c) $a_2 < x < a_3$ (d) $a_3 < x < l$

그림 7-18

③ SFD와 BMD

㈎ $x = 0$; $M_A = 0$

㈏ $x = a_1$; $M_C = R_A x - P_1(x - a_1) = R_A \cdot a_1 = M_1$

㈐ $x = a_2$; $M_D = R_A x - P_1(x - a_1) - P_2(x - a_2)$

$$= R_A \cdot a_2 - P_1(a_2 - a_1) = M_2$$

㈐ $x = a_3$; $M_E = R_A x - P_1(x - a_1) - P_2(x - a_2) - P_3(x - a_3)$

$$= R_A a_3 - P_1(a_3 - a_1) - P_2(a_3 - a_2) = R_B \cdot b_3 = M_3$$

㈑ $x = l$; $M_B = R_B(l - x) = 0$

예제 5. 그림과 같은 단순보(양단지지보)에서 각 점의 전단력 V와 굽힘 모멘트 M을 구하고 SFD와 BMD를 그리시오.

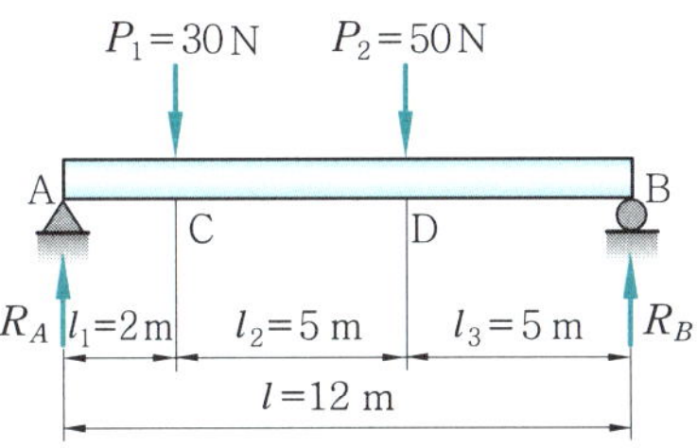

解說 ① 반력 (R)

㈎ 수직력의 합 $\sum Y_i = 0$일 때

$\sum Y_i = 0$; $R_A - P_1 - P_2 + R_B = 0$

㈏ B점에 대한 모멘트의 합 $\sum M_B = 0$일 때

$R_A \cdot l - P_1(l_2 + l_3) - P_2 \cdot l_3 = 0$

(시계)　(반시계)　(반시계)

$R_A \times 12 - 30 \times 10 - 50 \times 5 = 0$

$\therefore R_A = 45.83$ N

　$R_B = P_1 + P_2 - R_A = 30 + 50 - 45.83$

　　$= 34.17$ N

② 전단력 (V)

$V_{AC} = + R_A = 45.83$ N

$V_{CD} = R_A - P_1 = 45.83 - 30 = 15.83$ N

$V_{DB} = - R_B = -34.17$ N

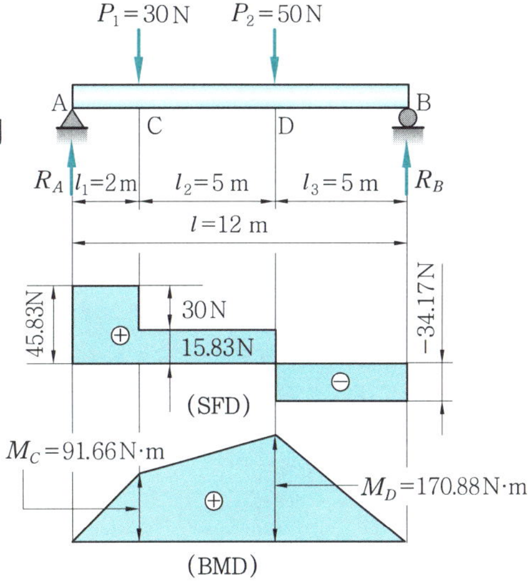

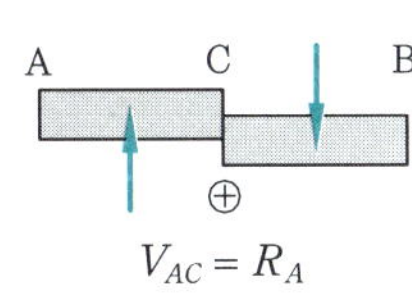

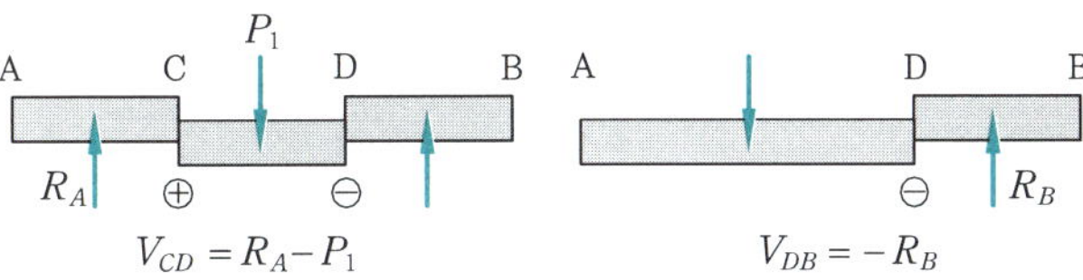

③ 굽힘 모멘트(M)

$M_A = 0$

$M_C = R_A \cdot l_1 = 45.83 \times 2 = 91.66$ N·m

$M_D = R_A(l_1 + l_2) - P_1 \cdot l_2$

　　$= 45.83 \times 7 - 30 \times 5 = 170.81$ N·m

$M_B = 0$

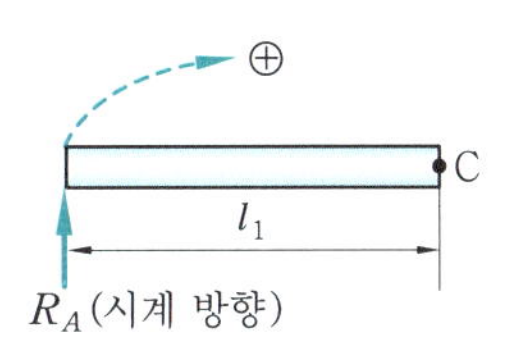

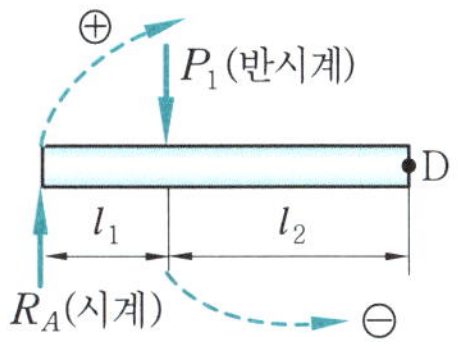

(3) 등분포 하중이 작용할 때

그림 7-19와 같이 단순보에 단위길이에 대한 하중 w가 보 전체에 균일하게 분포하여 작용할 때 V와 M은 다음과 같이 구해진다.

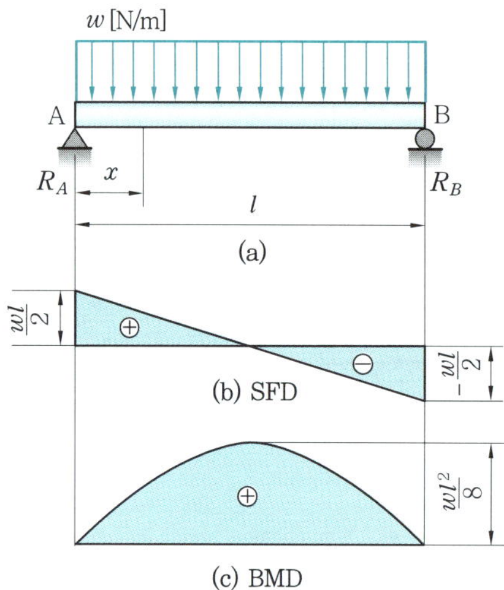

그림 7-19 등분포 하중이 작용하는 단순보

① 지점반력

$$\sum Y_i = 0 \,;\; R_A - wl + R_B = 0$$

$$\sum M_B = 0 \,;\; R_A \cdot l - (wl) \times \frac{l}{2} = 0$$

$$\therefore\; R_A = \frac{wl}{2}, \;\; R_B = \frac{wl}{2} \tag{7-54}$$

② V와 M의 방정식

$$\left.\begin{aligned}
V &= R_A - wx = \frac{wl}{2} - wx \\
M &= R_A x - (wx) \cdot \frac{x}{2} = \frac{wl}{2} x - \frac{w}{2} x^2
\end{aligned}\right\} \tag{7-55}$$

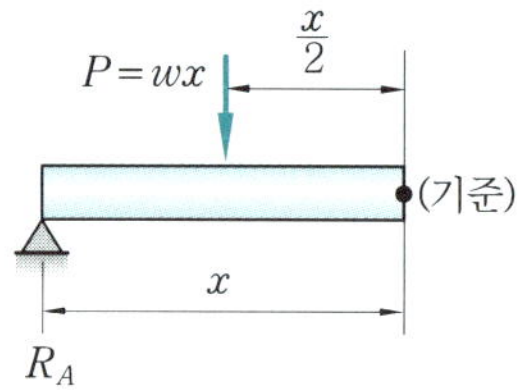

그림 7-20

③ SFD와 BMD

㉮ $x = 0$일 때

$$V = R_A = \frac{1}{2}\,wl, \qquad M = 0 \tag{7-56}$$

(나) $x = \dfrac{l}{2}$ 일 때,

$$V = \frac{wl}{2} - \frac{wl}{2} = 0, \qquad M = \frac{wl}{2} \times \frac{l}{2} - \frac{w}{2}\left(\frac{l}{2}\right)^2 = \frac{wl^2}{8} \tag{7-57}$$

(다) $x = l$ 일 때

$$V = \frac{wl}{2} - wl = -\frac{wl}{2}, \qquad M = \frac{wl^2}{2} - \frac{wl^2}{2} = 0 \tag{7-58}$$

여기서, 전단력이 0인 점에서 최대 굽힘 모멘트가 발생하는 것을 알 수 있다. 즉, $\dfrac{dM}{dx} = V = \dfrac{wl}{2} - wx = 0$ 에서 $x = \dfrac{l}{2}$ 이므로, $x = \dfrac{l}{2}$ 에서

$$M_{\max} = \frac{wl}{2} \cdot \frac{l}{2} - \frac{w}{2} \times \left(\frac{l}{2}\right)^2 = \frac{wl^2}{8} \tag{7-59}$$

예제 6. 그림과 같은 보의 단면적(V와 M)을 구하고 전단력 선도(SFD)와 굽힘 모멘트 선도(BMD)를 그리시오.

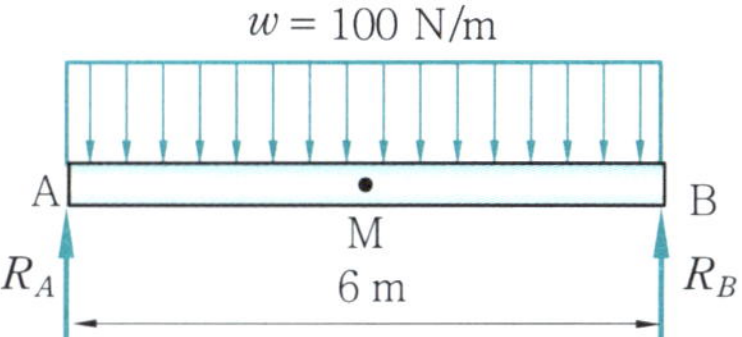

해설 ① 반력 (R)

$$R_A + R_B - P = 0$$

$$\sum M_B = 0 \,;\; R_A \cdot l - P \cdot \frac{l}{2} = 0$$

$$\therefore\; R_A = \frac{P}{2} = \frac{wl}{2}$$

$$= \frac{100 \times 6}{2} = 300\ \text{N} = R_B$$

② 전단력(V)

$$V_A = R_A = \frac{wl}{2} = 300\ \text{N}, \qquad V_M = 0$$

$$V_B = -R_B = -\frac{wl}{2} = -300\ \text{N}$$

③ 굽힘 모멘트 (M)

$$M_A = 0$$

$$M_M = M_{\max} = R_A \cdot \frac{l}{2} - w \cdot \frac{l}{2} \cdot \frac{l}{4}$$

$$= 300 \times \frac{6}{2} - 100 \times \frac{6}{2} \times \frac{6}{4} = 450\ \text{N·m}$$

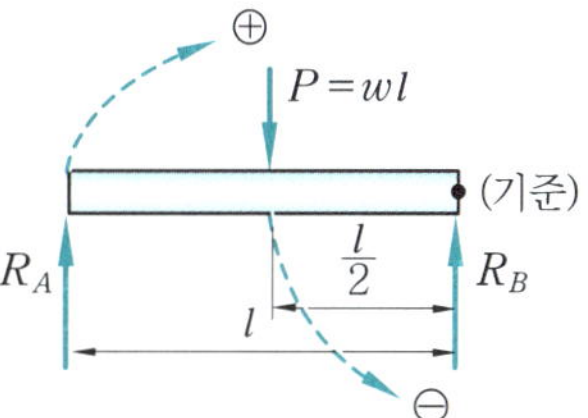

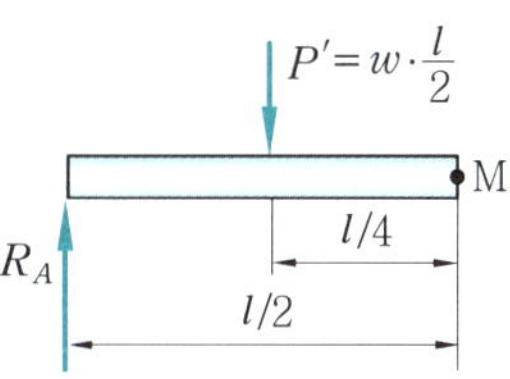

분포하중 = 집중하중 $P' = \dfrac{wl}{2}$
작용점 = 도심 $\left(\dfrac{l}{4}\right)$

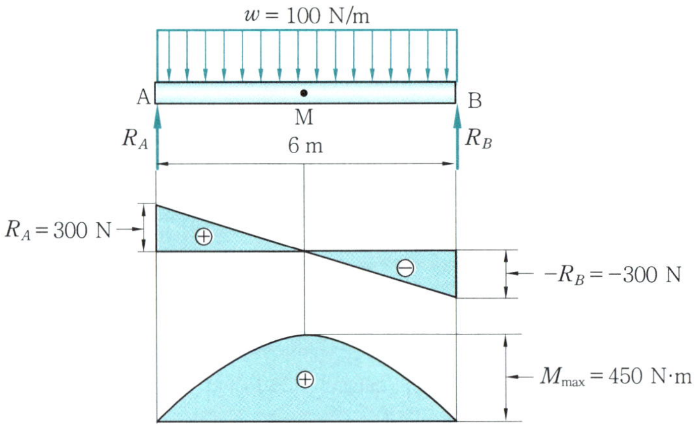

(4) 점변하는 분포하중이 작용할 때

점차 변하는 분포하중의 합력은 $\dfrac{w_0 l}{2}$ 과 같으며, B로부터 $\dfrac{l}{3}$ 거리만큼 떨어진 도심점 C에 작용한다.

① 지점반력

$$\sum Y_i = 0\,;\; R_A - \frac{w_0 l}{2} + R_B = 0 \tag{7-60}$$

$$\sum M_B = 0\,;\; R_A \cdot l - \left(\frac{w_0 l}{2}\right)\left(\frac{l}{3}\right) = 0 \tag{7-61}$$

$$\therefore\; R_A = \frac{w_0 l}{6}\,,\;\; R_B = \frac{w_0 l}{3} \tag{7-62}$$

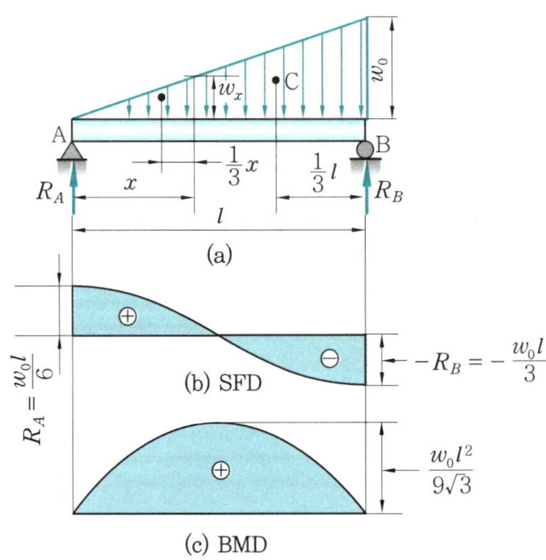

그림 7-21 점변 분포하중이 작용하는 단순보

② V와 M의 방정식

그림 7-22에서, $w_x : w_0 = x : l$, $w_x = \dfrac{w_0 x}{l}$ 이므로,

$$V = R_A - P_x = R_A - \frac{1}{2} w_x \cdot x = R_A - \frac{1}{2}\left(\frac{w_0 x}{l}\right) x$$

$$= R_A - \frac{w_0 x^2}{2l} = \frac{w_0 l}{6} - \frac{w_0 x^2}{2l} \tag{7-63}$$

$$M = R_A \cdot x - P_x \cdot \frac{1}{3} x = R_A \cdot x - \left(\frac{w_0 x^2}{2l}\right) \times \frac{x}{3}$$

$$= R_A \cdot x - \frac{w_0 x^3}{6l} = \frac{w_0 l}{6} x - \frac{w_0 x^3}{6l} \tag{7-64}$$

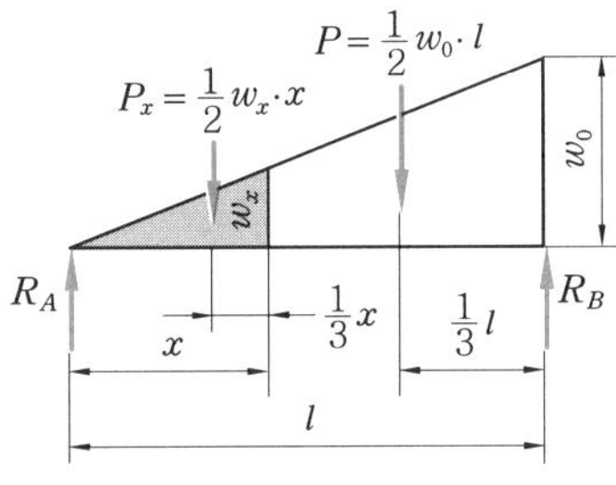

그림 7-22

최대 굽힘 모멘트가 작용하는 단면의 위치는 $V = 0$인 곳이므로

$$\frac{dM}{dx} = V = \frac{w_0 l}{6} - \frac{w_0 x^2}{2l} = 0 \tag{7-65}$$

$$\therefore \ x = \frac{l}{\sqrt{3}} \tag{7-66}$$

$$M_{\max} = M\Big|_{x=\frac{1}{\sqrt{3}} l} = \frac{w_0 l}{6} \times \frac{l}{\sqrt{3}} - \frac{w_0}{6l}\left(\frac{l}{\sqrt{3}}\right)^3$$

$$= \frac{w_0 l^2}{6\sqrt{3}} - \frac{w_0 l^2}{18\sqrt{3}} = \frac{w_0 l^2}{9\sqrt{3}} \tag{7-67}$$

③ SFD와 BMD

$$\left. \begin{array}{l} x = 0 \ ; \ V = \dfrac{w_0 l}{6}, \ M = 0 \\[3mm] x = \dfrac{l}{\sqrt{3}} \ ; \ V = 0, \ M = \dfrac{w_0 l^2}{9\sqrt{3}} \\[3mm] x = l \ ; \ V = \dfrac{-w_0 l}{3}, \ M = 0 \end{array} \right\} \tag{7-68}$$

예제 7. 그림과 같은 보의 단면력(V와 M)을 구하고, 전단력 선도(SFD)와 굽힘 모멘트 선도(BMD)를 그리시오.

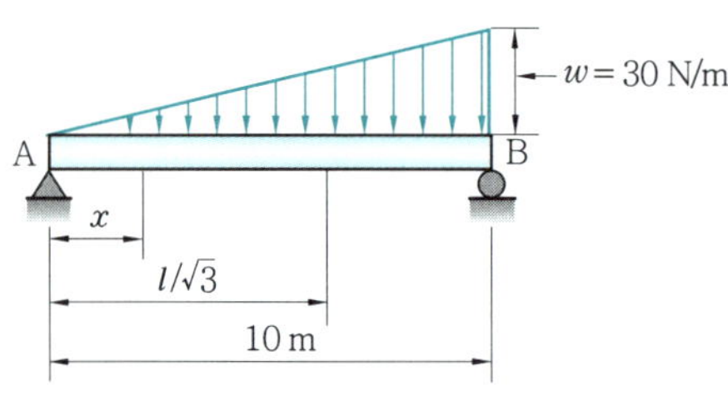

해설 ① 반력 (R)

$$R_A - P + R_B = 0$$

$$\sum M_B = 0 \; ; \; R_A \cdot l - P \times \frac{l}{3} = 0$$

$$\therefore R_A = \frac{P}{3} = \frac{wl}{2} \times \frac{1}{3}$$

$$= \frac{1}{2} \times 30 \times 10 \times \frac{1}{3} = 50 \text{ N}$$

$$R_B = P - R_A = \frac{1}{2} wl - 50$$

$$= \frac{1}{2} \times 30 \times 10 - 50 = 100 \text{ N}$$

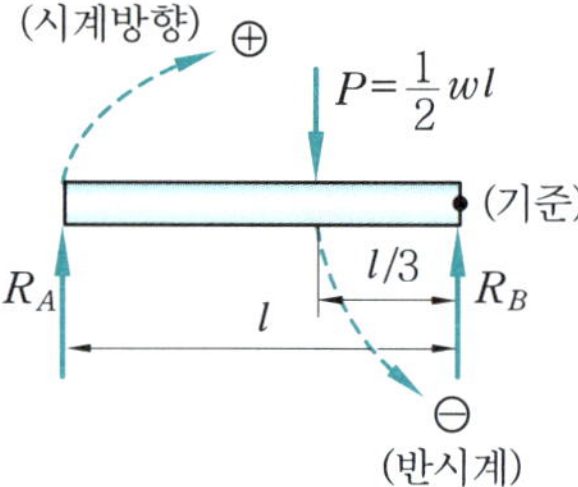

분포하중 → 집중하중 $P = \frac{1}{2} wl$

작용점 → 도심 ($l/3$)

② 전단력 (V)

$$V_A = R_A = 50 \text{ N},$$

$$V_B = -R_B = -100 \text{ N}$$

$V = 0$인 지점은 $\dfrac{dM}{dx} = 0$인 지점이므로,

$$M_x = R_A \cdot x - \frac{1}{2} w_x \cdot x$$

$$= R_A \cdot x - \frac{1}{2} \left(\frac{wx}{l} \right) x \cdot \frac{x}{3}$$

$$= R_A x - \frac{wx^3}{6l}$$

$$\therefore \frac{dM}{dx} = R_A - \frac{wx^2}{2l} = 0 \left(R_A = \frac{wl}{6} \right)$$

$$\therefore x = \sqrt{R_A \cdot \frac{2l}{w}} = \sqrt{\frac{wl}{6} \cdot \frac{2l}{w}} = \frac{l}{\sqrt{3}}$$

따라서, $x = \dfrac{l}{\sqrt{3}}$ 인 점에서 $V = 0$이고 $M = $ max 이다.

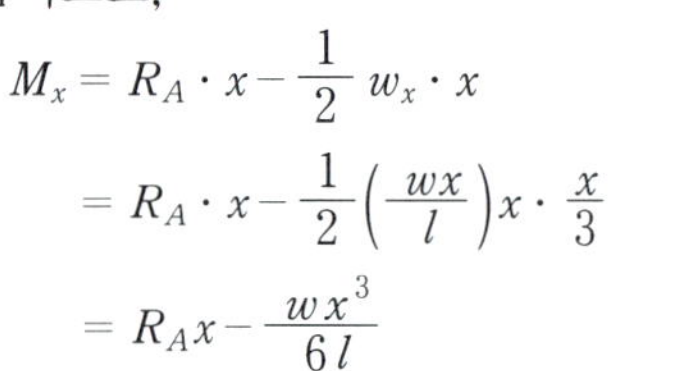

③ 굽힘 모멘트 (M)

$$M_A = 0$$

$$M_{max} = M_{x = l/\sqrt{3}} = R_A x - \frac{wx^3}{6l} = 50 \times \frac{10}{\sqrt{3}} - \frac{30 \times (10/\sqrt{3})^3}{6 \times 10} = 192.45 \text{ N·m}$$

$$M_B = 0$$

3-3 돌출보(내다지보, over hanging beam)

(1) 집중하중을 받는 돌출보

보의 중앙과 돌출부의 끝에 집중하중이 작용할 때 전단력과 굽힘 모멘트는 다음과 같이 구해진다.

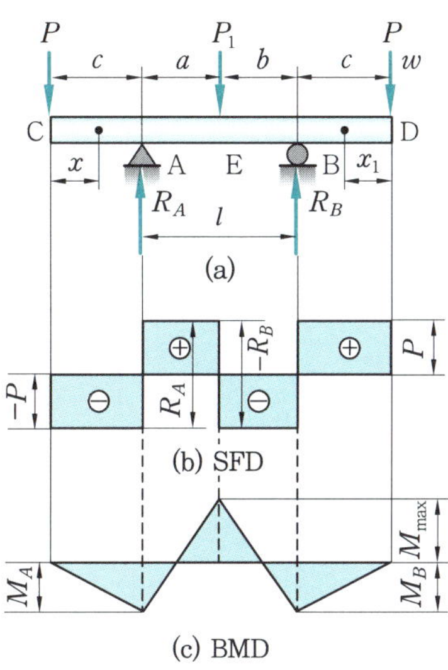

그림 7-23 집중하중을 받는 돌출보

① 지점반력

$$\sum Y_i = 0 \, ; \, R_A - P - P_1 - P + R_B = 0$$

$$\therefore \ R_A + R_B = 2P + P_1 \tag{7-69}$$

$$\sum M_B = 0 \, ; \, R_A \cdot l - P_1 b - P(l+c) + Pc = 0 \tag{7-70}$$

$$R_A = \frac{P_1 b + Pl}{l}, \qquad R_B = \frac{P_1 a + Pl}{l} \tag{7-71}$$

② V와 M의 방정식

㈎ CA 구간

$$V_{CA} = -P, \quad M_{CA} = -P \cdot x \tag{7-72}$$

㈏ AE 구간

$$V_{AE} = -P + R_A, \quad M_{AE} = -P \cdot x + R_A(x-c) \tag{7-73}$$

㈐ EB 구간

$$V_{BE} = -P + R_A - P_1 = P - R_B, \quad M_{BE} = -Px_1 + R_B(x_1 - c) \tag{7-74}$$

㈑ BD 구간

$$V_{BD} = -P + R_A - P_1 + R_B = P, \quad M_{BD} = -Px_1 \tag{7-75}$$

③ SFD와 BMD

㈎ $x = 0$; $M_{CA} = M_C = 0$

㈏ $x = c$; $M_{CA} = M_A = -Pc$

㈐ $x = c + a$; $M_{AE} = M_E = \dfrac{P_1 ab - Pcl}{l}$

㈑ $x_1 = c$; $M_{BE} = M_B = -Pc$

㈒ $x_1 = 0$; $M_{BD} = M_D = 0$

최대 굽힘 모멘트는

$$M_{\max} = M_{AE}\big|_{x = c + a} = \dfrac{P_1 ab - Pcl}{l} \tag{7-76}$$

굽힘 모멘트가 0이 되는 위치는

$$M_{AE} = 0 \; ; \; -Px + R_A(x - c) = 0$$

$$\therefore \; x = \dfrac{R_A \cdot c}{R_A - P} \;\; (\text{C점으로부터} \;\; M = 0\text{이 되는 위치}) \tag{7-77}$$

$$M_{BE} = 0 \; ; \; -Px_1 + R_B(x_1 - c) = 0$$

$$\therefore \; x_1 = \dfrac{R_B \cdot c}{R_B - P} \;\; (\text{D점으로부터} \;\; M = 0\text{이 되는 위치}) \tag{7-78}$$

예제 8. 그림과 같은 돌출보(overhanging beam)의 단면력을 구하고, SFD와 BMD를 그리시오.

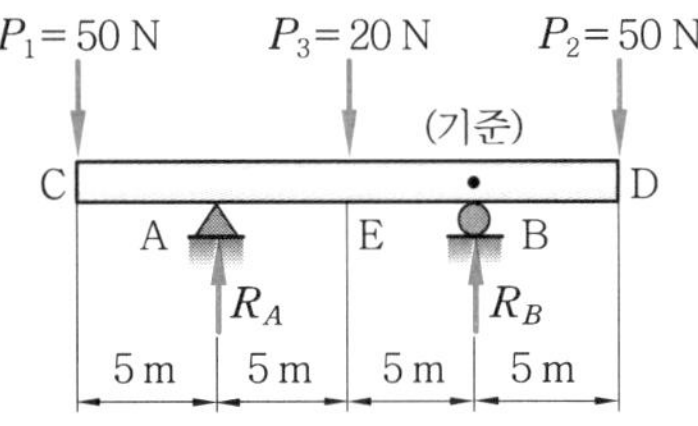

해설 ① 지점반력

$$\sum Y_i = 0 \,;\, R_A + R_B - P_1 - P_2 - P_3 = 0$$

$$\sum M_B = 0 \,;\, R_A \times 10 - P_1 \times 15 - P_3 \times 5 + P_2 \times 5 = 0$$

$$\therefore \; R_A = \dfrac{50 \times 15 + 20 \times 5 - 50 \times 5}{10} = 60 \, \text{N}$$

$$R_B = P_1 + P_2 + P_3 - R_A = 50 + 50 + 20 - 60 = 60 \, \text{N}$$

② 전단력(V)

$$V_{CA} = -P_1 = -50 \, \text{N}$$

$$V_{AE} = -50 + R_A = -50 + 60 = 10 \text{ N}$$

$$V_{EB} = -50 + R_A - 20 = -50 + 60 - 20 = -10 \text{ N}$$

$$V_{BD} = +P_2 = 50 \text{ N}$$

③ 굽힘 모멘트 (M)

$$M_C = 0$$

$$M_A = -P_1 \times 5 = -250 \text{ N}$$

$$M_E = -P_1 \times 10 + R_A \times 5 = -50 \times 10 + 60 \times 5 \cdot \text{m} = -200 \text{ N}$$

$$M_B = -P_2 \times 5 = -50 \times 5 = -250 \text{ N}$$

$$M_D = 0$$

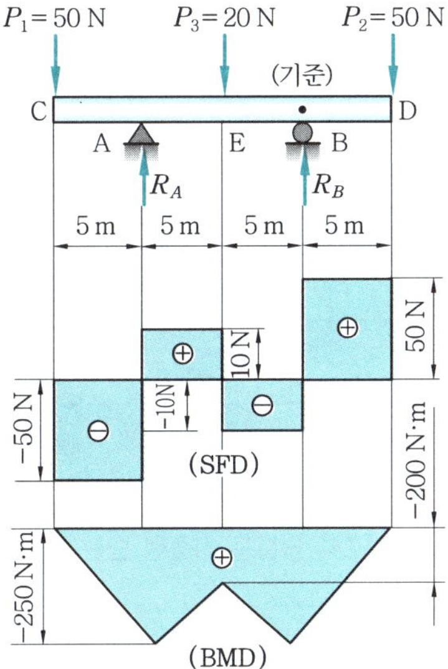

(2) 등분포 하중을 받는 돌출보

지점 간 거리가 l_1이고, 돌출된 거리가 a인 분포하중을 받은 돌출보의 전단력과 굽힘 모멘트는 다음과 같이 구할 수 있다.

① 지점반력

$$\sum Y_i = 0 \,;\, R_A + R_B - wl = 0 \tag{7-79}$$

$$\sum M_B = 0 \,;\, R_A \cdot l_1 - \frac{wll_1}{2} = 0 \tag{7-80}$$

$$\therefore R_A = R_B = \frac{wl}{2} \tag{7-81}$$

② V와 M의 방정식

㉮ AC 구간

$$V_{AC} = -wx, \quad M_{AC} = -\frac{1}{2}wx^2 \tag{7-82}$$

㈏ AB 구간

$$V_{AB} = R_A - wx, \quad M_{AB} = R_A(x - a) - \frac{wx^2}{2} \tag{7-83}$$

㈐ BD 구간

$$V_{BD} = wx_1, \quad M_{BD} = -\frac{wx_1^2}{2} \tag{7-84}$$

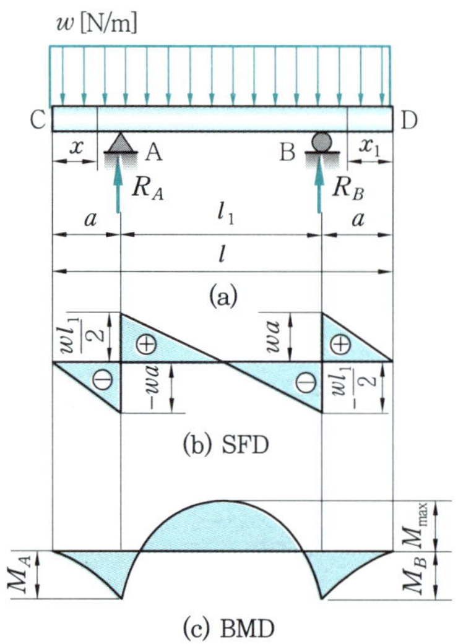

그림 7-24　등분포 하중을 받는 돌출보

③ SFD와 BMD

식 (7-82)에서,

$$x = 0 \; ; \; V_C = 0, \quad M_C = 0$$

$$x = a \; ; \; V_A = -wa, \quad M_A = -\frac{wa^2}{2}$$

식 (7-83)에서,

$$x = a \; ; \; V_A = \frac{wl_1}{2}, \quad M_A = -\frac{wa^2}{2}$$

$$x = \frac{l}{2} \; ; \; V_{l/2} = 0, \quad M_{l/2} = \frac{wl \times l_1}{4} - \frac{wl^2}{8}$$

$$x = a + l_1 \; ; \; V_B = \frac{-wl_1}{2}, \quad M_B = -\frac{wa^2}{2}$$

식 (7-84)에서,

$$x_1 = 0 \; ; \; V_D = 0, \quad M_D = 0$$

$$x_1 = a \; ; \; V_B = wa, \quad M_B = -\frac{wa^2}{2}$$

$$V = 0, \ \text{즉} \ \frac{dM}{dx} = 0 \text{에서} \ M_{\max} \text{이므로,}$$

$$x = \frac{l}{2} \ ; \ M_{\max} = \frac{wl \times l_1}{4} - \frac{wl^2}{8} \tag{7-85}$$

예제 9. 그림과 같은 돌출보에서 등분포 하중 w가 작용할 때, A, B 두 지점의 중앙에
작용하는 굽힘 모멘트를 구하시오.

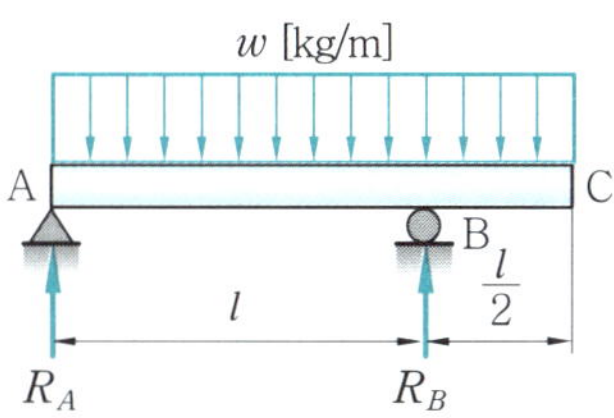

해설 우선, 반력 R_A, R_B를 구하면,

$$\sum F_i = 0 \ ; \ R_A + R_B = \frac{3}{2} wl$$

$$\sum M_A = 0 \ ; \ R_B \times l - w \times \frac{3}{2} l \times \frac{3}{4} l = 0$$

$$\therefore \ R_B = \frac{9}{8} wl$$

$$R_A = \frac{3}{2} wl - \frac{9}{8} wl = \frac{3}{8} wl$$

A, B 두 지점으로 중앙의 굽힘 모멘트를 M_x라 하면,

$$\therefore \ M_x = R_A \times \frac{l}{2} - w \times \frac{l}{2} \times \frac{l}{4} = \frac{3w}{8} l \times \frac{l}{2} - \frac{wl^2}{8} = \frac{1}{16} wl^2$$

3-4 우력에 의한 SFD와 BMD

좌단에서 우력이 작용할 때

① 지점반력

$$\sum Y_i = 0 \ ; \ R_A - R_B = 0$$

$$\therefore \ R_A = R_B \tag{7-86}$$

$$\sum M_B = 0 \ ; \ R_A l - M_0 = 0$$

$$\therefore \ R_A = \frac{M_0}{l} = R_B \tag{7-87}$$

② V와 M의 방정식

$$V_x = R_A = \frac{M_0}{l} \tag{7-88}$$

$$M_x = R_A \cdot x - M_0 = \frac{M_0}{l}\, x - M_0 = M_0 \left(\frac{x}{l} - 1 \right) \tag{7-89}$$

③ SFD와 BMD

$$\left. \begin{array}{l} x = 0 \; ; \; M_A = -M_0 \\ x = l \; ; \; M_B = 0 \end{array} \right\} \tag{7-90}$$

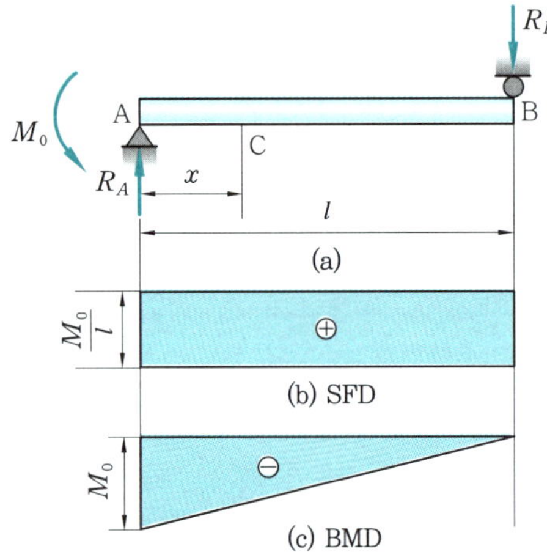

그림 7-25 좌단에서 우력이 작용하고 있는 단순보

∾ 연습문제 ∾

1. 다음 그림 p 7–1의 단순보에서 A 지점으로부터 6 m 지점의 굽힘 모멘트를 구하시오.

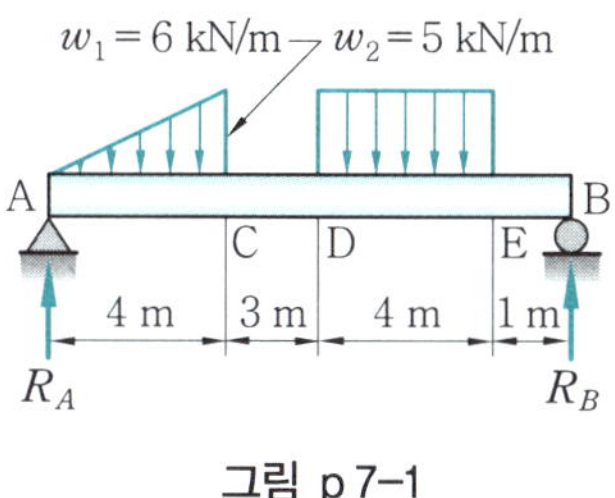

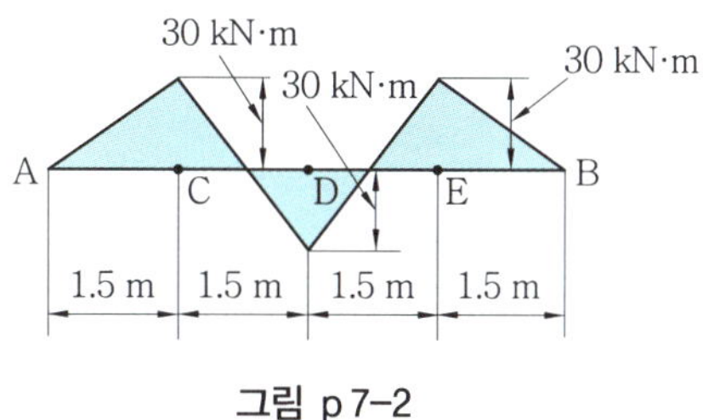

2. 다음 그림 p 7–2는 단순보에 대한 BMD이다. C점에 작용해야 할 하중(kN)을 구하시오.

3. 그림 p 7–3과 같은 외팔보에 분포하중 w [N/m]를 받고 있을 경우 고정단의 굽힘 모멘트를 구하시오.

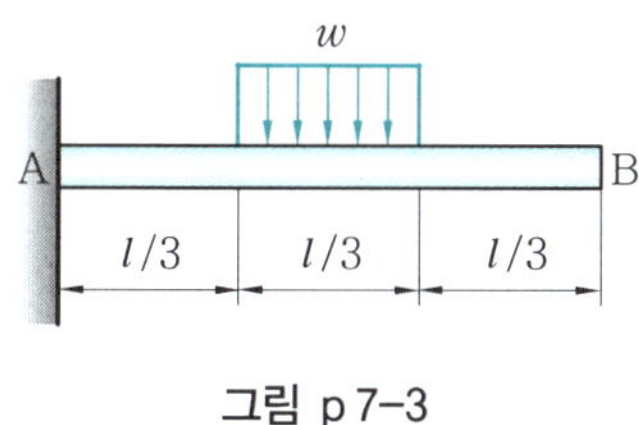

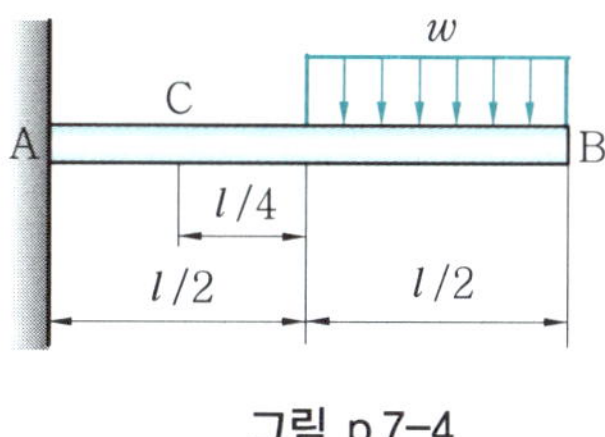

4. 그림 p 7–4와 같은 외팔보에서 C점에서의 휨 모멘트를 구하시오.

5. 그림 p 7–5와 같은 외팔보에서 A 지점으로부터 2 m 지점의 굽힘 모멘트를 구하시오.

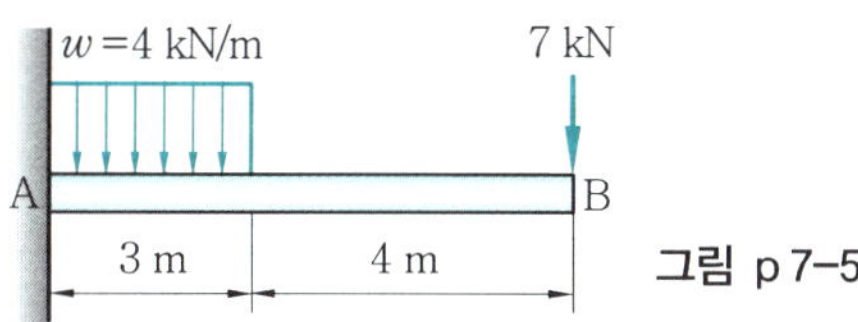

6. 그림 p 7–6 (a), (b)와 같은 외팔보에서 최대 굽힘 모멘트의 비 M_A / M_B를 구하시오.

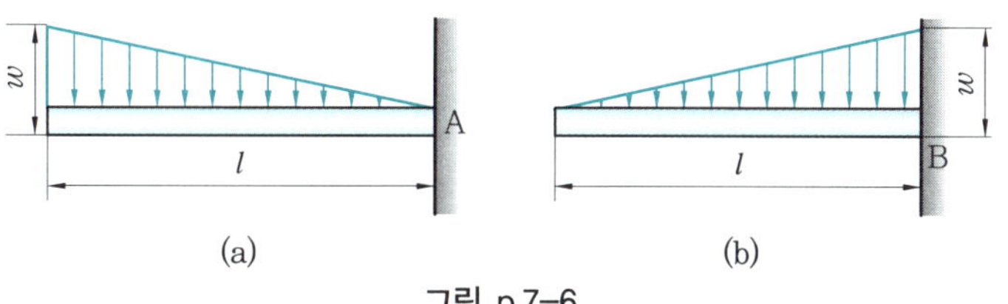

7. 그림 p 7–7과 같은 돌출보에서 집중하중 $2P$, P가 작용할 때 A, B 두 지점의 중앙의 굽힘 모멘트를 구하시오.

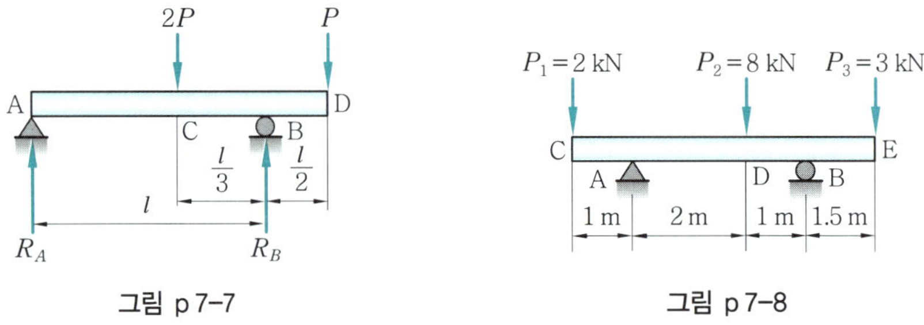

8. 그림 p 7–8과 같은 돌출보에서 집중하중 P_1, P_2, P_3가 작용할 때, A 지점이 우측 1 m 되는 지점의 전단력을 구하시오.

9. 그림 p 7–9와 같은 돌출보에서 등분포 하중 w가 작용할 때 B, C 두 지점의 중앙에서 굽힘 모멘트를 구하시오.

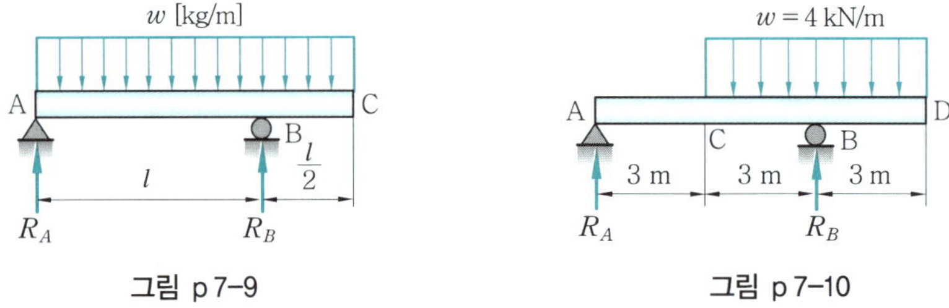

10. 그림 p 7–10과 같은 돌출보에서 등분포 하중 $w = 4000\,\text{N/m}$가 작용할 때 C 지점의 굽힘 모멘트를 구하시오.

11. 그림 p 7–11과 같은 돌출보에서 집중하중 P와 등분포 하중 w가 작용할 때 D점의 굽힘 모멘트를 구하시오.

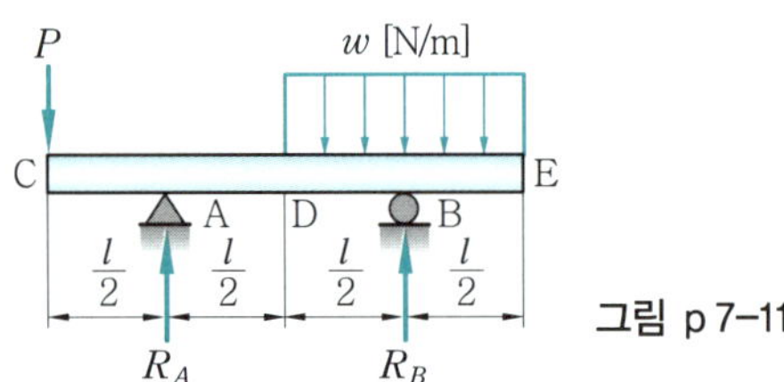

12. 10번 문제에서 최대 굽힘 모멘트를 구하시오.

13. 그림 p 7–12의 돌출보에 집중하중 $P = 6\,\text{kN}$, $w = 3\,\text{kN/m}$가 작용할 때 굽힘 모멘트가 0이 되는 점은 A 지점으로부터 몇 m인지 구하시오.

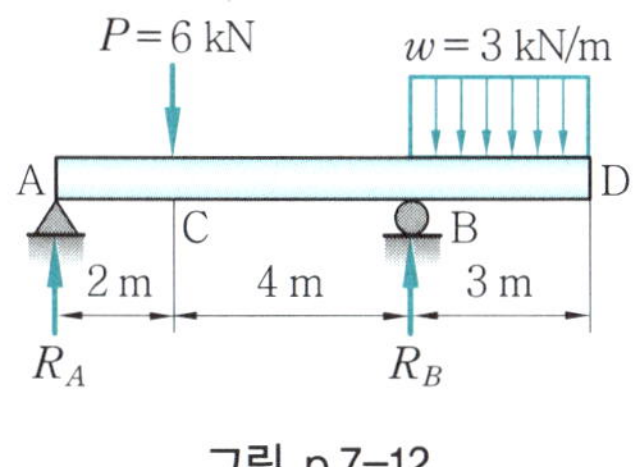

그림 p 7-12

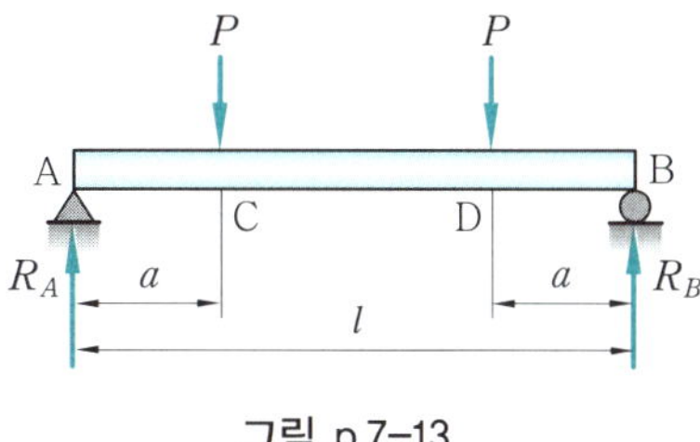

그림 p 7-13

14. 그림 p 7-13과 같이 양 지점에서 같은 거리에 같은 크기의 집중하중을 받는 보의 굽힘 모멘트 선도를 그리시오.

15. 그림 p 7-14와 같은 보에서 지점반력 R_A, R_B를 구하시오.

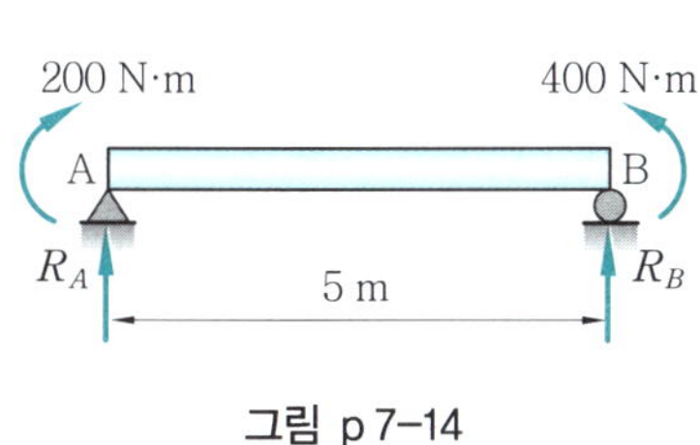

그림 p 7-14

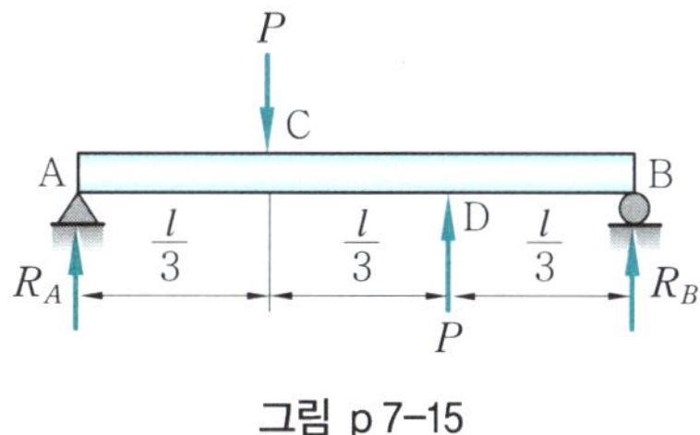

그림 p 7-15

16. 그림 p 7-15와 같은 단순지지보의 전단력 선도(SFD)를 그리시오.

17. 그림 p 7-16과 같은 단순지지보에서 집중하중 $P = 6000\,\text{N}$, 등분포 하중 8000 N/m가 작용할 때 굽힘 모멘트 선도를 그리시오.

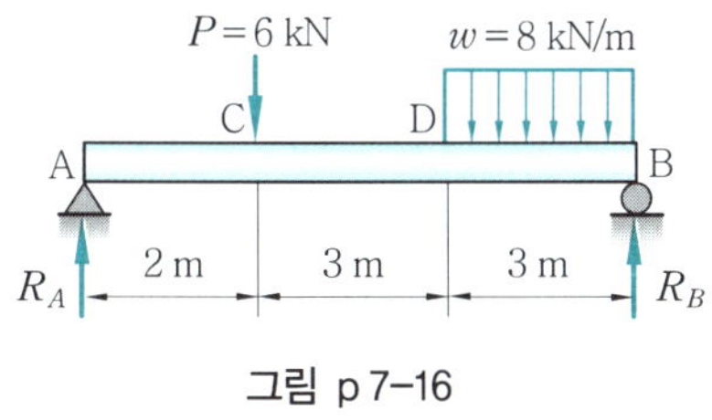

그림 p 7-16

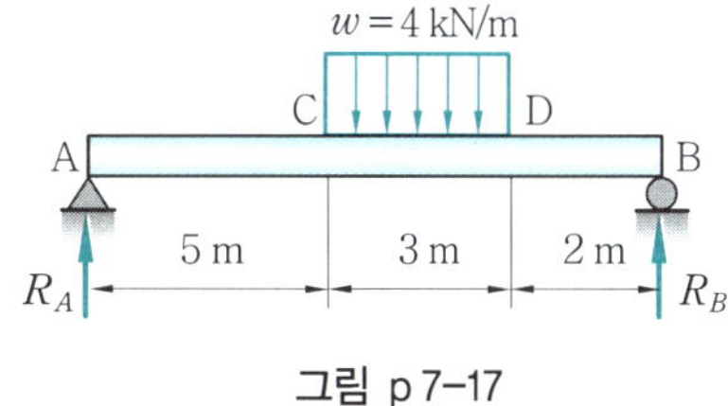

그림 p 7-17

18. 그림 p 7-17과 같은 단순보에서 등분포 하중 $w = 4000\,\text{N}/\text{m}$가 작용할 때 전단력 선도 (SFD)를 그리시오.

19. 그림 p 7-18과 같은 보의 굽힘 모멘트 선도(BMD)와 전단력 선도(SFD)를 구하시오.

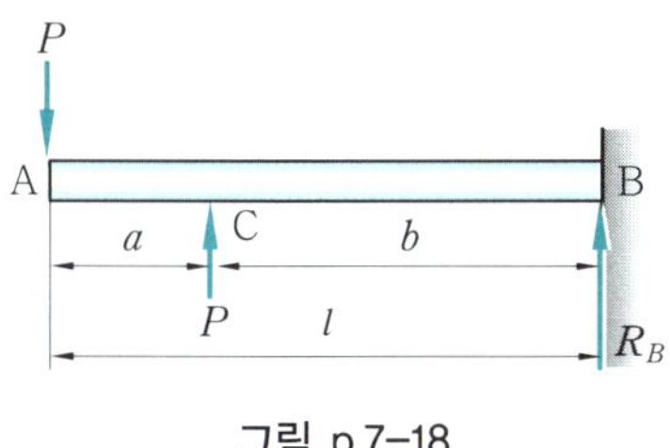

그림 p 7-18

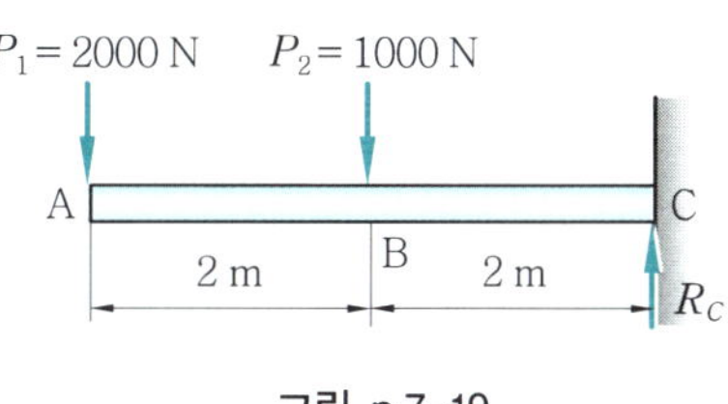

그림 p 7-19

20. 그림 p 7-19와 같은 외팔보에서 $P_1 = 2\,\text{kN}$, $P_2 = 1\,\text{kN}$이 작용할 때 굽힘 모멘트 선도와 전단력 선도를 그리시오.

21. 그림 p 7-20과 같은 외팔보에서 등분포 하중 $w = 6\,\text{kN/m}$가 작용하고 있을 때 굽힘 모멘트(BMD)를 표시하시오.

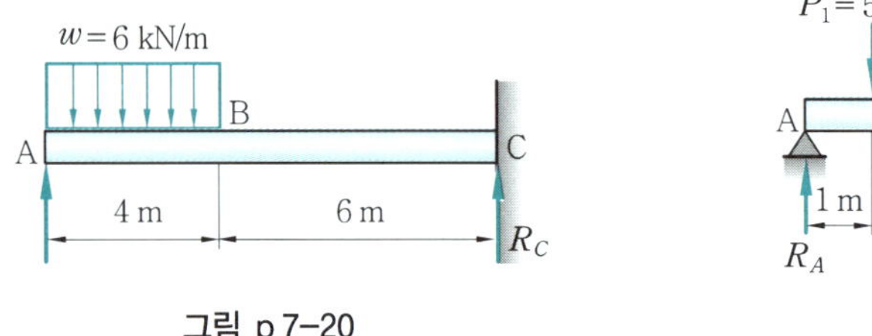

그림 p 7-20

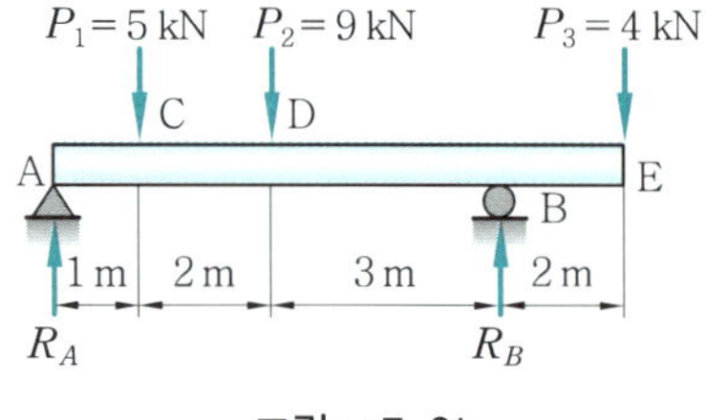

그림 p 7-21

22. 그림 p 7-21과 같은 돌출보에서 집중하중 $P_1 = 5\,\text{kN}$, $P_2 = 9\,\text{kN}$, $P_3 = 4\,\text{kN}$이 작용하고 있을 때 이 보의 굽힘 모멘트 선도(BMD)와 전단력 선도를 그리시오.

23. 그림 p 7-22와 같은 길이 10 m의 돌출보에 등분포 하중 $w = 3000\,\text{N/m}$가 작용할 때 전단력(SFD)의 모양을 나타내시오.

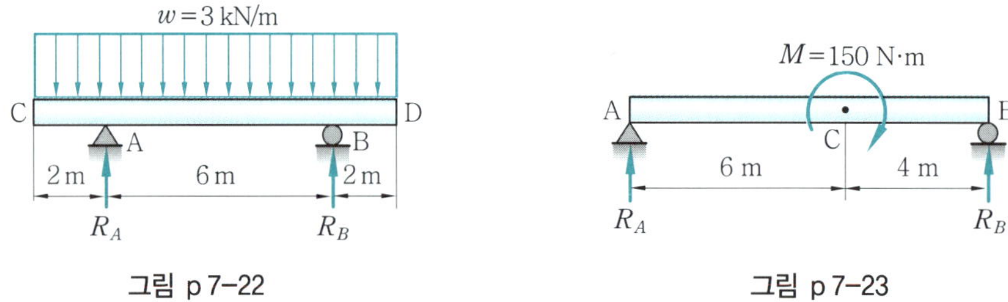

그림 p 7-22

그림 p 7-23

24. 그림 p 7-23과 같은 길이 10 m의 단순보에 왼쪽으로부터 6 m 지점에 우력 $M = 150\,\text{N·m}$가 작용할 때, 이 보의 굽힘 모멘트 선도(BMD)를 그리시오.

25. 그림 p 7-24와 같은 돌출보에 집중하중 $P = 6\,\text{kN}$, 등분포 하중 $w = 4\,\text{kN/m}$가 작용할 때 굽힘 모멘트 선도(BMD)를 그리시오.

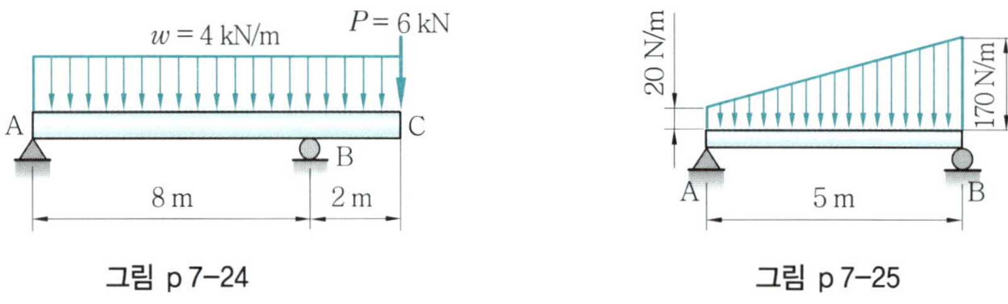

그림 p 7-24

그림 p 7-25

26. 그림 p 7-25와 같이 5 m의 단순보에 단위무게 $w = (3x + 2)\,[\text{N/m}]$로 표시되는 불균일

분포 하중이 작용하고 있을 때 중앙의 전단력 F_C를 구하시오.

27. 그림 p 7–26과 같이 단순보에 균일분포 하중 및 $P_1 = 4000\,\text{N}$, $P_2 = 6000\,\text{N}$이 작용할 때 최대 굽힘 모멘트 $M_{\max}$를 구하시오.

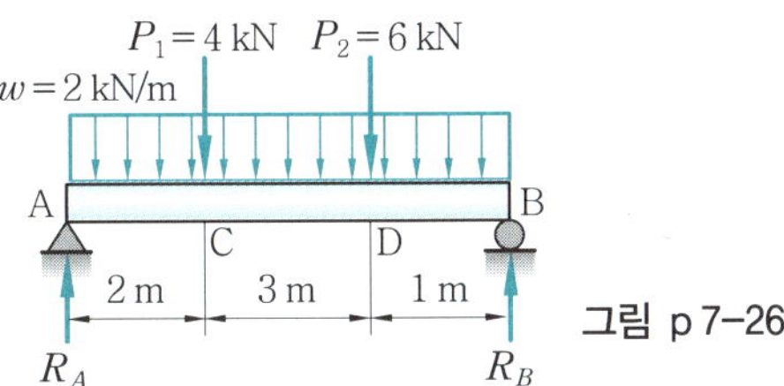

28. 그림 p 7–27과 같은 외팔보에서 전단력 선도(SFD)를 그리시오.

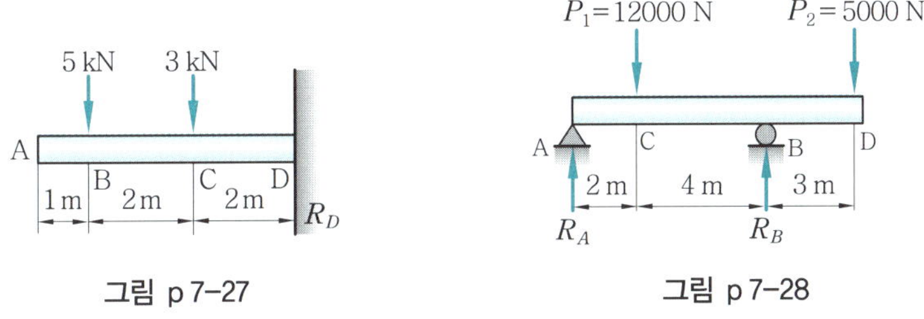

29. 그림 p 7–28과 같이 돌출보에서 $P_1 = 12\,\text{kN}$, $P_2 = 5\,\text{kN}$이 작용하고 있을 때 이 보의 전단력 선도(SFD)와 굽힘 모멘트 선도(BMD)를 그리시오.

30. 다음 그림 p 7–29와 같은 돌출보에서 균일분포 하중 $w = 1\,\text{kN/m}$, 집중하중 $P = 6\,\text{kN}$이 작용할 때, 이 보의 전단력 선도(SFD)와 굽힘 모멘트(BMD)를 그리시오.

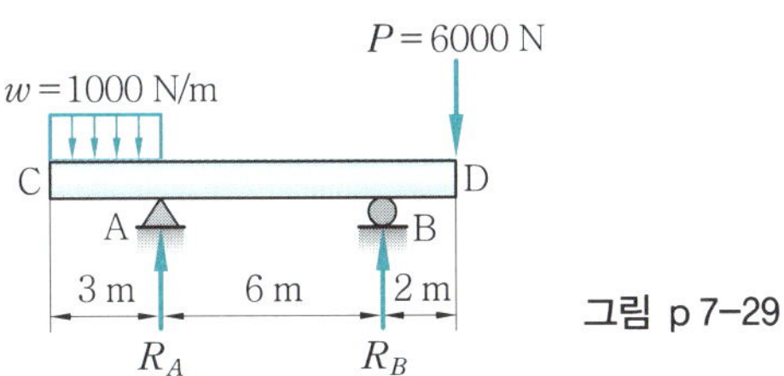

연습문제 풀이

1. 반력 R_A, R_B를 구하면

$$\sum F_i = 0 \; ; \; R_A - \frac{1}{2} \times 6 \times 4 - 5 \times 4 + R_B = 0$$

$$\therefore \; R_A + R_B = \frac{1}{2} \times 6 \times 4 + 5 \times 4 = 32 \text{ kN}$$

$$\sum M_B = 0 \; ;$$

$$R_A \times 12 - \frac{1}{2} \times 6 \times 4 \times 9.33 - 5 \times 4 \times 3 = 0$$

$$R_A = \frac{\frac{1}{2} \times 6 \times 4 \times 9.33 + 5 \times 4 \times 3}{12}$$

$$= 14.33 \text{ kN}$$

$$R_B = 32 - R_A = 32 - 14.33 = 17.67 \text{ kN}$$

그러므로, A 지점으로부터 6 m 지점의 굽힘 모멘트를 M_6라 하면,

$$M_6 = R_A \times 6 - \frac{1}{2} \times 6 \times 4 \times 3.33$$

$$= 14.33 \times 6 - \frac{1}{2} \times 6 \times 4 \times 3.33$$

$$= 46.02 \text{ kN·m}$$

2. $\overline{AC}$ 구간의 굽힘 모멘트는 "하중×거리"이므로,

$$\therefore \; 하중 = \frac{굽힘 \ 모멘트}{거리} = \frac{30}{1.5} = 20 \text{ kN}$$

3. 전단력 $F_A = -w \times \frac{l}{3} = -\frac{wl}{3}$ 이므로,

$$\therefore \; M_A = F_A \times \frac{l}{2} = -\frac{wl}{3} \times \frac{l}{2} = -\frac{wl^2}{6}$$

4. 전하중 $P = w \times \frac{l}{2} = \frac{wl}{2}$ 이고, C점에서 하중의 작용점까지의 거리는 그림에서와 같이 $\frac{l}{2}$ 이므로,

$$\therefore \; M_C = -P \times \frac{l}{2} = -\frac{wl}{2} \times \frac{l}{2} = -\frac{wl^2}{4}$$

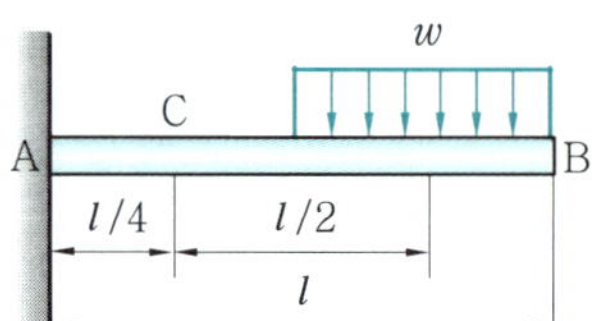

5. A 지점으로부터 2 m는 B지점으로부터 5 m 지점이므로,

$$M = 7000 \times 5 + 4000 \times 1 \times \frac{1}{2} = 35000 + 2000$$

$$= 37000 \text{ N·m} = 37 \text{ kN·m}$$

6. (a), (b) 2개의 전하중은 같고 $\frac{wl}{2}$ 이며,

$$M_A = \frac{wl}{2} \times \frac{2}{3} \, l = \frac{wl^2}{3}$$

$$M_B = \frac{wl}{2} \times \frac{1}{3} \, l = \frac{wl^2}{6}$$

$$\therefore \; \frac{M_A}{M_B} = \frac{\dfrac{wl^2}{3}}{\dfrac{wl^2}{6}} = \frac{6}{3} = 2$$

7. 반력 R_A, R_B를 구하면

$$\sum F_i = 0 \; ; \; R_A + R_B = 2P + P = 3P$$

$$\sum M_A = 0 \; ; 2P\left(\frac{2}{3} \, l\right) - R_B \cdot l + \frac{3}{2} \, Pl = 0$$

$$\therefore \; R_B = \frac{\frac{4}{3} \, Pl + \frac{3}{2} \, Pl}{l} = \frac{17}{6} \, P$$

$$R_A = 3P - \frac{17}{6} \, P = \frac{1}{6} \, P$$

그러므로, A, B 두 지점 중앙의 굽힘 모멘트를 M_x라 하면,

$$\therefore \; M_x = R_A \times \frac{l}{2}$$

$$= \frac{1}{6} \, P \times \frac{l}{2} = \frac{1}{12} \, Pl$$

8. 우선 반력 R_A, R_B를 구하면

$$\sum F_i = 0 \; ; \; R_A + R_B = 2 + 8 + 3 = 13 \text{ kN}$$

$$\sum M_B = 0 \; ; \; R_A \times 3 - 2 \times 4 - 8 \times 1 + 3 \times 1.5 = 0$$

$$\therefore \; R_A = \frac{2 \times 4 + 8 \times 1 - 3 \times 1.5}{3} \fallingdotseq 3.83 \text{ kN}$$

$$R_B = 13 - 3.83 = 9.17 \text{ kN}$$

그러므로, A 지점으로 오른쪽으로 1 m 되는 지점의 전단력을 F_{A1}이라 하면,

$$F_{A1} = R_A - P_1 = 3.83 - 2 = 1.83 \text{ kN}$$

9. 반력 R_A, R_B를 구하면,

$$\sum F_i = 0 \; ; \; R_A + R_B = \frac{3}{2}\,wl$$

$$\sum M_A = 0 \; ; \; R_B \times l - w \times \frac{3}{2}\,l \times \frac{3}{4}\,l = 0$$

$$\therefore \; R_B = \frac{9}{8}\,wl$$

$$R_A = \frac{3}{2}\,wl - \frac{9}{8}\,wl = \frac{3}{8}\,wl$$

B, C 두 지점 중앙의 굽힘 모멘트를 M_{BC}라 하면,

$$M_{BC} = w \times \frac{l}{2} \times \frac{l}{4} = \frac{1}{8}\,wl^2$$

10. 반력 R_A, R_B를 구하면

$$\sum F_i = 0 \; ; \; R_A + R_B = 4 \times 6 = 24 \text{ kN}$$

$$\sum M_A = 0 \; ; \; R_B \times 6 - 4 \times 6 \times 6 = 0$$

$$\therefore \; R_B = \frac{4 \times 6 \times 6}{6} = 24 \text{ kN}$$

$$R_A = 24 - R_B = 24 - 24 = 0 \text{ kN}$$

그러므로, C 지점의 모멘트를 M_C라 하면,

$$M_C = R_A \times 3 = 0 \times 3 = 0 \text{ kN} \cdot \text{m}$$

11. 반력 R_A, R_B를 구하면

$$\sum F_i = 0 \; ; \; R_A + R_B = P + w \cdot l$$

$$\sum M_A = 0 \; ; \; -P \times \frac{l}{2} - R_B \times l + w \cdot l \cdot l = 0$$

$$\therefore \; R_B = \frac{wl^2 - \dfrac{P}{2}\,l}{l} = wl - \frac{P}{2}$$

$$R_A = P + wl - R_B = P + wl - wl + \frac{P}{2}$$

$$= \frac{3}{2}\,P$$

그러므로, D점의 굽힘 모멘트를 M_D라 하면,

$$\therefore \; M_D = R_A \times \frac{l}{2} - P \cdot l$$

$$= \frac{3}{2}\,P \times \frac{l}{2} - Pl = \frac{3}{4}\,Pl - Pl$$

$$= -\frac{1}{4}\,Pl$$

(여기서, − 부호는 힘의 크기와 관계없이 힘의 방향을 나타낸다.)

12. 10번 해설에서 $R_A = 0$, $R_B = 24 \text{ kN}$이고, 그림의 BMD에서 최대 굽힘 모멘트 $M_{\max}$는 B 지점에서 발생하므로 구하면,

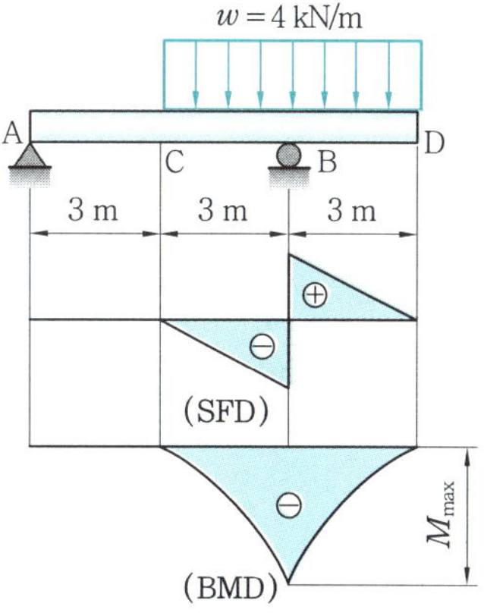

$$\therefore \; M_B = -w \times 3 \times \frac{3}{2}$$

$$= -4 \times 3 \times 1.5 = -18 \text{ kN} \cdot \text{m}$$

13. 반력 R_A, R_B를 구하면

$$\sum F_i = 0 \; ; \; R_A + R_B = 6 + 3 \times 3 = 15 \text{ kN}$$

$$\sum M_A = 0 \; ; \; R_B \times 6 - 6 \times 2 - 3 \times 3 \times 7.5 = 0$$

$$\therefore \; R_B = \frac{6 \times 2 + 3 \times 3 \times 7.5}{6} = 13.25 \text{ kN}$$

$$R_A = 15 - R_B = 15 - 13.25 = 1.75 \text{ kN}$$

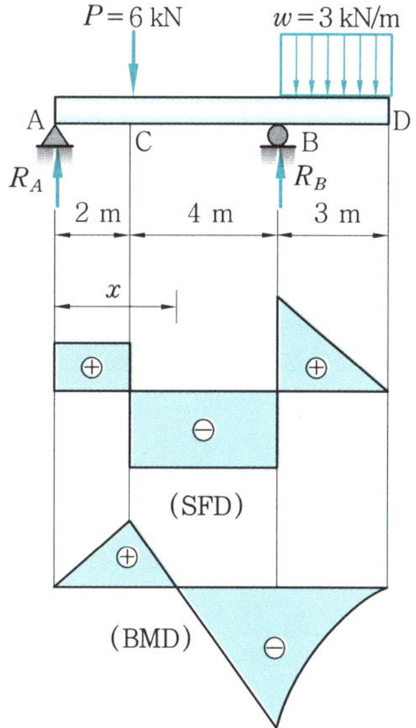

A 지점으로부터 굽힘 모멘트가 0이 되는 곳을 x라 하면, M_x는 그림의 BMD에서 CB 구간이 된다.

$$\therefore \; M_x = R_A x - 6(x - 2)$$

$$= 1.75x - 6(x - 2) = 0$$

$$\therefore \ x = 2.82 \text{ m}$$

14. 우선, 반력을 구하면 $R_A + R_B = 2P$ 이다.

$$\sum M_B = 0 \ ; \ R_A l - P(l-a) - Pa = 0$$

$$\therefore \ R_A = P$$

같은 방법으로 R_B 를 구하면 $R_B = P$ 가 된다.
그러므로 굽힘 모멘트 선도(BMD)는 왼쪽에서
부터 임의의 거리를 x 라 하면,

① $\overline{\text{AC}}$ 구간 : $M_x = R_A \cdot x$

$$\therefore \ M_A = 0, \ M_C = R_A \cdot a = P \cdot a$$

② $\overline{\text{CD}}$ 구간 : $M_x = R_A \cdot x - P(x-a)$

$$\therefore \ M_D = Px - Px + Pa = Pa$$

③ $\overline{\text{DB}}$ 구간 :

$$M_x = R_A \cdot x - P(x-a) - P(l-x)$$
$$= R_B(l-x)$$

따라서, $M_B = 0$ 이므로 종합하면 다음 그림과
같다.

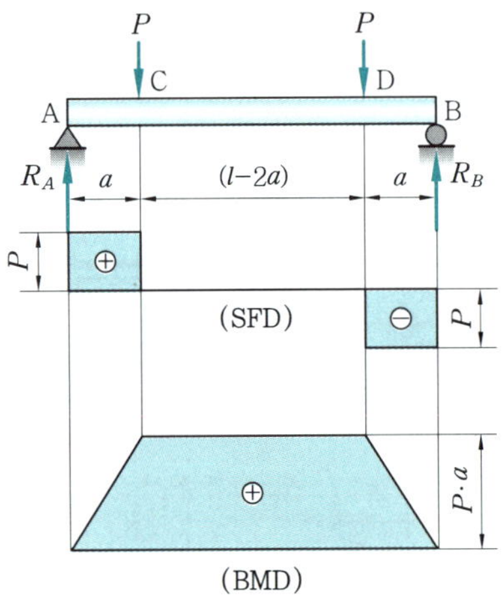

15. $\sum M_B = 0 \ ; \ R_A \times 5 + 200 - 400 = 0$

$$\therefore \ R_A = \frac{200}{5} = 40 \text{ N}$$

$$\sum M_A = 0 \ ; \ -R_B \times 5 + 200 - 400 = 0$$

$$\therefore \ R_B = \frac{-200}{5} = -40 \text{ N}$$

16. 우선, 반력의 크기를 보면

$$\sum M_B = 0 \ ; \ R_A l - \frac{2}{3} Pl + \frac{1}{3} Pl = 0$$

$$\therefore \ R_A = \frac{P}{3}$$

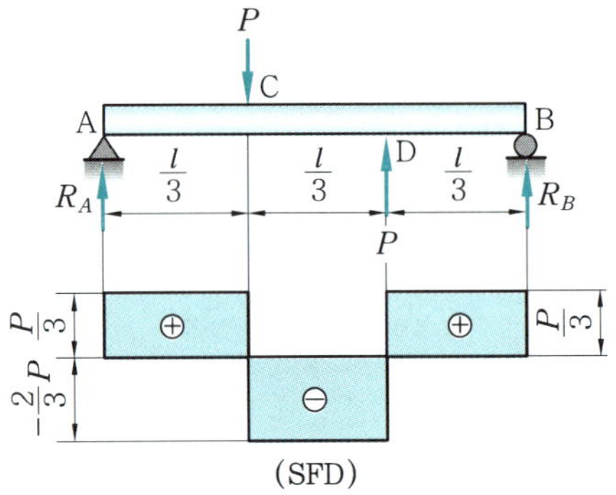

$$\sum M_A = 0 \ ; \ R_B l + \frac{2}{3} Pl - \frac{1}{3} Pl = 0$$

$$\therefore \ R_B = -\frac{P}{3}$$

그러므로 전단력 선도는

① $\overline{\text{AC}}$ 구간 : $V_x = R_A = \frac{P}{3}$

② $\overline{\text{CD}}$ 구간 : $V_x = R_A - P$

$$= \frac{P}{3} - P = -\frac{2}{3} P$$

③ $\overline{\text{DB}}$ 구간 : $V_x = R_A - P + P = \frac{P}{3}$

그러므로 종합하면 위의 그림과 같다.

17. 반력 R_A, R_B 를 구하면

$$\sum V_i = 0 \ ; \ R_A - 6 - 8 \times 3 + R_B = 0$$

$$\therefore \ R_A + R_B = 30 \text{ kN}$$

$$\sum M_B = 0 \ ; \ R_A \times 8 - 6 \times 6 - 8 \times 3 \times \frac{3}{2} = 0$$

$$R_A = \frac{6 \times 6 + 8 \times 3 \times \frac{3}{2}}{8} = 9 \text{ kN}$$

$$\therefore \ R_B = 30 - R_A = 30 - 9 = 21 \text{ kN}$$

그러므로 굽힘 모멘트 선도(BMD)는 왼쪽에서
임의의 거리를 x 라 하면,

① $\overline{\text{AC}}$ 구간 : $M_x = R_A \cdot x$

$$\therefore \ M_A = 0, \ M_C = 9 \times 2 = 18 \text{ kN·m}$$

② $\overline{\text{CD}}$ 구간 : $M_x = R_A x - 6(x-2)$

$$\therefore \ M_D = 9 \times 5 - 6(5-2) = 27 \text{ kN·m}$$

③ $\overline{\text{DB}}$ 구간

$$M_x = R_A x - 6(x-2) - w \times (x-5) \times \frac{(x-5)}{2}$$
$$= 9x - 6(x-2) - \frac{8(x-5)^2}{2}$$

$x = 8$ 이면 M_B 이므로, $M_B = 0$ 이다.
위 내용을 종합하면 그림과 같다.

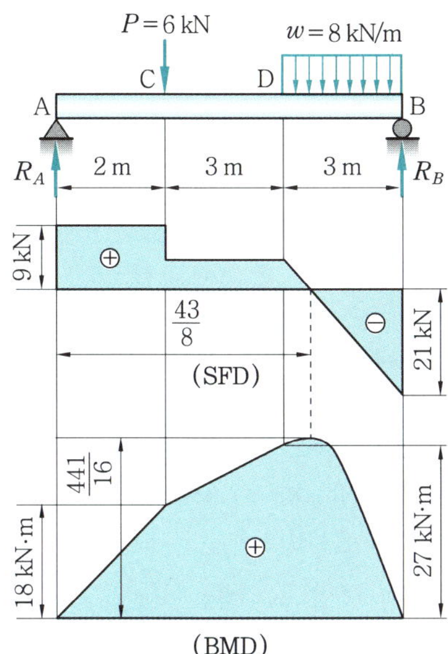

$*$ $M_{\max}$는 $\dfrac{dM_x}{dx}(=V)=0$에서 생기므로

$$\dfrac{d}{dx}\{9x-6(x-2)-4(x-5)^2\}=0 \text{ 에서}$$

$x=\dfrac{43}{8}$ 일 때

$$M_x=M_{\max}$$

$$=\{9x-6(x-2)-4(x-5)^2\}_{x=\frac{43}{8}}$$

$$=\dfrac{441}{16}=27.5625 \text{ kN·m}$$

18. 우선, 반력 R_A, R_B를 구하면

$$\sum F_i=0 \; ; \; R_A+R_B=w\times 3$$
$$=4\times 3=12 \text{ kN}$$
$$\sum M_B=0 \; ; \; R_A\times 10-4\times 3\times 3.5=0$$
$$\therefore R_A=\dfrac{4\times 3\times 3.5}{10}=4.2 \text{ kN}$$
$$R_B=12-R_A=12-4.2=7.8 \text{ kN}$$

그러므로 전단력 선도는

① $\overline{\mathrm{AC}}$ 구간 : $F=R_A=4.2\,\text{kN}$

② $\overline{\mathrm{CD}}$ 구간 : A점으로부터 임의의 거리 x에 있는 지점의 전단력을 F_x라 하면,

$$F_x=R_A-w(x-5)=4.2-4(x-5)$$
$$\therefore F_C=4.2\,\text{kN}, \;\; F_D=-7.8\,\text{kN}$$

③ $\overline{\mathrm{DB}}$ 구간 : $F=R_B=7.8\,\text{kN}$

종합하면 그림과 같다.

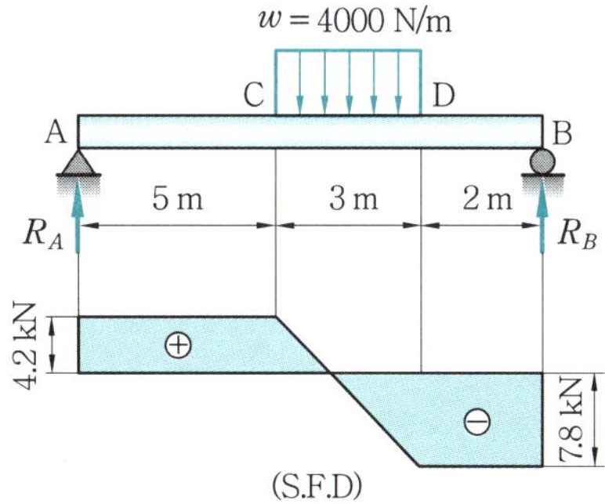

19. 반력 R_B를 구하면 $-P+P+R_B=0$에서 R_B $=0$이다. 그러므로 굽힘 모멘트 선도(BMD) 는 왼쪽에서부터 임의의 거리를 x라 하면,

① $\overline{\mathrm{AC}}$ 구간 : $M_x=-P\cdot x, \;\; F_{AC}=-P$

$\quad \therefore M_A=0, \; M_C=-P\cdot a$

② $\overline{\mathrm{CB}}$ 구간 : $M_x=-Px+P(x-a)$

$\quad F_{CB}=-P+P=0$

$\quad \therefore M_B=-Pl+P(l-a)=-P\cdot a$

위의 내용을 종합하면 그림과 같다.

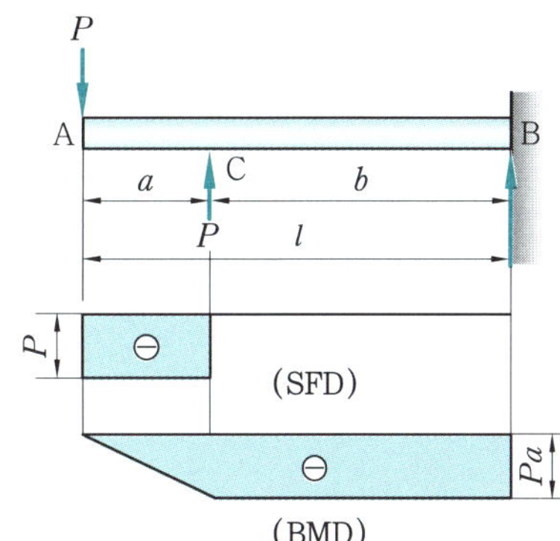

20. $R_C-P_1+P_2=0$

$\quad \therefore R_C=P_1+P_2=2+1=3\,\text{kN}$

$\quad F_A=-P_1=-2\,\text{kN}$

$\quad F_{BC}=-P_1-P_2=-2-1=-3\,\text{kN}$

A점으로부터 임의의 거리 x에 있는 지점의 굽힘 모멘트를 M_x라 하면,

① $\overline{\mathrm{AB}}$ 구간 : $M_x=-P_1x=-2x$

$\quad \therefore M_A=0, \; M_B=-2\times 2=-4\,\text{kN·m}$

② $\overline{\mathrm{BC}}$ 구간 : $M_x=-P_1x-P_2(x-2)$

$\quad \therefore M_C=-2\times 4-1(4-2)=10\,\text{kN·m}$

위의 내용을 종합하면 그림과 같다.

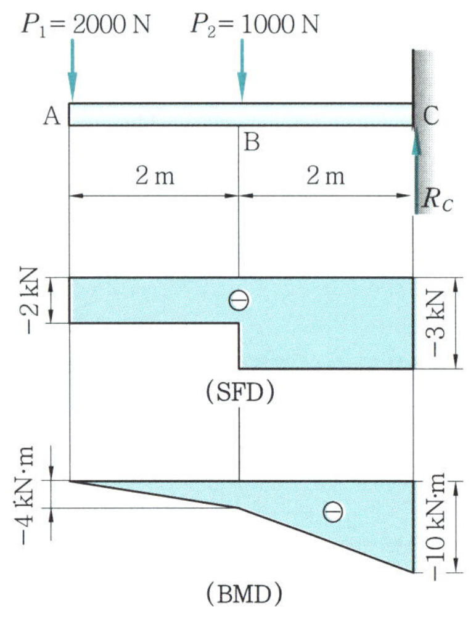

21. $R_C - P = 0, \qquad \therefore R_C = P = 6 \times 4 = 24 \text{ kN}$

전단력 F는 $F_{AB} = -wx$에서,

$\quad F_A = 0, \; F_B = -24 \text{ kN} = F_C$

A점으로부터 임의의 거리 x에 있는 지점의 굽힘 모멘트를 M_x라 하면,

① $\overline{AB}$ 구간 : $M_x = w \cdot x \cdot \dfrac{x}{2} = \dfrac{w}{2} x^2 = 3x^2$

$\quad \therefore M_A = 0, \; M_B = 3 \times 4^2 = -48 \text{ kN·m}$

② $\overline{BC}$ 구간 : $M_x = w \times 4 \times (x-2) = 4w(x-2)$

$\quad \therefore M_C = 4 \times 6 \times (10-2) = -192 \text{ kN·m}$

종합하면 그림과 같다.

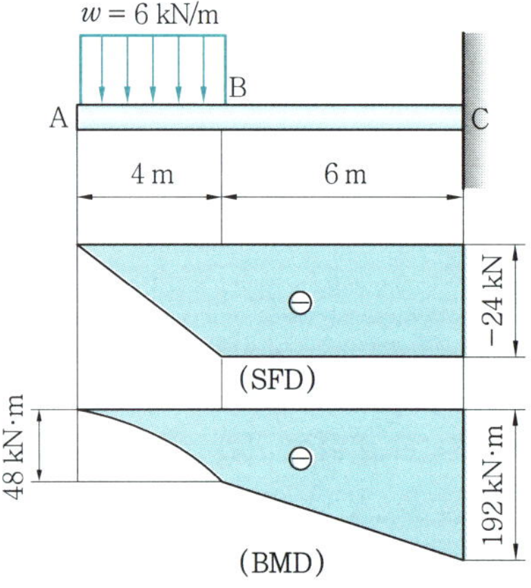

22. $\Sigma F_i = 0 \; ; \; R_A + R_B = P_1 + P_2 + P_3 = 5+9+4$
$$= 18 \text{ kN}$$

$\Sigma M_B = 0 \; ; \; R_A \cdot 6 - 5 \times 5 - 9 \times 3 + 4 \times 2 = 0$

$\therefore R_A = \dfrac{44}{6} = 7.33 \text{ kN}$

$\quad R_B = 18 - 7.33 = 10.67 \text{ kN}$

$F_A = R_A = 7.33 \text{ kN}$

$F_D = R_A - P_1 = 7.33 - 5 = 2.33 \text{ kN}$

$F_B = R_A - P_1 - P_2 = 7.33 - 5 - 9 = -6.67 \text{ kN}$

$F_E = P_3 = 4 \text{ kN}$

A점으로부터 임의의 거리 x에 있는 지점의 굽힘 모멘트를 M_x라 하면,

① $\overline{AC}$ 구간 : $M_x = R_A \cdot x$

$\quad \therefore M_A = 0, \; M_C = 7.33 \text{ kN·m}$

② $\overline{CD}$ 구간 : $M_x = R_A \cdot x - 5(x-1)$

$\quad \therefore M_D = 7.33 \times 3 - 5(3-1)$
$$= 11.99 \text{ kN} \doteqdot 12 \text{ kN·m}$$

③ $\overline{DB}$ 구간 :

$\quad M_x = R_A \cdot x - 5(x-1) - 9(x-3)$

$\quad \therefore M_B = 7.33 \times 6 - 5(6-1) - 9(6-3)$
$$= -8 \text{ kN·m}$$

④ $\overline{BE}$ 구간 : $M_x = -P_3 \times x_1$

$\quad \therefore M_E = 0$

위의 내용을 종합하면 그림과 같다.

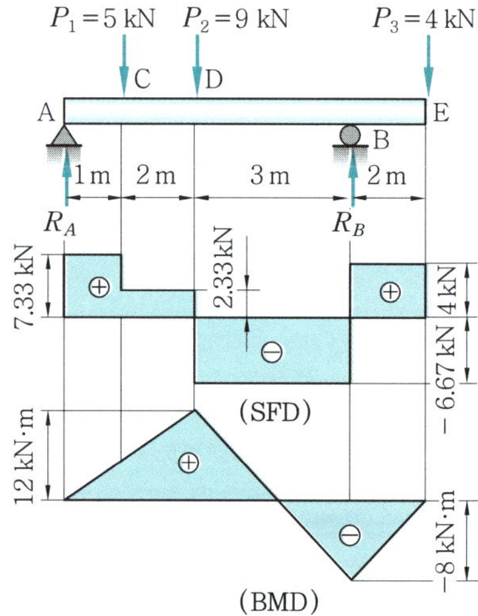

23. 반력 R_A, R_B를 구하면

$\Sigma F_i = 0 \; ; \; R_A + R_B = w \times 10 = 3 \times 10 = 30 \text{ kN}$

$\Sigma M_B = 0 \; ; \; R_A \times 6 - w \times 8 \times 4 + w \times 2 \times 1 = 0$

$\therefore R_A = \dfrac{w \times 8 \times 4 - w \times 2 \times 1}{6}$

$$= \frac{3 \times 32 - 3 \times 2}{6} = 15 \text{ kN}$$

$$R_B = 30 - R_A = 30 - 15 = 15 \text{ kN}$$

그러므로 A점으로부터 임의의 거리 x에 있는 지점의 전단력을 F_x라 하면,

① $\overline{CA}$ 구간 : $F_x = -wx = -3x$

$\therefore\ F_C = 0,\ F_A = -3 \times 2 = -6 \text{ kN}$

② $\overline{AB}$ 구간 : $F_x = -wx + R_A$

$\therefore\ F_A = -3 \times 2 + 15 = 9 \text{ kN}$

$F_B = -3 \times 8 + 15 = -9 \text{ kN}$

③ $\overline{BD}$ 구간 : $F_x = wx_1$

$\therefore\ F_D = 0,\ F_B = 3 \times 2 = 6 \text{ kN}$

내용을 종합하면 그림과 같다.

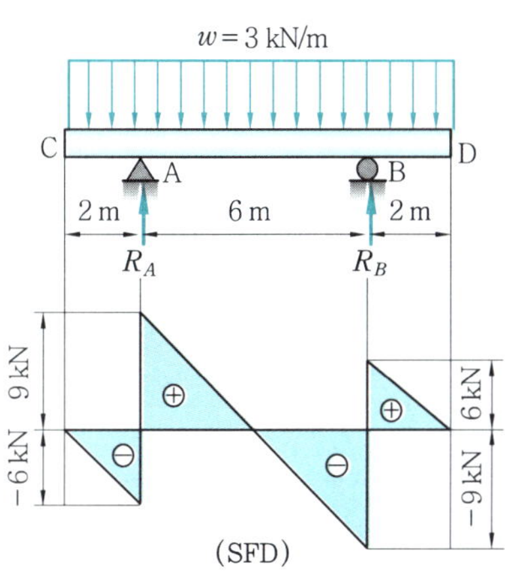

24. 반력 R_A, R_B를 구하면

$$\sum M_B = 0 \ ; \ R_A \times 10 + 150 = 0$$

$$\therefore\ R_A = -15 \text{ N}$$

$$\sum M_A = 0 \ ; \ -R_B \times 10 + 150 = 0$$

$$\therefore\ R_B = 15 \text{ N}$$

그러므로 A점으로부터 임의의 거리 x에 있는 지점의 굽힘 모멘트를 M_x라 하면,

① $\overline{AC}$ 구간 : $M_x = R_A x = -15x$

$\therefore\ M_A = 0$

$M_C = -15 \times 6 = -90 \text{ N·m}$

② $\overline{CB}$ 구간 : $M_x = R_A x + 150$

$\therefore\ M_C = -15 \times 6 + 150 = 60 \text{ N·m}$

$M_B = -15 \times 10 + 150 = 0$

굽힘 모멘트 선도(BMD)는 그림과 같다.

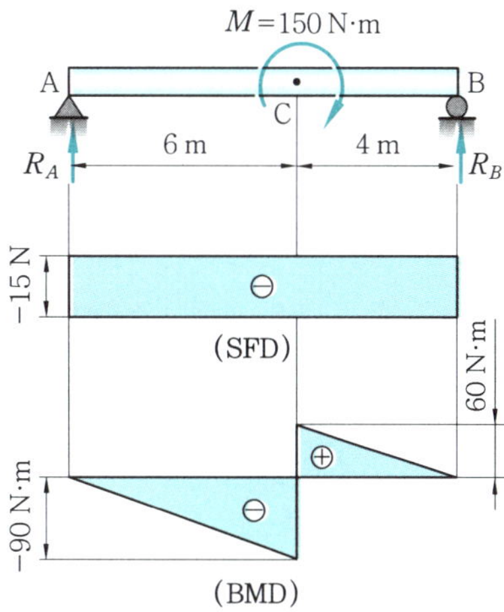

25. 우선, 반력 R_A, R_B를 구하면

$$\sum F_i = 0 \ ; \ R_A + R_B = 4 \times 10 + 6 = 46 \text{ kN}$$

$$\sum M_A = 0 \ ; \ R_B \times 8 - 4 \times 10 \times 5 - 6 \times 10 = 0$$

$$\therefore\ R_B = \frac{4 \times 10 \times 5 + 6 \times 10}{8} = 32.5 \text{ kN}$$

$$R_A = 46 - R_B = 46 - 32.5 = 13.5 \text{ kN}$$

그러므로, A점으로부터 임의의 거리 x에 있는 지점의 굽힘 모멘트를 M_x라 하면,

① $\overline{AB}$ 구간

$$M_x = R_A \cdot x - w \times \frac{x^2}{2} = 13.5x - 4 \times \frac{x^2}{2}$$

$$\therefore\ M_A = 0$$

$$M_B = 13.5 \times 8 - 4 \times \frac{8^2}{2} = -20 \text{ kN·m}$$

$\overline{AB}$ 구간의 최대 굽힘 모멘트는 전단력이 0일 때이므로,

$$F_x = R_A - wx = 13.5 - 4x = 0$$

$$x = 3.375 \text{ m}$$

$$(M_{AB})_{max} = 13.5 \times 3.375 - 4 \times \frac{3.375^2}{2}$$

$$= 22.78 \text{ kN·m}$$

② $\overline{BC}$ 구간 : $M_x = -w \times \dfrac{x^2}{2} - 6x$

$$= -4 \times \frac{x^2}{2} - 6x$$

$$= -2x^2 - 6x$$

$$\therefore\ M_B = -20 \text{ kN·m}$$

$$M_C = 0$$

따라서, 종합하면 굽힘 모멘트 선도는 그림과 같다.

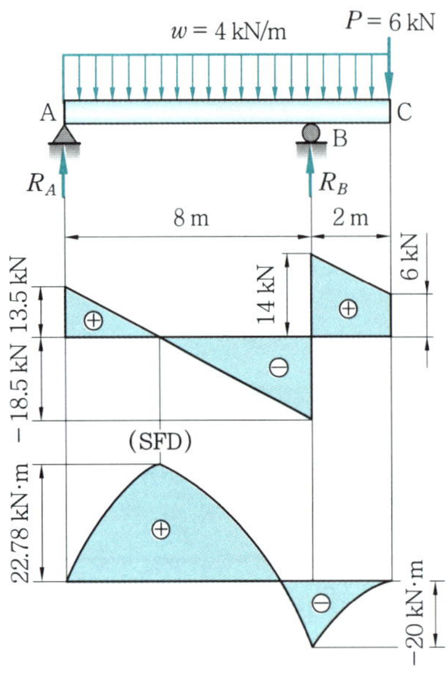

26. 이 문제는 다음 그림 (a), (b)가 중첩되어 있으므로 각각 풀어 합하면 된다.

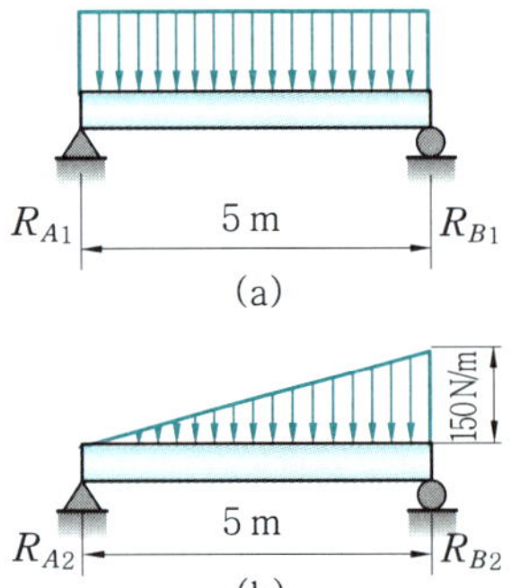

우선, 그림 (a)에서

$$\sum F_i = R_{A1} - 20 \times 5 + R_{B1} = 0$$

$$\therefore R_{A1} + R_{B1} = 100\,\mathrm{N}$$

또 $\sum M_i = 0$; $R_{A1} \times 5 - 20 \times 5 \times 2.5 = 0$

$$\therefore R_{A1} = 50\,\mathrm{N}, \ R_{B1} = 50\,\mathrm{N}$$

중간 지점의 전단력을 F_{C1}이라 하면,

$$F_{C1} = R_{A1} - 20x = 50 - 20 \times 2.5 = 0$$

또, 그림 (b)에서

$$\sum F_i = R_{A2} - \frac{5 \times 150}{2} + R_{B2} = 0$$

$$\therefore R_{A2} + R_{B2} = 375\,\mathrm{N}$$

$\sum M_B = 0$; 삼각형의 도심은 R_{B2}로부터 $\dfrac{5}{3}$ m

인 점이므로,

$$\sum M_i = R_{A2} \times 5 - \frac{5 \times 150}{2} \times \frac{5}{3} = 0$$

$$\therefore R_{A2} = 125\,\mathrm{N}, \ R_{B2} = 250\,\mathrm{N}$$

중간 지점의 전단력을 F_{C2}라 하면,

$$F_{C2} = R_{A2} - 30x = 125 - 30 \times 2.5 = 50\,\mathrm{N}$$

$$\therefore F_C = F_{C1} + F_{C2} = 0 + 50 = 50\,\mathrm{N}$$

27. $\sum F_i = 0$; $R_A - 2 \times 6 - 4 - 6 + R_B = 0$

$$R_A + R_B = 22\,\mathrm{kN}$$

$$\sum M_i = 0 \ ; \ R_A \times 6 - 2 \times 6 \times 3 - 4 \times 4 - 6 \times 1 = 0$$

$$\therefore R_A = 9.67\,\mathrm{kN}, \ R_B = 12.33\,\mathrm{kN}$$

최대 굽힘 모멘트는 $\overline{CD}$ 구간에서 전단력이 0일 때이므로, $\overline{CD}$ 구간에서의 전단력 $F = R_A$

$-2x - 4 = 0$에서

$$x \fallingdotseq 2.83\,\mathrm{m}$$

그러므로 최대 굽힘 모멘트는

$$M_{\max} = R_A \times x - 2 \times x \times \frac{x}{2} - 4(x-2)$$

$$= 9.67 \times 2.83 - 2 \times \frac{2.83^2}{2} - 4 \times 0.83$$

$$= 16.04\,\mathrm{kN \cdot m}$$

28. 우선, 반력 R_D를 구하면

$$\sum F_i = 0 \ ; \ -5 - 3 + R_D = 0$$

$$\therefore R_D = 8\,\mathrm{kN}$$

A점으로부터 임의의 거리 x에 있는 지점의 전단력을 F_x라 하면,

① $\overline{AB}$ 구간 : $F_x = 0$

② $\overline{BC}$ 구간 : $F_x = -P_1 = -5\,\mathrm{kN}$

③ $\overline{CD}$ 구간

$$F_x = -P_1 - P_2$$

$$= -5 - 3 = -8\,\mathrm{kN}$$

종합하면 다음과 같은 그림이 그려진다.

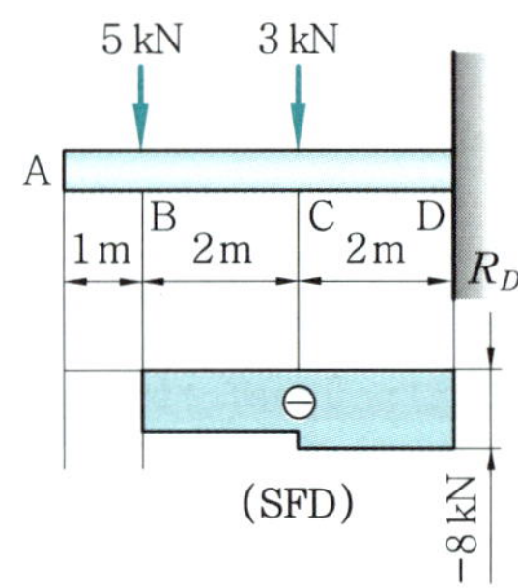

29. 우선, 반력 R_A, R_B를 구하면

$$\Sigma F_i = 0 \; ; \; R_A + R_B = 12 + 5 = 17 \text{ kN}$$

$$\Sigma M_i = 0 \; ; \; R_A \times 6 - 12 \times 4 + 5 \times 3 = 0$$

$$\therefore R_A = \frac{12 \times 4 - 5 \times 3}{6} = 5.5 \text{ kN}$$

$$R_B = 11.5 \text{ kN}$$

그러므로 A점으로부터 임의의 거리 x에 있는 지점의 전단력을 F_x라 하면

① $\overline{\text{AC}}$ 구간 : $F_x = R_A = 5.5$ kN

② $\overline{\text{CB}}$ 구간

$$F_x = R_A - P_1 = 5.5 - 12 = -6.5 \text{ kN}$$

③ $\overline{\text{BD}}$ 구간 : $F_x = P_2 = 5$ kN

또, A점으로부터 임의의 거리 x에 있는 지점의 굽힘 모멘트를 M_x라 하면,

① $\overline{\text{AC}}$ 구간 : $M_x = R_A \cdot x$

$$\therefore M_A = 0, \quad M_C = 5.5 \times 2 = 11 \text{ kN} \cdot \text{m}$$

② $\overline{\text{CB}}$ 구간 : $M_x = R_A \cdot x - 12(x-2)$

$$\therefore M_B = 5.5 \times 6 - 12 \times 4 = -15 \text{ kN·m}$$

③ $\overline{\text{BD}}$ 구간

$$M_x = -P_2(9-x) = -5(9-x)$$

$$\therefore M_D = 0$$

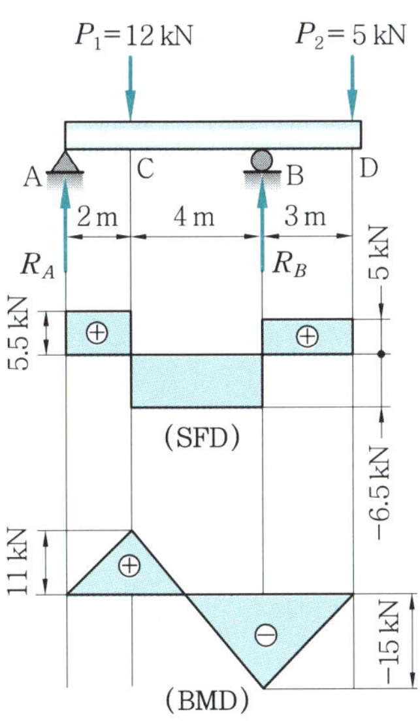

30. 우선, 반력 R_A, R_B를 구하면

$$\Sigma F_i = 0 \; ; \; -1 \times 3 + R_A + R_B - 6 = 0$$

$$\therefore R_A + R_B = 9 \text{ kN}$$

$$\Sigma M_i = 0 \; ; \; -1 \times 3 \times 7.5 + R_A 6 + 6 \times 2 = 0$$

$$\therefore R_A = \frac{1 \times 3 \times 7.5 - 6 \times 2}{6} = 1.75 \text{ kN}$$

$$R_B = 7.25 \text{ kN}$$

그러므로 A점으로부터 임의의 거리 x에 있는 지점의 전단력을 F_x라 하면,

① $\overline{\text{CA}}$ 구간 : $F_x = -wx$

$$\therefore F_C = 0, \quad F_A = -1 \times 3 = -3 \text{ kN}$$

② $\overline{\text{AB}}$ 구간 : $F_x = -wx + R_A$

$$\therefore F_B = -3 + 1.75 = 1.25 \text{ kN}$$

③ $\overline{\text{BD}}$ 구간 : $F_x = P = 6$

또, A점으로부터 임의의 거리 x에 있는 지점의 굽힘 모멘트를 M_x라 하면,

① $\overline{\text{CA}}$ 구간 : $M_x = -wx \cdot \dfrac{x}{2} = -\dfrac{wx^2}{2}$

$$x = 0 \; ; \; M_C = 0$$

$$x = 3 \; ; \; M_A = -\frac{1 \times 3^2}{2} = -4.5 \text{ kN·m}$$

② $\overline{\text{AB}}$ 구간

$$M_x = -1 \times 3 \times (x - 1.5) - R_A \times (x-3)$$

$$x = 9 \; ;$$

$$M_B = -1 \times 3 \times (9 - 1.5) - 1.75 \times (9 - 3)$$

$$= -12 \text{ kN} \cdot \text{m}$$

③ $\overline{\text{BD}}$ 구간 : $M_x = -P(11-x)$, $M_D = 0$

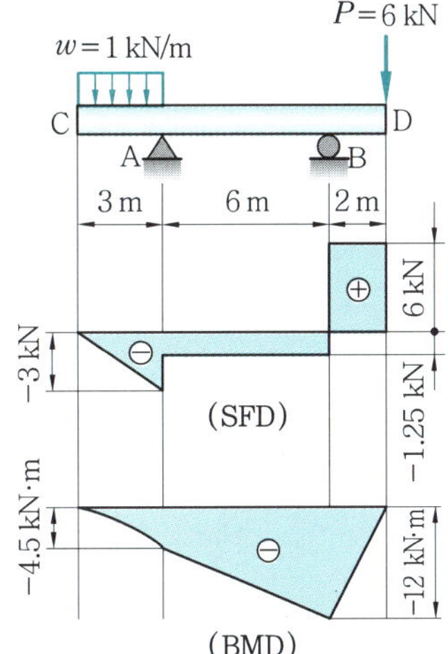

제8장

보 속의 응력

1. 보 속의 굽힘응력

1-1 순수굽힘(pure bending)

보의 단면에는 전단력과 굽힘 모멘트가 작용하고, 이것에 의해 전단응력과 수직응력이 발생한다. 그러나 전단력에 의한 영향은 매우 작으므로 이를 생략하고 굽힘 모멘트에 의한 수직응력만을 굽힘응력(bending stress) 이라 한다.

그림 8-1과 같이 하중을 받는 보의 중앙부분(CD)에는 전단력이 걸리지 않으며, 균일한 굽힘 모멘트 $M_C = P \cdot a$ 만이 작용하고 있다. 이와 같이 CD 부분의 상태를 순수굽힘 상태라 한다.

순수 굽힘에 의하여 유발되는 굽힘응력을 해석, 고찰하기 위해서 다음과 같은 가정을 한다.

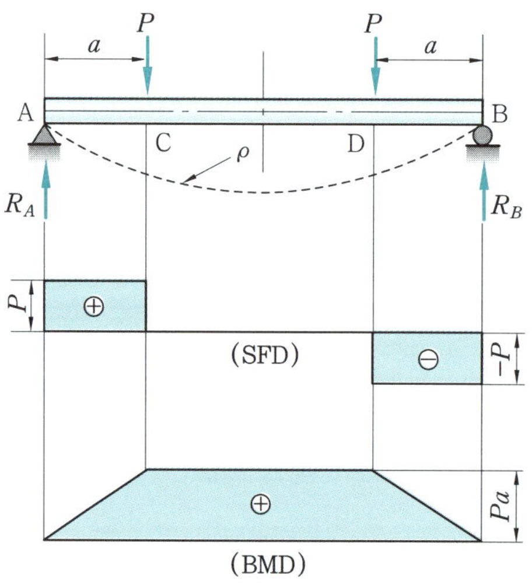

그림 8-1 순수굽힘 상태에서의 보

① 보의 재질은 균질이며, 단면이 균일하고 중심축에 대해서 대칭면을 갖는다.

② 모든 하중들은 대칭면 내에서 작용하며, 굽힘 변형도 그 평면 내에서 일어난다.

③ 처음에 평면이었던 각 단면은 구부러진 후에도 평면을 유지하고 구부러진 축선(軸線)에 직교한다.

④ 재료는 훅(Hook)의 법칙을 따르며, 인장, 압축부분에 대한 영(young) 계수는 같다.

1-2 보 속의 인장과 압축

그림 8-2와 같은 구부러진 보의 요소에 대해 굽힘변형을 하면 상부는 줄고 하부는 늘어난다. 이때 늘지도 줄지도 않는 단면(C)이 있는데, 이 단면을 중립면(中立面, neutral surface)이라 한다. 구부러짐이 일어나는 하중면과 중립면과의 교선을 탄성곡선(彈性曲線, elastic curve)이라 한다.

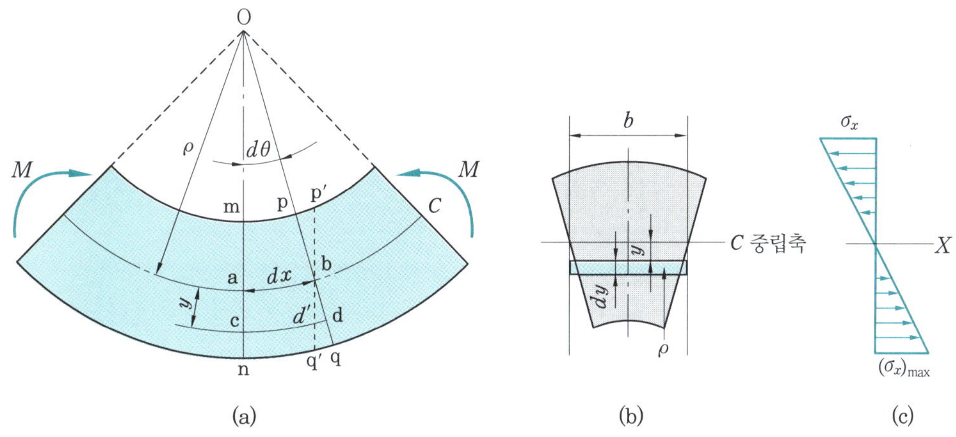

그림 8-2 보 속의 굽힘응력

변형이 일어나면 두 인접단면 mn과 pq는 O점에서 서로 만나게 되며, 이들이 이루는 미소각을 $d\theta$라 하고, 곡률(曲律) 반지름(radius of curvature)을 ρ라 하면, 탄성곡선의 곡률은 $\dfrac{1}{\rho}$이 되고 △Oab에서 기하학적으로,

$$\mathrm{ab} = dx = \rho \cdot d\theta, \qquad \frac{1}{\rho} = \frac{d\theta}{dx} \tag{8-1}$$

이다. 중립축 위의 b점을 지나며 mn에 평행한 p′q′를 그리면 이것은 변형 전의 단면 pq의 원래 방향을 나타내는 것이고, 중립면에서 y 만큼 떨어진 곳의 cd는 cd′가 d′d만큼 늘어난 것으로 볼 수 있으므로,

$$\mathrm{d'd} = \mathrm{cd} - \mathrm{cd'} = (\rho + y)d\theta - \mathrm{ab} = y \cdot d\theta \tag{8-2}$$

△Oab와 △bd′d는 닮은 꼴이므로, 변형률 ε은

$$\varepsilon = \frac{\text{d′d}}{\text{ab}} = \frac{y}{\rho} \tag{8-3}$$

따라서, 이 곳의 응력은 변형률에 비례하므로 훅의 법칙에 의하여,

$$\sigma = E \cdot \varepsilon = E \cdot \frac{y}{\rho} \tag{8-4}$$

이 식에서 훅의 법칙이 성립하는 한도 내에서는 순수굽힘에 의한 굽힘응력 σ_b는 중립면으로부터의 거리 y에 비례함을 알 수 있다.

1-3 보 속의 저항 모멘트(resisting moment)

그림에서 굽힘응력 σ_b는 중립면으로부터 가장 먼 곳에서 최대값을 갖게 되며, 윗부분에서는 최대 압축응력$(\sigma_c)_{max}$, 아랫부분에서는 최대 인장응력$(\sigma_t)_{max}$가 작용하게 된다.

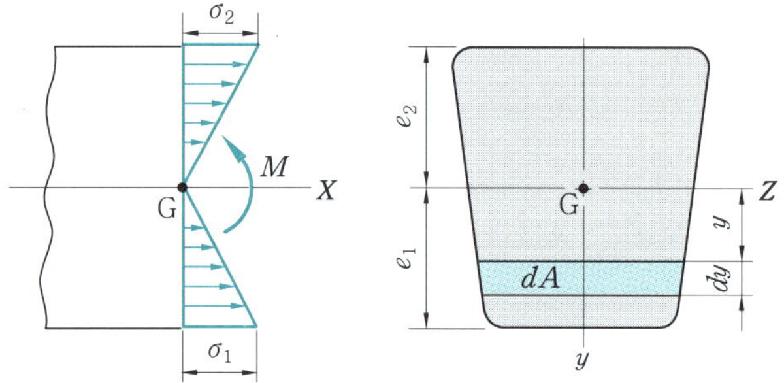

그림 8-3 보 속의 저항 모멘트

중립축으로부터 y만큼 떨어진 미소면적을 dA라 하면, 그 면적 위에 작용하는 힘은

$$dF = \sigma \cdot dA = \frac{E}{\rho} y \cdot dA \tag{8-5}$$

$$\therefore \ F = \frac{E}{\rho} \int_A y\,dA = 0 \tag{8-6}$$

$\frac{E}{\rho}$ = 일정 (상수), $\int_A y\,dA = 0$이 되며, 중립축에 대한 단면 1차 모멘트가 0임을 나타낸다. 또, $A \neq 0$이므로, $y = 0$이어야 한다. 따라서, 중립축은 단면의 도심을 지나는 것을 알 수 있고, 중립축은 단면의 한 주축(主軸)이 된다.

미소면적 dA에 작용하는 힘 $\sigma \cdot dA$의 중립축에 관한 모멘트의 합은 굽힘 모멘트 M과 같다. 미소힘 dF의 중립축에 대한 모멘트를 취하면,

$$dM = y \cdot dF = y \cdot (\sigma \cdot dA)$$

$$\therefore M = \int_A y \cdot \sigma \cdot dA = \frac{E}{\rho} \int_A y^2 dA \tag{8-7}$$

여기서, $\int_A y^2 dA = I$ 로서, 중립축에 대한 단면 2차 모멘트이다.

$$\therefore M = \frac{E}{\rho} \int_A y^2 dA = \frac{E}{\rho} I, \quad 곡률 \ \frac{1}{\rho} = \frac{M}{EI} \tag{8-8}$$

식 (8-8)에서 곡률 $\frac{1}{\rho}$ 은 굽힘 모멘트 M에 비례하고, 굽힘 강성계수(flexural rigidity) EI에 반비례한다.

또, 보 속의 굽힘응력과 모멘트는

$$\sigma = \frac{My}{I}, \quad M = \sigma \cdot \frac{I}{y} \tag{8-9}$$

윗식 (8-9)는 단면 mn에 작용하는 굽힘응력은 y에 비례하고, 중립면으로부터 가장 먼곳에서 최대값을 가지며, 보의 중립면의 아랫부분에서 최대 인장응력, 윗부분에서 최대 압축응력이 작용하게 된다.

또, 식 (8-9)에서 y 대신 중립면으로부터 최대 인장과 압축을 받는 거리 e_1, e_2를 대입하고, 상부(上部)를 압축하려는 모멘트 M 을 (+), 인장단까지의 거리 e_1을 (+), e_2를 (−)로 하면,

$$(\sigma_t)_{max} = \frac{Me_1}{I} = \frac{M}{Z_1}, \quad (\sigma_c)_{min} = \frac{Me_2}{I} = \frac{M}{Z_2} \tag{8-10}$$

$$\left(Z_1 = \frac{I}{e_1}, \quad Z_2 = \frac{I}{e_2} \right)$$

만약, $e_1 = e_2 = e$ 라면 단면이 Z축에 대하여 대칭이고, 최대 인장응력과 압축응력의 절대값은 같다.

$$\sigma_{max} = -\sigma_{min} = \frac{Me}{I} = \frac{M}{Z}$$

$$\therefore \sigma = \pm \frac{M}{Z}, \quad M = \pm \sigma \cdot Z \tag{8-11}$$

위의 식 (8-9), (8-10), (8-11)을 보의 굽힘 공식이라 하며, $\sigma \cdot Z$ 는 굽힘 모멘트에 저항하는 보의 응력 모멘트이므로, 이를 저항 모멘트(resisting moment)라 한다.

사다리꼴 단면의 보의 경우, 보가 위로 오목하게 굽으면 윗면에 생기는 최대 압축응력이 아랫면에 생기는 최대 인장응력보다 크게 되므로 주철과 같이 인장보다 압축에 강한 재료로 보를 만드는 경우에는 윗면이 아랫면보다 넓은 사다리꼴 단면을 택하는 것이 유리하다.

보의 경제적인 설계를 위해서는 보의 단면의 형상이 중요한 요소가 된다. 인장과 압축

강도가 같은 구조용 강은 중립축에 대하여 대칭인 정사각형, 직사각형, 원형, I 형 등을 사용하며 주철, 콘크리트 및 석재들은 인장응력이 압축응력보다 약하므로 비대칭형의 재료를 사용한다. 단면계수와 안전계수가 일정할 때는 단면적이 작은 재료가 경제적이므로 여러 가지 단면의 모양을 비교해 보면 다음과 같다.

① 폭×높이 $= b \times h$ 인 직사각형 단면의 경우 단면계수 Z_1 은 다음과 같다.

$$Z_1 = \frac{M}{\sigma} = \frac{bh^2}{6} = \frac{1}{6} Ah$$

h 가 증가함에 따라 A 가 작아져 경제적이지만 h 가 커지면서 b 가 너무 좁아지면 좌굴(挫屈, bucking) 현상에 의해 파괴된다. 따라서, 지름 d 인 원형 단면에 대하여 한 변의 길이 h 인 정사각형 단면과 비교해 보면 $A = h^2 = \frac{\pi}{4} d^2$ 이라면 $h = \frac{d\sqrt{\pi}}{2}$ 이므로 정사각형 단면의 단면계수 Z_2 는 다음과 같다.

$$Z_2 = \frac{h^3}{6} = \frac{1}{6} \left(\frac{d\sqrt{\pi}}{2} \right)^3 = \frac{\sqrt{\pi}}{12} Ad = 0.1475\,Ad$$

$$\therefore \frac{Z_{\text{정사각형}}}{Z_{\text{원형}}} = \frac{0.1475\,Ad}{\frac{\pi}{32} d^3} = \frac{0.1475\,Ad}{0.125\,Ad} = 1.18$$

정사각형 단면이 원형 단면보다 18 %만큼 Z 값이 크므로 경제적이다.

② 단면의 높이에 따른 응력분포를 고려하면 재료의 중립축에 가까운 부분에서는 응력을 적게 하고 바깥쪽으로 많이 분포시켜 대부분의 재료가 균일하게 응력을 받도록 하면 단면적이 작고 경제적이다. 같은 면적을 갖는 단면에서는 중립축으로부터 멀어진 부분에 큰 면적을 가질수록 단면계수가 크게 되어 보다 큰 굽힘 모멘트에 견딜 수 있다. 즉, I 형 단면이 정사각형 단면보다 경제적이고 좌굴 현상에 대해서도 안정성이 크다.

③ 보가 보다 큰 굽힘 모멘트에 견디기 위해서는 $M = \sigma \cdot Z$ 에서 Z 의 값이 커야만 한다. Z 의 값을 크게 하면 굽힘에 대한 저항력이 커지며 그림과 같이 마름모꼴의 끝부분을 잘라냄으로써 Z 값을 증가시킬 수 있으며 원형 단면이나 삼각형 단면 등에서도 마찬가지이다.

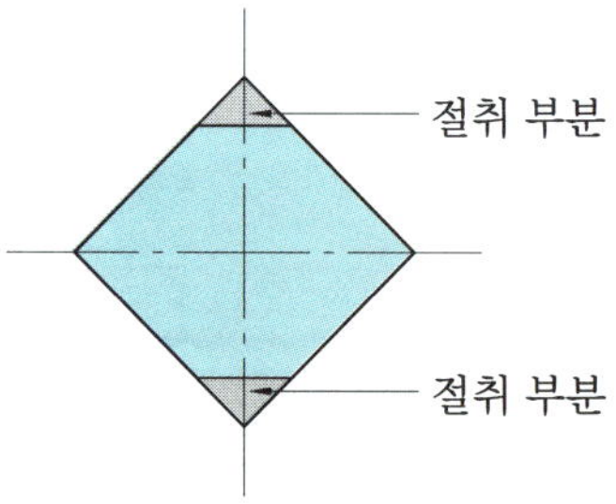

그림 8-4

예제 1. 지름 5 mm의 철선을 지름 1.2 m의 원통에 감을 때 굽힘응력과 굽힘 모멘트를 구하시오.(단, $E = 196\,\text{GPa}$ 이다.)

$$\boxed{\text{해설}} \quad \sigma = E \cdot \varepsilon = E \cdot \frac{y}{\rho} = E \times \frac{\dfrac{d}{2}}{\dfrac{(D+d)}{2}} = E \times \frac{d}{D+d}$$

$$= (196 \times 10^9) \times \frac{0.005}{1.2 + 0.005}$$

$$= 813278008\,\text{N}/\text{m}^2 \fallingdotseq 813.28\,\text{MPa}$$

$$M = \sigma \cdot Z = \sigma \cdot \frac{\pi d^3}{32}$$

$$= 813278008 \times \frac{\pi}{32} \times 0.005^3$$

$$= 9.98\,\text{N}\cdot\text{m} \fallingdotseq 10\,\text{N}\cdot\text{m} = 10\,\text{J}$$

2. 보 속의 전단응력

2-1 보 속의 전단응력

보는 일반적으로 하중을 받으면 각 단면에 굽힘 모멘트 M과 전단력 V를 동시에 일으킨다. 하중을 받아 구부러지면 보는 횡단면에 전단력이 일어나므로 단면에 따라 전단응력(shearing stress)이 일어난다.

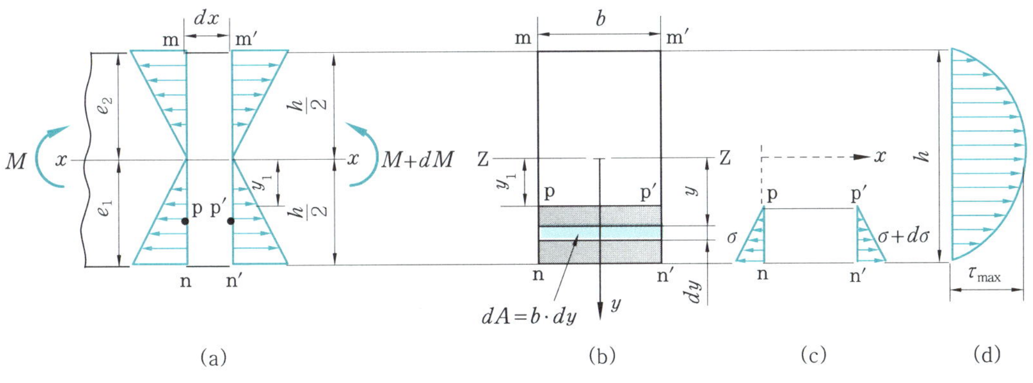

그림 8-5 보 속의 전단응력

그림 8-5와 같이 굽힘 모멘트가 단면위치에 따라 변화하는 일반적인 보에 있어서 dx 만큼 떨어진 임의단면 mn과 m′n′에 작용하는 굽힘 모멘트를 각각 M과 $M + dM$이라 하고, 그림 8-5 (a)의 왼쪽면 pn의 한 미소면적 dA 상의 법선력은 $\sigma \cdot dA = \dfrac{M}{I} y \cdot dA$ 이다. 측면 pn 전체에 있어서 법선력의 합력은

$$\int_{y_1}^{\frac{h}{2}} \frac{M}{I} y \cdot dA \tag{8-12}$$

우측면 p′n′ 전체에 작용하는 법선응력의 합력은

$$\int_{y_1}^{\frac{h}{2}} \frac{M+dM}{I} y \cdot dA \tag{8-13}$$

수평면 pp′에 작용하는 전단력은

$$\tau \cdot b \cdot dx \tag{8-14}$$

    여기서, τ : 중립축에서 임의의 거리 y_1에서의 전단응력

보의 임의 단면에서 수평방향의 힘이 평형되어야 하므로 식 (8-12), (8-13), (8-14)에서

$$\tau \cdot b \cdot dx + \int_{y_1}^{\frac{h}{2}} \frac{M}{I} y dA = \int_{y_1}^{\frac{h}{2}} \frac{(M+dM)}{I} y \cdot dA$$

$$\therefore \ \tau = \frac{dM}{dx} \cdot \frac{1}{bI} \int_{y_1}^{\frac{h}{2}} y \cdot dA \tag{8-15}$$

$\dfrac{dM}{dx} = V$이므로, 임의 단면의 중립축에서 임의 거리 y_1만큼 떨어진 요소의 평면 상의 전단응력은

$$\tau = \frac{V}{bI} \int_{y_1}^{\frac{h}{2}} y \cdot dA \tag{8-16}$$

여기서, $\displaystyle\int_{y_1}^{\frac{h}{2}} y dA$ 는 y_1부터 아래쪽에 있는 단면, 즉 그림 8-5 (b)의 음영 부분(pp′, nn′)의 중립축에 대한 1 차 모멘트이며, Q 로 표시하면,

$$\tau = \frac{VQ}{bI} \tag{8-17}$$

전단응력의 분포는 y_1에 따라 변화되고 굽힘응력이 0인 중립축에서 최대이고, 굽힘응력이 최대로 되는 상하주변에서 0이 됨을 알 수 있다.

2-2 직사각형(구형) 단면의 전단응력

그림 8-5 (b)의 직사각형 단면에서 $dA = b \cdot dy$, $e_1 = \dfrac{h}{2}$이므로, 단면 1 차 모멘트

$$Q = \int_{y_1}^{\frac{h}{2}} y \cdot dA = \int_{y_1}^{\frac{h}{2}} y \cdot b \cdot dy = \frac{b}{2}\left(\frac{h^2}{4} - y_1^2\right)$$

또, Q는 음영 부분의 도심까지의 거리의 곱으로도 얻을 수 있다.

$$Q = b \cdot \left(\frac{h}{2} - y_1 \right) \times \frac{1}{2} \left(\frac{h}{2} + y_1 \right) = \frac{b}{2} \left(\frac{h^2}{4} - y_1^2 \right)$$

전단응력 $\tau = \dfrac{VQ}{Ib} = \dfrac{V}{2I} \left(\dfrac{h^2}{4} - y_1^2 \right)$ \hfill (8–18)

전단응력 τ 는 $y_1 = \pm \dfrac{h}{2}$ 에서 $\tau = 0$, $y_1 = 0$에서, $\tau_{max} = \dfrac{Vh^2}{8I}$, $I = \dfrac{bh^3}{12}$ 이므로,

최대 전단응력 $\tau_{max} = \dfrac{12Vh^2}{8 \times bh^3} = \dfrac{3}{2} \cdot \dfrac{V}{A} = 1.5\,\tau_{mean}$ \hfill (8–19)

식 (8–19)에서 최대 전단응력은 전단력(V)을 횡단면적 (A)으로 나눈 평균 전단응력 보다 50 % 더 크다는 것을 알 수 있으며, 선도는 y_1에 따라 포물선형이 된다.

2-3 원형 단면의 전단응력

반지름 r 인 원형 단면에서 y 만큼 떨어진 미소면적 dA를 취하면,

$$y = r \cdot \sin \theta$$
$$dy = r \cdot \cos \theta \cdot d\theta$$
$$b = 2r \cdot \cos \theta = 2\sqrt{r^2 - y^2}$$

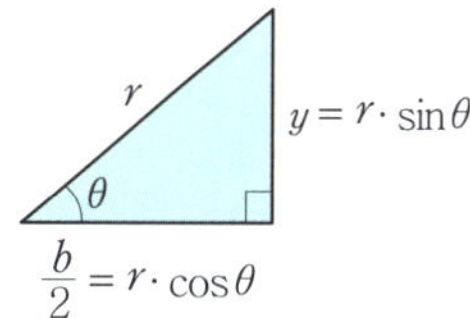

그림 8-6

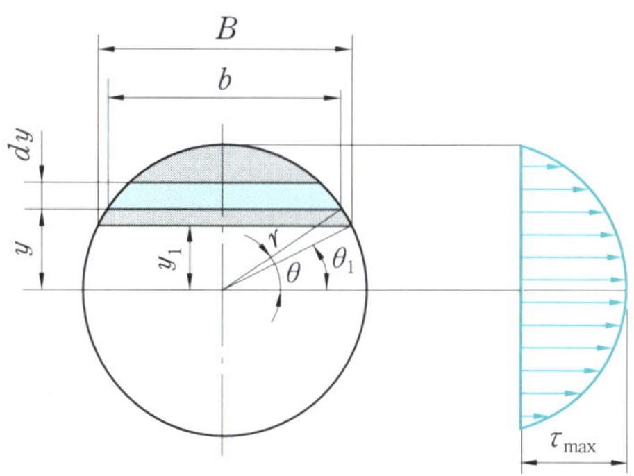

그림 8-7 원형 단면의 전단응력

$r^2 - y^2 = t$ 라면 $-2y \cdot dy = dt$ 이고, $y = r \to t = 0$, $y = y_1 \to t = r^2 - y_1^2$ 이므로,

$$Q = \int_{y_1}^{r} y\,dA = \int_{y_1}^{r} y \cdot b\,dy = \int_{y_1}^{r} 2y \sqrt{r^2 - y^2}\,dy = \int_{r^2 - y_1^2}^{0} -\sqrt{t} \cdot dt$$

$$= -\left[\frac{2}{3} t^{\frac{3}{2}} \right]_{r^2 - y_1^2}^{0} = \frac{2}{3} (r^2 - y_1^2)^{\frac{3}{2}}$$

y_1 만큼 떨어진 색칠한 부분의 $B = 2r \cdot \cos\theta_1 = 2\sqrt{r^2 - y_1^2}$

$$\therefore\ Q = \frac{2}{3}(r^2 - y_1^2)^{\frac{3}{2}} = \frac{2}{3}(\sqrt{r^2 - y_1^2})^3 = \frac{2}{3}(r \cdot \cos\theta_1)^3$$

$$I = \frac{\pi r^4}{4},\ A = \pi r^2$$

$$\therefore\ \tau = \frac{VQ}{Ib} = \frac{4V}{\pi r^4} \times \frac{\frac{2}{3} r^3 \cdot \cos^3\theta_1}{2r \cdot \cos\theta_1} = \frac{4}{3} \cdot \frac{V}{\pi r^2} \cdot \cos^2\theta_1$$

$$= \frac{4}{3} \cdot \frac{V}{A}\left(1 - \frac{y_1^2}{r^2}\right) \tag{8-20}$$

$\theta_1 = 0\,(y_1 = 0)$ 일 때 $\tau_{\max}$ 이므로,

$$\tau_{\max} = \frac{4}{3} \cdot \frac{V}{A} = 1.33\,\tau_{\mathrm{mean}} \tag{8-21}$$

$\theta_1 = \dfrac{\pi}{2}\,(y_1 = r)$ 일 때 $\tau_{\min}$ 이므로,

$$\tau_{\min} = 0$$

식 (8-21)에서 원형 단면의 최대 전단응력은 평균 전단응력보다 33 % 만큼 더 크다는 것을 알 수 있다.

2-4 I 형 단면의 전단응력

I형 단면을 플랜지(flange)와 웨브(web) 부분으로 나누어 직사각형과 같은 방법으로 계산하면,

$$Q = \int_{y_1}^{\frac{h}{2}} y \cdot dA = \int_{\frac{h_1}{2}}^{\frac{h}{2}} by \cdot dy + \int_{y_1}^{\frac{h_1}{2}} ty \cdot dy$$

$$= \frac{b}{2}\left(\frac{h^2}{4} - \frac{h_1^2}{4}\right) + \frac{t}{2}\left(\frac{h_1^2}{4} - y_1^2\right)$$

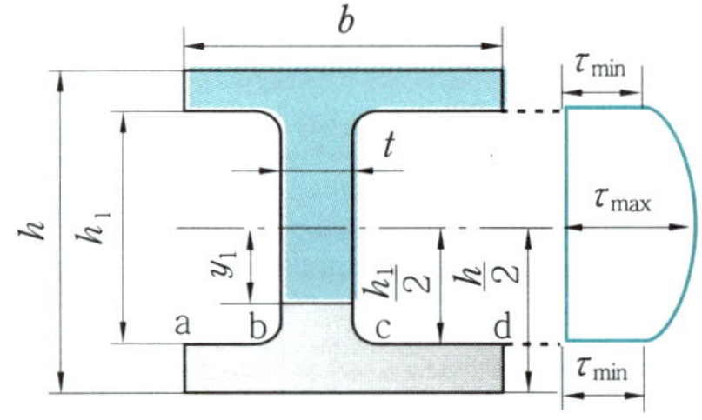

그림 8-8 I 형 단면의 전단응력

또는,　$Q = \displaystyle\int_{y_1}^{\frac{h}{2}} y \cdot dA = b\left(\dfrac{h}{2} - \dfrac{h_1}{2}\right) \cdot 2\left(\dfrac{h}{2} + \dfrac{h_1}{2}\right) + t\left(\dfrac{h_1}{2} - y_1\right) \cdot \dfrac{1}{2}\left(\dfrac{h_1}{2} + y_1\right)$

$$= \dfrac{b}{2}\left(\dfrac{h^2}{4} - \dfrac{h_1^{\,2}}{4}\right) + \dfrac{t}{2}\left(\dfrac{h_1^{\,2}}{4} - y_1^{\,2}\right)$$

$$\therefore \ \tau = \dfrac{V}{It}\left[\dfrac{b}{2}\left(\dfrac{h^2}{4} - \dfrac{h_1^{\,2}}{4}\right) + \dfrac{t}{2}\left(\dfrac{h_1^{\,2}}{4} - y_1^{\,2}\right)\right] \tag{8-22}$$

$y = 0$일 때 중립축의 최대 전단응력은,

$$\tau_{\max} = \dfrac{V}{It}\left[\dfrac{b}{2}\left(\dfrac{h^2}{4} - \dfrac{h_1^{\,2}}{4}\right) + \dfrac{th_1^{\,2}}{8}\right] \tag{8-23}$$

$y = \dfrac{h_1}{2}$일 때 플랜지와 결합된 웨브의 끝위치의 최소 전단응력은

$$\tau_{\min} = \dfrac{V}{It}\left[\dfrac{b}{2}\left(\dfrac{h^2}{4} - \dfrac{h_1^{\,2}}{4}\right)\right] \tag{8-24}$$

예제 2. 그림과 같이 스팬(span)의 길이 $l = 12\,\text{m}$인 사각 목재 단면이 보의 자중에 의한 응력에 안전한가 검사하시오.(단, 자중 $= 7840\,\text{N/m}^3$, $\sigma_a = 7.84\,\text{MPa}$, $\tau_a = 0.49\,\text{MPa}$)

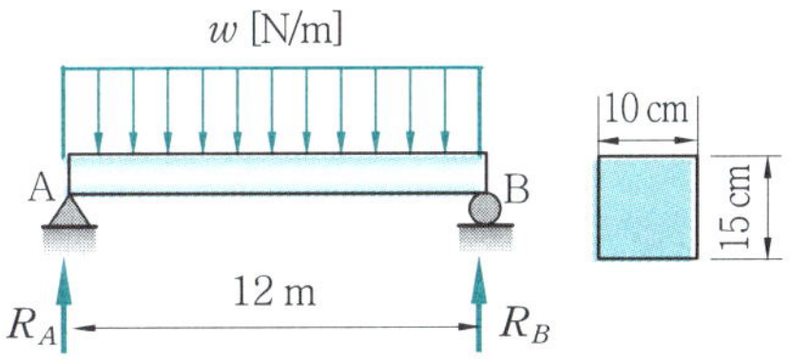

해설　$w = 7840 \times 0.1 \times 0.15 = 117.6\,\text{N/m}$

①　$\sigma = \dfrac{M}{Z}$ 에서,

$$M_{\max} = \dfrac{wl^2}{8} = \dfrac{1}{8} \times 117.6 \times 12^2 = 2116.8\,\text{N·m}$$

$$Z = \dfrac{bh^2}{6} = \dfrac{1}{6} \times 0.1 \times 0.15^2 = 3.75 \times 10^{-4}\,\text{m}^3$$

$$\therefore \ \sigma = \dfrac{M}{Z} = \dfrac{2116.8}{3.75 \times 10^{-4}} = 5644800\,\text{N/m}^2 \fallingdotseq 5.645\,\text{MPa} < \sigma_a (= 7.84\,\text{MPa})$$

②　$\tau_{\max} = \dfrac{3}{2} \cdot \dfrac{V}{A}$

$$V = \dfrac{wl}{2} = \dfrac{1}{2} \times 117.6 \times 12 = 705.6\,\text{N}$$

$$A = bh = 0.1 \times 0.15 = 0.015$$

$$\therefore \ \tau_{\max} = \dfrac{3}{2} \times \dfrac{705.6}{0.015} = 70560\,\text{N/m}^2 = 0.07056\,\text{MPa} < \tau_a (= 0.49\,\text{MPa})$$

$\therefore$ 굽힘과 전단에 대해 모두 안전하다.

3. 굽힘과 비틀림으로 인한 조합응력

3-1 보 속의 주응력

보의 한 단면에 굽힘 모멘트 M과 전단력 V가 동시에 작용하면 그 단면 위의 각 점에는 굽힘응력($\sigma_x = My/I$)과 전단응력 ($\tau_{xy} = \tau_{yx} = VQ/Ib$)가 동시에 작용한다.

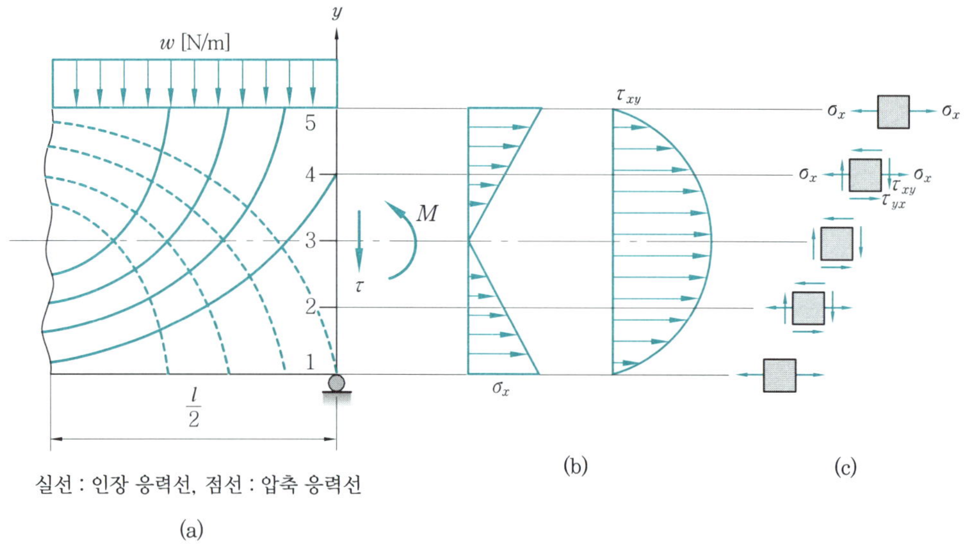

그림 8-9 직사각형 단면보의 V와 M

그림 8-9 (a)는 균일분포 하중을 받는 단순보의 주응력 선도의 오른쪽 부분을 표시한 것이다. 직사각형 단면보의 한 단면에서 굽힘 모멘트와 전단력이 작용하면 $\sigma_x = \dfrac{My}{I}$ 와 $\tau_{xy} = \dfrac{VQ}{Ib}$ 는 그림 8-9 (b)와 같이 분포하게 되므로 그 단면 위의 점 1, 2, 3, 4, 5 는 그림 8-9 (c)에서와 같은 응력 상태가 된다. 이 점 1, 2, 3, 4, 5의 σ_x와 τ_{xy}를 $\sigma_x = \dfrac{My}{I}$ 와 $\tau_{xy} = \dfrac{VQ}{Ib}$ 에서 구한 후 식 (4-34), (4-37), (4-38)에 대입하면 주응력의 크기와 방향을 구할 수 있다. 따라서, 식 (4-34), (4-37), (4-38)로부터 $\sigma_y = 0$일 때, 각 점에서의 주응력이 방향은

$$\theta = -\frac{1}{2}\tan^{-1}\frac{2\tau_{xy}}{\sigma_x}$$

$$\theta' = \theta + \frac{\pi}{2}$$

주응력의 크기는

$$\sigma_1 = \frac{\sigma_x}{2} + \sqrt{\left(\frac{\sigma_x}{2}\right)^2 + \tau_{xy}^2}$$

$$\sigma_2 = \frac{\sigma_x}{2} - \sqrt{\left(\frac{\sigma_x}{2}\right)^2 + \tau_{xy}^2}$$

최대 전단응력의 방향은

$$\theta = \frac{1}{2}\tan^{-1}\frac{\sigma_x}{2\tau_{xy}}, \qquad \theta' = \theta + \frac{\pi}{2}$$

최대, 최소 전단응력의 크기는

$$\tau_{\max} = \sqrt{\left(\frac{\sigma_x}{2}\right)^2 + \tau_{xy}^2}$$

$$\tau_{\min} = -\sqrt{\left(\frac{\sigma_x}{2}\right)^2 + \tau_{xy}^2}$$

이 응력들은 각 점에서 작용하는 최대, 최소의 법선 응력이며 설계의 기준이 되는 응력이다. 보의 각 점에서 주응력의 방향이 결정되면 두 계통의 직교곡선을 그려서 각 점에서의 접선들이 그 점에서의 주응력들의 방향과 일치하도록 할 수 있다. 이러한 곡선군(群)을 주응력선(stress trajectories)이라 한다. 그림 8-9의 σ_x와 τ_{xy}의 분포선도는 각 단면에 따라 그림 8-10과 같이 나타낼 수 있으며 그 크기가 달라진다.

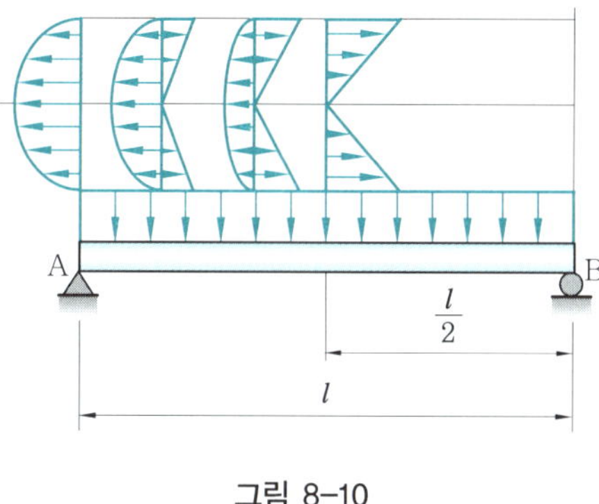

그림 8-10

3-2 상당 굽힘 모멘트와 상당 비틀림 모멘트

풀리, 기어, 플라이휠 및 크랭크축 등이 끼워져 있는 회전축은 항상 비틀림 모멘트와 굽힘 모멘트를 동시에 받는 축으로서 이러한 축에 일어나는 최대응력을 구하려면 다음과 같은 응력을 고려해야 한다.

① 비틀림 모멘트 T로 인한 전단응력

② 굽힘 모멘트 M으로 인한 굽힘응력

③ 전단력 V로 인한 전단응력(위의 두 응력에 비해 회전축에 미치는 영향이 극히 작으므로 일반적으로 무시)

비틀림으로 인한 최대 전단응력은 축의 표면에 발생하고, 비틀림 전단응력은

$$\tau = \frac{T}{Z_P} = \frac{16\,T}{\pi d^3} \tag{8-25}$$

이며, 굽힘 모멘트로 인한 최대 굽힘응력은 굽힘 모멘트가 발생하는 단면의 중립면에서 가장 먼 축의 표면에 발생하고, 굽힘에 의한 굽힘응력은

$$\sigma_b = \frac{M}{Z} = \frac{32M}{\pi d^3} \tag{8-26}$$

가 된다. 최대 조합응력은 τ와 σ_b의 합성응력이 최대로 되는 단면에서 일어나게 된다.

위의 식 (8-25)와 식 (8-26)의 두 응력의 합성에 의한 최대 및 최소 주응력은

$$\sigma_{\max} = \frac{1}{2}\,\sigma_b + \frac{1}{2}\sqrt{\sigma_b^{\,2} + 4\tau^2} = \frac{16}{\pi d^3}\left(M + \sqrt{M^2 + T^2}\right) \tag{8-27}$$

$$\sigma_{\min} = \frac{1}{2}\,\sigma_b - \frac{1}{2}\sqrt{\sigma_b^{\,2} + 4\tau^2} = \frac{16}{\pi d^3}\left(M - \sqrt{M^2 + T^2}\right) \tag{8-28}$$

이 된다. 여기서, $M_e = \dfrac{1}{2}\left(M + \sqrt{M^2 + T^2}\right)$ 이라면,

$$\sigma_{\max} = \frac{16}{\pi d^3}\cdot 2M_e = \frac{M_e}{Z} \tag{8-29}$$

$\sigma_{\max}$와 똑같은 크기의 최대 굽힘응력을 발생시킬 수 있는 순수 굽힘 모멘트 M_e를 상당(相當, 또는 등가) 굽힘 모멘트(equivalent bending moment)라 한다.

또, 식 (8-25)와 식 (8-26) 두 응력의 합성에 의한 최대 전단응력은

$$\tau_{\max} = \frac{1}{2}\sqrt{\sigma_b^{\,2} + 4\tau^2} = \frac{16}{\pi d^3}\left(\sqrt{M^2 + T^2}\right) \tag{8-30}$$

여기서, $T_e = \sqrt{M^2 + T^2}$ 이라면,

$$\tau_{\max} = \frac{16}{\pi d^3}\cdot T_e = \frac{T_e}{Z_P} \tag{8-31}$$

$\tau_{\max}$와 똑같은 크기의 최대 전단응력을 발생시킬 수 있는 비틀림 모멘트 T_e를 상당 비틀림 모멘트 (equivalent twisting moment) 라 한다.

축의 안전지름을 구하는 데는 $\sigma_{\max}$ 대신 σ_a, $\tau_{\max}$ 대신 τ_a를 대입하여 계산하면 된다.

$$d = \sqrt[3]{\frac{32M_e}{\pi\sigma_a}} \fallingdotseq \sqrt[3]{\frac{10.2M_e}{\sigma_a}} \tag{8-32}$$

$$d = \sqrt[3]{\frac{16T_e}{\pi\tau_a}} \fallingdotseq \sqrt[3]{\frac{5.1T_e}{\tau_a}} \tag{8-33}$$

두 지름값 중 큰 값을 축의 지름으로 정하면 되고, 축의 재료가 강재와 같은 연성재료의 경우 최대 전단응력으로 파괴된다고 보아, $\tau = \dfrac{1}{2}\sigma$ 로 잡아 식 (8-33)을 택하고, 주철과 같은 취성재료의 경우 최대 주응력으로 파괴된다고 보아 식 (8-32)를 사용하여 계산한다.

예제 3. 길이 80 cm, 지름 10 cm인 축에 2400 N·m의 굽힘 모멘트와 2000 N·m의 비틀림 모멘트가 동시에 작용할 때 최대 굽힘응력과 최대 전단응력을 구하시오.

$\boxed{\text{해답}}$ ① $\sigma = \dfrac{M_e}{Z}$ 에서,

$$M_e = \frac{1}{2}(M + \sqrt{M^2 + T^2}) = \frac{1}{2}(2400 + \sqrt{2400^2 + 2000^2}) = 2762.05 \text{ N·m}$$

$$Z = \frac{\pi d^3}{32} = \frac{\pi}{32} \times 0.1^3 = 9.81 \times 10^{-5} \text{ m}^3$$

$$\therefore \ \sigma = \frac{M}{Z} = \frac{2762.05}{9.81 \times 10^{-5}} = 28155453 \text{ N/m}^2 \fallingdotseq 28.16 \text{ MPa}$$

② $\tau = \dfrac{T_e}{Z_p}$ 에서,

$$T_e = \sqrt{M^2 + T^2} = \sqrt{2400^2 + 2000^2} = 3124.1 \text{ N·m}$$

$$Z_P = \frac{\pi}{16}d^3 = \frac{\pi}{16} \times 0.1^3 = 1.92 \times 10^{-4} \text{ m}^3$$

$$\therefore \ \tau = \frac{T_e}{Z_P} = \frac{3124.1}{1.92 \times 10^{-4}} = 16271354 \text{ N/m}^2 \fallingdotseq 16.3 \text{ MPa}$$

◈ 연습문제 ◈

1. 스팬 4 m의 받침보에 $w = 6000$ N/m의 균일분포 하중이 작용하고, 폭과 높이의 비가 $\dfrac{h}{b} = 2$의 사각면이고, 허용 굽힘응력 $\sigma_a = 40$ MPa이라 할 때 b와 h를 구하시오.

2. 그림 p 8-1과 같은 단순보에 집중하중 $P = 6$ kN과 등분포 하중 $w = 4000$ N/m가 작용할 때 중앙점에서의 허용응력을 구하시오.

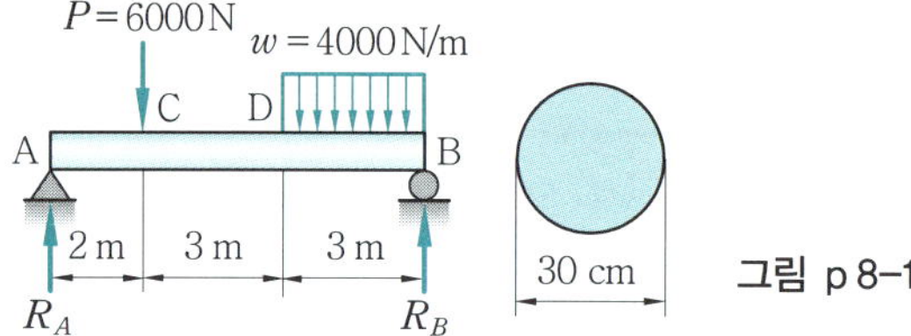

그림 p 8-1

3. 스팬(span) 길이 $l = 4$ m인 단순보(simple beam)의 중앙에 집중하중 $P = 40$ kN이 작용하고 있을 때 최대 전단응력을 구하시오.(단, 직사각형의 단면은 $b = 10$ cm, $h = 15$ cm이다.)

4. 그림 p 8-2와 같은 외팔보에서 중립축에 발생하는 수평 전단응력의 크기(MPa)를 구하시오.

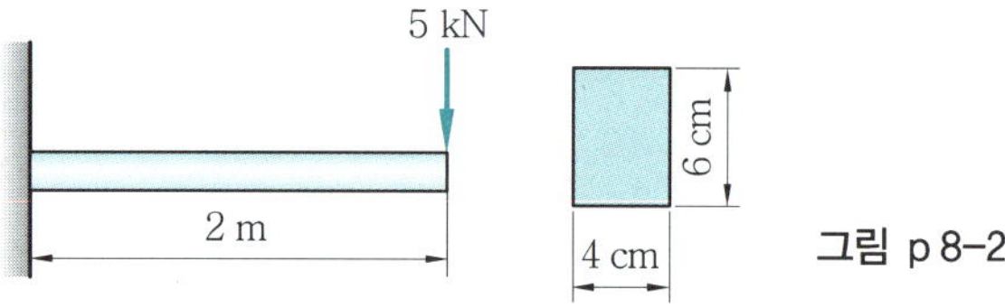

그림 p 8-2

5. 균일분포 하중을 받고 있는 사각단면의 단순보에 있어서 최대 굽힘응력과 최대 전단응력의 비를 구하시오.

6. 그림 p 8-3과 같은 사각단면의 보에 작용하는 전단력이 30 kN일 때 중립축에서 5 cm 떨어진 곳의 전단응력(τ_x)을 구하시오.

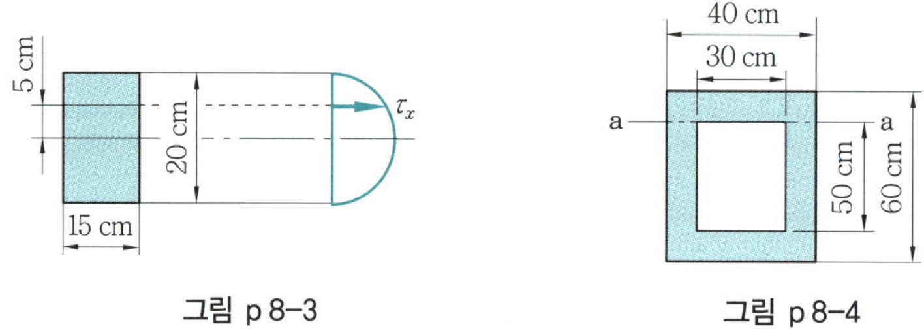

그림 p 8-3　　　　　　　　　　　그림 p 8-4

7. $S = 60\,\text{kN}$을 받는 그림 p 8-4와 같은 단면의 빔(beam)에서 aa 단면의 최대 전단응력을 구하시오.

8. 그림 p 8-5와 같은 I 형 단면에 $S = 10\,\text{kN}$, 휨 모멘트 $M = 50\,\text{kN·m}$가 작용할 때 플랜지와 복부의 경계면의 최대 전단응력(τ_{max})을 구하시오.(단, 중립축에 대한 $I_x = 47710\,\text{cm}^4$이다.)

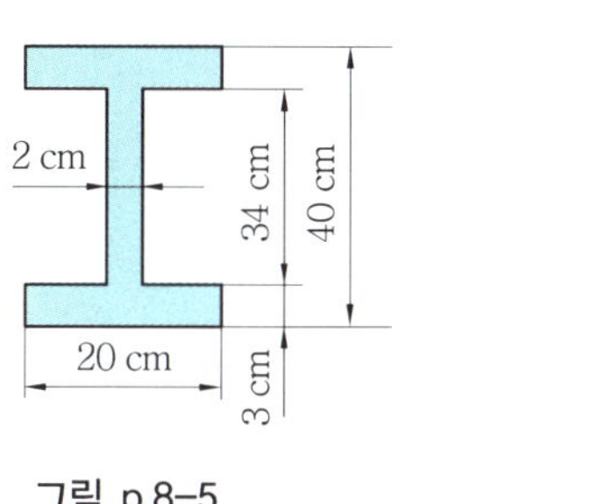

그림 p 8-5

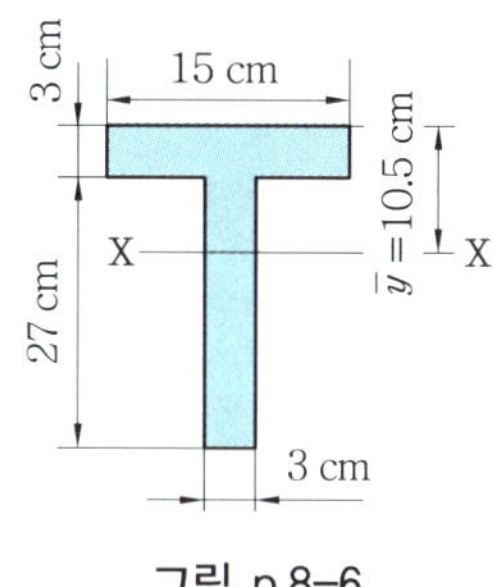

그림 p 8-6

9. 그림 p 8-6과 같은 스팬 $l = 2\,\text{m}$인 T 형 단면의 단순보에서 등분포 하중 $w = 40\,\text{kN/m}$를 받고 있다. 이 보의 단면은 그림과 같으며, 도심거리 $\overline{y} = 10.5\,\text{cm}$, 단면 2 차 모멘트 $I_x = 6500\,\text{cm}^4$이다. 이 보에 발생하는 최대 전단응력(σ_{max})을 구하시오.

10. 굽힘 모멘트 $M = 4000\,\text{N·m}$와 비틀림 모멘트 $T = 3000\,\text{N·m}$를 동시에 받는 축의 지름을 구하시오.(단, 허용 굽힘응력 $\sigma_a = 80\,\text{MPa}$, 허용 전단응력 $\tau_a = 60\,\text{MPa}$이다.)

11. 길이가 $2\,\text{m}$이고, 지름이 $56\,\text{mm}$인 외팔보의 자유단에 집중응력 $P = 1\,\text{kN}$이 작용하는 동시에 비틀림 모멘트 $T = 200\,\text{N·m}$가 작용할 때 최대 수직응력 σ_{max}와 전단응력 τ_{max}를 구하시오.

12. 그림 p 8-7과 같은 지름 $d = 8\,\text{cm}$의 전동축의 한 끝에 지름 $D = 60\,\text{cm}$, 중량 $W = 1500\,\text{N}$의 풀리를 고정하였다. 이 풀리에 인장력 $T_1 = 10\,\text{kN}$, $T_2 = 2\,\text{kN}$이 작용한다면 이 풀리에 작용하는 최대 수직응력(σ_{max})을 구하시오.

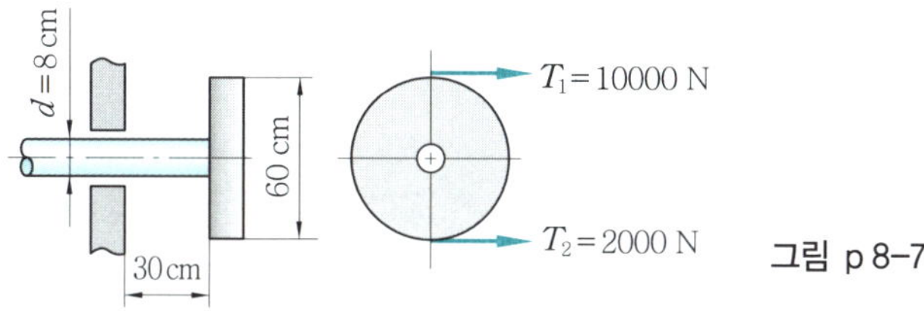

그림 p 8-7

13. 그림 p 8-8의 크랭크에 있어서 크랭크 암(crank arm)의 길이 $l_1 = 20\,\text{cm}$, 오버행(overhang)의 길이 $l_2 = 30\,\text{cm}$일 때 크랭크 핀(crank pin)에 최대 회전력 $P = 18\,\text{kN}$이 작용한다. 이 재료의 허용 수직응력이 $80\,\text{MPa}$, 허용 전단응력이 $60\,\text{MPa}$일 때 크랭크축(crank shaft)의 지름을 구하시오.

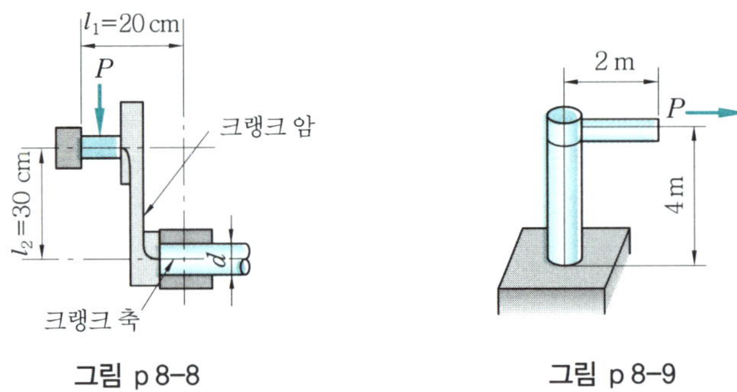

그림 p 8-8   그림 p 8-9

14. 그림 p 8-9와 같이 하단이 고정된 연직관의 상단에서 수평하중 $P = 2$ kN이 작용할 때 이 관에서 발생하는 최대 전단응력($\tau_{\max}$)을 구하시오.(단, 관의 단면계수는 196 cm^{4}이다.)

15. 그림 p 8-10과 같은 벨트 풀리에 벨트를 수평으로 걸고 매분 200 회전으로 10 kW의 동력을 전달할 때 축의 안전한 지름을 구하시오.(단, 풀리의 중량 $W = 1500$ N, 최대 주응력에 의한 허용응력 $\sigma_a = 80$ MPa이다.)

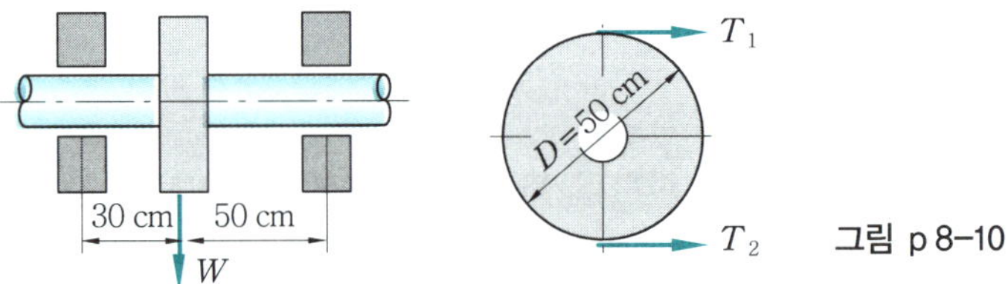

16. 매분 1200회전을 하면서 72 kW를 전달시키는 축이 굽힘 모멘트 $M = 400$ N·m를 받을 때 축의 지름을 구하시오.(단, $\sigma_a = 60$ MPa, $\tau_a = 40$ MPa이다.)

17. 그림 p 8-11과 같이 두께가 5 cm인 ㄷ형강에서 굽힘응력이 60 MPa일 때 굽힘 모멘트를 구하시오.

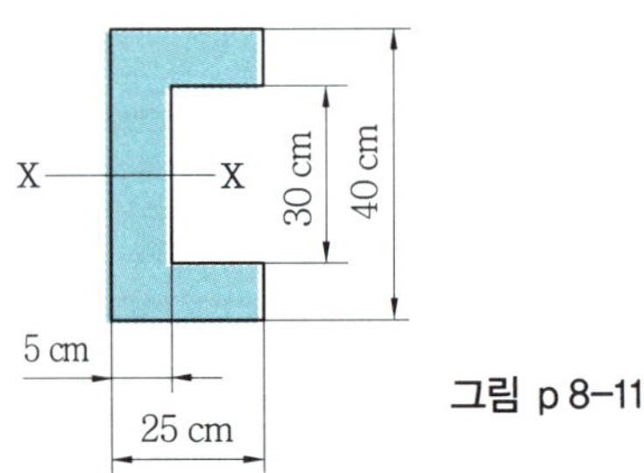

18. 길이 4 m의 중앙에 집중하중 $P = 50$ kN을 받고 있는 사각단면의 단순보가 있다. $h = 2b$이고, 이 재료의 허용 굽힘응력 $\sigma_b = 25$ MPa이라 할 때 사각단면의 폭 b와 h를 구하시오.

19. 지름이 5 cm이고, 길이가 1 m인 원형 단면의 단순보 중앙에 집중하중 8 kN이 작용하고 있다. 재료의 비중량 $\gamma = 7.8 \times 10^{-3}$ kg/cm^{3}이라 할 때 자중을 고려한 최대 굽힘응력을 구하시오.

20. 그림 p 8-12와 같은 외팔보에 보의 단면이 폭 15 cm, 높이 20 cm인 사각형이다. 최대 굽힘응력이 20 MPa일 때 길이(l)를 구하시오.

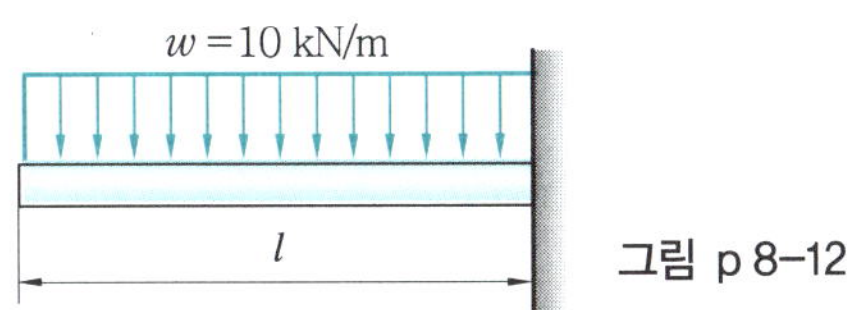

그림 p 8-12

21. 단면적이 동일한 지름 d의 원형 단면과 $h = 2b$인 직사각형 단면의 단순보의 중앙에 집중 하중을 작용시키고자 한다. 최대 전단응력의 비를 구하시오.

22. 지름이 4 mm인 구리선을 지름 2 m의 원통에 감았을 때 구리선에 생기는 최대 굽힘력을 구하시오.(단, 구리의 세로 탄성계수 $E = 125$ GPa이다.)

23. 그림 p 8-13에서와 같이 3 m의 양단고정보가 그 중앙점에 집중하중 10 kN을 받을 때 중앙점의 인장응력을 구하시오.

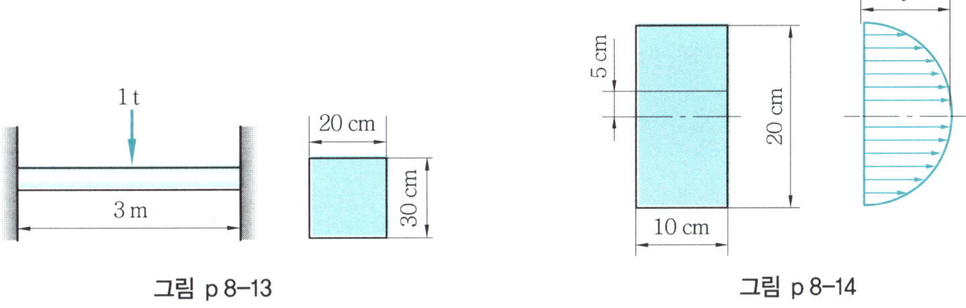

그림 p 8-13   그림 p 8-14

24. 그림 p 8-14의 직사각형 단면에 전단력 40 kN이 작용할 때 전단응력 τ를 구하시오.

25. 지름이 6 cm의 축이 400 N·m의 굽힘 모멘트를 받고 500 rpm으로 10 hp로 전달시키고 있다. 축의 허용 굽힘응력 $\sigma_b = 40$ MPa, 허용 전단응력 $\tau_a = 20$ MPa일 때 두 응력면에서 안전도를 검사하시오.

26. 그림 p 8-15와 같은 직사각형 단면 $b \times h = 4 \times 8$ cm의 외팔보가 그 자유단에서 하중 $P = 20$ kN이 작용할 때, 이 보의 하중단으로부터 1 m 떨어진 단면에서 그 보의 중립면과 아랫면의 중앙점에 있는 요소에 작용하는 주응력의 크기와 방향을 구하시오.

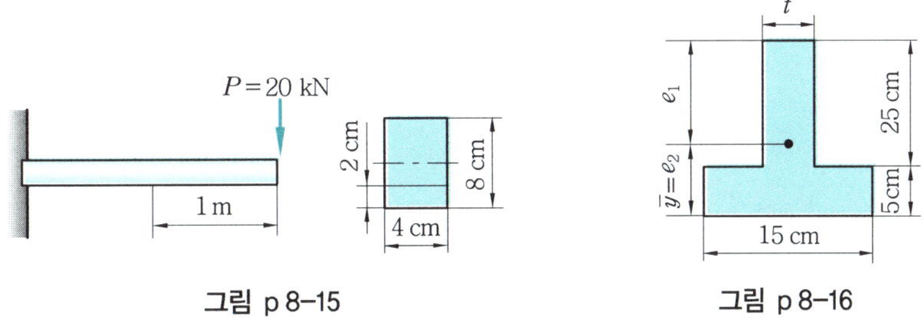

그림 p 8-15   그림 p 8-16

27. 그림 p 8-16과 같은 도립(倒立) T 형 단면의 단순보에 인장과 압축에 대한 허용응력을 각각 $\sigma_t = 28$ MPa, $\sigma_c = 56$ MPa로 보고 그 단면의 웨브의 두께 t와 단면계수 Z_1, Z_2를 구하시오.

28. 그림 p 8-17과 같은 단면을 갖는 보에서 전단력 50 kN이 작용할 때 mn 이음부에 발생하는 전단응력을 구하시오.

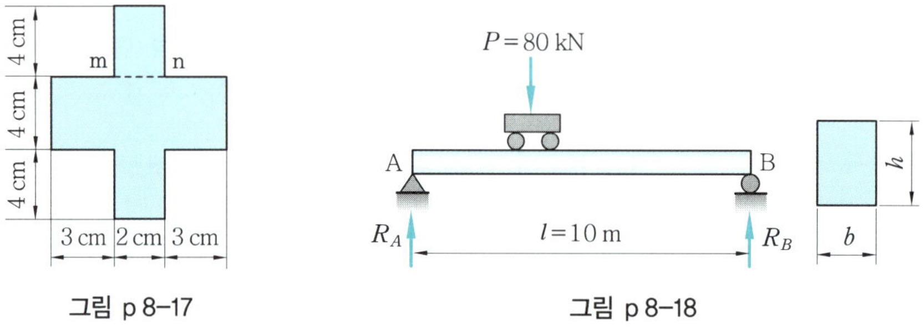

그림 p 8-17　　　　　　　　　　　그림 p 8-18

29. 그림 p 8-18과 같은 스팬(span) 길이 $l = 10$ m의 구형 단면의 보가 $P = 80$ kN의 이동 하중이 작용할 때, 이 하중에 의한 단면을 설계하시오.(단, $\sigma_a = 10$ MPa, $\tau_a = 0.6$ MPa, $b = \dfrac{2}{3} h$이다.)

30. 지름 $d = 20$ cm의 연강축이 120 rpm으로 굽힘 모멘트 $M = 300$ N·m가 작용할 때 전달시킬 수 있는 마력의 크기를 구하시오.(단, $\tau_a = 75$ MPa이고, 최대 전단응력에 의하여 파괴되는 것으로 한다.)

31. 그림 p 8-19와 같이 지름 5 cm의 축에 무게 1500 N, 지름 750 mm의 풀리를 설치하여 수평 방향으로 8000 N, 4000 N의 장력이 작용한다. 저널(journal)의 단면에 작용했을 때 최대 전단응력을 구하시오.

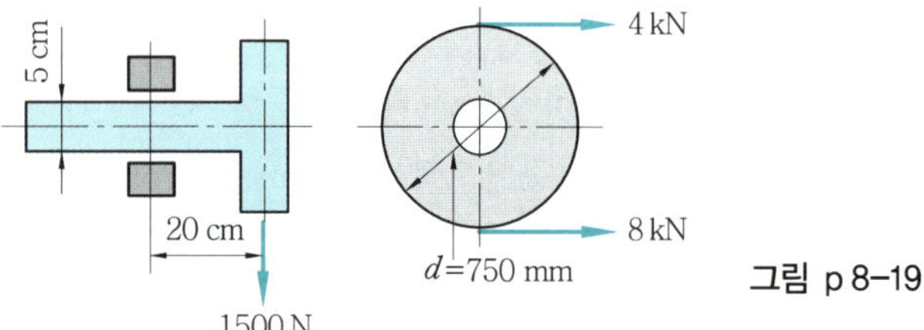

그림 p 8-19

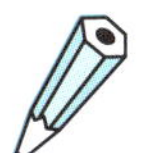

연습문제 풀이

1. 균일분포 하중에서의 최대 굽힘 모멘트는

$$M = \frac{wl^2}{8} = \frac{6000 \times 4^2}{8} = 12000 \text{ N·m}$$

$$Z = \frac{bh^2}{6} = \frac{b(2b)^2}{6} = \frac{5b^3}{6}$$

$(\because h/b = 2$이므로$)$

$\sigma_{max} = \sigma$라 하면,

$$\sigma = \frac{M}{Z} = \frac{12000}{\left(\frac{5}{6}b^3\right)} = \frac{6 \times 12000}{5b^3}$$

$$= 40 \times 10^6 \text{ N/m}^2$$

$$\therefore b = \sqrt[3]{\frac{6 \times 1200000}{5 \times (40 \times 10^2)}} \fallingdotseq 7.1 \text{ cm}$$

$$\therefore h = 2b = 2 \times 7.1 = 14.2 \text{ cm}$$

2. 우선 반력 R_A, R_B를 구하면,

$$\sum V_i = 0 \; ; \; R_A + R_B = 6000 + 4000 \times 3$$
$$= 18000 \text{ N}$$

$$\sum M_B = 0 \; ;$$

$$R_A \times 8 - 6000 \times 6 - 4000 \times 3 \times \frac{3}{2} = 0$$

$$\therefore R_A = \frac{6000 \times 6 + 4000 \times 3 \times \frac{3}{2}}{8} = 6750 \text{ N}$$

그러므로 중앙점에서의 굽힘 모멘트는

$$M = R_A \times 4 - 6000 \times 2 = 6750 \times 4 - 6000 \times 2$$
$$= 15000 \text{ N·m}$$

$$Z = \frac{\pi d^3}{32} = \frac{\pi \times 30^3}{32} \fallingdotseq 2650.7 \text{ cm}^3$$

$$\therefore \sigma = \frac{M}{Z} = \frac{15000}{2650.7 \times 10^{-6}}$$

$$\fallingdotseq 5658882 \text{ N/m}^2 \fallingdotseq 56.6 \times 10^6 \text{ N/m}^2$$

$$= 56.6 \text{ MPa}$$

3. $V_{max} = \dfrac{P}{2} = \dfrac{1}{2} \times 40 = 20 \text{ kN} = 2000 \text{ N}$

$$A = b \times h = 10 \times 15 = 150 \text{ cm}^2$$

$$\therefore \tau_{max} = \frac{3V}{2A} = \frac{3 \times 20000}{2 \times 0.015}$$

$$= 2000000 \text{ N/m}^2 = 2 \times 10^6 \text{ N/m}^2$$

$$= 2 \text{ MPa}$$

4. $\tau = \dfrac{VQ}{bI} = \dfrac{3V}{2bh}\left(1 - \dfrac{4y_1^2}{h^2}\right)$에서, $y_1 = 0$(즉, 중립축)이고, 전단력 $V = 5$ kN이므로,

$$\therefore \tau = \frac{3V}{2bh} = \frac{3 \times 5000}{2 \times 0.04 \times 0.06}$$

$$= 3125000 \text{ N/m}^2 = 3.125 \times 10^6 \text{ N/m}^2$$

$$= 3.125 \text{ MPa}$$

5. 균일분포 하중의 단순보에서

최대 굽힘 모멘트 $M_{max} = \dfrac{wl^2}{8}$

최대 전단력 $V_{max} = \dfrac{wl}{2}$

$$\sigma_{max} = \frac{M_{max}}{Z} = \frac{\dfrac{wl^2}{8}}{\dfrac{bh^2}{6}} = \frac{6wl^2}{8bh^2} = \frac{3wl^2}{4bh^2}$$

또, $\tau_{max} = \dfrac{3V}{2A} = \dfrac{3 \times \dfrac{wl}{2}}{2bh} = \dfrac{3wl}{4bh}$

$$\therefore \frac{\sigma_{max}}{\tau_{max}} = \frac{\dfrac{3wl^2}{4bh^2}}{\dfrac{3wl}{4bh}} = \frac{l}{h}$$

6. $\tau = \dfrac{3}{2} \cdot \dfrac{V}{bh}\left(1 - \dfrac{4y_1^2}{h^2}\right)$에서,

$V = 30$ kN $= 30000$ N, $b = 15$ cm, $h = 20$ cm, $y_1 = 5$ cm이므로,

$$\tau = \frac{3}{2} \times \frac{30000}{15 \times 20}\left(1 - \frac{4 \times 5^2}{20^2}\right)$$

$$= 150 \times (1 - 0.25)$$

$$= 112.5 \text{ N/cm}^2 = 112.5 \times 10^4 \text{ N/cm}^2$$

$$= 1.125 \times 10^6 \text{ N/cm}^2 = 1.125 \text{ MPa}$$

7. $\tau = \dfrac{VQ}{Ib}$ 에서

$V = S = 60$ kN $= 60000$ N

$b = 10$ cm

$$I = \frac{40 \times 60^3}{12} - \frac{30 \times 50^3}{12} = 407500 \text{ cm}^4$$

$$= 4.075 \times 10^{-3} \text{ m}^4$$

$$Q = A \cdot \bar{y} = 40 \times 5 \times 27.5 = 5500 \text{ cm}^3$$

$$= 5.5 \times 10^{-3} \text{ m}^3$$

$$\tau = \frac{60000 \times (5.5 \times 10^{-3})}{(4.075 \times 10^{-3}) \times 0.1} = 809816 \text{ N/m}^2$$

$$\fallingdotseq 810 \text{ kPa}$$

8. $\tau = \dfrac{VQ}{bI}$ 에서,

$$V = S = 10 \text{ kN} = 10000 \text{ N}$$

$$b = 2 \text{ cm} = 0.02 \text{ m}$$

$$Q = A \cdot \overline{y} = 20 \times 3 \times 18.5 = 1110 \text{ cm}^3$$

$$= 1.11 \times 10^{-3} \text{ m}^3$$

$$\therefore \tau = \frac{10000 \times (1.11 \times 10^{-3})}{(47710 \times 10^{-8}) \times 0.02}$$

$$= 1163278 \text{ N/m}^2$$

$$\fallingdotseq 1.16 \times 10^6 \text{ N/m}^2 = 1.16 \text{ MPa}$$

9. $\tau = \dfrac{VQ}{Ib}$ 에서 단순보의 최대 전단력은

$$V_{\max} = 40000 \times 2 \times \frac{1}{2} = 40000 \text{ N}$$

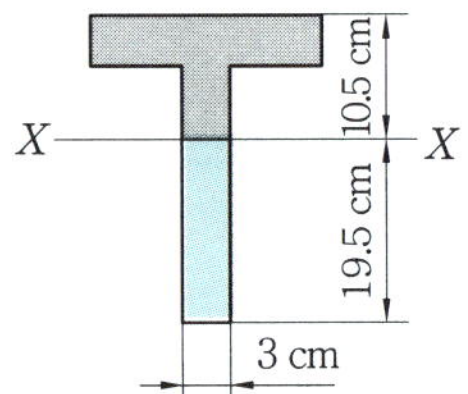

중립축 하부의 단면 1 차 모멘트는

$$Q = 3 \times 19.5 \times \frac{19.5}{2} = 570.375 \text{ cm}^3$$

$$= 570.375 \times 10^{-6} \text{ m}^3$$

$$\therefore \tau = \frac{40000 \times (570.375 \times 10^{-6})}{(6500 \times 10^{-8}) \times 0.03}$$

$$= 11700000 \text{ N/m}^2 = 11.7 \text{ MPa}$$

10. $M_e = \dfrac{1}{2}(M + \sqrt{M^2 + T^2})$

$$= \frac{1}{2}(4000 + \sqrt{4000^2 + 3000^2})$$

$$= 4500 \text{ N} \cdot \text{m}$$

$$\sigma_a = \frac{M_e}{Z} = \frac{M_e}{\dfrac{\pi d^3}{32}} = \frac{32 M_e}{\pi d^3} \text{ 에서,}$$

$$d = \sqrt[3]{\frac{32 M_e}{\pi \times \sigma_a}} = \sqrt[3]{\frac{32 \times 4500}{\pi \times (80 \times 10^6)}}$$

$$= 0.083 \text{ m} = 83 \text{ mm}$$

$$T_e = \sqrt{M^2 + T^2} = \sqrt{4000^2 + 3000^2}$$

$$= 5000 \text{ N} \cdot \text{m}$$

$$\tau_a = \frac{T_e}{Z_p} = \frac{T_e}{\dfrac{\pi d^3}{16}} = \frac{16 T_e}{\pi d^3} \text{ 에서,}$$

$$d = \sqrt[3]{\frac{16 T_e}{\pi \times \tau_a}} = \sqrt[3]{\frac{16 \times 5000}{\pi \times (60 \times 10^6)}}$$

$$= 0.075 \text{ m} = 75 \text{ mm}$$

따라서, 큰 쪽을 택하면, $d = 83 \text{ mm}$ 가 된다.

11. $M = P \times l = 1000 \times 2 = 2000 \text{ N} \cdot \text{m}$ 에서,

$$M_e = \frac{1}{2}(M + \sqrt{M^2 + T^2})$$

$$= \frac{1}{2}(2000 + \sqrt{2000^2 + 200^2})$$

$$= 2005 \text{ N} \cdot \text{m}$$

$$\sigma_{\max} = \frac{M_e}{Z} = \frac{M_e}{\dfrac{\pi d^3}{32}} = \frac{32 M_e}{\pi d^3}$$

$$= \frac{32 \times 2005}{\pi \times 0.056^3} \fallingdotseq 116351135 \text{ N/m}^2$$

$$\fallingdotseq 116.35 \times 10^6 \text{ N/m}^2 = 116.35 \text{ MPa}$$

$$T_e = \sqrt{M^2 + T^2} = \sqrt{2000^2 + 200^2}$$

$$= 2010 \text{ N} \cdot \text{m}$$

$$\tau_{\max} = \frac{T_e}{Z_p} = \frac{T_e}{\dfrac{\pi d^3}{16}} = \frac{16 T_e}{\pi d^3}$$

$$= \frac{16 \times 2010}{\pi \times 0.056^3} = 58320644 \text{ N/m}^2$$

$$\fallingdotseq 58.32 \times 10^6 \text{ N/m}^2 = 58.32 \text{ MPa}$$

12. $T = (T_1 - T_2) \times \dfrac{D}{2} = (10000 - 2000) \times 0.3$

$$= 2400 \text{ N} \cdot \text{m}$$

$$M = \frac{D}{2}\sqrt{W^2 + (T_1 + T_2)^2}$$

$$= 0.3 \times \sqrt{1500^2 + (10000 + 2000)^2}$$

$$\fallingdotseq 3628 \text{ N} \cdot \text{m}$$

$$\therefore \sigma_{\max} = \frac{M_e}{Z} = \frac{M_e}{\left(\dfrac{\pi d^3}{32}\right)} = \frac{32 M_e}{\pi d^3}$$

$$= \frac{32}{2\pi d^3}(M + \sqrt{M^2 + T^2})$$

$$= \frac{16}{\pi d^3}(M + \sqrt{M^2 + T^2})$$

$$= \frac{16}{\pi \times 0.08^3}(3628 + \sqrt{3628^2 + 2400^2})$$

$$\fallingdotseq 79398885 \text{ N/m}^2$$

$$\fallingdotseq 79.4 \times 10^6 \text{ N/m}^2 = 79.4 \text{ MPa}$$

13. 굽힘 모멘트는

$$M = P \times l_1 = 18000 \times 0.2 = 3600 \text{ N·m}$$

비틀림 모멘트는

$$T = P \times l_2 = 18000 \times 0.3 = 5400 \text{ N·m}$$

상당 굽힘 모멘트는

$$M_e = \frac{1}{2}(M + \sqrt{M^2 + T^2})$$

$$= \frac{1}{2}(3600 + \sqrt{3600^2 + 5400^2})$$

$$= 5045 \text{ N·m}$$

$$\sigma_a = \frac{M_e}{Z} = \frac{32 M_e}{\pi d^3} \text{ 에서,}$$

$$d = \sqrt[3]{\frac{32 M_e}{\pi \times \sigma_a}} = \sqrt[3]{\frac{32 \times 5045}{\pi \times (80 \times 10^6)}}$$

$$= 0.0863 \text{ m} = 8.63 \text{ cm}$$

또, 상당 비틀림 모멘트는

$$T_e = \sqrt{M^2 + T^2} = \sqrt{3600^2 + 5400^2} = 6490 \text{ N·m}$$

$$\tau_a = \frac{T_e}{Z_p} = \frac{16 T_e}{\pi d^3} \text{ 에서,}$$

$$\therefore d = \sqrt[3]{\frac{16 T_e}{\pi \times \tau_a}} = \sqrt[3]{\frac{16 \times 6490}{\pi \times (60 \times 10^6)}}$$

$$\fallingdotseq 0.082 \text{ m} = 8.2 \text{ cm}$$

따라서, 큰 쪽을 택하면 $d = 87 \text{ mm}$가 된다.

14. $T = 2000 \times 2 = 4000 \text{ N·m}$

$$M = 2000 \times 4 = 8000 \text{ N·m}$$

$$Z = \frac{\pi d^3}{32} = \frac{\pi d^3}{2 \times 16} \text{ 이므로,}$$

$$\frac{\pi d^3}{16} = 2Z = 2 \times 196 = 392 \text{ cm}^3$$

$$= 392 \times 10^{-6} \text{ m}^3$$

$$\therefore \tau_{max} = \frac{T_e}{Z_p} = \frac{T_e}{\dfrac{\pi d^3}{16}} = \frac{\sqrt{M^2 + T^2}}{\dfrac{\pi d^3}{16}}$$

$$= \frac{\sqrt{4000^2 + 8000^2}}{392 \times 10^{-6}}$$

$$\fallingdotseq 22817020 \text{ N/m}^2 \fallingdotseq 22.82 \times 10^6 \text{ N/m}^2$$

$$= 22.82 \text{ MPa}$$

15. 벨트의 긴장 측 장력 T_2와 이완 측 장력 T_1 사이에 대략 $T_2 = 2T_1$이라 하면 축에 작용하는 힘 $P = T_1 + T_2 = T_1 + 2T_1 = 3T_1$이다. 비틀림 모멘트는

$$T = \frac{9550 \times H_{kW}}{N} = \frac{9550 \times 10}{200}$$

$$= 477.5 \text{ N·m}$$

또, $T = \dfrac{FD}{2}$ 에서

$$F = \frac{2T}{D} = \frac{2 \times 477.5}{0.5} = 1910 \text{ N}$$

$$F = T_2 - T_1 = 2T_1 - T_1 = T_1$$

T_1은 벨트 풀리의 주위에 작용하는 힘 F와 같다.

$$\therefore P = 3T_1 = 3F = 3 \times 1910 = 5730 \text{ N}$$

따라서, 축에 작용하는 외력은 P와 W의 합력이므로 이것을 Q라 하면,

$$Q = \sqrt{P^2 + W^2} = \sqrt{(5730)^2 + 1500^2} = 5923 \text{ N}$$

그러므로 이 전동축의 최대 굽힘 모멘트는

$$M_{max} = \frac{Q \cdot a \cdot b}{l} = \frac{5923 \times 0.3 \times 0.5}{0.3 + 0.5}$$

$$= 1110.6 \text{ N·m}$$

상당 굽힘 모멘트는

$$M_e = \frac{1}{2}(M + \sqrt{M^2 + T^2})$$

$$= \frac{1}{2}\{1110.6 + \sqrt{(1110.6)^2 + (477.5)^2}\}$$

$$= 1160 \text{ N·m}$$

$$\sigma_a = \frac{M_e}{Z} = \frac{M_e}{\dfrac{\pi d^3}{32}} = \frac{32 M_e}{\pi d^3}$$

축의 지름 d는

$$d = \sqrt[3]{\frac{32 M_e}{\pi \times \sigma_a}} = \sqrt[3]{\frac{32 \times 1160}{\pi \times (80 \times 10^6)}}$$

$$= 0.0529 \text{ m} = 5.29 \text{ cm}$$

따라서, 축의 안전한 지름은 5.3 cm가 적당하다.

16. $T = 9550 \times \dfrac{H_{kW}}{N} = 9550 \times \dfrac{72}{1200} = 573 \text{ N·m}$

$$M_e = \frac{1}{2}(M + \sqrt{M^2 + T^2})$$

$$= \frac{1}{2}(400 + \sqrt{400^2 + 573^2})$$

$$= 549.4 \text{ N·m}$$

$$d = \sqrt[3]{\frac{32 M_e}{\pi \times \sigma_a}} = \sqrt[3]{\frac{32 \times 549.4}{\pi \times (60 \times 10^6)}}$$

$$= 0.0454 \text{ m} = 45.4 \text{ mm}$$

$$T_e = \sqrt{M^2 + T^2}$$

$$= \sqrt{400^2 + 573^2} = 698.8 \text{ N·m}$$

$$d = \sqrt[3]{\frac{16\,T_e}{\pi \times \tau_a}} = \sqrt[3]{\frac{16 \times 698.8}{\pi \times (40 \times 10^6)}}$$

$$= 0.0447\,\text{m} = 44.7\,\text{mm}$$

따라서, 지름이 큰 46 mm를 택하면 된다.

17. 중립축에 대한 2차 모멘트는

$$I_x = \frac{25 \times 40^3}{12} - \frac{20 \times 30^3}{12} \fallingdotseq 88333.3\,\text{cm}^4$$

$$\sigma = \frac{M}{I}\,y \ \text{에서},$$

$$\therefore\ M = \frac{\sigma \cdot I}{y}$$

$$= \frac{(60 \times 10^6) \times (88333.3 \times 10^{-8})}{0.2}$$

$$\fallingdotseq 265000\,\text{N·m} = 265\,\text{kN·m}$$

18. 중앙에 집중하중을 받는 단순보에서의 최대 굽힘 모멘트는

$$M_{\max} = \frac{Pl}{4} = \frac{50000 \times 4}{4} = 50000\,\text{N·m}$$

$$Z = \frac{bh^2}{6} = \frac{b(2b)^2}{6} = \frac{2}{3}\,b^3$$

$$\sigma_{\max} = \frac{M_{\max}}{Z} \ \text{에서} \ \ \sigma_{\max} = \sigma_b \text{로 보면},$$

$$25 \times 10^6 = \frac{50000}{\left(\dfrac{2}{3}\,b^3\right)}$$

$$\therefore\ b^3 = \frac{50000 \times 3}{(50 \times 10^6)} = 3 \times 10^{-3}\,\text{m}$$

$$\therefore\ b \fallingdotseq 0.1442\,\text{m} = 14.42\,\text{cm}$$

$$h = 2b = 2 \times 0.1442 = 0.2884\,\text{m}$$

$$= 28.84\,\text{cm}$$

19. 자중 $\ w = \gamma \cdot A = \{(7.8 \times 10^{-3}) \times 9.8 \times 10^6\}$

$$\times \left(\frac{\pi}{4} \times 0.05^2\right) = 150\,\text{N/m로 등분포 하중을}$$

받는다. 그러므로 최대 굽힘 모멘트는

$$M_{\max} = \frac{Pl}{4} + \frac{wl^2}{8} = \frac{8000 \times 1}{4} + \frac{150 \times 1^2}{8}$$

$$= 2018.75\,\text{N·m}$$

$$\sigma_{\max} = \frac{M_{\max}}{Z} = \frac{M_{\max}}{\left(\dfrac{\pi d^3}{32}\right)}$$

$$= \frac{32 M_{\max}}{\pi d^3} = \frac{32 \times 2018.75}{\pi \times 0.05^3}$$

$$\fallingdotseq 164585987\,\text{N/m}^2$$

$$\fallingdotseq 164.59 \times 10^6\,\text{N/m}^2 = 164.59\,\text{MPa}$$

20. $\ \sigma_{\max} = \dfrac{M_{\max}}{Z}\ \text{에서}$

$$M_{\max} = \sigma_{\max} \cdot Z$$

$$= (20 \times 10^6) \times \frac{0.15 \times 0.2^2}{6}$$

$$= 20000\,\text{N·m}$$

$$M_{\max} = w \cdot l \cdot \frac{l}{2} = \frac{wl^2}{2}$$

$$l^2 = \frac{2 M_{\max}}{w}$$

$$\therefore\ l = \sqrt{\frac{2 \times 20000}{10000}} = 2\,\text{m}$$

21. 원형 단면의 최대 전단응력을 τ_1, 직사각형 단면의 최대 전단응력을 τ_2 라 하면, $\tau_1 =$
$$\frac{4V}{3A} = \frac{4V}{3\pi r^2},\ \ \tau_2 = \frac{3V}{2A} = \frac{3V}{2bh} \ \text{에서 단면적}$$

$$A = \pi r^2 = bh \ \text{이므로}$$

$$\frac{\tau_1}{\tau_2} = \frac{\dfrac{4V}{3A}}{\dfrac{3V}{2A}} = \frac{8AV}{9AV} \fallingdotseq 0.89$$

따라서, 원형 단면 최대 전단응력이 직사각형 단면의 최대응력의 0.89배이다.

22. 곡률 반지름은

$$\rho = \frac{D + t}{2}$$

$$= \frac{200 + 0.4}{2} = 100.2\,\text{cm} = 1.002\,\text{cm}$$

중립면의 거리 $= \dfrac{0.4}{2} = 0.2\,\text{cm} = 0.002\,\text{m}$

$$\therefore\ \sigma = \frac{E}{\rho}\,y = \frac{(125 \times 10^9) \times 0.002}{1.002}$$

$$= 249500998\,\text{N/m}^2 \fallingdotseq 249.5 \times 10^6\,\text{N/m}^2$$

$$= 249.5\,\text{MPa}$$

23. 양단고정에서 $M_{\max}$ 는 중앙점에서 생기며,

$$M_{\max} = \sigma_{\max} \cdot Z \ \text{이므로} \ \ \sigma_{\max} = \frac{M_{\max}}{Z} \ \text{에서},$$

$$M_{\max} = \frac{Pl}{8} = \frac{10000 \times 3}{8} = 3750\,\text{N·m}$$

$$Z = \frac{bh^2}{6} = \frac{20 \times 30^2}{6} = 3000\,\text{cm}^3$$

$$= 3 \times 10^{-3}\,\text{m}^3$$

$$\therefore\ \sigma_{\max} = \frac{3750}{3 \times 10^{-3}} = 1250000\,\text{N/m}^2$$

$$= 1.25 \times 10^6 \, \text{N/m}^2 = 1.25 \, \text{MPa}$$

24. 중립축으로부터의 임의의 위치 y_1에서의 전단응력식은

$$\tau = \frac{3V}{2bh}\left(1 - \frac{4y_1^2}{h^2}\right)$$

$$= \frac{3 \times 40000}{2 \times 0.1 \times 0.2}\left(1 - \frac{4 \times 0.05^2}{0.2^2}\right)$$

$$= 2250000 \, \text{N/m}^2 = 2.25 \times 10^6 \, \text{N/m}^2$$

$$= 2.25 \, \text{MPa}$$

25. $T = 7019.25 \times \dfrac{H_{\text{PS}}}{N} = 7019.25 \times \dfrac{10}{500}$

$$= 140.4 \, \text{N·m}$$

$M = 400 \, \text{N·m}$이므로,

$$M_e = \frac{1}{2}(M + \sqrt{M^2 + T^2})$$

$$= \frac{1}{2}(400 + \sqrt{400^2 + 140.4^2})$$

$$\fallingdotseq 412 \, \text{N·m}$$

$$T_e = \sqrt{M^2 + T^2} = \sqrt{400^2 + 140.4^2}$$

$$\fallingdotseq 424 \, \text{N·m}$$

$$\sigma_{\max} = \frac{M_e}{Z} = \frac{32 M_e}{\pi d^3} = \frac{32 \times 412}{\pi \times (0.06)^3}$$

$$= 19438546 \, \text{N/m}^2$$

$$= 19.44 \times 10^6 \, \text{N/m}^2 = 19.44 \, \text{MPa}$$

$\sigma_{\max} < \sigma_b$ 이므로 안전하다.

$$\tau_{\max} = \frac{T_e}{Z_p} = \frac{16 T_e}{\pi d^3} = \frac{16 \times 424}{\pi \times 0.06^3}$$

$$= 10002359 \, \text{N/m}^2$$

$$= 10.02 \times 10^6 \, \text{N/m}^2 \fallingdotseq 10.02 \, \text{MPa}$$

따라서, $\tau_{\max} < \tau_b$ 이므로 안전하다.

26. $I_x = \dfrac{bh^3}{12} = \dfrac{4 \times 8^3}{12} = 170.7 \, \text{cm}^4$

$$= 170.7 \times 10^{-8} \, \text{m}^4$$

$M = Pl = (20 \times 10^3) \times 1 = 20000 \, \text{N·m}$

전단력 $V = P = 20000 \, \text{N}$

$$\sigma_x = \frac{M}{I}y = \frac{20000}{(170.7 \times 10^{-8})} \times (-0.02)$$

$$\fallingdotseq -234329232 \, \text{N/m}^2$$

$$\tau_{xy} = \frac{VQ}{Ib} = \frac{V}{Ib} \cdot \frac{bh^2}{8} \cdot \left(1 - \frac{4y_1^2}{h^2}\right)$$

$$= \frac{20000}{(170.7 \times 10^{-8})} \times \frac{0.08^2}{8}$$

$$\times \left\{1 - \frac{4 \times (-0.02)^2}{0.08^2}\right\}$$

$$= 7029877 \, \text{N/m}^2$$

주응력은

$$\sigma_{1,2} = \frac{\sigma_x}{2} \pm \sqrt{\left(\frac{\sigma_x}{2}\right)^2 + \tau_{xy}^2}$$

$$= \frac{-234329232}{2}$$

$$\pm \sqrt{\left(\frac{234329232}{2}\right)^2 + (7029877)^2}$$

$$= -117164616 \pm 117375323 \, \text{N/m}^2$$

$$\therefore \sigma_1 = 210707 \, \text{N/m}^2 \fallingdotseq 211 \, \text{kPa}$$

(주인장 응력)

$$\sigma_2 = -234539939 \, \text{N/m}^2 \fallingdotseq -234.5 \, \text{MPa}$$

(주압축 응력)

$$\therefore \theta = \frac{-1}{2}\tan^{-1}\left(\frac{2\tau_{xy}}{\sigma_x}\right)$$

$$= -\frac{1}{2}\tan^{-1}\left(\frac{2 \times 7029877}{-234329232}\right) = 1.72°$$

$$= 1°43'$$

27. $\bar{y} = \dfrac{(15 \times 5) \times 2.5 + (25 \times t) \times (12.5 + 5)}{15 \times 5 + 25 \times t}$

$$= \frac{437.5t + 187.5}{25t + 75}$$

$$e_2 = \bar{y}, \quad e_1 = 30 - \bar{y}$$

$$\sigma_t = \frac{M e_2}{I}, \quad \sigma_c = \frac{M e_1}{I}$$

$$\therefore \frac{e_1}{e_2} = \frac{\sigma_c}{\sigma_t} = \frac{56}{28} = 2$$

$$\therefore e_1 = 2 \cdot e_2$$

$e_1 + e_2 = 30$에서,

$$e_2 = 10, \quad e_1 = 20$$

$$\therefore e_2 = 10 = \bar{y} = \frac{437.5t + 187.5}{25t + 75}$$

$$\therefore t = 3 \, \text{cm}$$

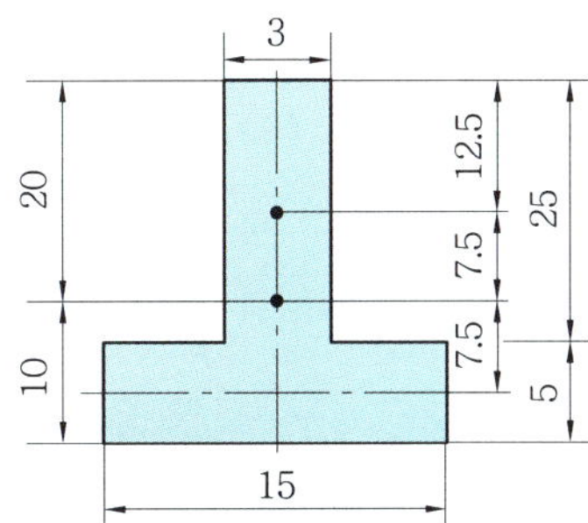

$$I = \left(\frac{b_1 h_1^3}{12} + A_1 \cdot k_1^2\right) + \left(\frac{b_2 h_2^3}{12} + A_2 \cdot k_2^2\right)$$

$$= \left\{\frac{15 \times 5^3}{12} + (15 \times 5) \times 7.5^2\right\}$$

$$+ \left\{\frac{3 \times 25^3}{12} + (3 \times 25) \times 7.5^2\right\}$$

$$= 12500 \text{ cm}^4$$

$$\therefore Z_1 = \frac{I}{e_1} = \frac{12500}{20} = 625 \text{ cm}^4$$

$$Z_2 = \frac{I}{e_2} = \frac{12500}{10} = 1250 \text{ cm}^4$$

28. $\tau = \dfrac{VQ}{Ib}$ 에서, $\quad V = 50 \times 10^3 \text{ N}$

$$Q = (2 \times 4) \times 4 = 32 \text{ cm}^3$$

$$I = \frac{bh^3}{12} = \left(\frac{2 \times 12^3}{12}\right) + 2 \times \left(\frac{3 \times 4^3}{12}\right)$$

$$= 320 \text{ cm}^4$$

$$b = 2 \text{ cm}$$

$$\therefore \tau = \frac{VQ}{Ib} = \frac{(50 \times 10^3) \times 32}{320 \times 2}$$

$$= 2500 \text{ N/cm}^2 = 2500 \times 10^4 \text{ N/m}^2$$

$$= 25 \times 10^6 \text{ N/m}^2 = 25 \text{ MPa}$$

29. 최대 굽힘 모멘트 $M_{\max}$ 는 $x = \dfrac{l}{2}$ 에서 생기므로,

$$M_{\max} = \frac{Pl}{4} = \frac{1}{4} \times (80 \times 10^3) \times 10$$

$$= 200 \times 10^3 = 200 \text{ kN} \cdot \text{m}$$

단면계수는

$$Z = \frac{M_{\max}}{\sigma_a} = \frac{200 \times 10^3}{10 \times 10^6} = 0.02 \text{ m}^3$$

따라서, 단면의 크기 $b \times h$ 는 $Z = \dfrac{bh^2}{6}$,

$$b = \frac{2}{3}h \text{ 에서, } Z = \frac{\left(\frac{2}{3}h\right) \cdot h^2}{6}$$

$$\therefore h = \sqrt[3]{9Z} = \sqrt[3]{9 \times 0.02} = 0.565 \text{ m}$$

$$= 56.5 \text{ cm}$$

$$b = \frac{2}{3}h = \frac{2}{3 \times 56.5} = 37.7 \text{ cm}$$

$$\therefore b \times h = 38 \text{ cm} \times 57 \text{ cm}$$

최대 전단응력

$$Z_{\max} = \frac{3}{2} \cdot \frac{V}{A} = \frac{3}{2} \times \frac{R_A}{bh}$$

$$= \frac{3}{2} \times \frac{80 \times 10^3}{0.38 \times 0.57}$$

$$= 554016 \text{ N/m}^2 \fallingdotseq 0.55 \text{ MPa}$$

$$\therefore \tau_{\max} < \tau_a (= 0.6 \text{ MPa}) \text{이므로 안전하다.}$$

30. $\tau = \dfrac{T_e}{Z_p}$ 에서,

$$75 \times 10^6 = \frac{16\sqrt{M^2 + T^2}}{\pi d^3}$$

$$= \frac{16 \times \sqrt{300^2 + T^2}}{\pi \times 0.2^3}$$

$$\therefore T^2 = \left\{\frac{(75 \times 10^6) \times \pi \times 0.2^3}{16}\right\}^2 - 300^2$$

$$T = \sqrt{117750^2 - 300^2} = 117749 \text{ N} \cdot \text{m}$$

$$T = 7019.25 \times \frac{H_{\text{PS}}}{N} = 117749 \text{ N} \cdot \text{m}$$

$$\therefore H_{\text{PS}} = \frac{117749 \times 120}{7019.25} = 2013 \text{ PS}$$

31. ① $W = 1500 \text{ N}$ 에 의한 응력

$$M = 1500 \times 0.2 = 300 \text{ N} \cdot \text{m}$$

$$\sigma_w = \frac{32M}{\pi d^3} = \frac{32 \times 300}{\pi \times 0.05^3}$$

$$= 24458600 \text{ N/m}^2$$

② 벨트 장력에 의한 응력

$$M = (8000 + 4000) \times 0.2 = 2400 \text{ N} \cdot \text{m}$$

$$\sigma_T = \frac{32M}{\pi d^3} = \frac{32 \times 2400}{\pi \times 0.05^3} = 195668789 \text{ N/m}^2$$

③ 합성응력

$$\sigma_b = \sqrt{\sigma_w^2 + \sigma_T^2}$$

$$= \sqrt{24458600^2 + 195668789^2}$$

$$= 197191526 \text{ N/m}^2$$

④ 비틀림에 의한 전단력 τ

$$T = (T_t - T_s) \times \frac{D}{2}$$

$$= (8000 - 4000) \times \frac{0.75}{2} = 1500 \text{ N} \cdot \text{m}$$

$$\tau = \frac{16T}{\pi d^3} = \frac{16 \times 1500}{\pi \times 0.05^3}$$

$$= 61146496 \text{ N/m}^2$$

따라서, 최대 전단응력 $\tau_{\max}$ 은

$$\tau_{\max} = \frac{1}{2}\sqrt{\sigma_b^2 + 4\tau^2}$$

$$= \frac{1}{2}\sqrt{197191526^2 + 4 \times 61146496^2}$$

$$= 116017320 \text{ N/m}^2$$

$$= 116.02 \text{ MPa}$$

제 9 장   보의 처짐

1. 탄성곡선의 미분 방정식

1-1   처짐곡선의 방정식

보에 횡하중이 작용하면 보의 축선은 구부러져 곡선으로 변형된다. 이 구부러진 중심선을 탄성곡선(elastic line) 또는 처짐곡선(deflection curve)이라 하고, 구부러지기 전의 곧은 중심선으로부터 이 탄성곡선까지의 수직변위를 처짐(deflection)이라 한다.

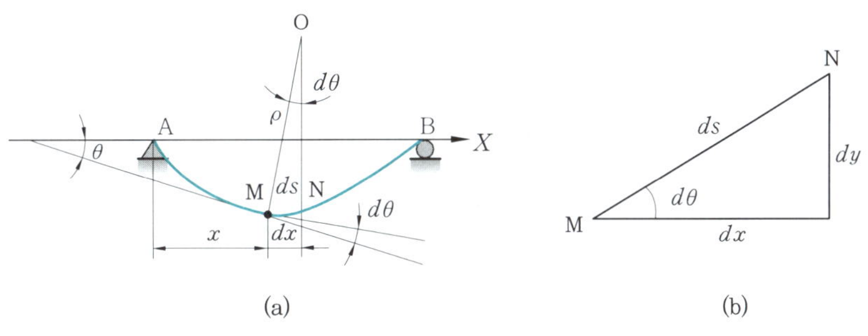

그림 9-1   보의 탄성곡선

곡선의 곡률(曲率, curvature)은 순수굽힘의 곡률과 굽힘 모멘트에 대한 관계식인 8장 1-3절 식 (8-8)에 의하여,

$$\frac{1}{\rho} = \frac{M}{EI} \tag{9-1}$$

이며, 미소거리 ds 사이의 임의의 요소에 있어서는 순수굽힘으로 가정하면 식 (9-1)이 성립된다.

그림 8-1에서 θ는 X축과 M점의 접선과 이루는 각을 나타내며, $d\theta$는 M과 N점에서의 그 곡선의 접선 또는 법선 사이의 각을 나타낸다.

미소거리 ds와 곡률 반지름 ρ 사이의 관계식은 그림 9-1 (a)에서 $ds = \rho \times d\theta$이며,

$$\frac{1}{\rho} = \left| \frac{d\theta}{ds} \right| \tag{9-2}$$

탄성영역 내에서 일반적인 보의 경우 지지점 사이의 거리에 비하여 곡률이 작으므로,

$$ds \approx dx, \quad \theta \approx \tan\theta = \frac{dy}{dx}$$

$\tan\theta = \dfrac{dy}{dx}$ 를 s에 대하여 미분하면,

$$\frac{d\,[\tan\theta]}{ds} = \sec^2\theta \cdot \frac{d\theta}{ds}, \quad \frac{d}{ds}\left(\frac{dy}{dx}\right) = \frac{d^2y}{dx^2} \cdot \frac{dx}{ds}$$

$$\sec^2\theta\,\frac{d\theta}{ds} = \frac{d^2y}{dx^2} \cdot \frac{dx}{ds} \tag{9-3}$$

$$\therefore \ \frac{d\theta}{ds} = \frac{1}{\rho} = \frac{1}{\sec^2\theta} \cdot \frac{d^2y}{dx^2} \cdot \frac{dx}{ds} \tag{9-4}$$

여기서, $\sec^2\theta = 1 + \tan^2\theta = 1 + \left(\dfrac{dy}{dx}\right)^2$

$$\frac{dx}{ds} = \frac{dx}{\sqrt{dx^2 + dy^2}} \quad [\text{그림 } 9\text{-}1\,(b)]$$

$$= \frac{dx}{dx\sqrt{\left\{1 + \left(\dfrac{dy}{dx}\right)^2\right\}}} = \frac{1}{\sqrt{1 + \left(\dfrac{dy}{dx}\right)^2}} \tag{9-5}$$

$\left(\dfrac{dy}{dx}\right)^2$ 은 1에 비하여 매우 작은 값으로 무시할 수 있으므로, 식 (9-5)에서 $\sec^2\theta \fallingdotseq 1$,

$\dfrac{dx}{ds} \fallingdotseq 1$이 된다. 따라서, 식 (9-4)는

$$\frac{d\theta}{ds} = \left|\frac{1}{\rho}\right| = \frac{1}{\sec^2\theta} \cdot \frac{d^2y}{dx^2} \cdot \frac{dx}{ds} = \frac{d^2y}{dx^2} \tag{9-6}$$

$\dfrac{1}{\rho} = \dfrac{M}{EI}$ 의 관계에서,

$$\pm \frac{d^2y}{dx^2} = \frac{M}{EI} \tag{9-7}$$

위로 볼록한 곡선에서 $\dfrac{dy}{dx}$ 는 x가 증가함에 따라 감소하고, 아래로 볼록한 곡선에서는 $\dfrac{dy}{dx}$ 는 x가 증가함에 따라 증가하므로 그림 9-2와 같고, $\dfrac{d^2y}{dx^2}$ 의 부호는 M의 부호와 항상 반대임을 알 수 있으므로,

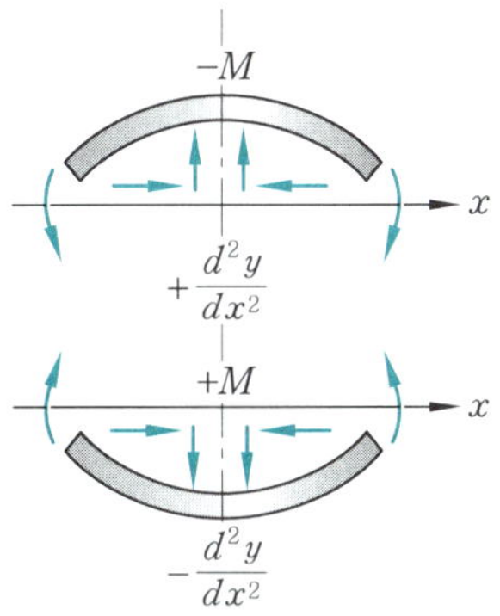

그림 9-2 모멘트의 부호 규약

$$\therefore \ \frac{1}{\rho} = - \frac{d^2 y}{dx^2} \tag{9-8}$$

$$\therefore \ \frac{d^2 y}{dx^2} = - \frac{M}{EI} \tag{9-9}$$

식 (9-9)는 대칭면 내에서 굽힘작용을 받는 보의 탄성곡선의 미분 방정식 또는 처짐곡선의 미분 방정식이 된다.

전단력으로 인한 처짐은 굽힘 모멘트 M으로 인한 처짐에 대해 미세한 값이므로 무시하고 순수굽힘이란 가정하에서 식 (9-9)를 응용한 w, V, M, θ, δ 식은 다음과 같이 구할 수 있다.

$$\left.\begin{array}{l}
\cdot \text{하중 및 힘의 세기} : -w = -\dfrac{dV}{dx} = -\dfrac{d^2 M}{dx^2} = EI\dfrac{d^4 y}{dx^4} \\[3mm]
\cdot \text{전단력} : -V = -\dfrac{dM}{dx} = EI\dfrac{d^3 y}{dx^2} \\[3mm]
\cdot \text{굽힘 모멘트} : -M = -\displaystyle\int\int V \cdot dx \cdot dx = EI\dfrac{d^2 y}{dx^2} \\[3mm]
\cdot \text{처짐각} : \theta = -\displaystyle\int Mdx = EI\dfrac{dy}{dx} \\[3mm]
\cdot \text{처짐(량)} : \delta = -\displaystyle\int\int Mdx = EI \cdot y
\end{array}\right\} \tag{9-10}$$

1-2 외팔보(cantilever beam)의 처짐

(1) 집중하중을 받는 경우

길이 l 인 외팔보의 자유단에 집중하중 P 를 받을 때

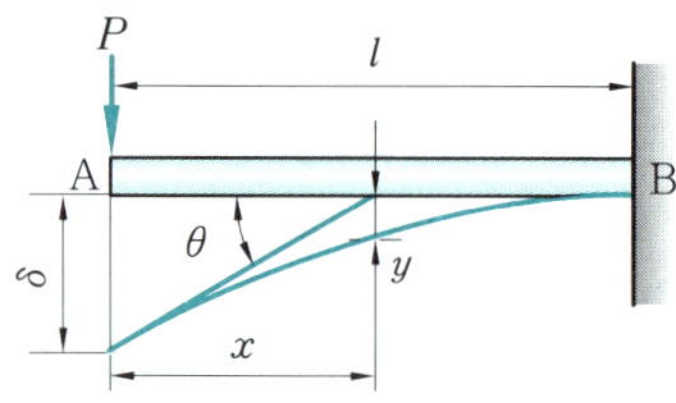

그림 9-3 자유단에 집중하중을 받을 때 외팔보의 처짐

① 자유단으로부터 x의 거리에 있는 임의의 단면에서의 굽힘 모멘트 M은

$$M = -P \cdot x \left(-M = EI\frac{d^2 y}{dx^2} \right)$$

② 처짐의 식 : $Px = EI \cdot \dfrac{d^2 y}{dx^2}$

x에 대하여 두 번 적분하면,

$$\int EI\frac{d^2 y}{dx^2}\,dx = \int Px\,dx + C_1 \rightarrow EI\frac{dy}{dx} = \frac{Px^2}{2} + C_1$$

$$\int EI\frac{dy}{dx}\,dx = \int \left(\frac{Px^2}{2} + C_1 \right) dx + C_2 \rightarrow EI \cdot y = \frac{Px^3}{6} + C_1 x + C_2$$

적분상수 C_1과 C_2를 구하기 위해 (경계) 조건을 주면, $x = l$(고정단)에서 기울기 $\dfrac{dy}{dx} = 0$, 처짐량 $y = 0$이므로,

$$EI \times 0 = \frac{Pl^2}{2} + C_1 \quad \therefore C_1 = -\frac{Pl^2}{2}$$

$$EI \times 0 = \frac{Pl^3}{6} - \frac{Pl^2}{2} \cdot l + C_2 \quad \therefore C_2 = \frac{Pl^3}{3}$$

$$\therefore EI \cdot \frac{dy}{dx} = \frac{Px^2}{2} - \frac{Pl^2}{2} \rightarrow \frac{dy}{dx} = \frac{P}{2EI}(x^2 - l^2) \tag{9-11}$$

$$EI \cdot y = \frac{Px^3}{6} - \frac{Pl^2}{2}x + \frac{Pl^3}{3}$$

$$\therefore y = \frac{P}{6EI}(x^3 - 3l^2 x + 2l^3) \tag{9-12}$$

③ 처짐각과 처짐량 : $x = 0$(자유단)에서 최대 처짐각(기울기) $\left(\dfrac{dy}{dx} \right)_{\max} = \theta$와 최대 처짐량 $y_{\max} = \delta$가 일어나므로 식 (9-11), (9-12)에서

$$\left(\frac{dy}{dx} \right)_{\max} = \theta = \frac{-Pl^2}{2EI} \tag{9-13}$$

$$y_{\max} = \delta = \frac{Pl^3}{3EI} \tag{9-14}$$

예제 1. 길이 4 m 외팔보의 최대 처짐량이 6.132 cm였다면, 자유단에 작용하는 집중하중 P를 구하시오.(단, $E = 210$ GPa이다.)

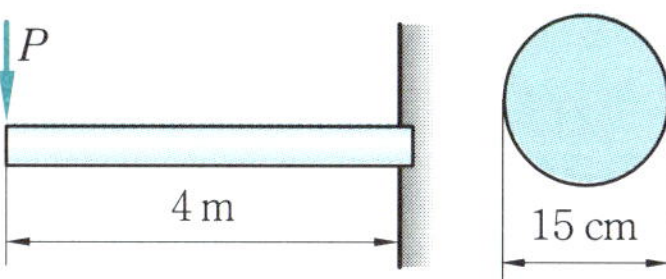

해설 집중하중을 받는 단순보의 최대 처짐량 $\delta_{\max} = \dfrac{Pl^3}{3EI}$ 에서,

$$I = \frac{\pi d^4}{64} = \frac{\pi \times 0.15^4}{64} = 2.484 \times 10^{-5} \ \text{m}^4$$

$$\therefore P = \frac{3EI \cdot \delta_{\max}}{l^3} = \frac{3 \times (210 \times 10^9) \times (2.484 \times 10^{-5}) \times 0.06132}{4^3}$$

$$= 14994 \ \text{N} \fallingdotseq 15 \ \text{kN}$$

(2) 균일분포 하중을 받는 경우

단위길이당 하중(등분포 하중)을 w [N/m]라 할 때,

① 임의의 x 단면에서의 굽힘 모멘트 M은

$$M = -\frac{wx^2}{2} \left(-M = EI\frac{d^2y}{dx^2} \right)$$

② 처짐의 식 : $\dfrac{wx^2}{2} = EI\dfrac{d^2y}{dx^2}$

x에 대하여 두 번 적분하면,

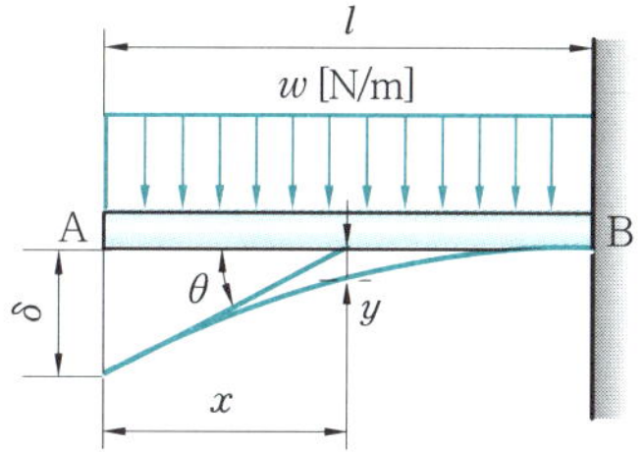

그림 9-4　등분포 하중을 받을 때 외팔보의 처짐

$$\int EI\frac{d^2y}{dx^2}\,dx = \int \frac{wx^2}{2}\,dx + C_1 \rightarrow EI\frac{dy}{dx} = \frac{wx^3}{6} + C_1$$

$$\int EI\frac{dy}{dx}\,dx = \int \left(\frac{wx^3}{6} + C_1 \right) dx + C_2 \rightarrow EI \cdot y = \frac{wx^4}{24} + C_1 x + C_2$$

적분상수 C_1과 C_2를 구하기 위해 (경계) 조건을 주면, $x = l$ (고정단)에서 $\dfrac{dy}{dx} = 0$, $y = 0$이므로,

$$EI \times 0 = \frac{wl^3}{6} + C_1, \quad \therefore C_1 = -\frac{wl^3}{6}$$

$$EI \times 0 = \frac{wl^4}{24} - \frac{wl^3}{6} \times l + C_2, \quad \therefore C_2 = \frac{wl^4}{8}$$

$$\therefore EI\frac{dy}{dx} = \frac{wx^3}{6} - \frac{wl^3}{6}, \quad \therefore \frac{dy}{dx} = \frac{w}{6EI}(x^3 - l^3) \tag{9-15}$$

$$EI \cdot y = \frac{wx^4}{24} - \frac{wl^3}{6}x + \frac{wl^4}{8}$$

$$\therefore \ y = \frac{w}{24\,EI}\,(x^{\,4} - 4\,l^{\,3}x + 3\,l^{\,4}) \tag{9-16}$$

③ $x = 0$ (자유단)에서 기울기 $\left(\dfrac{dy}{dx}\right)$와 처짐($y$)이 최대가 되므로,

$$\left(\frac{dy}{dx}\right)_{\max} = \theta = -\,\frac{wl^{\,3}}{6\,EI} \tag{9-17}$$

$$y_{\max} = \delta = \frac{wl^{\,4}}{8\,EI} \tag{9-18}$$

예제 2. 전길이에 걸쳐 균일분포 하중 $8000\,\text{N/m}$를 받는 외팔보가 자유단에서 처짐각 $\theta = 0.007\,\text{rad}$, 처짐 $\delta = 2\,\text{cm}$이었다. 이 외팔보의 길이(l)를 구하시오.(단, $E = 210$ GPa이다.)

[해설] 등분포 하중을 받는 외팔보의 최대 처짐각 $\theta_{\max} = \dfrac{wl^{\,2}}{6\,EI}$, 최대 처짐량 $\delta_{\max} = \dfrac{wl^{\,4}}{8\,EI}$ 이므로,

$$w = 8000\,\text{N/m}, \quad \theta = 0.007\,\text{rad}, \quad \delta = 0.02\,\text{m}, \quad E = 210 \times 10^{9}\,\text{N/m}^{2}$$

$$\frac{wl^{\,3}}{EI} = 6 \times \theta_{\max} = 6 \times 0.007 = 0.042$$

$$\delta_{\max} = \frac{wl^{\,4}}{8\,EI} = \frac{l}{8} \times \left(\frac{wl^{\,3}}{EI}\right)$$

$$\therefore \ l = \delta_{\max} \times 8 \times \left[1 / \left(\frac{wl^{\,3}}{EI}\right) \right] = 0.02 \times 8 \times \frac{1}{0.042}$$

$$= 3.8095 \fallingdotseq 3.81\,\text{m}$$

(3) 우력(moment)을 받는 경우

보의 자유단에 우력 M_0가 작용할 때 보의 축방향에서 굽힘 모멘트가 일정하면,

① 임의의 x 단면에서의 굽힘 모멘트 M은

$$M = -\,M_0 \left(-M = EI\,\frac{d^{2}y}{dx^{2}} \right)$$

② 처짐의 식 : $M_0 = EI\,\dfrac{d^{2}y}{dx^{2}}$

x에 대하여 두 번 적분하면,

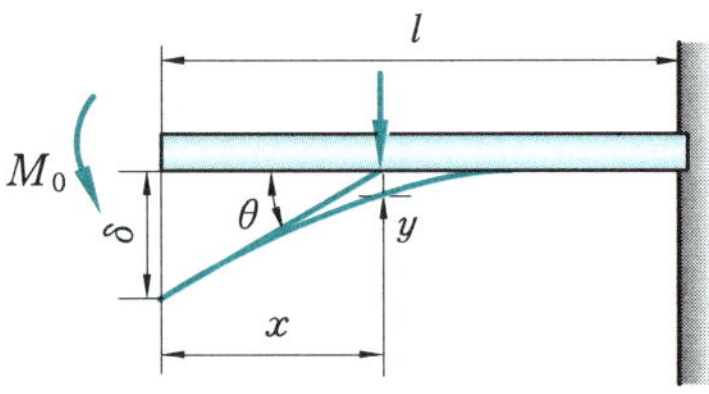

그림 9-5 우력 M_0를 받을 때 외팔보의 처짐

$$\int EI \frac{d^2 y}{dx^2}\, dx = \int M_0\, dx + C_1 \rightarrow EI \frac{dy}{dx} = M_0\, x + C_1$$

$$\int EI \frac{dy}{dx}\, dx = \int (M_0\, x + C_1)\, dx + C_2 \rightarrow EI \cdot y = \frac{M_0 x^2}{2} + C_1 x + C_2$$

$x = l$ (고정단)에서 $\dfrac{dy}{dx} = 0, \ \ y = 0$이므로,

$$EI \times 0 = M_0\, l + C_1, \qquad \therefore \ C_1 = -M_0\, l$$

$$EI \times 0 = \frac{M_0\, l^2}{2} - M_0\, l \cdot l + C_2, \qquad \therefore \ C_2 = \frac{M_0\, l^2}{2}$$

$$\therefore \ EI \frac{dy}{dx} = M_0 x - M_0\, l \rightarrow \frac{dy}{dx} = \frac{M_0}{EI}\,(x - l) \tag{9-19}$$

$$EI \cdot y = \frac{M_0 x^2}{2} - M_0\, l \cdot x + \frac{M_0\, l^2}{2}$$

$$\therefore \ y = \frac{M_0}{2EI}\,(x^2 - 2\,l x + l^2) \tag{9-20}$$

③ $x = 0$(자유단)에서 기울기 $\left(\dfrac{dy}{dx}\right)$와 처짐($y$)이 최대가 되므로,

$$\left(\frac{dy}{dx}\right)_{\max} = \theta = -\frac{M_0\, l}{EI} \tag{9-21}$$

$$y_{\max} = \delta = \frac{M_0\, l^2}{2EI} \tag{9-22}$$

1-3 단순보(simple beam)의 처짐

(1) 집중하중을 받는 경우

양단지지의 단순보 AB에서 C에 집중하중 P가 작용할 때

① 임의 단면 x에서의 굽힘 모멘트 M은 $0 < x < a \ (= a$ 구간)에서,

$$M = R_A \cdot x = \frac{Pb}{l}\, x \left(-M = EI \frac{d^2 y}{dx^2}\right)$$

$a < x < l \ (= b$ 구간)에서,

$$M = \frac{Pb}{l}\, x - P(x - a) \left(-M = EI \frac{d^2 y}{dx^2}\right)$$

② 처짐곡선의 방정식

㈎ a 구간 : $0 < x < a$에서,

$$EI \cdot \frac{d^2 y}{dx^2} = -\frac{Pb}{l}\, x \tag{9-23}$$

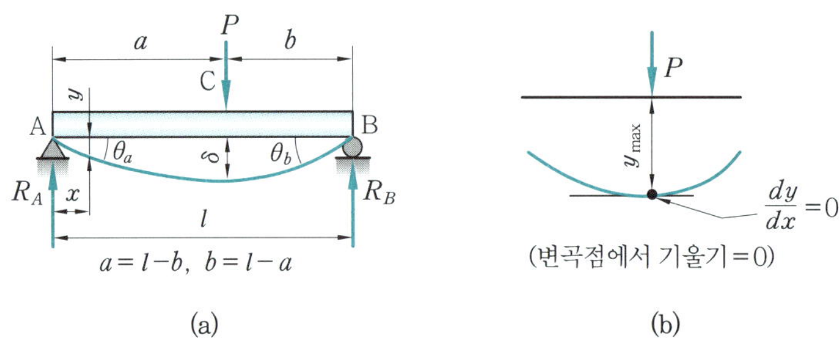

그림 9-6 집중하중을 받는 단순보의 처짐

x에 대하여 두 번 적분하면

$$\int EI\frac{d^2y}{dx^2}\,dx = -\int \frac{Pb}{l}\,x\,dx + C_1$$

$$\rightarrow EI\cdot\frac{dy}{dx} = -\frac{Pb}{2l}\,x^2 + C_1 \tag{9-24}$$

$$\int EI\frac{dy}{dx}\cdot dx = \int\left(-\frac{Pb}{2l}\,x^2 + C_1\right)dx + C_2$$

$$\rightarrow EI\cdot y = -\frac{Pb}{6l}\,x^3 + C_1\cdot x + C_2 \tag{9-25}$$

㈏ b 구간 : $a < x < l$ 에서,

$$EI\frac{d^2y}{dx^2} = -\frac{Pb}{l}\,x + P(x-a) \tag{9-26}$$

x에 대하여 두 번 적분하면

$$\int EI\frac{d^2y}{dx^2}\,dx = \int\left\{-\frac{Pb}{l}\,x + P(x-a)\right\}dx + D_1$$

$$\rightarrow EI\frac{dy}{dx} = -\frac{Pb}{2l}\,x^2 + \frac{P}{2}(x-a)^2 + D_1 \tag{9-27}$$

$$\int EI\frac{dy}{dx}\,dx = \int\left(-\frac{Pb}{2l}\,x^2 + \frac{P}{2}(x-a)^2 + D_1\right) + D_2$$

$$\rightarrow EI\cdot y = -\frac{Pb}{6l}\,x^3 + \frac{P}{6}(x-a)^3 + D_1x + D_2 \tag{9-28}$$

· 하중이 작용하는 C점 $(x=a)$에서 기울기와 처짐량

$x = a$ 일 때, 식 (9-24) : $EI\dfrac{dy}{dx} = -\dfrac{Pb}{2l}\cdot a^2 + C_1$

  식 (9-27) : $EI\dfrac{dy}{dx} = -\dfrac{Pb}{2l}\cdot a^2 + 0 + D_1$ $\Big\}\rightarrow C_1 = D_1$

$x = a$ 일 때, 식 (9-25) : $EI\cdot y = -\dfrac{Pb}{6l}\,a^3 + C_1\cdot a + C_2$

  식 (9-28) : $EI\cdot y = -\dfrac{Pb}{6l}\,a^3 + 0 + D_1\cdot a + D_2$ $\Big\}$

• 적분상수 C_1, C_2, D_1, D_2를 구하기 위해 (경계) 조건을 대입하면

$x = 0$일 때 (a 구간 : $0 < x < a$ 적용), 처짐량 $y = 0$이므로,

식 (9-25) : $EI \times 0 = -\dfrac{Pb}{6l} \times 0 + C_1 \times 0 + C_2$

$\therefore\ C_2 = 0 = D_2$

$x = l$ 일 때 (b 구간 : $a < x < l$ 적용), 처짐량 $y = 0$이므로,

식 (9-28) : $EI \times 0 = -\dfrac{Pb}{6l} \cdot l^3 + \dfrac{P}{6} (l-a)^3 + D_1 \cdot l$

$\therefore\ D_1 = \dfrac{1}{l} \left[\dfrac{Pb}{6l} \cdot l^3 - \dfrac{P}{6} b^3 \right]$

$\qquad = \dfrac{Pb}{6l} l^2 - \dfrac{Pb^3}{6l} = \dfrac{Pb}{6l} (l^2 - b^2) = C_1$

$\therefore\ C_1 = D_1 = \dfrac{Pb}{6l} (l^2 - b^2),\ C_2 = D_2 = 0$

㈐ a 구간 : $0 < x < a$에서,

$$EI \dfrac{dy}{dx} = -\dfrac{Pb}{2l} x^2 + \dfrac{Pb}{6l} (l^2 - b^2)$$

$$\rightarrow \dfrac{dy}{dx} = \dfrac{Pb}{6EIl} (l^2 - b^2 - 3x^2) \tag{9-29}$$

$$EI \cdot y = -\dfrac{Pb}{6l} x^3 + \dfrac{Pb}{6l} (l^2 - b^2) \cdot x$$

$$\rightarrow y = \dfrac{Pbx}{6EIl} (l^2 - b^2 - x^2) \tag{9-30}$$

㈑ b 구간 : $a < x < l$ 에서,

$$EI \dfrac{dy}{dx} = -\dfrac{Pb}{2l} x^2 + \dfrac{P}{2} (x-a)^2 + \dfrac{Pb}{6l} (l^2 - b^2)$$

$$\rightarrow \dfrac{dy}{dx} = \dfrac{Pb}{6EIl} \left[(l^2 - b^2) + \dfrac{3l}{6} (x-a)^2 - 3x^2 \right] \tag{9-31}$$

$$EI \cdot y = -\dfrac{Pb}{6l} x^3 + \dfrac{P}{6} (x-a)^3 + \dfrac{Pb}{6l} (l^2 - b^2) x$$

$$\rightarrow y = \dfrac{Pb}{6EIl} \left[(l^2 - b^2) x + \dfrac{l}{6} (x-a)^3 - x^3 \right] \tag{9-32}$$

따라서, 처짐곡선의 방정식은 식 (9-29)~식 (9-32)이다.

③ 처짐각 (기울기)

$x = 0$일 때, $\dfrac{dy}{dx} = \theta_a$이므로 식 (9-29)에서,

$$\theta_a = \dfrac{dy}{dx} = \dfrac{Pb}{6EIl} (l^2 - b^2)$$

$$= \frac{Pb}{6EIl}\,(l+b)(l-b) = \frac{Pab}{6EIl}\,(l+b) \tag{9-33}$$

$x = l$ 일 때, $\dfrac{dy}{dx} = \theta_b$ 이므로 식 (9-31)에서,

$$\theta_b = \frac{dy}{dx} = \frac{Pb}{6EIl}\left[\,(l^2-b^2)+\frac{3l}{6}\,(l-a)^2-3\,l^2\,\right]$$

$$= \frac{Pb}{6EIl}\left[\,(l+b)\cdot a+\frac{3l}{6}\cdot b^2-3\,l^2\,\right]$$

$$= \frac{Pb}{6EIl}\left[\,(l+b)\cdot a+3l\,(b-l)\,\right]$$

$$= \frac{Pb}{6EIl}\left[\,(l+b)\cdot a-3l\cdot a\,\right]$$

$$= \frac{-Pab}{6EIl}\,(l+a) \tag{9-34}$$

④ 처짐량

$x = a$ 에서 처짐량 y_c 는 a 구간의 식 (9-30)과 b 구간의 식 (9-32)는 같아지므로,

$$y_c = \frac{Pb\cdot a}{6EIl}\,(l^2-b^2-a^2) = \frac{Pab}{6EIl}\cdot 2ab = \frac{Pa^2b^2}{3EIl} \tag{9-35}$$

$$\left[\begin{array}{l} l^2-b^2-a^2 = (l^2-b^2)-a^2 = (l+b)(l-b)-a^2 = (l+b)\cdot a-a^2 \\[4pt] (l+b) = (l-b+2b) = (a+2b) \\[4pt] \therefore\ l^2-b^2-a^2 = (l+b)\cdot a-a^2 = (a+2b)\cdot a-a^2 = 2ab \end{array}\right]$$

최대처짐은 $a > b$ 라 할 때, $\dfrac{dy}{dx} = 0$ 일 때 일어나므로〔그림 9-6 (b) 참고〕, 식 (9-29)에서, $l^2-b^2-3x^2 = 0$ 이 된다.

$$\therefore\ x = \sqrt{\frac{l^2-b^2}{3}}$$

에서 최대처짐이 일어나므로 식 (9-30)에 대입, 정리하면

$$y_{\max} = \delta = \frac{Pb}{9\sqrt{3}\,EIl}\cdot\sqrt{(l^2-b^2)^3} \tag{9-36}$$

하중이 보의 중앙점($a = b = \dfrac{l}{2}$)에 작용할 때 식 (9-36)에서,

$$y_{\max(x=l/2)} = \delta = \frac{Pl^3}{48EI} \tag{9-37}$$

$a > b$ 인 보의 중앙점의 처짐은 식 (9-30)에서,

$$y_{x=l/2} = \delta = \frac{Pb}{48EI}\,(3\,l^2-4\,b^2) \tag{9-38}$$

예제 3. 단면 $b \times h = 3\,\text{cm} \times 6\,\text{cm}$의 직사각형 단면에서 스팬의 길이 $l = 2\,\text{m}$인 단순보의 중앙에 집중하중이 작용할 때 최대처짐 $\delta_{\max} = 0.5\,\text{cm}$로 제한하려면 하중은 얼마로 하면 되는지 구하시오.(단, $E = 200\,\text{GPa}$이다.)

[해설] 사각단면의 집중하중을 받는 단순보에서

최대 처짐량 $\delta_{\max} = \dfrac{Pl^3}{48EI}$ 에서, $P = \dfrac{48EI}{l^3} \cdot \delta_{\max}$ 이므로,

$E = 200\,\text{GPa} = 200 \times 10^9\,\text{N/m}^2, \quad l = 2\,\text{m}, \quad \delta_{\max} = 0.005\,\text{m}$

$I = \dfrac{bh^3}{12} = \dfrac{0.03 \times 0.06^3}{12} = 5.4 \times 10^{-7}\,\text{m}^4$

$\therefore P = \dfrac{48EI}{l^3} \cdot \delta_{\max}$

$\quad = \dfrac{48 \times (200 \times 10^9) \times (5.4 \times 10^{-7})}{2^3} \times 0.005 = 3240\,\text{N}$

(2) 균일분포 하중을 받는 경우

단위길이당 등분포 하중(균일분포 하중)을 w 라 하면, 그림 9-7에서

① 임의의 거리 x 단면의 굽힘 모멘트 M은

$$M = R_A x - \frac{wx^2}{2} = \frac{wl}{2}x - \frac{wx^2}{2}\left(-M = EI\frac{d^2y}{dx^2}\right) \tag{9-39}$$

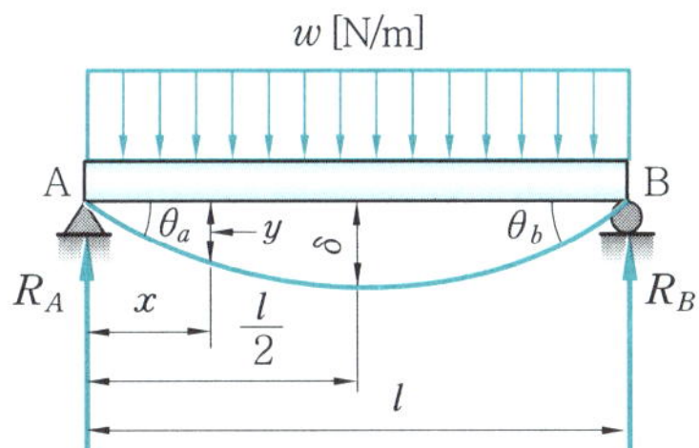

그림 9-7　등분포 하중을 받고 있는 단순보의 처짐

② 처짐의 식 : $-\dfrac{wl}{2}x + \dfrac{wx^2}{2} = EI\dfrac{d^2y}{dx^2}$

x에 대하여 두 번 적분하면,

$$\int EI\frac{d^2y}{dx^2}\,dx = \int \left(-\frac{wl}{2}x + \frac{w}{2}x^2\right)dx + C_1$$

$$\rightarrow EI\frac{dy}{dx} = -\frac{wl}{4}x^2 + \frac{wx^3}{6} + C_1 \tag{9-40}$$

$$\int EI\frac{dy}{dx} \cdot dx = \int \left(-\frac{wl}{4}x^2 + \frac{w}{6}x^3 + C_1\right)dx + C_2$$

$$\rightarrow EIy = -\frac{wl}{12}x^3 + \frac{w}{24}x^4 + C_1x + C_2 \tag{9-41}$$

$x = \dfrac{l}{2}$ 일 때 $y = \max$ 이고, $\dfrac{dy}{dx} = 0$ 이므로 식 (9-40)에서,

$$EI \times 0 = -\frac{wl}{4} \times \left(\frac{l}{2}\right)^2 + \frac{w}{6}\left(\frac{l}{2}\right)^2 + C_1$$

$$\therefore\ C_1 = \frac{wl^3}{24}$$

$x = 0$ 일 때 $y = 0$ 이므로 식 (9-41)에서,

$$EI \times 0 = 0 + C_2, \quad \therefore\ C_2 = 0$$

$$\therefore\ \frac{dy}{dx} = \frac{w}{24EI}(4x^3 - 6lx^2 + l^3) \tag{9-42}$$

$$y = \frac{wx}{24EI}(x^3 - 2lx^2 + l^3) \tag{9-43}$$

③ 처짐각

$x = 0$ 일 때 최대 처짐각 $\left(\dfrac{dy}{dx}\right)_{\max} = \theta_a$ 가 일어나므로,

$$\theta_a = \left(\frac{dy}{dx}\right)_{\max} = \frac{wl^3}{24EI} \tag{9-44}$$

$x = l$ 일 때 최대 처짐각 $\left(\dfrac{dy}{dx}\right)_{\max} = \theta_b$ 가 일어나므로,

$$\theta_b = \left(\frac{dy}{dx}\right)_{\max} = \frac{-wl^3}{24EI} \tag{9-45}$$

④ 처짐량

또, $x = \dfrac{l}{2}$ 일 때 최대처짐 $y_{\max}$ 가 발생하므로,

$$y_{\max} = \delta = \frac{5wl^4}{384EI} \tag{9-46}$$

예제 4. 다음 단순보에 균일분포 하중 $w = 8\,\text{kN/m}$ 가 작용하고 있다. 이 재료의 세로 탄성계수 $E = 210\,\text{GPa}$ 이라면 최대 기울기 $\theta_{\max}$ 와 최대 처짐량 $\delta_{\max}$ 를 구하시오.

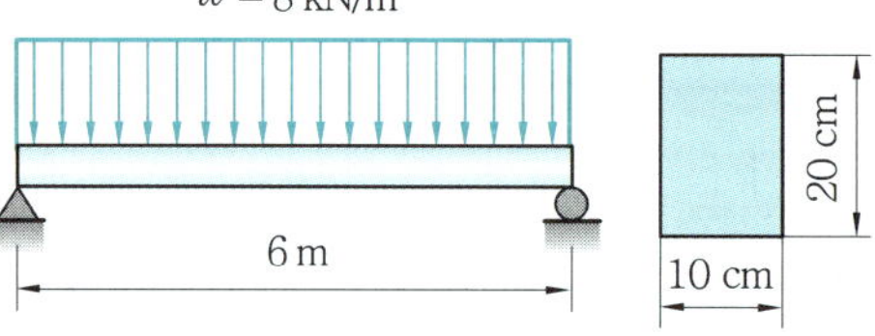

해설 등분포 하중을 받는 단순보에서, $\theta_{\max} = \dfrac{wl^3}{24EI}$, $\delta_{\max} = \dfrac{5wl^4}{384EI}$ 이므로,

$$I = \frac{bh^3}{12} = \frac{0.1 \times 0.2^3}{12} = 6.667 \times 10^{-5}\ \text{m}^4$$

$$\therefore \theta_{\max} = \frac{wl^3}{24EI} = \frac{8000 \times 6^3}{24 \times (210 \times 10^9) \times (6.667 \times 10^{-5})} = 5.14 \times 10^{-3} \text{ rad}$$

$$\delta_{\max} = \frac{5wl^4}{384EI} = \frac{5 \times 8000 \times 6^4}{384 \times (210 \times 10^9) \times (6.667 \times 10^{-5})} = 9.64 \times 10^{-3} \text{ m} = 0.00964 \text{ cm}$$

(3) 우력을 받는 경우

양단이 지지된 보의 오른쪽 지점 B에 우력 M_0가 작용할 때, 굽힘 모멘트의 분포는 A점에서 0, B점에서 M_0로 직선적으로 변화한다.

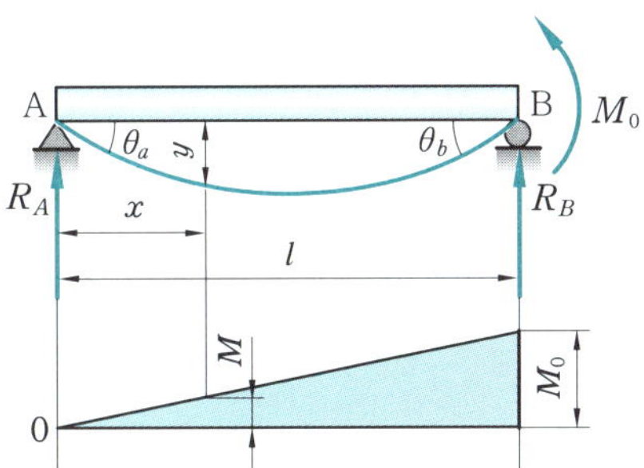

그림 9-8　우력을 받는 단순보의 처짐

① 임의의 거리 x 단면에서의 굽힘 모멘트 M은

$$M = M_0 \left(\frac{x}{l} \right) \left(-M = EI \frac{d^2y}{dx^2} \right) \tag{9-47}$$

② 처짐의 식 : $-M_0 \dfrac{x}{l} = EI \dfrac{d^2y}{dx^2}$

x에 관해 두 번 적분하면,

$$\int EI \frac{d^2y}{dx^2} \cdot dx = \int -M_0 \frac{x}{l} \, dx + C_1$$

$$\rightarrow EI \frac{dy}{dx} = -\frac{M_0}{2l} x^2 + C_1 \tag{9-48}$$

$$\int EI \frac{dy}{dx} \cdot dx = \int \left(-\frac{M_0}{2l} x^2 + C_1 \right) dx + C_2$$

$$\rightarrow EI \cdot y = -\frac{M_0}{6l} x^3 + C_1 x + C_2 \tag{9-49}$$

$x = 0$일 때 $y = 0$이므로 식 (9-49)에서,

$$EI \times 0 = 0 + C_2, \qquad \therefore C_2 = 0$$

$x = l$일 때 $y = 0$이므로 식 (9-49)에서,

$$EI \times 0 = -\frac{M_0 l^2}{6} + C_1 \cdot l, \qquad \therefore C_1 = \frac{M_0 l}{6}$$

$$\therefore \ \frac{dy}{dx} = \frac{M_0}{6EIl}\,(l^2 - 3x^2) \tag{9-50}$$

$$y = \frac{M_0 x}{6EIl}\,(l^2 - x^2) \tag{9-51}$$

③ A 및 B점에서의 탄성곡선의 기울기, 즉 처짐각은 식 (9-50)에서,

$$\left.\begin{aligned} x = 0 \text{일 때,} \quad \theta_a &= \frac{M_0 l}{6EI} \\[2mm] x = l \text{ 일 때,} \quad \theta_b &= -\frac{M_0 l}{3EI} \end{aligned}\right\} \tag{9-52}$$

④ 최대처짐이 발생하는 곳(변곡점)에서는 기울기 $\dfrac{dy}{dx} = 0$이므로, 식 (9-50)에서

$$l^2 - 3x^2 = 0, \quad \therefore \ x = \frac{l}{\sqrt{3}} \ \text{(최대처짐이 발생하는 곳)}$$

이 값을 식 (9-51)에 대입, 정리하면, 최대 처짐량은

$$y_{\max} = \delta = \frac{M_0 l^2}{9\sqrt{3}\,EI} \tag{9-53}$$

2. 면적 모멘트법

2-1 면적 모멘트법(moment area method)

탄성곡선의 미분방정식을 이용하여 처짐각과 처짐량을 구하는 데는 어느 정도 복잡하고, 어려움이 있다. 따라서 한 점에서의 처짐량을 구하는 경우에는 굽힘 모멘트 선도를 도식적으로 이용하는 면적 모멘트법을 이용하면 간단하고 편리하게 계산할 수 있다.

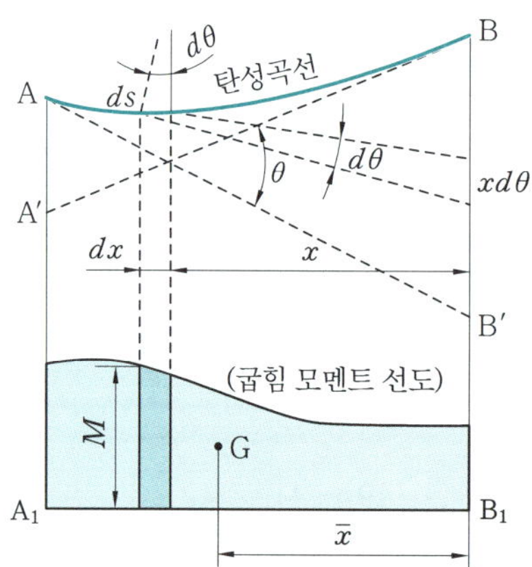

그림 9-9 면적 모멘트의 처짐각과 처짐량

그림 9-9에서 탄성곡선의 임의의 요소 ds에 대하여,

$$\frac{d\theta}{ds} = \frac{M}{EI} \tag{9-54}$$

탄성영역 내에서만 변화한다고 가정하면, $ds \approx dx$이므로

$$d\theta = \frac{M}{EI}\,dx \tag{9-55}$$

식 (9-55)는 탄성곡선의 미소길이 ds의 양쪽 끝에서 그은 두 접선 사이의 미소각 $d\theta$ 는 미소길이에 대한 굽힘 모멘트 선도의 면적, 즉 색칠한 부분의 면적 $M \cdot dx$를 EI로 나눈 값과 같다.

A와 B에서 그은 접선 사이의 각 θ는

$$\begin{aligned}
\theta &= \int_A^B \frac{M \cdot dx}{EI} \\
&= \frac{1}{EI} \int_A^B Mdx = \frac{A_m}{EI}
\end{aligned} \tag{9-56}$$

여기서, A_m : 굽힘 모멘트 선도의 면적

윗식은 굽힘 모멘트 선도 A_1B_1의 전면적을 EI로 나눈 값을 표시하고 있다.

2-2 모어(Mohr) 정리

(1) 모어의 정리 1(제 1 면적 모멘트법)

"탄성곡선 위의 두 점 A와 B 사이에서 그은 두 접선(AB′, BA′) 사이의 각 θ는 그 두 점 사이에 있는 BMD(굽힘 모멘트 선도)의 전면적을 EI로 나눈 값과 같다."

B점 밑에서의 수직거리 BB′를 구하여 볼 때, 탄성곡선이 평평하다고 보면 곡선 위의 미소길이 ds 의 양쪽 끝에서 그은 접선 사이의 각도 미소값이 되므로 이 접선들과 B점 밑에서의 거리가 $x \cdot d\theta$와 같다고 볼 수 있으므로

$$x \cdot d\theta = x \cdot \frac{Mdx}{EI} \tag{9-57}$$

ds의 양쪽 끝에서 그은 두 접선과 B점 밑에서의 수직거리 $xd\theta$는 그 요소 ds에 해당하는 BMD의 면적 Mdx(빗금부분)를 B_1에서 면적 모멘트를 취하여 EI로 나눈 값이며, 전체 거리 BB′은

$$\mathrm{BB'} = \delta = \int \frac{1}{EI} Mxdx = \frac{\overline{x} \cdot A_m}{EI} \tag{9-58}$$

이 식은 A와 B 사이에 있는 BMD의 전면적 B에 관한 1차 모멘트를 EI로 나눈 값이다.

(2) 모어의 정리 2(제 2 면적 모멘트법)

"탄성곡선 위의 임의의 두 점 A와 B 사이에서 그은 두 접선이 B점 밑에서 만나는 점을 B′이라 하면, BB′는 두 점 A, B 사이에 있는 BMD의 전면적을 B점에 관한 면적 모멘트를 EI로 나눈 값과 같다."

그림 9-10 에서와 같이 탄성곡선에 변곡점이 있는 경우 굽힘 모멘트 선도가 두 부분이 되며, A_1C_1은 (+)의 면적, C_1B_1은 (−)의 면적이 되므로, 탄성곡선 위의 두 점 A와 B에서 그은 두 접선 사이의 각은,

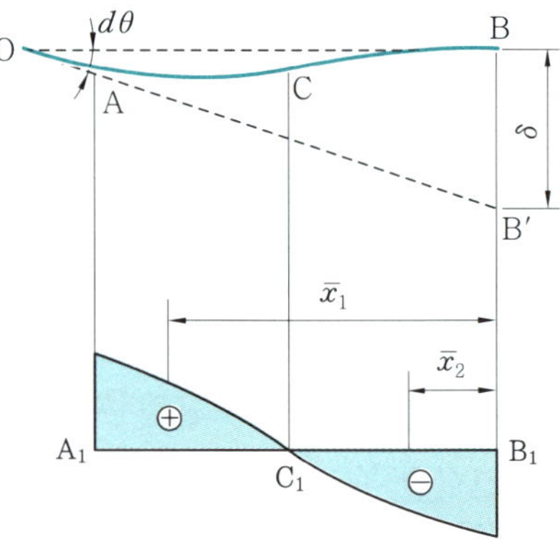

그림 9-10 변곡점이 있는 경우의 처짐

$$\theta = \left(\frac{A_1C_1 \ \text{면적}}{EI} \right) - \left(\frac{C_1B_1 \ \text{면적}}{EI} \right)$$

또, 두 점에서 그은 점선 사이의 거리 δ에서 BB′는 식 (9-58)로부터

$$\delta = BB' = \left(\frac{A_1C_1 \ \text{면적}}{EI} \right) \times \overline{x_1} - \left(\frac{C_1B_1 \ \text{면적}}{EI} \right) \times \overline{x_2}$$

면적 모멘트법을 적용하려면 BMD의 면적을 알아야 하므로, 그림 9-11의 도형의 면적과 도심을 참고로 하면 된다.

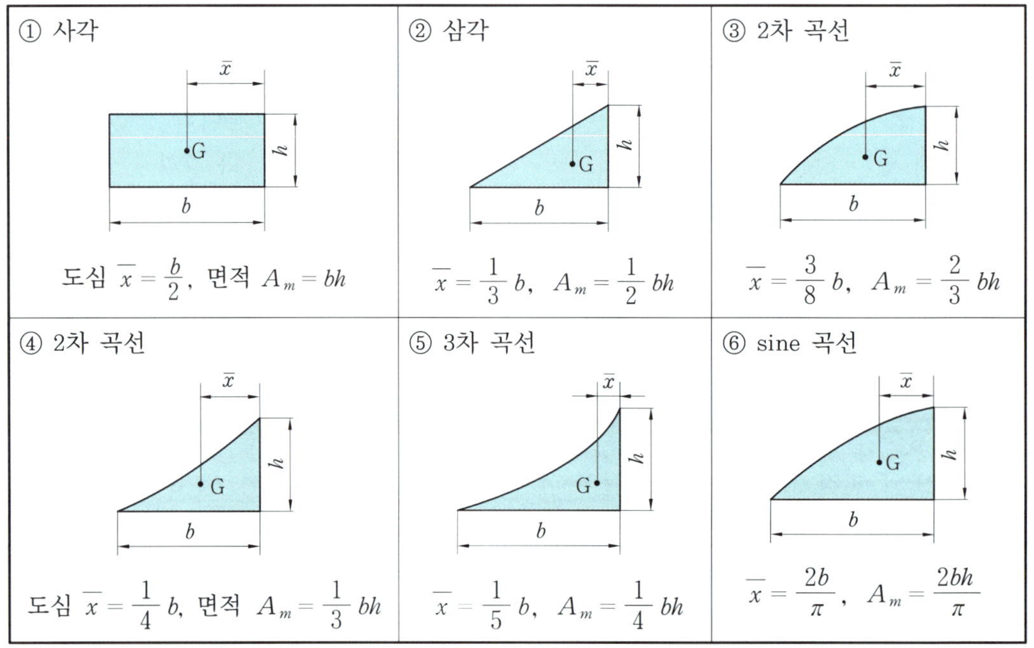

그림 9-11 여러 도형의 도심과 면적

2-3 외팔보의 면적 모멘트법

(1) 집중하중을 받는 경우

외팔보의 자유단에 집중하중이 작용할 때 굽힘 모멘트 선도는 그림 9-12와 같으며 B 점의 처짐각 θ_b는 식 (9-56)에 의해 다음과 같이 구할 수 있다.

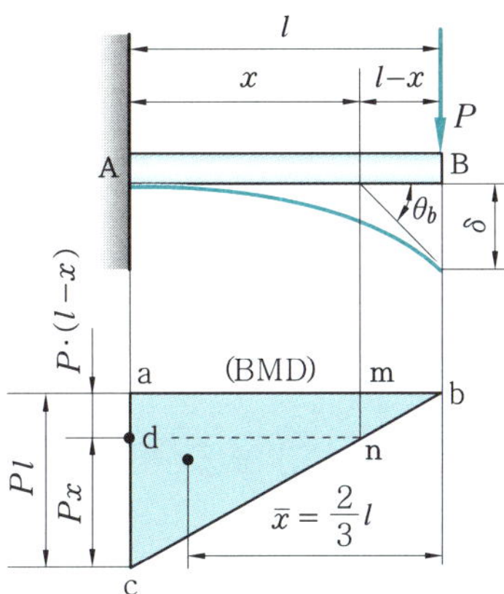

그림 9-12 집중하중을 받는 경우

① 전길이 l에 대하여

$$처짐각 \ \theta = \frac{A_m}{EI} = \frac{1}{EI} \times \left(\frac{1}{2} \times 밑변 \times 높이 \right)$$

$$= \frac{1}{EI} \times \left(\frac{1}{2} \times l \times Pl \right) = \frac{Pl^2}{2EI} \tag{9-59}$$

$$처짐량 \ \delta = \frac{A_m}{EI} \times \overline{x} = \theta \times \overline{x} = \frac{Pl^2}{2EI} \times \frac{2}{3} l = \frac{Pl^3}{3EI} \tag{9-60}$$

② 임의의 단면 mn에 대하여

$$처짐각 \ \theta = \frac{dy}{dx} = \frac{1}{EI} \left(\triangle abc의 \ 면적 - \triangle mbn의 \ 면적 \right)$$

$$= \frac{1}{EI} \left[\frac{1}{2} Pl \cdot l - \frac{1}{2} P(l-x) \cdot (l-x) \right]$$

$$= \frac{Pl^2}{2EI} (2lx - x^2) \tag{9-61}$$

$$처짐량 \ \delta = \frac{1}{EI} \times A_{m1} \times \overline{x_1} + \frac{1}{EI} \times A_{m2} \times \overline{x_2}$$

$$= \frac{1}{EI} \times \square \, amnd \times \overline{x_1} + \frac{1}{EI} \times \triangle dnc \times \overline{x_2}$$

$$= \frac{1}{EI} \times P(l-x) \cdot x \times \frac{x}{2} + \frac{1}{EI} \times \frac{1}{2} \cdot Px \cdot x \times \frac{2}{3} x$$

$$= \frac{P}{EI}\left(\frac{x^2 \cdot l}{2} - \frac{x^3}{6}\right) = \frac{Px^2}{6EI}(3\,l-x) \tag{9-62}$$

예제 5. 그림과 같은 외팔보의 중앙에 집중하중 P가 작용할 때 최대처짐을 구하시오.

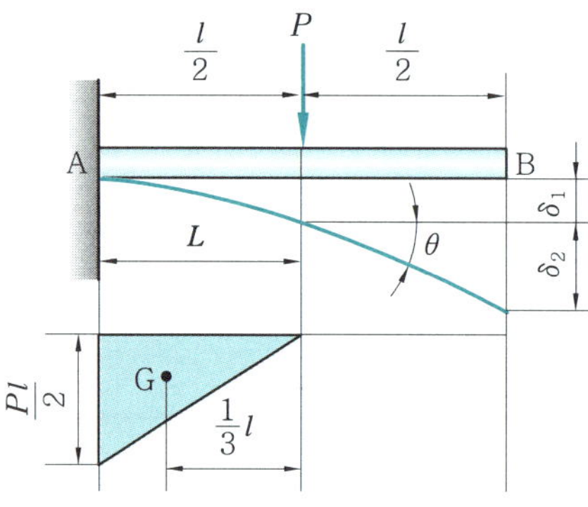

해설 ① 최대처짐 $(\delta)=$ 하중 P에 의한 처짐 $(\delta_1)+$ 하중점의 최대 회전각 θ에 의한 처짐 (δ_2)

$$\delta_1 = \frac{PL^3}{3EI} = \frac{P}{3EI}\left(\frac{l}{3}\right)^3 = \frac{Pl^3}{24EI}$$

$$\delta_2 = \theta \times \frac{l}{2} = \left(\frac{PL^2}{2EI}\right) \times \frac{l}{2} = \frac{P}{2EI}\left(\frac{l}{2}\right)^2 \times \frac{l}{2} = \frac{Pl^3}{16EI}$$

$$\therefore \ \delta = \delta_1 + \delta_2 = \frac{Pl^3}{24EI} + \frac{Pl^3}{16EI} = \frac{5Pl^3}{48EI}$$

② $\theta = \dfrac{A_m}{EI} = \dfrac{1}{EI} \times \left(\dfrac{1}{2} \times \dfrac{Pl}{2} \times \dfrac{l}{2}\right) = \dfrac{Pl^2}{8EI}$

$$\therefore \ \delta = \frac{A_m}{EI} \times \overline{x} = \theta \cdot \overline{x} = \frac{Pl^2}{8EI} \times \left(\frac{1}{3}\,l + \frac{l}{2}\right)$$

$$= \frac{5Pl^3}{48EI}$$

(2) 등분포 하중을 받는 경우

임의의 거리 x_1 단면에서의 굽힘 모멘트 M은

$$M = -\frac{w(l-x_1)^2}{2} \ \text{(BMD가 2차 곡선)} \tag{9-63}$$

도심 : $\overline{x} = \dfrac{b}{4}$, 면적 : $A_m = \dfrac{1}{3}\,bh$

① 전길이 l에 대하여,

처짐각 $\theta = \dfrac{dy}{dx} = \dfrac{A_m}{EI} = \dfrac{1}{EI} \times \dfrac{1}{3} \times l \times \dfrac{wl^2}{2} = \dfrac{wl^3}{6EI}$

처짐량 $\delta = y = \dfrac{A_m}{EI} \times \overline{x} = \theta \times \overline{x} = \dfrac{wl^3}{6EI} \times \dfrac{3\,l}{4} = \dfrac{wl^4}{8EI}$

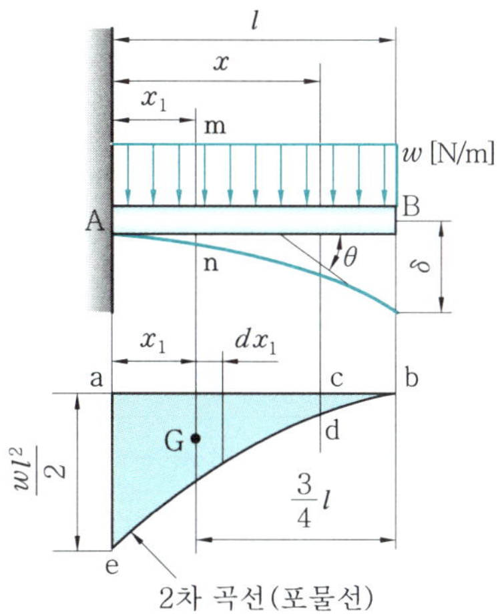

그림 9-13 등분포 하중을 받는 경우

② 임의의 단면 mn에 대해서도 마찬가지이다.

처짐각 $\theta = \dfrac{dy}{dx}$

$$= \int_0^x \frac{M}{EI}\,dx$$

$$= \int_0^x \frac{1}{EI} \times \frac{w(l-x_1)^2}{2}\,dx_1$$

$$= \frac{w}{2EI}\left(l^2 x - l x^2 + \frac{x^3}{3}\right) \tag{9-64}$$

$$\theta_{\max} = \left(\frac{dy}{dx}\right)_{x=l} = \frac{wl^3}{6EI} \tag{9-65}$$

처짐량 $\delta\,(=y)$:

(고정단에서 거리 x에 있는 임의 단면의 처짐)

= (면적 aedc의 수선 cd에 대한 모멘트를 EI로 나눈 값)

$\delta = \displaystyle\int \frac{1}{EI}\cdot Mx\,dx$ 에서,

$$\delta = \frac{1}{EI}\int_0^x \frac{w(l-x_1)^2}{2}\cdot(x-x_1)\,dx_1 \tag{9-66}$$

$$= \frac{1}{EI}\,\frac{w}{2}\int_0^x (l-x_1)^2(x-x_1)\,dx_1$$

$$= \frac{w}{2EI}\left(\frac{l^2 x^2}{2} - \frac{l x^3}{3} + \frac{x^4}{12}\right) \tag{9-67}$$

$$\delta_{\max} = (\delta)_{x=l} = (자유단의\ 처짐) = \frac{wl^4}{8EI} \tag{9-68}$$

예제 **6.** 그림과 같은 길이가 $a+b$인 외팔보 AB가 보의 일부분 b 위에 w의 등분포 하중이 작용하고 있을 때, 이 보의 자유단 A의 처짐량과 기울기(처짐각)을 면적 모멘트법으로 구하시오.

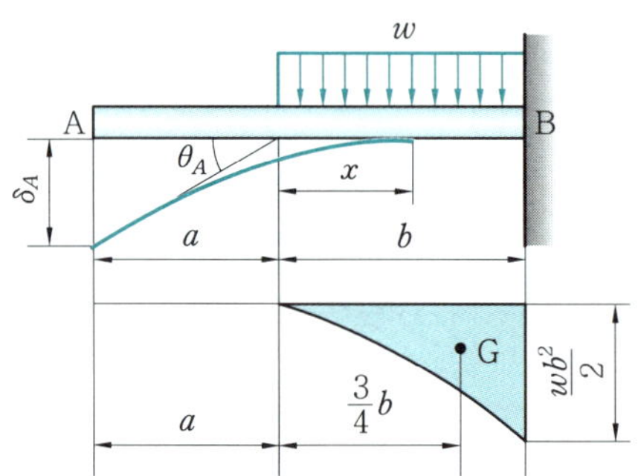

해설 $M_x = -\dfrac{w}{2}x^2, \quad (M_B)_{x=b} = -\dfrac{wb^2}{2}$

① 제 1 면적 모멘트법

$$A_m = \frac{1}{3}\,bh = \frac{1}{3}\times b\times \frac{wb^2}{2} = \frac{bh^3}{6}$$

$$\theta = \frac{A_m}{EI} = \frac{1}{EI}\times\frac{wb^3}{6} = \frac{wb^3}{6EI}$$

② 제 2 면적 모멘트법

$$\overline{x} = a + \frac{3}{4}\,b, \quad \delta = \frac{A_m}{EI}\times\overline{x} = \theta\cdot\overline{x} = \frac{wb^3}{6EI}\left(a + \frac{3}{4}\,b\right)$$

2-4 단순보의 면적 모멘트법

(1) 집중하중을 받는 경우

① 방법 Ⅰ

$\overline{x} = \mathrm{Bb_1}$으로부터 도심 G까지의 거리 $\dfrac{1}{3}(l+b)$

$$A_m = \triangle\mathrm{a_1b_1f_1}의\ 면적 = \frac{1}{2}\times l\times\frac{Pab}{l} = \frac{Pab}{2}$$

처짐량 $\delta = \mathrm{BB'} = \dfrac{A_m}{EI}\times\overline{x}$

$$= \frac{1}{EI}\times\frac{Pab}{2}\times\frac{1}{3}(l+b) = \frac{Pab(l+b)}{6EI} \tag{9-69}$$

$\mathrm{BB'} = \theta_a\cdot l$ 이므로,

A점의 처짐각 $\theta_a = \dfrac{\mathrm{BB'}}{l} = \dfrac{\delta}{l} = \dfrac{Pab(l+b)}{6EIl}$ $\tag{9-70}$

A점에 관한 B점의 회전각 $\theta = \dfrac{A_m}{EI} = \dfrac{1}{EI}\times\dfrac{Pab}{2} = \dfrac{Pab}{2EI}$ $\tag{9-71}$

B점의 처짐각 $\theta_b = \theta_a - \theta = \dfrac{Pab\,(l+b)}{6EIl} - \dfrac{Pab}{2EI} = \dfrac{-Pab\,(l+a)}{6EIl}$ (9-72)

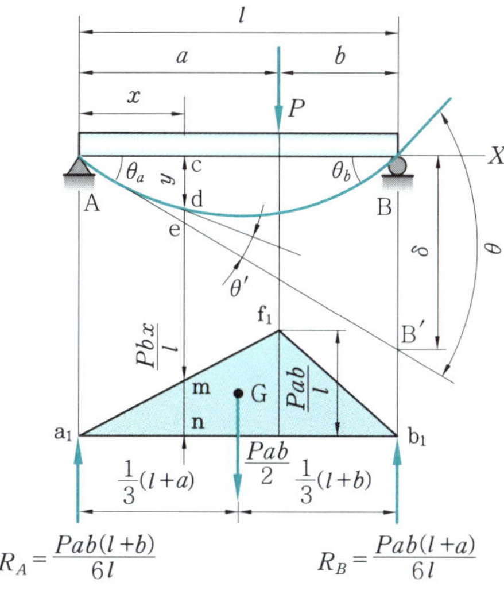

그림 9-14 집중하중을 받는 경우

② 방법 II

a_1b_1을 단순보로 볼 때 가상의 보 a_1b_1을 공액보 (conjugate beam) 이라 한다.
단순보 a_1b_1에 삼각형 $a_1b_1f_1$의 분포하중이 작용한다고 가정하면,

$$\sum M_B = 0 \; ; \; R_A \cdot l - \frac{Pab}{2} \cdot \frac{1}{3}\,(l+b) = 0$$

$$\therefore \; R_A = \frac{Pab}{6\,l}\,(l+b) \tag{9-73}$$

$$\sum M_A = 0 \; ; \; R_B = \frac{Pab}{6\,l}\,(l+a) \tag{9-74}$$

탄성곡선상의 임의의 거리 x 단면에서,

처짐각 $\theta_x = \theta_a - \theta' = \dfrac{1}{EI}\,(R_A - \triangle a_1 mn) = \dfrac{V_G}{EI}$

【참고】 $V_G = R_A - \triangle a_1 mn$은 공액보의 mn 단면에서의 전단력

임의 단면에서의 처짐각은 그 점에 대응되는 공액보의 전단력을 EI로 나눈값과 같다.

처짐량 $y = \overline{ce} - \overline{cd} = \theta_a x - \theta' \cdot \dfrac{x}{3} = \dfrac{R_A x}{EI} - \dfrac{1}{EI} \times \triangle a_1 mn \times \dfrac{x}{3} = \dfrac{M_G}{EI}$

$\qquad = \dfrac{1}{EI}\left(R_A \cdot x - \triangle a_1 mn \times \dfrac{x}{3}\right)$

$\qquad = \dfrac{1}{EI}\left[\dfrac{Pab}{6\,l}\,(l+b) \cdot x - \dfrac{Pbx^3}{6\,l}\right]$

$$= \frac{Pbx}{6EIl}(l^2 - b^2 - x^2) \tag{9-75}$$

【참고】 $M_G = \triangle\, a_1 mn \times \frac{x}{3}$ 는 공액보의 mn 단면에서의 굽힘 모멘트

임의 단면에서의 처짐은 그 단면의 굽힘 모멘트를 EI 로 나눈 값과 같다.

$$\frac{dy}{dx} = \frac{Pb}{6EIl}(l^2 - b^2 - 3x^2) = 0$$

에서, $x^2 = \sqrt{(l^2 - b^2)/3}$ 을 Q_A 에 대입하면,

$$\theta_A = \frac{Pab(l+b)}{6EIl} = \frac{Pbx^2}{2EIl}$$

처짐량 $\delta = \theta_A \cdot \overline{x} = \frac{Pbx^2}{2EIl} \cdot \frac{2}{3}x$ 이므로 $\delta_{\max}$ 는 $\frac{dy}{dx} = 0$, 즉 $x = \sqrt{(l^2 - b^2)/3}$ 에서 발생하므로 δ 에 x 를 대입하면

$$\delta_{\max} = \frac{Pbx^2}{2EIl} \cdot \frac{2}{3}x = \frac{Pb}{9\sqrt{3}\,EI}\sqrt{(l^2 - b^2)^2}$$

(2) 균일분포 하중을 받는 경우

임의의 거리 x 단면에서

굽힘 모멘트 $M = \dfrac{wl}{2}x - \dfrac{w}{2}x^2$ (포물선 : 2 차 곡선)

2차 곡선 : $\overline{x} = \dfrac{3}{8}b_1 = \dfrac{3}{8} \times \dfrac{l}{2} = \dfrac{3l}{16}$

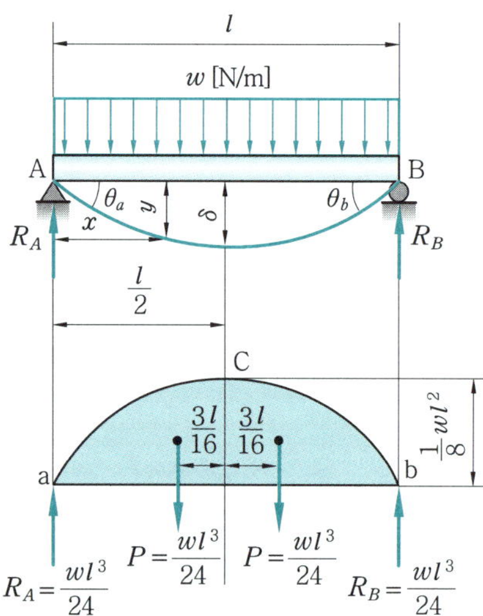

그림 9-15 균일분포 하중을 받는 경우

$$A_m = \frac{2}{3}\,bh = \frac{2}{3} \times l \times \frac{wl^2}{8} = \frac{wl^3}{12} \tag{9-76}$$

처짐각 $\theta_A = \theta_B = \dfrac{A_{mA}}{EI} = \dfrac{1}{EI} \times \left(\dfrac{2}{3}\,bh\right) = \dfrac{1}{EI}\left(\dfrac{2}{3} \times \dfrac{l}{2} \times \dfrac{wl^2}{8}\right)$

$$= \frac{wl^3}{24\,EI}\left(= \frac{R_A}{EI} = \frac{V_G}{EI}\right) \tag{9-77}$$

처짐량 $\delta = (y)_{x=\frac{l}{2}} = \dfrac{A_{mA}}{EI} \times \overline{x_A}$

$$= \frac{1}{EI} \times \left(\frac{2}{3} \times \frac{l}{2} \times \frac{wl^2}{8}\right) \times \left(\frac{l}{2} - \frac{3l}{16}\right) = \frac{5\,wl^4}{384\,EI} \tag{9-78}$$

(3) 우력 M을 받는 경우

길이 l인 단순보 AB가 B단에서 반시계 방향으로 우력 M이 작용할 때 최대처짐이 일어나는 위치 C와 최대 처짐량 $\delta_{\max}$는

$$\delta = \mathrm{BB'} = \frac{Ml}{2EI} \times \frac{l}{3} = \frac{Ml^2}{6EI} = \theta_A \cdot l \tag{9-79}$$

A단의 처짐각 θ_A는

$$\theta_A = \frac{BB'}{l} = \frac{1}{l} \times \frac{Ml^2}{6EI} = \frac{Ml}{6EI} \tag{9-80}$$

C점에서의 처짐각 θ_C는

$$\theta_C = \frac{Mx}{l} \times x \times \frac{1}{2} \times \frac{1}{EI} = \frac{M \cdot x^2}{2EIl} = \theta_A \tag{9-81}$$

$$\therefore\ \frac{M \cdot l}{6EI} = \frac{Mx^2}{2EIl} \rightarrow x = \sqrt{\frac{Ml}{6EI} \times \frac{2EI \cdot l}{M}} = \frac{l}{\sqrt{3}} \tag{9-82}$$

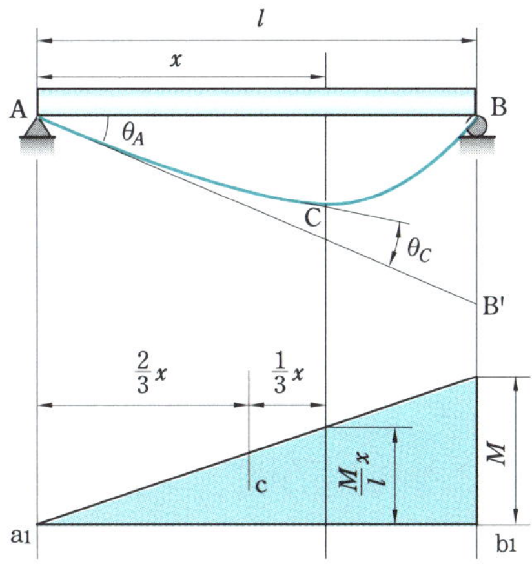

그림 9-16 우력을 받는 경우

최대처짐 $\delta_{\max} = \theta_A \times \overline{x} = \dfrac{Mx^2}{2EIl} \cdot \dfrac{2}{3}\, x = \dfrac{Mx^3}{3EIl}$ (9-83)

$$= \dfrac{M}{3EIl} \times \left(\dfrac{l}{\sqrt{3}}\right)^3 = \dfrac{Ml^2}{9\sqrt{3}\,EI}$$

예제 7. 그림과 같은 보의 최대 처짐량과 최대 처짐각을 모어의 정리에 의하여 구하시오.(단, $E = 7\,\text{GPa}$, $I = 4 \times 10^{-4}\ \text{m}^4$이다.)

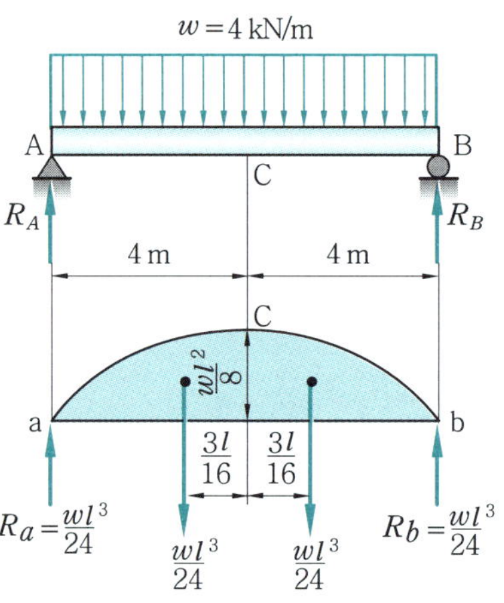

[해설] $\theta_A = \theta_B = \dfrac{A_m}{EI}$, $\delta = \dfrac{A_m}{EI} \times \overline{x} = \theta_A \cdot \overline{x}$

$\overline{x} = \dfrac{l}{2} - \dfrac{3l}{16} = \dfrac{5l}{16}$

$A_m = \dfrac{2}{3}\,bh = \dfrac{2}{3} \cdot \dfrac{l}{2} \times \dfrac{wl^2}{8} = \dfrac{wl^3}{24}$

$\therefore\ \theta_A = \theta_B = \dfrac{1}{EI} \times \dfrac{wl^3}{24} = \dfrac{wl^3}{24\,EI} = \dfrac{4000 \times 8^3}{24 \times (7 \times 10^9) \times (4 \times 10^{-4})} = 0.0305\,\text{rad}$

$\delta_{\max} = \dfrac{1}{EI} \times \dfrac{wl^3}{24} \times \dfrac{5l}{16} = \theta_A \times \dfrac{5l}{16} = 0.0305 \times \dfrac{5 \times 8}{16}$

$\qquad = 0.07625\,\text{m} = 7.625\,\text{cm}$

3. 중 첩 법

    하나의 보에 여러 개의 하중이 동시에 작용하는 경우에 발생하는 임의 단면에 대한 처짐각과 처짐량은 그 하중들이 각각 1개씩 작용할 때 발생하는 그 단면의 처짐과 처짐량들을 합하여 구할 수 있는데, 이 방법을 중첩법(重疊法, method of superposition) 이라 한다.

3-1 여러 개의 집중하중을 받는 외팔보

각각의 집중하중에 의한 처짐곡선의 방정식을 구하며 모두 합함으로써 최대처짐을 구할 수 있다.

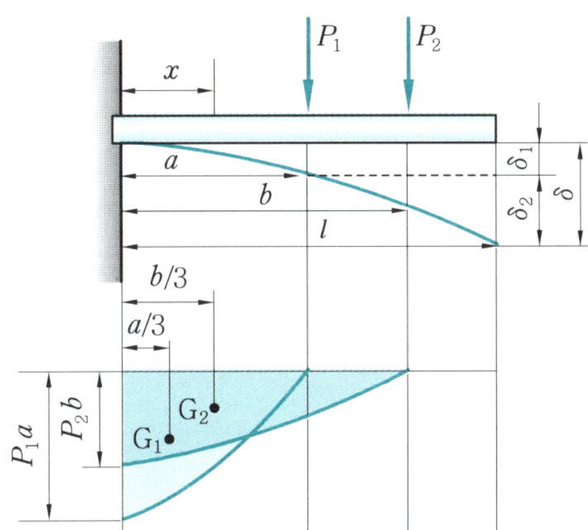

그림 9-17 다중의 집중하중을 받는 경우

① P_1에 의한 M_1과 δ_1

$$M_1 = -P_1(a-x)$$

$$(M_1)_{x=0} = \text{고정단에서 굽힘 모멘트} = -P_1 \cdot a$$

$$\delta_1 = \frac{A_{m1}}{EI} \cdot \overline{x_1} = \frac{1}{EI} \times \left(\frac{1}{2} \cdot P_1 a \cdot a \right) \times \left(l - \frac{a}{3} \right)$$

$$= \frac{P_1 a^2}{6EI}(3l-a) \tag{9-84}$$

② P_2에 의한 M_2와 δ_2

$$M_2 = -P_2(b-x)$$

$$(M_2)_{x=0} = -P_1 \cdot b$$

$$\delta_2 = \frac{A_{m2}}{EI} \cdot \overline{x_2} = \frac{1}{EI} \times \left(\frac{1}{2} \cdot P_2 b \cdot b \right) \times \left(l - \frac{b}{3} \right)$$

$$= \frac{P_2 b^2}{6EI}(3l-b) \tag{9-85}$$

식 (9-84), 식 (9-85)에서

$$\delta = \delta_1 + \delta_2 = \frac{P_1 a^2}{6EI}(3l-a) + \frac{P_2 b^2}{6EI}(3l-b)$$

만약, $P_1 = P_2$, $a = \dfrac{l}{3}$, $b = \dfrac{2}{3}\,l$ 이라면,

$$\delta = \frac{2\,P l^2}{9\,EI} \tag{9-86}$$

3-2 집중하중 P와 등분포 하중 w를 받는 외팔보

① 집중하중 P에 의한 θ_1과 δ_1

$$\theta_1 = \frac{P l^2}{2\,EI}, \qquad \delta_1 = \frac{P l^3}{3\,EI} \tag{9-87}$$

② 균일분포(등분포) 하중 w에 의한 θ_2과 δ_2

$$\theta_2 = \frac{w l^3}{6\,EI}, \qquad \delta_2 = \frac{w l^4}{8\,EI} \tag{9-88}$$

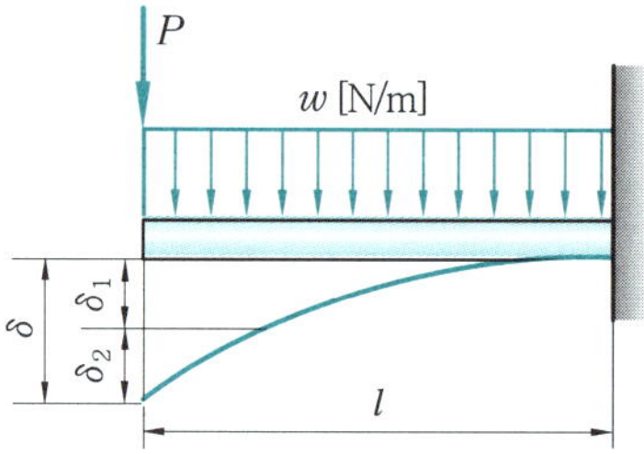

그림 9-18 집중하중과 같은 등분포 하중을 받는 경우

중첩하면,

$$\theta_{\max} = \theta_1 + \theta_2 = \frac{P l^2}{2\,EI} + \frac{w l^3}{6\,EI} = \frac{l^2}{6\,EI}\,(3\,P + w l)$$

$$\delta_{\max} = \delta_1 + \delta_2 = \frac{P l^3}{3\,EI} + \frac{w l^4}{8\,EI} = \frac{l^3}{24\,EI}\,(8\,P + 3\,w l) \tag{9-89}$$

4. 굽힘으로 인한 탄성변형 에너지

그림 9-19 (a)와 같은 보가 순수 굽힘 모멘트를 받는 경우 굽힘 모멘트는 보의 전길이에 걸쳐 균일하고 탄성곡선은 곡률이 $\dfrac{1}{\rho} = \dfrac{\theta}{l} = \dfrac{M}{EI}$ 인 원호가 되어 원호 상에서 중심각 θ는

$$\theta = \frac{M l}{EI} \tag{9-90}$$

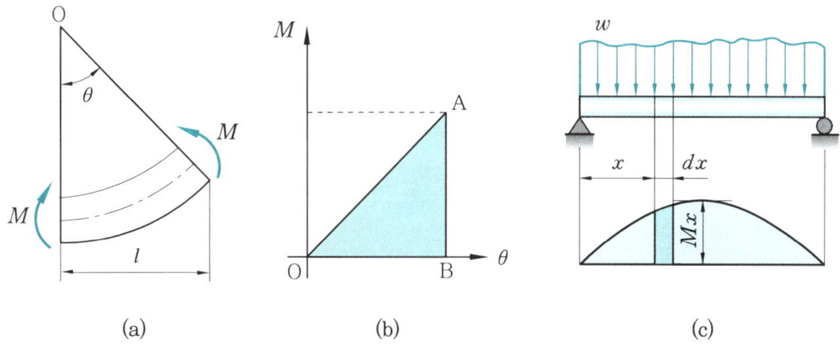

그림 9-19 굽힘에 의한 탄성 에너지

그림 9-19 (b)에서 우력 M이 한 일$=\dfrac{M\theta}{2}=$보 속에 저장된 변형 에너지 U이므로,

$$U=\frac{1}{2}\,M\theta \tag{9-91}$$

따라서, 식 (9-90)과 식 (9-91)에서

$$U=\frac{M^2 l}{2EI} \tag{9-92}$$

$$U=\frac{\theta^2 EI}{2l} \tag{9-93}$$

여기서, 굽힘 모멘트 $M=\sigma_b\cdot Z$

직사각형 단면의 경우, $\sigma_b=\sigma_{\max}=\dfrac{M}{Z}=\dfrac{6M}{bh^2}$ 이고, $M=\dfrac{bh^2\cdot\sigma_{\max}}{6}$ 이므로,

$$U=\frac{M^2 l}{2EI}=\frac{l}{2E}\times\left(\frac{bh^2}{6}\cdot\sigma_{\max}\right)^2\times\left(\frac{12}{bh^3}\right)$$

$$=\frac{1}{3}\,bhl\cdot\frac{\sigma_{\max}^2}{2E} \tag{9-94}$$

이 식은 "보 속의 전 (全) 에너지는 보의 모든 섬유가 최대응력 $\sigma_{\max}$ 을 받는 경우에 이 보가 저장할 수 있는 에너지의 $\dfrac{1}{3}$ 과 같다"는 것을 알 수 있다.

그림 9-19 (c)와 같은 불균일한 보에서 거리 dx 사이의 미소요소에 저장되는 에너지는

$$dU=\frac{M^2 dx}{2EI}, \qquad dU=\frac{EI(d\theta)^2}{2dx} \tag{9-95}$$

$\dfrac{1}{\rho}=\dfrac{d\theta}{dx}$ 에서, $d\theta=\dfrac{dx}{\rho}=\left|\dfrac{d^2 y}{dx^2}\right|dx$ 이므로,

$$U=\int_0^l \frac{M^2 dx}{2EI} \tag{9-96}$$

$$U = \int_0^l \frac{EI}{2}\left(\frac{d^2 y}{dx^2}\right)^2 \cdot dx \tag{9-97}$$

4-1　외팔보의 탄성변형 에너지

외팔보에서 자유단으로부터 임의의 거리 x 단면에 작용하는 굽힘 모멘트 $M = -Px$ 이므로,

$$U = \int_0^l \frac{M^2}{2EI}\, dx$$
$$= \int_0^l \frac{(-Px)^2}{2EI} \cdot dx = \frac{P^2 l^3}{6EI} \tag{9-98}$$

직사각형 단면인 경우 $\sigma_{\max} = \dfrac{M}{Z} = \dfrac{6Pl}{bh^2}$ 이므로,

$$U = \frac{1}{9}\, bhl\, \frac{\sigma_{\max}^2}{2E} \tag{9-99}$$

이 보가 굽힘을 하는 동안에 하중 P 가 하는 일과 변형에너지가 같아야 하므로,

$$U = \frac{1}{2}\, P\delta = \frac{P^2 l^3}{6EI} \tag{9-100}$$

따라서, 자유단에서의 처짐량 δ 는

$$\delta = \frac{Pl^3}{3EI} \tag{9-101}$$

4-2　단순보의 탄성변형 에너지

그림 9-20과 같은 균일단면의 단순보에서 x 거리에 있는 임의 단면의 굽힘 모멘트는

$$M_x = \frac{1}{2}\, P \cdot x$$

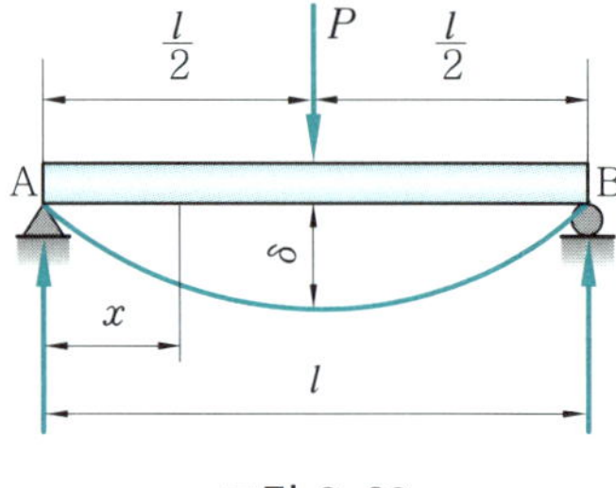

그림 9-20

보 속에 저장된 굽힘변형 에너지는

$$U = 2\int_0^{\frac{l}{2}} \frac{M^2}{2EI}\,dx = 2\int_0^{\frac{l}{2}} \frac{P^2 x^2}{8EI}\,dx = \frac{P^2 l^3}{96EI} \tag{9-102}$$

하중이 이 보에 처짐을 주면서 영(0)으로부터 P까지 천천히 증가하는 동안에 한 일과 위에서 얻은 변형 에너지는 같으므로,

$$U = \frac{1}{2}P\delta = \frac{P^2 l^3}{96EI} \tag{9-103}$$

$$\delta = \frac{Pl^3}{48EI} \tag{9-104}$$

의 처짐량을 얻을 수 있다.

예제 8. 그림과 같은 돌출된 단순지지보가 돌출단에 하중 P를 받고 있을 때 C점의 처짐량 δ를 구하시오.

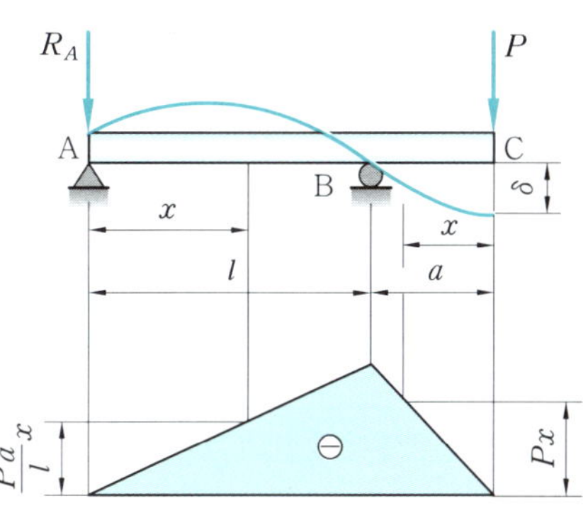

[해설] AB 구간 : $M_x = -\dfrac{Pax}{l}$

BC 구간 : $M_x = -Px$

탄성변형 에너지 $U = \int \dfrac{M^2}{2EI}\,dx$에서,

$$U = \int_0^l \frac{1}{2EI}\left(-\frac{Pax}{l}\right)^2 dx + \int_0^a \frac{1}{2EI}(-Px)^2\,dx$$

$$= \frac{P^2}{2EI}\left[\frac{a^2}{3l^2}x^3\right]_0^l + \frac{P^2}{2EI}\left[\frac{1}{3}x^3\right]_0^a$$

$$= \frac{P^2 a^2}{6EI}(1+a)$$

$$\therefore\ U = \frac{1}{2}P\delta = \frac{P^2 a^2}{6EI}(l+a)$$

$$\therefore\ \delta = \frac{Pa^2}{3EI}(l+a)$$

∽ **연습문제** ∾

1. 지름이 $d = 2\,\text{cm}$이고, 길이 $l = 1\,\text{m}$인 외팔보의 자유단에 집중하중 P가 작용할 때 최대 처짐량이 $2\,\text{cm}$이다. 최대 굽힘응력을 구하시오.(단, $E = 200\,\text{GPa}$이다.)

2. 균일분포 하중을 받고 있는 스팬 길이 $3\,\text{m}$인 단순보에서 최대처짐을 $1\,\text{cm}$로 제한하려면 하중을 얼마로 제한해야 하는지 계산하시오.(단, $E = 210\,\text{GPa}$, $b \times h = 10 \times 10\,\text{cm}$이다.)

3. 그림 p 9-1과 같은 단순보에서 생기는 최대처짐을 각각 δ_1, δ_2라 할 때 δ_1 / δ_2의 값을 구하시오.(단, $P = wl$이다.)

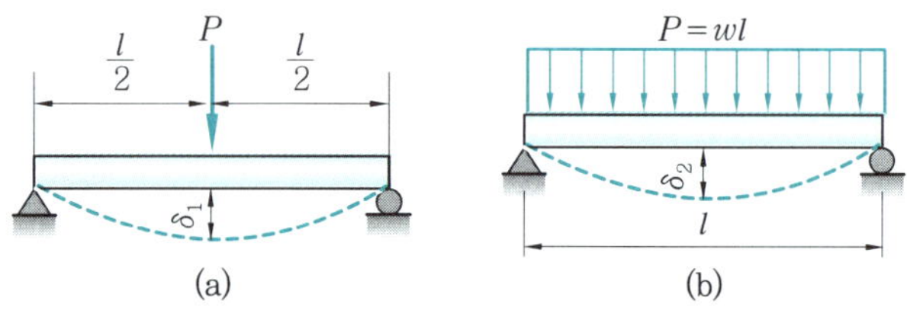

그림 p 9-1

4. 길이가 $4\,\text{m}$, 지름이 $10\,\text{cm}$인 단순보의 중앙에 집중하중 $10\,\text{kN}$의 하중을 작용시킬 때 이 보의 최대 처짐량(δ_{max})을 구하시오.(단, 이 재료의 세로 탄성계수 $E = 200\,\text{GPa}$)

5. 길이 $4\,\text{m}$, $b \times h = 15\,\text{cm} \times 20\,\text{cm}$인 사각단면의 단순보 중앙에 집중하중 $12\,\text{kN}$을 받았을 때 처짐 $\delta = 0.128\,\text{cm}$이었다. 이 보의 길이를 구하시오.(단, 재료의 탄성계수 $E = 125\,\text{GPa}$이다.)

6. $b \times h = 5\,\text{cm} \times 8\,\text{cm}$의 사각단면을 갖고 길이가 $3\,\text{m}$인 외팔보에 등분포 하중 $w = 600\,\text{kN/m}$가 작용할 때 이 재료의 탄성계수 $E = 210\,\text{GPa}$이었다. 자유단의 최대 처짐각(θ_{max})을 구하시오.

7. 지름이 $10\,\text{cm}$, 길이가 $3\,\text{m}$인 원형 단면의 단순보에서 $w = 400\,\text{kN/m}$의 등분포 하중이 작용하여 처짐이 생겼다. 이 보의 최대 처짐각 $\theta_{\text{max}} = 0.509\,\text{rad}$이라면 이 재료의 세로 탄성계수($E$)의 값을 구하시오.

8. 그림 p 9-2의 길이 $3\,\text{m}$인 단순보 중앙에 집중하중 $P = 175\,\text{kN}$이 작용하였을 때 처짐각 $\theta_A = 0.013\,\text{rad}$이 되었다. 이 재료의 종탄성계수 $E = 200\,\text{GPa}$이고, 이 보의 사각단면에서 높이가 폭의 1.5배라 한다면 폭 b와 높이 h를 구하시오.

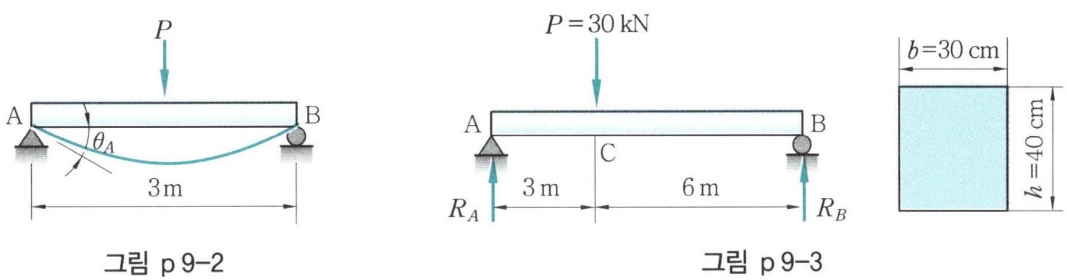

그림 p 9-2　　　　　　　　　　　　　그림 p 9-3

9. 그림 p 9-3과 같은 단순보(simple beam)의 C점에서의 곡률 반지름을 구하시오.(단, $E = 6\,\text{GPa}$이고, 보의 자중은 무시한다.)

10. 지름 3 cm, 길이 1 m인 연강재 단순보의 중앙에 1 kN, 2 kN의 하중을 순차적으로 작용시켰더니 처짐이 각각 2.5 mm, 4.9 mm였다. 이 재료의 종탄성계수를 구하시오.

11. 그림 p 9-4와 같은 부재의 길이가 l이고, 단면적이 A인 구조물의 A점에 하중 P가 작용할 때, 수직방향의 변형량을 구하시오.

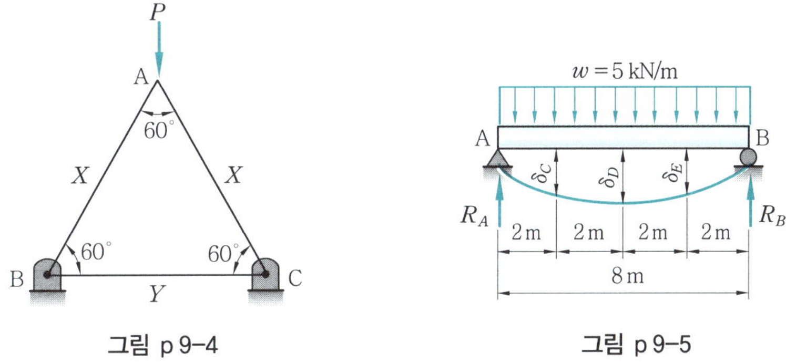

그림 p 9-4　　　　　　　　　　　　　그림 p 9-5

12. 그림 p 9-5와 같은 단순보에 등분포 하중이 작용할 때 A점에서 2 m, 4 m, 6 m 지점에 대한 처짐을 구하시오.(단, $E = 13\,\text{GPa}$, $I = 3.5 \times 10^{-3}\,\text{m}^4$이다.)

13. 그림 p 9-6과 같은 외팔보 AB에 집중하중 60 kN이 작용할 때 선단의 처짐과 처짐각을 모어의 방법으로 구하시오.(단, $E = 130\,\text{GPa}$, $I = 10^{-2}\,\text{m}^4$이다.)

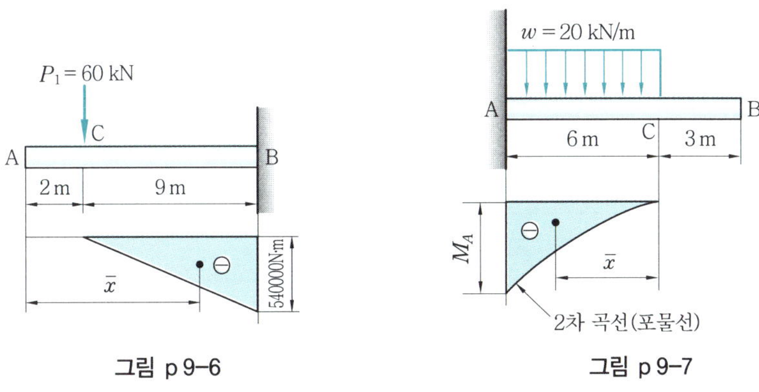

그림 p 9-6　　　　　　　　　　　　　그림 p 9-7

14. 그림 p 9-7과 같은 외팔보의 B, C점의 처짐각과 처짐량을 구하시오.(단, $E = 200\,\text{GPa}$, $I = 3 \times 10^{-4}\,\text{m}^4$이다.)

15. 그림 p 9-8과 같은 3각형 분포하중이 작용하는 단순보의 중앙점의 처짐량 δ와 처짐각 θ_A, θ_B를 구하시오.

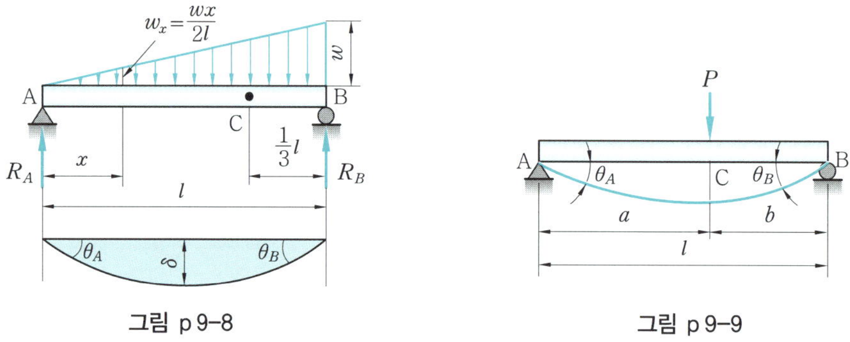

그림 p 9-8   그림 p 9-9

16. 그림 p 9-9의 길이 l인 단순보의 임의의 점에 집중하중 P가 작용할 때 양단의 기울기의 비 $|\theta_A / \theta_B| = \dfrac{3}{4}$일 때의 하중의 위치를 구하시오.

17. 그림 p 9-10과 같은 외팔보 AB의 자유단 B에 집중하중 P를 작용시키면 P의 증가와 더불어 이 보가 굽혀질 때 큰 반지름 R를 갖는 기초원과 접촉하게 된다. 주어진 하중 P의 작용 아래에서 이 보가 기초원으로부터 벗어나기 시작하는 점 C의 위치를 구하시오.

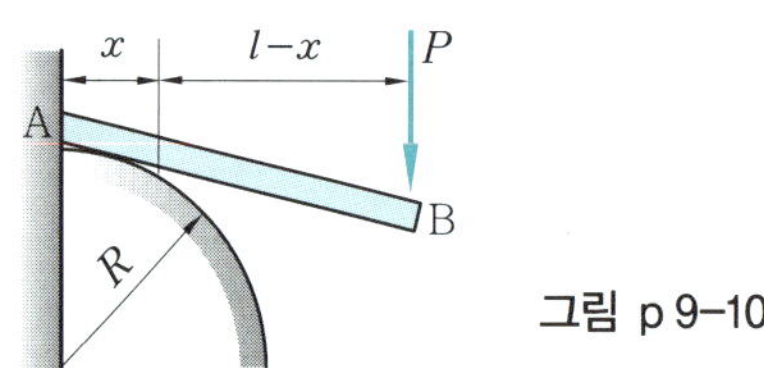

그림 p 9-10

18. 그림 p 9-11과 같은 길이 $6\,\text{m}$, $a = 3.6\,\text{m}$, $b = 2.4\,\text{m}$, $I = 200 \times 100 \times 7\,\text{mm}$의 I 형 강재에 집중하중 $P = 100\,\text{kN}$이 작용할 때, 이 보에 발생한 최대 처짐량을 구하시오.(단, $E = 210\,\text{GPa}$이다.)

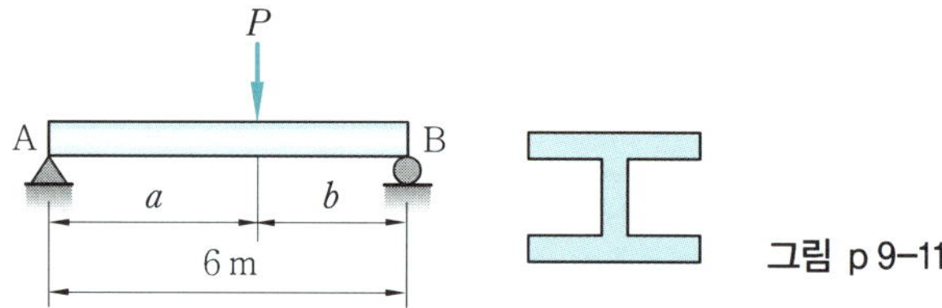

그림 p 9-11

19. 그림 p 9-12과 같이 길이가 l인 외팔보 AB의 임의의 단면에 집중하중 P가 작용할 때

임의점 x 거리의 처짐량 δ와 B단에서의 처짐 δ_b, 경사각 θ_b를 구하시오.

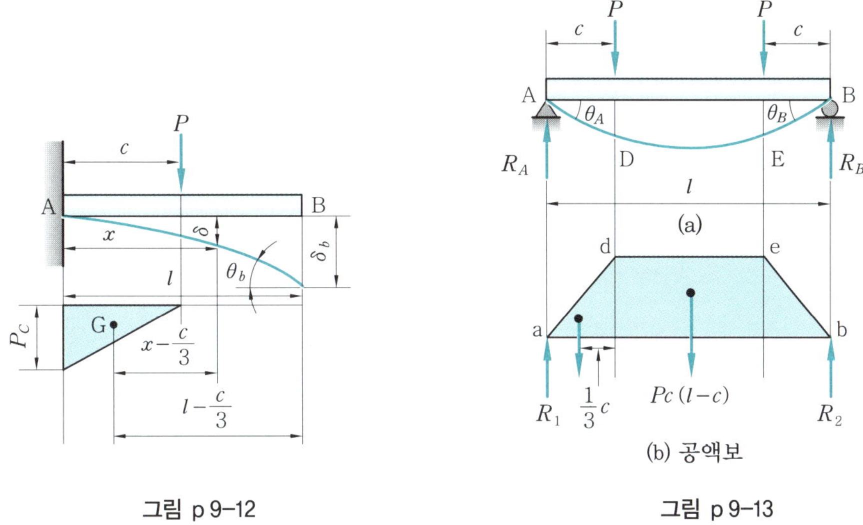

그림 p 9–12

그림 p 9–13

20. 그림 p 9–13과 같이 길이가 l인 외팔보 AB에 그림과 같이 집중하중 P가 작용할 때 이 보의 양단의 경사각, 하중의 작용점 및 중앙점의 처짐량을 구하시오.

21. 그림 p 9–14와 같이 길이가 l인 외팔보에 3각형 분포하중이 작용할 때, 이 보의 자유단 B에 생기는 처짐량을 중첩법을 사용하여 구하시오.

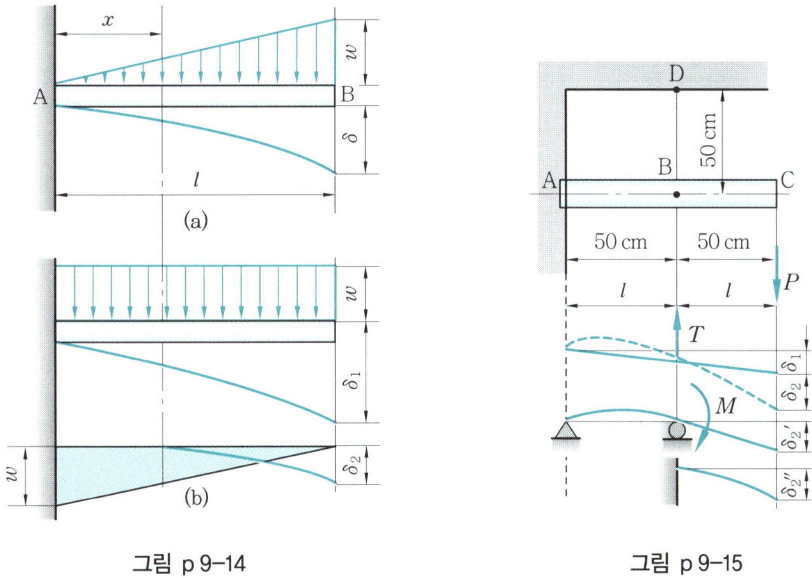

그림 p 9–14

그림 p 9–15

22. 그림 p 9–15와 같이 길이 $2l = 1\,\mathrm{m}$의 균일 정사각형 단면보 ABC의 한 끝 A를 핀으로 벽에 연결하고, 그 중앙점 B를 길이 l인 연직강선 BC로 천장에 매달고, 자유단 C에 하중 $P = 500\,\mathrm{N}$

을 작용할 때, 이 곳의 처짐 δ_C를 구하시오.(단, 강선의 영계수 $E = 200\,\text{GPa}$, 강선의 단면적 $A = 20\,\text{cm}^2$, 정사각형 단면보의 $I = 1.4\,\text{cm}^4$이다.)

23. 그림 p 9-16과 같이 길이가 l인 단순보의 중앙점에 집중하중 P가 작용할 때, 이 보의 중앙점에서의 처짐량을 전단력을 고려하여 구하시오.

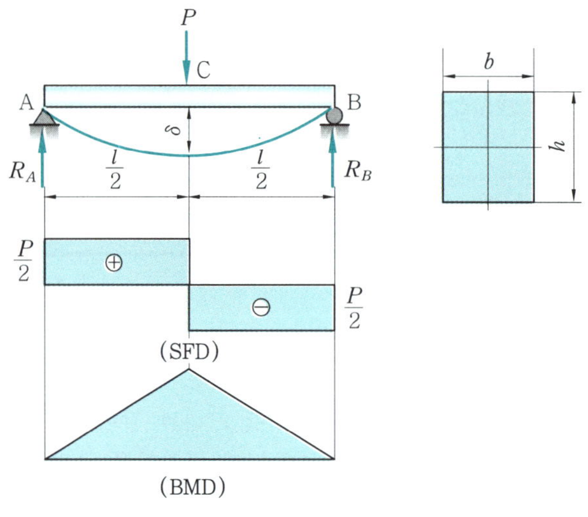

그림 p 9-16

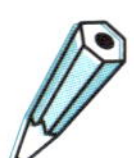

연습문제 풀이

1. $M_{max} = Pl = \sigma_b \cdot Z$ 에서 $\sigma_b = \sigma_{max} = \dfrac{Pl}{Z}$

$\delta_{max} = \dfrac{Pl^3}{3EI}$ 에서 $Pl = \dfrac{3EI\delta_{max}}{l^2}$

$$\therefore \sigma_{max} = \dfrac{Pl}{Z} = \dfrac{\dfrac{3EI\delta_{max}}{l^2}}{Z} = \dfrac{3EI\delta_{max}}{Zl^2}$$

$$= \dfrac{3E\delta_{max}}{l^2} \times \dfrac{\dfrac{\pi d^4}{64}}{\dfrac{\pi d^3}{32}} = \dfrac{3E\delta_{max}}{l^2} \times \dfrac{d}{2}$$

$$= \dfrac{3E\delta_{max}}{l^2} \times \dfrac{d}{2}$$

$$= \dfrac{3 \times (200 \times 10^9) \times 0.02}{1^2} \times \dfrac{0.02}{2}$$

$$= 120000000 \ N/m^2 = 120 \ MPa$$

2. 균일분포 하중을 받고 있는 단순보의 최대 처짐은 중앙에서 생긴다.

$$\delta_{max} = \dfrac{5wl^4}{384EI}, \quad w = \dfrac{384EI\delta_{max}}{5l^4}$$

$$I = \dfrac{bh^3}{12} = \dfrac{0.1 \times 0.1^3}{12} \fallingdotseq 8.33 \times 10^{-6}$$

$$\therefore w = \dfrac{384 \times (210 \times 10^9) \times (8.33 \times 10^{-6}) \times 0.01}{5 \times 3^4}$$

$$= 16586 \ N/m \fallingdotseq 16.6 \ kN/m$$

3. 두 단순보의 최대 처짐은 중앙에서 생기며 그 값은

$$\delta_1 = \dfrac{Pl^3}{48EI}, \quad \delta_2 = \dfrac{5wl^4}{384EI} = \dfrac{5Pl^3}{384EI}$$

$$\therefore \dfrac{\delta_1}{\delta_2} = \dfrac{\dfrac{Pl^3}{48EI}}{\dfrac{5Pl^3}{384EI}} = \dfrac{384}{48 \times 5} = \dfrac{8}{5}$$

4. 단순보의 처짐량 $\delta_{max} = \dfrac{Pl^3}{48EI}$ 에서,

$$I = \dfrac{\pi d^4}{64} = \dfrac{\pi \times 0.1^4}{64} \fallingdotseq 4.9 \times 10^{-6} \ m^4$$

$$\therefore \delta_{max} = \dfrac{10000 \times 4^3}{48 \times (200 \times 10^9) \times (4.9 \times 10^{-6})}$$

$$\fallingdotseq 0.0136 \ m = 1.36 \ cm$$

5. 단순보의 중앙에 집중하중이 작용하였을 때 처짐 $\delta = \dfrac{Pl^3}{48EI}$ 에서, $l = \sqrt[3]{\dfrac{48EI\delta}{P}}$

$$I = \dfrac{b \times h^3}{12} = \dfrac{15 \times 20^3}{12} = 10000 \ cm^4$$

$$= 1 \times 10^{-4} \ m^4$$

$$\therefore l = \sqrt[3]{\dfrac{48 \times (125 \times 10^9) \times (1 \times 10^{-4}) \times (0.128 \times 10^{-2})}{12000}}$$

$$= 4 \ m = 400 \ cm$$

6. 등분포 하중 w가 작용하는 외팔보에서 최대 처짐각 $\theta_{max} = \dfrac{wl^3}{6EI}$ 이므로, 여기에

$$I = \dfrac{b \times h^3}{12} = \dfrac{6 \times 8^3}{12} = 256 \ cm^4$$

$$= 2.56 \times 10^{-6} \ m^4$$

을 대입하면

$$\therefore \theta_{max} = \dfrac{600000 \times 3^3}{6 \times (210 \times 10^9) \times (2.56 \times 10^{-6})}$$

$$\fallingdotseq 5.02 \ rad$$

7. 등분포 하중의 단순보에서 최대 처짐각은

$$\theta_{max} = \dfrac{wl^3}{24EI}$$

세로 탄성계수 $E = \dfrac{wl^3}{24I\theta_{max}}$

$$I = \dfrac{\pi \times d^4}{64} = \dfrac{\pi \times 10^4}{64} = 491 \ cm^4$$

$$= 4.91 \times 10^{-6} \ m^4$$

$$\therefore E = \dfrac{400000 \times 3^3}{24 \times (4.91 \times 10^{-6}) \times 0.509}$$

$$\fallingdotseq 1.8 \times 10^{11} \ N/m^2 = 180 \times 10^9 \ N/m^2$$

$$= 180 \ GPa$$

8. 집중 $\theta_{max} = \theta_A = \dfrac{Pl^2}{16EI}$ 에서,

$$I = \dfrac{Pl^2}{16E\theta_{max}} = \dfrac{175000 \times 3^2}{16 \times (200 \times 10^9) \times 0.013}$$

$$= 0.3786 \times 10^{-4} \ m^4$$

$$I = \dfrac{bh^3}{12} = \dfrac{b \times (1.5b)^3}{12} = 0.28125 \ b^4$$

$$= 0.3786 \times 10^{-4} \ m^4$$

$$\therefore b = \sqrt[4]{\frac{0.3786 \times 10^{-4}}{0.28125}} = 0.1077 \fallingdotseq 12 \text{ cm}$$

$$h = 1.5\,b = 1.5 \times 12 = 18 \text{ cm}$$

9. $\sum M_B = 0 \; ; \; R_A \cdot 9 - 30000 \times 6 = 0$

$$\therefore R_A = 20000 \text{ N}$$

$$M_C = 20000 \times 3 = 60000 \text{ N·m}$$

$$I = \frac{bh^3}{12} = \frac{0.3 \times 0.4^3}{12} = 1.6 \times 10^{-3} \text{ m}^4$$

$$\therefore \frac{1}{\rho} = \frac{M_C}{EI} \text{ 에서 } \rho = \frac{EI}{M_C}$$

$$\therefore \rho = \frac{(6 \times 10^9) \times (1.6 \times 10^{-3})}{60000} = 160 \text{ m}$$

10. 단순보에 집중하중 작용시 $\left(a = b = \dfrac{l}{2}\text{ 인 경우}\right)$

$\delta = \dfrac{Pl^3}{48\,EI}$ 에서 $E = \dfrac{Pl^3}{48\,\delta I}$ 이므로, 두 번의 하

중작용에 의한 탄성계수 E_1, E_2의 평균값이

이 재료의 종탄성계수가 된다.

$$\therefore E = \frac{1}{2}\,(E_1 + E_2)$$

$$= \frac{1}{2}\left(\frac{P_1 l^3}{48 I \delta_1} + \frac{P_2 l^3}{48 I \delta_2}\right)$$

$$= \frac{l^3}{96 I}\left(\frac{P_1}{\delta_1} + \frac{P_2}{\delta_2}\right)$$

$$\left(I = \frac{\pi d^4}{64} = \frac{\pi \times 3^4}{64} \fallingdotseq 4 \text{ cm}^4 = 4 \times 10^{-8} \text{ m}^4\right)$$

$$\therefore E = \frac{1^3}{96 \times (4 \times 10^{-8})}$$

$$\times \left(\frac{1000}{2.5 \times 10^{-3}} + \frac{2000}{4.9 \times 10^{-3}}\right)$$

$$= 2.1 \times 10^{11} \text{ N/m}^2 = 210 \times 10^9 \text{ N/m}^2$$

$$= 210 \text{ GPa}$$

11. AB에 발생하는 힘 : $X \cdot \cos 30°$ } (압축)
AC에 발생하는 힘 : $X \cdot \cos 30°$

$2X \cdot \cos 30° = P$ 에서,

$$X = \frac{P}{2 \cdot \cos 30°} = \frac{P}{\sqrt{3}}$$

BC에 발생하는 힘은

$$Y = X \cdot \cos 60° = \frac{P}{2\sqrt{3}} \quad \text{(인장)}$$

$$\therefore U = 2 \cdot \frac{X^2 l}{2 AE} + \frac{Y^2 l}{2 AE}$$

$$= \frac{\left(\dfrac{P}{\sqrt{3}}\right)^2 \cdot l}{AE} + \frac{\left(\dfrac{P}{2\sqrt{3}}\right)^2 \cdot l}{2 AE}$$

$$= \frac{P^2 l}{3 AE} + \frac{P^2 l}{24 AE} = \frac{9 P^2 l}{24 AE} = \frac{3 P^2 l}{8 AE}$$

카스틸리아노의 정리에 의해,

$$\delta = \frac{\partial u}{\partial P} = \frac{\partial}{\partial P}\left(\frac{3 P^2 l}{8 AE}\right) = \frac{3 Pl}{4 AE}$$

12. 등분포 하중을 받는 단순보의 임의의 점에

서 처짐은

$$\delta = \frac{wx}{24\,EI}\,(l^3 - 2l x^2 + x^3)$$

① $\delta_C = \dfrac{5000 \times 2 \times (8^3 - 2 \times 8 \times 2^2 + 2^3)}{24 \times (13 \times 10^9) \times (3.4 \times 10^{-3})}$

$$= 4.3 \times 10^{-3} \text{ m} = 0.43 \text{ cm}$$

② $\delta_D = \dfrac{5000 \times 4 \times (8^3 - 2 \times 8 \times 4^2 + 4^3)}{24 \times (13 \times 10^9) \times (3.4 \times 10^{-3})}$

$$= 6.03 \times 10^{-3} \text{ m} = 0.603 \text{ cm}$$

③ $\delta_E = \dfrac{5000 \times 6 \times (8^3 - 2 \times 8 \times 6^2 + 6^3)}{24 \times (13 \times 10^9) \times (3.4 \times 10^{-3})}$

$$= 4.3 \times 10^{-3} \text{ m} = 0.43 \text{ cm}$$

13. $M_B = -Pl = -60000 \times 9 = -540000 \text{ N·m}$

$$\theta_A = \frac{A_m}{EI} = \frac{1}{EI}\left(\frac{1}{2} \times b \times h\right)$$

$$= \frac{9 \times 540000}{2 \times (130 \times 10^9) \times 10^{-2}}$$

$$\fallingdotseq 1.87 \times 10^{-3} \text{ rad}$$

$$\delta_A = \frac{A_m}{EI} \times \overline{x} = \theta_A \times \overline{x}$$

$$= (1.87 \times 10^{-3}) \times \left(2 + \frac{2}{3} \times 9\right)$$

$$= 0.01495 \text{ m} = 1.495 \text{ cm}$$

14. $M_A = -\dfrac{wl^2}{2} = -\dfrac{20000 \times 6^2}{2}$

$$= -360000 \text{ N/m}$$

$$A_m = \frac{1}{3}\,bh = \frac{1}{3} \times 6 \times 360000 = 720000 \text{ N·m}^2$$

$$EI = (200 \times 10^9) \times (3 \times 10^{-4}) = 6 \times 10^7 \text{ N·m}^2$$

$$\overline{x} = \frac{3}{4}\,b = \frac{3}{4} \times 6 = 4.5 \text{ m}$$

① $\theta_C = \dfrac{A_m}{EI} = \dfrac{720000}{6 \times 10^7} = 0.012 \text{ rad}$

$$\delta_C = \theta_c \times \overline{x} = 0.012 \times 4.5 = 0.054 \text{ m} = 5.4 \text{ cm}$$

② $\theta_B = \dfrac{A_m}{EI} = \dfrac{720000}{6 \times 10^7} = 0.012 \text{ rad}$

$$\delta_B = \theta_B \times \overline{x} = 0.012 \times (4.5 + 3)$$

$$= 0.09 \text{ m} = 9 \text{ cm}$$

15. $R_A + R_B = \dfrac{wl}{2}$

$\sum M_B = 0 \; ; \; R_A \cdot l - \dfrac{wl}{2} \times \dfrac{l}{3} = 0$

$\therefore R_A = \dfrac{wl}{6}, \quad R_B = \dfrac{wl}{3}$

임의의 거리 x에서의 굽힘 모멘트 M_x는

$$M_x = R_A x - \dfrac{wx}{2l} \cdot x \cdot \dfrac{x}{3}$$

$$= \dfrac{wlx}{6} - \dfrac{wx^3}{6l} \tag{a}$$

$$EI \dfrac{d^2 y}{dx^2} = -M = \dfrac{wx^3}{6l} - \dfrac{wlx}{6} \tag{b}$$

두 번 적분하면,

$$EI \dfrac{dy}{dx} = \dfrac{wx^4}{24l} - \dfrac{wlx^2}{12} + c_1 \tag{c}$$

$$EI \cdot y = \dfrac{wx^5}{120l} - \dfrac{wlx^3}{36} + c_1 x + c_2 \tag{d}$$

적분상수 c_1, c_2를 구하기 위해서 (경계) 조건을 주면,

$x = 0 \; ; \; y = 0$을 식 (d)에 대입하면

$\quad c_2 = 0$

$x = l \; ; \; y = 0$을 식 (d)에 대입하면

$$c_1 = \dfrac{7wl^3}{360}$$

c_1, c_2를 식 (c)와 식 (d)에 대입 정리하면,

$$y = \dfrac{w}{360EI} \left(\dfrac{3}{l} x^5 - 10lx^3 + 7l^3 x \right)$$

$$\dfrac{dy}{dx} = \dfrac{w}{24EI} \left(\dfrac{x^4}{l} - 2lx^2 + \dfrac{7}{15}l^3 \right) \tag{e}$$

$$\theta_A = \left(\dfrac{dy}{dx} \right)_{x=0} = \dfrac{7wl^3}{360}$$

$$\theta_B = \left(\dfrac{dy}{dx} \right)_{x=l} = \dfrac{-8wl^3}{360}$$

$\dfrac{dy}{dx} = 0$일 때 y_{max}이므로 식 (e)에서 $x = 0.519$ 대입하면,

$$\delta_{max} = 0.00652 \dfrac{wl^4}{EI}$$

$$(\delta)_{x=\frac{l}{2}} = \dfrac{5wl^4}{768EI}$$

$$\therefore \theta_A = \dfrac{7wl^3}{360}, \quad \theta_B = \dfrac{8wl^3}{360}$$

$$(\delta)_{x=\frac{l}{2}} = \dfrac{5wl^4}{768EI}$$

$$(\delta_{max})_{x=0.519l} = 0.00652 \dfrac{wl^4}{EI}$$

16. 임의의 점에 집중하중 P가 작용할 때 단순보의 처짐각은

$$\theta_A = \dfrac{Pb(l^2 - b^2)}{6EI}$$

$$\theta_B = \dfrac{-Pa(l^2 - a^2)}{6EI}$$

$$\left| \dfrac{\theta_A}{\theta_B} \right| = \dfrac{b(l^2 - b^2)}{a(l^2 - a^2)} = \dfrac{b(l+b)(l-b)}{a(l+a)(l-a)}$$

$$= \dfrac{a \cdot b(l+b)}{a \cdot b \cdot (l+a)} = \dfrac{l+b}{l+a}$$

$$= \dfrac{l+(l-a)}{l+a} = \dfrac{2l-a}{l+a} = \dfrac{3}{4}$$

$$\therefore (2l-a) \cdot 4 = (l+a) \cdot 3$$

$$\therefore a = \dfrac{5}{7} l$$

17. P로 인한 C점의 굽힘 모멘트 M_1은

$$M_1 = -P(l-x)$$

기초원의 굽힘 모멘트 M_2는

$$\dfrac{-M_2}{EI} = \dfrac{1}{R}, \quad M_2 = -\dfrac{EI}{R}$$

$M_1 = M_2$이어야 하므로,

$$P(l-x) = \dfrac{EI}{R}$$

$$\therefore x = l - \dfrac{EI}{PR}$$

18. I형 단면의 $A = 3306\,\mathrm{cm}^2$, $I = 2180\,\mathrm{cm}^4$

$$\therefore \delta_{max} = \dfrac{Pb(l^2 - b^2)^{\frac{3}{2}}}{9\sqrt{3}\,EIl}$$

$$= \dfrac{100000 \times 2.4 \times (6^2 - 2.4^2)^{\frac{3}{2}}}{9\sqrt{3} \times (210 \times 10^9) \times (2180 \times 10^{-8}) \times 6}$$

$$= 0.0932\,\mathrm{m} = 9.32\,\mathrm{cm}$$

19. $\theta_b = \dfrac{A_m}{EI} = \dfrac{1}{EI} \times \dfrac{1}{2} Pc \cdot c = \dfrac{Pc^2}{2EI}$

$$\delta_b = \dfrac{A_m}{EI} \cdot \bar{x} = \theta_b \times \bar{x} = \dfrac{Pc^2}{2EI} \left(l - \dfrac{c}{3} \right)$$

$$\delta = \dfrac{A_m}{EI} \cdot \bar{x}' = \dfrac{Pc^2}{2EI} \left(x - \dfrac{c}{3} \right)$$

20. ab의 공액보와 굽힘 모멘트 선도는 그림 (b)와 같다.

$$A_m = Pc \cdot (l - 2c) + \dfrac{1}{2} Pc \cdot c + \dfrac{1}{2} Pc \cdot c$$

$$= Pc(l - c)$$

공액보의 하중 R_1, R_2는

$$R_1 = R_2 = \dfrac{1}{2} P \cdot c(l - c)$$

$$\therefore \theta_A = -\theta_B = \dfrac{R_1(\text{또는 } R_2)}{EI}$$

$$= \dfrac{1}{EI} \times \dfrac{P \cdot c(l-c)}{2}$$

D점의 처짐량은

$$(\delta_D)_{x=c} = \frac{1}{EI}\left[\frac{Pc^2(l-c)}{2} - \frac{Pc^2}{2}\times\frac{c}{3}\right]$$

$$= \frac{Pc^2}{6EI}(3l-4c)$$

중앙점의 처짐량

$$(\delta)_{x=\frac{l}{2}} = \frac{1}{EI}\left[R_1\cdot\frac{l}{2} - \frac{Pc^2}{2}\left(\frac{l}{2}-\frac{2}{3}c\right)\right.$$

$$\left. - Pc\left(\frac{l}{2}-c\right)\cdot\frac{1}{2}\cdot\left(\frac{l}{2}-c\right)\right]$$

$$= \frac{Pc}{24EI}(3l^2-4c^2)$$

$$\therefore \theta_A = -\theta_B = \frac{Pc(l-c)}{2EI}$$

$$\delta_D = \delta_E = \frac{Pc^2}{6EI}(3l-4c)$$

$$(\delta)_{x=\frac{l}{2}} = \frac{Pc}{24EI}(3l^2-4c^2)$$

21. 이 보의 하중 상태는 구형 분포 하중에서 윗면의 삼각형 분포 하중을 **뺀** 것과 같다.

① 구형 분포하중일 때 처짐의 일반식

$$y_1 = \frac{w}{2EI}\left(\frac{l^2x^2}{2} - \frac{lx^3}{3} + \frac{x^4}{12}\right)$$

$$\delta_1 = (y_1)_{x=l} = \frac{wl^4}{8EI}$$

② 삼각형 분포하중일 때 처짐의 일반식(윗면)

$$y_2 = \frac{1}{EI}\left[\frac{w}{120}(l-x)^5 + \frac{wl^3}{24}x - \frac{wl^4}{120}\right]$$

$$\delta_2 = (y_1)_{x=l} = \frac{wl^4}{8EI}$$

따라서, 중첩법에 의해

$$\delta = \delta_1 - \delta_2$$

$$= \frac{wl^4}{8EI} - \frac{wl^4}{30EI} = \frac{11wl^4}{120EI}$$

22. 강철의 신연에 의한 처짐 δ_1과 보의 처짐 δ_2를 각각 구하여 합하면 전체 처짐량 $\delta = \delta_1 + \delta_2$를 구할 수 있다.

$$50\,T = 100\,P$$

$$T = \frac{100\times500}{50} = 1000\,\text{N}$$

강철의 신연에 의한 처짐

$$\delta_1 = \frac{Tl}{AE} = \frac{1000\times0.5}{(20\times10^{-4})\times(210\times10^9)}$$

$$= 1.25\times10^{-6}\,\text{m}$$

보의 처짐 = 단순보의 상태 $\delta_2{}'$

$$+ 외팔보의 상태\ \delta_2{}''$$

$$\delta_2{}' = \frac{1}{EI}\times\frac{Pl\times l}{2}\times\frac{2l}{3} = \frac{Pl^3}{3EI}$$

$$\delta_2{}'' = \frac{1}{EI}\times\frac{Pl\times l}{2}\times\frac{2l}{3} = \frac{Pl^3}{3EI}$$

$$\therefore \delta_2 = \frac{Pl^3}{3EI} + \frac{Pl^3}{3EI} = \frac{2Pl^3}{3EI}$$

$$= \frac{2\times500\times0.5^3}{3\times(200\times10^9)\times(1.4\times10^{-8})}$$

$$= 0.0149\,\text{m}$$

$$\therefore \delta_C = \delta_1 + \delta_2 = 1.25\times10^{-6} + 0.0149$$

$$= 0.01490125\,\text{m} = 1.490125\,\text{cm}$$

23. $V = \pm\dfrac{P}{2}$

$$\frac{dy_1}{dx} = \frac{\alpha V}{AG} = \frac{\alpha P}{2AG}$$ (α : 전단계수, 구형 단면에서 $\alpha = \dfrac{3}{2}$, 원형 단면에서 $\alpha = \dfrac{4}{3}$)

$$y_1 = \frac{\alpha Px}{2AG} + C$$

$$x = 0,\quad y_1 = 0 \quad \therefore C = 0$$

최대처짐은 중앙점 $x = \dfrac{l}{2}$에서 발생하므로

$$\delta_1 = (y_1)_{x=l/2} = \frac{\alpha Pl}{4AG}$$

$k^2 = \dfrac{I}{A}$를 대입하고 굽힘 모멘트에 의한 처짐식과 비교하면

$$\delta_1 = \frac{Pl^3}{48EI}\left(12\alpha\times\frac{k^2}{l^2}\times\frac{E}{G}\right)$$

구형 단면의 강철이라면, $\alpha = \dfrac{3}{2}$, $\dfrac{E}{G} = 2.5$, $k^2 = \dfrac{h^2}{12}$에서

$$\delta_1 = \frac{Pl^3}{48EI}\left(12\times1.5 + 1.5\times\frac{h^2}{12l^2}\times2.5\right)$$

$$= \frac{Pl^3}{48EI}\times\left(3.75\times\frac{h^2}{l^2}\right)$$

$(y)_{\substack{x=\frac{l}{2}\\a=b}} = \dfrac{Pl^3}{48EI}$은 굽힘 모멘트에 의한 중앙점의 처짐이므로 실제 처짐은 전단력을 고려한 처짐을 첨가해야 하므로,

$$\delta = \frac{Pl^3}{48EI} + \frac{Pl^3}{48EI}\left(3.75\times\frac{h^2}{l^2}\right)$$

$$= \frac{Pl^3}{48EI}\left(1 + 3.75\cdot\frac{h^2}{l^2}\right)$$

이 식 중에 $\dfrac{h}{l} = \dfrac{1}{10}$이라면 전단력의 효과는 약 4 %이다.

제 10 장 부정정보

1. 부정정보

앞에서 논의한 정정보〔양단지지보(단순보), 외팔보, 돌출보〕는 정역학의 평형 방정식인 $\Sigma X_i = 0$, $\Sigma Y_i = 0$, $\Sigma M_i = 0$ 등에 의하여 완전히 풀 수 있었다. 그러나, 일단고정 타단지지보, 양단고정보, 연속보 등은 미지의 반력 R와 우력 M이 3개 이상인 과잉구속을 가졌기 때문에 R과 M은 과잉구속의 수만큼 변형의 조건을 이용하여 방정식을 만들어야만 풀 수 있다.

이와 같이 정역학의 평형 방정식으로 풀지 못하고 변형의 조건을 추가시켜 풀 수 있는 보를 부정정보(不靜定보, statically indeteminate beam)라 한다.

미지의 반력 R와, 우력 M을 구하는 방법은 다음 세 가지가 있다.

(1) 탄성곡선의 미분 방정식에 의한 방법

임의의 단면에서 굽힘 모멘트를 탄성곡선의 미분 방정식 $EI\dfrac{d^2 y}{dx^2} = -M$에 대입하고 처짐에 대한 식을 유도하여 여기에 (경계) 조건을 대입하여 반력과 우력을 결정한다.

(2) 중첩법에 의한 방법

몇 개의 정정보로 분해하고 각각에 대한 처짐각과 처짐량을 구하여 경계 조건에 만족하도록 중첩시켜 반력과 우력을 결정한다.

(3) 면적 모멘트에 의한 방법

면적 모멘트법을 응용하여 반력과 우력을 구한다.

2. 일단고정 타단지지보

2-1 한 개의 집중하중을 받는 경우

그림 10-1과 같은 보에 집중하중 P가 작용할 때 A단에 3개, B단에 1개, 모두 4개의 반력이 있으므로 1개의 과잉구속을 갖는 부정정보이다. 일단고정 타단지지의 외팔보를 지지된 외팔보(propped cantilever)라 한다.

A단의 고정 모멘트 M_A를 부정정 요소로 보고, 그림 (b)와 (c) 같이 2개의 정정보로 분해하여 중첩법으로 풀어 본다.

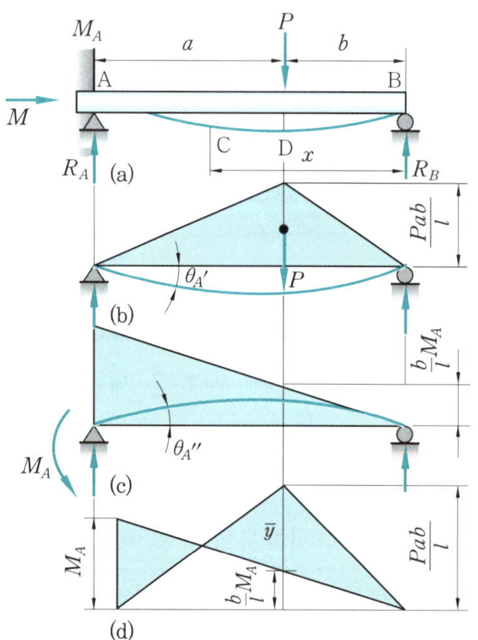

그림 10-1 한 개의 집중하중을 받는 일단고정 타단지지보

고정단의 처짐각은 0이므로, 그림 10-1 (b)와 10-1 (c)의 처짐각의 합이 0이어야 한다.

$$\theta_A' - \theta_A'' = 0 \tag{10-1}$$

P로 인한 처짐각 θ_A', 우력 M_A로 인한 처짐각 θ_A는

$$\theta_A' = \frac{Pb}{6EIl}(l^2 - b^2), \qquad \theta_A'' = \frac{-M_A l}{3EI} \tag{10-2}$$

식 (10-1)과 식 (10-2)에서,

$$\frac{Pb}{6EIl}(l^2-b^2)+\frac{M_A l}{3EI}=0$$

$$\therefore M_A=-\frac{Pb(l^2-b^2)}{2l^2} \tag{10-3}$$

$\sum M_B=0$에서,

$$R_A \cdot l - Pb + M_A = 0$$

$$\left.\begin{aligned}
\therefore R_A &= \frac{Pb-M_A}{l}=\frac{Pb+Pb(l^2-b^2)/2l^2}{l}\\
&=\frac{Pb}{2l^3}(3l^2-b^2)\\
R_B &= \frac{Pa^2}{2l^3}(3l-a)
\end{aligned}\right\} \tag{10-4}$$

굽힘 모멘트 선도(BMD)는 그림 10-1 (b)와 10-1 (c)를 중첩시켜 그림 10-1 (d)와 같이 그릴 수 있다. 임의의 거리 x에서의 처짐은, P와 M_A로 인한 처짐을 각각 구하여 합한다.

$$y_P=\frac{Pbx}{6EIl}(l^2-b^2-x^2),\quad y_M=\frac{M_A x}{6EIl}(l^2-x^2) \tag{10-5}$$

$x=\dfrac{l}{2}$에서 처짐은

$$y_{x=\frac{l}{2}}=\frac{Pb}{48EI}(3l^2-4b^2),\quad y_{x=\frac{l}{2}}=\frac{M_A l^2}{16EI}$$

$$\therefore \delta=\frac{Pl}{48EI}(3l^2-4b^2)+\frac{M_A l^2}{16EI} \tag{10-6}$$

또, $a=b=\dfrac{l}{2}$에서의 처짐은 식 (10-6)에 식 (10-3)을 대입하면,

$$\delta=\frac{7Pl^3}{768EI} \tag{10-7}$$

고정단에서 일어나는 굽힘 모멘트는 하중의 위치에 관계됨을 알 수 있다.

M_A의 최대값은 $\dfrac{dM_A}{db}=0$에서 $-\dfrac{P(l^2-3b^2)}{2l^2}=0$으로부터 $b=\dfrac{l}{\sqrt{3}}$인 점에서 발생하므로 식 (10-3)에 대입 정리하면,

$$(M_A)_{\max}=\frac{-Pl}{3\sqrt{3}}=-0.192Pl \tag{10-8}$$

하중의 작용점 D에서 일어나는 굽힘 모멘트는

$$M_D=\frac{Pab}{l}+\frac{b}{l}M_A=\frac{Pab}{l}-\frac{b}{l}\frac{Pb(l^2-b^2)}{2l^2}$$

$$= \frac{Pba^2}{2\,l^3}\,(2l+b) \tag{10-9}$$

이동하중 P에 의한 M_D의 최대값은 $\dfrac{dM_D}{db}=0$에서 $2\,b^2+2\,bl-l^2=0$으로부터

$b=\dfrac{l}{2}\,(\sqrt{3}-1)=0.366\,l$에서 발생하므로 식 (10-9)에 대입 정리하면

$$(M_D)_{\max}=0.174\,Pl \tag{10-10}$$

$(M_A)_{\max}$ 와 $(M_D)_{\max}$ 중 $(M_A)_{\max}$ 가 크므로 이동하중의 경우 최대 굽힘응력은 고정단에서 일어남을 알 수 있다.

중앙점 $\left(a=b=\dfrac{l}{2}\right)$에 하중이 작용한다면,

$$R_A=\frac{11}{16}\,P,\;\; R_B=\frac{5}{16}\,P,\quad M_A=\frac{-3}{16}\,Pl,\;\; M_B=\frac{5}{32}\,Pl$$

또, 굽힘 모멘트가 영인 점은

$$M_x=-R_B\cdot x+P\left(x-\frac{l}{2}\right)=-\frac{5}{16}\,Px+Px-\frac{Pl}{2}=0$$

$$\therefore\; x=\frac{8}{11}\,l$$

2-2 등분포 하중을 받는 경우

그림 10-2에서 A점에서 임의의 거리 x 단면에서 굽힘 모멘트는

$$M_x=R_A\cdot x-\frac{wx^2}{2}$$

$$EI\,\frac{d^2y}{dx^2}=-M_x=-R_A\cdot x+\frac{wx^2}{2}$$

두 번 적분하면,

$$EI\,\frac{dy}{dx}=-\frac{R_A x^2}{2}+\frac{wx^3}{6}+C_1 \tag{10-11}$$

$$EI\cdot y=-\frac{R_A x^3}{6}+\frac{w\,x^4}{24}+C_1x+C_2 \tag{10-12}$$

(경계) 조건 $x=l$일 때, $\dfrac{dy}{dx}=0$이므로 식 (10-11)에서,

$$C_1=\frac{R_A l^2}{2}-\frac{wl^3}{6}$$

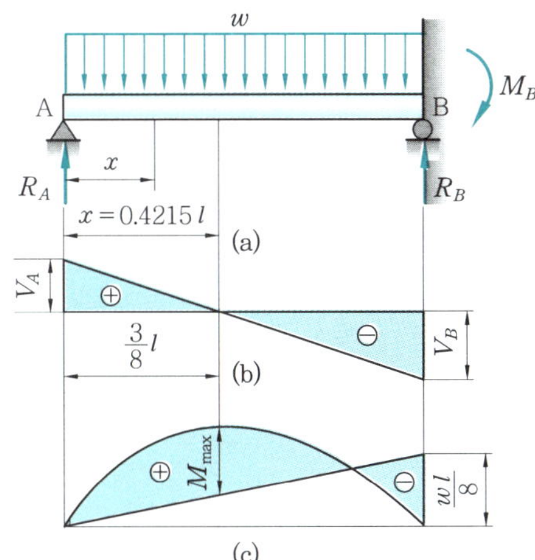

그림 10-2 등분포 하중을 받는 일단고정 타단지지보

$x = 0 \rightarrow y = 0$이므로 식 (10-12)에서,

$$C_2 = 0$$

$x = l \rightarrow y = 0$이므로 식 (10-11), 또는 식 (10-12)에서

$$R_A = \frac{3\,wl}{8}\,, \qquad R_B = \frac{5\,wl}{8} \tag{10-13}$$

따라서, $\dfrac{dy}{dx} = \dfrac{w}{48\,EI}\,(8\,x^3 - 9\,lx^2 + l^3)$

$$y = \frac{w}{48\,EI}\,(2\,x^4 - 3\,l\,x^3 + l^3 x) \tag{10-14}$$

$x = 0$인 A지점에서 $\theta_{\max}$ 이므로,

$$\theta_{\max} = \left(\frac{dy}{dx}\right)_{x=0} = \frac{wl^3}{48\,EI} \tag{10-15}$$

최대처짐은 $\dfrac{dy}{dx} = 0$에서 일어나므로,

$$8x^3 - 9\,lx^2 + l^3 = 0$$

$$(8\,x^2 - lx - l^2)\,(x - l) = 0, \quad x = l\,, \quad x = 0.4215\,l\,, \quad x = -0.2965\,l$$

적합한 x 값은 $x = 0.4215\,l$이며, 이때의 최대처짐은

$$\delta_{\max} = \frac{wl^4}{184.6\,EI} = 0.0054\,\frac{wl^4}{EI} \tag{10-16}$$

x 단면에서의 전단력 V_x는

$$V_x = R_A - wx = \frac{3\,wl}{8} - wx$$

$$\therefore\ V_A = V_{x=0} = \frac{3}{8}\,wl, \qquad V_B = wl - V_A = \frac{5}{8}\,wl \tag{10-17}$$

x 단면에서의 굽힘 모멘트 M_x 는

$$M_x = R_A \cdot x - \frac{wx^2}{2} = \frac{3\,wl}{8}\,x - \frac{wx^2}{2}$$

최대 굽힘 모멘트는 $\dfrac{dM}{dx} = 0$ 에서 일어나므로, $x = \dfrac{3}{8}\,l$ 인 단면이다.

$$\therefore\ M_{\max} = M_{x=\frac{3}{8}l} = \frac{9\,wl^2}{128} \tag{10-18}$$

또, 굽힘 모멘트가 0인 점은

$$\frac{3\,wl}{8}\,x - \frac{wx^2}{2} = 0, \qquad \therefore\ x = \frac{3}{4}\,l$$

$x = l$ 인 B점에서 일어나는 최대 굽힘 모멘트는

$$(M_B)_{\max} = -\frac{1}{8}\,wl^2 \tag{10-19}$$

$x = \dfrac{l}{2}$ 인 중앙점에서의 처짐은

$$\delta_{x=\frac{l}{2}} = y_{x=\frac{l}{2}} = \frac{wl^4}{192\,EI} \tag{10-20}$$

예제 1. 그림과 같은 보에 집중하중 P 가 돌출단 C에 작용할 때 A점에 작용되는 과잉반력을 구하시오.

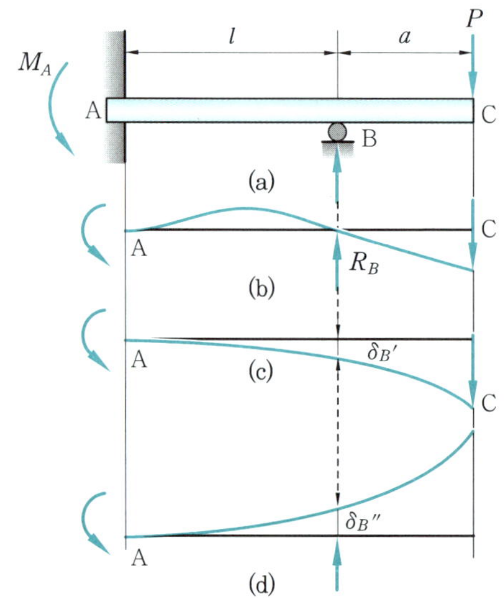

[해설] 하중 P에 의하여 B점에서 일어나는 처짐 $\delta_B{}'$는 외팔보에 작용하는 경우로 보면,

$$\delta_B{}' = \frac{P}{6EIl}\,(x^3 - 3l^2 x + 2l^3)\text{인데, } x \text{ 대신 } a, \ l \text{ 대신 } l + a \text{를 대입 정리하면,}$$

$$\delta_B{}' = \frac{Pl^2}{6EIl}\,(2l + 3a)$$

반력 R_B에 의하여 B점에서 윗방향으로 일어나는 처짐 $\delta_B{}'' = \dfrac{R_B l^3}{3EI}$

$\delta_B{}' = \delta_B{}''$이어야 하므로, $\quad \dfrac{Pl^2}{6EIl}\,(2l + 3a) = \dfrac{R_B l^3}{3EI}$

$$\therefore R_B = P\left(1 + \frac{3a}{2l}\right)$$

고정단에서의 굽힘 모멘트는,

$$\therefore M_A = R_B \cdot l - P(a + l) = \frac{Pa}{2}$$

예제 2. 다음 그림과 같이 일단고정 타단지지보에서, EI 값이 일정할 때 R_A, R_B, M_B의 값을 구하시오.

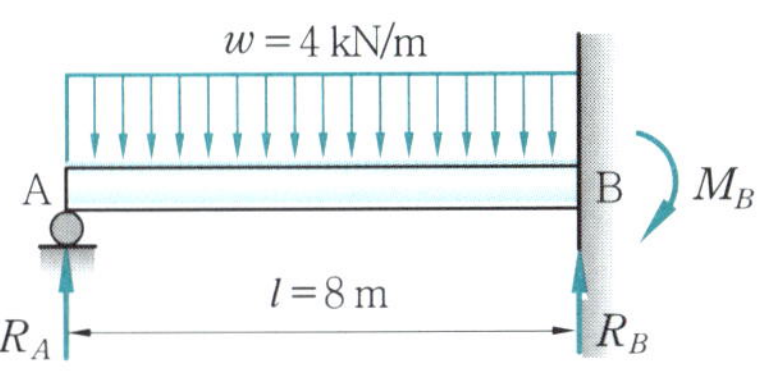

[해설] $R_A = \dfrac{3wl}{8} = \dfrac{3}{8} \times 4000 \times 8 = 12000\ \text{N} = 12\ \text{kN}$

$R_B = \dfrac{5wl}{8} = \dfrac{5}{8} \times 4000 \times 8 = 20000\ \text{N} = 20\ \text{kN}$

$M_B = -\dfrac{wl^2}{8} = -\dfrac{1}{8} \times 4000 \times 8^2 = -32000\ \text{N·m} = -32\ \text{kN·m}$

3. 양단고정보(fixed beam)

3-1 집중하중을 받는 경우

그림 10-3과 같이 집중하중 P가 작용할 때 R_A, R_B, M_A, M_B, R_{AH}, R_{BH} 등 6개의 반작용 요소가 있다. 그러나 일반적으로 R_{AH}, R_{BH} 등 수평반력은 수직반력에 비해 극히 작으므로 무시하면 4개의 지지반력이 남게 되어, 과잉구속은 2개가 되는데, 이러한 보를 2차 부정정보라 한다.

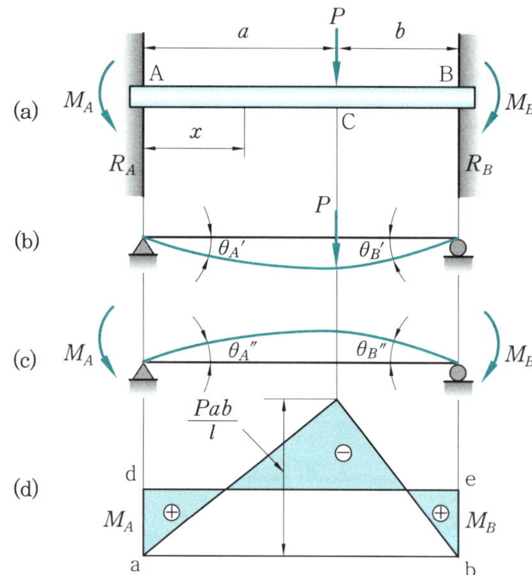

그림 10-3 집중하중을 받는 양단고정보

(1) 미분 방정식에 의한 해법

① 굽힘 모멘트

(가) a 구간 : $0 \leqq x \leqq a$

$$M = M_A + R_A x \tag{10-21}$$

(나) b 구간 : $a \leqq x \leqq l$

$$M = M_A + R_A \cdot x - P(x - a) \tag{10-22}$$

② 미분 방정식

(가) a 구간 : $0 \leqq x \leqq a$

식 (10-21)을 2번 적분하면,

$$EI \frac{dy}{dx} = -M_A x - R_A \frac{x^2}{2} + C_1 \tag{10-23}$$

$$EIy = -M_A \frac{x^2}{2} - R_A \frac{x^3}{6} + C_1 x + C_2 \tag{10-24}$$

(나) b 구간 : $a \leqq x \leqq l$

식 (10-22)를 2번 적분하면,

$$EI \frac{dy}{dx} = -M_A x - R_A \frac{x^2}{2} + \frac{P}{2}(x - a)^2 + C_3 \tag{10-25}$$

$$EI \cdot y = -M_A \frac{x^2}{2} - R_A \frac{x^3}{6} + \frac{P}{6}(x - a)^3 + C_3 x + C_4 \tag{10-26}$$

③ (경계) 조건 적용

$x = 0$에서 $\dfrac{dy}{dx} = 0$, $y = 0$이므로, 식 (10-23)과 식 (10-24)에 대입하면, $C_1 = C_2 = 0$, $x = a$인 하중의 작용점에서 좌·우측의 처짐각 $\left(\dfrac{dx}{dy}\right)$와 처짐 (y)이 같으므로 식 (10-23)~(10-26)에서, 식 (10-23)과 식 (10-25)를 같게 놓으면 $C_3 = 0$, 식 (10-24)와 식 (10-26)을 같게 놓으면 $C_4 = 0$이다.

$x = l$인 B단에서 $\dfrac{dy}{dx} = 0$, $y = 0$이므로, 식 (10-25)와 식 (10-26)에 대입, 정리하면

$$\left.\begin{aligned}2M_A l + R_A l^2 - Pb^2 = 0 \\ 3M_A l^2 + R_A l^3 - Pb^3 = 0\end{aligned}\right\}$$

이며, 이를 연립하여 풀면

$$M_A = -\frac{Pab^2}{l^2}, \qquad R_A = \frac{Pb^2}{l^3}\,(3a+b) \tag{10-27}$$

B점에서부터 x를 잡아 구하면,

$$M_B = -\frac{Pa^2 b}{l^2}, \qquad R_B = \frac{Pa^2}{l^3}\,(a+3b) \tag{10-28}$$

$x = a$에서 C점의 굽힘 모멘트 M_C는

$$\begin{aligned}M_C = M_A + R_A x &= -\frac{Pab^2}{l^2} + \frac{Pb^2}{l^3}\,(3a+b)\cdot a \\ &= \frac{2Pa^2 b^2}{l^3}\end{aligned} \tag{10-29}$$

b의 변화에 대한 굽힘 모멘트의 최대값은 $\dfrac{dM_B}{db} = 0$일 때이므로,

$$M_B = \frac{Pa^2 b}{l^2} = \frac{Pb}{l^2}\,(l-b)^2 = \frac{P}{l^2}\,(l^2 b - 2lb^2 + b^3)$$

$$\frac{dM_B}{db} = \frac{P}{l^2}\,(l^2 - 4lb + 3b^2) = 0$$

$$l^2 - 4lb + 3b^2 = 0, \qquad b = \frac{1}{3}\,l$$

$$(M_B)_{\max} = (M_B)_{b=l/3} = \frac{4Pl}{27} \tag{10-30}$$

또, $M_C = \dfrac{2P}{l^3}\,a^2 b^2 = \dfrac{2P}{l^3}\,(l-b)^2 \cdot b^2 = \dfrac{2P}{l^3}\,(l^2 b^2 - 2lb^3 + b^4)$

$$\frac{dM_C}{db} = 0 = \frac{2P}{l^3}\,(2l^2 b - 6lb^2 + 4b^3)$$

$$2\,l^2\,b - 6\,l\,b^2 + 4\,b^3 = 0, \quad b = \frac{1}{2}\,l$$

$$(M_C)_{\max} = (M_C)_{\,b=\,l/2} = \frac{Pl}{8} \tag{10-31}$$

중앙점 $\left(a = b = \dfrac{l}{2}\right)$ 에 P가 작용할 때

$$R_A = R_B = \frac{P}{2}, \quad M_A = M_B = M_C = \pm\,\frac{Pl}{8}$$

$x = a$ 에서 식 (10-24), 또는 식 (10-26)으로부터

$$\delta_c = (y)_{x=a} = \frac{1}{EI}\left(-M_A\,\frac{x^2}{2} - R_A\,\frac{x^3}{6}\right) = \frac{Pa^3 b^3}{3\,EI l^3} \tag{10-32}$$

$a = b = \dfrac{l}{2}$ 이면,

$$\delta_c = \delta_{\max} = \frac{Pl^3}{192\,EI} \tag{10-33}$$

또한 $x = \dfrac{l}{4}$ 에서 $M = 0$ 이 된다.

(2) 중첩법에 의한 해법

그림 10-3 (b)와 같이 집중하중 P가 작용하는 단순보로 생각할 때,

$$\theta_{A}{'} = \frac{Pb}{6\,EI l}\,(l^2 - b^2), \quad \theta_{B}{'} = \frac{Pab}{6\,EI l}\,(2l - b)$$

그림 10-3 (c)에서와 같이 양 끝에서 모멘트 M_A, M_B를 받는 단순보로 생각할 때,

$$\theta_{A}{''} = \frac{M_A\,l}{3\,EI} + \frac{M_B\,l}{6\,EI}, \quad \theta_{B}{''} = \frac{M_B\,l}{3\,EI} + \frac{M_A\,l}{6\,EI}$$

양단 고정보에서 양끝에서는 기울기가 일어나지 않으므로,

$$\theta_{A}{''} = \theta_{A}{''}, \quad \theta_{B}{'} = \theta_{B}{''}$$

가 되며, 위의 값을 대입 정리하면,

$$M_A = \frac{Pab^2}{l^2}, \quad M_B = \frac{Pa^2 b}{l^2} \tag{10-34}$$

$(M_B)_{\max}$ 는 $\dfrac{dM_B}{db} = 0$ 인 점에서 일어나므로 $b = \dfrac{l}{3}$ 이 얻어진다. 따라서,

$$(M_B)_{\max} = (M_B)_{\,b=\frac{l}{3}} = \frac{4\,Pl}{27}$$

하중 작용점 C의 $(M_C)_{\max}$ 도 $\dfrac{dM_C}{db} = 0$ 에서 일어나며 $b = \dfrac{l}{2}$ 이 얻어진다.

$$(M_C)_{\max} = (M_C)_{b=\frac{l}{2}} = \frac{Pl}{8}$$

(3) 면적 모멘트에 의한 해법

보의 양단에서 $\dfrac{dy}{dx}$ (기울기) $= 0$이므로 면적 모멘트법에 의하여 BMD의 면적이 같아야 한다.

$$\frac{1}{2} \times \frac{Pal}{l} \times l = \frac{1}{2}\,(M_A + M_B) \tag{10-35}$$

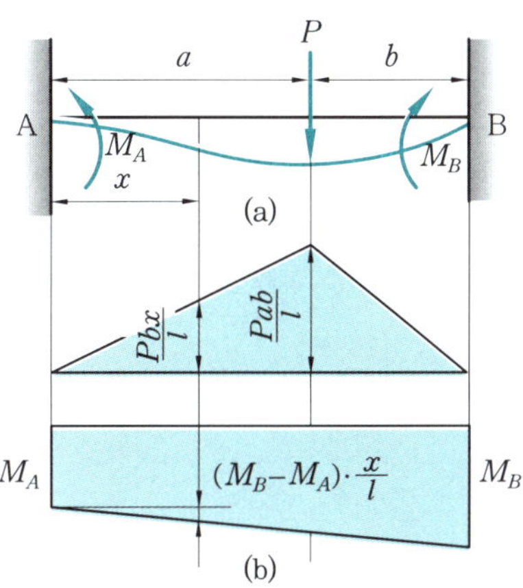

그림 10-4 면적 모멘트법

보의 양단에서 굽힘이 일어나지 않으므로 어느 한편 끝에 관한 BMD의 면적을 1차 모멘트로 취하면 0이 되어야 한다. B점에 관한 1차 모멘트를 취하면

$$\frac{1}{2} \times a \times \frac{Pab}{l} \times \left(b + \frac{a}{3}\right) + \frac{1}{2} \times b \times \frac{Pab}{l} \times \frac{2}{3}\,b$$
$$= M_A \times l \times \frac{l}{2} + \frac{1}{2} \times (M_B - M_A) \times l \times \frac{l}{3} \tag{10-36}$$

식 (10-35)와 식 (10-36)을 풀면,

$$M_A = \frac{Pab^2}{l^2}, \qquad M_B = \frac{Pa^2b}{l^2}$$

보의 양단에서 모멘트를 취하면,

$$\sum M_B = 0 \;;\; R_A l - M_A - Pb + M_B = 0$$
$$R_A = \frac{1}{l}\,(M_A - M_B + Pb) = \frac{1}{l}\left(\frac{Pab^2}{l^2} - \frac{Pa^2b}{l^2} + Pb\right)$$
$$= \frac{Pb^2}{l^3}\,(3a + b)$$

$$\sum M_A = 0 \; ; \; R_B = \frac{Pa^2}{l^3}(a+3b)$$

최대 처짐량은 기울기 $\left(\dfrac{dy}{dx}\right)$ 가 0일 때 일어난다. 기울기가 A점으로부터 임의의 거리 x인 단면에서 0이라면, 이 두 점 사이의 굽힘 모멘트 선도의 면적은 0이 되어야 한다.

$$\frac{1}{2} \times x \times \frac{Pbx}{l} - M_A x - \frac{1}{2} \times (M_B - M_A)\frac{x}{l} \times x = 0$$

이 식에 M_A, M_B를 대입하고 x에 관하여 풀면 최대처짐의 위치를 구할 수 있다. 즉, 최대처짐의 위치는

$$x = \frac{2al}{3a+b}$$

최대처짐은 x 단면의 왼쪽에 관한 면적 모멘트를 취하여 EI로 나누면 얻을 수 있다.

$$\delta_{\max} = \frac{1}{EI}\left[\frac{1}{2} \times \frac{Pbx}{l} \times x \times \frac{x}{3} - M_A \times x \times \frac{x}{2} - \frac{1}{2} \times (M_B - M_A) \cdot \frac{x}{l} \times x \times \frac{x}{3} \right]$$

$$= \frac{1}{EI}\left[\frac{Pbx^3}{6l} - \frac{Pab^2x^2}{2l^2} - \frac{Pabx^3}{6l^3}(a-b) \right]$$

$x = \dfrac{2al}{3a+b}$ 을 대입하면,

$$\delta_{\max} = \frac{2Pa^3b^2}{3EI(3a+b)^2}$$

또한, P가 보의 중앙인 $a = b = \dfrac{l}{2}$ 에서 작용한다면 최대처짐은 다음과 같다.

$$\delta_{\max} = \frac{Pl^3}{192EI}$$

3-2　등분포 하중을 받는 경우

(1) 중첩법에 의한 해법

등분포 하중 w만 받는 단순보로 생각하면, 양단의 기울기는 대칭이므로 같은 값을 가진다.

$$\theta_A{}' = \frac{wl^3}{24EI} = \theta_B{}' \tag{10-37}$$

양단에서 우력 M_A, M_B를 받는 경우, $M_A = M_B = M_0$라 할 때 처짐곡선의 기울기는

$$\theta_A{}'' = \frac{M_0 l}{2EI} = \theta_B{}'' \tag{10-38}$$

양끝에서는 기울기가 일어나지 않으므로 $\theta_A{}' = \theta_A{}''$, $\theta_B{}' = \theta_B{}''$에서,

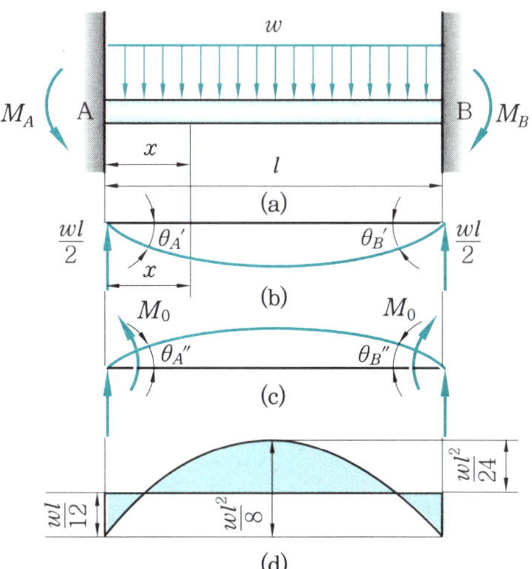

그림 10-5 등분포 하중을 받는 양단고정보

$$\frac{w\,l^3}{24\,EI} = \frac{M_0\,l}{2\,EI}$$

$$\therefore\ M_0 = \frac{w\,l^2}{12} \tag{10-39}$$

그림 10-5 (b)에서 처짐은 $y = \dfrac{5\,w\,l^4}{384\,EI}$ 이고, 그림 10-5 (c)에서와 같이 단순보의 양단 A, B에 모멘트 M_A, M_B가 작용할 때 처짐각과 처짐은

$$\theta = \frac{l}{6EI}\left[\frac{3(M_A - M_B)}{l^2}\,x^2 - \frac{6M_A}{l}\,x + (2M_A + M_B)\right] \tag{10-40}$$

$$\theta = \frac{lx}{6EI}\left[\frac{(M_A + M_B)}{l^2}\,x^2 - \frac{3M_A}{l}\,x + (2M_A + M_B)\right] \tag{10-41}$$

로부터 식 (10-41)에 $M_A = M_B = M_0$를 대입 정리하면 그림 10-5 (c)에서 처짐은

$$y = \frac{M_0\,x}{2\,EI}(l - x) = \frac{w\,l^2\,x}{24\,EI}(l - x) \tag{10-42}$$

$x = \dfrac{l}{2}$ 인 중앙에서

$$y = \frac{w\,l^4}{96\,EI} \tag{10-43}$$

따라서, 고정보의 중앙에서 처짐은

$$y = \frac{5\,w\,l^4}{384\,EI} - \frac{w\,l^4}{96\,EI} = \frac{w\,l^4}{384\,EI} \tag{10-44}$$

그림 10-5 (b)에서 임의의 거리 x에서의 기울기는

$$\frac{dy}{dx} = \frac{w}{24EI} \left(4x^3 - 6lx^2 + l^3 \right) \tag{10-45}$$

그림 10-5 (c)에서 임의의 거리 x에서의 기울기는 $M_A = M_B = M_0$일 때 식 (10-40)으로부터

$$\frac{dy}{dx} = \frac{M_0}{2EI} \left(l - 2x \right) = \frac{wl^2}{24EI} \left(l - 2x \right) \tag{10-46}$$

그러므로 고정보에 대하여,

$$\frac{dy}{dx} = \frac{w}{24EI} \left(4x^3 - 6lx^2 + l^3 \right) - \frac{wl^2}{24EI} \left(l - 2x \right)$$

$$= \frac{w}{24EI} \left(4x^3 - 6lx^2 + 2l^2 x \right) \tag{10-47}$$

모멘트가 영인 점은 $\dfrac{d^2 y}{dx^2} = -M = 0$인 점이므로 식 (10-47)을 x에 대하여 미분하여 영으로 놓고 풀면 다음과 같다.

$$6x^2 - 6lx + l^2 = 0$$

따라서, $x = \dfrac{l}{2} \left(1 \pm \dfrac{\sqrt{3}}{3} \right)$에서 $x \doteqdot \dfrac{1}{5} l$인 점에서 $M = 0$이 된다.

$M = 0$인 점에서 θ가 최대가 되므로 식 (10-47)에서,

$$\theta_{\max} = \left(\frac{dy}{dx} \right)_{x=\frac{l}{5}} = \frac{wl^3}{125EI} \tag{10-48}$$

고정보의 중앙점에서의 모멘트의 크기는, 그림 10-5 (d)에 중첩한 두 모멘트에서 두 최대 모멘트를 조합하면 다음 식이 된다.

$$M_C = \frac{wl^2}{8} - \frac{wl^2}{12} = \frac{wl^2}{24} \tag{10-49}$$

예제 3. 그림과 같은 양단 고정반력 R_A R_B 와 굽힘 모멘트 M_A, M_B, M_C를 구하고 SFD 와 BMD를 그리시오.

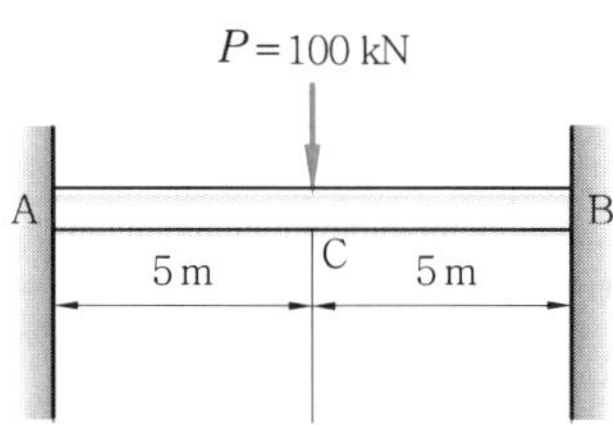

[해설] $R_A = \dfrac{Pb^2}{l^3} \left(3a + b \right) = \dfrac{100000 \times 5^2}{10^3} \left(3 \times 5 + 5 \right) = 50000 \text{ N} = 50 \text{ kN}$

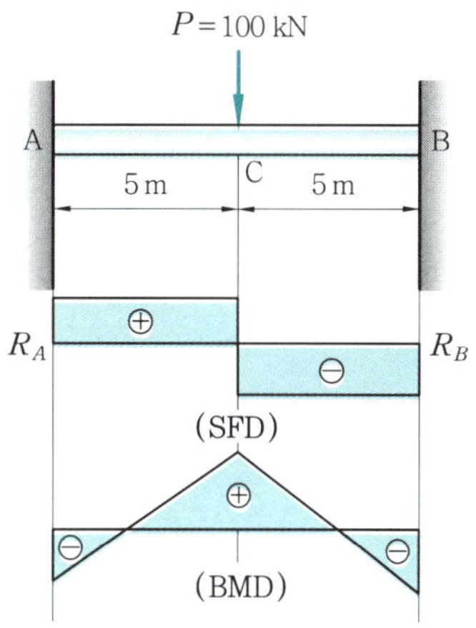

$$R_B = \frac{Pa^2}{l^3}(a+3b)$$

$$= \frac{100000\times 5^2}{10^3}(5+3\times 5) = 50000 \text{ N} = 50 \text{ kN}$$

$$V_{AC} = R_A, \quad V_{CB} = -R_B$$

$$M_A = -\frac{Pab^2}{l^2} = -\frac{100000\times 5\times 25}{10^2}$$

$$= -125000 \text{ N·m} = -125 \text{ kN·m}$$

$$M_B = -\frac{Pa^2 b}{l^2} = -\frac{100000\times 25\times 5}{10^2}$$

$$= -125000 \text{ N·m} = -125 \text{ kN·m}$$

$$M_C = M_A + R_A \cdot x = -125000 + \frac{100000}{2}\times 5$$

$$= 125000 \text{ N·m} = 125 \text{ kN·m}$$

$$M_C = M_A + R_A \cdot x = -125000 + \frac{100000}{2}\times 5 = 125000 \text{ N·m} = 125 \text{ kN·m}$$

예제 4. 그림 10-5와 같은 양단고정보에 등분포 하중이 작용할 때 최대 굽힘 모멘트를 구하시오.

[해설]
$$\theta_A = \theta_A' + \theta_A'' = \frac{wl^3}{24EI} + \frac{M_A l}{2EI} = 0$$

$$M = M_A = M_B = -\frac{wl^2}{12}$$

$$R_A = R_A' + R_A'' = \frac{wl}{2} - \frac{M_A - M_B}{l} = \frac{wl}{2}$$

$$R_B = R_B' + R_B'' = \frac{wl}{2} + \frac{M_A - M_B}{l} = \frac{wl}{2}$$

$$V_x = R_A - wx = \frac{w}{2}(l - 2x)$$

$$M_x = R_A x + M_A - \frac{wx^2}{2} = -\frac{wl^2}{12} + \frac{wx}{2}(l-x)$$

$$M_{max} = M_{x=l/2} = \frac{wl^2}{24} \quad \left(V_x = 0일 \text{ 때}, \ x = \frac{l}{2}\right)$$

4. 연속보(continuos beams)

두 개 이상의 지점으로 지지된 균일단면의 보를 연속(連續)보라 하며, 부동 힌지점이 1개이고, 나머지는 가동 힌지점이며, 수평반력을 무시하면 미지의 반력의 수는 지점의 수와 같다. 따라서, 평형 방정식의 수보다 항상 1개 더 많다.

(1) 3지점의 보

3개의 지점으로 된 3지점 보는 중앙이 고정된 것과 같은 역할을 하므로 일단고정 타
단지지로 된 보와 같이 생각한다.

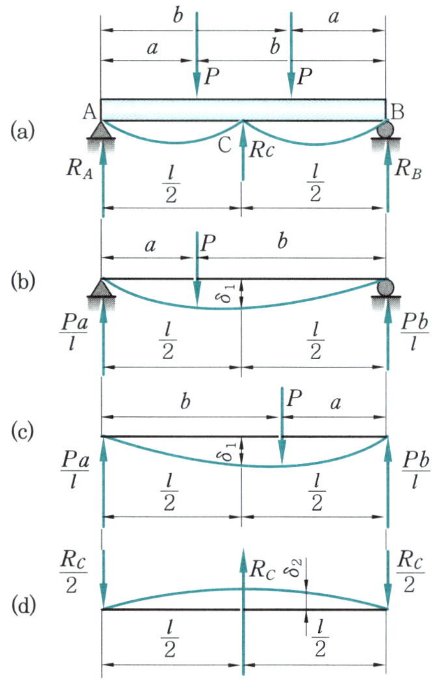

그림 10-6   3지점의 연속보

그림 10-6 (a)와 같이 동일 수평선 상에서 3개의 지점을 갖는 연속보에서 집중하중
이 작용할 때 하나의 과잉구속이 존재하며, 중간 지점의 반력 R_C를 과잉구속으로 보
고, 그림 10-6 (a)를 (b), (c), (d)로 분해하여 해를 구하고 중첩하면 된다.

중간 지점의 반력 R_C는 하중 P로 인하여 C점에서 일어나는 처짐 δ_1과 중간 반력
R_C로 인한 δ_2가 서로 같아야만 평형을 이룬다.

$a < b$일 때 그림 10-6 (b)와 10-6 (c)에서,

$$\delta_1 = \frac{Pa}{48EI}\,(3l^2 - 4a^2) \tag{10-50}$$

그림 10-6 (d)에서

$$\delta_2 = \frac{R_C l^3}{48EI} \tag{10-51}$$

이 세 경우를 중첩하여 합성된 처짐이 영이 되야 하므로 $2\delta_1 - \delta_2 = 0$, 즉 $2\delta_1 = \delta_2$에서,

$$2 \times \frac{Pa}{48EI} (3l^2 - 4a^2) = \frac{R_C \cdot l^3}{48EI}$$

$$\therefore R_C = \frac{2Pa}{l^3} (3l^2 - 4a^2) \tag{10-52}$$

양단에서의 반력은 대칭이므로 $R_A = R_B$이며 평형 조건으로부터,

$$R_A + R_B + R_C = 2P$$

$$2R_A = 2P - R_C$$

$$R_A = P - \frac{1}{2} R_C = P - \frac{1}{2} \times \frac{2Pa}{l^3} (3l^2 - 4a^2)$$

$$\therefore R_A = \frac{P}{l^3} (l+a)(l-2a)^2 = R_B \tag{10-53}$$

중심에서의 굽힘 모멘트 M_C는 그림 10-6 (b), (c)에서,

$$M_C = R_A \cdot \frac{l}{2} - P\left(\frac{l}{2} - a\right)$$

$$= \frac{-Pa}{2l^2} (l^2 - 4a^2)$$

굽힘 모멘트 선도는 일단고정 타단지지보의 선도가 좌우 대칭으로 된다.

예제 5. 그림과 같은 3개의 지점을 갖는 연속보에서 균일분포 하중이 작용할 때의 3개의 지점 A, B, C의 반력을 같게 하기 위한 중앙지점과 양단고정부의 처짐의 차를 구하시오.

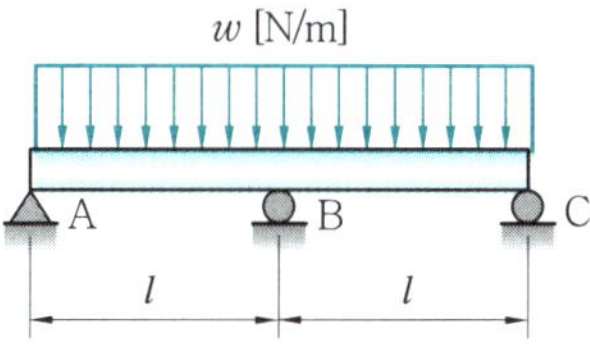

해설 지점이 A, C만 있는 단순보에 균일분포 하중이 작용하는 것으로 보면,

$$\delta_1 = \frac{5w(2l)^4}{384EI} = \frac{5wl^4}{24EI}$$

반력 R은 $R_A = R_B = R_C = R$로 하면,

$$3R = 2wl, \quad \therefore R = \frac{2}{3} wl$$

AC의 단순보 중앙 B점에 R의 집중하중이 작용하는 것으로 보면,

$$\delta_2 = \frac{Rl^3}{48EI} = \frac{\frac{2}{3}wl \cdot (2l)^3}{48EI} = \frac{wl^4}{9EI}$$

$$\delta = \delta_1 - \delta_2 = \frac{5wl^4}{24EI} - \frac{wl^4}{9EI} = \frac{7wl^4}{72EI}$$

5. 3모멘트의 정리

그림 10-7 (b)와 같이 지점 A, B, C로 지지된 임의의 두 인접 스팬을 각각 l_1, l_2라 하고, 그 지점의 과잉구속으로 인한 굽힘 모멘트를 M_A, M_B, M_C라 하면, 스팬 l_1, l_2의 두 보에 굽힘으로 인한 변형이 일어난다. B지점의 왼쪽 처짐각을 $\theta_B{}'$, 오른쪽 처짐각을 $\theta_B{}''$라 할 때, 실제 탄성곡선은 절단하기 전의 연속상태이므로 이들 처짐각은 크기가 같고 방향이 반대이므로 다음의 관계식을 얻는다.

$$\theta_B{}' = \theta_B{}'' \tag{10-54}$$

그림 10-7 (c)와 같은 굽힘 모멘트 선도를 이용하여 $\theta_B{}'$ 및 $\theta_B{}''$를 과잉구속의 굽힘 모멘트와 하중으로 인한 처짐각을 면적 모멘트법으로서 구할 수 있다. 이때 외적 하중으로 인한 굽힘 모멘트 선도의 면적을 각각 A_1, A_2라 하고, 두 스팬의 양단으로부터 도심 G_1, G_2까지의 거리를 각각 a_1, b_1, a_2, b_2라고 할 때 왼쪽 스팬 l_1에 의한 처짐각 θ_B는

$$\theta_B{}' = \left(\frac{M_A l_1}{6EI} + \frac{M_B l_1}{3EI} \right) + \frac{A_1 a_1}{l_1 EI} \tag{10-55}$$

또, 오른쪽 스팬 l_2에 의한 처짐각 $\theta_B{}''$는

$$\theta_B{}'' = -\left(\frac{M_B l_2}{3EI} + \frac{M_C l_2}{6EI} \right) - \frac{A_2 b_2}{l_2 EI} \tag{10-56}$$

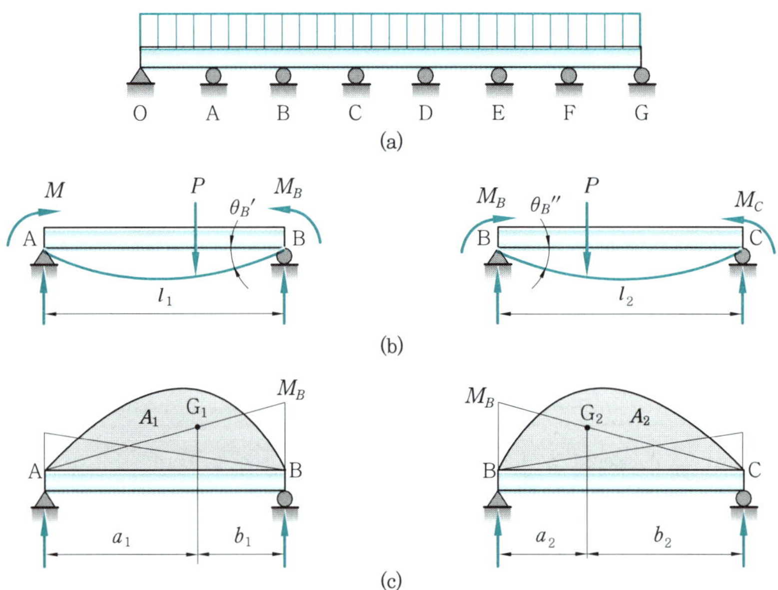

그림 10-7 3모멘트의 정리(theorem of three moment)

따라서, $\theta_B{}' = \theta_B{}''$ 이므로,

$$\left(\frac{M_A l_1}{6EI} + \frac{M_B l_1}{3EI}\right) - \frac{A_1 a_1}{l_1 EI} = -\left(\frac{M_B l_2}{3EI} + \frac{M_C l_2}{6EI}\right) - \frac{A_2 b_2}{l_2 EI}$$

$$M_A l_1 + 2M_B (l_1 + l_2) + M_C l_2 = -\frac{6A_1 a_1}{l_1} - \frac{6A_2 b_2}{l_2} \tag{10-57}$$

식 (10-57)을 3 모멘트 방정식 또는 클라페이론의 정리 (Clapeyron's theorem of three moment) 라고 한다.

예를 들어, 지점이 A, B, C, D이고, 스팬이 l_1, l_2, l_3이며, 중앙에 집중하중 P가 작용할 때와 등분포 하중 w가 작용할 때를 생각해 보면,

① 중앙에 집중하중 P가 작용할 때

$$A_1 = \frac{1}{2}bh = \frac{1}{2} \times l_1 \times \frac{P_1 l_1}{4} = \frac{P_1 l_1{}^2}{8}, \quad A_2 = \frac{P_2 l_2{}^2}{8} \text{ 이므로,}$$

$$\frac{6A_1 a_1}{l_1} = \frac{6 \times \dfrac{P_1 l_1{}^2}{8} \times \dfrac{l_1}{2}}{l_1} = \frac{3P_1 l_1{}^2}{8}, \qquad \frac{6A_2 b^2}{l_2} = \frac{3P_2 l_2{}^2}{8}$$

$$\therefore M_A l_1 + 2M_B (l_1 + l_2) + M_C l_2 = -\frac{3P_1 l_1{}^2}{8} - \frac{3P_2 l_2{}^2}{8} \tag{10-58}$$

$l_1 = l_2 = l$ 이면,

$$M_A + 4M_B + M_C = -\frac{3Pl}{4} \tag{10-59}$$

② 등분포 하중이 작용할 때

$$A_1 = \frac{2}{3}bh \times 2 = \frac{2}{3} \times \frac{l_1}{2} \times \frac{w_1 l_1{}^2}{8} \times 2 = \frac{w_1 l_1{}^3}{12}, \quad A_2 = \frac{w_2 l_2{}^3}{12} \text{ 이므로,}$$

$$\frac{6A_1 a_1}{l_1} = \frac{6 \times \dfrac{w_1 l_1{}^3}{12} \times \dfrac{l_1}{2}}{l_1} = w_1 l_1{}^3, \qquad \frac{6A_2 b_2}{l_2} = \frac{w_2 l_2{}^3}{4}$$

$$\therefore M_A l_1 + 2M_B (l_1 + l_2) + M_C l_2 = -\frac{w_1 l_1{}^3}{4} - \frac{w_2 l_2{}^3}{4} \tag{10-60}$$

$l_1 = l_2 = l$ 이면,

$$M_A + 4M_B + M_C = \frac{-1}{2} w l^2 \tag{10-61}$$

③ 중앙에 집중하중 및 등분포 하중이 동시에 작용할 때

$$M_A l_1 + 2M_B (l_1 + l_2) + M_C l_2$$

$$= -\frac{3P_1 l_1{}^2}{8} - \frac{3P_2 l_2{}^2}{8} - \frac{w_1 l_1{}^3}{4} - \frac{w_2 l_2{}^3}{4} \tag{10-62}$$

만약, 연속보의 일단 또는 양단이 고정이라고 하면 과잉구속수는 중간 지점수보다 많아진다. 이때는 보의 고정단에서는 반드시 처짐각이 0이라는 조건으로 방정식을 세워 추가함으로써 구할 수 있다. 그림 10-7 (b)와 10-7 (c)에서 연속보의 왼쪽 끝단이 고정되었다고 하면 처짐각 θ_A는

$$\theta_A = \frac{M_A l_1}{3EI} + \frac{M_B l_1}{6EI} + \frac{A_1 b_1}{l_1 EI}$$

$\theta_A = 0$이므로,

$$M_A = -\frac{M_B}{2} - \frac{3A_1 b_1}{l_1{}^2} \tag{10-63}$$

이 된다. 연속보의 모든 지점의 굽힘 모멘트가 결정되면 모든 지점의 반력은 쉽게 구할 수 있다. 반력을 구하기 위하여 A, B, C 지점에 작용하는 하중상태를 고려하면 외적 하중으로 인하여 단순보의 지점 B에서 일어나는 반력을 R_B', R_B''로 표시하고 양단의 모멘트 M_A, M_B, M_C로 인한 B점의 반력은

$$M_A - M_B - R_{B1} l_1 = 0 \;\rightarrow\; R_{B1} = \frac{M_A - M_B}{l_1}$$

$$M_B - M_C + R_{B2} l_2 = 0 \;\rightarrow\; R_{B2} = \frac{-M_B + M_C}{l_2}$$

따라서, 지점 B에서의 전체 반력은

$$R_B = R_B' + R_B'' + \frac{M_A + M_B}{l_1} + \frac{-M_B + M_C}{l_2} \tag{10-64}$$

지점이 $n-1$, n, $n+1$로 지지된 때의 반력을 표시하는 일반식은

$$R_n = R_n' + R_n'' + \frac{M_{n-1} - M_n}{l_n} + \frac{-M_n + M_{n+1}}{l_{n+1}} \tag{10-65}$$

이와 같이 반력과 굽힘 모멘트가 구해지면 그 보에 대한 전단력 선도와 굽힘 모멘트 선도를 그릴 수 있다.

예제 6. 그림과 같은 3지점의 연속보에서 중앙에 집중하중 $P = 100\,\text{N}$과 등분포 하중 $w = 500\,\text{N/m}$가 작용할 때, B점의 모멘트 M_B, 반력 R_B와 A, C점의 반력 R_A, R_C를 구하시오.

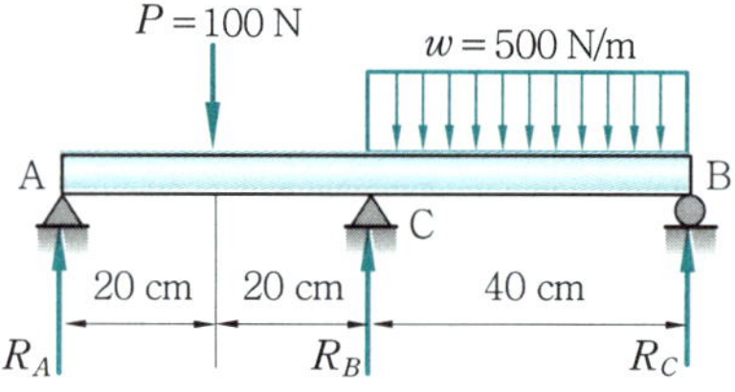

해설 ① $M_A\, l_1 + 2M_B(l_1+l_2)+M_C\, l_2 = -\dfrac{3Pl^2}{8}-\dfrac{wl^3}{4}$ 에서,

$$0+2M_B(0.4+0.4)+0 = \frac{-3\times100\times0.4^2}{8}-\frac{500\times0.4^3}{4}$$

$$\therefore\ M_B = -8.75\ \text{N·m}$$

② $R_n = R_n{}' + R_n{}'' + \dfrac{M_{n-1}-M_n}{l_n}+\dfrac{-M_n+M_{n+1}}{l_{n+1}}$ 에서,

$$R_B = \frac{100}{2}+\frac{500\times0.4}{2}+\frac{0+8.75}{0.4}+\frac{8.75+0}{0.4}$$

$$= 193.75\ \text{N}$$

③ $R_A = 0+\dfrac{100}{2}+0+\dfrac{0-8.75}{0.4} = 28.125\ \text{N}$

$$R_C = \frac{500\times0.4}{2}+0+-8.75+\frac{0}{0.4} = 78.125\ \text{N}$$

6. 카스틸리아노의 정리

　탄성체에 $P_1,\ P_2,\ P_3\cdots$ 의 집중하중이 작용하여 각 하중의 방향으로 $y_1,\ y_2,\ y_3\cdots$ 의 변형이 일어날 경우 변형은 하중의 1차 함수이므로 탄성변형 에너지는 하중의 2차 함수가 된다.

　n번째의 하중을 P_n 이라고 하면 P_n 의 아주 적은 양 dP_n 만큼 증가할 때 탄성변형 에너지도 dU 만큼 증가한다고 할 때 탄성변형 에너지는

$$U+\frac{\partial U}{\partial P_n}\,dP_n \tag{10-66}$$

으로 표시되며, 여기서 $\dfrac{\partial U}{\partial P_n}$ 는 P_n 의 변화에 의한 탄성 변형 에너지 U 의 변화량을 표시한다. 먼저 미소의 하중 dP_n 을 작용시키고 그 뒤에 P_n 의 하중을 작용시키면 이 P_n 이 작용하는 동안에 먼저 걸려 있는 하중 dP_n 의 작용점에도 y_n 만큼의 변위가 일어나므로 dP_n 은 자동적으로 $dP_n\cdot y_n$ 만큼의 일을 하게 된다.

　그러므로 전체의 변형 에너지는,

$$U+dP_n\cdot y_n \tag{10-67}$$

$$\therefore\ U+\frac{\partial U}{\partial P_n}\,dP_n = U+dP_n\cdot y_n$$

$$\therefore\ y_n = \frac{\partial U}{\partial P_n} \tag{10-68}$$

즉, 탄성체에 집중하중이 작용할 때, 그 하중에 의한 탄성변형의 하중에 대한 편미분 $\dfrac{\partial U}{\partial P_n}$ 는 하중점에 있어서 하중 방향으로 일어나는 변위와 같다. 이 관계를 카스틸리아노의 정리(theorem of Castigliano)라 한다.

탄성체에 집중하중이 작용하지 않고 우력만이 작용하는 경우는 탄성변형 U 를 우력 M 에 관하여 편미분하면 편미분계수는 우력에 의한 비틀림각을 표시한다.

탄성체에 많은 우력이 작용할 때 n번째의 우력 M_n 에 의하여 그 작용점에 일어나는 비틀림각을 θ_n 이라 하면,

$$\theta_n = \frac{\partial U}{\partial M_n} \tag{10-69}$$

또, 탄성체에 작용하는 하중 P_n 방향의 변형이 U 인 경우,

$$\frac{\partial U}{\partial P_n} = 0 \tag{10-70}$$

이 되며, 이것을 최소일의 정리(theorem of last work)라 하며, 보의 지점반력이 부정정인 경우 반력을 구하는 데 이용된다.

굽힘 모멘트를 M이라 할 때, 카스틸리아노의 정리를 이용하여 보의 처짐과 처짐각을 구해 보면 다음과 같다.

$$U = \int_0^l \frac{M^2}{2EI}\, dx$$

$$\delta_n = \frac{\partial U}{\partial P_n} = \int \frac{M}{EI} \cdot \frac{\partial M}{\partial P_n}\, dx \tag{10-71}$$

식 (10-71)은 하중의 처짐을 주는 식이다. 만일 처짐을 구하는 위치에서 하중이 작용하지 않는 경우는 그 점에서 가상하중 P_0 를 가하여 카스틸리아노의 정리를 응용하여 가상점의 처짐을 구한 뒤 $P_0 = 0$ 으로 놓으면 된다.

또한 처짐각은 굽힘 모멘트에 대한 편미분 계수를 사용하면 다음 식과 같다.

$$\theta_n = \int \frac{M}{EI} \cdot \frac{\partial M}{\partial M_n}\, dx \tag{10-72}$$

만약, 부정정보의 반력을 구하려고 하면 각각의 반력을 $R_1,\ R_2,\ R_3, \cdots$ 라 하였을 때 $\dfrac{\partial U}{\partial P_n} = 0$ 이므로

$$\frac{\partial U}{\partial R_1} = 0,\quad \frac{\partial U}{\partial R_2} = 0,\quad \frac{\partial U}{\partial R_3} = 0,\ \cdots$$

으로부터 연립하여 풀면 구할 수 있다.

예제 7. 그림과 같은 돌출보 끝에 하중 P를 받고 있다. 카스틸리아노의 정리를 사용하여 C점의 처짐량을 계산하시오.

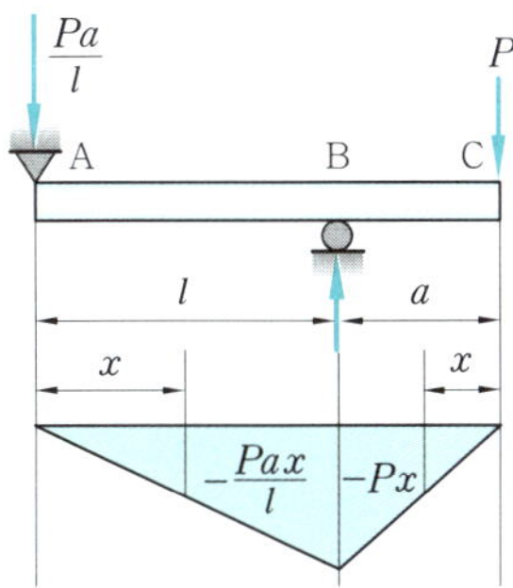

해설 ① AB 구간 $(0 < x < l)$

$$M_x = -\frac{Pa}{l}\,x$$

② BC 구간 $(0 < x < a)$

$$M_x = -Px$$

$$\therefore U = \int_0^l \frac{\left(\dfrac{-Pa}{l}\,x\right)^2}{2EI}\,dx + \int_0^a \frac{(-Px)^2}{2EI}\,dx$$

$$= \frac{P^2 a^2}{6EI}\,(l+a)$$

$$\therefore \delta_c = \frac{\partial U}{\partial P} = \frac{Pa^2}{3EI}\,(l+a)$$

<h1 align="center">～ 연습문제 ～</h1>

1. 그림 p 10-1과 같이 길이 10 m인 양단고정보 A, B에 집중하중이 작용할 때 B의 고정단에 생기는 굽힘 모멘트를 구하시오.

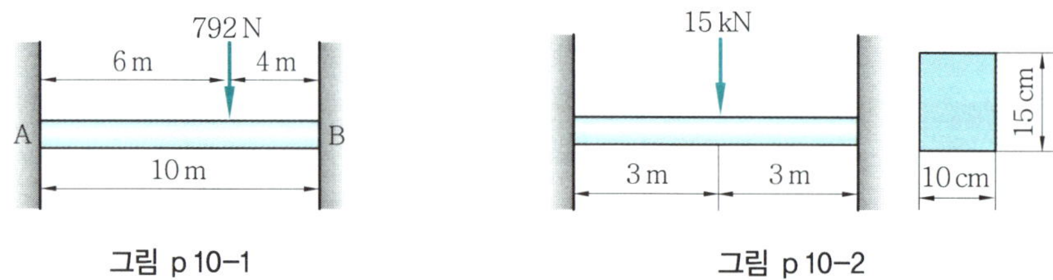

그림 p 10-1　　　　　　　　　　　그림 p 10-2

2. 그림 p 10-2와 같은 양단고정보의 중앙에 집중하중 15 kN이 작용할 때 최대 처짐량 (δ_{max})을 구하시오.(단, $E = 200$ GPa이다.)

3. 그림 p 10-3과 같은 양단고정보에서 보 중앙의 휨 모멘트를 구하시오.

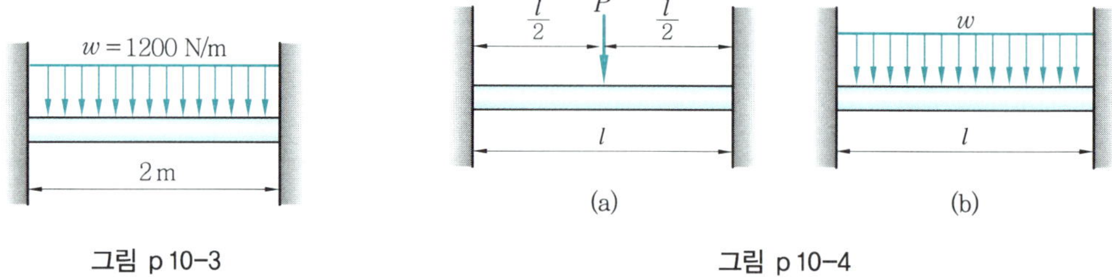

그림 p 10-3　　　　　　　　　　　그림 p 10-4

4. 그림 p 10-4와 같은 두 개의 양단고정보에서 재료의 단면 및 세로 탄성계수가 동일하고, 집중하중을 받을 때 최대 처짐량이 δ_1이고, 균일분포 하중을 받을 때 최대 처짐량이 δ_2라 한다. 최대 처짐량의 비 δ_2 / δ_1를 구하시오.(단, $P = wl$이다.)

5. 그림 p 10-5와 같은 원형 단면의 일단고정 타단지지보가 있다. 허용응력 $\delta_a = 80$ MPa이라 할 때 보의 중앙에 작용하는 집중하중 P를 구하시오.

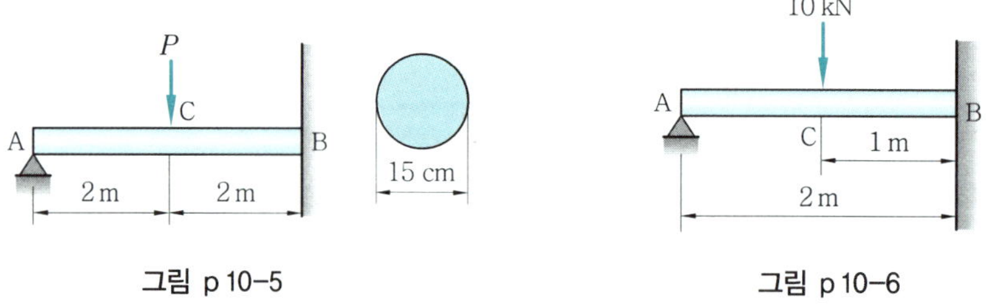

그림 p 10-5　　　　　　　　　　　그림 p 10-6

6. 그림 p 10-6과 같은 일단고정 타단지지보에서 $l = 2\,\mathrm{m}$, 집중하중 $P = 10\,\mathrm{kN}$일 때 고정단 B점에서의 굽힘 모멘트 M_B를 구하시오.

7. 문제 6에서 $b \times h = 10\,\mathrm{cm} \times 15\,\mathrm{cm}$인 사각단면 보이고, 이 재료의 종탄성계수 $E = 200\,\mathrm{GPa}$일 때 점 C에서의 처짐량을 구하시오.

8. 그림 p 10-7과 같은 일단고정 타단지지보에서 단면 2차 모멘트 $I = 1500\,\mathrm{cm}^4$이고, 허용 굽힘응력 $\sigma_a = 80\,\mathrm{MN/m}^2$, 세로 탄성계수 $E = 210\,\mathrm{GN/m}^2$일 때 단면계수 Z 및 C점의 굽힘 모멘트 M_C를 구하시오.

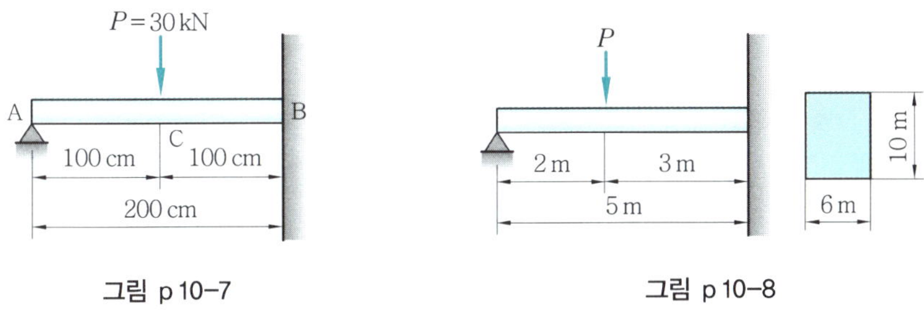

그림 p 10-7   그림 p 10-8

9. 그림 p 10-8과 같이 길이 5 m, $6 \times 10\,\mathrm{cm}$의 사각단면을 가진 일단고정 타단지지보에서 재료의 허용응력 $\sigma_a = 60\,\mathrm{MPa}$일 때 하중 P를 구하시오.

10. 그림 p 10-9가 길이 7 m의 양단고정보에 집중하중 $P = 30\,\mathrm{kN}$이 작용하고 있다. 전단력 선도(SFD)와 굽힘 모멘트 선도(BMD)를 그리시오.

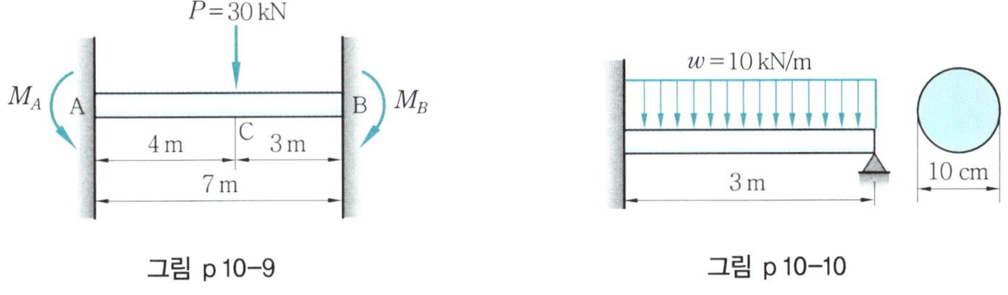

그림 p 10-9   그림 p 10-10

11. 그림 p 10-10과 같이 길이 3 m, 지름 10 cm의 일단고정 타단지지보에 균일분포 하중 $w = 10\,\mathrm{kN/m}$가 작용할 때 최대 처짐각 θ_{max}와 최대 처짐량 δ_{max}를 구하시오.(단, 재료의 세로 탄성계수 $E \fallingdotseq 210\,\mathrm{GN/m}^2$이다.)

12. 그림 p 10-11과 같이 길이가 4 m이고, 등분포 하중 $q = 1500\,\mathrm{N/m}$를 받는 일단고정 타단지지보의 전단력 선도(SFD) 및 굽힘 모멘트 선도(BMD)를 그리시오.

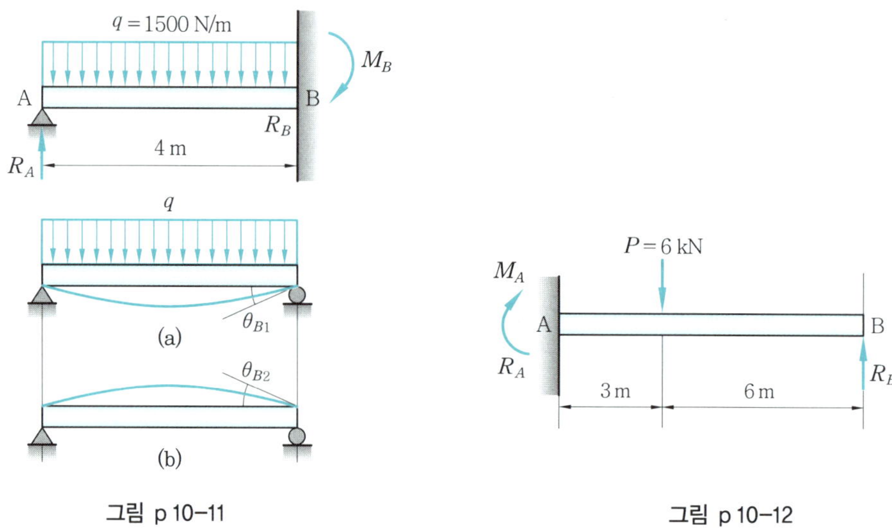

그림 p 10-11

그림 p 10-12

13. 그림 p 10-12와 같은 부정정보를 풀고 SFD 및 BMD를 구하시오.(단 EI 는 일정하다.)

14. 그림 p 10-13과 같은 양단고정보를 풀고, SFD와 BMD를 그리시오.(단, EI는 일정하다.)

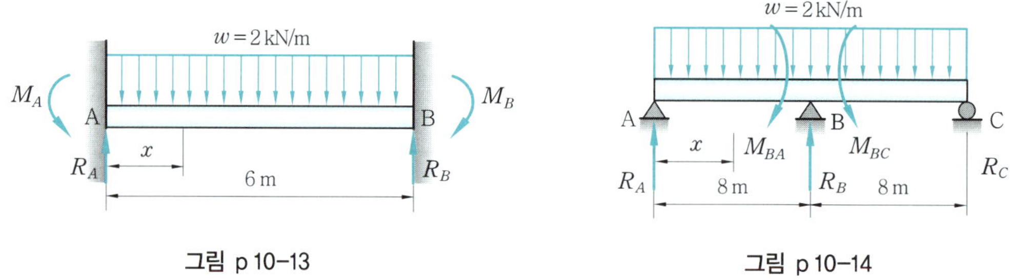

그림 p 10-13

그림 p 10-14

15. 그림 p 10-14와 같은 연속보의 반력, 전단력, 굽힘 모멘트를 구하고, SFD와 BMD를 그리시오.

16. 그림 p 10-15는 3지점 연속보의 중앙에 집중하중 $P = 100\,\text{N}$과 등분포 하중 $w = 500$ N/m가 작용할 때, M_B, R_A, R_B, R_C 를 구하시오.

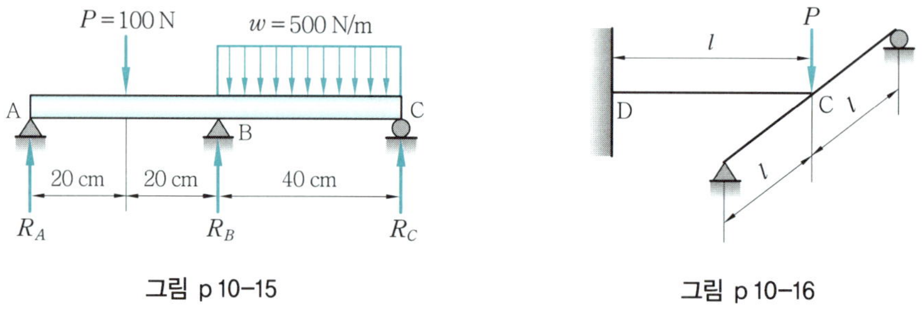

그림 p 10-15

그림 p 10-16

17. 그림 p 10–16과 같이 단순보 AB 중앙에 외팔보 DC가 수평하게 서로 직각으로 얹혀 있다. 외팔보의 자유단 C에 수직하중 P가 작용할 때 이 두 보의 접촉점의 처짐 δ_C를 구하시오.(C점의 다른 압력은 없다.)

18. 그림 p 10–17과 같이 4지점의 연속보에 등분포 하중이 작용하고 있다. 연속보의 A, B, C, D점의 굽힘 모멘트 및 반력을 구하고 SFD와 BMD를 그리시오.

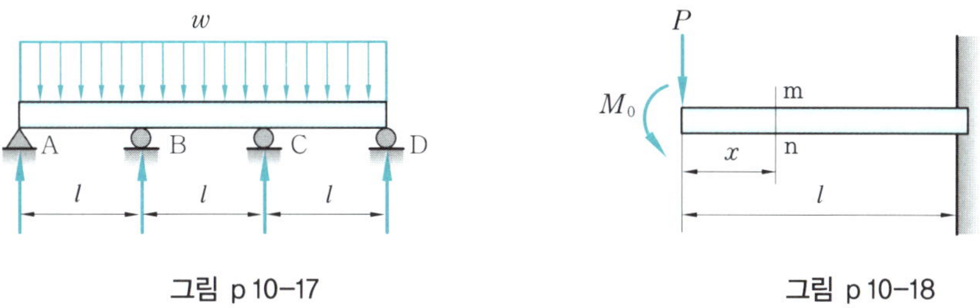

그림 p 10–17   그림 p 10–18

19. 그림 p 10–18과 같은 외팔보의 자유단에서 집중하중 P와 우력 M_0가 작용할 때 카스틸리아노의 정리를 써서 자유단의 변위를 구하시오.

연습문제 풀이

1. $M_B = \dfrac{Pa^2 b}{l^2} = \dfrac{792 \times 6^2 \times 4}{10^2} \fallingdotseq 1140 \ \text{N·m}$

2. $\delta_{\max} = \dfrac{Pl^3}{192 EI}$ 에서,

$$I = \dfrac{bh^3}{12} = \dfrac{10 \times 15^3}{12} = 2812.5 \ \text{cm}^4$$
$$= 2.8125 \times 10^{-5} \ \text{m}^4$$

$$\delta_{\max} = \dfrac{15000 \times 6^3}{192 \times (200 \times 10^9) \times (2.8125 \times 10^{-5})}$$
$$= 3 \times 10^{-3} \ \text{m} = 0.3 \ \text{cm}$$

3. $M = \dfrac{wl^2}{24} = \dfrac{1200 \times 2^2}{24} = 200 \ \text{N·m}$

4. $\delta_1 = \dfrac{Pl^3}{192 EI}, \quad \delta_2 = \dfrac{wl^4}{384 EI} = \dfrac{Pl^3}{384 EI}$

$$\therefore \ \dfrac{\delta_2}{\delta_1} = \dfrac{\dfrac{Pl^3}{384 EI}}{\dfrac{Pl^3}{192 EI}} = \dfrac{192}{384} = \dfrac{1}{2}$$

5. 일단고정 타단지지보의 중앙에 작용하는 최대 모멘트는 고정단에 생기며, $M_{\max} = \dfrac{3Pl}{16}$

그러므로 $\sigma = \dfrac{M_{\max}}{Z} = \dfrac{\dfrac{3Pl}{16}}{\dfrac{\pi d^3}{32}} = \dfrac{6Pl}{\pi d^3}$ 에서,

$$P = \dfrac{\pi d^3 \sigma}{6l} = \dfrac{\pi \times 0.15^3 \times (80 \times 10^6)}{6 \times 4}$$
$$\fallingdotseq 35325 \ \text{N}$$

6. 집중하중 P로 인한 외팔보의 자유단에서 처짐량 $\delta_1 = \dfrac{5Pl^3}{48 EI}$ 이고, 반력 R_A로 인한 외팔보의 자유단에서 처짐량 $\delta_2 = \dfrac{R_A l^3}{3 EI}$ 이라 하면 $\delta_1 = \delta_2$ 이다.

$$\dfrac{5Pl^3}{48 EI} = \dfrac{R_A l^3}{3 EI}$$ 에서,

$$R_A = \dfrac{5}{16} P, \quad R_B = P - R_A = \dfrac{11}{16} P$$

$$\therefore \ M_B = R_A l - P \times \dfrac{l}{2} = \dfrac{5}{16} Pl - \dfrac{Pl}{2}$$

$$= -\dfrac{3}{16} Pl = -\dfrac{3}{16} \times 10000 \times 2$$
$$= -3750 \ \text{N·m}$$

7. 일단지지 타단고정보의 중앙에서의 처짐량 $\delta_C = \dfrac{7Pl^3}{768 EI}$ 에서,

$$I = \dfrac{bh^3}{12} = \dfrac{10 \times 15^3}{12}$$
$$= 2812.5 \ \text{cm}^4 = 2.8125 \times 10^{-5} \text{이므로,}$$

$$\therefore \ \delta_C = \dfrac{7 \times 10000 \times 2^3}{768 \times (200 \times 10^9) \times (2.8125 \times 10^{-5})}$$
$$\fallingdotseq 1.3 \times 10^{-6} \ \text{cm}$$

8. 일단고정 타단지지보의 중앙점에 하중이 작용하면,

$$R_A = \dfrac{5}{16} P = \dfrac{5}{16} \times 30000 = 9375 \ \text{N}$$

$$R_B = \dfrac{11}{16} P = \dfrac{11}{16} \times 30000 = 20625 \ \text{N}$$

$$\therefore \ M_C = R_A \times \dfrac{l}{2} = 9375 \times \dfrac{2}{2} = 9375 \ \text{N·m}$$

또 최대 굽힘 모멘트 $M_{\max} = \sigma_a \cdot Z$ 에서

$$Z = \dfrac{M_{\max}}{\sigma_a}$$

$$M_{\max} = \dfrac{3}{16} Pl$$

$$= \dfrac{3}{16} \times 30000 \times 2 = 11250 \ \text{N·m}$$

$$\therefore \ Z = \dfrac{11250}{80 \times 10^6} \fallingdotseq 1.41 \times 10^{-4} \ \text{m}^3$$
$$= 141 \ \text{cm}^3$$

9. 일단고정 타단지지보에서 집중하중을 받는 경우 최대 굽힘 모멘트는 고정단에서 발생하며, 그 값은 $\dfrac{3}{16} Pl$ 이고, $M_{\max} = \sigma \cdot Z$에서

$$Z = \dfrac{bh^2}{6} = \dfrac{6 \times 10^2}{6} = 100 \ \text{cm}^3 = 1 \times 10^{-4} \ \text{m}^3$$

$$M_{\max} = \dfrac{3}{16} \times P \times 5 = (60 \times 10^6) \times (1 \times 10^{-4})$$

$$\therefore \ P = \dfrac{16 \times (60 \times 10^6) \times (1 \times 10^{-4})}{15} = 6400 \ \text{N}$$

10. 반력 $R_A = \dfrac{Pb^2(3a+b)}{l^3}$

$$= \dfrac{30000 \times 3^2}{7^3}\,3 \times 4 + 3$$

$$\fallingdotseq 11808 \text{ N}$$

반력 $R_B = \dfrac{Pa^2(a+3b)}{l^3} = P - R_A$

$$= 30000 - 11808 = 18192 \text{ N}$$

굽힘 모멘트 $M_A = \dfrac{Pab^2}{l^2} = \dfrac{30000 \times 4 \times 3^2}{7^2}$

$$= 22041 \text{ N·m}$$

$$M_B = \dfrac{Pa^2 b}{l^2} = \dfrac{30000 \times 4^2 \times 3}{7^2}$$

$$= 29388 \text{ N·m}$$

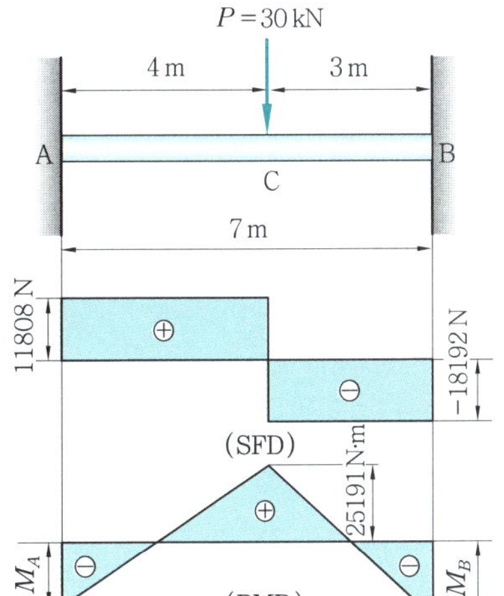

- AC 구간

$$V_x = R_A = 11808 \text{ N}$$

$$M_x = -M_A + R_A x$$

$$M_c = -22041 + 11808 \times 4 = 25191 \text{ N·m}$$

- CB 구간

$$V_x = R_A - P = -R_B = -18192 \text{ N}$$

$$M_x = -M_A + R_A x - P(x - 4)$$

$x = 4$를 대입하면 $M_c = 25191$ N·m가 얻어진다.

11. $I = \dfrac{\pi d^4}{64} = \dfrac{\pi \times 10^4}{64}$

$$\fallingdotseq 490.9 \text{ cm}^4 = 491 \times 10^{-8} \text{ m}^4$$

$$\theta_{\max} = \dfrac{wl^3}{48EI}$$

$$= \dfrac{10000 \times 3^3}{48 \times (210 \times 10^9) \times (491 \times 10^{-8})}$$

$$\fallingdotseq 5.46 \times 10^{-3} \text{ rad}$$

$$\delta_{\max} = 0.0054\,\dfrac{wl^4}{EI}$$

$$= \dfrac{0.0054 \times 10000 \times 3^4}{(210 \times 10^9) \times (419 \times 10^{-8})}$$

$$\fallingdotseq 4.242 \times 10^{-3} \text{ m} = 0.4242 \text{ cm}$$

12. ① 고정단 B의 모멘트 M_B

$$\theta_B = \theta_{B1} - \theta_{B2} = 0$$

$\theta_{B1} = \dfrac{ql^3}{24EI}$, $\theta_{B2} = \dfrac{M_B l}{3EI}$ 이므로 대입하면

$$\theta_B = \dfrac{ql^3}{24EI} - \dfrac{M_B l}{3EI} = 0$$

$$\therefore M_B = \dfrac{ql^2}{8} = \dfrac{1500 \times 4^2}{8} = 3000 \text{ N·m}$$

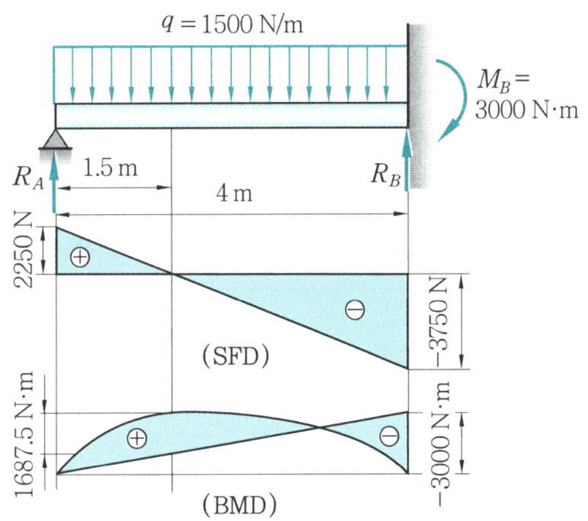

② 반력

$$\sum M_B = 0 \ ; \ R_A \times 4 - (1500 \times 4) \times 2 + 3000 = 0$$

$$\therefore R_A = \dfrac{1500 \times 4 \times 2 - 3000}{4} = 2250 \text{ N}$$

$$\sum V_i = 0 \ ; \ R_A + R_B = 1500 \times 4 = 6000 \text{ N}$$

$$\therefore R_B = 6000 - R_A = 3750 \text{ N}$$

③ 전단력

$$V_A = R_A = 2250 \text{ N}$$

$$V_B = -R_B = -3750 \text{ N}$$

$$V_x = -R_A - qx = 2250 - 1500\,x$$

④ 굽힘 모멘트

$$M_A = 0, \quad M_B = -3000 \text{ N·m}$$

$$M_x = 2250x - 1500\,x \times \dfrac{x}{2} = 2250x - 750x^2$$

최대 모멘트 $M_{\max}$ 인 지점 $V_x = 2250 - 1500\,x = 0$ 에서,

$x = 1.5\ \text{m}$

$$\therefore M_{\max} = 2250 \times 1.5 - 750 \times 1.5^2$$
$$= 1687.5\ \text{N·m}$$

13. ① 부정정력 M_A

$\theta_{A1} = P$에 의한 처짐각

$$= \frac{Pab(l+b)}{6EIl} = \frac{P \times 3 \times 6 \times (9+6)}{6EI \times 9}$$

$$= \frac{30000}{EI}$$

$\theta_{A2} = M_A$에 의한 처짐각

$$= \frac{M_A \cdot l}{3EI} = \frac{M_A \times 9}{3EI} = \frac{3M_A}{EI}$$

$\theta_A = \theta_{A1} = \theta_{A2} = 0$이므로

$$\frac{30000}{EI} + \frac{3M_A}{EI} = 0$$

$$\therefore M_A = -10000\ \text{N·m} = -10\ \text{kN·m}$$

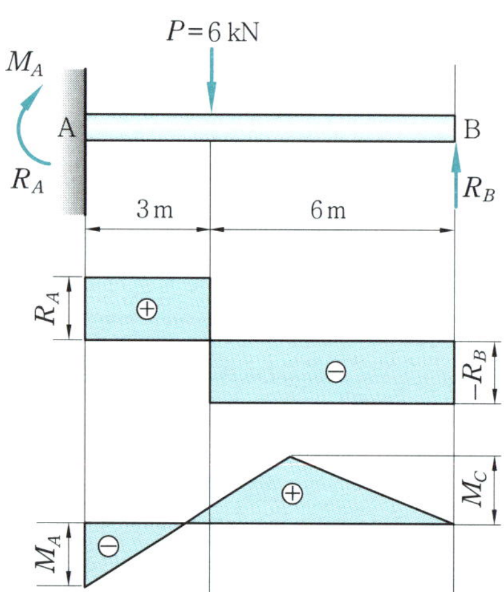

② 반력

$$\sum M_B = 0 \ ; \ R_A \times 9 - 10\,\text{kN} - 6\,\text{kN} \times 6 = 0$$

$$\therefore R_A = 5.111\ \text{kN}$$

$$\sum V = 0 \ ; \ 5.111 + R_B - 6 = 0$$

$$\therefore R_B = 0.899\ \text{kN}$$

③ 전단력

$$V_{AC} = R_A = 5.111\ \text{kN}$$

$$V_{CB} = -R_B = 0.899\ \text{kN}$$

④ 굽힘 모멘트

$$M_A = -10\ \text{kN·m}$$

$$M_C = -10 + 5.111 \times 3 = 5.333\ \text{kN}$$

$$M_B = 0$$

14. ① 등분포 하중 w에 의한 처짐각 $\theta_A{}'$, $\theta_B{}'$

$$\theta_A{}' = \frac{wl^3}{24EI} = \frac{2000 \times 6}{24EI} = \frac{18000}{EI}$$

$$\theta_B{}' = -\theta_A{}' = -\frac{18000}{EI}$$

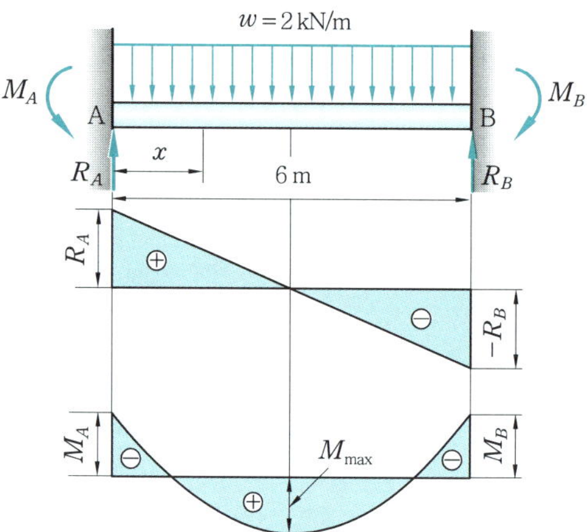

② 양단의 우력에 의한 처짐각 $\theta_A{}''$, $\theta_B{}''$

$$\theta_A{}'' = \frac{2M_A + M_B}{EI}$$

$$\theta_B{}'' = \frac{(M_A + 2M_B)}{EI}$$

$\theta_A = 0$, $\theta_B = 0$ 이므로,

$$\theta_A = \theta_A{}' + \theta_A{}''$$

$$= \frac{18000}{EI} + \frac{2M_A + M_B}{EI} = 0$$

$$\therefore 2M_A + M_B = -18000$$

$$\theta_B = \theta_B{}' + \theta_B{}''$$

$$= -\frac{18000}{EI} - \frac{M_A + 2M_B}{EI} = 0$$

$$\therefore M_A + 2M_B = -18000$$

$$\therefore M_A = -6000\ \text{N·m} = -6\ \text{kN·m}$$

$$M_B = -6000\ \text{N·m} = -6\ \text{kN·m}$$

③ 반력

$$\sum M_B = 0 \ ;$$

$$R_A \times 6 - 6\,\text{kN} - (2\,\text{kN} \times 6) \times 3 + 6\,\text{kN} = 0$$

$$\therefore R_A = 6\ \text{kN}$$

$$\sum V = 0 \ ; \ 6\,\text{kN} + R_B - 2\,\text{kN} \times 6 = 0$$

$$\therefore R_B = 6\ \text{kN}$$

④ 전단력

$$V_A = R_A = 6\,\text{kN}, \quad V_B = -R_B = -6\,\text{kN},$$

$$V_x = 6\,\text{kN} - 2\,\text{kN} \times x \ (x = 3\,\text{m 때 } V = 0)$$

⑤ 굽힘 모멘트

$$M_x = -6 + 6x - 2x \times \frac{x}{2} = -6 + 6x - x^2$$

$$\frac{dM_x}{dx} = 6 - 2x = 0$$

$$\therefore \ x = 3 \ ; \ M_{max} = -6 + 6 \times 3 - 3^2 = 3 \ \text{kN·m}$$

15. $M_{BA} = \dfrac{wl^2}{8} = \dfrac{2 \times 8^2}{8} = 16 \ \text{kN·m}$

$$M_{BC} = -\frac{wl^2}{8} = \frac{-2 \times 8^2}{8} = -16 \ \text{kN·m}$$

① 반력

$$\sum M_B = 0 \ ; \ R_A \times 8 - 2 \times 8 \times 4 + 16 = 0$$

$$\therefore \ R_A = 6 \ \text{kN} = R_C$$

$$R_B = wl - R_A - R_C = 2 \times 16 - 6 - 6 = 20 \ \text{kN}$$

② 전단력

$$V_A = R_A, \quad V_{B1} = -10 \ \text{kN}$$

$$V_{B2} = 10 \ \text{kN}, \quad V_C = -R_C$$

$$V_x = R_A - wx \ (V_x = 0 \text{인 } x \text{에서 } M = \text{최대})$$

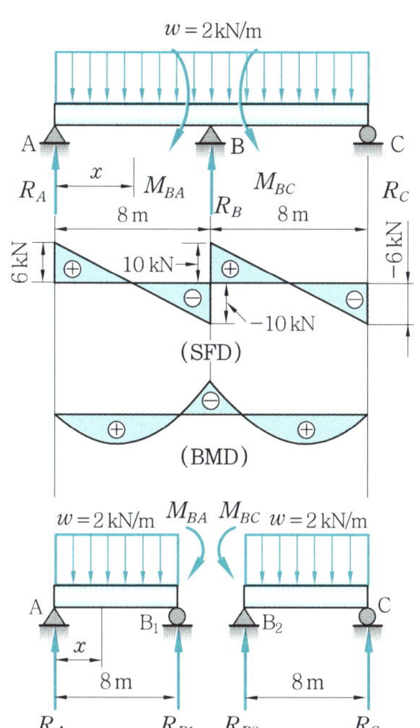

③ 굽힘 모멘트

$$M_x = R_A x - \frac{1}{2} wx^2$$

$$= 6x - \frac{2x^2}{2} = 6x - x^2$$

$$M_A = (M_x)_{x=0} = 0$$

$$M_B = (M_x)_{x=8} = 6 \times 8 - 8^2 = -16 \ \text{kN·m}$$

$$M_{cx} = R_A x + R_B(x - 8) - \frac{wx^2}{2}$$

$$(R_A = 6 \ \text{kN}, \ R_B = 20 \ \text{kN})$$

$$M_c = (M_{cx})_{x=16} = 0$$

$$M_{max} = M_{x=3} = 6 \times 3 - \frac{2 \times 3^2}{2} = 9 \ \text{kN·m}$$

16. ① $M_A l_1 + 2M_B(l_1 + l_2) + M_C l_2$

$$= -\frac{3Pl^2}{8} - \frac{wl^3}{40} + 2M_B(4 + 4) + 0$$

$$= \frac{-3 \times 100 \times 0.4^2}{8} - \frac{500 \times 0.4^3}{4}$$

$$M_B = \frac{14}{1.6} = -8.75 \ \text{N·m}$$

② $R_n = R_n' + R_n''$

$$+ \frac{M_{n-1} - M_n}{l_n} + \frac{-M_n + M_{n+1}}{l_n} + 1$$

$$R_B = \frac{100}{2} + \frac{500 \times 0.4}{2}$$

$$+ \frac{0 + 8.75}{0.4} + \frac{8.75 + 0}{0.4}$$

$$= 193.75 \ \text{N}$$

$$R_A = 0 + \frac{100}{2} + 0 + \frac{0 - 8.75}{0.4} = 28.125 \ \text{N}$$

$$R_C = \frac{500 \times 0.4}{2} + 0 + \frac{-8.75 + 0}{4} + 0$$

$$= 78.125 \ \text{N}$$

17. 두 보가 접촉점에서 주고 받는 힘을 X라 하면 외팔보 DC에 걸리는 하중은 $P-x$ 가 되므로, DC의 자유단의 처짐은

$$\delta_{C1} = \frac{(P-X)l^3}{3EI}$$

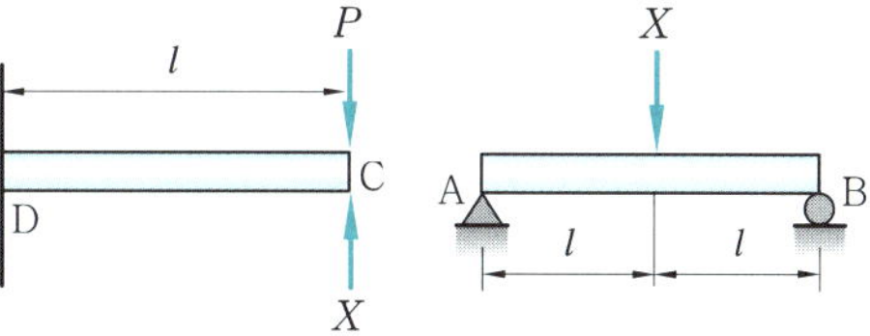

단순보 AB의 중앙점에서 X가 밑으로부터 작용하게 되므로 처짐은

$$\delta_{C2} = \frac{X(2l)^3}{48EI}$$

두 처짐이 같아야 하므로,

$$\frac{(P-X)l^3}{3EI} = \frac{X \cdot (2l)^3}{48EI}$$

$$X = \frac{2}{3}P$$

$$\therefore \delta_C = \delta_{C1} = \delta_{C2} = \frac{\left(P - \frac{2}{3}P\right)l^3}{3EI} = \frac{Pl^3}{9EI}$$

18. $\begin{cases} M_A = M_D = 0 \\ l_1 = l_2 = l_3 = l \\ w_1 = w_2 = w_3 = w \end{cases}$

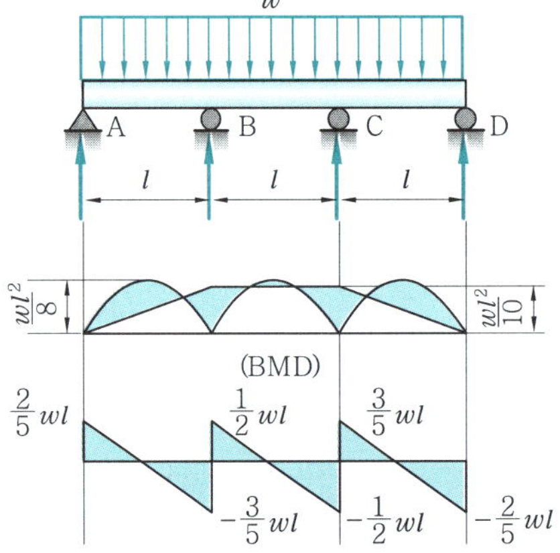

$$M_A l_1 + 2M_B(l_1 + l_2) + M_C l_2 = -\frac{w_1 l_1^3}{4} - \frac{w_2 l_2^3}{4}$$

$$M_A + 4M_B + M_C + \frac{wl^2}{2} = 0$$

$$4M_B + M_C + \frac{wl^2}{2} = 0$$

$$M_B + 4M_C + \frac{wl^2}{2} = 0$$

$$\therefore M_B = M_C = -\frac{wl^2}{10}$$

$$M_B = M_A + R_A \cdot l - \frac{wl^2}{2} = -\frac{wl^2}{10}$$

$$\therefore R_A = \frac{wl}{2} - \frac{wl}{10} = \frac{2}{5}wl = R_D$$

$$R_A + R_D + 2R_B = 3wl$$

$$2R_B = 3wl - \frac{4}{5}wl = \frac{11}{5}wl$$

$$\therefore R_B = \frac{11}{10}wl = R_C$$

$$\therefore M_A = M_D = 0, \quad M_B = M_C = -\frac{wl^2}{10}$$

$$R_A = R_D = \frac{2}{5}wl, \quad R_B = R_C = \frac{11}{10}wl$$

19. 단면 mn에서 굽힘 모멘트는

$$M_x = -Px - M_0$$

변형 에너지 $U = \int_0^l \frac{M^2}{2EI}\, dx$

자유단의 처짐을 구하기 위하여 U를 P에 대하여 편미분하면,

$$\delta = \frac{\partial U}{\partial P} = \frac{1}{EI} \int_0^l M \cdot \frac{\partial M}{\partial P}\, dx$$

$$= \frac{1}{EI} \int_0^l (Px + M_0) \cdot x \cdot dx\, 2EI$$

자유단의 처짐각을 구하기 위하여 U를 M에 대해 편미분하면,

$$\theta = \frac{\partial U}{\partial M_0} = \frac{1}{EI} \int_0^l M \cdot \frac{\partial M}{\partial M_0}\, dx$$

$$= \frac{1}{EI} \int_0^l (Px + M_0)\, dx$$

$$= \frac{Pl^2}{2EI} + \frac{M_0 l}{EI}$$

제 11 장 특수 단면보

1. 균일강도의 보

일반적으로 취급하는 보는 단면 2 차 모멘트와 단면계수가 일정한데 그 보에서 발생하는 굽힘 모멘트와 응력의 분포는 일정하지 않으며 굽힘 모멘트가 최대로 되는 단면에서 파괴가 일어나게 된다. 그러므로 이 보는 임의의 한 단면에서는 굽힘에 대하여 불필요한 크기를 가지고 있는 것이 되므로 그 보가 어느 단면에서나 일정한 허용 굽힘응력 σ_{ba}가 발생하도록 보의 각 부분의 단면을 그 부분에 작용하는 굽힘 모멘트의 크기에 따라 결정한 보를 만들면 재료가 절약될 뿐만 아니라 보의 무게도 가벼워지며 그 보 전체의 굽힘 강도가 일정한 보가 되는데 이러한 보를 균일강도(均一强度)의 보(beam of uniform strength)라 한다.

어느 단면에서나 일정한 응력이 발생하도록 보를 설계하려면 다음 식을 이용한다.

$$\sigma = \frac{M}{Z} = \text{constant} \tag{11-1}$$

또, 균일강도의 보의 탄성곡선의 미분 방정식은 다음과 같다.

$$\frac{1}{\rho} = \frac{d^2 y}{dx^2} = \pm \frac{M}{EI} = -\frac{1}{e} \cdot \frac{\sigma}{E} \tag{11-2}$$

여기서, e : 중립축으로부터 단면의 상하면까지의 거리

1-1 집중하중을 받는 외팔보

(1) 폭이 일정할 때

그림 11-1과 같이 외팔보의 자유단에 집중하중 P가 작용할 때 직사각형 단면이 bh라면,

$$\sigma = \frac{M}{Z} = \frac{6M}{bh^2} = \frac{6Px}{bh^2} = \frac{6Pl}{bh_0^{\,2}} = \text{constant} \tag{11-3}$$

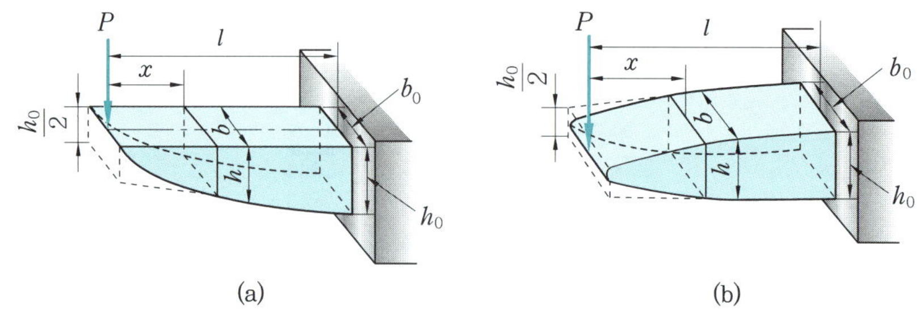

(a)　　　　　　　　　　　　　(b)

그림 11-1 폭이 일정하고 집중하중을 받는 외팔보

식 (11-3)에서 폭 b를 일정하게 하면 단면의 높이 h가 변화하므로,

$$
\left.
\begin{array}{l}
\text{· 고정단면의 높이} : h_0 = \sqrt{\dfrac{6Pl}{b\sigma}} \\[4mm]
\text{· 임의 단면의 높이} : h = \sqrt{\dfrac{6Px}{b\sigma}}
\end{array}
\right\}
\tag{11-4}
$$

$$
\therefore \ h = h_0 \sqrt{\frac{x}{l}}
\tag{11-5}
$$

이 보의 처짐량은

$$
\delta = \int_0^l \frac{1}{EI} \cdot Mx\,dx = \int_0^l \frac{12Pl^2}{Ebh^3}\,dx
$$

$$
= \frac{12Pl^{\frac{3}{2}}}{Ebh_0{}^3} \int_0^l \sqrt{x}\,dx = \frac{2Pl^3}{3EI_0}
\tag{11-6}
$$

식 (1-6)에서 $I_0 = \dfrac{bh_0^3}{12}$ 은 고정단 단면의 관성 모멘트이며, 또한 균일단면의 같은 하중 상태에서 굽힘량 $\delta = \dfrac{Pl^3}{3EI_0}$ 의 2배이므로 강도는 같으나 강성도는 다르며, 자유단에서의 전단력을 고려하여 $\dfrac{h_0}{2}$ 로 수정하였다.

(2) 높이가 일정할 때

그림 11-2 와 같이 폭 b가 단면 위치에 따라 변하는 경우는 식 (11-3)에서,

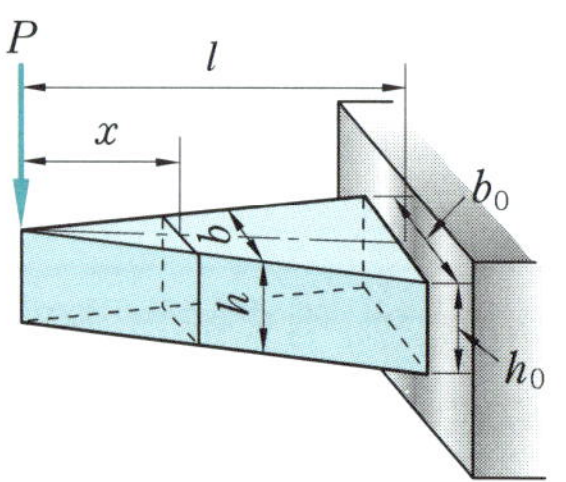

그림 11-2 높이가 일정하고 집중하중을 받는 외팔보

$$\text{고정단의 폭 } b_0 = \frac{6Pl}{\sigma h^2} \text{ , 임의 단면의 폭 } b = \frac{6Px}{\sigma h^2} \tag{11-7}$$

$$\therefore \ b = b_0 \frac{x}{l} \tag{11-8}$$

이 보의 처짐량은 $\delta = \dfrac{1}{EI} \displaystyle\int_A^B Mx\,dx = \dfrac{A_m}{EI} \cdot \overline{x}$ 로부터

$$\delta = \int_0^l \frac{1}{EI} \cdot Mx\,dx = \int_0^l \frac{12Px^2}{Ebh^3}\,dx$$

$$= \frac{12Pl}{Eb_0 h^3} \int_0^l x\,dx = \frac{Pl^3}{2EI_0} \tag{11-9}$$

윗식은 동일 하중의 균일단면의 처짐량 $\delta = \dfrac{Pl^3}{3EI}$ 과 비교하면 1.5배가 크다.

(3) 원형 단면인 경우

그림 11-3과 같이 원형 단면에 있어서 균일강도 외팔보에 대한 고정단의 지름을 d_0, 임의 단면에 대한 지름을 d 라 하면,

$$\sigma = \frac{M}{Z} = \frac{32Px}{\pi d^3} = \frac{32Pl}{\pi d_0^{\ 3}} = \text{const} \tag{11-10}$$

$$d_0 = \sqrt[3]{\frac{32Pl}{\pi\sigma}} , \qquad d = \sqrt[3]{\frac{32Px}{\pi\sigma}} \tag{11-11}$$

$$\therefore \ d = d_0 \sqrt[3]{\frac{x}{l}} \tag{11-12}$$

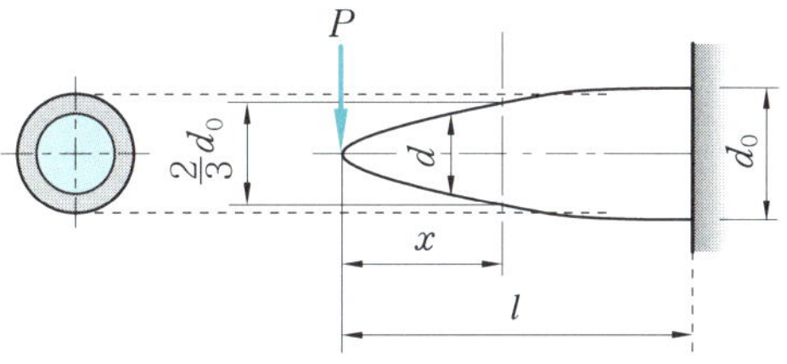

그림 11-3 원형 단면에 집중하중을 받는 외팔보

이 보의 처짐량은

$$\delta = \int_0^l \frac{1}{EI} \cdot Mx\,dx = \int_0^l \frac{64Px^2}{E\pi d^4}\,dx = \int_0^l \frac{64Px^2}{E\pi d_0^{\ 4}} \cdot \frac{l}{x} \cdot \sqrt[3]{\frac{l}{x}}\,dx$$

$$= \frac{64Pl^{\frac{4}{3}}}{E\pi d_0^{\ 4}} \int_0^l x \cdot \frac{2}{3}\,dx = \frac{3Pl^3}{5EI_0} \tag{11-13}$$

자유단에서는 전단력을 고려하여 $\dfrac{2}{3} d_0$ 로 수정한다.

예제 1. 길이가 2 m인 외팔보의 자유단에 집중하중 10 kN이 작용한다. 높이가 15 cm이고, 허용응력이 60 MN/m²일 때 균일강도의 보를 만들려고 한다. 고정단에서의 폭 b_0 를 구하시오.

해설 $\sigma = \dfrac{M}{Z} = \dfrac{6Pl}{b_0 h^2}$ 에서,

$$\therefore b_0 = \frac{6Pl}{\sigma \cdot h^2} = \frac{6 \times 10000 \times 2}{(60 \times 10^6) \times 0.15^2} ≒ 0.0889 \text{ m} = 8.89 \text{ cm}$$

1-2 등분포 하중을 받는 외팔보

(1) 폭이 일정할 때

그림 11-4와 같이 등분포 하중 w가 작용하는 외팔보의 폭 b가 일정하고 높이를 변화시킬 때,

$$\sigma = \frac{M}{Z} = \frac{6}{bh^2} \cdot \frac{wx^2}{2} = \frac{6}{bh_0^2} \cdot \frac{wl^2}{2} = \text{const} \tag{11-14}$$

$$h_0 = \sqrt{\frac{3wl^2}{b\sigma}}, \qquad h = \sqrt{\frac{3wx^2}{b\sigma}} \tag{11-15}$$

$$\therefore h = h_0 \cdot \frac{x}{l} \tag{11-16}$$

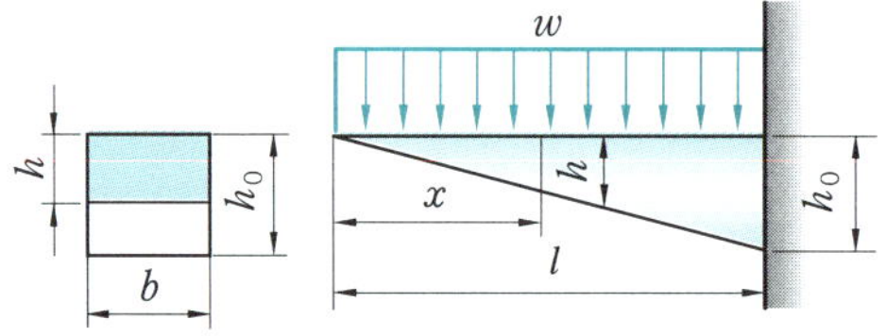

그림 11-4 폭이 일정하고 높이가 변화할 때

이 보의 처짐량은

$$\delta = \int_0^l \frac{1}{EI} \cdot Mx\,dx = \int_0^l \frac{12 \cdot \dfrac{wx^2}{2} \cdot x}{Ebh^3}\,dx$$

$$= \frac{12wl^3}{2Ebh_0^3} \int_0^l dx = \frac{wl^4}{2E \cdot \dfrac{bh_0^3}{12}} = \frac{wl^4}{2EI_0} \tag{11-17}$$

식 (11-17)의 $\dfrac{wl^4}{2EI_0}$ 은 균일단면의 같은 분포하중을 받는 외팔보의 처짐 $\dfrac{wl^4}{8EI_0}$ 보다 4배가 더 처짐을 알 수 있다.

(2) 높이가 일정할 때

등분포 하중 w를 받고 높이가 일정할 때,

$$\sigma = \frac{M}{Z} = \frac{6}{bh^2} \cdot \frac{wx^2}{2} = \frac{6}{b_0 h^2} \cdot \frac{wl^2}{2} = \text{const}$$

$$b_0 = \frac{3wl^2}{\sigma h^2}, \qquad b = \frac{3wx^2}{\sigma h^2} \tag{11-18}$$

$$\therefore \ b = b_0 \left(\frac{x}{l}\right)^2 \tag{11-19}$$

이 보의 처짐량은

$$\delta = \int_0^l \frac{1}{EI} Mx\,dx = \int_0^l \frac{12 \cdot \dfrac{wx^2}{2} \cdot x}{Ebh^3}\,dx$$

$$= \frac{12wl^2}{2Eb_0 h^3} \int_0^l x\,dx = \frac{wl^4}{4EI_0} \tag{11-20}$$

식 (11-20)은 균일단면의 같은 등분포 하중을 받는 외팔보의 처짐 $\dfrac{wl^4}{8EI_0}$ 보다 2배가 크다.

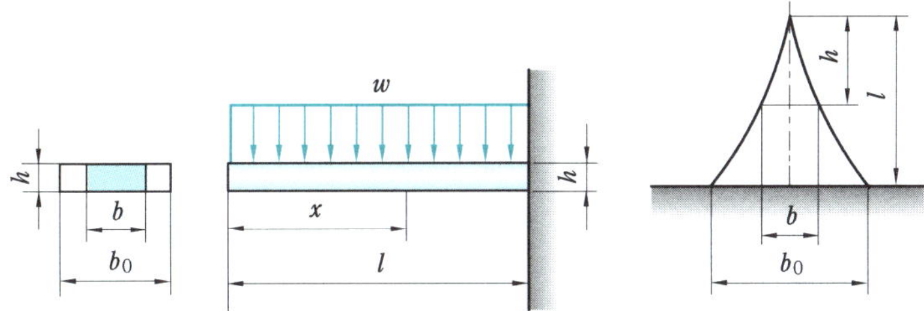

그림 11-5 높이가 일정하고 폭이 변화할 때

예제 2. 길이가 2 m인 외팔보의 자유단에 등분포 하중 $w = 8$ kN/m가 작용한다. 폭이 15 cm이고, 허용응력이 40 MPa일 때 균일강도를 만들려고 한다. 고정단에서의 높이 h_0를 구하시오.

[해설] $\sigma = \dfrac{M}{Z} = \dfrac{3wl^2}{bh_0^2}$ 이고, $w = 8000$ N/m이므로,

$$\therefore \ h_0 = \sqrt{\frac{3wl^2}{\sigma \cdot b}}$$

$$= \sqrt{\frac{3 \times 8000 \times 2^2}{(40 \times 10^6) \times 0.1}}$$

$$\fallingdotseq 0.155\,\text{m} = 15.5\,\text{cm}$$

1-3 직사각형 단면의 단순보

(1) 집중하중을 받는 경우

중앙에 집중하중을 받는 직사각형 단면의 단순보의 경우 AC 구간에 작용하는 굽힘 모멘트는 $\dfrac{Px}{2}$ 이고, 폭 b가 일정할 때,

$$\sigma = \frac{M}{Z} = \frac{\dfrac{Px}{2}}{\dfrac{bh^2}{6}} = \frac{\dfrac{P}{2}\cdot\dfrac{l}{2}}{\dfrac{bh_0{}^2}{6}} = \text{const} \tag{11-21}$$

중앙 단면의 높이 $h_0 = \sqrt{\dfrac{3Pl}{2b\sigma}}$ $\tag{11-22}$

$$h = \sqrt{\frac{3Px}{b\sigma}} \tag{11-23}$$

$$\therefore\ h = h_0\sqrt{\frac{2}{l}\,x} \tag{11-24}$$

식 (11-24)를 만족하는 보의 모양은 그림 11-6 (b)와 같다. 이 보의 높이 h를 일정하게 하려면, 폭 b는

$$b = \frac{2b_0 x}{l} \tag{11-25}$$

식 (11-25)을 만족하는 보의 모양은 그림 11-6 (c)와 같은 모양을 갖는다.

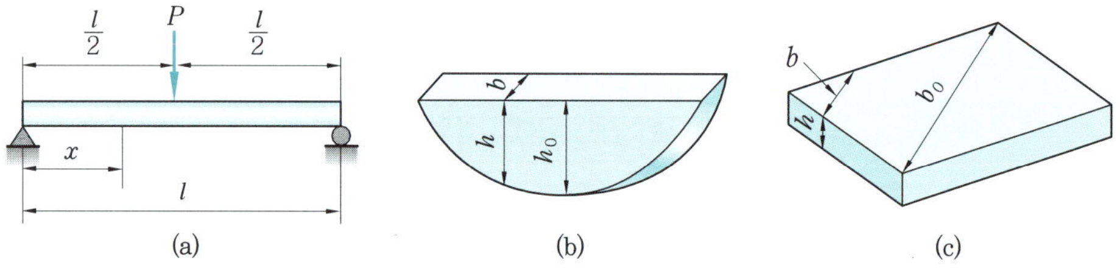

그림 11-6 집중하중을 받는 직사각형의 단순보

(2) 균일분포 하중을 받는 경우

임의의 거리 x에서의 굽힘 모멘트가 $\dfrac{wl}{2}x - \dfrac{wx^2}{2}$ 이므로 단면의 폭 b를 균일하게 유지하려면, 높이 h는

$$\sigma = \frac{M}{Z} = \frac{\dfrac{w}{2}x(l-x)}{\dfrac{bh^2}{6}} = \frac{\dfrac{w}{2}\cdot\dfrac{l}{2}\left(l-\dfrac{l}{2}\right)}{\dfrac{bh_0{}^2}{6}} = \text{const} \tag{11-26}$$

$$\therefore \; h = 2 \cdot \frac{h_0}{l} \sqrt{x\,(l-x)} \tag{11-27}$$

식 (11-27)을 만족하는 보는 그림 11-7 (b)와 같다. 이 보의 높이 h를 일정하게 하려면,

$$b = \frac{4b_0}{l^2} x\,(l-x) \tag{11-28}$$

식 (11-28)을 만족하는 보의 모양은 그림 11-7 (c)와 같다.

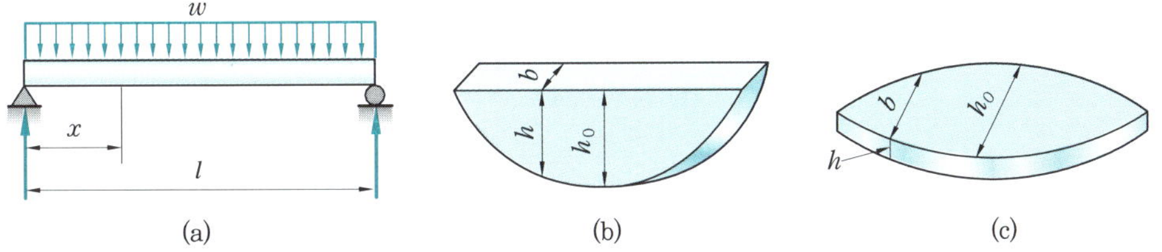

그림 11-7　균일분포 하중을 받는 직사각형 단면의 단순보

예제 3. 길이가 3 m인 단순보에 등분포 하중 20 kN/m가 작용한다. 높이가 16 cm이고, 허용응력이 60 MPa일 때 균일강도의 보가 되는 중앙점에서의 폭 b_0를 구하시오.

[해설] $\sigma = \dfrac{3\,w l^2}{4\,b_0 h^2}$ 에서,

중앙점의 폭 $b_0 = \dfrac{3\,w l^2}{4\sigma h^2}$

$$= \frac{3 \times 20000 \times 3^2}{4 \times (60 \times 10^6) \times 0.16^2} \fallingdotseq 0.088 \text{ m} = 8.8 \text{ cm}$$

2. 겹판 스프링

균일강도의 보의 한 예로서 겹판 스프링(leaf spring, laminated spring)을 들 수 있는데, 그림 11-8과 같이 폭 b가 같은 것을 n개 겹쳤다고 하면 단면계수 $Z = \dfrac{n b h^2}{6}$ 이고, 굽힘 모멘트 $M = P \cdot l = \dfrac{\sigma n b h^2}{6}$ 이므로,

$$P = \frac{\sigma n b h^2}{6\,l} \tag{11-29}$$

또, 처짐량은

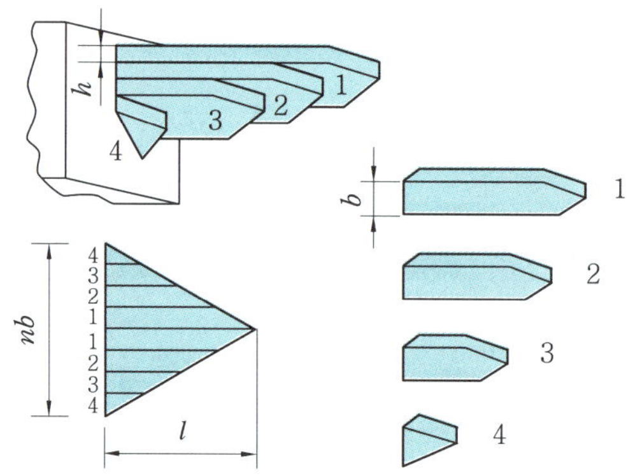

그림 11–8 겹판 스프링

$$\delta = \frac{Ml^2}{2EI} = \frac{Pl^3}{2EI} = \frac{6Pl^3}{nEbh^3} \tag{11–30}$$

곡률 반지름 ρ는 $\dfrac{1}{\rho} = \dfrac{M}{EI}$ 에서,

$$\rho = \frac{EI}{M} = \frac{E \cdot \dfrac{nbh^3}{12}}{Pl} = \frac{Enbh^3}{12Pl} \tag{11–31}$$

또한, 단순보에서도 위의 방법으로 판스프링을 사용한 차량용 판스프링을 볼 수 있는데,

$Z = \dfrac{nbh^2}{6}$, $M = \dfrac{Pl}{4} = \sigma \cdot \dfrac{nbh^2}{6}$ 이므로,

$$P = \frac{2\sigma \cdot nbh^2}{3l} \tag{11–32}$$

또, 처짐량 $\delta = \dfrac{Ml^2}{8EI} = \dfrac{\dfrac{Pl}{4} \cdot l^2}{8E \cdot \dfrac{nbh^3}{12}} = \dfrac{3Pl^3}{8Enbh^3}$ $\tag{11–33}$

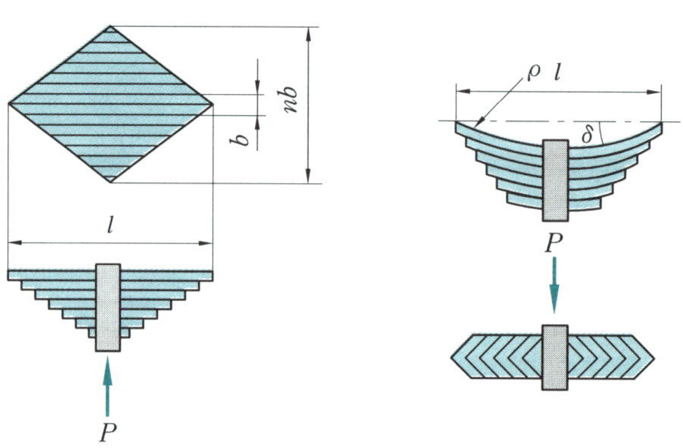

그림 11–9 차량용 스프링

곡률 반지름 ρ는 $\dfrac{1}{\rho} = \dfrac{M}{EI}$ 에서,

$$\rho = \frac{EI}{M} = \frac{E \cdot \dfrac{nbh^3}{12}}{\dfrac{Pl}{4}} = \frac{Enbh^3}{3Pl} \tag{11-34}$$

예제 4. 길이 80 cm, 폭 12 cm , 두께 2 cm인 양단지지의 겹판 스프링에 최대하중 50 kN이 작용할 때, 강판의 허용응력이 120 MPa라 한다면 판의 매수는 몇 장이 적당한지 계산하시오.

[해설] $M = \dfrac{Pl}{4} = \sigma \cdot \dfrac{nbh^2}{6}$ 에서,

$$n = \frac{3Pl}{2\sigma bh^2}$$

$$= \frac{3 \times 50000 \times 0.8}{2 \times (120 \times 10^6) \times 0.12 \times 0.02^2} ≒ 10.42 = 11 \text{ 장}$$

∽ 연습문제 ∽

1. 길이 4 m, 높이 20 m의 외팔보에서 자유단에 집중하중 30 kN이 작용한다. 허용응력이 80 MPa일 때 균일강도의 보가 되는 자유단으로부터 2 m 지점의 폭 b를 구하시오.

2. 길이 $l = 2$ m의 균일강도의 외팔보에서 자유단에 집중하중 $P = 60$ kN이 작용한다. 그 단면이 원형이고, 재료의 허용응력이 80 MN/m²일 때 자유단으로부터 50 cm인 곳의 지름 d를 구하시오.

3. 길이 2 m, 높이가 10 cm의 균일강도 단순보가 있다. 이 재료의 허용응력을 40 MN/m²이고, 고정단으로부터 0.5 m 떨어진 곳의 폭이 12 cm라면 이 단순보 중앙에 작용하는 집중하중을 구하시오.

4. 길이 3 m인 단순보에서 등분포 하중 30 kN/m가 작용하고 있다. 폭이 20 cm이고, 허용응력이 40 MPa일 때 균일강도의 보가 되는 고정단으로부터 50 cm 떨어진 곳의 높이 h를 구하시오.

5. 그림 p 11-1과 같은 차량용 겹판 스프링의 전 길이 $2l = 80$ cm, 폭 12 cm, 높이 2 cm, 매수 6장이고, 이 재료의 허용응력 $\sigma_a = 400$ MPa이고, 세로 탄성계수 $E = 220$ GPa일 때, 안전 하중(P), 처짐량(δ), 곡률 반지름(ρ)을 구하시오.

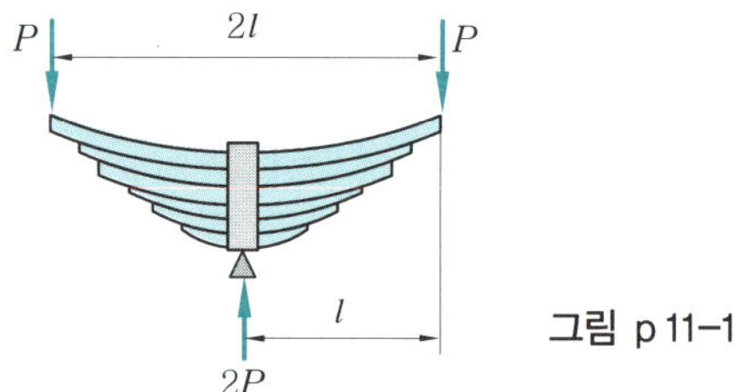

그림 p 11-1

6. 길이가 60 cm이고, 폭이 10 cm이며, 두께가 1.5 cm인 외팔보 스프링이 5개 합성되어 있다. 자유단의 하중 10 kN을 받았을 때 최대 굽힘응력 σ_{max}, 최대 처짐량 δ_{max}를 구하시오. (단, 재료의 세로 탄성계수 $E = 220$ GPa이다.)

7. 길이 1 m, 폭 8 cm, 두께 1.4 cm의 겹판 스프링 하중 20 kN을 받는다. 이 재료의 허용응력 $\sigma = 400$ MN/m² 이며, 세로 탄성계수 $E = 220$ GN/m² 이라면 이 스프링판은 몇 장이 필요하며, 처짐량은 얼마인지 구하시오.

8. 길이 $l = 100$ cm, 두께 $h = 12$ mm인 차량용 겹판 스프링에서 최대하중 $P = 20$ kN, 허용응력 $\sigma = 0.2$ GPa, 판의 매수 $n = 8$일 때 폭 b와 처짐 δ를 구하시오.(단, 이 재료의 세로 탄성계수 $E = 200$ GPa이다.)

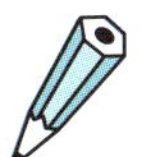

연습문제 풀이

1. $\sigma = \dfrac{M}{Z} = \dfrac{6Pl}{b_0 h^2}$ 에서, 고정단의 폭은

$$b_0 = \frac{6Pl}{\sigma h^2} = \frac{6 \times 30000 \times 4}{(80 \times 10^6) \times 0.2^2}$$
$$= 0.225 \text{ m} = 22.5 \text{ cm}$$

따라서, 자유단으로부터 2 m 지점의 폭은

$$b = b_0 \frac{x}{l} = 22.5 \times \frac{2}{4} = 11.25 \text{ cm}$$

2. $\sigma = \dfrac{M}{Z} = \dfrac{32Px}{\pi d^3} = \text{const}$ 에서,

$$d = \sqrt[3]{\frac{32Px}{\pi\sigma}} = \sqrt[3]{\frac{32 \times 60000 \times 0.5}{\pi \times (80 \times 10^6)}}$$
$$\fallingdotseq 0.1563 \text{ m} = 15.63 \text{ cm}$$

3. $\sigma = \dfrac{3Pl}{2b_0 h^2}$ 이고, $b = \dfrac{2b_0 x}{l}$ 에서 $b_0 = \dfrac{bl}{2x}$

이므로 대입하면,

$$\sigma = \frac{3Pl}{2 \times \left(\dfrac{bl}{2x}\right) \times h^2} = \frac{3Pl \cdot x}{blh^2} = \frac{3Px}{bh^2}$$

$$\therefore P = \frac{\sigma \cdot bh^2}{3x} = \frac{(40 \times 10^6) \times 0.12 \times 0.1^2}{3 \times 0.5}$$
$$= 32000 \text{ N} = 32 \text{ kN}$$

4. $\sigma = \dfrac{3wl}{4bh_0^2}$ 에서, 중앙점의 높이는

$$h_0 = \sqrt{\frac{3wl^2}{4b\sigma}} = \sqrt{\frac{3 \times 30000 \times 3^2}{4 \times 0.2 \times (40 \times 10^6)}}$$
$$= 0.159 \text{ m} = 15.9 \text{ cm}$$

따라서, 50 cm 떨어진 곳이 높이는

$$h = 2 \times \frac{h_0}{l} \sqrt{x(l-x)}$$
$$= \frac{2 \times 15.9}{300} \sqrt{50(300-50)} \fallingdotseq 11.85 \text{ cm}$$

5. 안전하중은

$$P = \frac{2nbh^2\sigma}{3l}$$
$$= \frac{2 \times 6 \times 0.12 \times 0.02^2 \times (400 \times 10^6)}{3 \times 0.4}$$
$$= 192000 \text{ N} = 192 \text{ kN}$$

처짐량은

$$\delta = \frac{3Pl^3}{8nbh^3 E}$$
$$= \frac{3 \times 192000 \times 0.4^3}{8 \times 6 \times 0.12 \times 0.02^3 \times (220 \times 10^9)}$$
$$= 3.64 \times 10^{-3} \text{ m} = 0.364 \text{ cm}$$

곡률 반지름은

$$\rho = \frac{Enbh^3}{3Pl}$$
$$= \frac{(220 \times 10^9) \times 6 \times 0.12 \times 0.02^3}{3 \times 192000 \times 0.4}$$
$$= 5.5 \text{ m} = 550 \text{ cm}$$

6. $\sigma_{\max} = \dfrac{M_{\max}}{Z} = \dfrac{6Pl}{nbh^2} = \dfrac{6 \times 10000 \times 0.6}{5 \times 0.1 \times 0.015^2}$

$$= 320000000 \text{ N/m}^2 = 320 \text{ MPa}$$

$$\delta_{\max} = \frac{6Pl^3}{nEbh^3}$$
$$= \frac{6 \times 10000 \times 0.6^3}{5 \times (220 \times 10^9) \times 0.1 \times 0.015^3}$$
$$= 0.0349 \text{ m} = 3.49 \text{ cm}$$

7. $P = \dfrac{2\sigma \cdot nbh^2}{3l}$ 에서,

$$n = \frac{3Pl}{2\sigma bh^2}$$
$$= \frac{3 \times 20000 \times 1}{2 \times (400 \times 10^6) \times 0.08 \times 0.014^2} \fallingdotseq 5\text{장}$$

$$\delta = \frac{3Pl^3}{8Enbh^3}$$
$$= \frac{3 \times 20000 \times 1^3}{8 \times (220 \times 10^9) \times 5 \times 0.08 \times 0.014^3}$$
$$\fallingdotseq 0.031 \text{ m} = 3.1 \text{ cm}$$

8. $P = \dfrac{2\sigma nbh^2}{3l}$ 에서 $b = \dfrac{3Pl}{2\sigma nh^2}$ 이므로,

$$\therefore b = \frac{3 \times 20000 \times 1}{2 \times (0.2 \times 10^9) \times 8 \times 0.012^2}$$
$$\fallingdotseq 0.13 \text{ m} = 13 \text{ cm}$$

$$\delta = \frac{3Pl^3}{8Enbh^3}$$
$$= \frac{3 \times 20000 \times 1^3}{8 \times (200 \times 10^9) \times 8 \times 0.13 \times 0.012^3}$$
$$= 0.0209 \text{ m} = 2.09 \text{ cm}$$

제12장　기 둥

1. 편심압축을 받는 짧은 기둥(column)

그림 12-1과 같은 단주(짧은 기둥)의 축선에 a만큼 편심(偏心)되어 작용하는 하중을 편심하중 (eccentric load) 이라 하고 a를 편심거리라 한다.

축압축력과 편심으로 인한 우력 $M=P\cdot a$가 동시에 작용하게 된다. 그러므로 임의의 단면에 발생하는 합성응력은

$$\text{그림 12-1 (a)의 합성응력} = \left\{ -\frac{P}{A} \text{인 그림 12-1 (b)의 압축응력} \right\}$$
$$+ \left\{ -\frac{Pay}{I} \text{인 그림 12-1 (c)의 굽힘응력} \right\}$$

$$\sigma = -\left(\frac{P}{A} + \frac{M}{Z} \right) = -\left(\frac{P}{A} + \frac{Pay}{I} \right) \tag{12-1}$$

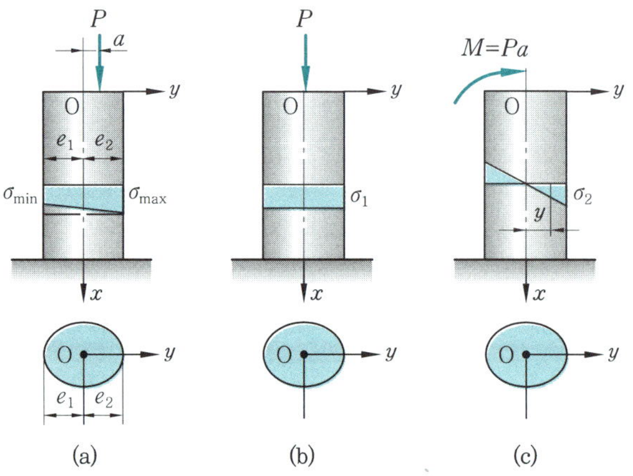

그림 12-1　편심하중을 받는 단주

그림 12-1에서 최대 굽힘응력이 압축응력보다 작으므로 전단면에 압축응력이 일어나고 있으며, 만약 반대로 된다면 영응력선(零應力線, line of zero stress)이 생기고 이 선

의 왼쪽에 인장응력, 오른쪽에 압축응력이 발생하게 된다.

짧은 기둥에 일어나는 최대응력을 구하기 위해 y 대신 중심에서 외측까지의 거리 e_1 을 회전 반지름 $k = \sqrt{I/A}$ 를 대입, 정리하면,

$$\sigma_{\max} = \frac{-P}{A}\left(1 + \frac{a \cdot e_1}{k^2}\right) \tag{12-2}$$

최소응력은 y 대신 $-e_2$를 대입하면,

$$\sigma_{\min} = -\frac{P}{A}\left(1 - \frac{a \cdot e_2}{k^2}\right) \tag{12-3}$$

식 (12-3)에서 $\dfrac{a \cdot e_2}{k^2} > 1$ 일 때 $\delta_{\min}$ 의 값이 (+)가 되므로 단면의 왼쪽에는 인장력이 작용하게 되므로 기둥의 왼쪽, 외측의 응력이 0이 되기 위한 중심축의 위치를 기둥의 중심선에서 y라 하면 $\sigma_{\min} = 0$, $e_2 = -y$ 일 때 식 (12-3)에서,

$$y = -\frac{k^2}{a}, \quad a = -\frac{k^2}{y} \tag{12-4}$$

편심압축하에서 인장응력이 발생하지 않도록 하는 a 값은 $b \times h$인 직사각형 단면에서,

$$a = \frac{k^2}{y} = \frac{h^2/12}{h/2} = \pm\frac{h}{6}, \quad a = \frac{k^2}{y} = \frac{b^2/12}{b/2} = \pm\frac{b}{6} \tag{12-5}$$

지름 d인 원형 단면에서,

$$a = \frac{k^2}{y} = \frac{d^2/16}{d/2} = \pm\frac{d}{8} = \pm\frac{r}{4} \tag{12-6}$$

이러한 범위 내에서 어떤 점에 하중이 작용하여도 영응력선은 단면의 가장자리 밖에 존재하게 되고 단면에서는 압축응력만 일어나고 인장응력은 일어나지 않는다. 이러한 a 의 범위를 단면의 핵심(核心, core of section) 이라고 한다. 인장에 약하고 압축에 강한 콘크리트와 같은 재료에는 단면의 핵심 내에 작용하도록 해야 한다. 그림 12-2에서 빗금부분이 단면의 핵이다.

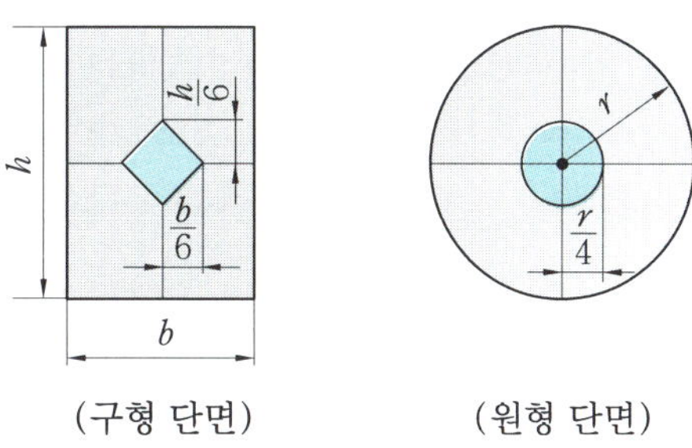

그림 12-2 단면의 핵심

예제 1. 그림과 같이 정사각형 단면을 갖는 짧은 기둥에 홈이 파져 있을 때 편심하중으로 인하여 mn 단면에 발생하는 최대 압축응력을 구하시오.

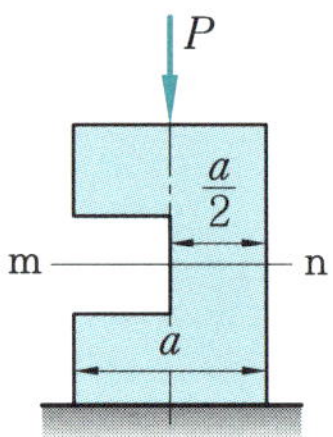

해설 $A = \dfrac{a}{2} \times a = \dfrac{a^2}{2}$

$$I = \dfrac{a \times \left(\dfrac{a}{2}\right)^3}{12} = \dfrac{a^4}{12 \times 8}$$

$$k^2 = I/A = \dfrac{a^4}{12 \times 8} \bigg/ \dfrac{a^2}{2} = \dfrac{a^2}{48}$$

$$\therefore \sigma_{max} = \dfrac{P}{A}\left(1 + \dfrac{a \cdot e_1}{k^2}\right) = \dfrac{P}{a^2/2}\left(1 + \dfrac{\dfrac{a}{4} \times \dfrac{a}{4}}{a^2/48}\right)$$

$$= \dfrac{2P}{a^2}(1+3) = \dfrac{8P}{a^2}$$

2. 장주의 좌굴

단면의 크기에 비하여 길이가 긴 봉에 압축 하중이 작용할 때 이를 기둥(column) 또는 장주(長柱, long column)라 하고, 장주에서 길이가 단면 최소 치수의 약 10배 이상이거나 최소 관성 반지름의 약 30배 이상이고, 축압축력에 의하여 굽힘을 발생하여 축압축응력과 굽힘응력을 발생하게 된다. 길이가 길면, 재질의 불균질, 기둥의 중심선과 하중 방향이 불일치할 때, 기둥의 중심선이 곧은 직선이 아닐 때 등의 원인으로 굽힘을 하게 된다. 이와 같이 축압축력에 의하여 굽힘이 되어 파괴되는 현상을 좌굴(挫屈, buckling)이라 하고, 이때의 하중의 크기를 좌굴하중, 또는 임계하중이라 한다.

2-1 세장비(slenderness ratio)

기둥의 길이 l 과 최소 단면 2차 반지름 k 와의 비 l/k 은 기둥이 굽힘되어지는 정도를 비교하는 것 외에도 중요한 값이며, 이것을 장주의 세장비(細長比, slenderness ratio)

라 하고 λ로 표시한다.

$$\lambda = \frac{l}{k}, \qquad k = \sqrt{\frac{I}{A}} \tag{12-7}$$

여기서, $\lambda > 30$: 단주, $30 < \lambda < 150$: 중간주, $\lambda \geqq 160$: 장주 (*미국 Pourman의 주장)

2-2 오일러의 공식(Euler's formula)

직립하고 있는 장주의 상단에 하중을 가하면 좌굴하중 이내에 있는 동안 그대로 있지만, 그 한계를 넘으면 기둥은 굽힘을 시작하고 하중이 이 좌굴하중보다 조금이라도 커지면 기둥은 좌굴하게 된다. 고정계수를 n, 좌굴하중을 P_{cr}, 좌굴응력을 σ_{cr}이라 하면 P_{cr}은 탄성계수 E와 최소 단면 2차 모멘트 I에 비례하고 기둥의 길이의 제곱에 반비례 하므로 식은 다음과 같다.

① 좌굴하중 (buckling load)

$$P_{cr} = n\pi^2 \frac{EI}{l^2} \tag{12-8}$$

여기서, n : 고정계수 또는 단말계수

② 좌굴응력 (buckling stress)

$$\sigma_{cr} = \frac{P_{cr}}{A} = n\pi^2 \frac{EI}{l^2 A} = n\pi^2 \frac{Ek^2}{l^2} = n\pi^2 \frac{E}{\left(\frac{l}{k}\right)^2}$$
$$= n\pi^2 \frac{E}{\lambda^2} \tag{12-9}$$

여기서, E : 종탄성 계수(N/cm², Pa), I : 최소 단면 2차 모멘트(cm⁴)
l : 기둥의 길이(cm), n : 단말계수 (또는 고정계수)

이 식을 오일러의 공식이라 하며, 단말계수 n은 기둥 양단의 조건에 따라 그림 12-3과 같이 정한다.

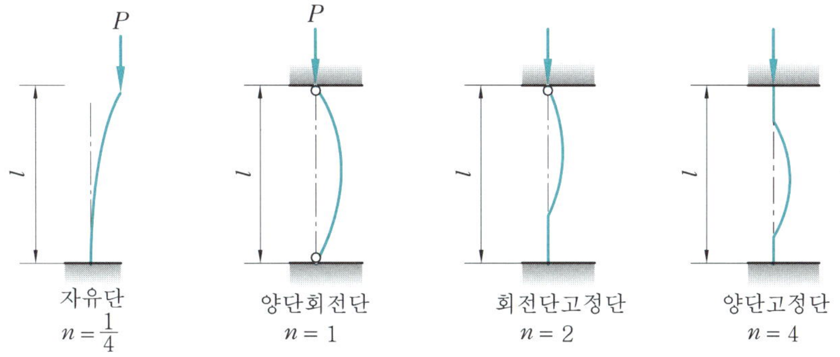

그림 12-3 기둥의 고정계수

(1) 일단고정, 타단자유의 장주

일단고정 타단자유의 긴기둥(장주)에 축압축력 P가 작용하여 굽힘을 일으킬 때 기둥의 탄성곡선 상의 임의의 점 x에서 C 점의 처짐량을 y, 자유단 B에서의 처짐량을 δ라고 하면 임의의 단면의 굽힘 모멘트의 크기는

$$M = P \cdot (\delta - y) \tag{12-10}$$

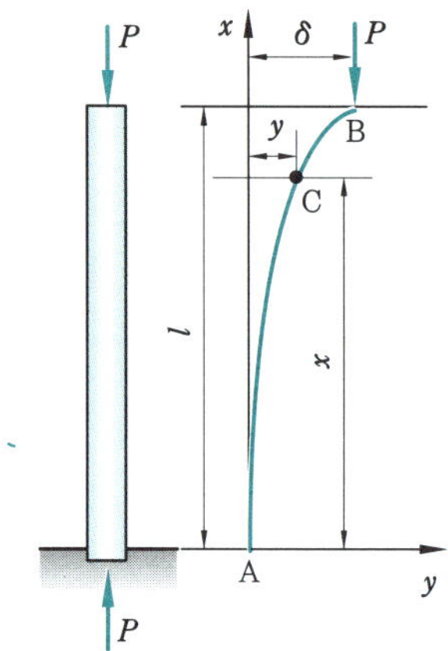

그림 12-4 일단고정 타단회전

이고 처짐량이 적을 때의 굽힘은 탄성곡선의 기초식 $EI\dfrac{d^2y}{dx^2} = -M$ 과 일치하므로 기둥의 탄성곡선의 미분 방정식은 다음과 같이 된다.

$$EI\frac{d^2y}{dx^2} = P(\delta - y) \tag{12-11}$$

또, $\qquad \dfrac{P}{EI} = a^2 \tag{12-12}$

이라 하면 식 (12-11)은 다음과 같은 식이 된다.

$$\frac{d^2y}{dx^2} + a^2 y = a^2 \delta \tag{12-13}$$

식 (12-13)은 다음과 같은 식으로 다시 표현할 수 있다.

$$y_1 = C_1 \cdot \sin ax + C_2 \cdot \cos ax \tag{12-14}$$

이 식의 해는 특별해로 $y_2 = \delta$ 이고 일반해는 $y = y_1 + y_2$ 이다. 따라서,

$$y = y_1 + y_2 = C_1 \sin a + C_2 \cdot \cos a + \delta \tag{12-15}$$

$x = 0$일 때 $y = 0$, $\dfrac{dy}{dx} = 0$이므로 식 (12-15)로부터 $C_1 = 0$, $C_2 = -\delta$ 이다. 따라서 식 (12-14)에 대입하면

$$y = \delta(1 - \cos ax) \tag{12-16}$$

식 (12-16)은 기둥의 탄성곡선이 cosine 곡선형임을 의미한다. $x = l$에서 $y = \delta$이므로 $\delta = \delta(1 - \cos ax)$이고 $\cos al = 0$이 되며 al의 값은

$$a \cdot l = \frac{n\pi}{2} \ (\ n = 1, \ 3, \ 5, \ 7 \cdots) \tag{12-17}$$

기둥의 상단에 미소 처짐량 δ가 발생하여 평행되어 있으며 $n = 1$을 대입하면 그 평형상태를 이룰 수 있는 최소하중을 구할 수 있다.

식 (12-12)와 (12-17)로부터

$$\frac{P_{cr}}{EI} = \left(\frac{1 \times \pi}{2l} \right)^2$$

$$\therefore \ P_{cr} = \frac{1}{4} \times \frac{\pi^2}{l^2} \times EI \tag{12-18 a}$$

식 (12-18 a)는 일단고정 타단자유의 장주에 대한 오일러의 하중 또는 임계하중(좌굴하중)이라 한다. $P < P_{cr}$이면 처짐 $\delta = 0$, $P = P_{cr}$이면 미소처짐 δ가 발생하고 평형 상태, $P > P_{cr}$이면 불안정 상태이며 δ가 무한히 증가하여 좌굴파괴된다.

$\sigma_{cr} = \dfrac{P_{cr}}{A}$, $k = \sqrt{\dfrac{I}{A}}$를 윗식에 대입 정리하면 다음의 식이 된다.

$$\sigma_{cr} = \frac{P_{cr}}{A} = \frac{1}{4} \cdot \frac{\pi^2 \cdot E}{(l/k)^2} = \frac{1}{4} \cdot \frac{\pi^2 \cdot E}{\lambda^2} \tag{12-18 b}$$

이 식을 좌굴응력 또는 임계응력이라 한다. 오일러의 공식은 좌굴로 인하여 일어나는 굽힘응력이 탄성한도 이내의 것으로 유도하였으므로 σ_{cr}도 탄성한도 내에서만 성립한다. 기둥의 강도는 I에 비례하므로 같은 단면적이면 직사각형보다 정사각형이 강하고 정사각형보다는 관형(管形)이 더욱 강하다. 또 길이 l의 제곱에 반비례하므로 길이가 $\frac{1}{2}$로 되면 4배의 하중을 지지할 수 있고, 길이가 $\frac{1}{4}$로 짧아지면 16배의 하중을 받을 수 있다.

(2) 양단회전의 장주

기둥의 중앙 O를 중심으로 굽어지며 상하 절반을 일단고정 타단자유의 기둥과 마찬가지로 생각할 수 있으므로 식 (12-18 a)에 l 대신 $\frac{l}{2}$을 대입하면

$$P_{cr} = \frac{1}{4} \times \frac{\pi^2}{\left(\dfrac{l}{2} \right)^2} \times EI = \frac{\pi^2 \cdot EI}{l^2} \tag{12-18 c}$$

$$\sigma_{cr} = \frac{P_{cr}}{A} = \frac{\pi^2 E}{\left(\dfrac{l}{k} \right)^2} = \frac{\pi^2 E}{\lambda^2} \tag{12-18 d}$$

와 같이 좌굴하중과 좌굴응력을 구할 수 있다.

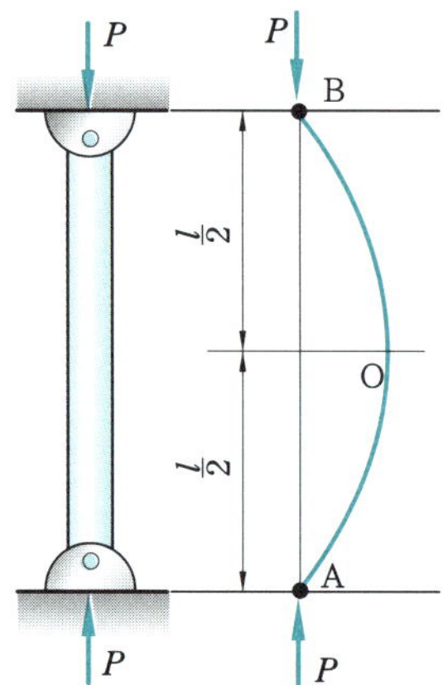

그림 12–5 양단회전

(3) 일단고정 타단회전의 장주

기둥 AB 상의 한 점 C에서 굽힘점이 생기고 BC $= l_1 = 0.666\,l \fallingdotseq 0.7\,l$ 이 되며 BC 부분은 양단회전단의 경우와 같으므로 l 대신 l_1을 대입하면

$$P_{cr} = \pi^2 \cdot \frac{EI}{l_1^2} = \frac{\pi^2 EI}{(0.7l)^2} \fallingdotseq 2 \cdot \frac{\pi^2 \cdot EI}{l^2} \tag{12–18 e}$$

$$\sigma_{cr} = \frac{P_{cr}}{A} = \frac{2\pi^2 \cdot E}{\left(\dfrac{l}{k}\right)^2} = 2 \cdot \frac{\pi^2 \cdot E}{\lambda^2} \tag{12–18 f}$$

와 같이 좌굴하중과 좌굴응력을 구할 수 있다.

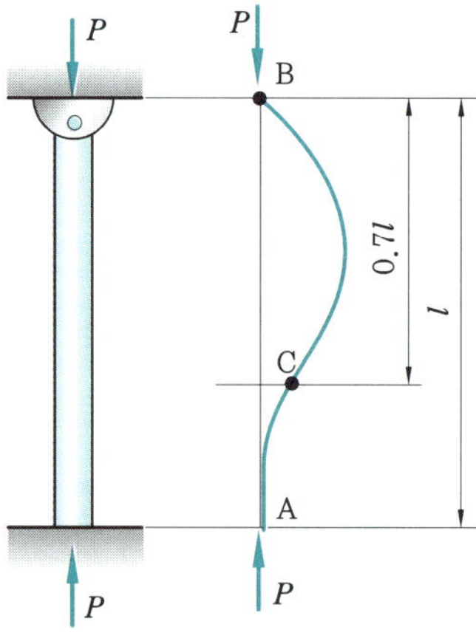

그림 12–6 일단고정 타단회전

(4) 양단고정의 장주

그림 12-7과 같이 양단고정단의 경우 길이를 4등분할 때 각 부분이 일단고정 타단자유의 장주와 같으므로 l 대신 $\dfrac{l}{4}$ 을 대입하면

$$P_{cr} = \frac{1}{4} \times \frac{\pi^2}{\left(\dfrac{l}{4}\right)^2} \times EI = \frac{4\pi^2 \cdot EI}{l^2} \tag{12-18 g}$$

$$\sigma_{cr} = \frac{P_{cr}}{A} = \frac{4\pi^2 EI}{\left(\dfrac{l}{k}\right)^2} = \frac{4\pi^2 E}{\lambda^2} \tag{12-18 h}$$

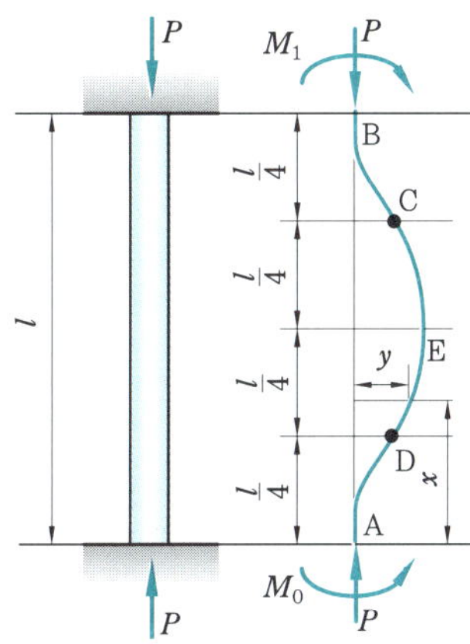

그림 12-7 양단고정

CD 부분을 양단회전의 경우로 보고 l 대신 $\dfrac{l}{2}$ 을 대입하여도 같은 결과를 얻을 수 있다. 위의 4가지의 경우를 일반식으로 쓰면 식 (12-8), (12-9)와 같이 되며 식 (12-8)은 다음과 같이 쓸 수 있다.

$$P_{cr} = \frac{\pi^2 EI}{\left(\dfrac{l}{\sqrt{n}}\right)^2} \tag{12-18 i}$$

윗식에서 $\dfrac{l}{\sqrt{n}}$ 을 장주의 상당길이 또는 좌굴길이라 하며, 이러한 길이를 생각하는 것은 일단고정 타단자유의 장주에서 $n = \dfrac{1}{4}$ 이므로 이 경우를 기본형으로 하여 같은 좌굴하중을 갖는 다른 단말(端末) 조건의 기둥의 좌굴길이를 표시할 수 있다.

표 12-1

단말 조건	일단고정 타단자유	양단회전	일단고정 타단회전	양단고정
$l/\sqrt{n},\ (n)$	$2l,\ \left(n = \dfrac{1}{4}\right)$	$l,\ (n = 1)$	$0.7\,l,\ (n = 2.046)$	$\dfrac{l}{2},\ (n = 4)$

2-3 오일러 공식의 적용 범위

오일러 공식에서 구하는 좌굴하중은 기둥이 굽어지는 하중이므로 실제로 작용시켜도 좋은 안전하중 P_s는 좌굴하중 P_{cr}을 안전율 S로 나누어서 구해야 한다. 즉,

$$P_s = \frac{P_{cr}}{S} \tag{12-19}$$

또, 식 (12-7)과 (12-9)에서,

$$\lambda = \frac{l}{k} = \pi \sqrt{\frac{nE}{\sigma_{cr}}} \tag{12-20}$$

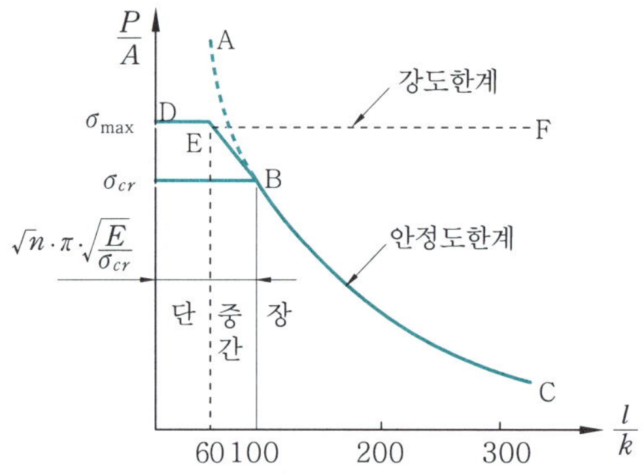

그림 12-8 오일러 공식의 적용 범위

그림 12-8의 곡선 ABC를 오일러의 곡선이라 하고 곡선 DEBC는 실제 실험 결과의 곡선이다. 이에 의하면 세장비 l/k이 B점보다 클 때는 오일러의 곡선과 실험결과는 일치하고 이 범위를 장주(긴 기둥)라 부르고 식 (12-8) 및 식 (12-9)의 오일러의 식이 만족되는 경우이다. 그러나 세장비 l/k이 B점보다 작을 때는 식 (12-9)의 임계응력 σ_{cr}은 곡선 AB에 따라 무한히 높아지고 파괴가 발생하지 않는 결과가 되지만 사실상 탄성한도의 응력 σ_E 또는 최대 압축응력 σ_C에 의하여 파괴가 되며, 이는 단주의 순수압축에 의한 파괴이다.

따라서, 그림의 곡선 BE에 대응되는 세장비를 가진 기둥을 중간주, 곡선 ED에 대응되는 세장비를 가진 기둥을 단주라 하고 오일러의 식이 적용되지 않는다.

오일러의 공식은 단면적이 일정하고 세장비가 160 이상이 되는 아주 긴 기둥에 정확하게 들어맞고 주로 굽힘작용으로써 파괴되는 경우에 사용된다.

다음 표는 양단회전일 때 각 재료에 대하여 오일러의 공식을 적용할 수 있는 λ의 한계점과 안전율을 표시한 것이다.

표 12-2 오일러의 상수값

구 분 재 료	안전율 (S)	세로 탄성계수 E [GPa]	세장비 $\lambda = \dfrac{l}{k}$
주 철	8~10	1.0×10^6 kg/cm^2 = 98 GPa	$\lambda > 70$
연 철	5~6	2.0×10^6 kg/cm^2 = 196 GPa	$\lambda > 115$
연 강	5~6	2.15×10^6 kg/cm^2 = 210.7 GPa	$\lambda > 102$
경 강	5~6	2.2×10^6 kg/cm^2 = 215.6 GPa	$\lambda > 95$
목 재	10~12	0.1×10^6 kg/cm^2 = 9.8 GPa	$\lambda > 85$

예제 2. 길이가 12 m이고, 지름이 10 cm인 양단고정의 연강 장주가 있다. 이 재료의 세로 탄성계수 $E = 210$ GPa일 때 축방향으로 받는 좌굴하중을 구하시오.

해설 최소 회전 반지름 $k = \sqrt{\dfrac{I}{A}} = \sqrt{\dfrac{\dfrac{\pi d^4}{64}}{\dfrac{\pi d^2}{4}}} = \sqrt{\dfrac{d^2}{16}} = \dfrac{d}{4}$

세장비 $\lambda = \dfrac{l}{k} = \dfrac{l}{\dfrac{d}{4}} = \dfrac{4\,l}{d} = \dfrac{4 \times 1200}{10} = 480 > 102$

이므로, 오일러의 공식을 적용하면 된다.

$I = \dfrac{\pi d^4}{64}$

$= \dfrac{\pi \times 10^4}{64} \fallingdotseq 490.9 \, \text{cm}^4 = 49 \times 10^{-8} \, \text{m}^4$

양단고정이므로 단말계수는 4이다.

$\therefore P_{cr} = n\pi^2 \dfrac{EI}{l^2}$

$= 4\pi^2 \times \dfrac{(210 \times 10^9) \times (491 \times 10^{-8})}{12^2} = 282395 \, \text{N}$

3. 장주의 실험 공식

3-1 고든-랭킨의 공식 (Gorden-Rankin's formula)

오일러의 공식은 기둥의 압축응력을 고려하지 않고 굽힘만 고려하였으므로 λ의 값이 큰 장주에 대하여는 정확한 결과를 나타내지만, 장주 중에는 단순한 압축만 받는다고 계산하기에는 너무 길고, 오일러의 공식을 사용하기에는 길이가 짧은 기둥이 많은데, 이런 경우 압축과 굽힘이 동시에 작용하여 파괴한다고 하는 고든-랭킨의 실험 공식을 사용한다.

$$\text{좌굴 하중 } P_{cr} = \frac{\sigma_c \cdot A}{1 + \dfrac{a}{n}\left(\dfrac{l}{k}\right)^2} = \frac{\sigma_c \cdot A}{1 + \dfrac{a}{n}\lambda^2} \tag{12-21}$$

$$\text{좌굴응력 } \sigma_{cr} = \frac{\sigma_c}{1 + \dfrac{a}{n}\left(\dfrac{l}{k}\right)^2} = \frac{\sigma_c}{1 + \dfrac{a}{n}\lambda^2} \tag{12-22}$$

식 (12-21), (12-22)에서 $\sigma_c =$ 압축 파괴응력, $n =$ 단말계수, $a =$ 기둥 재료에 의한 실험 상수이고, σ_c 와 a 및 l/k의 범위는 표와 같다.

표 12-3 고든-랭킨의 상수값

재 료 구 분	σ_c [MPa]	a	$\lambda = l/k$
주 철	560	1 / 1600	$\lambda < 80$
연 철	250	1 / 9000	$\lambda < 110$
연 강	340	1 / 7500	$\lambda < 90$
경 강	490	1 / 5000	$\lambda < 85$
목 재	500	1 / 750	$\lambda < 65$

예제 3. 길이 2 m, 한 변의 길이가 20 cm인 사각단면의 연강 기둥이 있다. 이 기둥을 양단회전한다면 이 기둥의 응력을 고든-랭킨식을 이용하여 구하시오.(단, 이 재료의 세로 탄성계수 $E = 210\,\text{GPa}$, 압축응력 $\sigma_c = 340\,\text{MPa}$이고, $a = \dfrac{1}{7500}$ 이다.)

[해설] 고든-랭킨 식 $\sigma_{cr} = \dfrac{\sigma_c}{1 + \dfrac{a}{n}\lambda^2}$ 에서,

$$A = 20^2 = 400 \text{ cm}, \quad I = \frac{bh^3}{12} = \frac{20 \times 20^3}{12} \fallingdotseq 13333.3 \text{ cm}^4$$

$$\text{최소 회전 반지름 } k = \sqrt{\frac{I}{A}} = \sqrt{\frac{13333.3}{400}} \fallingdotseq 5.77 \text{ cm}$$

$$\lambda = \frac{l}{k} = \frac{200}{5.77} \fallingdotseq 34.6\text{이 된다. 또 단말계수 } n = 1$$

$$\therefore \ \sigma_{cr} = \frac{\sigma_c}{1 + \dfrac{a}{n}\lambda^2} = \frac{340 \times 10^6}{1 + \dfrac{\left(\dfrac{1}{7500}\right)}{1} \times 34.6^2} = 293.2 \times 10^6 \text{ N/m}^2 = 293.2 \text{ MPa}$$

3-2 테트마이어의 좌굴 공식(Tetmajer's formula)

양단 회전의 기둥에 대하여 오일러의 공식과 고든-랭킨의 실험 결과 중 맞지 않는 부분을 수정하여 만든 테트마이어의 실험식은 다음과 같다.

$$\sigma_{cr} = \frac{P_{cr}}{A} = \sigma_b \left[1 - a\left(\frac{l}{k}\right) + b\left(\frac{l}{k}\right)^2 \right] = \sigma_b(1 - a\lambda + b\lambda^2) \tag{12-23}$$

식 (12-23)에서 σ_b는 굽힘응력 a, b는 다음 표에 표시한 상수이며, 세장비 λ, 즉 $\frac{l}{k}$ 는 표 중의 범위 내에서만 적합하다.

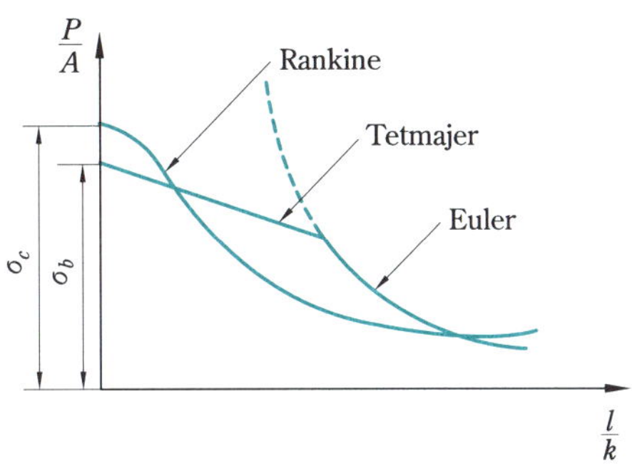

그림 12-9 기둥식의 비교

표 12-4 테트마이어의 상수값

구분 재 료	σ_c [MPa]	a	b	$\lambda = \dfrac{l}{k}$
주 철	776	0.01546	0.00007	5~88
연 철	303	0.00246	0	10~112
연 강	310	0.00368	0	10~105
주 강	335	0.00185	0	< 90
목 재	29.3	0.00625	0	1.8~100

예제 4. 길이가 2 m이고, 지름이 20 cm인 주철제 원주가 양단으로 회전한다. 이 재료의 굽힘응력 $\sigma_b = 776$ MPa, $a = 0.01546$, $b = 0.00007$일 때 테트마이어의 좌굴공식을 이용하여 좌굴응력 σ_{cr}을 구하시오.

[해설] 테트마이어의 공식 $\sigma_{cr} = \sigma_b(1 - a\lambda + b\lambda^2)$에서,

$$\lambda = \frac{l}{k} = \frac{l}{\sqrt{\dfrac{I}{A}}} = \frac{l}{\sqrt{\dfrac{\pi d^4}{64} \times \dfrac{4}{\pi d^2}}} = \frac{l}{\dfrac{d}{4}}$$

$$= \frac{4l}{d} = \frac{4 \times 200}{20} = 40$$

$$\therefore \ \sigma_{cr} = (776 \times 10^6)(1 - 0.01546 \times 40 + 0.00007 \times 40^2)$$

$$\fallingdotseq 383.03 \times 10^6 \ \text{N/m}^2 = 383.03 \ \text{MPa}$$

❧ 연습문제 ❧

1. $b \times h = 10\ \text{cm} \times 15\ \text{cm}$의 단면을 가진 양단고정의 장주가 있다. 오일러의 식을 적용하려면 길이 l은 몇 m 이상이어야 하는지 구하시오.(단, 세장비 $\lambda = \dfrac{l}{k} = 170$이다.)

2. 세로 탄성계수 $E = 220\ \text{GPa}$이고, 항복점이 490 MPa의 경강재의 장주가 오일러의 식을 만족할 수 있는 한계의 세장비를 구하시오.

3. 단면이 $2\ \text{cm} \times 4\ \text{cm}$인 직사각형이고, 길이가 200 cm인 장주의 세장비를 구하시오.

4. 단면 $6\ \text{cm} \times 12\ \text{cm}$, 길이 3 m의 기둥이 압축력을 받고 있다. 이 재료의 세장비를 구하시오.

5. 양단회전인 원형 단면의 장주의 길이가 지름의 몇 배 이상일 때 오일러식을 적용할 수 있는지 구하시오.(단, 세장비 λ는 102 이상이다.)

6. 다음 중 지름 20 cm의 원형 단면의 기둥길이 l_1과 $12\ \text{cm} \times 20\ \text{cm}$인 사각단면의 기둥 길이 l_2를 구하시오.(단, 세장비는 같다.)

7. 다음 중 단면의 형상이 $6\ \text{cm} \times 7\ \text{cm}$의 직사각형이고, 길이가 3 m인 연강 구형 단면의 기둥에서 좌굴응력을 구하시오.(단, 일단고정이고, 연강 원주의 탄성계수 $E = 210\ \text{GPa}$이다.)

8. 지름과 길이가 각각 d_1, d_2 및 l_1, l_2인 2개의 원형 단면의 기둥이 있다. 기둥의 재료 및 지지 조건, 작용하중이 동일하다고 보고 지름의 비 d_1 / d_2을 구하시오.(단, $l_2 = 2l_1$이며, 오일러의 공식을 적용한다.)

9. 길이가 10 m이고, 축방향의 하중이 50 kN인 양단고정의 장주에서 원형 단면의 지름을 구하시오.(단, 이 재료의 세로 탄성계수 $E = 210\ \text{GPa}$이고, 안전율 $S = 10$으로 한다.)

10. 양단이 자유롭게 회전할 수 있는 길이 5 m의 장주가 있다. 단면이 $20\ \text{cm} \times 16\ \text{cm}$의 직사각형인 목재라면 가할 수 있는 안전하중의 크기를 구하시오.(단, 오일러식이 성립될 수 있는 세장비의 값은 $l / k > 80$, 영계수는 10 GN/m²이며, 안전율은 10이다.)

11. 양단회전단이고 길이가 4 m인 주철제 정사각형 단면을 가진 장주에서 안전하중을 30 kN으로 할 때, 단면의 한 변의 길이를 구하시오.(단, 주철에 세로 탄성계수 $E = 100\ \text{GPa}$이고, 안전율 $S = 8$이다.)

12. $b \times h = 10\,\text{cm} \times 15\,\text{cm}$의 단면을 가진 양단고정의 목재 기둥이 있다. 오일러의 공식을 적용하려면 기둥의 길이 l이 얼마가 되어야 하는지 구하시오.(단, 세장비 $\lambda = 90$이다.)

13. 그림 p 12–1과 같은 단면의 양단이 힌지로 된 연강장주의 안전하중 P_S를 구하시오.(단, 안전율 $S = 5$, 세로 탄성계수 $E = 210\,\text{GN/m}^2$이다.)

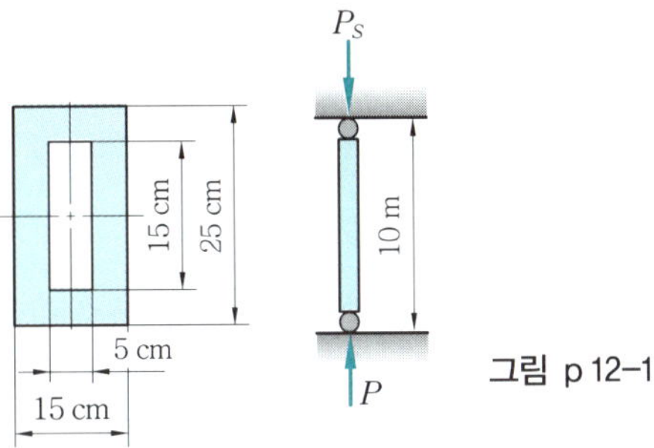

그림 p 12–1

14. 실린더의 최고 총압력이 $100\,\text{kN}$, 길이가 $2\,\text{m}$인 연강재 커넥팅 로드의 지름을 구하시오.(단, 연강의 세로 탄성계수 $E = 210\,\text{GN/m}^2$이고, 안전율 $S = 6$이다.)

15. 그림 p 12–2와 같이 $30\,\text{kN}$의 압축력을 받는 원형 단면 기둥이 있다. 랭킨 공식을 사용할 때 이 기둥의 안전율을 구하시오.(단, 랭킨 공식은 다음과 같다.)

$$\sigma_{cr} = \frac{340}{1 + \dfrac{\lambda^2}{7500} \cdot \dfrac{1}{n}} \;[\text{MN/m}^2] \quad (\text{여기서, } \lambda : \text{유효 세장비})$$

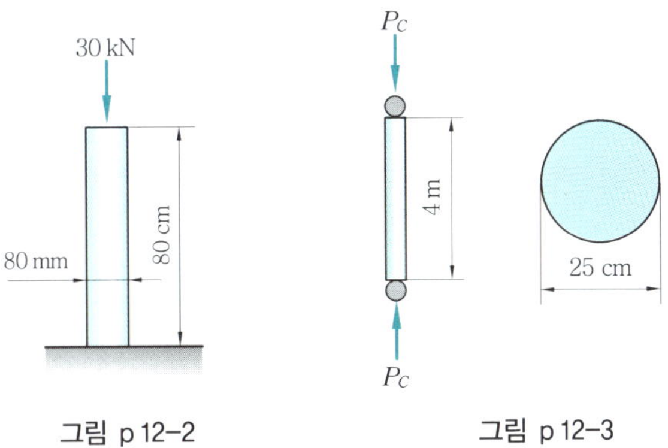

그림 p 12–2   그림 p 12–3

16. 그림 p 12–3과 같이 양단이 회전단으로 지름 $d = 25\,\text{cm}$, 길이 $l = 4\,\text{m}$인 주철제 원주가 있다. 이 기둥의 좌굴응력 σ_{cr}을 고든–랭킨의 식을 이용하여 구하시오.(단, $E = 100\,\text{GPa}$, $\sigma_c = 560\,\text{MPa}$, $a = \dfrac{1}{1600}$이다.)

17. 문제 16에서 기둥의 좌굴응력 σ_{cr}을 테트마이어 식으로 계산하시오.(단, 굽힘응력 $\sigma_b = 776\,\text{MPa}$, $a = 0.01546$, $b = 0.00007$이다.)

18. 그림 p12–4와 같은 사각단면의 기둥에 $e = 2\,\text{mm}$의 편심거리에 $P = 100\,\text{kN}$의 압축응력이 작용할 때 발생하는 최대응력을 구하시오.

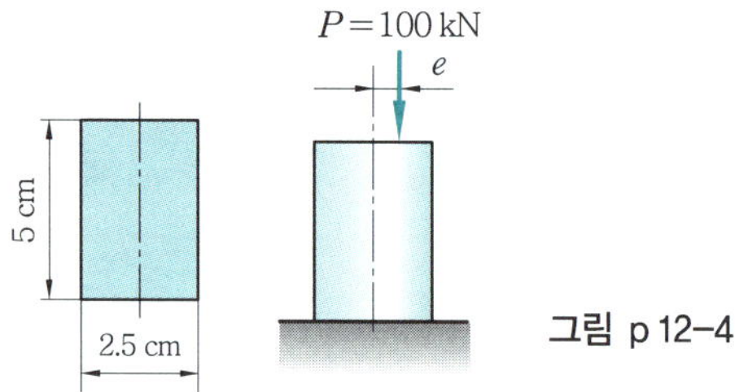

그림 p 12–4

19. 그림 p12–5와 같은 단면을 가진 기둥의 세장비를 계산하고 큰 순서대로 나열하시오. (단, 기둥의 길이 l은 동일하다.)

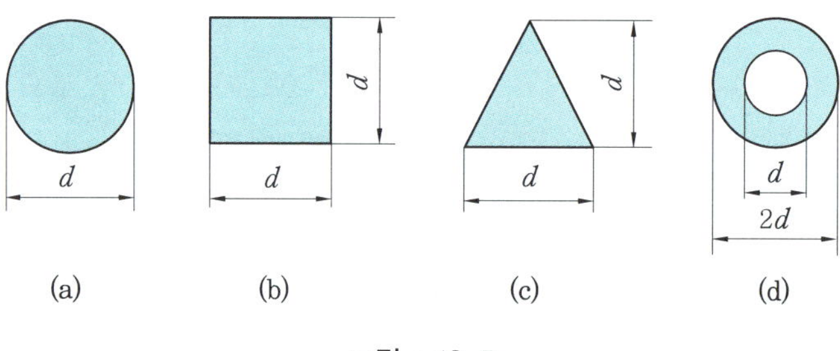

그림 p 12–5

20. 그림 p12–6과 같은 구조물에서 원형 단면의 A, B 부재(部材)의 오일러 하중 P_{cr}를 계산하시오.(단, 부재의 탄성계수 $E = 200\,\text{GPa}$이다.)

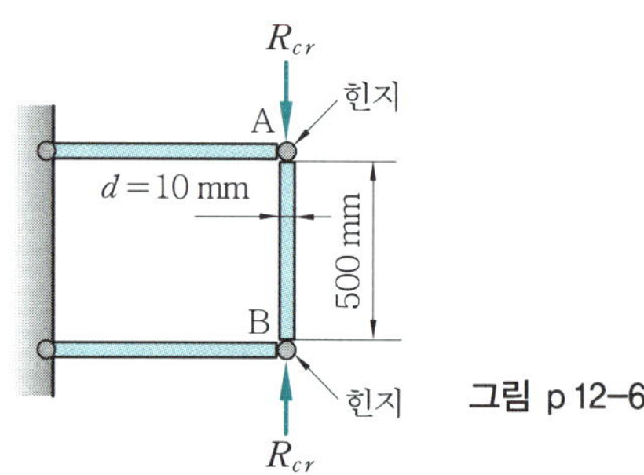

그림 p 12–6

21. 하단고정 상단자유의 지름이 $20\,\text{cm}$인 주철제 원형 기둥이 있다. 좌굴하중이 $100\,\text{kN}$일 때 길이(m)를 구하시오.(단, 주철의 세로 탄성계수 $E = 120\,\text{GPa}$이다.)

22. 그림 p12–7과 같이 $a \times b = 15 \times 20\,\text{cm}$의 단면을 가진 일단고정 타단자유의 목재 기둥이 있다. 안전율 $S = 8$로 하여 자유단에 가할 수 있는 안전하중을 구하시오.(단, $\sigma = 50\,\text{MPa}$, $a = \dfrac{1}{750}$이다.)

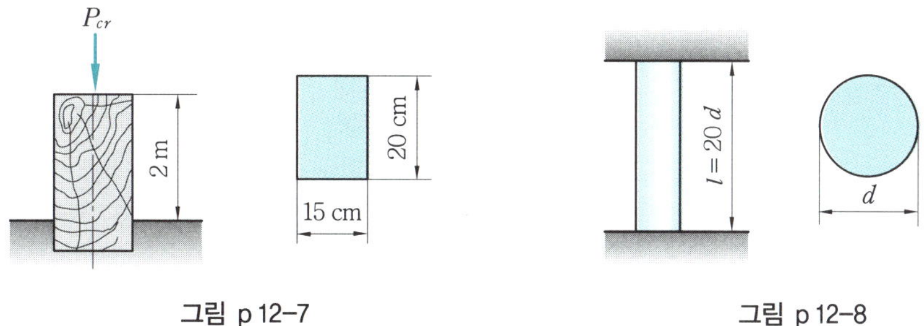

그림 p 12-7   그림 p 12-8

23. 그림 p 12-8과 같이 양단이 고정되어 있고, 길이가 지름의 20배인 연강의 기둥의 좌굴 응력을 오일러, 고든－랭킨, 테트마이어의 식을 이용하여 비교하시오.(단, 연강의 세로 탄성계수 $E = 200$ GPa로 한다.)

24. 그림 p 12-9와 같은 단주(短柱)의 A와 B점에 생기는 응력을 구하시오.

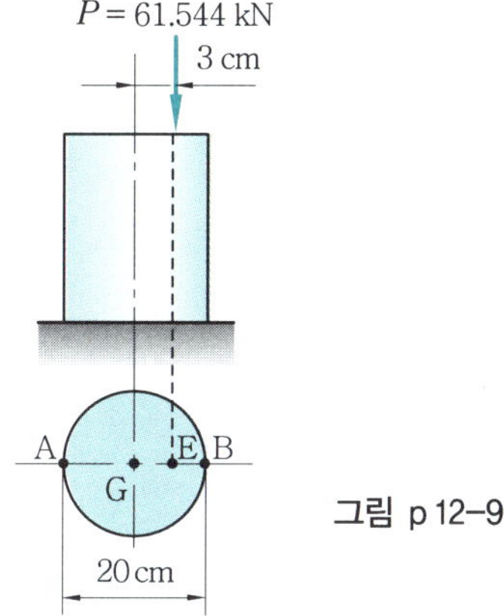

그림 p 12-9

25. 안지름이 d 이고 바깥지름이 D인 중공원통형 단면의 핵심 반지름을 구하시오.

26. 그림 p 12-10과 같은 중공원주의 중심선에서 50 cm의 거리에 10 kN의 편심압축 하중이 작용할 때 원주(원기둥)에 일어나는 최대, 최소응력을 구하시오. 또 이 원주의 핵을 구하시오.〔단, 원주는 단주(短柱)이다.〕

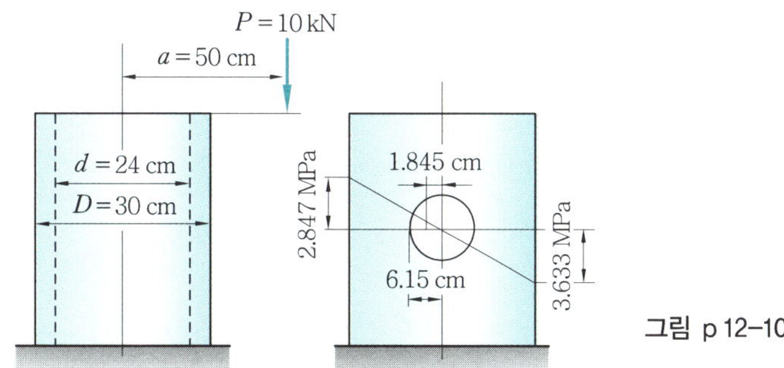

그림 p 12-10

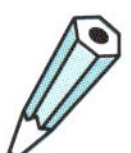

연습문제 풀이

1. 최소 회전 반지름 $k = \sqrt{\dfrac{I}{A}}$ 에서,

$$I = \frac{15 \times 10^3}{12} = 1250 \text{ cm}^4$$

$$A = 15 \times 10 = 150 \text{ cm}^2$$

$$\therefore k = \sqrt{\frac{1250}{150}} \fallingdotseq 2.9 \text{ cm}$$

$\lambda = \dfrac{l}{k}$ 에서,

$$l = k \cdot \lambda = 2.9 \times 170 = 493 \text{ cm}$$

2. $\sigma_{cr} = \dfrac{n\pi^2 E}{\lambda^2}$ 에서,

$$\lambda = \pi \sqrt{\frac{nE}{\sigma_{cr}}} = \pi \sqrt{\frac{n \times 220 \times 10^9}{490 \times 10^6}}$$

$$= 66.6\sqrt{n}$$

3. 세장비 $\lambda = \dfrac{l}{k} = \dfrac{l}{\sqrt{\dfrac{I}{A}}} = \dfrac{l}{\sqrt{\dfrac{bh^3}{12} \times \dfrac{1}{bh}}}$

$$= \frac{l}{\sqrt{\dfrac{h^2}{12}}} = \frac{2\sqrt{3}\,l}{h} = \frac{2\sqrt{3} \times 200}{2}$$

$$= 200\sqrt{3}$$

(여기서, $I =$ 최소 단면 2차 모멘트이므로, 폭 $b = 4\,\text{cm}$, 높이 $h = 2\,\text{cm}$해야 한다.)

4. 세장비 $\lambda = \dfrac{l}{k}$ 인데,

$$k = \sqrt{\frac{I}{A}} = \sqrt{\frac{bh^3}{12} \times \frac{1}{bh}} = \sqrt{\frac{h^2}{12}} = \frac{h}{2\sqrt{3}}$$

$$\therefore \lambda = \frac{l}{\left(\dfrac{h}{2\sqrt{3}}\right)} = \frac{2\sqrt{3}\,l}{h} = \frac{2\sqrt{3} \times 300}{6}$$

$$\fallingdotseq 173.2$$

5. 최소 회전 반지름은

$$k = \sqrt{\frac{I}{A}} = \sqrt{\frac{\pi d^4}{64} \times \frac{4}{\pi d^2}} = \sqrt{\frac{d^2}{16}} = \frac{d}{4}$$

$$\lambda = \frac{l}{k} = \frac{l}{\left(\dfrac{d}{4}\right)} = \frac{4l}{d} > 102$$

$$\therefore l > 25.5\,d$$

6. 원형 단면의 세장비는

$$\lambda_1 = \frac{l_1}{k_1} = \frac{l_1}{\sqrt{\dfrac{I_1}{A_1}}} = \frac{4\,l_1}{d_1} = \frac{4\,l_1}{20} = \frac{l_1}{5}$$

사각 단면의 세장비는

$$\lambda_2 = \frac{l_2}{k_2} = \frac{l_2}{\sqrt{\dfrac{I_2}{A_2}}} = \frac{l_2}{\sqrt{\dfrac{h^2}{12}}}$$

$$= \frac{l_2}{\sqrt{12}} = \frac{l_2}{2\sqrt{3}}$$

$\lambda_1 = \lambda_2$ 이므로 $\dfrac{l_1}{5} = \dfrac{l_2}{2\sqrt{3}}$ 에서,

$$\therefore \frac{l_1}{l_2} = \frac{5}{2\sqrt{3}}$$

7. 세장비는

$$\lambda = \frac{l}{k} = \frac{l}{\sqrt{\dfrac{I}{A}}} = \frac{l}{\sqrt{\dfrac{bh^3}{12} \cdot \dfrac{1}{bh}}}$$

$$= \frac{l}{\sqrt{\dfrac{h^2}{12}}} = \frac{300}{\sqrt{\dfrac{6^2}{12}}} = \frac{300}{\sqrt{3}} \fallingdotseq 173$$

연강의 세장비 한계보다 크므로, 오일러식을 이용하여 계산한다.

$$\sigma_{cr} = \frac{n\pi^2 E}{\lambda^2} = \frac{\dfrac{1}{4} \times \pi^2 \times 210 \times 10^9}{173^2}$$

$$\fallingdotseq 17295232 \text{ N/m}^2$$

$$\fallingdotseq 17.3 \text{ MPa}$$

8. 오일러의 공식 중 좌굴하중 $P_{cr} = \dfrac{n\pi^2 EI}{l^2}$ 에서, P_{cr}, n, E가 동일하므로

$$\frac{\dfrac{\pi d_1^4}{64}}{l_1^2} = \frac{\dfrac{\pi d_2^4}{64}}{l_2^2}$$

따라서, $\dfrac{d_1^4}{l_1^2} = \dfrac{d_2^4}{l_2^2}$ 에서

$$\frac{d_1}{d_2} = \sqrt{\frac{l_1}{l_2}} = \sqrt{\frac{l_1}{2l_1}} = \frac{1}{\sqrt{2}}$$

9. $P_{cr} = \dfrac{n\pi^2 EI}{l^2}$ 에서,

$$I = \frac{P_{cr} \times l^2}{n\pi^2 E} = \frac{\pi d^4}{64}$$

$$d = \sqrt[4]{\frac{64 P_{cr} \times l^2}{n\pi^2 E}}$$

$P_{cr} = P \times s = 50000 \times 10 = 500000 \text{ N}$

$n = 4$이므로,

$$\therefore \ d = \sqrt[4]{\frac{64 \times 500000 \times 10^2}{4\pi^2 \times (210 \times 10^9)}} = 0.1402 \text{ m}$$

$$= 14.02 \text{ cm}$$

10. $P_{cr} = \dfrac{n\pi^2 EI}{l^2}$ 에서,

$$n = 1, \ I = \frac{b \times h^3}{12} = \frac{20 \times 16^3}{12} = 6826.7 \text{ cm}^4$$

$$P_{cr} = \frac{\pi^2 \times (10 \times 10^9) \times (6826.7 \times 10^{-8})}{5^2}$$

$$= 269234 \text{ N}$$

$$\therefore \ P_S = \frac{P_{cr}}{s} = \frac{269234}{10} = 26923.4 \text{ N}$$

$$= 27 \text{ kN}$$

11. $P_{cr} = \dfrac{n\pi^2 EI}{l^2}$ 에서,

$$I = \frac{P_{cr} \times l^2}{n\pi^2 E} = \frac{h^4}{12}$$

$$h = \sqrt[4]{\frac{12 P_{cr} \times l^2}{n\pi^2 E}}$$

$P_{cr} = P_S \times s = 30000 \times 8 = 240000 \text{ N}, \ n = 1$이므로,

$$\therefore \ h = \sqrt[4]{\frac{12 \times 240000 \times 4^2}{1 \times \pi^2 \times (100 \times 10^9)}} = 0.0827 \text{ m}$$

$$= 8.27 \text{ cm} = 83 \text{ mm}$$

12. $k = \sqrt{\dfrac{I}{A}}$ 에서 최소 단면 2차 모멘트는

$$I = \frac{15 \times 10^3}{12} = 1250 \text{ cm}^4$$

단면적 $A = 10 \times 15 = 150 \text{ cm}^2$

$$k = \sqrt{\frac{1250}{150}} = 2.9 \text{ cm}$$

따라서, $\lambda = \dfrac{l}{k}$ 에서

$$l = \lambda k = 2.9 \times 90 = 261 \text{ cm}$$

13. 최소 단면 2차 모멘트는

$$I = \frac{25 \times 15^3}{12} - \frac{15 \times 5^3}{12} = 6875 \text{ cm}^4$$

단면적 $A = 15 \times 25 - 5 \times 15 = 300 \text{ cm}^2$

$$k = \sqrt{\frac{I}{A}} = \sqrt{\frac{6875}{300}} = 4.79 \text{ cm}$$

$$\therefore \ \text{세장비} \ \lambda = \frac{l}{k} = \frac{1000}{4.79} = 208.77 > 102$$

따라서, 오일러의 공식을 적용하면 좌굴하중은

$$P_{cr} = n\pi^2 \frac{EI}{l^2}$$

$$= 1 \times \pi^2 \times \frac{(210 \times 10^9) \times (6875 \times 10^{-8})}{10^2}$$

$$= 1423480 \text{ N}$$

$$\therefore \ \text{안전 하중} \ P_S = \frac{P_{cr}}{s} = \frac{1423480}{5}$$

$$= 284696 \text{ N} = 284.7 \text{ kN}$$

14. 양단회전으로 생각하여 오일러의 공식을 적용한다.

$$P_S = \frac{P_{cr}}{s} \text{ 에서,}$$

$$P_{cr} = P_S \times s = 100000 \times 6 = 60000 \text{ N}$$

$$P_{cr} = \frac{\pi^2 EI}{l^2} \text{ 에서,}$$

$$I = \frac{P_{cr} l^2}{\pi^2 E} = \frac{\pi d^4}{64}$$

$$\therefore \ d = \sqrt[4]{\frac{64 P_{cr} \times l^2}{\pi^3 E}}$$

$$= \sqrt[4]{\frac{64 \times 600000 \times 2^2}{\pi^3 (210 \times 10^9)}}$$

$$= 0.0697 \text{ m} = 7 \text{ cm}$$

오일러의 공식은 연강의 경우 $\lambda > 102$이어야 하므로 λ를 구하면,

$$\lambda = \frac{l}{k} = \frac{l}{\sqrt{\dfrac{I}{A}}} = \frac{l}{\sqrt{\dfrac{\pi d^4}{64} \times \dfrac{4}{\pi d^2}}}$$

$$= \frac{l}{\dfrac{d}{4}} = \frac{4 \times 200}{7} = 114.3$$

$$\therefore \ d = 7 \text{ cm}$$가 적당하다.

15. 그림에서

$$I = \frac{\pi d^4}{64} = \frac{\pi \times 8^4}{64} = 201.1 \text{ cm}^4$$

$$A = \frac{\pi d^2}{4} = \frac{\pi \times 8^2}{4} = 50.3 \text{ cm}^2$$

$$k = \sqrt{\frac{I}{A}} = \sqrt{\frac{201.1}{50.3}} \fallingdotseq 2 \text{ cm}$$

$$\lambda = \frac{l}{k} = \frac{80}{2} = 40$$

$$\therefore \sigma_{cr} = \frac{\sigma_c}{1 + \frac{a}{n}\lambda^2} = \frac{340 \times 10^6}{1 + \frac{\lambda^2}{7500} \cdot \frac{1}{n}}$$

$$= \frac{340 \times 10^6}{1 + \left(\frac{40^2}{7500}\right) \times \frac{1}{\left(\frac{1}{4}\right)}}$$

$$= \frac{340 \times 10^6}{1 + \frac{4 \times 40^2}{7500}}$$

$$= 183453237 \text{ N/m}^2$$

$$P_{cr} = \sigma_{cr} \times A = 183453237 \times (50.3 \times 10^{-4})$$

$$= 922770 \text{ N}$$

$$\therefore S = \frac{P_{cr}}{P_S} = \frac{922770}{30000} = 30.759 \fallingdotseq 31$$

16. $\sigma_{cr} = \dfrac{\sigma_c}{1 + \dfrac{a}{n}\lambda^2}$

최소 회전 반지름은

$$k = \sqrt{\frac{I}{A}} = \sqrt{\frac{\pi d^4}{64} \times \frac{4}{\pi d^2}} = \frac{d}{4}$$

세장비는

$$\lambda = \frac{l}{k} = \frac{l}{\frac{d}{4}} = \frac{4l}{d} = \frac{4 \times 400}{25} = 64$$

양단회전이므로 단말계수 $n = 1$

$$\therefore \sigma_{cr} = \frac{(560 \times 10^6)}{1 + \frac{64^2}{1600}} = 157303370 \text{ N/m}^2$$

$$\fallingdotseq 157.3 \text{ MN/m}^2 = 157.3 \text{ MPa}$$

17. 좌굴응력은

$$\sigma_{cr} = \frac{P_{cr}}{A} = \sigma_b(1 - a\lambda + b\lambda^2)$$

$$= (776 \times 10^6)(1 - 0.01546 \times 64 + 0.00007 \times 64^2)$$

$$= 7760(1 - 0.98944 + 0.28672)$$

$$\fallingdotseq 231581120 \text{ N/m}^2$$

$$\fallingdotseq 231.6 \text{ MN/m}^2$$

18. $\sigma_{max} = \sigma_1 + \sigma_2 = \left(\dfrac{P}{A} + \dfrac{M}{Z}\right)$

$$A = 2.5 \times 5 = 12.5 \text{ cm}^2$$

$$M = 100000 \times 0.2 = 20000 \text{ N·cm}$$

$$Z = \frac{5 \times 2.5^2}{6} \fallingdotseq 5.2 \text{ cm}^3$$

$$\therefore \sigma_{max} = \left(\frac{100000}{12.5} + \frac{20000}{5.2}\right)$$

$$= 11846 \text{ N/cm}^2$$

$$\fallingdotseq 118.5 \times 10^6 \text{ N/m}^2 = 118.5 \text{ MPa}$$

19. 세장비 $\lambda = \dfrac{l}{k} = \dfrac{l}{\sqrt{\dfrac{I}{A}}}$ 에서,

(a)는 $I = \dfrac{\pi d^4}{64}$, $A = \dfrac{\pi d^2}{4}$ 이므로

$$\lambda = \frac{l}{\sqrt{\frac{\pi d^4}{64} \times \frac{4}{\pi d^2}}} = \frac{l}{\frac{d}{4}} = \frac{4l}{d}$$

(b)는 $I = \dfrac{d \times d^3}{12}$, $A = d^2$ 이므로

$$\lambda = \frac{l}{\sqrt{\frac{d^4}{12} \times \frac{1}{d^2}}} = \frac{l}{\frac{d}{2\sqrt{3}}} = \frac{2\sqrt{3}\,l}{d}$$

$$\fallingdotseq 3.464 \frac{l}{d}$$

(c)는 $I = \dfrac{d \times d^3}{36}$, $A = \dfrac{d^2}{2}$ 이므로,

$$\lambda = \frac{l}{\sqrt{\frac{d^4}{36} \times \frac{2}{d^2}}} = \frac{l}{\frac{d}{3\sqrt{2}}} = \frac{3\sqrt{2}\,l}{d}$$

$$\fallingdotseq 4.243 \frac{l}{d}$$

(d)는 $I = \dfrac{\pi\{(2d)^4 - d^4\}}{64} = \dfrac{15\pi d^4}{64}$,

$$A = \frac{\pi\{(2d)^2 - d^2\}}{4} = \frac{3\pi d^2}{4} \text{ 이므로}$$

$$\lambda = \frac{l}{\sqrt{\frac{15\pi d^4}{64} \times \frac{4}{3\pi d^2}}} = \frac{l}{\frac{\sqrt{5}\,d}{4}}$$

$$= \frac{4\,l}{\sqrt{5}\,d} \fallingdotseq 1.789 \frac{l}{d}$$

여기서, $\dfrac{l}{d}$은 공통이므로 (항상 양수) 세장비의 큰 순서는 (c) > (a) > (b) > (d)로 된다.

20. 오일러의 좌굴하중 $P_{cr} = n\pi^2 \dfrac{EI}{l^2}$ 에서, 양단회전단이므로 $n = 1$, $I = \dfrac{\pi d^4}{64} = \dfrac{\pi \times 10^4}{64} \fallingdotseq 490.9 \text{ mm}^4$를 대입하면,

$$\therefore P_{cr} = 1 \times \pi^2 \times \frac{(200 \times 10^9) \times (490.9 \times 10^{-12})}{0.5^2}$$

$$\fallingdotseq 3782.9 \text{ N}$$

21. 오일러의 좌굴하중 $P_{cr} = n\pi^2 \dfrac{EI}{l^2}$ 에서,

$$l^2 = \frac{n\pi^2 EI}{P_{cr}}$$

$$\therefore l = \sqrt{\frac{n\pi^2 EI}{P_{cr}}}$$

여기서, 단말계수는 $n = \dfrac{1}{4}$

$$I = \frac{n\pi^4}{64} = \frac{\pi \times 20^4}{64} \fallingdotseq 7854 \text{ cm}^4$$

이므로 대입하면,

$$I = \sqrt{\frac{\dfrac{1}{4\times\pi^2} \times (120\times10^9) \times (7854\times10^{-8})}{100000}}$$

$$\fallingdotseq 15.25 \text{ m}$$

22. 최소 회전 반지름 $k = \sqrt{\dfrac{I}{A}}$

단면 2차 모멘트는

$$I_x = \frac{15\times20^3}{12} = 10000 \text{ cm}^4$$

$$I_y = \frac{20\times15^3}{12} = 5625 \text{ cm}^4$$

여기서 $I_y = 5625 \text{ cm}^4$를 대입한다.

$$A = 15\times20 = 300 \text{ cm}^2 = 0.03 \text{ m}^2$$

$$k = \sqrt{\frac{5626}{300}} \fallingdotseq 4.33 \text{ cm}$$

$$\therefore \text{세장비 } \lambda = \frac{l}{k} = \frac{200}{4.33} \fallingdotseq 46.2$$

세장비가 60보다 작으므로 고든 - 랭킨의 공식을 이용한다.

$$\sigma_c = 50\times10^6 \text{ N/m}^2, \quad a = \frac{1}{750}, \quad n = \frac{1}{4}$$

대입하면,

$$P_{cr} = \frac{\sigma \cdot A}{1 + \dfrac{a}{n}\lambda^2}$$

$$= \frac{(50\times10^6)\times0.03}{1 + \dfrac{4}{750}\times46.2^2} \fallingdotseq 121127 \text{ N}$$

따라서, 안전율 $S = 8$이므로, 안전하중은

$$P = \frac{P_{cr}}{s} = \frac{121127}{8} \fallingdotseq 15141 \text{ N}$$

23. $k = \sqrt{\dfrac{I}{A}} = \sqrt{\dfrac{\pi d^4}{64} \times \dfrac{4}{\pi d^2}} = \dfrac{d}{4}$

세정비 $\lambda = \dfrac{l}{4} = \dfrac{20d}{\dfrac{d}{4}} = 80$, 단말계수 $n = 4$

① 오일러식을 이용하면,

$$\sigma_{cr} = n\pi^2 \frac{E}{\lambda^2} = 4\times\pi^2 \times \frac{200\times10^9}{80^2}$$

$$\fallingdotseq 1232450000 \text{ N/m}^2 \fallingdotseq 1232.45 \text{ MPa}$$

② 고든 - 랭킨 식을 이용하면,

$$\sigma_c = 3400 \text{ kg/cm}^2 = 333.2 \text{ MPa}, \quad a = \frac{1}{7500}$$

$$\therefore \sigma_{cr} = \frac{\sigma_c}{1 + \dfrac{a}{n}\lambda^2} = \frac{(333.2\times10^6)}{1 + \dfrac{\dfrac{1}{7500}}{4}\times80^2}$$

$$= \frac{333.2\times10^6}{1 + \dfrac{80^2}{7500\times4}} = 274615385 \text{ N/m}^2$$

$$\fallingdotseq 274.614 \text{ MPa}$$

③ 테트마이어 식을 이용하면,

$$\sigma_b = 3100 \text{ kg/cm}^2 = 303.8 \text{ MPa}$$

$$a = 0.00368, \quad b = 0$$

$$\therefore \sigma_{cr} = \sigma_b(1 - a\lambda + b\lambda^2)$$

$$= (303.8\times10^6)(1 - 0.00368\times80)$$

$$\fallingdotseq 214361280 \text{ N/m}^2 \fallingdotseq 214.316 \text{ MPa}$$

24. $\sigma = -\dfrac{P}{A} \pm \dfrac{M}{Z}$ 에서,

$$A = \frac{\pi d^2}{4} = \frac{\pi \times 20^2}{4} = 314 \text{ cm}^2$$

$$= 314\times10^{-4} \text{ m}^2$$

$$Z = \frac{\pi d^3}{32} = \frac{\pi \times 20^3}{32} = 785 \text{ cm}^4$$

$$= 785\times10^{-6} \text{ m}^4$$

$$M = P \cdot a = 61544 \times 0.03 \fallingdotseq 1846 \text{ N·m}$$

$$\therefore \sigma_A = -\frac{P}{A} + \frac{M}{Z}$$

$$= -\frac{61544}{314\times10^{-4}} + \frac{1846}{785\times10^{-6}}$$

$$= 391592 \text{ N/m}^2$$

$$= 391.6 \text{ kN/m}^2 \text{ (인장)}$$

$$\sigma_B = -\frac{P}{A} - \frac{M}{Z}$$

$$= -\frac{61544}{314\times10^{-4}} - \frac{1846}{785\times10^{-6}}$$

$$= 4311592 \text{ N/m}^2$$

$$= -4311.6 \text{ kN/m}^2 \text{(압축)}$$

25. 핵심 반지름 $a = \dfrac{k^2}{e}$ 에서,

$$k^2 = \frac{I}{A} \ , \ \ I = \frac{\pi(D^4 - d^4)}{64}$$

$$A = \frac{\pi(D^2 - d^2)}{4}$$

$$\therefore \ k^2 = \frac{I}{A} = \frac{\pi(D^4 - d^4)}{64} \times \frac{4}{\pi(D^2 - d^2)}$$

$$= \frac{D^2 + d^2}{16}$$

$$\therefore \ a = \frac{k^2}{e} = \frac{(D^2 + d^2)/16}{D/2} = \frac{D^2 + d^2}{8D}$$

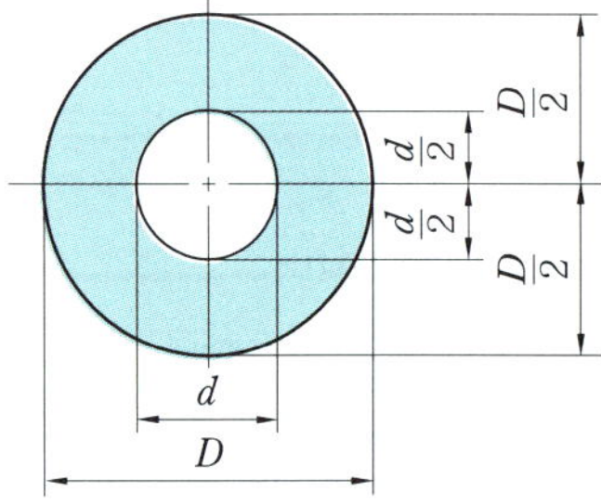

26. $A = \dfrac{\pi}{4}(D^2 - d^2) = \dfrac{\pi}{4}(30^2 - 24^2)$

$$= 254.34 \ \text{cm}^2$$

$$I = \frac{\pi}{64}(D^4 - d^4) = \frac{\pi}{64}(30^4 - 24^4)$$

$$= 23462.87 \ \text{cm}^4$$

$$k^2 = \frac{I}{A} = \frac{23462.87}{254.34} = 92.25 \ \text{cm}^2$$

$$P = 10000 \ \text{N}, \quad a = 50 \ \text{cm}, \quad e_1 = e_2 = 15 \ \text{cm}$$

$$\sigma = -\frac{P}{A}\left(1 \pm \frac{a \cdot e}{k^2}\right)$$

$$= -\frac{10000}{254.34} \times \left(1 \pm \frac{50 \times 15}{92.25}\right)$$

$$\therefore \ \sigma_{\max} = -363.3 \ \text{N/cm}^2$$

$$= -3.633 \ \text{MPa(압축)}$$

$$\therefore \ \sigma_{\min} = 284.7 \ \text{N/cm}^2$$

$$= 2.847 \ \text{MPa(인장)}$$

$$y = -\frac{k^2}{a} = -\frac{92.25}{50}$$

$$= -1.845 \ \text{cm}$$

(중립축은 인장쪽으로 1.845 cm 만큼 이동한다.)

부 록

<table>
<tr><td>부록 1</td><td>핵심 내용 정리</td></tr>
</table>

1. 응력과 변형률

(1) 하중과 응력

① 수직응력

(가) 인장응력 $\sigma_t = \dfrac{P_t}{A}$ [kgf/cm² 또는 N/m² (= Pa)]

(나) 압축응력 $\sigma_c = \dfrac{P_c}{A}$ [kgf/cm² 또는 N/m² (= Pa)]

② 접선응력

전단응력 $\tau = \dfrac{P_s}{A}$ [kgf/cm² 또는 N/m² (= Pa)]

(가) 1 kgf = 9.80665 N (나) 1 N/m² = 1 Pa (pascal)

(다) 1 kPa = 10^3 Pa (라) 1 MPa = 10^3 kPa = 10^6 Pa

(마) 1 GPa = 10^3 MPa = 10^6 kPa = 10^9 Pa

(2) 변형률과 탄성계수

① 변형률(strain)

(가) 세로(종) 변형률—길이방향의 변형률 : ε

인장 변형률 $\varepsilon_t = \dfrac{l'-l}{l} = \dfrac{\lambda}{l}$

압축 변형률 $\varepsilon_c = \dfrac{l'-l}{l} = -\dfrac{\lambda}{l}$

여기서, $l'-l = \lambda \fallingdotseq$ 변형량 ($+$: 신장량, $-$: 수축량), l : 재료의 원래의 길이

(나) 가로(횡) 변형률—지름 방향의 변형률 : ε'

가로 변형률 $\varepsilon' = \dfrac{d'-d}{d} = \dfrac{\delta}{d}$

여기서, $d'-d = \delta =$ 변형량, d : 재료의 원래의 지름

(다) 전단 변형률 : γ

전단 변형률 $\gamma = \dfrac{\lambda_s}{l} = \tan\phi \fallingdotseq \phi$ [rad]

여기서, λ_s : 전단길이, l : 두 평면 사이의 길이, ϕ : 전단각

㈜ 체적 변형률 : ε_V

체적 변형률 $\varepsilon_V = \dfrac{V' - V}{V} = \dfrac{\Delta V}{V}$

여기서, ΔV : 체적변화량, V : 원래의 체적

② 훅(Hooke)의 법칙 : 비례한도 내에서는 응력과 변형률은 비례한다.

응력 = 비례상수×변형률

㈎ 세로(종) 탄성계수

- $\sigma = E \cdot \varepsilon \left(\sigma = \dfrac{P}{A},\ \varepsilon = \dfrac{\lambda}{l} \right)$

- 세로 탄성계수 $E = \dfrac{\sigma}{\varepsilon} = \dfrac{P/A}{\lambda/l} = \dfrac{Pl}{A\lambda}$

- 길이 변형량 $\lambda = \dfrac{Pl}{AE}$ [mm]

㈏ 가로(횡) 탄성계수

- $\tau = G \cdot \gamma \left(\tau = \dfrac{P_s}{A},\ \gamma = \dfrac{\lambda_s}{l} \right)$

- 가로 탄성계수 $G = \dfrac{\tau}{\gamma} = \dfrac{P_s/A}{\lambda_s/l} = \dfrac{P_s \cdot l}{A\lambda_s}$

- 전단에 의한 변형량 $\lambda_s = \dfrac{P_s \cdot l}{AG}$ [mm]

[참고] 재료에 대한 길이·단면·체적의 변화율

원래의 길이 : l, 원래의 단면적 : $A = l^2$, 원래의 체적 : $V = Al$

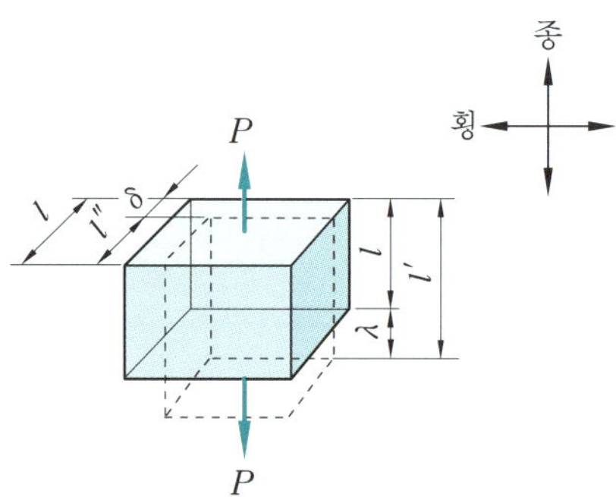

그림 A-1 길이·단면·체적의 변화

① 변화 후의 길이

길이 방향 : $l' = l + \lambda = l + \varepsilon l = l(1 + \varepsilon)$

지름 방향 : $l'' = l - \delta = l - \varepsilon' \cdot l = l - \mu\varepsilon l = l(1 - \mu\varepsilon)$

$\left(\varepsilon' = \dfrac{l - l''}{l} = \dfrac{\delta}{l} \right)$

∴ 길이 방향 변화율 (종변형률) : ε, 변화량 : εl (인장시 : 증가, 압축시 : 감소), 지름 방향 변화율 (횡변형률) : $\varepsilon' = \mu\varepsilon$, 변형량 : $\varepsilon' l = \mu\varepsilon \cdot l$ (인장시 : 감소, 압축시 : 증가)

② 변화 후 단면적

$$A' = l''^2 = [\, l(1-\mu\varepsilon)]^2 = l^2(1-\mu\varepsilon)^2 = l^2(1-2\mu\varepsilon+\mu^2\varepsilon^2)$$
$$= l^2(1-2\mu\varepsilon) = A(1-2\mu\varepsilon)$$

여기서, $\mu^2\varepsilon^2$은 아주 작은 값이므로 무시,

∴ 단면적의 변화율은 $2\mu\varepsilon$, 변화량은 $\varDelta A = A\times 2\mu\varepsilon$ (인장시 : 감소, 압축시 : 증가)

③ 변화 후 체적

$$V' = A'\times l' = A(1-\mu\varepsilon)^2\times l(1+\varepsilon) = Al \times (1+\varepsilon)(1-\mu\varepsilon)^2$$
$$= V\times(1+\varepsilon)(1-2\mu\varepsilon+\mu^2\varepsilon^2) = V(1-2\mu\varepsilon+\underbrace{\mu^2\varepsilon^2}_{\text{무시}}+\varepsilon-\underbrace{2\mu\varepsilon^2}_{\text{무시}}+\underbrace{\mu^2\varepsilon^3}_{\text{무시}})$$
$$= V\times(1+\varepsilon-2\mu\varepsilon) = V[1+\varepsilon(1-2\mu)]$$

∴ 체적의 변화량 $\varDelta V = V'-V = V[1+\varepsilon(1-2\mu)]-V = V\cdot\varepsilon(1-2\mu)$ 이므로, 체적의 변화율은 $\varepsilon(1-2\mu)$이고, 변화량은 $\varDelta V = V\cdot\varepsilon(1-2\mu)$ (인장시 : 증가, 압축시 : 감소)

표 A-1 길이·단면·체적의 변화

구분		변화 전	변화 후 (인장)	변화 후 (압축)	변화율	변화량
길이	l	세로	$l'=l(1+\varepsilon)$	$l'=l(1-\varepsilon)$	ε	$l\cdot\varepsilon$
		가로	$l''=l(1-\mu\varepsilon)$	$l''=l(1+\mu\varepsilon)$	$\varepsilon'=\mu\varepsilon$	$l\cdot\mu\varepsilon$
단면	A		$A'=A(1-2\mu\varepsilon)$	$A'=A(1+2\mu\varepsilon)$	$2\mu\varepsilon$	$A\cdot2\mu\varepsilon$
체적	V		$V'=V[1+\varepsilon(1-2\mu)]$	$V'=V[1-\varepsilon(1-2\mu)]$	$\varepsilon(1-2\mu)$	$V\cdot\varepsilon(1-2\mu)$

- 등방성(정육면체) 재료의 경우

$$\varepsilon_V = \frac{\varDelta V}{V} = \frac{l^3(1\pm\varepsilon)^3-l^3}{l^3} = (1\pm\varepsilon)^3-1 \text{에서 } 3\left(\frac{\lambda}{l}\right)^2,\ \left(\frac{\lambda}{l}\right)^3\text{은 미소값이므로 무시하면,}$$

$$\varepsilon_V \fallingdotseq \pm3\left(\frac{\lambda}{l}\right) = \pm3\varepsilon \text{ (체적 변형률은 직선 변형률의 약 3배)}$$

㈐ 푸아송(Poisson)의 비

$$\mu = \frac{1}{m} = \frac{\varepsilon'}{\varepsilon} = \frac{\delta/d}{\lambda/l} = \frac{\delta l}{d\lambda}$$

여기서, $\varepsilon = \dfrac{\sigma}{E}$ 이면 $\delta = \dfrac{d\sigma}{mE}$, m은 푸아송의 수

㈑ E, G, K 관계

$$E = 2G(1+\mu) = 2G\left(1+\frac{1}{m}\right)$$

$$G = \frac{E}{2(1+\mu)} = \frac{mE}{2(m+1)}$$

$$K = \frac{E}{3(1-2\mu)} = \frac{mE}{3(m-2)} = \frac{EG}{3(3G-E)}$$

여기서, K : 체적 탄성계수

(3) 응력집중과 안전율

① 안전율 $(S) = \dfrac{\text{최대응력}\,(=\text{극한강도} : \sigma_u)}{\text{허용응력}\,(\sigma_a)}$

(개) 항복점에 대한 안전율 $(S_y) = \dfrac{\text{항복점의 강도}\,(\sigma_y)}{\text{허용응력}\,(\sigma_a)}$

(내) 사용응력의 안전율 $(S_w) = \dfrac{\text{극한강도}\,(\sigma_u)}{\text{사용응력}\,(\sigma_w)}$

② 응력 집중계수 $(\sigma_k) = \dfrac{\text{최대응력}\,(\sigma_{\max})}{\text{평균응력}\,(\sigma_{av})}$

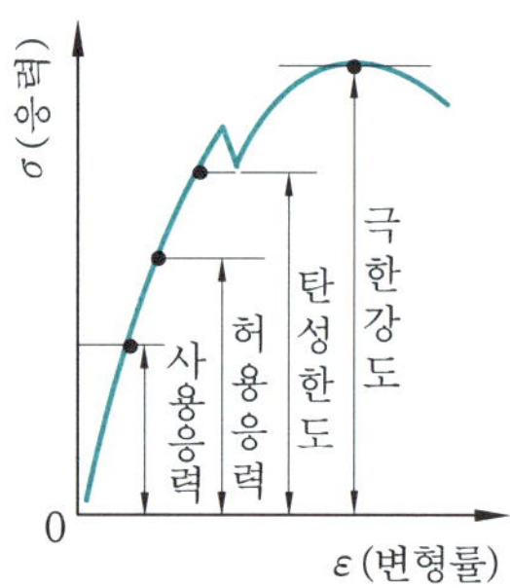

그림 A-2 응력-변형률 선도

2. 인장, 압축, 전단

(1) 합성재료

$$\sigma_1 = \frac{KP}{KA_1 + A_2}, \qquad \sigma_2 = \frac{P}{KA_1 + A_2}, \qquad K = \frac{E_1}{E_2}$$

$$\lambda = \lambda_1 = \lambda_2 = \frac{\sigma_1}{E_1} \cdot l = \frac{\sigma_2}{E_2} \cdot l = \frac{Pl}{A_1 E_1 + A_2 E_2}$$

(2) 봉의 자중에 의한 응력

① 균일단면봉

(개) 최대응력 $\sigma_{\max} = \dfrac{P}{A} + \gamma l$, 안전단면 $A = \dfrac{P}{\sigma_w - \gamma l}$

(내) 신장량 $\lambda = \dfrac{Pl}{AE} + \dfrac{\gamma l^2}{2E}$

② 균일강도의 봉

$$\log_e A_x = \frac{\gamma}{\sigma} x + \log_e A_0 \rightarrow A_x = A_0 \cdot e^{\frac{\gamma}{\sigma} x} \quad (\text{안전단면일 때 } \sigma \rightarrow \sigma_w)$$

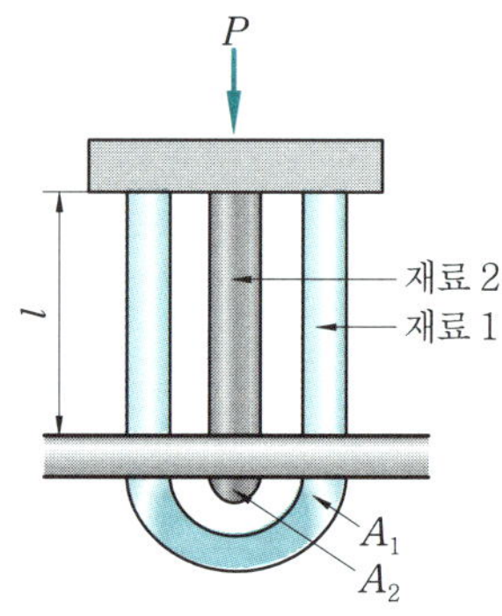

(재료 1 : 원통, 재료 2 : 봉)

그림 A-3 합성재료

$$\left(\text{최대 단면적 } A_{\max} = A_l = A_0 \cdot e^{\frac{\gamma}{\sigma} l} \right)$$

(3) 열응력

① 변형량 $\lambda = \alpha \cdot \varDelta t \cdot l$ (α = 선팽창계수)

② 변형률 $\varepsilon = \alpha \cdot \varDelta t$, 열응력 $\sigma = E \cdot \alpha \cdot \varDelta t$, 힘 $P = AE \cdot \alpha \cdot \varDelta t$

- 가열 끼워맞춤 시 : 변형률 $\varepsilon = \dfrac{d_2 - d_1}{d_1}$

  테에 발생하는 응력 $\sigma_r = E \times \varepsilon = E \times \dfrac{d_2 - d_1}{d_1} = E \times \dfrac{\delta}{d}$

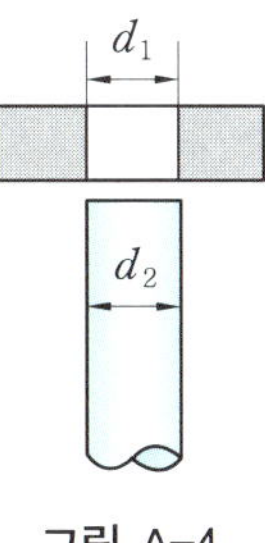

그림 A-4

(4) 탄성 에너지

① 수직응력

$$U = \frac{1}{2} P\lambda = \frac{P^2 l}{2AE} = \frac{AE}{2l} \lambda^2 = \frac{\sigma^2}{2E} \cdot Al = \frac{E\varepsilon^2}{2} \cdot Al$$

u (단위체적당 탄성 에너지 = 최대 탄성 에너지) $= \dfrac{U}{V} = \dfrac{\sigma^2}{2E} = \dfrac{E\varepsilon^2}{2}$

② 전단응력

$$U = \frac{1}{2} P\lambda = \frac{P^2 l}{2AG} = \frac{AG}{2l} \lambda^2 = \frac{\tau^2}{2G} \cdot Al = \frac{G\gamma^2}{2} \cdot Al$$

최대 탄성 에너지 $u = \dfrac{U}{V} = \dfrac{\tau^2}{2G} = \dfrac{G\gamma^2}{2}$

(5) 충격에 의한 응력

$$\sigma = \sigma_0 \left(1 + \sqrt{1 + \frac{2h}{\lambda_0}} \right)$$

① 정하중의 응력 : $\sigma_0 = \dfrac{P}{A}$

② 정하중의 변형량 : $\lambda_0 = \dfrac{Pl}{AE}$

충격에 의한 변형량 : $\lambda = \lambda_0 \left(1 + \sqrt{1 + \dfrac{2h}{\lambda_0}} \right) \fallingdotseq \lambda_0 + v \cdot \sqrt{\dfrac{\lambda_0}{g}}$

(낙하속도 $v = \sqrt{2gh}$)

(6) 압력을 받는 원통 및 원환

① 내압을 받는 얇은 원통

원주응력(후프 응력) $\sigma_t = \dfrac{Pd}{2t}$,　축방향의 응력 $\sigma_x = \dfrac{Pd}{4t}$

∴ $\sigma_t = 2\sigma_x$ (원주응력은 축방향 응력의 2배이다.)

② 내압을 받는 두꺼운 원통

(가) 후프 응력 $\sigma_h = P \cdot \dfrac{r_1^2(r_2^2 + r^2)}{r^2(r_2^2 - r_1^2)}$

(나) 반지름 방향의 응력 $\sigma_r = P \cdot \dfrac{r_1^2(r_2^2 - r^2)}{r^2(r_2^2 - r_1^2)}$

(다) 최대응력 $(\sigma_h)_{max} = P\dfrac{r_2^2 + r_1^2}{r_2^2 - r_1^2}$, $\quad (\sigma_r)_{max} = P \ (r = r_1)$

(라) 최소응력 $(\sigma_h)_{min} = P\dfrac{2r_1^2}{r_2^2 - r_1^2}$, $\quad (\sigma_r)_{min} = 0 \ (r = r_2)$

(마) 반지름 비 $\dfrac{r_2}{r_1} = \sqrt{\dfrac{(\sigma_h)_{max} + P}{(\sigma_h)_{min} - P}}$

③ 얇은 살 두께의 구(球)의 응력 $\sigma_t = \dfrac{Pd}{4t}$

④ 회전하는 원환

인장응력 $\sigma_t = \dfrac{\gamma}{g} v^2 = \dfrac{\gamma}{g} r^2 \omega^2$

3. 조합응력과 모어 원

(1) 경사단면에 발생하는 응력 — 단순응력

① 경사단면 상의 법선응력(normal stress)

$$\sigma_n = \dfrac{P}{A} \cdot \cos^2\theta = \sigma_x \cdot \cos^2\theta \quad \left(\sigma_x = \dfrac{P}{A} \text{ 는 재료의 수직단면에 작용하는 수직응력}\right)$$

② 경사단면 상의 전단응력(shearing stress)

$$\tau = \dfrac{P}{A} \cdot \sin\theta \cdot \cos\theta = \dfrac{1}{2} \sigma_x \cdot \sin 2\theta$$

③ $(\sigma_n)_{max} = (\sigma_n)_{\theta=0°} = \sigma_x, \ (\sigma_n)_{min} = (\sigma_n)_{\theta=\frac{\pi}{2}} = 0, \ (\sigma_n)_{\theta=\frac{\pi}{4}} = \dfrac{1}{2}\sigma_x$

④ $\tau_{max} = \tau_{\theta=\frac{\pi}{4}} = \dfrac{1}{2}\sigma_x, \ \tau_{min} = \tau_{\theta=0} = 0$

⑤ $\theta = \dfrac{\pi}{4} \ (45°) \ ; \ \sigma_n = \tau_{max} = \dfrac{1}{2}\sigma_x$

⑥ $\theta \to \theta + 90°$ 에서 발생한 응력 $\sigma_n', \ \tau'$ 를 공액응력(complementary stress)이라 한다.

(가) $\sigma_n' = (\sigma_n)_{\theta \to \theta + 90°} = \sigma_x \cdot \cos^2(90 + \theta) = \sigma_x \cdot \sin^2\theta$

(나) $\tau' = (\tau)_{\theta \to \theta+90^\circ} = \dfrac{1}{2}\sigma_x \sin 2(90+\theta) = \dfrac{1}{2}\sigma_x \sin(180+2\theta) = -\dfrac{1}{2}\sigma_x \cdot \sin 2\theta$

⑦ $\sigma_n + \sigma_n' = \sigma_x \cdot \cos^2\theta + \sigma_x \cdot \sin^2\theta = \sigma_x(\cos^2\theta + \sin^2\theta) = \sigma_x$

$\tau + \tau' = \dfrac{1}{2}\sigma_x \cdot \sin 2\theta + \left(\dfrac{-1}{2}\sigma_x \cdot \sin 2\theta\right) = 0$

⑧ 모어 원(Mohr's circle)

(가) $\sigma_n = \overline{OG} = \overline{OD} + \overline{DG}, \quad \sigma_n' = \overline{OF} = \overline{OD} - \overline{FD}$

(나) $\tau = \overline{CG}, \quad \tau' = \overline{FE} = -\overline{CG}$

(다) $(\sigma_n)_{\max} = \overline{OA}, \quad \tau_{\max} = \overline{BD}$

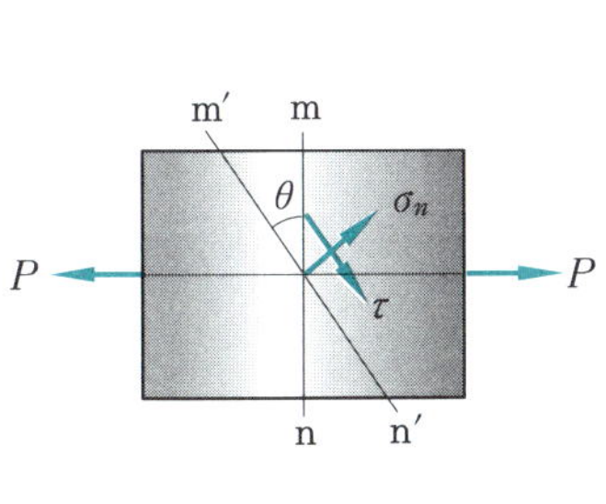
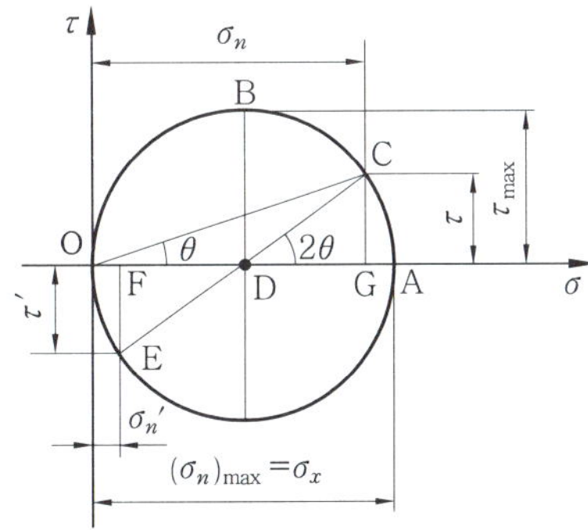

그림 A-5 경사단면에 대한 모어 응력원

(2) 2축응력

① 수직단면에 작용하는 응력을 σ_x, σ_y 라면,

(가) 법선응력 $\sigma_n = \sigma_x \cdot \cos^2\theta + \sigma_y \cdot \sin^2\theta = \dfrac{1}{2}(\sigma_x + \sigma_y) + \dfrac{1}{2}(\sigma_x - \sigma_y) \cdot \cos 2\theta$

(나) 전단응력 $\tau = (\sigma_x - \sigma_y) \cdot \sin\theta \cdot \cos\theta = \dfrac{1}{2}(\sigma_x - \sigma_y) \cdot \sin 2\theta$

② 공액응력(complementary stress)

(가) 법선(공액) 응력 $\sigma_n' = \sigma_x \cdot \sin^2\theta + \sigma_y \cos^2\theta = \dfrac{1}{2}(\sigma_x + \sigma_y) - \dfrac{1}{2}(\sigma_x - \sigma_y) \cdot \cos 2\theta$

(나) 전단(공액) 응력 $\tau' = -(\sigma_x - \sigma_y) \cdot \sin\theta \cdot \cos\theta = -\dfrac{1}{2}(\sigma_x - \sigma_y) \cdot \sin 2\theta$

③ 공액응력과의 합

(가) $\sigma_n + \sigma_n' = \sigma_x + \sigma_y$

(나) $\tau + \tau' = 0$

④ $\theta = 0^\circ$, $\theta = \dfrac{\pi}{2}\,(=90^\circ)$인 직교평면(주평면 ; 主平面, principal plane)에서,

(가) $(\sigma_n)_{\max} = (\sigma_n)_{\theta=0^\circ} = \sigma_x = \dfrac{1}{2}(\sigma_x + \sigma_y),, \quad (\sigma_n)_{\min} = (\sigma_n)_{\theta=90^\circ} = \sigma_y$

최대값 σ_x와 최소값 σ_y를 주응력(principal stress)이라 한다.

(나) $\theta = 0°$, $\theta = \dfrac{\pi}{2}\,(=90°)$에서 전단응력은 $\tau = 0$, $\tau' = 0$이 된다.

$$(\tau)_{\max} = (\tau)_{\theta = \frac{\pi}{4}\,(=45°)} = \frac{1}{2}(\sigma_x - \sigma_y)$$

$$(\tau')_{\min} = (\tau')_{\theta = \frac{\pi}{2} + \frac{\pi}{4}\,(=135°)} = -\frac{1}{2}(\sigma_x - \sigma_y)$$

⑤ σ_x, σ_y로 인한 변형률, 응력

(가) x축 방향(신장) $\varepsilon_x = \dfrac{\sigma_x}{E} - \dfrac{\sigma_y}{mE}$, 응력 $\sigma_x = \dfrac{(\varepsilon_x + \mu\varepsilon_y)E}{1 - \mu^2}$

(나) y축 방향(신장) $\varepsilon_y = \dfrac{\sigma_y}{E} - \dfrac{\sigma_x}{mE}$, 응력 $\sigma_y = \dfrac{(\mu\varepsilon_x + \varepsilon_y)E}{1 - \mu^2}$

(다) z축 방향(수축) $\varepsilon_z = -\dfrac{1}{mE}(\sigma_x + \sigma_y)$

(라) 체적 변화율 $\varepsilon_V = \dfrac{\Delta V}{V} = \varepsilon_x + \varepsilon_y + \varepsilon_z$, $\quad \varepsilon_V = \dfrac{\Delta V}{V} = \dfrac{(\sigma_x + \sigma_y)(1 - 2\mu)}{E}$

⑥ 모어의 원

(가) $\sigma_n = \overline{OG} = \overline{OC} + \overline{CG} = \dfrac{1}{2}(\sigma_x + \sigma_y) + \dfrac{1}{2}(\sigma_x - \sigma_y) \cdot \cos 2\theta$

(나) $\tau = \overline{DG} = \overline{CD} \cdot \sin 2\theta = \dfrac{1}{2}(\sigma_x - \sigma_y) \cdot \sin 2\theta$

(다) $(\sigma_n)_{\max} = \overline{OA} = \sigma_x\,(\tau = 0)$

(라) $(\sigma_n)_{\min} = \overline{OB} = \sigma_y\,(\tau = 0)$

(마) $\tau_{\max} = \overline{HC} = R\,(\Rightarrow \sigma_x = \sigma_y = 0) = \dfrac{1}{2}(\sigma_x - \sigma_y)$

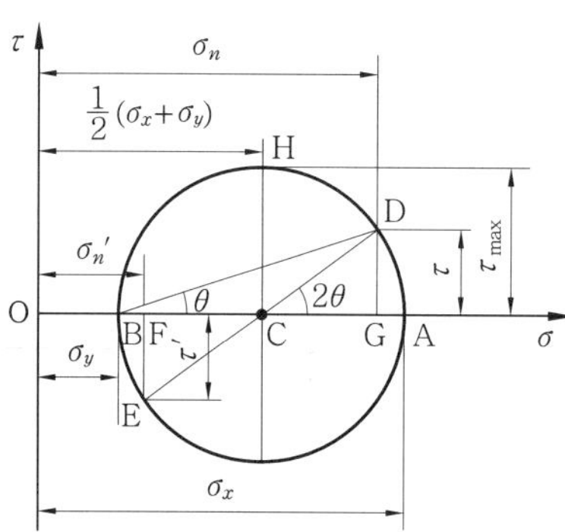

A-6 2축응력 상태에서의 모어 원

(3) **두 직각 방향의 수직응력과 전단응력의 합성 − 평면응력**

① 법선응력 $\sigma_n = \dfrac{1}{2}(\sigma_x + \sigma_y) + \dfrac{1}{2}(\sigma_x - \sigma_y) \cdot \cos 2\theta - \tau_{xy}\sin 2\theta$

전단응력 $\tau = \dfrac{1}{2}(\sigma_x - \sigma_y) \cdot \sin 2\theta + \tau_{xy} \cdot \cos 2\theta$

여기서, τ_{xy} : 단면요소의 x 면 위에 전단응력이 y 방향으로 작용하는 것

τ_{yx} : 단면요소의 y 면 위에 전단응력이 x 방향으로 작용하는 것

② 공액응력

$$\sigma_n' = \frac{1}{2}(\sigma_x + \sigma_y) - \frac{1}{2}(\sigma_x - \sigma_y) \cdot \cos 2\theta + \tau_{xy} \sin 2\theta$$

$$\tau' = -\frac{1}{2}(\sigma_x - \sigma_y) \cdot \sin 2\theta - \tau_{xy} \cdot \cos 2\theta$$

$$\sigma_n + \sigma_n' = \sigma_x + \sigma_y, \quad \tau + \tau' = 0$$

③ 최대 주응력 $\sigma_1 = (\sigma_n)_{\max} = \dfrac{1}{2}(\sigma_x + \sigma_y) + \dfrac{1}{2}\sqrt{(\sigma_x - \sigma_y)^2 + 4\tau_{xy}^2}$

최소 주응력 $\sigma_2 = (\sigma_n)_{\min} = \dfrac{1}{2}(\sigma_x + \sigma_y) - \dfrac{1}{2}\sqrt{(\sigma_x - \sigma_y)^2 + 4\tau_{xy}^2}$

주평면 결정각 $\tan 2\theta = \dfrac{-2\tau_{xy}}{\sigma_x - \sigma_y} \quad \left(\theta' = \theta + \dfrac{\pi}{2} \right)$

최대 전단응력 $\tau_{\max} = \dfrac{1}{2}\sqrt{(\sigma_x - \sigma_y)^2 + 4\tau_{xy}^2} = R$

$$\tan 2\theta = \frac{\sigma_x - \sigma_y}{2\tau_{xy}} \quad \left(\theta = \theta_1 \pm \frac{\pi}{4} \right)$$

④ 모어의 원

(가) $\sigma_1 = (\sigma_n)_{\max} = \overline{OA} = \overline{OC} + \overline{CA} = \dfrac{1}{2}(\sigma_x + \sigma_y) + R = \sigma_{av} + R$

(나) $\sigma_2 = (\sigma_n)_{\min} = \overline{OB} = \overline{OC} - \overline{BC} = \dfrac{1}{2}(\sigma_x + \sigma_y) - R = \sigma_{av} - R$

(다) 반지름 $R = \tau_{\max} = \overline{CH} = \dfrac{1}{2}(\sigma_1 - \sigma_2) = \dfrac{1}{2}\sqrt{(\sigma_x - \sigma_y)^2 + 4\tau_{xy}^2}$

(라) 경사각 $\tan 2\theta = \dfrac{\overline{D'G}}{\overline{CG}} = \dfrac{-2\tau_{xy}}{\sigma_x - \sigma_y}$

(마) $\sigma_{av} = \overline{OC} = \dfrac{1}{2}(\sigma_x + \sigma_y)$: 축 중심에서 원 중심까지 거리

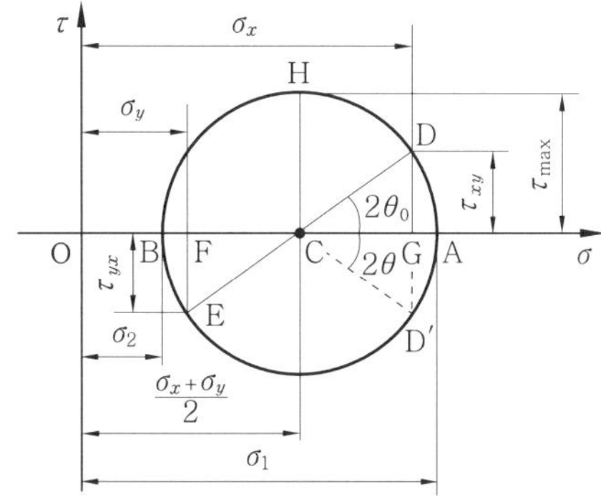

그림 A-7 평면응력에 대한 모어 원

4. 평면 도형의 성질

(1) 단면 1 차 모멘트

$$G_x = \int_A ydA = \overline{y}A, \quad G_y = \int_A xdA = \overline{x} \cdot A \quad (\overline{x}, \ \overline{y}: \text{도심의 좌표})$$

밑변(저변)에 대한 단면 1 차 모멘트 $G_z = G_x + e \cdot A$

(2) 단면 2 차 모멘트(관성 모멘트)

$$I_x = \int_A y^2 dA, \quad I_y = \int_A x^2 dA$$

밑변(저변)에 대한 단면 2 차 모멘트 – 평행축 정리

$$I_x' = I_x + e^2 A, \quad I_y' = I_y + e^2 A$$

여기서, I_x, I_y : 도심에 대한 관성 모멘트

회전 반지름 (k) : $I = k^2 A$에서,

$$x \text{축} : k_x = \sqrt{I_x/A}, \quad y \text{축} : k_y = \sqrt{I_y/A}$$

단면계수 $Z_1 = \dfrac{I_x}{e_1}, \quad Z_2 = \dfrac{I_x}{e_2}$ (대칭도형 $Z_1 = Z_2 = Z$)

(3) 극관성 모멘트

$$I_P = \int_A r^2 dA = \int_A d^2 dA + \int_A y^2 dA$$

$$I_P = I_x + I_y \text{ (비대칭 도형)}, \quad I_P = 2I_x = 2I_y \text{ (대칭 도형)}$$

(4) 단면 상승 모멘트

$$I_{xy} = \int_A xydA = \int \int xydx \cdot dy$$

평행축 정리 $I_{x'y'} = I_{xy} + ab \cdot A$

(5) X, Y축을 θ만큼 회전한 X', Y'축의 단면 2 차 모멘트

$$I_{x'} = \frac{1}{2}(I_x + I_y) + \frac{1}{2}(I_x - I_y)\cos 2\theta - I_{xy} \cdot \sin 2\theta$$

$$I_{y'} = \frac{1}{2}(I_x + I_y) - \frac{1}{2}(I_x - I_y)\cos 2\theta + I_{xy} \cdot \sin 2\theta$$

(6) 주단면 2 차 모멘트 (최대, 최소)

$$I_1 = I_{\max} = \frac{1}{2}(I_x + I_y) + \frac{1}{2}\sqrt{(I_y - I_x)^2 + 4I_{xy}^2}$$

$$I_2 = I_{\min} = \frac{1}{2}(I_x + I_y) - \frac{1}{2}\sqrt{(I_y - I_x)^2 + 4I_{xy}^2}$$

주축의 방향 결정 $\tan 2\theta = \dfrac{2I_{xy}}{I_y - I_x}$

5. 비틀림

(1) 원형축의 비틀림(torsion of circular shaft)

① 전단응력 $\tau = G\gamma = G\,\dfrac{r\theta}{l}$

② 비틀림 모멘트 $T = \dfrac{\tau}{r}\displaystyle\int \rho^2 dA = \tau \cdot Z_P = \tau \cdot \dfrac{\pi d^3}{16}$

③ 비틀림각 $\theta = \dfrac{Tl}{GI_P}$ [rad] $= 584\,\dfrac{Tl}{Gd^4}$ [도]

④ 강성도(剛性度) $\theta' = \dfrac{\theta}{l} = \dfrac{T}{GI_P}$ [rad/m] $= \dfrac{584\,T}{Gd^4}$ [도/m]

(2) 동력축(動力軸, power shaft)

$1\,\text{PS} = 75\,\text{kgf}\cdot\text{m/s} = 632.3\,\text{kcal/h} = 0.7355\,\text{kW}$

$1\,\text{kW} = 102\,\text{kgf}\cdot\text{m/s} = 860\,\text{kcal/h} = 1\,\text{kJ/s} = 1.36\,\text{PS}$

① 비틀림 모멘트

$$T = \tau \cdot Z_P = \tau \cdot \frac{\pi d^3}{16} = 71620\,\frac{H_{\text{PS}}}{N}\ [\text{kgf}\cdot\text{cm}]$$

$$= 97400\,\frac{H_{\text{kW}}}{N}\ [\text{kgf}\cdot\text{cm}]\ (\text{중력 단위})$$

$$T = 9.55 \times \frac{H}{N} = (9.55 \times 735)\,\frac{H_{\text{PS}}}{N}\ [\text{N}\cdot\text{m}]$$

$$= (9.55 \times 1000)\,\frac{H_{\text{kW}}}{N}\ [\text{N}\cdot\text{m}]\ (\text{SI 단위})$$

② 축의 지름

$$d = 71.5 \times \sqrt[3]{\frac{H_{\text{PS}}}{\tau \cdot N}}\ [\text{cm}] = 79.2 \times \sqrt[3]{\frac{H_{\text{kW}}}{\tau \cdot N}}\ [\text{cm}]\ (\text{중력 단위} : \tau\,[\text{kgf/cm}^2])$$

$$d = 32.95 \times \sqrt[3]{\frac{H_{\text{PS}}}{\tau \cdot N}}\ [\text{m}] = 36.51 \times \sqrt[3]{\frac{H_{\text{kW}}}{\tau \cdot N}}\ [\text{m}]\ (\text{SI 단위} : \tau\,[\text{N/m}^2])$$

③ 바흐 이론 $\left(\theta' = \dfrac{1}{4}\ [°/\text{m}],\ \ G = 8 \times 10^5\ [\text{kgf/cm}^2]\right)$

$$d = 12 \times \sqrt[4]{\frac{H_{\text{PS}}}{N}}\ [\text{cm}] = 13 \times \sqrt[4]{\frac{H_{\text{kW}}}{N}}\ [\text{cm}]$$

(3) 비틀림 의한 탄성 에너지

$$U = \frac{1}{2}\, T\theta = \frac{T^2 l}{2GI_P} = \frac{\tau^2}{4G} \cdot V$$

$$u = \frac{U}{V} = \frac{\tau^2}{4G}$$

(4) 원통형 코일 스프링

① 최대 전단응력 $\tau_{\max} = \dfrac{16PR}{\pi d^3} \left(\underbrace{\dfrac{4m-1}{4m-4} + \dfrac{0.615}{m}}_{\text{왈의 수정계수}} \right) \left(m = \dfrac{2R}{d} \right)$

② 소선의 비틀림각 $\theta = \dfrac{64PR^2 n}{Gd^4}$

③ 처짐량 $\delta = \dfrac{64PR^3 n}{Gd^4} = \dfrac{8PD^3 n}{Gd^4}$

④ 스프링 상수 $k = \dfrac{P}{\delta} = \dfrac{Gd^4}{64R^3 n}$

6. 보의 전단과 굽힘

(1) 보의 지점의 종류

① 가동지점
② 부동지점
③ 고정지점

(2) 하중의 종류

① 집중하중
② 균일분포 하중 (등분포 하중)
③ 불균일 분포 하중
④ 이동하중

(3) 보(beam) 의 종류

① 정정보 : 외팔보, 단순보, 돌출보
② 부정정보 : 양단고정보, 고정받침보, 연속보

(4) 보의 평형 조건

① 보에 작용하는 하중과 반력의 대수합은 영이 되어야 한다.
② 보의 임의의 점에 대한 굽힘 모멘트의 대수합은 영이 되어야 한다.

(5) 전단력(V), 굽힘 모멘트(M)의 부호 규약

① 반력 R은 상향의 반력이 (+), 하향의 반력이 (−)이다.

② 전단력 V는 전단면을 기준으로 전단력이 시계 방향이면 (+), 반시계 방향이면 (−)이다.

③ 굽힘 모멘트는 위로 오목, 아래로 볼록한 형태가 (+)이고, 그 반대가 (−)이다.

④ 수평력은 인장력이면 (+), 압축력이면 (−)이다.

(6) 전단력 굽힘 모멘트, 하중 사이의 관계

① $\dfrac{dV}{dx} = -w\,[\text{N/m}]$: 전단력의 x에 대한 변화율은 분포 하중의 세기에 (−)를 붙인 것과 같다.

② $\dfrac{dM}{dx} = V\,[\text{N/m}]$: 굽힘 모멘트의 x에 대한 변화율은 그 단면에서의 전단력과 같다.

(7) 반력 (R), 전단력 (V), 휨(굽힘) 모멘트

표 A-2 보의 반력, 전단력, 굽힘 모멘트, SFD와 BMD

하중, 전단력 선도, 굽힘 모멘트	반력 (R), 전단력 (V)	굽힘 모멘트 (M)
(SFD) / (BMD) 선도	$R = P$ $V_A = 0$ $V_B = -P = V_{\max}$	$M_A = 0$ $M_x = -Px$ $M_B = -Pb$ $\quad = M_{\max} \times \dfrac{wd}{6}$
(SFD) / (BMD) 선도	$R = wl$ $V = -wx$ $V_B = -wl = V_{\max}$	$M_x = -\dfrac{wx^2}{2}$ $M_B = -\dfrac{wl^2}{2}$ $\quad = M_{\max} \times \dfrac{wl}{6}$

하중, 전단력 선도, 굽힘 모멘트	반력 (R), 전단력 (V)	굽힘 모멘트 (M)
(SFD) / (BMD) 선도	$R = \dfrac{w_0}{2}\, l = P$ $V_x = \dfrac{w_0 x^2}{2l} = -\dfrac{P x^2}{l^2}$ $V_B = -\dfrac{w_0 l^2}{2} = -P = V_{max}$ $w_x = w_0 \dfrac{x}{l}$	$M_x = -\dfrac{w_0 x^3}{6l}$ $x = l\;;$ $\quad M_B = \dfrac{w_0 l^2}{6} = M_{max}$
(SFD) / (BMD) 선도	$R_A = \dfrac{Pb}{l}$ $R_B = \dfrac{Pa}{l}$ $V_{AC} = \dfrac{Pb}{l}$ $V_{CB} = -\dfrac{Pa}{l}$	$M_{AC} = \dfrac{Pbx}{l}$ $M_{CB} = \dfrac{Pa(l-x)}{l}$ $\therefore\; x = a\;;$ $\quad M_C = \dfrac{Pab}{l} = M_{max}$
(SFD) / (BMD) 선도	$R_A = R_B = \dfrac{wl}{2}$ $V = \dfrac{wl}{2} - wx$ $V_{max} = \pm \dfrac{wl}{2}$	$M = \dfrac{wl}{2}\, x - \dfrac{w}{2}\, x^2$ $x = \dfrac{l}{2}\;;$ $\quad M_{max} = \dfrac{wl^2}{8}$
(SFD) / (BMD) 선도	$R_A = \dfrac{w_0 l}{6}, \quad R_B = \dfrac{w_0 l}{3}$ $V_x = \dfrac{w_0}{6l}\,(l^2 - 3x^2)$ $x = l\;;\; V_{max} = \dfrac{w_0 l}{3}$ $* \, w_x = w_0 \left(\dfrac{x}{l} \right)$	$M_x = \dfrac{w_0}{6l}\,(l^2 - x^2)x$ $x = \dfrac{l}{\sqrt{3}}\;;$ $\quad M_{max} = \dfrac{w_0 l^2}{9\sqrt{3}}$

하중, 전단력 선도, 굽힘 모멘트	반력 (R), 전단력 (V)	굽힘 모멘트 (M)
	$R_A = R_B = \dfrac{M_2 - M_1}{l}$ $V = R_A = R_B$	$M = \dfrac{M_2}{l}\,x + \dfrac{M_1}{l}\,(l-x)$
	$R_A = R_B = P$ $V_{CA} = -P$ $V_{AB} = 0$ $V_{BD} = P$	$M_{CA} = -Px$ $M_{AB} = -Pa$ $M_{BD} = -P(l-x)$ $M_{\max} = -Pa$
	$R_A = R_B = \dfrac{wl}{2}$ $V_{CA} = -wx$ $V_{AB} = w\left(\dfrac{l}{2} - x\right)$	$M_{CA} = -\dfrac{wx^2}{2}$ $M_{AB} = -\dfrac{w}{2}\left[x(x-l)+l_a\right]$ $M_1 = M_{x=\frac{l}{2}} = \dfrac{wa^2}{2}$ $M_2 = M_{x=\frac{l}{2}}$ $= \dfrac{wl^2}{2}\left(\dfrac{1}{4} - \dfrac{a}{l}\right)$

7. 보 속의 응력

(1) 보 속의 인장과 압축

① 변형률 $\varepsilon = \dfrac{y}{\rho}$

② 응력 $\sigma = E \cdot \varepsilon = E \cdot \dfrac{y}{\rho}$

여기서, y : 중립면으로부터의 거리, ρ : 곡률 반지름

(2) 보 속의 저항 모멘트

① 보 속의 굽힘응력과 모멘트 $M = \dfrac{E}{\rho} I = \sigma \dfrac{I}{y}$

② 곡률 (curvature) $\dfrac{1}{\rho} = \dfrac{M}{EI}$　(여기서, EI : 강성계수)

③ 응력 $\sigma = \dfrac{M \cdot e}{I} = \dfrac{M}{Z}$

④ 저항 모멘트 $M = \sigma \cdot Z$

(3) 보 속의 전단응력

$$\tau = \dfrac{VQ}{Ib}$$

여기서, V : 전단력, Q : 단면 1차 모멘트, I : 단면 2차 모멘트

① 사각형 단면 : $\tau = \dfrac{V}{2I} \left(\dfrac{h^2}{4} - y_1^{\,2} \right)$, $\tau_{\max} = \dfrac{3}{2} \cdot \dfrac{V}{A} = 1.5 \times \tau_{\mathrm{mean}}$

② 원형 단면 : $\tau = \dfrac{4}{3} \cdot \dfrac{V}{A} \left(1 - \dfrac{y_1^{\,2}}{r^2} \right)$, $\tau_{\max} = \dfrac{4}{3} \cdot \dfrac{V}{A} = 1.33 \times \tau_{\mathrm{mean}}$

(4) 상당 모멘트

① 상당 굽힘 모멘트 $M_e = \dfrac{1}{2}(M + \sqrt{M^2 + T^2})$, $\sigma_{\max} = \dfrac{M_e}{Z}$

② 상당 비틀림 모멘트 $T_e = \sqrt{M^2 + T^2}$, $\tau_{\max} = \dfrac{T_e}{Z_p}$

③ 축지름

$$d = \sqrt[3]{\dfrac{10.2 M_e}{\sigma_a}} , \quad d = \sqrt[3]{\dfrac{5.1 T_e}{\tau_a}} \text{ 중 큰 것을 택한다.}$$

8. 보의 처짐

(1) 곡률 $\dfrac{1}{\rho} = \dfrac{d\theta}{ds} = \dfrac{d^2 y}{dx^2} = -\dfrac{M}{EI}$

(2) w, V, M, θ, δ 식

① 하중 및 힘의 세기 : $-w = -\dfrac{dV}{dx} = -\dfrac{d^2 y}{dx^2} = EI \dfrac{d^4 y}{dx^4}$

② 전단력 : $-V = -\dfrac{dM}{dx} = EI \dfrac{d^3 y}{dx^3}$

③ 굽힘 모멘트 : $-M = -\displaystyle\int\!\!\int w\,dx \cdot dx = EI \dfrac{d^2 y}{dx^2}$

④ 처짐각 : $\theta = -\displaystyle\int M\,dx = EI \dfrac{dy}{dx}$

⑤ 처짐량 : $\delta = -\displaystyle\int\int M dx = EI \cdot y$

(3) 처짐각 (θ)과 처짐량

외 팔 보	θ 와 δ	단 순 보	θ 와 δ
	$\theta_A = \dfrac{Pl^2}{2EI}$ $\delta_A = \dfrac{Pl^3}{3EI}$		$\theta_A = \theta_B = \dfrac{Pl^2}{16EI}$ $\delta_{\max} = \dfrac{Pl^3}{48EI}$
	$\theta_A = \dfrac{Pa^2}{2EI}$ $\delta_A = \dfrac{Pa^2}{6EI}(2a+3b)$ $a = b = \dfrac{l}{2}$ 일 때, $\theta_A = \dfrac{Pl^2}{8EI}$ $\delta_c = \dfrac{Pl^3}{24EI}$		$\theta_A = \dfrac{Pb}{6EIl}(l^2-b^2)$ $\theta_B = \dfrac{-Pa}{6EIl}(l^2-a^2)$ $\delta_{\max} = \dfrac{Pb}{9\sqrt{3}\,EIl}(l^2-b^2)^{\frac{3}{2}}$ $(a>b)$ $\delta_{x=l/2} = \dfrac{Pb}{48EI}(3l^2-4b^2)$
	$\theta_A = \dfrac{wl^3}{6EI}$ $\delta_A = \dfrac{wl^4}{8EI}$		$\theta = \dfrac{wl^3}{24EI} = \theta_A = \theta_B$ $\delta_{\max} = \dfrac{5wl^4}{384EI}$
	$\theta_A = \dfrac{Ml}{EI}$ $\delta_A = \dfrac{Ml^2}{2EI}$		$\theta_A = \dfrac{7wl^3}{360EI}$ $\theta_B = \dfrac{-8wl^3}{360EI}$ $\delta_{x=l/2} = \dfrac{5wl^4}{768EI}$
	$\theta_A = \dfrac{wl^3}{24EI}$		$\theta_A = \dfrac{(2M_A+M_B)l}{6EI}$ $\theta_B = \dfrac{(M_A+2M_B)l}{6EI}$

(4) 면적 모멘트법

① 모어의 정리 1(제1면적 모멘트법) : $\theta = \displaystyle\int_A^B \dfrac{M}{EI}\,dx = \dfrac{A_m}{EI}$ (A_m : BMD의 면적)

② 모어의 정리 2(제2면적 모멘트법) : $\delta = \displaystyle\int_A^B \dfrac{Mx}{EI}\,dx = \dfrac{A_m}{EI} \cdot \overline{x} = \theta \cdot \overline{x}$

(5) 굽힘 탄성 에너지

$$U = \frac{1}{2}\,M\theta = \frac{M^2 l}{2\,EI} = \frac{\theta^2 EI}{2\,l}$$

직사각형 단면 $\quad U = \dfrac{M^2 l}{2\,EI} = \dfrac{1}{3}\,(bhl)\,\dfrac{(\sigma_{\max})^2}{2E}$

$$U = \int_0^l \frac{M^2}{2\,EI}\,dx = \int_0^l \frac{EI}{2}\left(\frac{d^2 y}{dx^2}\right)^2 dx$$

9. 부정정보

(1) 부정정보의 처짐과 처짐각

양단고정보 – 집중하중	양단고정보 – 등분포 하중
$R_1 = Pb^2(3a+b)/l^3$ $R_2 = Pa^2(a+3b)/l^3$	$R_1 = R_2 = \dfrac{wl}{2}$
$M_1 = -Pab^2/l^2$ $M_2 = -Pa^2 b/l^2$ $M_3 = -2Pa^2 b^2/l^3$	$x = \dfrac{l}{2}\ ;\ M_c = wl^2/24$ $x = 0,\ \ x = l\ ;\ M_{\max} = wl^2/12$
$x = a\ ;\ \delta_1 = Pa^3 b^3/3\,l^3 EI$ $x = 2al/(3a+b)\ ;\ \delta_{\max} = 2Pa^3 b^2/3EI(3a+b)^2$ $x = \dfrac{l}{2}\ ;\ \delta_c = Pb^2(3a-b)/48EI$	$x = \dfrac{l}{2}\ ;\ \delta_{\max} = 5wl^4/384\,EI$
$x = a\ ;\ \theta = Pa^2 b^2(a-b)/2l^3 EI$	$\theta = \dfrac{w}{24\,EI}(4x^3 - 6\,lx^2 + 2l^2 x)$ $x = l/5\ ;\ \theta_{\max} = wl^3/125\,EI$

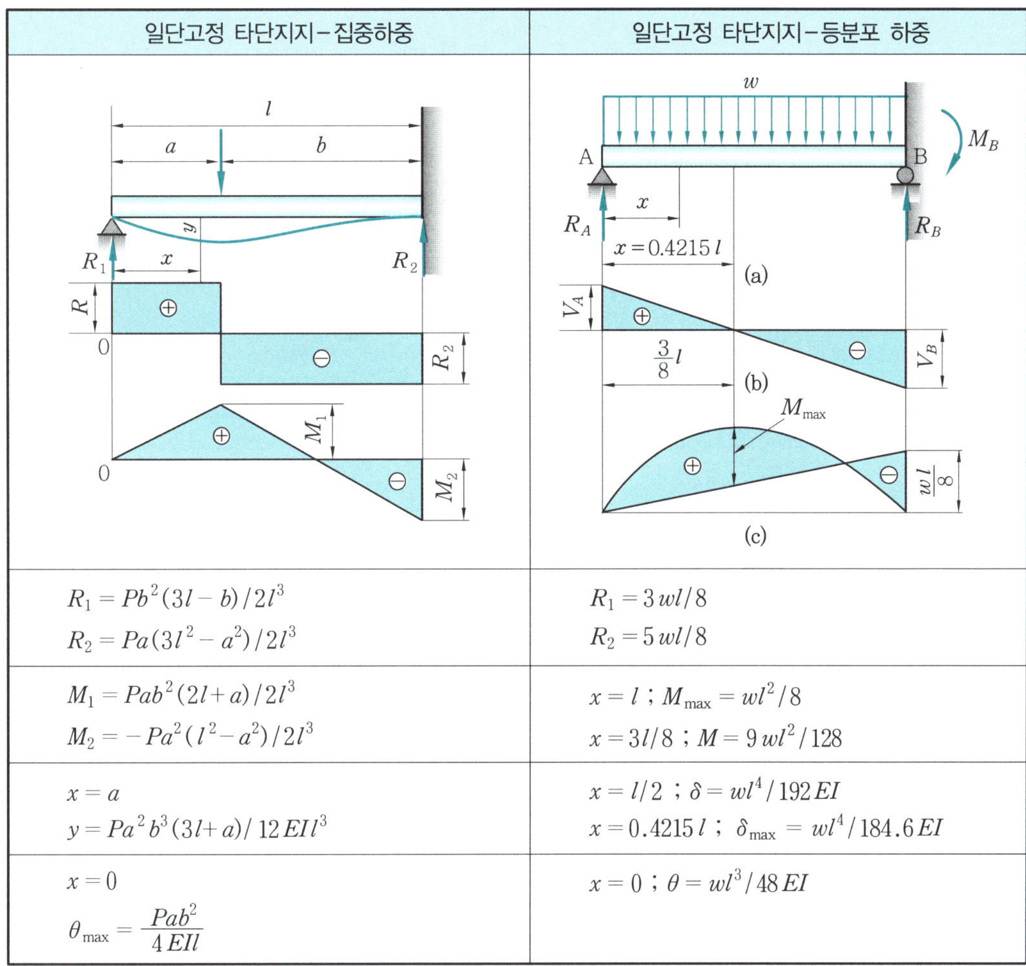

일단고정 타단지지－집중하중	일단고정 타단지지－등분포 하중
$R_1 = Pb^2(3l-b)/2l^3$ $R_2 = Pa(3l^2-a^2)/2l^3$	$R_1 = 3\,wl/8$ $R_2 = 5\,wl/8$
$M_1 = Pab^2(2l+a)/2l^3$ $M_2 = -Pa^2(l^2-a^2)/2l^3$	$x = l \;;\; M_{max} = wl^2/8$ $x = 3l/8 \;;\; M = 9\,wl^2/128$
$x = a$ $y = Pa^2b^3(3l+a)/12\,EIl^3$	$x = l/2 \;;\; \delta = wl^4/192\,EI$ $x = 0.4215\,l \;;\; \delta_{max} = wl^4/184.6\,EI$
$x = 0$ $\theta_{max} = \dfrac{Pab^2}{4\,EIl}$	$x = 0 \;;\; \theta = wl^3/48\,EI$

(2) 3모멘트 정리

$$M_A\,l_1 + 2M_B(l_1+l_2) + M_c\,l_2 = -\frac{6A_1\,a_1}{l_1} - \frac{6A_2\,b_2}{l_2}$$

$$R_n = R_n{}' + R_n{}'' + \frac{M_{n-1}-M_n}{l_n} + \frac{-M_n+M_{n+1}}{l_{n+1}}$$

(3) 카스틸리아노의 정리

$$\delta_n = \frac{\partial U}{\partial P_n} = \int \frac{M}{EI} \cdot \frac{\partial M}{\partial P_m}\,dx$$

$$\theta_n = \frac{\partial U}{\partial M_n} = \int \frac{M}{EI} \cdot \frac{\partial M}{\partial M_n}\,dx$$

10. 특수 단면보

(1) 균일강도의 보의 탄성곡선의 미분 방정식

$$\frac{1}{\rho} = \frac{d^2y}{dx^2} = \pm \frac{M}{EI} = -\frac{1}{e} \cdot \frac{\sigma}{E}$$

여기서, e : 중립축으로부터 단면의 상하면까지의 거리

(2) 외팔보

구 분		임의 단면에서	처짐량
집중하중	① 폭(b)이 일정할 때	$h = h_0 \sqrt{\dfrac{x}{l}}$	$\delta = \dfrac{2Pl^3}{3EI_0}$
	② 높이(h)가 일정할 때	$b = b_0 \cdot \dfrac{x}{l}$	$\delta = \dfrac{Pl^3}{2EI_0}$
	③ 원형 단면일 때	$d = d_0 \cdot \sqrt[3]{\dfrac{x}{l}}$	$\delta = \dfrac{3Pl^3}{5EI_0}$
등분포하중	① 폭(b)이 일정할 때	$h = h_0 \dfrac{x}{l}$	$\delta = \dfrac{wl^4}{2EI_0}$
	② 높이(h)가 일정할 때	$b = b_0 \left(\dfrac{x}{l}\right)^2$	$\delta = \dfrac{wl^4}{4EI_0}$

(3) 직사각형 단면의 단순보

① 집중하중 시

중앙 단면의 높이 $h_0 = \sqrt{\dfrac{3Pl}{2b\sigma}}$, $h = \sqrt{\dfrac{3Px}{b\sigma}} \rightarrow h = h_0 \cdot \sqrt{\dfrac{2}{l}x}$

폭 $b = \dfrac{2b_0}{l}x$

② 균일분포 하중 시

높이 $h = 2 \cdot \dfrac{h_0}{l}\sqrt{x(l-x)}$,   폭 $b = \dfrac{4b_0}{l^2} \cdot x \cdot (l-x)$

(4) 겹판 스프링

① 외팔보

(가) $Z = \dfrac{nbh^2}{6}$ (나) $M = \dfrac{\sigma nbh^2}{6} = Pl$ (다) $P = \dfrac{\sigma nbh^2}{6l}$

(라) $\delta = \dfrac{6Pl^3}{Enbh^3}$ (마) 곡률 반지름 $\rho = \dfrac{Enbh^3}{12Pl}$

② 단순보

(가) $M = \sigma \times \dfrac{nbh^2}{6} = \dfrac{Pl}{4}$

(나) $P = \dfrac{2\sigma nbh^2}{3l}$

(다) $\delta = \dfrac{3Pl^3}{8Enbh^3}$

(라) 곡률 반지름 $\rho = \dfrac{Enbh^3}{3Pl}$

11. 기 둥

(1) 단주의 핵

최대응력 : $\sigma_{\max} = -\dfrac{P}{A}\left(1 + \dfrac{a \cdot e_1}{k^2}\right),$ 최소응력 : $\sigma_{\min} = -\dfrac{P}{A}\left(1 - \dfrac{a \cdot e_2}{k^2}\right)$

(사각형 단면) $a = \pm \dfrac{h}{6},$ $a = \pm \dfrac{b}{6}$

(원형 단면) $a = \pm \dfrac{r}{4}\left(= \pm \dfrac{d}{8}\right)$

(2) 장 주

① 세장비 $\lambda = \dfrac{l}{k}$

② 오일러의 공식

(가) 좌굴 하중 $P_{cr} = n\pi^2\dfrac{EI}{l^2}$

(나) 좌굴응력 $\sigma_{cr} = n\pi^2\dfrac{E}{\lambda^2}$

여기서, 자유단 $n = \dfrac{1}{4}$, 양단 회전단 $n = 1$, 회전단 고정단 $n = 2$, 양단 고정단 $n = 4$

③ 오일러 공식의 적용

$$P_s = \dfrac{P_{cr}}{s}, \qquad \lambda = \dfrac{l}{k} = \pi\sqrt{\dfrac{nE}{\sigma_{cr}}}$$

④ 고든─랭킨의 공식

$$P_{cr} = \dfrac{\sigma_c \cdot A}{1 + \dfrac{a}{n}\lambda^2}, \qquad \sigma_{cr} = \dfrac{\sigma_c}{1 + \dfrac{a}{n}\cdot\lambda^2}$$

⑤ 테트마이어의 공식

$$\sigma_{cr} = \sigma_b(1 - a\lambda + b\lambda^2)$$

<table>
<tr><td>**부록 2**</td><td colspan="5">**참고 내용 정리**</td></tr>
</table>

(1) 단위 접두어와 기호

승인수	접두어	기 호	승인수	접두어	기 호
10^{12}	tera	T	10^{-2}	centi	c
10^{9}	giga	G	10^{-3}	milli	m
10^{6}	mega	M	10^{-6}	micro	μ
10^{3}	kilo	k	10^{-9}	nano	n
10^{2}	hecto	h	10^{-12}	pico	p
10^{1}	deca	da	10^{-15}	femto	f
10^{-1}	deci	d	10^{-18}	atto	a

(2) 그리스 (희랍) 문자

대문자	소문자	명 칭	대문자	소문자	명 칭
A	α	alpha	N	ν	Nu
B	β	beta	Ξ	ξ	xi
Γ	γ	gamma	O	o	omicron
Δ	δ	delta	Π	π	pi
E	ε	epsilon	P	ρ	rho
Z	ζ	zeta	Σ	σ	sigma
H	η	eta	T	τ	tau
Θ	θ	theta	Υ	υ	upsilon
I	ι	iota	Φ	ϕ	phi
K	k	kappa	X	χ	chi
Λ	λ	lambda	Ψ	φ	psi
M	μ	mu	Ω	ω	omega

(3) 평면의 면적과 중심의 위치

명 칭	치 수	면 적	중심의 위치
삼각형	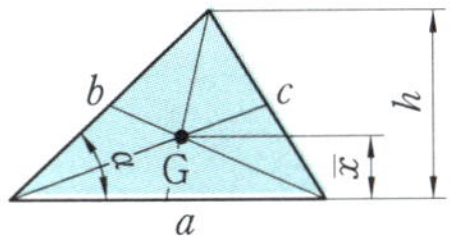	$A = \dfrac{ah}{2} = \dfrac{ab\sin\alpha}{2}$ $= \sqrt{S(S-a)(S-b)(S-c)}$ $S = \dfrac{a+b+c}{2}$	$\bar{x} = \dfrac{h}{3}$
직각 삼각형	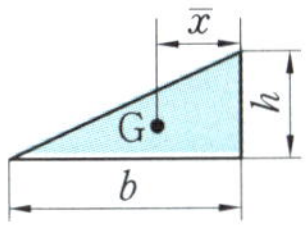	$A = \dfrac{bh}{2}$	$\bar{x} = \dfrac{b}{3}$
직사각형	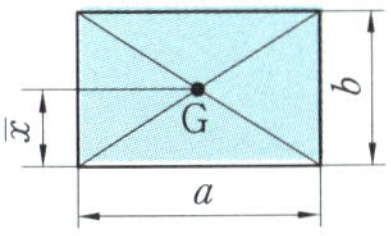	$A = ab$	$\bar{x} = \dfrac{b}{2}$
평행 사변형	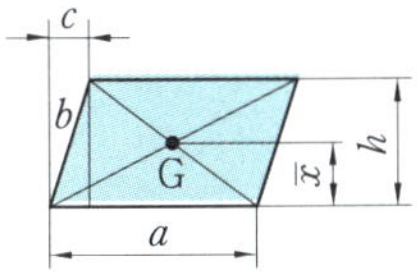	$A = ah$ $h = \sqrt{b^2 - c^2}$	$\bar{x} = \dfrac{h}{2}$
사다리꼴	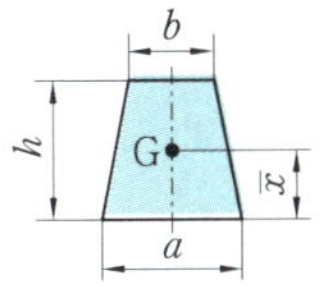	$A = \dfrac{(a+b)}{2}\,h$	$\bar{x} = \dfrac{h}{3} \times \left(\dfrac{a+2b}{a+b}\right)$
원	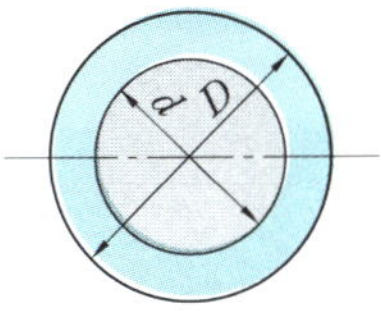	$A_1 = \dfrac{\pi d^2}{4}$ $A_2 = \dfrac{\pi}{4}(D^2 - d^2)$	$\bar{x}_1 = \dfrac{d}{2}$ $\bar{x}_2 = \dfrac{D}{2}$
반원 · 반원호	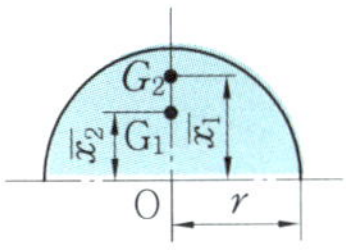	$A = \dfrac{\pi}{2^3} d^2$ $S = \dfrac{\pi}{2} d$ (호의 길이)	$\bar{x}_1 = \dfrac{4r}{3\pi}$ $\bar{x}_2 = \dfrac{2r}{\pi}$
원분	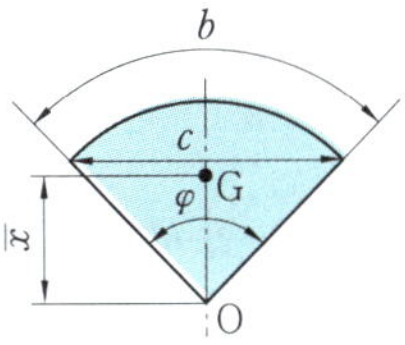	$A = \dfrac{br}{2} = \dfrac{\varphi^\circ}{360}\pi r^2$	$\bar{x} = \dfrac{2}{3}\cdot\dfrac{c}{b}\cdot r = \dfrac{r^2 c}{3A}$ $b = r\cdot\dfrac{\pi}{180}\cdot\varphi^\circ$
부채꼴	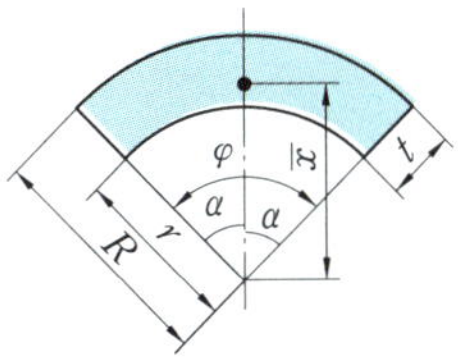	$A = \dfrac{\varphi^\circ \pi}{360}(R^2 - r^2)$	$\bar{x} = \dfrac{2}{3}\times\dfrac{R^3 - r^3}{R^2 - r^2}\sin\alpha\,\dfrac{180}{\alpha^\circ}\varphi$

(4) 각종 평면원의 성질

번호	단면형	단면 2차 모멘트 I	단면계수 Z	k^2
1		$\dfrac{1}{12}\,bh^3$	$\dfrac{1}{6}\,bh^2$	$\dfrac{1}{12}\,h^2$ $(k=0.298\,h)$
2		$\dfrac{1}{12}\,b(h_2{}^3-h_1{}^3)$	$\dfrac{1}{6}\,\dfrac{b(h_2^3-h_1^3)}{h_2}$	$\dfrac{1}{12}\times\dfrac{h_2^3-h_1^3}{h_2-h_1}$
3		$\dfrac{1}{12}\,h^4$	$\dfrac{1}{6}\,h^3$	$\dfrac{1}{12}\,h^2$
4		$\dfrac{1}{12}\,(h_2{}^4-h_1{}^4)$	$\dfrac{1}{6}\,\dfrac{h_2^4-h_1^4}{h_2}$	$\dfrac{1}{12}\,(h_2{}^2+h_1{}^2)$
5		$\dfrac{1}{12}\,h^4$	$\dfrac{\sqrt{2}}{12}\,h^3$	$\dfrac{1}{12}\,h^2$
6		$\dfrac{1}{36}\,bh^3$	$e_1=\dfrac{2}{3}\,h,\ e_2=\dfrac{1}{3}\,h$ $Z_1=\dfrac{1}{24}\,bh^2,\ Z_2=\dfrac{1}{12}\,bh^2$	$\dfrac{1}{18}\,h^2$ $(h=0.236\,h)$
7		$\dfrac{5\sqrt{3}}{16}\,b^4=0.5413b^4$	$e=\dfrac{\sqrt{3}}{2}\,b$ $Z=\dfrac{5}{8}\,b^3$	$\dfrac{5}{24}\,b^2$ $(h=0.456\,b)$

번호	단면형	단면 2 차 모멘트 I	단면계수 Z	k^2
8		$\dfrac{6b^2+6bb_1+b_1^2}{36(2b+b_1)}\,h^3$	$e_1 = \dfrac{1}{3}\dfrac{3b+2b_1}{2b+b_1}\,h$ $Z_1 = \dfrac{6b^2+6bb_1+b_1^2}{12(3b+2b_1)}\,h^2$	$\dfrac{6b^2+6bb_1+b_1^2}{18(2b+b_1)^2}\,h^2$
9		$\dfrac{\pi}{64}\,d^4$	$\dfrac{\pi}{32}\,d^3$	$\dfrac{1}{16}\,d^2$
10		$\dfrac{\pi}{64}\,(d_2^4 - d_1^4)$	$\dfrac{\pi}{32}\dfrac{d_2^4 - d_1^4}{d_2}$	$\dfrac{1}{16}(d_2^2 - d_1^2)$
11		$\left(\dfrac{\pi}{8} - \dfrac{8}{9\pi}\right)r^4$ $= 0.1098\,r^4$	$e_1 = 0.5756\,r$ $e_2 = 0.4244\,r$ $Z_1 = 0.1908\,r^3$ $Z_2 = 0.2587\,r^3$	$\dfrac{9\pi^2 - 64}{36\pi^2}\,r^2$ $= 0.0697\,r^2$ $(k = 0.264\,r)$
12		$\dfrac{\pi}{4}\,a^3 b$	$\dfrac{\pi}{4}\,a^2 b$	$\dfrac{1}{4}\,a^2$
13		$\dfrac{1}{12}(BD^3 - bd^3)$	$\dfrac{BD^3 - bd^3}{6D}$	$\dfrac{1}{12}\dfrac{BD^3 - bd^3}{(BD - bd)}$
14		$\dfrac{1}{12}(bD^3 + Bd^3)$	$\dfrac{bD^3 + Bd^3}{6D}$	$\dfrac{1}{12}\dfrac{bD^3 + Bd^3}{(bD + Bd)}$

(5) 공업재료의 선팽창계수

재 료	$\alpha(20\sim40℃)\times10^{-5}$	$\alpha(68\sim104℉)\times10^{-6}$
아 연	3.97	22.07
납	2.93 (20~100℃)	16.29 (68~212℉)
주 석	2.703	15.03
알루미늄	2.39	13.23
두랄루민	2.26	12.57
Y 합금	2.2	12.23
Al, Cu, Ni 합금	2.2	12.23
은	1.97 (0~100℃)	10.95 (32~212℉)
황 동	1.84 (100℃)	10.23
포금(gun metal)	1.83	10.17
청 동	1.79	10.00
동	1.65	9.17
금	1.42	7.89
니 켈	1.33 (0~100℃)	7.39 (32~212℉)
순 철	1.17	6.51
연강 (C 0.12~0.20)	1.12	6.23
경강 (C 0.4~0.5)	1.07	5.95
주 철	0.92~1.18	5.12~6.56
백 금	0.89	4.95
텅스텐	0.43	2.39
인바 (invar)	0.12	0.667
초인바	-0.001	0.00556

(6) 각종 금속재료의 탄성계수

$$(1\,\text{kg/cm}^2 \times 10^6 = 100\,\text{GPa})$$

재 료	E (kg/cm$^2\times10^6$)	G (kg/cm$^2\times10^6$)	K (kg/cm$^2\times10^6$)	$1/m = \mu$
철	2.15	0.83	1.75	
연강(C 0.12~0.2 %)	2.12	0.84	1.48	
경강(C 0.4~0.5 %)	2.09	0.84	1.36	0.28~0.3
주 강	2.15	0.83	1.75	
주 철	0.75~1.30	0.29~0.40	0.6~1.73	0.2~0.3
니켈강(Ni 2~3 %)	2.1	0.84	1.4	0.3
니 켈	2.1	0.73	1.54	0.31
텅스텐	3.7	1.6	3.33	0.17
구 리	1.25	0.47	1.22	0.34
청 동	1.16			
인청동	1.34	0.43	3.84	0.187
포 금	0.95	0.40	0.51	
황동(7 · 3)	0.98	0.42	0.49	
알루미늄	0.72	0.27	0.72	0.34
두랄루민	0.70	0.27	0.57	0.34
주 석	0.55	0.28	0.18	0.33
납	0.17	0.078	0.07	0.45
아 연	1.00	0.30	1.0	0.2~0.3
금	0.81	0.28	2.52	0.42
은	0.81	0.29	1.31	0.48
백 금	1.70	0.62	2.2	0.39

(7) 각종 금속재료의 기계적 성질

재 료	파괴응력(kg/cm²)		
	인 장	압 축	전 단
연 철	3300~4000	3300~4000	2600~3300
연 강	3400~4500	3400~4500	2900~4000
주 강	3500~7000	3500~7000	
니켈강	5000~7400	5000~7400	
주 철	1200~2400	7000~8500	1800~2600
구 리	1400~3200	3200	
황동(7 · 3)	1300	780	1400
포금(砲金)	2200~2700		2400

(8) 각종 비금속재료의 성질

재 료	파괴응력(kg/cm²)			종탄성 계수 $E\,[\text{kg/cm}^2]\times10^5$
	인 장	압 축	전 단	
미송, 소나무	1000	500	78	0.90
이깔나무	500	280	56	0.70
전나무	900	420	70	0.80
밤나무	1000	560	78	0.70
떡갈나무	1000	700	16	1.2
대(竹)	3500	650		1.2~3.1
유 리	250	1500		0.75
화강암		600~850		1.4
사 암		200~300		1.0
석회암		300~500		1.2
시멘트		100~120		1.4
콘크리트		180~250		0.84
벽 돌		60~120		0.84
가죽 벨트	380			

⑼ 각종 수학공식

① 2차 방정식의 근과 계수의 관계

$$ax^2 + bx + c = 0$$

$$x = \frac{-b \pm \sqrt{b^2 - 4ac}}{2a}$$

$$\alpha + \beta = -\frac{b}{a}, \quad \alpha\beta = \frac{c}{a}$$

② 3차 방정식의 근과 계수의 관계

$$ax^3 + bx^2 + cx + d = 0$$

$$ax^3 + bx^2 + cx + d = a(x - \alpha)(x - \beta)(x - \gamma)$$

$$\alpha + \beta + \gamma = -\frac{b}{a}$$

$$\alpha\beta + \beta\gamma + \gamma\alpha = \frac{c}{a}$$

- 제곱항을 포함하지 않는 삼차 방정식의 근

$$x^3 + 3px + q = 0$$

$$x_1 = \sqrt[3]{A} + \sqrt[3]{B}, \quad x_2 = \omega\sqrt[3]{A} + \omega^2 \cdot \sqrt[3]{B}, \quad x_3 = \omega^2\sqrt[3]{A} + \omega\sqrt[3]{B}$$

$$A = \frac{1}{2}(-q + \sqrt{q^2 + 4p^3}), \quad B = \frac{1}{2}(-q - \sqrt{q^2 + 4p^3})$$

③ 대 수

$$y = a^x \qquad\qquad y = e^x$$

$$\log_a y = x \qquad\qquad \log_e y = z$$

$$\log_e x = 2.3\log_{10} x \qquad\qquad \log_{10} x = 0.4343\log_e x$$

$$(1 + x)_{x \to \infty}^{x} = e \qquad\qquad e = 2.7183$$

④ 이항정리

⑺ n : 자연수

$$(a + b)^n = a^n + \binom{n}{1}a^{n-1}b + \binom{n}{2}a^{(n-2)}b^2 + \cdots + \binom{n}{r}a^{n-r}b^r + b^n = \sum_{r=0}^{n}\binom{n}{r}a^{n-r}b^r$$

⑻ 이항계수(이항전계의 계수)

$$\binom{n}{0}, \ \binom{n}{1}, \ \binom{n}{2} \cdots \binom{n}{n}$$

⑼ 누적합〔이항전계의 $(n - r + 1)$ 항의 합〕

$$\sum_{S=r}^{n}\binom{n}{S}a^{n-S}b^{S}$$

⑤ Taylor의 정리

$$f(b) = f(a) + (b - a)f'(a) + \frac{(b-a)^2}{2!}f''(a) + \cdots + \frac{(b-a)^{n-1}}{(n-1)!}f^{(n-1)}(a) + R_n$$

나머지 값 : $R_n = \dfrac{(b-a)^n}{n!} f^{(n)}\{a+\theta(b-a)\}$ (단, $0<\theta<1$)

⑥ Maclaurin의 정리

$$f(x) = f(0) + xf'(0) + \frac{x^2}{2!} f''(0) + \cdots + \frac{x^{n-1}}{(n-1)!} f^{(n-1)}(0) + R_n$$

나머지 항 : $R_n = \dfrac{x^n}{n!} f^{(n)}(\theta x)$ (단, $0<\theta<1$)

⑦ 급수전계

$$(1+x)^n = 1 + nx + \frac{n(n-1)}{2!} x^2 + \frac{n(n-1)(n-2)}{3!} x^3 + \cdots |x| < 1$$

$$\log(1+x) = \frac{x}{1} - \frac{x^2}{2} + \frac{x^3}{3} - \frac{x^4}{4} + \cdots + (-1)^{n-1} \cdot \frac{x^n}{n} + \cdots |x| < 1$$

$$\sin x = x - \frac{x^3}{3!} + \frac{x^5}{5!} - \frac{x^7}{7!} + \cdots + (-1) \frac{x^{2n+1}}{(2n+1)!} + \cdots (-\infty < x < \infty)$$

$$\sin x = 1 - \frac{x^2}{2!} + \frac{x^4}{4!} - \frac{x^6}{6!} + \cdots + (-1)^n \frac{x^{2n}}{(2n)!} + \cdots (-\infty < x < \infty)$$

$$\tan x = x + \frac{1}{3} x^3 + \frac{2}{15} x^5 + \frac{17}{315} x^7 + \frac{62}{2835} x^9 \cdots \left(|x| < \frac{x}{2}\right)$$

⑧ 도함수

$y = u + v$	$y' = u' + v'$
$y = u \cdot v$	$y' = uv' + u'v$
$y = \dfrac{u}{v}$	$y' = \dfrac{u'v - v'u}{v^2}$

⑨ 적분공식

$\displaystyle\int x^m dx = \dfrac{x^{m+1}}{m+1}$	$\displaystyle\int \dfrac{dx}{x} = \log x$
$\displaystyle\int \sin x\, dx = -\cos x$	$\displaystyle\int \cos x\, dx = \sin x$

⑩ 미분 방정식

$\dfrac{dy}{dx} = a$	$y = \displaystyle\int a\, dx + C = ax + C$
$\dfrac{dy}{dx} = ax$	$y = \displaystyle\int ax\, dx + C = \dfrac{a}{2} x^2 + C$
$\dfrac{d^2 y}{dx^2} = a$	$y = \dfrac{1}{2} ax^2 + C_1 x + C_2$
$\dfrac{dy}{dx} = ay$	$y = k \cdot e^{ax}$
$\dfrac{d^2 y}{dx^2} = -n^2 y$	$y = A\sin nx + B\cos nx$

⑪ 삼각함수

$$\begin{cases} \sin(90°\pm\theta) = +\cos\theta \\ \cos(90°\pm\theta) = \mp\sin\theta \\ \tan(90°\pm\theta) = \mp\cot\theta \end{cases} \qquad \begin{cases} \sin(\theta-90°) = -\cos\theta \\ \cos(\theta-90°) = \sin\theta \\ \tan(\theta-90°) = -\cot\theta \end{cases}$$

$$\begin{cases} \sin(180°\pm\theta) = \mp\sin\theta \\ \cos(180°\pm\theta) = -\cos\theta \\ \tan(180°\pm\theta) = \mp\tan\theta \end{cases} \qquad \begin{cases} \sin(\theta-180°) = -\sin\theta \\ \cos(\theta-180°) = -\cos\theta \\ \tan(\theta-180°) = \tan\theta \end{cases}$$

$$\begin{cases} \sin(\alpha\pm\beta) = \sin\alpha\cos\beta \pm \cos\alpha\sin\beta \\ \cos(\alpha\pm\beta) = \cos\alpha\cos\beta \mp \sin\alpha\sin\beta \\ \tan(\alpha\pm\beta) = \dfrac{\tan\alpha\pm\tan\beta}{1\mp\tan\alpha\tan\beta} \end{cases}$$

$$\begin{cases} \sin A+\sin B = 2\sin\dfrac{1}{2}(A+B)\cos\dfrac{1}{2}(A-B) \\[2mm] \sin A-\sin B = 2\cos\dfrac{1}{2}(A+B)\sin\dfrac{1}{2}(A-B) \\[2mm] \cos A+\cos B = 2\cos\dfrac{1}{2}(A+B)\cos\dfrac{1}{2}(A-B) \\[2mm] \cos A-\cos B = -2\sin\dfrac{1}{2}(A+B)\sin\dfrac{1}{2}(A-B) \end{cases}$$

$$\begin{cases} 2\sin A\cos B = \sin(A+B)+\sin(A-B) \\ 2\cos A\sin B = \sin(A+B)-\sin(A-B) \\ 2\sin A\sin B = \cos(A-B)-\cos(A+B) \\ 2\cos A\cos B = \cos(A+B)+\cos(A-B) \end{cases}$$

$$\begin{cases} \sin\dfrac{A}{2} = \sqrt{\dfrac{1}{2}(1-\cos A)} \\[2mm] \cos\dfrac{A}{2} = \sqrt{\dfrac{1}{2}(1+\cos A)} \end{cases} \qquad \begin{cases} 2\sin^2\dfrac{A}{2} = 1-\cos A \\[2mm] 2\cos^2\dfrac{A}{2} = 1+\cos A \end{cases}$$

$$\begin{cases} \sin A = 2\sin\dfrac{A}{2}\cos^2\dfrac{A}{2} \\[2mm] \cos A = \cos^2\dfrac{A}{2}-\sin\dfrac{A}{2} \end{cases}$$

$$\begin{cases} \sin 2A = 2\sin A\cos A = 1-2\sin^2 A \\ \cos 2A = \cos^2 A-\sin^2 A = 2\cos^2 A-1 \end{cases}$$

$$\begin{cases} \sin 3A = 3\sin A-4\sin^3 A \\ \cos 3A = 4\cos^3 A-3\cos A \end{cases}$$

$$\dfrac{a}{\sin A} = \dfrac{b}{\sin B} = \dfrac{c}{\sin C} = 2R \quad (R\text{는 외접원의 반지름})$$

단, $A+B+C = 2\angle R$

$$\begin{cases} a = b\cos C + c\cos B \\ b = c\cos A + a\cos C \\ c = a\cos B + b\cos A \end{cases} \qquad \begin{cases} a^2 = b^2 + c^2 - 2bc\cos A \\ b^2 = c^2 + a^2 - 2ca\cos B \\ c^2 = a^2 + b^2 - 2ab\cos C \end{cases}$$

표 A-3 삼각함수식

$\theta°$	sin	cos	tan	$\theta°$	sin	cos	tan
$0°$	0	$+1$	0	$180°$	0	-1	0
$30°$	$\dfrac{1}{2}$	$\dfrac{\sqrt{3}}{2}$	$\dfrac{\sqrt{3}}{3}$	$210°$	$-\dfrac{1}{2}$	$-\dfrac{\sqrt{3}}{2}$	$\dfrac{\sqrt{3}}{3}$
$45°$	$\dfrac{\sqrt{2}}{2}$	$\dfrac{\sqrt{2}}{2}$	1	$225°$	$-\dfrac{\sqrt{2}}{2}$	$-\dfrac{\sqrt{2}}{2}$	1
$60°$	$\dfrac{\sqrt{3}}{2}$	$\dfrac{1}{2}$	$\sqrt{3}$	$240°$	$-\dfrac{\sqrt{3}}{2}$	$-\dfrac{1}{2}$	$\sqrt{3}$
$90°$	1	0	∞	$270°$	-1	0	∞
$120°$	$\dfrac{\sqrt{3}}{2}$		$-\sqrt{3}$	$300°$	$-\dfrac{\sqrt{3}}{2}$	$\dfrac{1}{2}$	$-\sqrt{3}$
$135°$	$\dfrac{\sqrt{2}}{2}$	$-\dfrac{\sqrt{2}}{2}$	-1	$330°$	$-\dfrac{1}{2}$	$\dfrac{\sqrt{3}}{2}$	$-\dfrac{\sqrt{3}}{3}$
$150°$	$\dfrac{1}{2}$	$-\dfrac{\sqrt{3}}{2}$	$-\dfrac{\sqrt{3}}{3}$	$360°$	0	1	0

$$\sqrt{2} = 1.4142, \quad \sqrt{3} = 1.7320, \quad \frac{\sqrt{2}}{2} = 0.7071, \quad \frac{\sqrt{3}}{2} = 0.8660, \quad \frac{\sqrt{3}}{3} = 0.5723$$

$$-180° = \pi \ [\text{rad}], \quad 1° = 1.7453 \times 10^{-2} \ \text{rad}, \quad 1 \ \text{rad} = 57.296°$$

(10) SI 단위표

양	명 칭	기 호	정 의	차 원
힘	newton	N	$kg(m/s^2)$	$kg \cdot m/s^2$
압력	pascal	Pa	N/m^2	$kg/(m \cdot s^2)$
에너지	joule	J	$N \cdot m$	$kg \cdot m^2/s^2$
비열	joule매 killogram 매 kelvin	$J/kg \cdot K$	$N \cdot m/(kg \cdot K)$	$m^2/(s^2 \cdot k)$
일량, 동력	watt	W	J/s	$kg \cdot m^2/s^2$
비에너지	joule 매 killogram	J/kg	$N \cdot m/kg$	m^2/s^2

(11) 환산계수표

양	종래의 공학단위	왼쪽값에 곱하는 계수	SI 단위
질 량	kg	1	kg
밀 도	kg/m^3	1	kg/m^3
힘	kgf	9.80665	N
	dyn(dyne)	10^{-5}	N
압 력	kgf/m^2	9.80665×10^4	Pa
	kgf/m^2	9.80665	Pa
	mmHg	1.33322×10^2	Pa
	mmH_2O	9.80665	Pa
	mH_2O	9.80665×10^3	Pa
	at(공학기압)	9.80665×10^4	Pa
	atm(표준기압)	1.01325×10^5	Pa
	bar	10^5	Pa
	Torr	1.33322×10^2	Pa
비중량	kgf/m^3	9.80665	N/m^3
에너지 · 일	$kgf \cdot m$	9.80665	J
열 량	cal	4.1868	J
	kcal	4186.8	J
일 률 · 동 력	PS	735.5	W
	$kgf \cdot m/s$	9.80665	W
	kcal/h	1.163	W
점 도	$kgf \cdot s/m^2$	9.80665	$Pa \cdot s$
	P(poise)	10^{-1}	$Pa \cdot s$
	cP(centipoise)	10^{-3}	$Pa \cdot s$
동점도	St(stokes)	10^{-4}	m^2/s
	cst(centistokes)	10^{-5}	m^2/s
열전도율	$kcal/(m \cdot h \cdot ℃)$	1.163	$W/(m \cdot K)$
열전달률	$kcal/(m^2 \cdot h \cdot ℃)$	1.163	$W/(m \cdot K)$
비 열	$kcal/(kg \cdot ℃)$	4.1868×10^3	$J/(kg \cdot K)$
	$kgf \cdot m/(kg \cdot ℃)$	9.80665	$J/(kg \cdot K)$

【ㄱ, ㄴ】

【ㄷ, ㄹ】

【ㅁ, ㅂ】

대학과정 재료역학

2007년 5월 25일 1판 1쇄
2025년 1월 25일 1판 6쇄

저　자 : 정두환 · 장기석
펴낸이 : 이정일

펴낸곳 : 도서출판 **일진사**
www.iljinsa.com
(우) 04317 서울시 용산구 효창원로 64길 6
전화 : 704-1616/팩스 : 715-3536
등록 : 제1979-000009호 (1979.4.2)

값 28,000 원

ISBN : 978-89-429-0970-4